José Javier Rodríguez Toro

***Vocabulario en que se contienen los nombres de los lugares y reinos de España* de Hernando Colón**

José Javier Rodríguez Toro

Vocabulario en que se contienen los nombres de los lugares y reinos de España de Hernando Colón

Registrum B, nº 3342

DE GRUYTER

ISBN 978-3-11-104302-9
e-ISBN (PDF) 978-3-11-104406-4
e-ISBN (EPUB) 978-3-11-104478-1

Library of Congress Control Number: 2022951932

Bibliographic information published by the Deutsche Nationalbibliothek
The Deutsche Nationalbibliothek lists this publication in the Deutsche Nationalbibliografie; detailed bibliographic data are available on the internet at http://dnb.dnb.de.

Cover image: goldhafen / E+ / Getty Images
Printing and binding: CPI books GmbH, Leck

www.degruyter.com

Tabla de contenidos

Prólogo

La completa edición crítica del *Vocabulario en que se contienen los nombres de los lugares y reinos de España*, de Hernando Colón, que aquí se presenta, quizá sorprenda a muchos de sus lectores. Aunque conozcamos la trascendencia del hijo de Colón como bibliófilo y fundador de la famosa Biblioteca Colombina de Sevilla o incluso su papel como geógrafo, apenas existen “algunos apuntes” de este ambicioso *Vocabulario*.

José Javier Rodríguez Toro, estudioso de la onomástica hispánica y probablemente el mejor conocedor de la tradición archivística de Sevilla, junto a Lisboa la más importante ciudad portuaria y cosmopolita de ultramar en la primera mitad del siglo XVI, es tal vez el experto mejor cualificado para haber abordado la tradición de esta interesantísima y relevante obra. El resultado es un insólito, completo y fiable libro que describe los lugares de la España del Siglo de Oro. Constituye, pues, un hito en la historia de la investigación toponímica española y se convertirá a buen seguro en obra de referencia para futuras investigaciones.

El presente volumen se concibió como una nueva entrega de la serie *Patronymica Romanica*, que ya no se publica. Esta serie acompañó la realización del *Dictionnaire historique de l'anthroponymie romane* (*PatRom*). Por su tema, sigue a los dos últimos volúmenes (los números 24 y 25) sobre la investigación toponímica en España; al mismo tiempo, cumple el objetivo de dar a conocer importantes fuentes históricas sobre los nombres de la Romania.

Dieter Kremer

https://doi.org/10.1515/9783111044064-203

Introducción

Lo primero que deberá tener en cuenta quien quiera evocar la España del Siglo de Oro –afirmaba hace unos años Manuel Fernández Álvarez– es la *tierra*, es decir, «sus ríos y sus montañas, sus vados y sus desfiladeros, sus villas y sus pueblos»: la España norteña y húmeda; la España interior, seca y de clima continental; y la España levantina y meridional, de clima mediterráneo (Fernández Álvarez 1989, 31–33). La Biblioteca Capitular y Colombina de Sevilla conserva, precisamente, dos gruesos códices del siglo XVI (signaturas 10-1-10 y 10-1-11) que contienen información valiosa sobre la *tierra* en el sentido que Fernández Álvarez daba al concepto, pero apenas han suscitado un interés fragmentario hasta la actualidad. De título no establecido –¿*Descripción y cosmografía de España*?, ¿simplemente *Cosmografía*?, ¿tal vez *Itinerario*?)– y trunca por oscuras razones, el promotor de la obra a que esos textos corresponderían fue el afamado bibliógrafo Hernando Colón (Córdoba, 1488. Sevilla, 1539).[1]

El presente libro tiene por objeto la edición de dichos volúmenes, pues la única existente, promovida por la Real Sociedad Geográfica de Madrid a principios del siglo XX, adolece de numerosos errores tanto formales como de contenido. Con esta nueva se vería sin duda favorecido el acceso a los datos geográficos, históricos y demográficos que quedaron registrados en los códices sevillanos. Este es el fin fundamental que aquí se persigue.

La introducción que sigue a este breve preámbulo está estructurada en cinco apartados diferentes: semblanza de Hernando Colón en relación con sus saberes cosmográficos o geográficos; descripción externa e interna de los códices 10-1-10 y 10-1-11 de la Colombina; justificación de la nueva edición a partir, sobre todo, de las instrucciones legadas por Hernando Colón; relación detallada de su contenido; y, por último, indicación de los aspectos formales relativos a la presentación crítica, con especial atención a los criterios editoriales seguidos.

El íncipit del manuscrito 10-1-10[2] de la Biblioteca Capitular y Colombina consta de una fecha y de un escueto enunciado en primera persona –«lunes III de agosto de 1517, comencé el itinerario»–, atribuido con todo fundamento al citado Hernando Colón. Hernando se encontraba a la sazón en Alcalá de Henares, donde

1 Hijo, como es bien sabido, de Cristóbal Colón y de Beatriz Enríquez de Arana. Una biografía muy exhaustiva en Marín (1993).

2 Volumen de 679 hojas y que mide 229 x 165 milímetros. Es, como se dirá, un códice facticio resultado de la adición de cuadernos independientes. Para su descripción más completa, cf. Marín (1970, 201–224).

https://doi.org/10.1515/9783111044064-001

habría rendido visita a Antonio de Nebrija, lo que se sabe porque recibió de este un ejemplar de su opúsculo *Tabla de la diversidad de los días y horas y partes de hora en las ciudades, villas y lugares de España y otros de Europa que les responden por sus paralelos*, según quedó anotado en la ficha bibliográfica número 2725 del *Regestrum Librorum don Ferdinandi Colon* o *Registrum B*: «diómela el mismo autor en Alcalá de Henares, año 1517» (Wagner 1986, 718). El segundogénito de Cristóbal Colón ya había leído la *Introductorium Cosmographiae* de Nebrija, publicada entre 1498 y 1502,[3] pues aunque haya pasado a la posteridad como uno de los más destacados bibliófilos de la historia, tal vez el mayor coleccionista de libros de la primera mitad del siglo XVI,[4] en su tiempo la fama se la debía a sus conocimientos de cosmografía[5] –es decir, geografía[6]– disciplina promovida por humanistas como el mencionado gramático[7] y que, como se verá más abajo, es el asunto del que trata ese volumen 10-1-10 (y su inseparable 10-1-11). Es muy ilustrativo, en este sentido, el retrato moral realizado por un contemporáneo suyo, el cronista de Indias Gonzalo Fernández de Oviedo: «Fernando Colón, que hoy vive, el cual es virtuoso caballero y, demás de ser de mucha nobleza y afabilidad y dulce conversación, es docto en diversas ciencias, y en especial en cosmografía» (*apud* Guillén 2006, 145).

Dado su aporte al arte de la navegación, el saber cosmográfico de Hernando se remontaría a su participación, con apenas trece años, en el cuarto de los viajes a América de su padre.[8] En tal trance –cabe suponer– habría presenciado las conversaciones entre el Almirante y sus más directos colaboradores, caso de su tío Bartolomé. El interés por la cosmografía se refleja asimismo en las obras que sobre la disciplina atesoraba la «librería» hernandina,[9] bien allegadas por herencia familiar, bien adquiridas por él mismo; pero además –pese a que salvo la contenida en los códices 10-1-10 y 10-1-11, no se ha conservado ninguna de ellas– en

3 Esta obra, conservada en la Biblioteca Capitular y Colombina, «posee anotaciones marginales» de Hernando, *Las joyas de la Colombina* (1989, 29).

4 «Librería» que está en el origen de la Biblioteca Colombina. La bibliofilia de Hernando ha acabado convertida, con bastante razón, en un lugar común de quienes han escrito sobre él: por ejemplo, Sherman (2016).

5 Cf. Arranz (2000, 13–18), Ruiz Asencio (1995, 12–15) y Ruiz Asencio (2008, 10–11).

6 Cf. Navarro Brotóns (1994) y Vicente Maroto (2006).

7 «La cosmografía y la astronomía fueron un factor sustancial en su siempre mantenido empeño de conciliar *res* y *verba* al servicio de "esta gran compañía que llamamos ciudad"» (Rico 1981, 167).

8 Vivencia que se refleja en la *Historia del Almirante*.

9 Hace tiempo que Francisco Rico llamó la atención sobre el volumen de la Colombina con signatura 4-1-18 en que se reúnen la citada *Introductorium* de Nebrija, así como las obras clásicas de Vibio Secuestre y Pomponio Mela (Rico 1981, 156).

las de su propia autoría,[10] a saber, el *Memorial por el Almirante* de finales de 1509, el *Tratado sobre la forma de descubrir y poblar en la parte de las Indias* o, en especial, el *Proyecto para dar la vuelta al mundo*, circunnavegación que habría anticipado una década la de Magallanes y Elcano. En esta última obra, fechada en julio de 1511 y presentada al rey Fernando el Católico, reconoció Hernando la deuda contraída con su padre al respecto: «diré lo que de ello siento, así como por lo que de él aprendí de palabra y de muchos libros y escrituras que de él me quedaron y de otras partes he recogido» (*apud* Marín 1993, 181).

Estos indudables méritos favorecieron su relación con la Corona en la década posterior, que se vio claramente acrecentada con la *Escritura o forma de navegación para su alto y felicísimo pasaje de Flandes a España* con motivo de la vuelta al país del recién coronado emperador Carlos (1522). Reconocido ya en ese momento como un insigne cosmógrafo, Hernando escribió dos años después *El derecho que la Real Corona de Castilla tiene a la conquista de las provincias de Persia, Arabia e India, e de Calicut e Malaca con todo lo demás que al oriente del cabo de Buena Esperanza el rey de Portugal, sin título ni derecho alguno, tiene usurpadas* e intervino en las Juntas de Elvas-Badajoz para defender ante Portugal la legitimidad de España sobre las islas de las Especias.[11] Todo ello explica que en 1526 el Consejo de Indias le encargara la confección de una carta de navegar y de un mapa del mundo que sirviera de patrón en la Casa de Contratación de Sevilla. Por si todo esto fuera poco, su casa en dicha ciudad, cercana a la Puerta de Goles, se había convertido en la sede de una tertulia de pilotos y marinos, en torno a la cual se formó un grupo de discípulos integrado por algunos de los más destacados cosmógrafos de la época (Alonso de Chaves, Alonso de Santa Cruz o Pedro Mejía).[12]

De toda la producción en cosmografía atribuida a Hernando Colón, sin embargo, solo se ha conservado hasta hoy el mencionado manuscrito de la Colombina con

10 Algunas de estas obras de tema cosmográfico aparecen enumeradas por Torre Revello (1945, 51–59).

11 Entre los fondos del Archivo General de Indias, sección Patronato, se conservan autógrafos hernandinos sobre dicha participación (signaturas 48 R 13, 16 y 17).

12 Marín (1993, 22) no cree que ninguno de los méritos enumerados pueda compararse con su condición de bibliógrafo. La opinión de Juan Gil tampoco es favorable, dado que «muchas fueron las ramas del saber cultivadas por Hernando Colón, mas en ninguna de ellas sobresalió de manera excelente. Las Musas le negaron la gloria de ser un cosmógrafo de renombre» (Gil 1992, XIX).

la signatura 10-1-10, indesligable del 10-1-11, tal y como hace años quedó demostrado (Harrisse 1871, 33).[13] Ambos códices contendrían el ambicioso proyecto científico con que Hernando pretendió, según su fiel servidor el bachiller Juan Pérez,[14] «hazer la cosmografía de España y en ella escribir todas las particularidades y cosas memorables que hay en ella», «todas las cosas notables que hay en cada pueblo». Teniendo en cuenta el desarrollo alcanzado entonces por dicha disciplina,

> el provecho [de una obra de estas características] era grande para saber las ecelencias de España pues que no hay generación cristiana que del menor pueblo que tenga, que no haya hecho discrición y figura para que el que no ha estado en Roma, Jerusalén, Babilonia, en París o en Envers y así de todas las demás, sepa la manera de su sitio y cuán grande es y pueda dar cuenta y razón de ellos como si hobiese estado en ella y aun por ventura mejor porque las particularidades mejor se veen en dibuxo.

Y, claro está, dado que «España o por mejor dezir Castilla ha carecido» de ella, Hernando Colón «quiso tomar este trabajo imenso» aun siendo «costa grande». A tal fin –añade el bachiller Pérez:

> fue necesario enviar por todos los pueblos de España algunas personas que informasen en cada pueblo de los vezinos que había y de todo lo demás que en él hobiese dino de memoria y habida la información la truxiesen por fee de escribanos e de testigos fidedinos.

Como resultado del trabajo, se encontraba en la librería hernandina, por un lado, «un libro escrito de mano, de cuarto de pliego, cosido en badana negra y atado» que contenía «la memoria de estas cosas memorables» así como «las fees que de ella[s] se traían [como] testimonios», es decir, el códice 10-1-10. De este primer libro, considerado por Pérez «prototipo o oreginal», se sacaron otros siete volúmenes «de cuarto de pliego, escritos de mano y encuadernados en tablas de madera y en cuero embesado y cosidos los cuadernos con unas correas», libros que «tienen mucho papel blanco», en clara referencia al códice 10-1-11. La información, según Pérez, se dispone en él «por orden alfabética»:

> La manera que se ha de tener para hallar lo que quisieren buscar en lo que quedó hecho, es que miren la primera letra de la ciudad que quiere[n] buscar y en su lugar le hallará[n] [...] de manera que si alguno quisiere saber Sevilla qué cosa sea o qué vezinos tenga o qué sitios

---

13 Por el contrario, Bartolomé José Gallardo desconoció la relación entre ambos volúmenes pues solo informa del primero (Gallardo 1866, 512–513).

14 Para las palabras de Pérez recogidas a continuación, salvo que se indique lo contrario, se ha tomado la transcripción de su *Memoria de las obras y libros de Hernando Colón* (*apud* Marín 1970, 47–49). Cf., además, Rodríguez (2002, 13–19).

> o qué heredades o, al fin, qué cosas memorables haya en ella, irá a la s y allá hallará por su orden todo lo que de ella quisiere saber, los lugares comarcanos a cuántas leguas están cada uno y por qué caminos o lugares van de unos a otros, con todo lo que más deseare saber.

El volumen 10-1-10 consta, pues, de los cuadernos en los que esos colaboradores de Hernando, provistos de un permiso real que había concedido el Consejo de Castilla, trasladaron las descripciones de las localidades visitadas.[15] Dichos cuadernos eran en principio independientes y, solo transcurridos algunos decenios tras su muerte, se habrían cosido con la finalidad de evitar su dispersión.[16]

En cuanto a la disposición del contenido, las descripciones se transcribieron en asientos a una media de tres por folio. En cada uno de los párrafos se repiten casi siempre los mismos datos: nombre del lugar, tipo de población, número de habitantes y mención de la ciudad, noble, arzobispado u orden religiosa de la que dependiera jurídica o administrativamente. Además, se da cuenta pormenorizada de las distancias en leguas desde la localidad descrita a las de los alrededores y se detallan las características del terreno, la existencia de ríos... (Marín 1970, 208). Valga, como muestra, el asiento siguiente:

> San Miguel de Corneja es lugar de XL vezinos e está en alto al pie de una sierra e en el val de Corneja e es aldea de Piedrahíta; e fasta Piedrahíta ay media legua llana e de berrocales; e fasta Bonilla ay una legua pequeña de montes de enzinares e a medio camino traviesan un cerro que tenrá II tiros de vallesta e a II tiros de vallesta primera pasan a un río dicho Corneja por vado que corre a la mano dizquierda; e fasta Villatoro ay II leguas e media e van por las Casas del Puerto; e fasta Las Casas del Puerto ay I legua e media un valle arriba e por entre unos enzinares e a tercio de legua pasan a Corneja por vado corre a la mano dizquierda.
>
> (f. 401, cód. 10-1-10)

---

15 Ahora bien, aunque Pérez hable de «algunas personas» como los emisarios enviados por Hernando a recabar los datos, el análisis paleográfico de los originales revela la participación de tan solo una persona (además de Hernando) en la redacción del códice 10-1-10. Pudiera pensarse, por lo tanto, que los emisarios fueran varios, pero su labor se limitaría a tomar unas notas durante sus desplazamientos por la península que, en Sevilla y bajo la dirección de Hernando, un único redactor trasladaba a los citados cuadernos.

16 Lo que no pudo lograrse como demuestra la aparición en la Biblioteca Nacional de Madrid de dos de ellos: se trata del manuscrito nº 7855 de la Nacional (Marín 1970, 238–239). Todo lo que en estas páginas se diga del códice 10-1-10 será válido para este desgaje.

Los folios del 10-1-10 carecen de numeración, pero presentan anotadas al margen, aproximadamente a la altura de cada uno de los asientos de que se componían, unas cifras que facilitan la localización de los informes recogidos para cada población. No en vano, las descripciones en el códice 10-1-10 pasan de unas zonas geográficas a otras según el orden de la marcha a pie del emisario correspondiente.

En el segundo códice –como ya se ha indicado, signatura 10-1-11 de la Capitular y Colombina de Sevilla–,[17] según el mismo Hernando dejó consignado,[18] a las localidades descritas, una vez que hubieron sido ordenadas alfabéticamente, se les debería dedicar como mínimo un folio en el que aparecieran de manera extractada las informaciones que, relativas a ellas, habían sido previamente recopiladas. Así, cada uno de los folios de este volumen de la obra está encabezado por el nombre de una localidad, el tipo de población de que se trata (aldea, ciudad, lugar…) y el número que remite al del párrafo (o párrafos) del códice 10-1-10 donde se describía: las noticias de índole administrativa, estadística o histórica se ordenan en una primera columna a la izquierda del folio. La lista de localidades limítrofes con expresión de las respectivas distancias y la calidad del terreno desde el lugar primero ocupan la columna de la derecha.[19] Por ejemplo, Hoyos «lugar 2596»:

Tab. 1: f. 356, cód. 10-1-11

Tiene 200 vezinos	Coria 5 leguas vase por Perales y por Buelga
Es aldea de Coria	Güerta 2 leguas grandes de sierra a media legua de Hoyos pasa Gata por vado
Está muy llano / algo en hondo	Azebo media legua de sierras
	Morales a 3 leguas
	Perales 1 legua
	San Martín de Trebejo 2 leguas, vase por el Azebo
	Çarça 1 legua / Trebejo 1 legua de sierra

17 Volumen en folio (330 x 220 mm), de 545 hojas. Cf. Marín (1970, 238–239).

18 Aparte de la información del bachiller Juan Pérez recién citada, cf. las instrucciones de Hernando Colón, de las que, por extenso, se dará cuenta más abajo porque permiten justificar la presente edición.

19 Sobre el contenido de este códice, Marín (1970, 239–240).

La relación orgánica entre los dos códices de la Colombina es indiscutible: aparte de utilizar la misma información geográfica, el indicio fundamental son esos números situados aproximadamente a la altura de los asientos en el primer volumen, que se repiten en el segundo al lado del nombre de cada localidad.[20] Ahora bien, se ignoran muchos de los pormenores que rodearon la confección de la obra.[21] Las hipótesis acerca de su génesis y su posterior desarrollo se apoyan tan solo en el testimonio del bachiller Juan Pérez y, especialmente, en las instrucciones de Hernando para redactar el códice 10-1-11. Además, la empresa cosmográfica se suspendió en circunstancias aún no aclaradas, lo que justifica el desigual grado de terminación que muestran ambos volúmenes.[22] Acerca de esta interrupción, se sabe que el 13 de junio de 1523 una Provisión Real del Consejo de Castilla ordenaba al «corregidor o juez de residencia de la cibdad de Córdova o a vuestro alcalde» la retirada de los salvoconductos a los emisarios hernandinos:[23] es muy probable que el Consejo de Castilla, según se deduce de dicho documento, no entendiera que un proyecto científico de la magnitud de esta obra estuviera en manos de un particular que no ocupaba ningún puesto en organismo alguno del Estado. Pero, ¿por qué? ¿acaso se creía arriesgado para la seguridad del país que este texto, una vez acabado, hubiera llegado a manos enemigas? El bachiller Juan Pérez solo refiere que «la invidia no [...] dejó llegar al cabo» el «trabajo imenso» que se había propuesto Hernando; no más explícito se muestra este al afirmar –en el proemio de *El derecho que la Real Corona de Castilla...* antes citado– que «con el [...] intento y celo de servir [...] a su Majestad [...] entendía en hacer la *Discrección* [sic] *y Cosmografía de España*, a que por el Presidente que era del Real Consejo de vuestra Majestad me fue puesto impedimento».[24]

---

20 De acuerdo con Marín (1970, 250), «son dos manifestaciones diferentes de la misma obra, proyectada y ejecutada una, la primera, en función de la otra».

21 Crespo Sanz (2012) propone toda una serie de sugerencias muy interesantes –nunca antes apuntadas– en relación con la obra hernandina.

22 El códice 10-1-11 apenas está relleno: «de los quinientos cuarenta y cinco folios que hemos dicho, casi la mitad, unos doscientos cincuenta, permanecen totalmente en blanco; de los restantes, ciento y pico van escritos al *mínimum*, con alguna palabra en su margen superior; ochenta y tantos lo están solo en una columna, y otros cien, más o menos, en las dos; aquellos cuya escritura se continúa al dorso, apenas llegan a una treintena; en general son rarísimas las páginas cargadas de tinta y de letras, y muchas las que reducen su bagaje a una línea o dos, o poco más» (Marín 1970, 239).

23 Para la transcripción completa del documento, Marín (1970, 163).

24 *Apud* Marín (1970, 48) y Fernández de Navarrete (1850, 383). Además, Ponsot (1966, 75–76).

La única edición existente hasta la fecha, bajo el título de *Descripción y cosmografía de España por D. Fernando Colón* y a expensas de la Real Sociedad Geográfica de Madrid, data de principios del siglo pasado: apareció casi de manera simultánea por entregas en el *Boletín* de la institución desde julio de 1904 hasta abril de 1915[25] y en tres volúmenes exentos los años 1908, 1910 y 1915.[26] Y aunque desde entonces muchos historiadores se han valido de ella como obra de referencia para la España del Quinientos,[27] su texto contiene numerosos defectos desde el punto de vista estrictamente formal, según puso de relieve Marín:

> Ocasión es esta de decir que la edición publicada por la Real Sociedad Geográfica [...] no puede considerarse como modélica. Prescindiendo de aspectos y detalles menores como el no citar las páginas del manuscrito, el mantener servilmente la ortografía del original, el prescindir, por parte del editor, de toda clase de indicaciones y notas, omitir todo signo de puntuación, etc. hay que estar muy alerta sobre la calidad de las lecturas, defectuosas muchas veces y atentatorias contra el recto sentido del texto.
>
> (Marín 1970, 212, 232–233)[28]

---

25 Un artículo, de extensión variable, titulado «Descripción y Cosmografía de España por D. Fernando Colón (ms. de la Biblioteca Colombina)» vio la luz en los siguientes números (y fechas) del *Boletín de la Real Sociedad Geográfica*: nº XLVI (1904, julio), 325–389; nº XLVI (1904, octubre), 491–538; nº XLVII (1905, enero), 163–176; nº XLVII (1905, julio), 457–488; nº XLVII (1905, octubre), 515–533; nº XLVIII (1906, abril), 238–268; nº XLVIII (1906, julio), 386–424; nº XLVIII (1906, octubre), 565–612; nº XLIX (1907, enero), 113–152; nº L (1908, enero), 85–112; nº L (1908, julio), 391–400; nº LI (1909, enero), 81–128; nº LI (1909, abril), 271–272; nº LI (1909, octubre), 538–540; nº LII (1910, abril), 271–272; nº LII (1910, julio), 338–399; nº LII (1910, octubre), 493–528; nº LIII (1911, enero), 120–128; nº LIII (1911, abril), 233–256; nº LIII (1911, julio), 387–392; nº LIII (1911, octubre), 506–516; nº LIV (1912, enero), 126–128; nº LIV (1912, abril), 239–256; nº LIV (1912, julio), 374–384; nº LV (1913, enero), 101–128; nº LV (1913, abril), 260–264; nº LV (1913, julio), 404–408; nº LVI (1914, enero), 105–128; y nº LVI (1914, abril), 355–388. En abril de 1915 apareció de una sola vez «la parte del manuscrito [...] existente en la Biblioteca Nacional de Madrid» (esto es, los fragmentos desgajados del primero de los códices sevillanos con signatura 7855 del que ya se ha hablado): *Boletín de la Real Sociedad Geográfica*, nº LVII (1915, abril), 147–207.

26 La Librería Padilla de Sevilla reimprimió la obra en 1988, pero sin modificar el texto.

27 Entre otros muchos, Vila (1975), Sáez Guillén (1993) o Fábregas (2009).

28 No menos crítico se mostró Jos (1941, 565) al afirmar que entre los puntos pendientes de la historia de Hernando Colón se cuenta «el de su descripción topográfica de España, cuyos materiales salieron a la luz con pobre cortejo erudito en una edición que se asemeja algo a otras hechas con tanta prisa como despreocupación por ilustrar el texto, ediciones que nos hacen recordar el gesto de quien echase carnaza a las fieras». Para una opinión discrepante acerca de la calidad de la edición, Criado de Val (1993).

Efectivamente, la edición de la institución madrileña «se presenta en forma un poco extraña» (Marín 1970, 192), pues no figura por ningún lado el nombre de su responsable. El brevísimo prólogo con que se inicia el tomo primero (pp. 1—4 del tomo I) lo suscribe Antonio Blázquez Delgado-Aguilera –entonces secretario adjunto de la Real Sociedad Geográfica–, el resumen de dos páginas inserto al final del tomo tercero ni siquiera aparece firmado (pp. 65—66 del tomo III) y, por último, en setecientas cuarenta y cinco páginas impresas solo hay una única nota al pie, en que se dice que «la mayor parte de la copia de este manuscrito la ha facilitado el distinguido escritor D. Nicolás Tenorio» (p. 5 del tomo I).[29]

Pero aún mayor inconveniente que todos los señalados se antoja la prescindencia del códice 10-1-11 y lo que esta decisión comporta. Porque, en efecto, el 10-1-11 de la Colombina apenas está relleno, pero ofrece la disposición que Hernando deseaba para la versión escrita de su empresa cosmográfica.[30] Las instrucciones que al respecto legó –y que más arriba solo se han mencionado de pasada– son muy claras acerca de la forma con que se debía proceder en su elaboración. En ellas puede leerse,[31] entre otras muchas minuciosidades,[32] que el contenido de los cuadernos que conforman el volumen 10-1-10 se trasladará a un libro «por orden alfabético como un vocabulario», pero «no poniendo en cada hoja más de un nombre [propio de lugar]»; una vez que estuvieran distribuidos «que no se crea aver más en España», «todo lo que está en estos cuadernos se escrivirá en aquel libro poniendo lo que toca en Ávila en Ávila y lo que toca a cualquier otro lugar en su nombre propio».

Esos datos, a su vez, se dispondrán de manera organizada en los folios respectivos: «a una parte de la hoja lo que dize del casco de lugar y en otra parte el cuyo es y en otra los lugares que tiene y en otra lo que ay hasta cada lugar y desto con numero de alguarismo».

---

29 Se ha demostrado que, con la complicidad de Simón de la Rosa (oficial de la Biblioteca Colombina a principios del siglo XX), el historiador onubense Nicolás Tenorio fue quien realizó la transcripción del códice 10-1-10. Cf. Rodríguez (2018, 174—177).

30 Lo poco que hay escrito en dicho códice posee el valor añadido de ser de su puño y letra.

31 *Apud* Marín (1970, 218—220). En la paráfrasis que sigue se ha prescindido de las instrucciones relativas a la extracción previa de nombres propios: su comentario en Marín (1970, 246).

32 Sin poner en duda su valor, tampoco se ha tenido en cuenta aquí la parte final de las instrucciones: «Para el hazer las tablas serán cuadradas y divisas por grados de longitud y latitud y cada grado en millas cuyas líneas cruzarán la tabla como en un tablero de axedrez porque fácilmente del original do se pintare al principio se pueda sacar en los otros». Crespo Sanz (2012, 84, 99—100) ha relacionado este pasaje con las instrucciones para realizar un mapa de España (que no obstante jamás vio la luz).

Consciente de que algunas localidades se habían descrito más de una vez en la primera fase de la empresa –aparecían por ello repetidas en el 10-1-10– y que los datos allegados podían ser discordantes entre sí, Hernando propone que se anote el más frecuente:

> porque cuantas más vezes estoviere dicho, tanto más cierto será y tenido por más verdadero que lo que pocas vezes estoviere dicho, es a saber si de Ávila a Segovia dizen diez partes destos cuadernos que ay onze leguas y en dos partes dize que ay doze, antes creeremos que ay onze pues que diez lo dixeron.

En cuanto a «lo que ay de un lugar a otro y los lugares que ay en medio y la calidad de la tierra que es», datos que dotarían a la obra de una enorme utilidad –y que la vinculan, como se dirá más adelante, con el género de los repertorios de caminos–, Hernando dispone que solo se recojan una vez, «en el lugar que precediere en la orden del alfabeto», de manera que «cuando quisiéremos saber lo que ay de Sevilla a Granada», deberá «buscarse y ponerse en Granada porque está primero en orden del abecé».

Parece haber consenso acerca de que estas instrucciones se materializaron en el códice 10-1-11,[33] no así sobre la identificación entre este volumen y la entrada número 3342 del ya citado al principio *Regestrum Librorum don Ferdinandi Colon* (o *Registrum B*), que recoge la siguiente descripción: «Vocabulario en que se contienen los nombres de los lugares y reinos de España, escrito de mano. Es de pliego y a dos columnas. Va por orden alfabético, incipit: Abades, Abarçales, desinit: Zebreros, Zebriliego».[34]

Es el caso que Marín, el máximo especialista en la obra (repetidas veces citado por ello en estas páginas), si bien reconoce que «casi todo cuanto allí se dice puede convenir» al 10-1-11 –«estar escrito a dos columnas, ser de tamaño grande, contener los nombres de los lugares y reinos de España, empezar por los nombres en *a* y terminar en *z*»–, se reafirma en que «resultaría inverosímil que tratándose de un códice preparado y escrito todo personalmente por el propio Hernando Colón, dejara este de consignar en su *Registro* tan singular detalle y redujera su descripción a una de las más simples y menos elocuentes».[35]

---

33 Así pues, ninguno de los estudiosos de la obra hernandina pone en duda que el 10-1-11 «constituye el fruto bibliográfico salido de estas normas redactadas por don Hernando acerca de la segunda gran fase de su empresa cosmográfica» (Marín 1970, 247).

34 Según Álvarez Márquez (2003, 67), se contaría de hecho entre los diccionarios «desaparecidos» de la biblioteca de Hernando.

35 Cf. Marín (1970, 251). Sin embargo, en un pasaje anterior de su libro parece mostrarse más bien favorable a la identificación: «tiene Serrano el mérito de haber sido el único autor que supo

Pero, ¿acaso no bastan todas las coincidencias enumeradas por el mismo Marín? El hecho de que la descripción anotada bajo el número 3342 del *Registrum B* se antoje simple y poco elocuente quizá se relacione con la circunstancia de que, en el momento en que se redactó el asiento de dicho catálogo, la obra estuviera aún en proyecto, lo que por otra parte se corresponde con la misteriosa prohibición que pesaba sobre la empresa hernandina al menos desde 1523. Falta también en el *Registrum B*, como suele ser habitual, la indicación al respecto de la forma en que había sido adquirido el volumen en cuestión: no consta que se comprara ni que alguien se lo hubiera regalado. Además de todo ello, la diversidad de denominaciones que recibe en los otros inventarios de la Colombina –*Vocabularius de los lugares de España* en *Abecedarium B* y en *Suplementum*; *Hispaniarum urbium et locorum eius vocabularium* en *Abecedarium C*; *Vocabulario de todos lugares de Spaña* en *Abecedarium A*– abundaría en esta misma dirección: la discordancia de los títulos apunta a una obra planteada pero no concluida.[36]

En consecuencia, la presente edición propone como título de la obra de Hernando Colón, no el de *Descripción y cosmografía de España*, sino el recogido en la entrada 3342 del *Registrum B*, es decir, *Vocabulario en que se contienen los nombres de los lugares y reinos de España* (a partir de este punto abreviado como *Vocabulario*) dadas las evidentes coincidencias entre las instrucciones recién comentadas de Hernando y el párrafo citado del *Registrum B*. Esta edición, por lo tanto, se basa en dichas instrucciones y reorganiza toda la información recogida en el códice 10-1-10 (y en su desgaje conservado en Madrid, el manuscrito 7855) aprovechando, en primera instancia, la disposición de las pocas entradas redactadas del 10-1-11. De esta manera se respeta la verdadera intención de Hernando y, al mismo tiempo, se facilita el acceso a la información contenida en la obra,[37] algo que es muy difícil de conseguir si se mantiene el texto del 10-1-10 tal y como se redactó, que es lo que se limitó a editar (o, más bien, transcribir) la Real Sociedad Geográfica.

---

ver en el número 3342 del *Registrum B*, del propio D. Hernando, un posible asiento de dicho Vocabulario» (Marín 1970, 195).

36 ¿Se referirán a ella algunas de las pertenencias inventariadas a la muerte de Hernando en 1539? A saber, «cosas de cosmografía», «unas escripturas sobre la cosmografía de España» o «un libro que paresce bocabulario», cf. Hernández Díaz y Muro Orejón (1941, doc. XCIII).

37 Como hizo Laborda (2002), si bien es verdad que dicha obra se basó en la edición de la Real Sociedad Geográfica de Madrid. Rodríguez (2002, 102–121) esboza una presentación crítica partiendo de los originales.

Teniendo en cuenta, pues, las indicaciones de Hernando Colón y sus asientos en el códice 10-1-11, las entradas en esta edición del *Vocabulario* constan de dos secciones distintas.[38] La primera, encabezada por el nombre de la localidad –en letra negrita– recoge, entre otros datos relativos a ella, la categoría urbana correspondiente, el número de vecinos, la identidad del propietario o la jurisdicción a que pertenece, así como la descripción física de su emplazamiento. La segunda sección enumera los lugares de destino –en mayúsculas y por orden alfabético– desde la localidad objeto de la entrada, con indicación de la distancia en leguas y de las características de los respectivos recorridos: calidad del terreno, vegetación, cultivos, ríos que han de franquearse en el camino... La naturaleza textual de ambas partes es fundamentalmente descriptiva,[39] si bien es cierto que la descripción en la primera es más bien estática –con verbos como *tener*, *ser* o *estar*– y en la segunda, dinámica –con verbos como *ir*, *salir*, *correr* o *pasar*. Como ya se ha dicho, Hernando Colón propuso en sus instrucciones que las secciones se dispusieran a doble columna en el folio; en la presente edición, con la finalidad de aprovechar mejor el espacio de la página, se disponen en sendos párrafos aunque diferenciados por la sangría y el tamaño de la fuente.

Los enunciados que integran la primera sección se yuxtaponen entre sí y reúnen siempre los mismos datos (y en idéntico orden).[40] Al nombre de la localidad objeto de la entrada se adjunta, en primer término, el número del asiento (o números si la localidad se había visitado más de una vez) correspondiente del códice 10-1-10. En esta edición se indica dicho dato entre corchetes por tratarse de una intervención del editor: de hecho, se han eliminado las cifras que remiten a párrafos perdidos y, por esta razón, inútiles.

A continuación aparece la categoría urbana: de mayor a menor importancia, «cibdad»,[41] *villa*[42] y *aldea*.[43] Se emplea además un término general que las abarca a todas ellas, el hiperónimo *lugar*,[44] que, por ese valor menos específico, se repite

38 Con muy escasas excepciones, en que falta una de las dos: por ejemplo, en la entrada de *El Alameda* [§ 1072], falta la segunda y en la entrada de *Alchemezí*, la primera.

39 Pese a que la obra hernandina está desprovista del valor literario de los libros de viaje, pudieran ser útiles algunas consideraciones contenidas en Béguelin-Argimón (2011).

40 En la presente edición los enunciados aparecen separados entre sí por punto y coma.

41 Entre otras, *Alcalá la Real, Alcaraz, Andújar, Antequera* o *Arcos de la Frontera*.

42 Por ejemplo, *Aça, Alahejos, Alaondroal, Alarcón, Alcáçar de Consuegra* o *Alcalá de Henares*.

43 Así, *(A)barca, Açofra, El Alameda, Alasanco, Alasón, Alcones* o *Alcorcón*.

44 Entre otros muchos, *Achas, Açuqueca, Adamuz, Adobea, El Adrada* o *Alanís*.

mucho más en la obra.[45] No es infrecuente, sin embargo, que una misma localidad aparezca anotada bajo dos de estas categorías, quizá debido a la falta de información al respecto por parte del emisario encargado del pasaje en cuestión. Por ejemplo, *Cáceres* figura como «cibdad» y villa, *Estepa* como lugar y villa, y *Tosina* como aldea y lugar.[46] También hay sitios sin dicho dato:[47] cabe recordar el carácter inacabado del *Vocabulario*, de manera que tal vez en una revisión posterior se habría completado el tipo de localidad correspondiente.

En cuanto a los «vezinos», segundo enunciado de la primera sección, la obra solo aporta el número de los que «tiene» cada localidad.[48] Es dato este constante a lo largo del *Vocabulario*,[49] aunque en ocasiones, cuando el lugar había sido visitado más de una vez en la fase de recopilación de las informaciones y, en consecuencia, aparecía repetido en el códice 10-1-10, el asiento respectivo puede aportar dos o más cantidades diferentes: el ejemplo más significativo al respecto es el de *Ja(h)én*, que tendría 4000, 5500, 6000, 7000 o 7500 vecinos.[50]

Las ciudades españolas más populosas, según la obra, eran *Granada, Sevilla, Toledo* y *Valencia*. Pero el *Vocabulario* también informa de los lugares que, en el extremo opuesto, carecían de población como *Almarazejo* –«lugar despoblado salvo un vezino»–,[51] incluso de la evolución demográfica experimentada: *Martín Uvieco*, «despoblado que solía ser de 50 vezinos», *Moraleja* «solía ser lugar de 150 vezinos e agora está despoblada», *Perona* «tiene 5 vezinos, dizen que solía ser

---

45 A ellos habría que añadir algún término análogo pero muy minoritario como *casería / casaría*: *Gallifa* «lugar o casería», *Poblete* «lugar e casería». Estas dos no son, de todas maneras, las únicas caserías que registra el *Vocabulario*: *Antequera, Espartinas (Espartines), Évora, Fafar, Fuenterrabía, Marchena, Osuna, Raça de Arnoya, Villafranca*. La casería de La Serrezuela es «muy principal» (*Sevilla*) y la de Boyana es de un «ginovés» (*Gelo*).

46 De la misma manera que hacía Hernando Colón, quien separaba los datos alternativos mediante barra en el manuscrito 10-1-11, se ha mantenido en la presente edición. P. ej. «*Ajalvir (Hajalvir)* aldea / lugar».

47 Entre otras localidades, *Abades, El Alameda, Alcoleyuela, Aldea el Corvo, Aldea el Horno, Aldeanueva de la Serrezuela* o *Alvendiego*.

48 Que, como es bien sabido, no equivalía entonces a 'habitante' sino más bien a 'fuego', de manera que vendría a corresponder a 'cabeza de familia'.

49 Con muy pocas excepciones, como cuando se señala que está despoblado, lo que se dirá a continuación.

50 Hernando Colón también separaba las cantidades alternativas mediante barra en el manuscrito 10-1-11. Esta edición conserva dicha costumbre. P. ej. «*Ajalvir (Hajalvir)* [...] tiene 40 / 60 vezinos».

51 En la segunda sección se nombran otros lugares despoblados, como Vilches (*Arganda, Lueches*) o Salvanés (*La Barca de Fuentedueña*). En algunos casos, ni se ha consignado su denominación, tal vez porque eran muy antiguos: entre *Artesa* y *Torregrosa* o entre *Salorín* y *Alcántara*. Cf. Índice de lugares y ríos nombrados.

buen lugar» o *Villanueva* «está despoblado, agora no ay sino venta, solía ser lugar de 500 vezinos». En el caso de *San Sebastián de los Reyes* o *Villanueva de Fuente el Frexno*, habían sido recién pobladas en aquellos años.[52]

El tercer enunciado refiere la identidad del propietario de la localidad, aunque este se mencione más veces con su título nobiliario que con su nombre y apellido: «*Achas* [...] es de don Pedro de Sotomayor», «*(A)barca* [...] es del conde de Monteagudo».[53] En otros casos se indica la jurisdicción a que estaba sometido el lugar: la misma localidad de *(A)barca* «es aldea de Almaçán» como *Açuqueca* lo era de Guadalajara.[54]

Con una menor frecuencia en comparación con los datos anteriores, en cuarta posición se afirma si el lugar «tiene fortaleza» o, en otras ocasiones, «alcáçar», «casa fuerte», «torre».[55] Claramente polarizados, los calificativos con que en el *Vocabulario* son caracterizadas estas construcciones militares oscilan entre, por una parte, «(muy) buena» o –de manera redundante– «muy fuerte» y, por otra, «derrocada», extremo negativo que suele asociarse a la antigüedad de la edificación: «*Contamina* [...] tiene fortaleza de tiempo antigo derrocada», «*Fuente la Higuera* [...] tiene una casa fuerte antigua ya medio derrocada».[56]

Por el contrario, apenas falta en las entradas la descripción física del casco urbano. Se trata, eso sí, de una representación escueta, muy esquemática, que incide sobre todo en la altura del emplazamiento y, en bastantes casos, en la situación respecto de algún río cercano: por ejemplo, «*Aldea el Corvo* [...] está en un alto por hazia la parte del río», «*El Adrada* [...] está en llano riberas de un río». Porque aparte de estas descripciones, que son las más abundantes de la obra, las posibilidades se reducen a estar «en un valle», «en una ladera», «en una hoya» y pocas más.

Ahora bien, la localización en el espacio se antojaba incompleta si no incluía la orientación del lugar respecto al sol, único punto de referencia válido:[57] «*Man-*

52 *San Sebastián de los Reyes* «hase poblado de 20 años a esta parte» o «poblada en nuestros días»; en cuanto a *Villanueva de Fuente el Frexno*, «avrá 20 años que se pobló».

53 Cf. Índice de personas nombradas.

54 Cf. Índice de jurisdicciones.

55 Algún lugar es identificado desde su mismo nombre como «castillo»: *El Castillo de Bullas, El Castillo de Monteagudo, El Castillo de Rochafrida*.

56 En unos pocos casos se indica también la causa de que fuera derrocada: *Alcaraz, El Castillo de Rochafrida, Munera, La Rambla, Rus, Vilches*. Sobre la adjetivación, Béguelin-Argimón (2011, 400–413).

57 Es mucho menos habitual que, para orientarse, la descripción se sirva de la mención a localidades cercanas, como ocurre en «por la parte de hazia Origüela» (*Elche*) o en «hazia por la parte de Alcáçar de Consuegra e Toledo» (*Malagón*).

çanares [...] por la *parte de mediodía* tiene otra sierra», «*Munera* [...] pasa un arroyo grande por la *parte de hazia do se pone el sol*», «*Villascussa* [...] está en alto por la una parte que es *hazia do sale el sol*», «*Xaharizejo* [...] está en una ladera de una valle de *cara el sol*»... Como términos específicos que confirman la importancia del sol, pueden leerse en este apartado descripciones como las siguientes: «*Almendros* [...] está en vallejuelo como *en solanilla*», «*Moxén* [...] está [...] *a ombrías del sol*», «*Las Casillas* [...] está *en una solana*».

El último enunciado de la primera sección contiene la información más variada y, por este motivo, de peor clasificación o sistematización.[58] En lo que sigue se han discernido aspectos administrativos, productivos y culturales e históricos.

Así, por ejemplo, se menciona la condición de «cabeça» –esto es, de capital de cierto territorio– de algunos de estos lugares: *bailía* (*Canara*), *condado* (*Ayamonte, Benavente, Feria, Medinaceli, Santistevan de Gormaz, Santistevan del Puerto, Tendilla*), *ducado* (*Medina Sidonia, Nájara*), *maestrazgo* (*Alcántara, Calatrava la Vieja, Çorita de los Canes* villa, *Montesa, Almagro*), *marquesado* (*Moya*), *obispado* (*Astorga, El Burgo de Osma, Burgos, Cartajena, Cigüença [Sigüença], Cuenca, Guadix, Lugo, Plazencia, San Martiño de Mondoñedo, Sancroy*), *priorazgo* (*Consuegra, Ricote*) o *reino* (*Barcelona, Burgos, Pamplona, Valencia*).

Si bien no abundan los ejemplos, pueden ser de interés histórico igualmente los cambios de denominación que habrían afectado a algunas de las localidades en la época de elaboración de la obra: «*Mombeltrán* antes se llamava el Colmenar de Arenas» (también «El Colmenar de Arenas que agora se llama de Mombeltrán»), «*Sanlúcar la Mayor* [...] se dezía Sanlúcar de Alpechín», «Canalejas [...] agora se llama la Villa el Mármol» (*Rus*) y «*Viçaler* se solía llamar Villacidaler».[59] De algunos otros nombres de lugar se estaría proponiendo más bien su etimología: «llámase este lugar *Mira el Río* porque tiene y alcança gran vista de la ribera

---

58 Y no todos los aspectos merecen atención. Por ejemplo, sobre el clima, de manera expresa, hay pocas noticias en la obra: solo *Medinaceli* se describe como «lugar muy frío en invierno»; *Villanueva del Campillo* «es más invernoso e de más tormenta que ay en la serranía»; la tierra de *Cuenca* y de *Santiago de Galizia* es «fría». El que determinados ríos se sequen (y puedan vadearse) en verano estaría relacionado con las más altas temperaturas en esta estación, pero es información que no se explicita en el texto.

59 Lo que parece contradecirse con «Vizaler se suele más propiamente llamar Villacidaler» (*Boadilla*). Como reflejo de los cambios de nombres, se citan en el cuerpo de la obra algunos topónimos coordinados por «o»: La Torre de Mexía o de Bezerra (*El Almendralejo*), Pozuelo de la Soga o de Belmonte (*La Barca de Fuentedueña*), El Castillo o Risco de Pedro de Ávila (*Niharra*), Santiago de la Torre o Quebrado (*El Provencio, Villarrobledo*) e incluso en una entrada, *Samartín del Campo o de Guadalajara*. Cf. Béguelin-Argimón (2011, 379).

de Henares», «en este lugar mataron 7 condes por donde se llaman *Sicuendes*» y «llámase *Çorita de los Canes* porque siempre tiene 4 o 5 perros que la velan».[60]

Hay otro aspecto relacionado con los pobladores aparte de los ya mencionados: las alusiones a la existencia de «moros» o «moriscos» entre los habitantes de ciertas poblaciones.[61] Porque estos grupos habitarían entonces,[62] de acuerdo con la obra hernandina, lugares que pertenecían al reino aragonés –*Ariza (Hariza), Azpe, Botorrita, Calatorao, Elche, Elda, Exea de Albarrazín, Maçote, Muel, Nobelda, Petrel, Pueyo, Trebillén*– o habían integrado hasta finales del siglo XV el reino de Granada –*Baça, Castilleja, Fiñana, Guadix, Güesca, Lapeça, Veas (Beas)*.[63] Aunque no se precise normalmente a cuánto ascendía su número, los datos revelan una proporción sin duda considerable en relación con los «cristianos viejos»[64] de ciertas localidades: así, *Maçote* «es toda de moros», en *Güesca* «más de la mitad del pueblo es de moriscos», y en *Guadix* y *Elda* alcanzaba dos terceras partes de la población total. Solo en el caso de *Elche* se alude a que vivían aparte, en «un grande arrabal».[65]

Los datos sociales son, como puede comprobarse, muy escasos en la obra hernandina. Solo de manera tangencial pueden hallarse referencias al sector privilegiado de la sociedad:[66] salvo los «muchos cavalleros de cavallos» de *Xerez de la Frontera*, los caballeros aparecen solo en su condición de propietarios de casas en *Guadalajara, Ocaña* o *Segovia*. En *Guadalajara*, además, se recoge el dato de que «tiene el duque el Infantazgo una casa» (como el duque de Alba «tiene una

---

60 Además, «se llama el Campo Azálvaro porque es todo dehesas de ervajes» (*Villacastín*). Cf. Béguelin-Argimón (2011, 373–377).

61 No son, sin embargo, las únicas alusiones a los «moros» en la obra. Así, la expresión de referencia cronológica «en tiempo(s) de moros» es muy frecuente (*Calatrava la Vieja, Malagón, Sanlúcar de Barrameda*...). Los «moros de llende» –es decir, los moros procedentes de Berbería– hacen «un puerto peligrosso en verano» (*Lapeça*).

62 Y habían habitado con anterioridad, pero no en dicho momento, según se desprende del empleo del verbo en pretérito: *Antequera, Archidona, Castilleja de la Cuesta, Castillo de Bullas, Loxa, Olvera*.

63 Fuera de esas dos zonas *Magazela* y *Ricote*.

64 Solo nombrados explícitamente en dos casos (*Baça, Fiñana*). De *Calatorao* solo se indica que «es lugar de moros e cristianos».

65 La referencia a este elemento urbano es relativamente frecuente. Los hay «grandes» (*Antequera*) o «buenos» (*Algecira*), incluso algún arrabal es «mayor que la villa» (*Baeça, Lora, Lucena*). Consta también el nombre de alguno de ellos: Triana (*Sevilla*), el Soto (*Piedrahíta*), el Arenal (*Xerez de la Frontera*).

66 Apenas se alude, asimismo, a la riqueza de los vecinos como en «*Cetina* [...] es lugar de ricos labradores».

casa de pasatiempo» en *El Adrada* y había una «casa real» en *Villanueva de la Serena*).

La alusión a los límites entre los reinos peninsulares[67] es otra de las informaciones recogida con cierta regularidad por el *Vocabulario*: consta así la frontera, ocasionalmente designada *raya*, entre Castilla y Aragón –*Alcabdete, Almaçán, Arcos* aldea / lugar, *Ariza (Hariza), Cáseda, Huerta, Medinaceli, Monreal, Villar del Cobo*–, Castilla y Portugal –*Ayamonte, La Çarça de Alcántara, Frexo de Espadacinta*–, Castilla y Valencia –*Elda, Murcia, Origüela, Sax, Villena*–, Castilla y Navarra –*Logroño*–, Galicia y Portugal –*Seixedo Blanco*– y Aragón y Cataluña –*Fraga*. En algunos de estos casos se hace mención expresa al *mojón* que señalaba la división –*Alcabdete, Almaçán, Cáseda, Elda, Logroño, Medinaceli, Sax, Villena*– y solo en dos, entre los reinos castellano y aragonés –*Arcos* aldea / lugar, *Ariza (Hariza)*–, a la existencia de aduanas en que se registraba la mercancía transportada de una a otra parte.[68]

De manera análoga, se indican las lindes entre zonas «históricas» diversas si bien pertenecientes en el siglo XVI al mismo reino. Es el caso de la frontera con el antiguo reino de Granada recordada en la entrada correspondiente a *Mula* o la existente entre el reino de Toledo y Andalucía –*Santisteban del Puerto, Vilches*. Es posible encontrar incluso referencias a los límites entre territorios realengos[69] y dependientes de órdenes militares,[70] así como entre comarcas.[71] Consta por lo

67 E incluso con Francia –*Fuenterrabía*.

68 Hay que tener en cuenta que hasta el siglo XVIII no desaparecieron las aduanas entre los reinos (Uriol 2001, 146).

69 También hay muchos lugares de señorío recogidos en el *Vocabulario*: *Aça, Botorrita, Bujalaloz, Cabeçón*...

70 *Daimiel* «está en el Campo de Calatrava [y] parte mojones con el priorazgo de San Juan»; *Guadalcanal* es «el postrer lugar del maestrazgo de Santiago entre Tierra de Sevilla»; *La Guardia* «está entre la Mancha de Toledo de la orden de San Juan e Tierra de Toledo»; en *Monesterio* «pártese maestrazgo con Tierra de Sevilla».

71 *Alcalá de Henares* «queda siempre un cerro a la larga [...] que se llama el Cabo del Alcarria porque de Henares hazia la parte de mediodía es Alcarria»; *Castuera* es «el postrero lugar de la Serena por la parte de mediodía»; *Escarcena* es «en la ribera del Axarafee [...] de allí adelante es cuesta arriba fasta Sevilla se llama Axarafee»; *Guadalajara* «es entre el Alcarria e tierra de Alcalá de Henares»; en *Guadalcâçar* «comiença la Campiña de Córdova»; *Torremocha*, «donde se acaba la Sierra de Segovia»; *Tórtola* «es en el Alcarria el postrero lugar de Henares»; *Trixueque* «por la parte de mediodía es Alcarria»; *Valverde* «desde esta sierra en adelante hazia Sevilla es Sierra Morena»; *Villatoro* «hazia Ávila es principio del Val de Ablés».

demás la adscripción de ciertos lugares a un *concejo*[72] o una *perrocha* 'parroquia':[73] en este caso la dependencia se indica en la obra mediante el comentario «vienen a oír misa»: *El Aldeyuela, Armenteros, Santiago del Collado, Vega.*

Uno de los aspectos en que toda esta diversidad regional se refleja en la obra es en el de las distancias entre las localidades. Porque, como es bien sabido, la *legua* era una medida itineraria que variaba de una zona geográfica a otra:[74] teniendo en cuenta la importancia de este dato en el *Vocabulario*, se comprende que se explicite en el texto, tanto en la primera sección como en la segunda.[75] Las leguas eran «grandes» en el centro y en la mitad oriental de la península (se destacan particularmente Aragón, la Mancha de Aragón y el priorazgo de San Juan)[76] y «pequeñas» en el noroeste (en el reino de León y en Galicia).[77]

Las noticias recopiladas por el *Vocabulario* acerca de la agricultura, la ganadería y la pesca, así como de la industria, del comercio o de la minería, son asimismo dignas de consideración para valorar en su justa medida el contenido de la obra. No en vano, se nombran en ella frutas o frutos comestibles como *bellotas* (*Reboredo*), *castañas* (*Las Cuevas*), *dátiles* (*Elche*), *duraznos* (*El Viso* lugar § 3116–3123),[78] *granadas* (*Fraga*), *guindas* (*Dueñas, Illescas*), *mançanas* (*Pumares*) y *naranjas* (*Córdova la llana*);[79] y, entre las plantas, se cuentan el *açafrán* (*Villanueva*

72 «Las Cobachuelas [...] es todo un concejo del Olmillo» (*La Çarçosa*), «Navares de Suso e Navares de Yus, que es todo un concejo» (*La Nava de Pedraza*), «*La Serrada* [...] es un concejo este e Muñopepe».

73 «*Garcicavallero* [...] es perrocha de Villanueva del Campillo».

74 Por aquel entonces también Navagero (1951, 36) afirmaba: «Las leguas en España son muy diversas; las hay grandísimas, no tan grandes y pequeñas».

75 Por lo que volverá a tratarse de ello más abajo.

76 *Albacete, Almodóvar del Campo, Arasán, Fraga, Hellín, Osera, El Provencio, Quero, San Clemente, Villacañas, Villaharta, Villarrobledo.* Las de *Fraga* y *Villarrobledo* son «muy grandes». Fuera de esta zona solo se califican de grandes las leguas de *Alfayates*, en Portugal. Un caso de especial interés es el de *Íxar*, lugar del que se dice que «aunque es en Aragón, no son leguas grandes».

77 *Astorga, Cacabelos, La Coruña, Ponferrada.*

78 «Los mejores duraznos que ay en Castilla».

79 En cualquier caso, la información relativa a las frutas no se especifica en muchos de los puntos visitados y el emisario correspondiente se conforma con referir tan solo la abundancia al respecto: aparecen así localidades *viciosas* (*Alaondroal*) o *abundosas* (*Barcelona, El Frexno de Gormaz*), de «muy grand abundancia de fruta» (*Pumares*) o «de mucha(s) fruta(s)» (*Arroyocastaño, Ayllón, Las Cuevas, Mombeltrán, Las Navas de Santistevan, La Palma, La Redondela, Sancroy, Santa Cruz*), pero sin que se detalle de cuáles se trata en cada uno de los lugares citados. En cuanto al valle en que está asentado *Mombeltrán*, se destaca que es «muy frutífero e caliente e temprano de frutas».

villa), las *cebollas* (*Hellín*) y los *nabos* (*Porriño, Reboredo*).[80] El *arroz* se cultivaba, según el *Vocabulario*, solo en localidades levantinas (*Algecira, Carcaxén, Cogullada* o *la Puebla de Mosén Corche*) y, salvo en uno de esos lugares (*Cogullada*), junto a la *alegría* 'ajonjolí', planta que también se menciona en *Écija* («alegría, que es dicha agengolín»).[81]

Las alusiones al vino (y a las viñas), normalmente combinadas con las del pan,[82] se repiten bastantes veces: es una de las informaciones de índole no propiamente geográfica más recurrente en la obra. Pero las noticias son muy escuetas pues solo suelen referir la existencia de esta bebida en un lugar o en una zona concretos –así, por ejemplo, es de «pan e vino» *Almedina*–, su abundancia –son «de mucho vino» *Los Barrios de Salas, Bubierca* o *Culumbrianos*– o su calidad – en *Caçalla, Vilinchón, Yepes* o *Zebreros* «ay muy buenos vinos»: los de *Caçalla* sobresalen en Andalucía mientras que los de *Yepes* destacan en Castilla. Es bastante menos frecuente que se señale la escasez del vino –*Linares* es de «mucho aceite e de poco vino e de mucho trigo»– o, incluso, su inexistencia –en *Medinaceli* «no se coxe vino». Tampoco es habitual que se especifique la clase de vino: es blanco el de *Cantalapiedra* y, además de bueno, el de *Ribadavia*; tintos son los de *Arenas, Monterrey, Toro* o *Úbeda*. En el caso de los vinos tinto de *Monterrey* son «muy fuertes demasiadamente, tanto que si no beven con demasiada agua non se podrán beber»; en el de *Toro*, se dice que tiene «los mejores vinos tintos que ay en Castilla».

En el apartado de noticias curiosas al respecto cabrían reseñarse las recogidas en las entradas correspondientes a *Sancroy* y *Santa Marina*:[83] en aquel lugar «tienen manera como duren las uvas de un año a otro cortando los racimos con su sarmiento y tornándolos a plantar», en tanto que en este había «una viña del padre de Santa Marina, la cual da mucho fruto y las que de ella para el dicho monesterio plantan y si otro pone viña, no da fruto, así que a 2 leguas dize no aver otras viñas».

---

80 Por cierto, la obra encarece el grosor de estos últimos: los de *Porriño* son «tan gruesos como cántaros de a media arroba» y los de *Reboredo* «tan gruesos como un ombre».

81 Esta glosa fue estudiada por Ariza (1993, 22). También son objeto de atención del profesor sevillano *carmes* «que son casas» (*Granada*), *landes* 'bellota' (*Reboredo*) y *alcor* «está algo en alto por donde se llama alcor» (*Mairena del Alcor*). Asimismo, Rodríguez (2002, 98–99).

82 Pero no solo con el pan, pues en tres ocasiones lo hace con el aceite (*Barbadans, Orense, Úbeda*) y en una con el lino (*El Adrada*). El vino se contrasta también con el agua: *Valdearazete* «tiene buenos vinos e malas aguas», *Villarrobledo* «es muy prove de agua e abasto de vino», *Villanueva del Campillo* «es probe de pan e no ay vino».

83 En *Yebra* «tienen las cuevas del vino en el campo e fuera de él».

En cuanto a la ganadería, destacan las menciones a ganados sin concretar a qué tipo se refieren en la mayoría de sus apariciones (*Cetina, Pedroche, Porriño, Villanueva del Campillo*);[84] sí se citan *cavallos* (*Alcaraz*),[85] *mulas* (*Fuentes* villa), *toros* (Villanueva de Fuente el Frexno)[86] y *yeguas* (*Fuentes* villa).[87]

Por el contrario, no abundan en la obra referencias a la pesca.[88] Una de las pocas zonas destacada se encuentra en el Campo de Montiel, en torno al nacimiento del Guadiana, y así a un cuarto de legua del Castillo de Rochafrida hay «muy grandes lagos [...] que tienen grande pesca» (*El Castillo de Rochafrida*).[89] La única especie de peces de río que se nombra en el *Vocabulario* es la trucha, en el río Oja a su paso por Casalarreina (*Naharrole*)[90] y en el río Sil por Ponferrada, que tenía «las mejores y mayores» (*Ponferrada*). A la pesca litoral aluden, por su parte, las entradas de *Óvidos* («es de grandes pesquerías») y de *Pontevedra* («ay en esta villa mucho pescado cecial y sardinas»).[91]

La industria de la época se concentraba en atender a las necesidades básicas como el vestido o el calzado, de ahí que el sector más destacado estuviera relacionado con la producción textil en cualquiera de sus modalidades, no por casualidad el mejor representado en los datos procedentes del *Vocabulario*: la «buena trapería» de *(Villa) Pedroche* o los «buenos paños» de *Perpiñán*; el «mejor calçado» era de *Portalegre* y «los mejores guantes que ay en España», de *Ocaña*. El ajuar de la cocina o las armas cuentan además con algunas muestras en la obra: las «calderas» de *Uclés*, los «buenos caxcos» de *Calatayud* y las «buenas ollas» de *Santo Tomás*; *Cuenca*, por su parte, se consideraba «la mejor cibdad de lanças» y en *Azpe* se producían «hierros de lanças». Entre los productos fabricados se incluye, en fin, el jabón: el producido en *Elche* era «mucho e bueno», tanto «que toda Castilla casi se provee de él».

---

84 La población de este lugar «es gente que están prosperados por *ganados*».

85 De donde «salen muy ligeros cavallos».

86 Allí, según el *Vocabulario*, «se crían los más fuertes toros de todo Castilla».

87 En *Valdariz* hay «puercos monteses», es decir, jabalíes, además de «osos»; en *Achas*, «salvajinas». Las menciones a «colmenas» en aquel lugar (además, en *Latreela*), incluso a la abundancia de miel (*Sande*), apuntaría a la existencia de apicultura en ciertos lugares de la península.

88 De la caza aún menos, pues solo se incluye una referencia: «*Las Navas de Santistevan* [es] de mucha caça».

89 Junto a ese lugar, en Fuente el Puerco, en los ojos donde nace el citado río Guadiana, «toman mucho pescado» (*Villahermosa*).

90 Noticia repetida en *Santo Domingo de la Calçada*.

91 También se mencionan varios puertos de mar (*Avilés, Barcelona, Bibero, Cartajena, Castro de Hordiales, La Coruña, Fuenterrabía, Lisboa, Motrico, Deva, Pontevedra, Redondela, Rota* [«tiene muelle, el mejor que ay en aquella costa»], *San Sebastián, Sanlúcar de Barrameda, Santander, Solares, Villaviciosa*) y el único fluvial de *Sevilla* «a raíz del adarve».

En cuanto a las actividades comerciales,[92] la información del *Vocabulario* queda reducida a la mención de las *ferias* que se celebraban en determinadas épocas del año:[93] «por San Miguel» (*Belmonte*), «por mayo» (*Guadaxox*), «por San Simón e Judas» (*Montiel*) o «por San Martín» (*La Osa de Montiel*); por su parte, la de *Çafra* era bianual. De la de *Medina de Ruiseco*, sin una fecha señalada, se destaca al menos su mayor importancia («una gran feria») y de otras dos los animales que en ellas eran objeto de transacción: «caballos e puercos (e todas las otras cosas)» (*Montiel*) y «muchos puercos» (*La Osa de Montiel*).

También se ofrecen noticias de las *ventas*, otro de los elementos fundamentales de la caminería del Siglo de Oro español, indispensable para transitar por aquellas vías porque permitía el descanso de los viajeros al tiempo que brindaba una mayor seguridad a los desplazamientos.[94] Este establecimiento asistencial solía situarse en zonas despobladas, entre los pueblos unidos por los caminos, y así la aldea madrileña de *Villanueva* –ya mencionada–, que anteriormente «solía ser de 500 vezinos», es lugar que «está despoblado» y «agora no ay sino una venta». Los escasos vecinos que habitaban en torno a la venta se dedicaban a trabajar en ella –los cuatro de *El Bodegón* «es gente que trata más por ventas que por labrança» y los cuatro de *Santa María del Camino* «tratan de comer como venteros»–, puesto que eran lugares en los que, según se infiere de la información recogida en el *Vocabulario*, «todo es bodegones, son ventas» (*La Puente de Alcolea*) o «es como ventas» (*La Mora*).[95] Ahora bien, la obra solo aporta los nombres de algunas de ellas.[96]

92 Las transacciones comerciales se servían de dinero. Solo se alude a la «moneda» que se hacía en *La Coruña* (la referencia a Montesinos debía de ser fruto de la imaginación, *El Castillo de Rochafrida*).

93 Además del «buen mercado cada miércoles» de *Torrejón de Velasco*.

94 Cf. Uriol (2001, 125, 255, 258). Al comparar el *Repertorio* de Villuga con la obra de Hernando Colón, afirma Uriol que esta se diferencia de aquella por «la casi completa omisión de las ventas en los caminos» (Uriol 2004, 864). Sobre las ventas, asimismo, las indicaciones recogidas por Menéndez Pidal (1951, 73, 87, 88).

95 En varias menciones, por esta misma razón, el término se registra en plural: Las Ventas (*Yévenes*), *Las Ventas de Armiñón*, Las Ventas del Puerto de Arrebatacapas (*Mohedas de Talavera, La Puente (d)el Arçobispo*), Las Ventas de Peña Aguilera (*La Puebla de Alcocer*)... y Cuatro ventas (*Segovia*), ¿porque en el lugar había cuatro de estos establecimientos?

96 Lobones (*Segovia*), don Gutierre (*Sotos Alvos*), los Moros (*Almodóvar del Campo*), la de don Gil (*Cibdad Real*) o los Palacios (*Guadalupe*), así como el de un mesón, las Siete Carreras (*Arévalo, Caravias*). Según el *Vocabulario*, Ciudad Real se originó precisamente a partir de la venta de don Gil: «el rey don Alonso de la Mano Horadada sentó real cabe la venta [...] e mandó que se dixese Cibdad Real».

Tampoco abundan en la obra, por último, las informaciones relacionadas con la minería: tan solo se menciona la plata que «se saca» de la comarca extremeña de la Serena (*Castuera*),[97] mineral que «se funde e afina» en Castuera, y las herrerías en que se hace el hierro (*Exea de Albarrazín, Llarana*).[98]

La última clase de noticias recogidas en este sexto enunciado correspondería, con mayor propiedad, al acervo patrimonial o cultural. En este grupo de datos, bastante heterogéneo por cierto, se refieren acontecimientos históricos protagonizados por reyes –«en [*Villaviciosa*] desembarcó el rey don Carlos nuestro señor», «[en *Consuegra*] se echó el rey don Rodrigo con la Caba, por donde se perdió España», «en [*Montiel*] mataron al rey don Pedro su hermano el rey don Alonso», «esta cibdad [*Santa Fee*] hizo el rey don Hernando en 4 meses»– y batallas del pasado más o menos reciente –«entre este lugar [*Corpa*] e el Pozuelo ovo una batalla un mosén Juan e los comendadores avrá 50 años», «a media legua [de *Linares*] están los campos de Alventoso donde ovo una grand batalla de moros e cristianos». Ciertas informaciones recogidas en el *Vocabulario* caen por el contrario en el terreno de la leyenda, pues relatan hechos de personajes ficticios, procedentes del Romancero, como Montesinos (*El Castillo de Rochafrida*) u Oliveros (*Montiel*). Tampoco es verídico que el emperador Trajano arara en una labranza de Orejanilla (*Pedraza de la Sierra*).

Se mencionan en la obra edificios religiosos como monasterios –«*Aldeanueva* [...] tiene un suntuoso monesterio de monjas», «*Guadalupe* [...] tienen allí un monesterio muy rico»– o iglesias –«*Burgos* [...] tiene muy linda eglesia mayor de sotil edificio», «*Toledo* [...] tiene la mejor iglesia que ay en España».[99] Precisamente acerca de la edificación, en especial la de las casas,[100] la referencia más recurrente

97 Más información al respecto: cf. *Esparragosa de Lares*.

98 Mención aparte del «grande escorial de herrerías de tiempo antigo muy grandésimo» (*El Utero de Herreros*) y de la caparrosa o sulfato de hierro (cobre o cinc), denominado *aziche* en el *Vocabulario*, que se extraía del río Tinto (*La Palma*). Sobre esto último, Covarrubias s. v. *azeche* «ay un río en Andaluzía, al cual los Moros llamaron azeche y nosotros le llamamos río negro o río tinto» o Rosal s. v. *Río Tinto*, «en la Andaluzía, otros le llaman azeche, que arábigo, hebreo y castellano es lo mesmo».

99 Un término muy común en el *Vocabulario* para indicar que apenas quedan vestigios de estas edificaciones (o de los castillos) es *memoria*: «*Lueches* solía ser villa cercada de tierra e agora ay alguna memoria», «*Martín Uvieco* [...] ay una memoria de una iglesia».

100 De otro tipo de edificios se recogen indicaciones análogas, pero en mucha menor medida. Así, la fortaleza de *Azpe* es de «argamasa y tierra» y el castillo de *Las Cabeças*, «de argamasa». En cuanto a las cercas, las tres que rodeaban *Fuenterrabía* eran de «piedra» y *Lueches* se encontraba «cercada de tierra»; *Belmonte* tenía una de calicanto «por la parte donde sale el sol» y de yeso «por la parte de donde se pone», *La Guardia* «solía ser cercado de canto e yeso ceñido con la villa» y «por la mitad de la villa está bien cercada de calicanto».

es la del «ye(l)so» como material para la construcción en una zona bien delimitada del centro de la península: La Alcarria[101] y La Mancha.[102] Apenas se encuentran en la obra otras noticias sobre este aspecto, caso de la «piedra» con que estaban hechas las casas de *Barcelona* y *Ribaz* o del «calicanto» característico de las de *Cigüença (Sigüença)*.[103]

Los datos relativos a la religiosidad popular constituyen un apartado específico y reflejan el interés que el asunto despertaba en aquella época. Efectivamente, los cuerpos de varios santos eran objeto de veneración entonces: San Bavilés en una iglesia de *Bovadilla*, San García en la catedral de *Burgos*, San Isidro en la iglesia de San Andrés (de *Madrid*), San Fermín en *Pamplona*, Santa Marina en el «monesterio de monjas» del lugar así llamado, Santiago en *Santiago de Galizia*.[104] En relación con esto también recopila el *Vocabulario* un brevísimo martirologio: «Sant Yuste e San Pastor (en una suntuosa capilla)» de *Alcalá de Henares*; San Vicente y sus hermanas «Santa Crestina e Santa Savina», además de San Pedro del Barco en una iglesia de *Ávila*; Santa Olalla y San Saber, naturales de *Barcelona* y «San Ciscos e Santa Vitoria», «naturales de León», en *Córdoba*. Abundan, en suma, las alusiones a milagros (o miraglos) como los atribuidos al «inocente» de *La Guardia*, a la «devota señora» de *Nuestra Señora de Monserrate*, a la «señora» de *Santa María de la Franquera*, también al «crucifixo» que «imita al de Nicodemus» en *Orense*...[105]

En contraste con la información reunida en la primera sección, muy diversa a la vez que poco abundante en líneas generales, la correspondiente a la segunda sección es menos variada pero bastante repetitiva. Como ya se indicó al principio del presente apartado, en esta sección se enumeran las localidades de destino[106] desde la que sirve de lema y se adjuntan la distancia en leguas o la clase del terreno, entre otros datos. La información relativa a los ríos, de presencia constante

---

101 A saber, *Barca de Fuentedueña, Fuentenovilla, Moratilla, Pastrana, Tendilla, Valdearazete* y *Yebra*.

102 Las localidades conquenses de *Belmonte, Tarancón* y *Uclés*, así como la toledana de *Ocaña*.

103 Además de las cercas de Belmonte o La Guardia recién citadas, la mina de bóveda de *Talaveruela la Vieja* también estaba construida con mampostería.

104 *Padrón*, en que se cuenta que «está en el río una gran barca de piedra en que vino Santiago, casi toda çumida en el agua» y que «una gran fuente de una peña, que dizen que Santiago hizo con el bordón aviendo gran sed».

105 Asimismo, la tierra de *Bovadilla* «quita las calenturas» y el agua de *El Bodegón* «sana munchas llagas».

106 Para distinguirlas de las localidades intermedias, la edición emplea la mayúscula para los lugares de destino. Si bien en el códice 10-1-11 no están ordenadas alfabéticamente, aquí se han dispuesto así para facilitar la consulta.

en la obra por constituir un obstáculo natural al recorrido, es aquí –según se verá– muy copiosa.

Los lugares de destino desde la localidad lematizada se enumeran seguidos de la distancia en *leguas*, que pueden ser, como ya se ha indicado, grandes o pequeñas.[107] Pero al carecer de validez universal esta unidad de medida, el redactor se ve obligado a realizar en ocasiones ciertas matizaciones:[108] así, entre el *Romeral* y la Guardia hay «2 leguas, para las de esta tierra pequeñas»; entre *Lodares* y Arcos hay «una legua y media muy grande, que vale por 2»; y entre la *Puebla de Almenara* y Almendros hay «2 leguas muy grandísimas, que ay 3 leguas pero no le ponen más de 2 grandes». Estas diferencias, como ya se ha dicho, se apreciaban de una zona a otra, en especial, entre los reinos de Aragón y Castilla, por lo que entre *Artesa* y Torregrosa hay «una legua muy grande, que ay 2 de las de Castilla» o entre *Bujalaloz* y Peñalva hay «una lengua muy grandísima, una legua que casi [equivale] a 3 de Castilla»; la que separaba *Tárraga* y Cervera se califica en la obra como «la mayor de Catalunia».

Si los lugares de partida y destino son muy cercanos se recurre al fraccionamiento de la unidad básica: «4º de legua», «media legua», incluso «tercio de legua».[109] El número de leguas es, por el contrario, considerable en algunos casos: por citar dos ejemplos extremos, entre *Arévalo* y Barcelona se cuentan 128 y entre *Alcalá de Henares* y Lisboa, 95.

Pero en la obra hernandina se emplean otras unidades para medir espacios menores, como los que separan los lugares de paso, o los que había hasta algún obstáculo natural que debía atravesarse (un monte, una cuesta, un puerto de montaña) o hasta un punto de referencia que quedaba a un lado del camino (un lugar despoblado, un castillo, una ermita). La medida más habitual de todas ellas es el «tiro de vallesta»: «antes que lleguemos abaxamos una abaxada que tenrá 2 tiros de vallesta, a la mano derecha a 2 tiros de vallesta queda Pero Coxo» (*Abades*). Mucho menos usada es el «tiro de piedra» (*Barbolla*), el «paso» (*Aldea Luenga*) o el «pie» (*Montiel*).

---

107 Verdaderamente excepcional es que se califique de otra manera, como por ejemplo «rica»: la legua entre *Arenas* y el Arenal «es la más rica que ay entre cristianos por ser de grandes pinares».

108 El mismo Hernando avisaba en sus instrucciones de que si un recorrido había sido realizado más de una vez (se entiende que por distintos emisarios), podía resultar de ello dos o más mediciones: por ejemplo, entre *Abades* y Mazarías se registra «media legua» y «una legua».

109 Hernando Colón usa también «millo» (*Alasanco*). Dicha medida equivale, según la obra, a 4 o 5 tiros de ballesta (*Galindos*); el medio millo, a 2 tiros de ballesta (*Escarcena, Galindos, Gata*). Cf. Béguelin-Argimón (2011, 386–396).

De acuerdo con la naturaleza del *Vocabulario* –y en relación con las guías de viajeros tan del gusto en la época–,[110] uno de los elementos fundamentales de la obra es el *camino*, que no obstante podía presentar alternativas para los transeúntes. Por ejemplo, entre *Alcalá la Real* y Jaén, si se iba «por el camino derecho» se recorrían 7 leguas de sierras, pero si se iba por Martos y Torredelcampo eran 8 leguas; entre *Cantillana* y Castilblanco había 3 leguas si se pasaba por Villaverde, pero si se dejaba este lugar «a la mano dizquierda a 2 tiros de vallesta», «se ataxa media legua»; y entre *Carmona* y Utrera había dos caminos, uno por el Viso y Mairena, y «por la mano dizquierda va otro camino despoblado».

La mala calidad del camino aumentaría la distancia recorrida entre dos puntos –de *La Puebla de Alcocer* a Esparragosa de Lares había «un 4º de legua», pero el redactor señala que hay que «ponerle media legua por el mal camino»– y dificultaría el tránsito con animales –de *Motrico* a Deva «es tierra muy agra que apenas pueden andar las bestias», de *Motrico* a San Sebastián había «7 leguas muy agrísimas que casi no se pueden andar cabalgando»– o a pie –de *Guadix* a Lapeça es «la más agra que nunca anduve».[111] Porque como ocurría desde la desaparición del Imperio Romano, aunque ello no se indique expresamente en el texto, las vías españolas a principios del siglo XVI eran en su mayoría de tierra,[112] en tanto que escaseaban los tramos de calzada conservados, de los que el *Vocabulario* solo documenta cinco.[113]

Las condiciones climáticas perjudicaban igualmente a los caminantes. Así, de los dos recorridos posibles entre *Santa María de Nieva* y Olmedo, el de la derecha, a través de Coca y Villaguillo, era «algo más largo de invierno»; en cuanto al camino de la «Tablada», era «muy peligrosa de nieve en invierno» (*Zebreros*); en esa misma estación del año, por las «malas lagunas que llaman marismas», de *Lebrixa* a Sanlúcar de Barrameda «an de ir [...] el agua a media pierna por muchos cabos». Pero el viajero no solo tenía que protegerse de las inclemencias meteorológicas, también la inseguridad concitaba angustia y preocupación: en el «valle

110 «Los *repertorios de caminos* aparecen en España en el siglo XVI [...] indicando los pueblos, las ventas y los puentes por donde se ha de pasar, así como las distancias parciales [...] y las distancias totales» (Uriol 1976, 173; del mismo Uriol 2001, 141). Las dos obras más conocidas del género son las de Juan de Villuga (*Repertorio de todos los caminos de España*, 1546) y Alonso de Meneses (*Repertorio de caminos*, 1576).

111 Pues, de hecho, puede hasta faltar el camino: entre *Tosina* y Cantillana «no ay camino».

112 «En la Edad Media, si prescindimos de alguna excepción, podemos decir que solo existieron caminos térreos» afirma Menéndez Pidal (1951, 39).

113 *Baeça, Castilleja de la Cuesta, El Castillo de Alocaz, Montiel, Los Ospitaletes (Espitalete).* Queda asimismo constancia de tres caminos «de carretas» (*Alcabdete, Molina, Osma*), cf. Uriol (2001, 144, 208, 217).

muy estrecho de peñas» del camino de *Torremocha* a Las Quintanas Rubias «solían saltear e allí a la media legua se perdió por robos»; el puerto de Aguas Blancas era «peligrosso en verano de moros de llende» (*Lapeça*). La tranquilidad quedaría restablecida gracias a la intervención de la Hermandad Vieja (*Cibdad Real, Yévenes*),[114] que mediante juicios sumarios y ejecuciones rigurosas erradicaba el problema: «a media legua pequeña de Guadiana están los palos dicho de Pero de Villa, donde haze justicia e asaetean los malos hechores la Santa Ermandad vieja de Cibdad Real».

Cabe destacar, por lo demás, que apenas se emplean nombres para los caminos registrados en la obra hernandina. El más citado es el «de la Plata» a su paso por Extremadura (*Aldea el Cano, Cáceres, Carrascalejo, El Portezuelo*), caracterizado por conservar «a trechos mármoles (de piedra) de los romanos». También se menciona el célebre de «Santiago» o de «romeros» en sus tramos entre *León* y Astorga y entre *Motrico* y Fuenterrabía. En el caso del ya citado de la «Tablada», comparte denominación con un puerto de montaña (*Zebreros, Zerezedilla*).[115]

La tipología de las superficies terrestres por las que el emisario transitaba se revela especialmente rica en el *Vocabulario*. Dicha variedad de tierras deriva de que se entremezclan, por una parte, la morfología de los terrenos con, por otra parte, la clase de vegetación natural característica o los cultivos predominantes en la zona.[116] Así, las leguas son calificadas, en los casos más simples y frecuentes, como «llanas» (de «tierra llana») o «dobladas» (de «tierra doblada»); otros

---

114 «Un problema relacionado con los viajes [...] que los Reyes Católicos resolvieron tajantemente fue el de la seguridad en los caminos. En las ciudades castellanas habían existido milicias populares, llamadas hermandades [...] En las cortes de Madrigal, de 1476, estas hermandades fueron reorganizadas y colocadas bajo un mando único, la Junta de la Hermandad, bajo el poder directo de la corona. Así nació la *Santa Hermandad*», Uriol (2001, 119); asimismo, Menéndez Pidal (1951, 67).

115 Porque los puertos de montaña suelen aparecer con sus denominaciones en la obra: P. el Pico (*Los Molinos de Alverche, Las Cuevas, Navalosa*), P. el Muladar (*Vilches*), P. de Monte Gil (*Caçalla*), P. la Peña (*Castilblanco*), P. de las Ollas (*Castuera*), P. de San Polo (*Frexo de Espadacinta*), P. la Losa (*Güesca*), La Escaleruela (*Lorca*), La Vera de Suido (*Ribadavia*), P. de Fuernes (*Ribadavia*), P. de la Fuent Frida o Fuent Fría (*Zerezedilla*), P. de Aguas Blancas (*Lapeça*), El Boquerón de Nava la Cruz (*La Mora*), Arrebatacapas (*Guadalupe*), P. la Breña (*Alanís, Azuaga*), P. de Miravete (*Las Casas del Puerto de Miravete*), P. de Daquedán (*Estela*), P. de Somosierra (*Hontidueña*).

116 «Las fronteras entre las voces que designan formas de la tierra o la cobertura vegetal son a veces borrosas» (Béguelin-Argimón 2011, 93).

adjetivos posibles son «agras»,[117] «fragosas»[118] o «montuosas», junto a los cuales se dan sintagmas nominales equivalentes como «de campiñas»,[119] «de cuestas», «de cerros», «de montes baxos (e altos)» o «de valles». No obstante, la caracterización general puede a su vez aparecer especificada: «tierra llana salvo algunos valles» o «leguas llanas salvo algunas traspuestas». Pero, como ya se ha dicho, esta descripción se combina con la mención a la agricultura o a la flora propias de la comarca: «tierras de pan (de panes, de pan llevar)», «tierras de viñas», «tierras de huertas», también «tierras» o «montes» de castañares, chaparrales, encinares, manzanares, olivares, palmares, pinares, robledales, entre otros.[120] También se indica, aunque no sea muy frecuente, la existencia de ganado: «dehesas de vacas», «criaderos de vacas» (*Xerez de la Frontera*), «cortijos de vacadas e ganados e puercos» (*Mairena del Alcor*).

La información sobre los ríos es de la más completa y, al mismo tiempo, variada de la obra.[121] En efecto, en el *Vocabulario* se consigna con bastante precisión el lugar de nacimiento de muchos de ellos: por ejemplo, el Guadarmer «nace a 3 leguas de la cibdad» (*Alcaraz*), el Duero nace en Duruelo «que es en tierra de Soria» (*Almaçán*). También se indica si su origen es un manantial –«un río dicho la Fuente del Rey nace de una fuente junto con Cáceres»,[122] «junto con este lugar [*Horna*] nace Henares río de 3 fuentes[123] cabdales que luego al pie de ellas muelen molino»– o la confluencia de corrientes menores como el caso del Manzanares, que «nace de munchos arroyos» (*Mançanares*).[124] Los ejemplos recopilados reve-

117 Que para Hernando Colón equivale a «tierra de cerros e valles», según se deduce de algunos asientos que él se encarga de trasladar al códice 10-1-11 (*Garnica, Gata, Lobios, Moraleja*).

118 Lo mismo que, según Hernando, «tierra de sierras e valles» (*Guadalupe*) o «tierra de cerros», «tierra de sierras e xarales» y «tierra de cerros e xarales» (*Mirabel*).

119 Equivalente en los fragmentos de Hernando a «tierra de labrança[s]», «tierra labrada» o «tierras de pan [llevar]» (*Esquivias, Galindos, Hita, Lisboa, Llarana, Lobios, Moraleja, Moratalaz*).

120 Con el adjetivo «pelado» se señala la ausencia de vegetación (*Fraga*).

121 Una de las diferencias entre el 10-1-10 y el 10-1-11 consiste, precisamente, en que aquel carece de entradas dedicadas a ríos mientras que en este sí se encuentran (Marín 1970, 241).

122 Aún más detallado: «orilla de Cáceres a 3 tiros de vallesta de la cibdad, cabe un ermita, nace un río de una fuente muy cabdal que se llama la Fuente del Rey, de la cual agua muelen molinos».

123 Además de *fuente* se emplea *ojo de agua* con el significado de 'manantial': «a 3 tiros de vallesta de Moya nacen 6 ojos de agua de unas lagunas, que cada ojo es una laguna en que sale agua de todas estas lagunas para 4 ruedas de molino juntas».

124 No en vano, «hasta el siglo XVIII el castellano carece de un sustantivo preciso para designar la corriente de agua que desemboca en otra de mayor importancia» (Béguelin-Argimón 2011,

lan, en relación con esto, que el caudal solía calibrarse según la cantidad de ruedas, muelas o piedras (de molino) que movía el agua: «nace el río Mançanil de una grand fuente, que muelen 2 ruedas juntas» (*Loxa*), «en llegando al lugar está una fuente grande de donde nace un arroyo que muele una muela de molino» (*Alcabdete*), «nace una fuente cabdal que del agua de ella muelen 13 piedras de molino» (*Ja(h)én*).[125]

La desembocadura en el mar –«Landrove *entra en* la mar» (*Bibero*)– o en otros ríos, de los que son afluentes –«Alagón *entra en* Texo» (*Alcántara*), «en llegando a Almaçán pasan al arroyo de Morón por vado, que corre a la mano dizquierda, *júntase* luego con Duero» (*Almaçán*)–, se anota de manera pormenorizada. En este caso, ello puede suponer un cambio en la denominación de la corriente de agua: «Guadalimar [...] junta con Guadalquebir a 4 leguas e *pierde el nombre*» (*Baeça*), «Darro e Guadaxenil [...] júntase cabe la cibdad e *queda el nombre* de Xenil» (*Granada*).

La estación del año –«pasa por medio un arroyo que se seca en verano» (*Berrocalejo*), «el Churre se seca de verano» (*Lora*)– o su empleo en el riego explican que algunos ríos pudieran quedarse sin agua –«el río de Montesa [...] riégase toda la huerta con él, de modo que le hazen ir en verano casi seco» y «lleva poco agua porque la toman para las huertas» (*Xátiva*). Queda claro, en cualquier caso, que el agua era un bien preciado para la vida de los lugares descritos en la obra, como se deduce de las noticias que hacen referencia a su calidad. Según el *Vocabulario*, no tienen agua «duze» localidades como *Elche* o *Torrezilla*: los arroyos de la primera eran «de agua salada»[126] y también era «salobre» el agua de *Moya*.[127]

---

528). En el *Vocabulario* se utiliza la forma *riatuelo*, que Ariza (1993, 21) considera cruce entre *río* y *regato*.

125 El único calificativo que merecen los ríos en el *Vocabulario* es, efectivamente, «cabdal»: Xúcar (*Algecira*), Duero (*Aranda de Duero*), Guadiana (*Ayamonte*), entre otros. Alguno más aparece descrito como «grande» –por ejemplo, el Guadalete, *Medina Sidonia*, *Xerez de la Frontera*– o como «pequeño» –por ejemplo, el Vadiel, *Valdearenas*. Según Béguelin-Argimón (2011, 405), «aplicado a los ríos, *grande* alude tanto a sus dimensiones (largo y ancho) como a su caudal».

126 Las *salinas* registradas en el *Vocabulario* son solo cinco, sin contar los lugares así llamados: las de Olmeda, de las que procede «un río salado» (*Bujalharo*), las «buenas» de *Cabeçón* lugar, las de «la Cueva de la Sal», cuya «sal es de peña» (*Iniesta*), las «grandes e buenas» de *Medinaceli* y las de *Villafáfila*.

127 Y por ello se encarecen los *baños* dados sus efectos beneficiosos para la salud: *Alhama* (cuya agua «no es tan callente como los de Alhama de Granada», «después de fría esta agua es buena de vever»), *Ayllón, Solares, Caldas* (de agua «muy caliente»: «tiene esta calidad que si pelan una gallina hurtada, no se pueden pelar, e si no es furtada se pelará»), *Guadix* y *Lapeça* («se dizen de Alhamilla de su naturaleza»).

Como es bien sabido, en aquella época, los ríos se vadeaban, se atravesaban a bordo de una embarcación o se cruzaban por un puente.[128] Dependiendo del caudal y, claro está, de la estación del año, podían alternarse dos de estas modalidades: así, se leen en la obra noticias tales como la relativa al Limia, que entre *Baño de Caldas* y Enterimo se pasa «por puente de ivierno y de verano la pasan por vado»;[129] los ríos Pirón y Santo Domingo «de verano llevan poca agua y de invierno se pasan por puente» (*Cubo*); el Guadalhimar, «por vado en verano y en invierno por varca» (*Úbeda*); el Tiétar, en fin, a su paso por Candeleda se franquea «por vado en verano e en invierno por puente» (*Oropes(s)a*). Pero a veces que se atravesara un puente no dependía del caudal de la corriente de agua sino de la anchura: el Valderaduey se pasa a 2 tiros de ballesta de Oteruelo por puente «aunque es pequeño» (*Villanueva* aldea).

La intensificación del tráfico por el interior de la península ibérica a finales de la Edad Media repercutió, sin duda alguna, en la construcción de nuevos puentes y en la reparación de los ya existentes.[130] Y ello, como podrá pensarse, se refleja en el *Vocabulario*, en que alcanzan el número de 226.[131] Entre los ríos que más tenían, siempre según el *Vocabulario*, se cuentan el Duero (15), el Guadalquivir (8) o el Guadalimar (6).

Ahora bien, la descripción de los puentes registrados en la obra no se caracteriza por demasiado detallada salvo en unos escasos ejemplos. Acerca de sus dimensiones, solo se indica que se pasaba el Guadiana por *Mérida* a través de «2 puentes muy largas» y el mencionado Limia, a media legua de Ginzo, «por una puente muy larga» (*Allariz*); sobre el Landro –«río grande dicho Landrove»– había «una puente que tenrá media legua» (*Bibero*). Destacan en especial los de ríos

---

128 Al atravesar de esas diversas maneras un río se indica el sentido de la corriente, normalmente mediante una subordinada de relativo explicativa: «pásase Duero a la media legua por vado, que corre a la mano izquierda», «a los tres 4º primeros pasan a Henares por varca, corre a la mano derecha». Hernando emplea «siniestra» y «diestra» en vez de «(d)izquierda» y «derecha».

129 Lo que determina que la legua que separa esos dos lugares se convierta en media legua pequeña si se vadea el río.

130 Correspondió a los Reyes Católicos ese impulso extraordinario, según Uriol (2001, 117).

131 Laborda (2002, 44) y Uriol (2004, 864–865) contaron en cambio solo 60. En el número de 226, en cualquier caso, no está incluida «la puente de Guadiana», en el camino de *La Solana* a Alcáçar de Consuegra, «por aquí 7 leguas sumido el río». Además, *Villaharta*.

gallegos: sobre el Lérez se describe un «muy grande puente» en *Pontevedra* y sobre el Miño, junto a Castrelo, uno «muy grande»[132] que «por los arcos de ella pasara una nao a vela» (*Miño*) y el de *Orense* «muy alta», tanto que «puede pasar una nao gruesa bien por debaxo».

El material de construcción propiamente dicho solo se menciona en un caso: el puente sobre el Zapardiel, a un 4º de legua de *Hontiveros*, era de madera. Otros dos –el de *Sevilla* sobre el Guadalquivir, el de *Tortosa* sobre el Ebro– figuran como «puentes de barcos».[133] En cuanto a su morfología, se refiere la existencia de elementos arquitectónicos en algunos de ellos: el puente sobre el Guadaíra, a un cuarto de legua de Dos Hermanas (*Sevilla*), «tiene una fortaleza»; la fortaleza del puente de Córdoba sobre el Guadalquivir era «muy fuerte» y estaba «en cabo de la puente» (*Córdova la llana*); el puente de *Toledo* sobre el Tajo «tiene 2 fortalezas, una la entrada e otra la salida»; el puente sobre el Tormes en *Puente del Congosto* «tiene fortaleza muy buena ceñida»; acerca del de *La Puente (d)el Arçobispo* se indica que «tiene de las buenas puentes que ay en España con 2 fortalezas muy fuertes en medio»;[134] en el caso, por último, del ya citado puente de *Orense* sobre el Miño, se anota que tenía «2 torres bien altas».

Otras clases de noticias relativas a los puentes son aún más esporádicas en el *Vocabulario*: del puente de Alcolea se afirma que lo construyó el mismo rey moro que había hecho el castillo de *Alcoleyuela*. Tampoco suelen recogerse sus denominaciones: el de Córdoba ya citado es «la puente de la Calahorra», sobre el Manzanares (nombrado Guadarrama en el *Vocabulario*) estaba la «puente toledana» (*Madrid*) y en Toledo estaba «la puente de Alcántara» (*Yepes*).

Entre las conducciones artificiales de agua para el consumo de los habitantes, se citan por último la *Puente Seca* «que llevaba en tiempo antiguo agua al castillo de Consuegra» (*Yévenes*)[135] y los *caños* que había en *Mérida* –«como los de Segovia caídos»– y en Sevilla –esto es, los «caños de Carmona», «arcos hechos de ladrillo por donde viene» el agua «de que se sirve Sevilla» (*Mairena del Alcor*).[136] Los caños de *Osuna* son, por el contrario, subterráneos –«a esta villa viene 2 *caños* por debaxo de tierra por la vía de la fortaleza»–, clase de acueducto para el que en el *Vocabulario* se emplea también la voz *mina*. Aparte del caso citado de *Osuna*, se menciona la de *Alcántara* –«debaxo de la puente por donde meten

132 También anotado como un «grand puente» (*Ribadavia*).

133 Ubicado este último «junto a los adarves».

134 En otro pasaje se afirma que «tiene muy buena puente con 2 torres en medio de la puente muy fuertes».

135 Además, *Malagón*.

136 No es esa la acepción del término en el pasaje siguiente: «nace junto con el lugar una fuente cabdal que sale por 3 *caños*» (*Hellín*).

agua en tiempo de cerco»–, la de *Cibdad Real* –«desde la cibdad por debaxo tierra para las aguas llovedizas que tenrá una legua hasta entrar en Guadiana»– y la de *Talaveruela (la vieja)* –«de bóbeda de calicanto que tenrá media legua». También consta la existencia de *acequias* para regar cultivos,[137] circunscritas en exclusividad a zonas de Levante[138] y del antiguo reino de Granada.[139]

Como ya se ha podido comprobar, los códices 10-1-10 y 10-1-11 de la Colombina están relacionados en lo que se refiere a su contenido. Ahora bien, presentan numerosas diferencias desde el punto de vista textual. Porque en comparación con el 10-1-11, mucho más pulcro y cuidado, es bastante evidente el carácter de borrador del códice 10-1-10, lo que explica, en primer término, las tachaduras, tanto de palabras sueltas como de párrafos completos, así como las abundantes repeticiones y los anacolutos.[140] Se encuentran asimismo enunciados añadidos entre líneas o a los márgenes con la respectiva llamada –una almohadilla– en el cuerpo del texto... La mayor parte del volumen corresponde a los párrafos en que se describen las localidades y los recorridos entre ellas, pero además aparecen meros listados con nombres de lugares, como por ejemplo en los asientos § 342, § 2538 o § 3315–3316; cierto es que solo algunas de estas enumeraciones se circunscriben a una zona geográfica determinada y, como tales, quedan etiquetadas: «lugares de las Esturias de Ovido» (§ 2767), de «Guipuzcua» (§ 3319) y «riberas del río de Almoçara» o «en la sierra Filabres» (§ 6613), estos dos últimos pertenecientes al «reino de Granada».

Sí que se revelan de especial interés algunas notas incorporadas a este códice, aparte del íncipit («lunes III de agosto de 1517, comencé el itinerario») ya comentado al principio de esta introducción, puesto que dichas anotaciones permiten conocer detalles de la labor de los emisarios hernandinos durante la primera fase de la empresa:

> Salí a 18 días andados del mes de noviembre de 1518, vine a 21 días andados del mes de enero de 1519 (§ 2376)
> Miércoles a 24 días del mes de noviembre topé al camarero con toda la casa salvo a su señoría que havía entrado en Portogal defraçado (§ 2560)[141]

---

137 En el caso de las acequias de *Barcelona*, según se deduce del texto, se trataba más bien de conducciones que impedían la formación de barro en la ciudad: «por todas las calles ay acequias por manera que por mucho llueva, jamás ay lodo».

138 *Albatera, Canales, El Castillo de Monteagudo, Las Énovas* y *La Puebla de Mosén Corche*.

139 *Gavia la Grande, Granada, Güesca*.

140 Que la edición de la Real Sociedad Geográfica no retoca en absoluto.

141 Esta nota ha merecido todo tipo de comentarios: por ejemplo, Wagner (1984, 85–86).

> Llegué a Barcelona a 20 días del mes de junio de 1519 años, de manera que estuve en el camino de Sevilla a Barcelona 40 días (§ 5077)

Desde el punto de vista paleográfico también el códice 10-1-10 supera en complejidad al 10-1-11. Mientras que la escritura de este «es correcta humanística de trazo alargado, toda de una mano, que se identifica con la personal de Hernando Colón, aunque más cuidadosa y menos espontánea que la suya habitual» (Marín 1970, 239), en aquel «acusa diferentes manos, coetáneas y homogéneas, escribiendo en letra corrida del siglo XVI, con mezcla de elementos humanísticos y góticos» (Marín 1970, 204). En este códice, consecuentemente, podrían distinguirse al menos dos intervinientes: Hernando hasta el folio 62v y un escriba profesional de identidad desconocida desde ahí hasta el final.[142]

Pero quizá lo más interesante es que las dos manos discernidas en el códice 10-1-10 determinan sendos tipos de discurso.[143] Efectivamente, se comprueba que los fragmentos redactados por Hernando Colón en dicho volumen suelen ser más concisos –entre otros muchos, *Açofra, El Alameda* o *Alasanco*– que los atribuidos al escriba profesional que colabora con él; y, sobre todo, que la versión que en el 10-1-11 ofrece aquel de pasajes del 10-1-10 debidos a la pluma de este se distingue por un estilo abreviado, sintético, caracterizado por una sintaxis menos compleja que prefiere la adición de enunciados sin conectores explícitos. Una selección de dichos pasajes,[144] confrontados unos con otros, bastará para mostrar estas claras diferencias discursivas entre ambos autores. Cabe aclarar al respecto que en la presente edición se ha optado, entre versiones diferentes de un mismo pasaje, por mantener la más exhaustiva aunque no pertenezca a Hernando Colón.

En fragmentos como los dos primeros que se contrastan –de *Hita* a Cogolludo, de *Mirabueno* a Medinaceli– queda patente la reducción de datos a que somete Hernando el texto del códice 10-1-10: el autor elimina todos los detalles de la descripción del camino, incluso la referencia al río que ha de franquearse, para mantener tan solo la distancia en leguas al lugar de destino y la mención de la localidad de paso.[145] Se trata, pues, de una disminución notable de la información proporcionada por el 10-1-10, si bien es cierto que no debe descartarse que

142 Hernando también escribió los párrafos contenidos entre el f. 276v y el f. 278 del cód. 10-1-10. En el manuscrito 7855 su participación alcanzó hasta el f. 27, en tanto que el escriba profesional se encargó desde ahí hasta el final, cf. Marín (1970, 225–226).

143 En apartados anteriores de esta introducción se han evidenciado ya las preferencias léxicas de uno y otro.

144 Procedentes de las entradas del *Vocabulario* que en la edición aparecen con doble ** por cuanto que es información compartida por ambos códices.

145 Que, además, omite la indicación de la distancia intermedia.

Hernando planeara incorporar al 10-1-11 los demás datos en un momento posterior de la transcripción, pero esto, como podrá imaginarse, es imposible de saber:

Tab. 2:

Hita... Cogolludo	
10-1-10	*10-1-11*
2 leguas e van por Espinosa, una legua de tierra de valles e cerros e tierras de mucho pan, e junto con Espinosa pasan a Henares río por una puente, corre a la mano dizquierda	2 leguas, vase por Espinosa

Tab. 3:

Mirabueno... Medinaceli	
10-1-10	*10-1-11*
2 leguas e media e van por Arcos, media legua grande llana riberas arriba de Xalón, que queda el río de la mano derecha porque ensaliendo de Mirabueno pasan al dicho río, corre a la mano dizquierda	2 leguas y media, vase por Arcos

La supresión alcanza, en ocasiones, a noticias que interesarían a un lector actual, pero que Hernando no creía conveniente que aparecieran ahí recogidas, ¿por el cientificismo del que pretendía dotar al *Vocabulario*? En los ejemplos siguientes es posible leer, en relación con esto, el otro nombre que recibía Sanlúcar la Mayor en la época y la denominación de la comarca desde ese lugar hasta Sevilla, detalles acerca del nacimiento del río Guadalupe, la razón por la que el río Limia se pasaba por puente o el número de vecinos de Villacomer, informaciones todas ellas eliminadas en la versión hernandina. En el caso del párrafo dedicado a Lobera, hay que destacar que el mismo Hernando había sido el autor del asiento correspondiente del códice 10-1-10:

Tab. 4:

Escarcena... Sanlúcar la Mayor	
10-1-10	*10-1-11*
que es dicha de Alpechín, 3 leguas de cerros por todas partes, a la mano derecha queda Castilleja a un 4º de legua del camino, a las 2 leguas pasamos un río dicho Hardanchón, que corre a la mano derecha, media legua más adelante a otro río Guadiamar por vado, que corre a la mano derecha, de allí adelante es cuesta arriba, *fasta Sevilla se llama Axarafee*	3 leguas de cerros, queda Castilleja a la diestra, a un 4º pásase Hardanchón a 2 leguas, corre a la diestra; a la media última se pasa Guadiamar por vado, corre a la diestra; la media última es cuesta arriba, la media última es de olivares

Tab. 5:

Guadalupe... Cañamero	
10-1-10	10-1-11
2 leguas de sierras e valles, a un 4º de legua primero pasan a un río por vado o por puente, que corre a la mano dizquierda, *llámase Guadalupe e nace a una legua de Guadalupe, nace de unas sierras e peñas que se dizen Villuercas*	2 leguas de sierra y junto a Guadalupe se pasa Guadalupe río por vado y por puente, corre a la siniestra

Tab. 6:

Lobera... Lobios	
10-1-10	*10-1-11*
2 leguas fragosas y de mucho vino, pásase la Limia a medio camino por puente *porque es gran río*	2 leguas fragosas y de muncho vino, pásase la Limia a medio camino por puente

Tab. 7:

Naharros del Castillo… Villacomer	
10-1-10	*10-1-11*
que es un lugar despoblado de 10 vezinos, media legua llana	Media legua llana

Como puede comprobarse aún con mayor fundamento en otros pasajes seleccionados, la diferencia más evidente entre los dos estilos es la preferencia de Hernando por la yuxtaposición sintáctica. Así, la conjunción *e* que utiliza el escriba profesional en el 10-1-10 para unir las distintas partes del discurso –los diversos aspectos de la descripción– es suprimida en la versión hernandina de manera sistemática, aunque hay casos, como algunos de los ya vistos, en que *y* reemplaza a *e*; también las subordinadas son sustituidas por enunciados yuxtapuestos («que corre a la mano dizquierda» > «corre a la siniestra»). El resultado de todas estas modificaciones es un estilo calificable de telegráfico, más acorde con el tono de la obra científica que pretendería ofrecer el *Vocabulario*:

Tab. 8:

Llarana… Saro	
10-1-10	*10-1-11*
media legua de tierra de cuestas riberas abaxo del dicho río Valdelano, que queda el río siempre a la mano derecha	media legua, cuesta, riberas abaxo de Valdelano, corre a la diestra

Hernando elimina, en suma, cualquier traza de complejidad sintáctica atribuible al escriba profesional, como es bien sabido, autor de la mayor parte del 10-1-10. Entre dichas estructuras, se encuentra la proposición de gerundio preposicional con valor temporal de anterioridad inmediata (De los Mozos 1973, 80–81), con que se indica que un río se cruza en las proximidades de una localidad, ya sea justo antes de la llegada, ya sea justo después de la partida:

Tab. 9:

Galindos... Ávila	
10-1-10	*10-1-11*
una legua llana, *en llegando* pasan Adaja, corre a la mano dizquierda	una legua, pásase Adaja *junto con Ávila*, corre a la siniestra

Tab. 10:

Hita... Padilla	
10-1-10	*10-1-11*
una legua grande, de un valle arriba llano e de tierras de pan e viñas los tres 4º primeros, por todas partes quedan cerros e cumbres de valles de montes baxos, *en saliendo de Hita* baxan una cuesta que tenrá 3 tiros de vallesta no agra	una legua valle arriba y campiña y viñas grandes, *junto con Hita* se baxa una cuesta de 3 tiros de vallesta de valles llanos

En este último caso se observa, además, que Hernando prescinde del futuro simple *tenrá* con que el otro redactor indica la extensión aproximada de una bajada.[146] En su lugar, aquel emplea el presente atemporal, tiempo verbal característico del género de los textos descriptivos al que pertenece el *Vocabulario* (Béguelin-Argimón 2011, 332–333). Sin embargo, este no es su único recurso para alcanzar el tono objetivo que procura para la obra, lo que aquí consigue mediante la eliminación del adverbio *como*:

Tab. 11:

Escarcena... Mançanilla	
10-1-10	*10-1-11*

146 *Llarana*, donde también se comprueba este cambio: «a medio camino pasamos una serrezuela que *tenrá* 2 tiros de vallesta de subida» se convierte en «a medio camino se sube una serrezuela de 2 tiros de vallesta».

Escarcena... Mançanilla	
media legua la mitad *como* cuesta abaxo e de olivares e lo otro de viñas e *como* cuesta arriba	media legua, lo medio cuesta baxo de olivares, lo otro viña y cuesta arriba

En aras de esa mayor objetividad, Hernando suprime el sufijo diminutivo empleado por su colaborador[147] y, en fin, altera dentro del sintagma nominal la posición del adjetivo respecto del sustantivo, de manera que aquel deja de valorar (antepuesto) para describir (pospuesto):[148]

Tab. 12:

Estepar... Cavia	
10-1-10	*10-1-11*
Una gran legua llana	Una legua grande

Tab. 13:

Guadahardales	
10-1-10	*10-1-11*
Muy grand derriscadero	Derriscadero muy grande

Tab. 14:

Miño	
10-1-10	*10-1-11*
Por una gran puente	Por puente muy grande

147 «Cerrico» pasa a «cerro» (*Gallegos*) o «villeta» a «villa» (*Lanájara*).

148 Si bien es cierto que Hernando escribe asimismo «tiene muy lindo y fuerte monesterio» (*Hitero*) y «una gran cuesta» (*Fraga*).

En último lugar –y según es preceptivo–, cabe especificar los criterios de edición aplicados en esta presentación crítica del *Vocabulario* de Hernando Colón. Se trata, pues, de concretar los aspectos relativos a las abreviaturas, las grafías, las mayúsculas, los acentos, la unión y separación de palabras, y los signos de puntuación.

Las abreviaturas empleadas es uno de los aspectos que más diferencia a los dos códices de la Colombina que han sido objeto de esta edición, en especial a la participación de Hernando en cada uno de ellos. Las palabras abreviadas en el 10-1-10 se limitan a las muy repetidas *dizquierda, legua, llana, mano, media, pequeña* y *vezinos* (respectivamente, *dizqª, le, lla, mº, mª, pe* y *vºs*), aparte de *que* tanto relativo como conjunción; no obstante, a Hernando solo son atribuibles las de *legua, media* y *vezino.*[149] Por el contrario, en el códice 10-1-11, en que solo intervino Hernando, la lista se amplía de manera considerable en su número y en su diversidad conceptual:[150] además de las ya enumeradas,[151] por orden alfabético, se encuentran *agr<o, a>, alg<o>, alg<una>, arri<ba>, berro<cales>, ca<min>o, ca<m>pi<ña>, ce<rros>, cues<ta>, d<ic>ho, di<estra>, dob<lada>, enzi<nares>, fra<goso>, gra<nde>, huer<tas>, mo<ntes>, oli<vares>, pina<res>, pue<n>te, q<ue>da, rob<ledales>, sie<rras>, si<niestra>, tie<rra>, ti<ro> de va<llesta>, últi<mo, a>, val<les>* y *vi<ñas>*.[152] En la edición del *Vocabulario* hernandino se ha procedido al desarrollo de todas las palabras abreviadas en los originales,[153] si bien dicha restauración no se ha indicado de modo expreso.

En cuanto a las grafías, esta edición ha regularizado aquellos usos de los códices 10-1-10 y 10-1-11 que carecerían de relevancia fonética, mientras que ha mantenido los que, al contrario, pudieran reflejar características del español del siglo XVI. Entre los primeros se cuentan las apariciones de *v* como /u/ en posición inicial de palabra (*vn, Vlfa...→ un, Ulfa...*), de *u* como /b/ o /β/ en posición interior de palabra (*Nauacepedilla, Caluos...→ Navacepedilla, Calvos...*) o de *y* como /i/ en

149 También es característico de su escritura el empleo de lineta para la nasal implosiva.

150 Algunas son tan ocasionales que corresponden a nombres de lugares o de ríos: p. ej., *Guadalq* por *Guadalquevir, Guadalu* por *Guadalupe, Hu* por *Humanes, Sa<n>* por *Santo Domingo de la Calçada*... Por ese mismo carácter no se hace referencia a ellas en el listado posterior.

151 Hernando, además, reaprovecha la lineta para *que* en palabras que contienen dicha secuencia como una de sus sílabas integrantes: *duq<ue>, Fadriq<ue>, Palomeq<ue>jo*...

152 «Los términos que se repiten en muchas descripciones suelen escribirse abreviados», Marín (1970, 241). Acerca de la lista de estas abreviaturas del 10-1-11, Marín (1970, 242, nota al pie 218).

153 Y el signo *U* del 10-1-10 ha sido sustituido por «mil» en todas sus apariciones.

contextos distintos del de semivocal en posición final de palabra (*Yznáxar, Lynares, Baylén, ryo, syerras* → *Iznáxar, Linares, Bailén, río, sierras*).[154] Asimismo, se ha homogeneizado como *m* la nasal ante bilabial (*Canpisávanos, Zenbrana, Villanbroso...*→ *Campisávanos, Zembrana, Villambroso...*) y reemplazado por *cu* el dígrafo *qu* más /a/ (*quarto, quales* → *cuarto, cuales*); la vibrante múltiple pasa a representarse, de acuerdo con la ortografía moderna, mediante *r-* (inicial o interior posconsonántica) y *-rr-* (intervocálica) evitando así la diversidad gráfica del original (*deRiscadero, aRiba, rribera, rrio* → *derriscadero, arriba, ribera, río*).

Pero, en beneficio de la fidelidad respecto de aquel estado de lengua,[155] no han sido retocadas las manifestaciones características del vocalismo inacentuado de la época (*edeficios, eglesia, espital, monesterio, prencipal, previllegios, sotil...*),[156] las alternancias análogas en ciertos topónimos o hidrónimos (*Chenchilla / Chinchilla, Merino / Mirino, Medellín / Medillín, Valdascari / Valdescari, Velilla / Villilla, Xadraque / Xedraque...*),[157] o las vacilaciones que muestran otros nombres respecto de los diptongos (*Dueratón / Duratón, Duerelo / Duruelo, Hortizuala / Hortizuela, Tielmes / Telmes*). En el caso particular de *Puente Cavalleros / Ponte Cavaleros* cabría pensar en la castellanización del nombre gallego.

Tampoco se han alterado las grafías integrantes de los pares *v / b, s / ss, g-j / x* y *z / ç* por el valor respectivo que las dos bilabiales sonoras y las seis sibilantes aún podrían conservar entonces, en especial en contexto intervocálico,[158] aunque de algunos ejemplos pudiera inferirse, antes al contrario, que las oposiciones fonológicas que las sustentaban habrían dejado de funcionar: *Ávila / Ábila, Talarruvias / Talarrubias; Casa / Cassa, Viso / Visso; Horcajo / Horcaxo, Tejada / Texada; Lázaros / Láçaros, Pelmaza / Pelmaça.*[159] Ahora bien, por su carácter meramente gráfico, la *b* de *cabsa* sí se sustituye por *u*,[160] la *ss* se ha reducido a *s*

154 Lo que, por supuesto, no quita que se documenten también formas como *Utrera* con *u-*, *olivares* con *-v-* o *rei* con *-i*. Aunque mucho más raro, *i* puede tener valor consonántico en casos como *iunto* y *j* puede leerse como /i/ en *rrjo* o *mjllo*.

155 Por la misma razón se ha mantenido la variación morfológica del original: *imos / vamos, tenrá* (por *tendrá*), *amas / ambas / entrambos, avemos / hemos*.

156 Y solo se documenta *estérile*, con mantenimiento de la vocal final. Otra alternancia registrada en el texto es la de *meatad / mitad / metad*.

157 Muy excepcional es que este fenómeno afecte a la vocal tónica (por ejemplo, *Salcido / Salcedo*).

158 Hernando prefiere *v-* en vez de *b-* ¿por respeto de la etimología? y corrige *Baños* por *Vaños* o *Bal de Cuendes* por *Valdecuendes*. A diferencia de su escritura actual, la *v-* también predomina en términos muy frecuentes en el *Vocabulario* como *vallesta* y *varca*. La obra presenta asimismo la alternancia en topónimos como *Berlanga / Verlanga*.

159 Así como en posición inicial de palabra: *Zapardiel / Çapardiel, Zaragoça / Çaragoça*.

160 *B* que sí se deja en *cibdad / cibdat* y *cabdal*.

en posición inicial de palabra o tras consonante y la *ç* solo se emplea ante */a, o, u/* en tanto que *c* se reserva seguida de */e, i/*; se ha corregido *g* más */a, o, u/*, como en el nombre *Argona* (→ *Arjona*) o el adverbio *legos* (→ *lejos*),[161] al no tratarse –cabría suponer– de una muestra de aspiración de la velar.

Merece atención aparte, dada su aparente complejidad, la *h*. Dicha grafía se ha eliminado en las palabras en las que su aparición no ha acabado perpetuándose (*hacequia*→ *acequia*, *heran*→ *eran*, *hestá*→ *está*, *horden*→ *orden*), ni se ha añadido en sustantivos como *ermita*. Tampoco se repone en *ay* por ser la única forma testimoniada en los códices de marras; en cambio, se han sustituido *a* por *ha* y *e* por *he* del mismo verbo.

Pero la alternancia entre la presencia y la ausencia de *h* alcanza a numerosos topónimos –*Heras* / *Eras*, *Humanes* / *Umanes*...– y, por esta razón, se mantiene en la edición del *Vocabulario*, aunque lo más seguro es que dichas variantes no se pronunciaran de manera diferente. Caso distinto es el de nombres de origen árabe –*Aznalcaçar* / *Haznalcâçar*, *Ariza* / *Hariza*– porque quizá ahí sí que se conservaba la aspirada. La *h*, como era normal en la época, concurre con *f* en los términos de etimología latina –*Huente el Saz* / *Fuentelsaz*– y predomina en voces como *halda* que hoy no la presentan.

Se reflejan asimismo cambios entre las líquidas (*frailes* / *fraires*, *castañales* / *castañares*, *madroñales* / *madroñares*, *Gamonal* / *Gamonar*),[162] entre las nasales (*Grimaldo* / *Grinaldo*), incluso entre las palatales (*atochares* / *atollares*); otras variaciones parecen apuntar más claramente al modo como se recopilaban los nombres de los lugares, pues reflejan equivalencias acústicas: *Brambío* / *Nambrío*, *Brembilla* / *Membrilla*.[163] En posición final de palabra se registran –y esta edición mantiene– las alternancias *cibdad* / *cibdat* y *Cient* / *Cien*, *Sant* / *San*;[164] en cambio, la de *algún* / *algund* se ha resuelto a favor de la forma sin *-d*.

No hay letras mayúsculas en el 10-1-10, descontado el empleo, por parte de la segunda mano,[165] de la *R* gótica con valor de vibrante múltiple recién mencionada, tanto en posición inicial (*Retamal*) como en posición interior de palabra (*aRiba*). En el códice 10-1-11 son mayúsculas las iniciales *M-* y *N-* de los topónimos lematizados, además de algún que otro ejemplo disperso en el cuerpo del texto

161 Que por cierto se documenta en alternancia con *lexos*.

162 No faltan las metátesis como la de /l/ en *Plampona* / *Pamplona*.

163 En implosiva se neutralizan asimismo consonantes de distintos puntos de articulación: *Portalguillo* / *Portadguillo* / *Portazguillo*.

164 Porque los grupos consonánticos cultos aparecen reducidos a veces (*frutífera*), no siempre (*sancta*).

165 Hernando prefiere *rr* incluso inicial (*rrío*, *rribera*...) en el 10-1-10, pero escribe siempre *Río* (o *Ryo*) en el 10-1-11.

(«Don benito», «Enzinilla» en el folio dedicado a *Mirueña*...). De acuerdo con este estado de cosas, la práctica totalidad de los nombres propios del original se escribe con iniciales minúsculas, lo que corrige esta edición con la finalidad de su distinción respecto de los nombres comunes.

Ambos códices desconocen por completo la acentuación de las palabras, como es normal en la escritura de la época. Acatando las normas vigentes de la Real Academia Española, la presente edición acentúa donde corresponde y añade la diéresis en casos como *güerta* o *Güelva*.

Acerca de la unión de palabras, puesto que en el texto original es aspecto que atañe solo a la contracción de la preposición *de* y el demostrativo *este* (y sus variantes) o el pronombre de tercera persona, muy ocasionalmente a *de* y sustantivos que comienzan por /e/ (*denzinares* 'de encinares'), se ha preferido aquí la presentación de dichos casos de manera separada, de acuerdo por lo tanto con el uso actual; también se ha desagregado la preposición *en* del gerundio (el llamado *gerundio preposicional*): *ensaliendo→ en saliendo*.

Un caso muy especial es el de *toda vía* (alguna vez *todo vía*), frase que en el *Vocabulario* conserva su valor espacial originario y que, por ello, se transcribe en dos palabras distintas.[166]

Los hagiotopónimos integrados por la forma apocopada *san* y un nombre que comienza por consonante bilabial /m/ (*Martín, Miguel*) o /p/ (*Pedro*), aparecen en el original como *Samartín, Samiguel* y *Sampedro* por asimilación fonética. En el caso de la variante *sant* / *santa*, la fusión se produce con nombres que empiezan por vocal (por ejemplo, *Santandrés* o *Santolalla*). A efectos de su lematización, no obstante, se han separado los dos elementos mediante un apóstrofo (*Sa'Martín, Sant'Olalla*).[167]

Con la salvedad del punto –normalmente sobre la línea de escritura y más raro a media altura–, los dos puntos en interior de palabra tras *u* y la barra inclinada hacia la derecha –desde abajo y con trazo fino–, empleados de manera muy esporádica, el códice 10-1-10 carece por completo de signos de puntuación.[168] El punto aparece tras una palabra abreviada (por ejemplo, *le.* 'legua') o antes y después de una cifra, que suele ser un número romano en minúsculas («ay .iiij. le.»). Los dos puntos indicarían el carácter no consonántico de la *u* tras la cual figura:

---

166 Pero con una única si posee valor temporal (*Xátiva*).

167 La variación *sant* / *san* también dificultaba la ordenación alfabética de los lemas. Se ha recurrido en este aspecto a los ángulos: *San‹t›*.

168 «Signos de puntuación no se ven», Marín (1970, 208). Nada dice Marín de la puntuación en el 10-1-11.

briu:ega, sau:ca, sau:quillo, soriu:ela, xiu:ela. En cuanto a la barra, este signo parece servir para señalar una pausa entre los enunciados que conforman el párrafo, si bien a veces se confunde con el signo abreviativo de «dizqª».

En el 10-1-11 se da también el punto para delimitar cifras, más comunes en dicho códice como números arábigos,[169] y la barra con valor de pausa. Dado que la escritura de Hernando es aquí menos cursiva, el segundo códice presenta la barra con una menor inclinación, prácticamente vertical.

Esta edición ha pretendido reflejar la disposición sintáctica del *Vocabulario* mediante los signos de puntuación actuales.[170] Así, los enunciados de la primera sección se han separado entre sí con punto y coma, pero para las unidades sintácticas menores al enunciado se ha recurrido a la coma. Los enunciados correspondientes a las localidades de destino (en mayúsculas) desde el lugar lematizado (en negrita) se separan por un punto. Por reflejar una preferencia de Hernando, solo se ha mantenido la barra con que se separaban en el 10-1-11 datos cuantitativos alternativos como el relativo al número de vecinos de una localidad –«*Alcalá de Henares* villa tiene 1000 / hasta 1200 / 1500 vezinos»– o si en su caracterización concurrían dos categorías urbanas distintas –«*Alhama* aldea / lugar».

169 Dado que Hernando Colón prefiere con claridad el empleo de esta clase de números, se ha procedido a la sustitución de todos los números romanos en la edición (con la excepción de *un*, *una*).

170 A los que habría que añadir corchetes y paréntesis para las intervenciones del editor. Como es práctica habitual, [...] sirve para señalar un pasaje del original que no ha podido ser interpretado. Con los paréntesis en el cuerpo del texto se indican las variantes formales de los nombres propios.

Esta edición

La edición de la Real Sociedad Geográfica se basó en el texto del códice 10-1-10 de la Colombina (tomos I y II) con el añadido del manuscrito 7855 de la Nacional (tomo III), que, como ya se ha apuntado, es un desgaje de aquel; y lo hizo manteniendo la disposición de los cuadernos (y, dentro de estos, de los párrafos) que integran el original. La transcripción es, en relación con ello, fidedigna, pero como resultado de ese apego al texto las descripciones de las localidades pueden saltar de una zona geográfica a otra sin previo aviso; ocurre también que una misma localidad aparece más de una vez descrita, con variaciones que afectan a la forma y al fondo de los diversos testimonios –el topónimo, la distancia a otro lugar, cualquier dato geográfico o histórico...–, si bien ninguna de estas reiteraciones, pese a ser bastante evidentes, se tienen en consideración, por ejemplo, recogiendo en una única entrada toda la información relativa al mismo lugar. Tampoco se advierte al lector de la existencia de las dichas repeticiones, con lo que el acercamiento a la obra se torna inasequible.

La presente edición, según se ha adelantado, se basa en el códice 10-1-11 y reorganiza el contenido del 10-1-10 (y del manuscrito 7855) para dotar a la obra de la estructura propia de un vocabulario cuyos lemas se ordenan alfabéticamente. Lo poco conservado de aquel volumen, además de las instrucciones de Hernando Colón, han dado pie a que se intervenga de este modo en el texto. El mayor inconveniente de la propuesta estriba quizá en las repeticiones del original: en los casos que no suponen una diferencia significativa de contenido se ha transcrito la entrada alterando lo menos posible la redacción primigenia. Entre dos versiones de un mismo pasaje se ha optado siempre por la más exhaustiva y completa, aunque no sea la atribuida a Hernando, quien, como se ha dicho con anterioridad, suele caracterizarse siempre por un estilo más sintético, rayano en lo telegráfico.

Las variantes formales, en especial, las de los nombres propios de lugar, correspondientes a una misma entrada se han indicado introduciendo entre paréntesis la menos frecuente, pero si la variación que afecta al topónimo se registra en dos (o más) entradas distintas del *Vocabulario*, se recoge en una nota al pie: por ejemplo, *(A)barca* aparece en la misma entrada del original como *Barca* y como *Abarca* (más con la primera forma que con la segunda). Además, de dicho nombre se documenta la variante *Varca* en la entrada correspondiente a *Fuente el Puerco* (esta anotación es la que figurará al pie de página).

Para las variantes de contenido que no han podido compatibilizarse en el cuerpo del texto, se ha reservado, bajo el título de *Variantes textuales*, un apar-

https://doi.org/10.1515/9783111044064-002

tado específico al final de la edición. Por ejemplo, la distancia de *Abades* a *Mazarias* era de «media legua» y «una legua». Esta segunda aparece registrada como variante de aquella en el apartado mencionado.

Las notas al pie en la edición se han reducido a las mínimas imprescindibles: aparte de las que recogen las variantes de los topónimos en asientos diferentes y alguna otra de carácter histórico, se ha aclarado el significado léxico de ciertas voces mediante la consulta de diccionarios como los ya citados de S. de Covarrubias o de F. del Rosal, así como el de *Autoridades*. Se añade cuando corresponde información acerca de la antigüedad de la palabra en español, aspecto para el que se ha empleado el *Corpus Diacrónico del Español* (CORDE).

Cabe aclarar, por último, que los lemas pertenecen a tres clases diferentes: a) con *, nombre de lugar que cuenta con una entrada en el códice 10-1-11; b) con **, nombre de lugar que cuenta con una entrada en el códice 10-1-11 y una (o más de una) entrada en el códice 10-1-10; y c) sin indicación alguna, nombre de lugar que cuenta con una (o más de una) entrada en el códice 10-1-10.

Para un mejor manejo de todos los datos se han adjuntado al final del libro cuatro índices: de lemas que han variado desde el siglo XVI o que no se han conseguido identificar; de personas citadas; de jurisdicciones; y de lugares y ríos nombrados que no cuentan con una entrada independiente en el *Vocabulario*.

A

Abades [§ 547–548] tiene 50 vezinos; es de Segovia:

MAZARÍAS media legua llana salvo que, antes que lleguemos, abaxamos una abaxada que tenrá 2 tiros de vallesta, a la mano derecha a 2 tiros de vallesta queda Pero Coxo, a media legua a la misma mano queda Xuarros. SEGOVIA 2 leguas grandes, van por Torredondo.

(A)barca[171] aldea [§ 776, 864–865] tiene 90 vezinos; es del conde de Monteagudo, es aldea de Almaçán; está en un alto por hazia la parte del río:

ALMAÇÁN una legua, la media primera es doblada e la otra media es llana riberas de Duero, en la media legua para abaxar a Duero abaxamos una cuesta como por ladera que tenrá 2 tiros de vallesta, queda a la mano derecha Almántiga a media legua del camino, Coba Rubias queda a la mano derecha ansí mismo a 2 tiros de vallesta del camino, Cobertelada queda a la mano derecha una legua del camino. ALMÁNTIGA media legua. BORDECOREX 2 leguas dobladas de valles e cerros. CIADUEÑA media legua pequeña doblada. COBAS RUBIAS una legua llana. COBERTELADA una legua doblada. HONTIGELMES 2 leguas dobladas. LODARES una legua pequeña doblada de cuestas. MATAMALA una legua, pásase Duero a la media legua por vado, que corre a la mano izquierda. MATUTE una legua pequeña, a media legua se pasa Duero, que corre a la mano izquierda. MONTEAGUDO 6 leguas, van por Morón e por Alentisque. VELAMAÇÁN una legua doblada.

Aça villa [§ 1039] tiene 150 vezinos; es de señorío; tiene fortaleza; está en un alto, está ribera de Riaçuela; es lugar vicioso de huertas:

FUENTENEBRO una legua llana Riaçuela arriba, pásase junto a Aça. MORADILLO una legua llana. LA SEQUERA una legua pequeña.

Achas[172] lugar [§ 391] tiene 200 vezinos; es de don Pedro de Sotomayor:

CRESPOS una legua grande de tierra áspera, súbese la costa de Ameixeira, que es de subir y de decendir muy mala, ay en ella muchas salvajinas de varias maneras, queda Siabra 3 leguas a la mano izquierda.

Açofra aldea [§ 284] tiene 50 vezinos:

171 Varca, cf. *Fuente el Puerco.*
172 Las Hachas, cf. *Crespos, Monasterio de Melón (Monesterio de Melón), Santa María de la Franquera, Siabra.*

https://doi.org/10.1515/9783111044064-003

ALASANCO medio millo.[173] CANILLAS media legua pequeña. NÁJARA una legua buena. TORREZILLA un 4º de legua.

Açuqueca lugar [§ 4823–4830] tiene 20 vezinos; aldea de Guadalajara; está en una solanilla en la ribera de Henares:

ALBOLLEQUE media legua grande llana salvo que para subir al lugar suben una cuesta que tenrá 4 tiros de vallesta, al pie de la cuesta pasan a Henares, corre a la mano derecha. ALCALÁ DE HENARES 2 leguas muy llanas riberas abaxo de Henares e de tierras de pan, queda el río a la mano dizquierda. ALHOBERA media legua de tierra llana e de tierras de labrança. BENALAQUE una legua, van por Alhobera. BUXES media legua de tierra doblada e de tierras de labranças. CAMARMA DEL CAÑO una legua, van por Villanueva de Guadalajara. CAMARMA DE ENCIMA una legua, van por Villanueva de Guadalajara. CAMARMA DE ESTERUELAS 2 leguas, van por Mira el Campo e por Meco e por Villaviciosa. CHILUECHES una legua, llano los tres 4º primeros e lo otro es cerros arriba, a los tres 4º primeros pasan a Henares por varca, corre a la mano derecha. LA ÇOLEDA una legua, van por Albolleque. GUADALAJARA 2 leguas llanas salvo que para subir a Guadalajara suben unos barrancos arriba que tenrá 2 tiros de vallesta, al pie de la cuesta pasan a Henares río por puente, corre a la mano derecha. HITA 6 leguas, van por Guadalajara, 2 leguas, e por Tórtola, 2 leguas. MECO una legua, van por Mira el Campo, media legua llana e de tierras de pan. QUER media legua de tierra doblada e de tierras de labrança. SANTORCAZ legua e media, van por los Santos de la Humosa, una legua. LOS SANTOS DE LA HUMOSA una legua, llana la media legua primera e lo otro un cerro e barrancos arriba, a medio camino pasan a Henares río por vado, que corre a la mano derecha, en invierno por varco. VALDAVERO una legua, van por Villanueva de Guadalajara, media legua. VILLANUEVA DE GUADALAJARA media legua doblada e de labrança.

Adamuz lugar [§ 3497–3504, 3508] tiene 450 vezinos; es aldea de Córdova; está en un alto e entre la Sierra Morena en unos llanos:

BUJALANCE 3 leguas, van por Pero Abad, una legua, e por Morente, una legua. CAÑETE 4 leguas, van por Pero Abad, una legua, e por Morente, una legua, e por Burjalance, una legua. EL CARPIO una legua grande, de sierra la media legua primera e lo otro es de campiña, en llegando al Carpio pasamos a Guadalquebir por varco, que corre a la mano derecha. CASTRO EL RÍO 7 leguas, todo de campiña de cerros salvo media legua primera que es sierra, a una legua pasamos a Guadalquebir por varca, que corre a la mano derecha. CÓRDOVA 5 leguas, van por la Puente de Alcolea, 3 leguas de sierra. MONTORO 2 leguas de sierra riberas arriba de Guadalquebir, queda siempre a la mano derecha salvo media legua primera, en llegando a Montoro pasamos a Guadalquebir por puente, que corre a la mano derecha. MORENTE 2 leguas, van por Pero Abad, una legua. NAVA GRANDE 10 leguas grandes de sierras salvo la una grande postrera que es de valles llanos de cerros, todo el camino es de montes baxos. PERO ABAD una legua grande, la primera media legua de sierra e lo otro de campiña,

173 ¿Medida itineraria equivalente a la *milla*?

a medio camino pasamos a Guadalquebir por varca, que corre a la mano derecha. LA RAMBLA 8 leguas, todo de campiña salvo media legua primera que es sierra, a media legua primera pasamos a Guadalquebir por varca, que corre a la mano derecha. TORRE MILANO 10 leguas, van por Pozo Blanco, 9 leguas de sierras. LA VILLA PEDROCHE 9 leguas de sierras. VILLAFRANCA una legua grande, sierra.

Adobea lugar [§ 3202] tiene 15 vezinos; es de don Estevan; está en un altillo en una solana:

CARRICHES media legua de tierra doblada e de arenales.

El Adrada[174] lugar [§ 4526–4530] tiene 70 vezinos; es aldea de Béjar; está en llano riberas de un río dicho Cuerpo de Hombre; es lugar de mucho vino e lino, tiene una casa de pasatiempo el duque de Alva:

EL BARCO DE ÁVILA 5 leguas. BECEDAS 3 leguas de tierras de pan e de lino. BÉJAR 2 leguas, de cerros e cabeços e de robledales la primera legua, a la mano derecha queda siempre alguna sierra. FUENTES [...] de tierra doblada e de pan llevar e por entre cabeços. EL GUIXUELO DE SALVATIERRA 2 leguas, van por Fuentes. MEDINILLA legua e media de tierras de pan, por algunas partes ay algunos cabeços [...]. LA NAVA media legua llana. NEILA 3 leguas de tierras de pan llevar, a la mano derecha queda la sierra a media legua siempre del camino. SALVATIERRA 3 leguas, van por Fuentes, a la mano dizquierda queda el Guixuelo de Salvatierra a media legua del camino. SAN BARTOLOMÉ 4 leguas, van por Soriuela, tres 4º de legua, e por Vallejera e por Fredesnoso e por Vallejo. SORIUELA una legua de valles e sierras e robledales.

Las Agallas lugar [§ 5236–5237] tiene 250 vezinos; está en llano riberas de un río dicho la Frexneda, está al pie de una sierra a media legua, es tierra de Cibdad Rodrigo:

CESPEDOSA 2 leguas, van por Martiago. DESCARGAMARÍA 3 leguas e media, van por Robledillo. EL ELGUIXUELA 2 leguas, van por Martiago. FUENTEGUINALDO 3 leguas e media, van por Martiago e por Cespedosa e por Sahúgo e por Robleda. MARTIAGO una legua llana e de montes de alisedas, en saliendo pasan al dicho río Frexneda por vado, que corre a la mano dizquierda. ROBLEDILLO [...] de tierra llana salvo en medio el camino pasan un puerto que tenrá de subida e de abaxada una legua. SAHÚGO 2 leguas, van por Martiago e por Cespedosa.

Ajalvir (Hajalvir) aldea / lugar [§ 21, 3680–3685] tiene 40 / 60 vezinos; es del arçobispo de Toledo; está en llano, está en una vega de tierras de pan; tiene alrededor del lugar unos olivarejos:

---

174 Adrada, cf. *El Guixo.*

ALARPARDO una legua de tierra doblada. ALCALÁ DE HENARES 2 leguas, van por Dagançuelo, media legua, e por la Hinojosa, media legua. ALJETE una legua, van por Coveña, media legua. ALMAÇANEJO una legua, van por Dagançо, media legua. EL CASAR DE TALAMANCA 3 leguas, van por Dagançо, media legua, a la mano dizquierda queda Alarpardo a 3 tiros de vallesta e Val de Olmos a la mano derecha a media legua pequeña del camino. EL COLMENAR 5 leguas de cerros e valles e tierras de labrança, a legua e media primera pasamos a un río dicho Xarama por varca, que corre a la mano dizquierda. DAGANÇO media legua pequeña de panes e tierra doblada. DAGUENÇUELO una legua y media. FREXNO DE TOROTE 2 leguas e media, van por Dagançо, media legua. FUENT CARRAL 3 leguas, van por Paracuellos, una legua, e por Hortaleza, una legua. FUENTE EL FREXNO 2 leguas de cerros e valles e tierras de pan, a legua e media pasamos Xarama por barca, que corre a la mano dizquierda. GUADALAJARA 5 leguas, van por Dagançо, media legua, e por Almaçanejo, media legua, e por Villa Nueva, una legua, e por Benalaque, una legua. MADRID 4 leguas, van por Paracuellos, una legua, e por Barajas, una legua, e por el Alameda, media legua. RIBATAJADA 3 leguas, van por Dagançо, media legua, a la mano derecha queda Frexno de Torote a 4 tiros de vallesta del camino. TORDELAGUNA 5 leguas, van por Coveña, media legua de tierra doblada, e por Fuente el Saz, una legua, e por Talamanca, 3 leguas. TORREJÓN DE HARDOZ una legua llana e de tierras de pan e arenales. VILLANUEVA 2 leguas de cerros e tierras de pan, en llegando a 2 tiros de vallesta del lugar pasan a Xarama río por barca, que corre a la mano dizquierda.

Alahejos villa [§ 1232–1235] tiene 300 vezinos; es de Fonseca; tiene buena fortaleza; está en llano:

LA BÓBEDA 3 leguas llanas, pásase un riatuelo[175] 2 tiros de vallesta de la Bóbeda, corre a la mano derecha. CASTREJÓN legua e media llanas. CASTRILLO 2 leguas llanas, van por la halda del monte. CASTRONUÑO 2 leguas llanas. FUENTE LA PIEDRA 2 leguas y media llanas, vase por metad de un monte que en saliendo de Alahejos que tenrá media legua, pásase un río que se llama la Garueña a las 2 leguas andadas, corre a la mano derecha. HONTIVEROS 8 leguas llanas, vase por Val de Fuentes y por Taraçona y por Cantalapiedra. HORDEÑO 2 leguas llanas, vase por orilla de un monte que está a la mano derecha como vamos. LA NAVA 2 leguas llanas, pásase un riatuelo que se llama Poçuelos a la una legua, corre a la mano izquierda. SIETE IGLESIAS media legua llana. TORREZILLA DE LA HORDEN legua e media llanas. VADILLO 2 leguas llanas, pásase la Garueña, que se pasa a la orilla del mismo Vadillo, pásase por puente, que corre a la mano derecha. VAL DE FUENTES media legua llana.

El Alameda aldea [§ 328] tiene 50 vezinos; es de un Çapata; tiene fortaleza no alta; no tiene más término de las goteras:[176]

---

175 Cruce entre *riachuelo* y *riatillo*, formas que no se documentan en el texto para ‘río pequeño y de poco caudal’.

176 ‘Afueras, contornos, alrededores’. Se repite el término en *Alcovendas*.

BARAXAS media legua pequeña. REJAS media legua pequeña.

El Alameda[177] [§ 1072] tiene 10 vezinos; es de Sepúlveda; está en llano, pásase Duratón 2 tiros de vallesta del Alameda.
Alanís lugar [§ 4370–4376, 4379] tiene 500 vezinos; es aldea de Sevilla; tiene fortaleza; está en un valle hondo entre montes de xarales, es en Sierra Morena:

AZUAGA 4 leguas de sierras e valles e montes de xarales, la primera legua es de algunas viñas, a media legua primera baxan un puerto que tenrá media legua e llámase el Puerto de la Breña, a las 3 leguas primeras pasan a un río dicho el Sotillo por vado, corre a la mano derecha. CAÇALLA 2 leguas de sierras e valles e montes de xarales, esto es Sierra Morena, la postrera es de viñas, la media legua postrera por la mano derecha queda un espeso robledal. CÓRDOVA 18 leguas, van por Costantina, 4 leguas, e por la Puebla, 4 leguas, e por las Posadas, 4 leguas. COSTANTINA 4 leguas, todo de sierras e valles e montes de xarales. ÉCIJA 14 leguas, van por San Niculás, una legua, e por Costantina, 3 leguas, e por la Puebla, 4 leguas, e por Palma, 2 leguas. ELLERENA 6 leguas, van por Guadalcanal, 2 leguas, e por la Fuente el Arco, 2 leguas, e por Reina, una legua, e por las Casas de Reina, 3 tiros de vallesta. GUADALCANAL 2 leguas de sierras e viñas e montes de xarales. MÉRIDA 20 leguas, van por Guadalcanal, 2 leguas, e por la Fuente el Arco, 2 leguas, e por Reina, una legua, e por las Casas de Reina, 3 tiros de vallesta, e por Ellerena, una legua, e por la Hinojosilla, 6 leguas, e por Ribera, una legua, e por Alhanje, 4 leguas. NUESTRA SEÑORA DE GUADALUPE 25 leguas, van por Azuaga, 4 leguas, e por Çalamea, 7 leguas, e por Quintana, 2 leguas, e por Campanario, 2 leguas, e por Azedera, 3 leguas. LA PUEBLA DE ALCOCER 18 leguas e media, van por Azuaga, 4 leguas, e por Castuera, 8 leguas, a la mano derecha queda Esparragosa de Lares a un 4º de legua del camino. SAN NICULÁS una legua de valles por entre sierras riberas abaxo de unos arroyos e montes de xarales e viñas. SEVILLA 14 leguas, van por Caçalla, 2 leguas, e por el Pedrosso, 2 leguas, e por Cantillana, 5 leguas, e por Brenes, una legua. VILLAGARCÍA 7 leguas, van por Ellerena, 6 leguas.

Alantisque[178] lugar [§ 5262–5264] tiene 150 vezinos; es aldea de Almaçán; está en llano:

ALMAÇÁN 3 leguas, van por Borchicayada e por Algaravel e por Villalva. BORCHICAYADA una legua de tierra de cerros e valles e tierras de pan. CABANILLAS media legua de tierra doblada como algo cuesta arriba e tierras de labrança. CHÉRCOLES una legua de tierra doblada e de labranças. MORÓN una legua de cerros e tierra doblada e de labranças, a un 4º de legua primero pasan a un riatuelo por vado, que corre a la mano dizquierda. LA PUEBLA una legua de tierra doblada e de labrança.

---

177 El Alameda de Sepúlveda, cf. *La Nava de Pedraza*.
178 Alentisque, cf. *(A)barca*.

Alaondroal[179] villa [§ 1007] tiene 700 vezinos; es de Portugal; tiene fortaleza; está en llano; es viciosa de frutas y de agro:

EL REDONDO legua llana, lo más de enzinares.

Alarcón villa [§ 1210] tiene 80 vezinos; es del marqués de Villena; está cercada de un río dicho Xúcar, que no dexa más lugar por cercarla el río de lo que toma la fortaleza, el cual va muy hondo porque de todas partes ay gran derriscadero[180] hazia el río, las otras sierras que están de la otra parte del río son mucho más altas que el lugar y muy agrias:

VALA DE REY 3 leguas.

Alasanco aldea [§ 283] tiene 40 vezinos:

AÇOFRA medio millo. BADRÁN una legua. CANILLAS medio legua pequeña. CAÑAS media legua. CORDOVÍN media legua. TORREZILLA medio millo. VILLAR una legua. VILLAREJO una legua poco más grande que la de Villar.

Alasón aldea [§ 289] tiene 40 vezinos:

AÇOFRA legua y media buena, pásase por Nájara. NÁJARA media legua, pásase Najarilla junto a Nájara por la puente. UÉRCANOS una legua pequeña.

Albacete lugar [§ 6461–6462] tiene 800 vezinos; es aldea de Chinchilla; está en llano, es en la Mancha de Aragón; en esta tierra son las leguas grandes:

CHINCHILLA 2 leguas llanas e de algunos atochares[181] e de labrança, para subir a Chinchilla suben una cuesta que tenrá un 4º pequeño de legua. LA GINETA 3 leguas e media llano e de labranças e de atochares e chaparrales.[182] VALAÇOTE 3 leguas de tierra llana e de labranças e de algunos chaparrales e de algunos atochares.

Albatera lugar [§ 6403–6405] tiene 100 vezinos; es de don Ramón; tiene casa fuerte; está en llano a media legua grande de una grand sierra, es en el reino de Valencia; tiene buena güerta, régase de acequia del río de Segura:

179 El Alendroal, cf. *Évora*.

180 Lo mismo que *derrumbadero* 'despeñadero', mucho más frecuente en el texto. Testimonio temprano de la voz en español (Rodríguez 2002, 77). Otras apariciones de la voz en el *Vocabulario*: *Castilleja*, *Cigüença (Sigüença)*, **Guadahardales*.

181 'Espartizal'. Testimonio temprano del derivado en español (Rodríguez 2002, 79).

182 Derivado de *chaparro*. Testimonio temprano de la voz en español (Rodríguez 2002, 77).

CALLOSA una legua llana e de huerta, por la mano derecha una grand sierra e por la mano dizquierda grandes llanos. CATRAL media legua llana e de marismas. ELCHE 3 leguas llanas. MURCIA 4 leguas llanas e de atochares e romerales, por la mano dizquierda queda siempre la sierra de Origüela, el castillo de Monteagudo a la mano derecha a 2 tiros de vallesta. ORIGÜELA 2 leguas grandes llanas, la primera legua imos orilla de una sierra que queda por la mano dizquierda, luego pasamos por entre ellas e dexamos la dicha sierra por la mano dizquierda, imos por orilla de otra que queda por la mano derecha e la huerta de Origüela por la mano dizquierda. TREVILLÉN una legua grande llana.

El Alberca lugar [§ 4630–4632] tiene 100 vezinos; está en un altillo sobre unas peñas; solía aver un monesterio de monjas:

BELMONTE 3 leguas de cerros e valles, a una legua primera pasan a un río dicho Záncara por vado, corre a la mano dizquierda. EL CASTILLO DE GARCI MUÑOZ 3 leguas, van por el Pinarejo. LAS PEDROÑERAS 3 leguas de cerros e tierra doblada e de labranças, a una legua primera pasan al dicho Záncara río por vado, corre a la mano dizquierda. EL PINAREJO 2 leguas de tierra de cerros e montes baxos e labranças e romerales. EL PROVENCIO 3 leguas de tierra doblada, las 2 leguas postreras son de montes de enzinares. SAN CLEMENTE 2 leguas pequeñas de tierra doblada e de algunos cerros e tierras de pan, por la mano derecha queda siempre un monte de enzinares que tenrá una legua. SANTA MARÍA DEL CAMPO una legua de tierra doblada e de montes baxos. SANTIAGO DE LA TORRE 2 leguas, de tierra doblada e de montes de enzinares la legua primera e media postrera. VALA DE REY 3 leguas de tierra de vallejuelos e cerros, a legua e media primera pasan a Rus río, corre a la mano derecha, junto con el camino está un castillo antiguo derrocado dicho Rus.

Alcabdete lugar [§ 6362–6367] tiene 150 vezinos; tiene fortaleza; está en llano al pie de una sierra, es en Aragón, que no ay hasta el moxón más de una legua; es lugar frontero de Castilla:

ALMANSA 4 leguas por el camino de las carretas que es llano e por entre sierras, por un ataxo queda por la mano dizquierda 3 leguas de sierras e valles e montes baxos e de atochares. BAÑERAS 4 leguas del camino de Bocairén riberas arriba las 2 leguas postreras de un arroyo, en llegando al lugar está una fuente grande de donde nace un arroyo que muele una muela de molino. BIAR 3 leguas, las 2 primeras llanas del llano de Villena, las 2 postreras traviesan un collado de entre 2 sierras que tenrá un 3º de una legua, lo otro es llano e de labranças e por la mano derecha a media legua del camino. BOCAIRÉN 5 leguas llanas de un valle arriba e por entre grandes sierras e montes baxos de romerales e atochares, a 3 leguas primeras van riberas arriba de un arroyo, que queda el arroyo a la mano derecha que tenrá una legua, déxanlo a la dicha mano derecha, a la mano derecha queda Bañeras a un 4º de legua. FUENTE LA HIGUERA 2 leguas llanas, por la mano dizquierda siempre sierras, el camino de montes baxos e de atochares. MOXÉN 4 leguas, van por Fuente la Higuera. ORIGÜELA 12 leguas, van por Villena, 2 leguas, e por Sax, 2 leguas, e por Elda, una legua, e por Monóvar, 2 leguas, e por Novelda, una legua, e por Azpe, 2 leguas, e por Elche, 3 leguas. SALINAS 3 leguas llanas, al pie de sierras que quedan a la mano derecha, a medio camino están unas lagunas de sal que tenrá una legua, que queda a la mano dizquierda. VILLENA 2 leguas llanas de un grand llano ancho que se haze entre unas sierras e de tierras todo de labrança. YECLA 2 leguas de tierra doblada e por entre sierras e de montes de pinares e de atochares e romerales, en saliendo del lugar suben una cuesta que tenrá 2 tiros de vallesta, queda la sierra a la mano dizquierda.

Alcáçar de Consuegra villa [§ 1146, 3575–3582] tiene 1000 vezinos; es del prior de Sant Joan; tiene fortaleza; está en llano; tiene grande arrabal por la parte de Toledo, está cercada de tierra:

EL CAMPO DE CLITANA (EL CAMPO DE CRITANA) una legua llana. CIBDAD REAL 13 leguas, van por Villa Harta, 4 leguas, e por Damiel, 4 leguas, e por Carrión, 3 leguas. CONSUEGRA 6 leguas, van por Villa Franca, 2 leguas, e por Camuñas, 2 leguas. EL CORRAL DE ALMAGUER 7 leguas, van por Quero, 2 leguas, e por la Puebla de don Fadrique, 2 leguas. CUENCA 19 leguas, van por el Campo de Clitana, una legua, e por la Mota el Cuervo, 4 leguas, e por Monreal, 2 leguas, e por Villescusa, 2 leguas, e por Cervera, 4 leguas, e por la Parrilla, 2 leguas. HERENCIA 2 leguas llanas salvo algunas traspuestas,[183] a medio camino pasamos a Xiuela por vado, que corre a la mano dizquierda. MADRILEJOS 5 leguas, van por Villa Franca, 2 leguas, e por Camuñas, 2 leguas. MANÇANARES 8 leguas llanas salvo algunas traspuestas e de montes baxos e altos las 5 leguas primeras, a 2 leguas primeras pasan a Guadiana, corre a la mano [...]. MIGUEL ESTEVAN 3 leguas llanas. MONTIEL 15 leguas, van por Alhambra, 9 leguas llanas salvo algunos cerrillos, a 2 leguas primeras pasan a Guadiana por vado, que corre a la mano derecha, de allí adelante van riberas arriba de Guadiana, que queda siempre a la mano dizquierda. OCAÑA 11 leguas, van por Quero, 2 leguas, e por Villa Cañas, 2 leguas, e por el Romeral, 2 leguas, e por la Guardia, 2 leguas. QUERO 2 leguas llana, la media legua primera es de viñas. SAN CLEMENTE 9 leguas, van por el Campo de Clitana, una legua, e por las Pedroñeras, 5 leguas, e por Santiago el Quebrado, una legua. SOCUÉLLAMOS 5 leguas, van por el Campo de Clitana, una legua. EL TOBOSO 3 leguas llanas. TOLEDO [...] leguas, van por Villa Franca, 2 leguas, e por Camuñas e por Madrilejos, una legua, e por Mançaneque, 5 leguas, e por Villa Minaya, 2 leguas. VILLA FRANCA 2 leguas llana e de viñas. VILLA HARTA 4 leguas llanas riberas abaxo de Xiuela, que a la primera legua lo pasamos que corre a la mano dizquierda, a legua e media adelante, que son 2 leguas e media primera, lo tornamos a pasar, que corre a la mano derecha, todo este camino es como marismas muy llana que casi el río no tiene corriente.

Alcacerén[184] lugar [§ 10] tiene 200 vezinos:

BOYEZILLO 4 leguas.

Alcalá de Henares villa [§ 4, 17, 18, 19, 3664–3670, 4724, 4831] tiene 1000 / hasta 1200 / 1500 vezinos; es del arçobispo de Toledo; tiene fortaleza a un 4º de legua, donde solía ser la villa, en cerro de la parte del río; está en llano e riberas de un

183 'Repliegue o elevación del terreno que impide ver lo que hay al lado de allá'. Cf. Rodríguez (2002, 79).

184 Alcaçarén, cf. *Medina del Campo, Toledo, La Ventosa*.

río dicho Henares; en esta villa fueron martillizados 2 mártires dichos el Sant Yuste e San Pastor, allí ay una suntuosa capilla, la piedra donde los degollaron están señaladas la mitad de la cara con su oreja de cada uno:

GUADALAJARA 4 leguas grandes muy llanas riberas arriba de Henares río, que queda a la mano derecha, por la mano derecha de la parte del río queda siempre un cerro a la larga e derrumbadero[185] del dicho río, que se llama el Cabo del Alcarria porque de Henares hazia la parte de mediodía es Alcarria, por la mano derecha queda los Santos de la Humosa a media legua grande del camino en un cerro, por la mano dizquierda queda Açuqueca a un 4º de legua del camino e Benalaque a 3 tiros de vallesta del camino, cerca de Guadalajara pasan a Henares por puente, corre a la mano derecha. LA HINOJOSA una legua llana e de tierras de labrança e de guixarrales, junto con la Hinojosa pasamos un arroyo dicho Torote, que corre a la mano dizquierda. LISBONA 95 leguas, van por Torrejón de Hardoz, 2 leguas, e por Rejas, una legua, e por el Alameda, media legua, e por Madrid, 2 leguas, e por Alcorcón, 2 leguas, e por Móstoles, una legua, e por Casa Rubios, 4 leguas, e por Arroyo de Molinos e por Maqueda e por Santolalla e por Talavera e por la Puente del Arçobispo e por Truxillo e por Mérida e por Lobón, 4 leguas, e por Talaveruela e por Badajoz e por Yelves e por Estremoz. MURCIA 60 leguas, van por Torres, una legua, e por el Pozuelo de Torres, una legua, e por Caravaña, 2 leguas, e por Valdearazete, 2 leguas, e por la Barca de Huentidueña, 2 leguas, e por Vilinchón, 2 leguas, e por Tarancón, 2 leguas, e por San Clemente e por Minaya e por la Roda e por Chinchilla. SANTORCAZ 2 leguas, pasan el río de Henares por puente o por vado. SEGOVIA 18 leguas, van por Dagançuelo, una legua e media, e por Ajalvir, media legua, e por Villa Nueva, 2 leguas, e por el Colmenar Viejo, 3 leguas, e por la Zerezeda e por Zerezedilla, una legua, e por Collado Mediano e por Guadarrama, 2 leguas. TORRES una legua, pásase el río de Henares por la puente media milla de Alcalá. VALENCIA DE ARAGÓN 54 leguas, van por Torres, una legua, e por el Pozuelo de Torres, una legua, e por Caravaña, 2 leguas, e por Valdearazete, 2 leguas, e por la Barca de Huentidueña, 2 leguas, e por Chinchón, 2 leguas, e por Tarancón, 2 leguas, e por el Castillo Garcimuñoz e por Alarcón e por el Campillo e por la Motilla e por Pajazo e por Utiel e por Requena e por Sieteaguas e por Buñol e por Chiva e por Mira el Campo e por Cuarte e por Mislata. VILLALVILLA una legua de tierra doblada e de tierras de pan salvo que a un millo de Alcalá suben unos barrancos arriba que tenrán un tiro de vallesta, al dicho millo pasan el dicho río Henares por puente, corre a la mano derecha. ZARAGOÇA 42 leguas, van por Guadalajara, 4 leguas, e por Hita, 4 leguas, e por Padilla, una legua, e por Bujalharo, una legua, e por Cigüença, 6 leguas, e por Medinaceli, 4 leguas, e por Monreal e por Hariza e por Calatayud e por Daroca.

Alcalá la Real cibdad [§ 2250–2253, 3055–3060] tiene 1000 vezinos; está en una sierra en la punta de la sierra en lo alto, por la parte de Córdova está más alto e de peña tajada;[186] tiene 3 cercas por algunas partes hazia Moclín que ciñe los arra-

185 'Despeñadero'. Testimonio temprano de la voz en español (Rodríguez 2002, 77).
186 'Peña cortada verticalmente y que forma como una pared'. Otras apariciones del sintagma en *Alhanje*, *Çamora* y *Curiel*. En *Martos* como *taxada*.

bales, tiene grandes e fuertes fortalezas de las murallas, en una entrada por donde entran tiene 7 puertas con 7 torres, las cuales se cierran siempre:

ALCAUDETE (DE DOMARTÍN) 3 leguas de cerros e tierra doblada e de campiñas de pan, a legua e media pasamos a un río dicho el Carrizal, que corre a la mano dizquierda. BÍBORAS, castillo, 3 leguas de cerros e valles e [...]. EL CASTILLO (DE LOCUBÍN) una legua grande de sierras e valles, en saliendo de Alcalá baxamos una cuesta que tenrá 3 tiros de vallesta, travesamos un valle de labranças que tenrá un 4º de legua, luego imos por orilla de una sierra, que queda a la mano dizquierda, luego abaxamos una cuesta de peñas e montes baxos, que tenrá un 4º de legua muy agra. COLOMERA 4 leguas de sierras e cerros e montes baxos, a legua e media pasamos a un río dicho el Chiquero, que corre a la mano derecha. CÓRDOVA 14 leguas, van por Vaena, 6 leguas, e por Castro el Río, 2 leguas. GRANADA 8 leguas, van por Pinos, 5 leguas. ÍLLORA 4 leguas de sierras e cerros e valles e montes. JAÉN 8 leguas, por el camino derecho ay 7 de sierras e por las 8, van por Martos, 5 leguas, e por Torre el Campo, una legua. LOXA 6 leguas, van por Montefrío, 3 leguas. LUQUE 5 leguas de sierras salvo las 2 leguas e media postreras, es tierra doblada e de cerros e de campiña, a 4 leguas pasamos a un río dicho río de Caicena, que corre a la mano derecha. MARTOS 5 leguas de cerros e sierras por algunas partes e de montes de toda broça, a 3 leguas primeras pasamos a un río dicho río de Bíboras, que corre a la mano dizquierda. MOCLÍN 3 leguas de sierras e valles hondos e de todo monte, tiene subida Moclín de tres 4º de legua de sierras en alto. MONTEFRÍO 3 leguas de sierras e valles e cerros e montes grandes e baxos. PLIEGO 3 leguas de sierras e cerros e valles e montes baxos, a 2 leguas pasamos a un río dicho el Olnedinilla por vado, que corre a la mano derecha. TORRE XIMENO 6 leguas, van por Martos, 5 leguas. VAENA 5 leguas de sierras por algunas partes no muy agras, a la mano dizquierda queda Luque a media legua pequeña del camino.

Alcalá del Río lugar [§ 2676–2683] tiene 300 vezinos; es aldea de Sevilla; está en un cerrillo riberas de Guadalquebir, que pasa junto con el lugar:

BRENES 2 leguas llanas, en saliendo de Alcalá del Río pasamos a Guadalquebir por varca, que corre a la mano derecha. BURGUILLOS una legua grande de llano e de palmitares.[187] CANTILLANA 3 leguas llanas, junto con Cantillana pasamos a un río dicho Viar por vado, que corre a la mano derecha, luego se junta con Guadalquebir. CARMONA 6 leguas llanas salvo que en llegando a Carmona subimos una cuesta que tenrá media legua, en saliendo de Alcalá del Río pasamos a Guadalquebir por varca, que corre a la mano derecha. CASTILBLANCO 3 leguas grandes, la primera llana e lo otro es de Sierra Morena. CASTILLEJA 3 leguas, van por Camas, legua e media llana riberas abaxo de Guadalquebir, queda a la mano dizquierda. GUILLENA una legua, junto con Guillena pasamos a Güerba un riatuelo por vado, que corre a la mano dizquierda. LA RENCONADA media legua grande llana e de viñas, en saliendo de Alcalá del Río pasamos a Guadalquebir por barca, que corre a la mano derecha. SALTERAS 3 leguas, de tierra muy doblada las 2 leguas postreras e lo otro de tierra doblada. SANTIPONCE legua e media llana riberas abaxo de Guadalquebir, que queda a la

187 ¿Palmeral?

mano dizquierda. SEVILLA 2 leguas e media, van por la Renconada, media legua. VILLANUEVA DEL CAMINO 5 leguas, van por Cantillana, 3 leguas, e por Villaverde, una legua. VILLAVERDE DEL ARÇOBISPO 3 leguas llanas riberas arriba de Guadalquebir, que queda a la mano derecha.

Alcántara villa [§ 2562–2570, 5242] tiene 600 / 1000 vezinos; tiene muy buena fortaleza; está en la ladera del derrumbadero del río dicho Texo; es cabeça de maestrazgo, de la parte de mediodía tiene grande arrabal mayor que la villa, está algo en hondo el arrabal, tiene el río una puente, la mejor que ay en cristianos, muy alta desde el fondamento como la torre de Sevilla, la torre mayor de en medio la puente, tiene una mina debaxo de la puente por donde meten agua en tiempo de cerco:

EL ALDEA EL REY legua e media de tierra doblada e de montes. EL AZEÚCHE 5 leguas, van por la Mata, una legua. BELBÍS, fortaleza derrocada, 2 leguas grandes de tierra doblada. LAS BROÇAS 3 leguas de tierra muy doblada e de berrocales, van por el Aldea del Rey, legua e media. CÁCERES 10 leguas, van por el Aldea del Rey, una legua, e por las Broças, una legua e media, e por el Arroyo el Puerco, a la mano derecha queda Malpartida a media legua del camino. EL CARAVAJO 6 leguas de tierra doblada mucho e de dehesas de yerbas, las leguas postreras son de tierra fragosa e de enzinares, pasamos a Salor, que corre a la mano derecha. LA ÇARÇA DE ALCÁNTARA 3 leguas grandes de tierra algo fragosa por algunas partes de berrocales, en saliendo de Alcántara pasamos a Texo por puente, que corre a la mano dizquierda, a la mano dizquierda queda Piedras Alvas a 3 tiros de vallesta del camino. CECLAVÍN 3 leguas de tierra muy fragosa, en saliendo de Alcántara pasamos a Texo por la puente, corre a la mano dizquierda, a media legua más delante pasamos a un río dicho Alagón por barca, que corre a la mano derecha, entra en Texo a 2 tiros de vallesta. CILLEROS 7 leguas, van por la Çarça, 3 leguas. CORIA 7 leguas, van por Ceclavín e por las Pescueças, 2 leguas. ESTORNINOS media legua de sierras e de berrocales, en saliendo pasamos a Texo por puente, que corre a la mano dizquierda. LAS GARROBILLAS 6 leguas, van por la Mata, una legua. HERRERA 10 leguas, van por el Carbajo e por Santiago de Alcántara. MAMBRÍO 5 leguas de tierra doblada mucho e de dehesas de yerbas, a la postrera legua pasamos al dicho río Salor, que corre a la mano derecha, de allí adelante es de tierra fragosa. LA MATA una legua de tierra muy doblada, de cerros e valles e montes. LA MORALEJA 7 leguas, van por la Çarça. PIEDRAS ALVAS una legua de tierra muy doblada, pasan el río por puente. SANTIAGO DE VALENCIA 7 leguas, van por el Carabajo, 6 leguas. VALENCIA DE ALCÁNTARA 9 leguas, van por Mambrío, 5 leguas.

Alcaraz cibdad [§ 5243–5247] tiene 1400 vezinos; tiene fortaleza, la cual mandó derrocar el rey don Hernando; está en alto sobre una sierra, a un tiro de vallesta de la cibdad pasa un río dicho Guadarmer e nace a 3 leguas de la cibdad; es tierra de muchas fuentes e huertas, esta cibdad tiene unas sierras de las cuales salen muy ligeros cavallos:

EL BONILLO 5 leguas, van por la Solanilla. PATERNA 3 leguas de cerros e sierras e valles e montes de enzinares, es tierra de muchos arroyos e fuentes. REOLIT una legua de tierra doblada e de algunos cerrillos de labrança e de viñas. LA SOLANILLA media legua pequeña de tierra doblada e de labrados, en llegando a la Solanilla pasan a un río dicho río Cortes por vado, que corre a la mano dizquierda. EL VALLESTERO 3 leguas, van por el Horcaxo, una legua de tierra de cerros e tierra doblada e de montes de enzinares. VIANAS media legua de cerros e barrancos e de labrados e peñas. VILLANUEVA DE ALCARAZ 3 leguas de cerros e valles e montes de pinares e enzinares, la legua postrera es de tierra de labrados, a una legua primera pasan a río Cortes por vado, que corre a la mano dizquierda.

Alcaudete[188] villa [§ 3076–3077] tiene 1000 vezinos; es de don Martín de Monte Mayor; está al pie de unas sierras muy altas en hondo, el asiento en alto; tiene arrabales:

EL CASTILLO DE LUCUBÍN 2 leguas grandes de sierras e de valles. MARTOS 3 leguas de cerros e campiña de pan, a una legua pasamos a un río dicho Caçalla, que corre a la mano dizquierda. PLIEGO 3 leguas de cerros e tierra doblada e de campiña, a una legua pasamos a un riatuelo que corre a la mano derecha.

Alchemezí[189] [§ 6319–6320]:

ALGECIRA media legua llana e de olivares la mitad primera e lo otro de moreras e huertas de regadío, a poco más de medio camino pasamos al río de los Ojos por puente, que corre a la mano dizquierda, en llegando Algecira pasamos a un braço de Xúcar por puente, que corre a la mano dizquierda, por la mano derecha va otro braço junto con la puente, antes que lleguemos a Algecira con una legua imos entrando como entre sierras porque por la mano dizquierda empieça de aver e por la mano derecha vienen, viénense a juntar e ceñir a Xátiva 3 leguas adelante de Algecira.

Alcolea lugar [§ 3218] tiene 70 vezinos; es del arçobispado de Toledo; está algo en alto riberas de un río dicho Texo:

LA PUENTE DEL ARÇOBISPO un 4º de legua llano e de viñas salvo una costezuela que abaxamos en saliendo de Alcolea, riberas abaxo de Texo, que queda a la mano dizquierda.

Alcolea lugar [§ 6612] tiene 140 vezinos; es de la orden de San Juan; está en un derrumbadero de Guadalquebir.

Alcoleyuela [§ 3495] solía ser buen lugar; es de Córdova; está a tiro de vallesta Guadalquebir de Guadalmellato por la parte de hazia donde sale el sol, por la otra

188 Alcaudete de Don Martín, cf. *Alcalá la Real*.

189 Algemezí, cf. *Algecira*.

parte Sierra Morena; es un castillo que fue fecho por un rey moro, este rey cuando el castillo hizo, hizo la Puente de Alcolea:

ADAMUZ 2 leguas e media de sierras. LA PUENTE DE ALCOLEA una legua pequeña como cuesta abaxo, en llegando a la Puente pasamos a Guadalquebir por puente, que corre a la mano dizquierda.

Alcones aldea [§ 1092] tiene 26 vezinos; es de Joan Gaitán; está en una hoya entre cuestas:

SANT GARCÍA media legua llana. TORNEROS media legua llana.

Alcorcón aldea [§ 331] tiene 100 vezinos; es de Madrid:

MÓSTOLES media legua llana.

Alcovendas[190] aldea [§ 330] tiene 250 vezinos; es de un Arias Dávila; no tiene más término de las goteras:

SAN SABASTIÁN DE LOS REYES medio millo pequeño de cuesta arriba.

Alcuexca lugar [§ 2784–2789] tiene 300 vezinos; es aldea de Montánchez; está en un alto al pie de una sierra:

EL ALDEA EL CANO 2 leguas, van por las Casas de don Antón, una legua. ALVALÁ una legua llana. ARROYO DE MOLINOS una legua de tierra doblada. EL BÚRDALO 5 leguas e media, van por Salvatierra, 3 leguas, e por el Aldea el Pastor, media legua. CARMONICA legua e media de tierra muy doblada de xarales. LAS CASAS DE DON ANTÓN una legua de tierra doblada e de enzinares. CORDOVILLA 3 leguas de tierra doblada, por algunas partes postrera más doblada e de enzinares. MONTÁNCHEZ una legua grande de sierras. SALVATIERRA 4 leguas, van por la Torre de Sancta María, 2 leguas de tierra doblada. SIERRA DE FUENTES 4 leguas, van por Torre de Argaz. TORRE DE ARGAZ 3 leguas de tierra muy doblada e de montes por algunas. TORREMOCHA 3 leguas, van por Alvalá, 2 leguas. TORREQUEMADA 3 leguas de tierra muy doblada e de montes que se llama la Çafra. TRUXILLO 8 leguas, van por Alvalá, una legua, e por Valdefuentes, una legua, e por Salvatierra, una legua, e por el Aldea el Pastor, media legua, a la mano dizquierda queda Ruanes a media legua del camino, e por Çorita, media legua, e por Plazençuela, media legua. VALDEFUENTES 2 leguas de tierra doblada, en medio el camino está un monte de enzinares que tenrá media legua. VIAHERNANDO 5 leguas, van por Salvatierra, 3 leguas, e por Aldea el Pastor, media legua.

---

190 Alcobendas, cf. *Villanueva de Fuente el Frexno*.

Aldea el Cano lugar [§ 2778–2783] tiene 40 vezinos; es aldea de Cáceres; está en llano:

ALCUEXCA 2 leguas. EL ALISEDA 6 leguas de tierra doblada e de montes por algunas partes. ALMOHARÍN 4 leguas e media, van por Alcuexca e por Arroyomolinos. ALXUCÉN 5 leguas de tierra doblada e de montes de enzinares, junto con Axocén pasamos un río dicho Axocén, que corre a la mano derecha, a la mano dizquierda queda el Castillo de Montaxe en una sierra a 2 leguas del camino, ansí mismo queda Alcuexca a una legua pequeña del camino e las Casas de don Antón a media legua del camino, todo es Camino de la Plata, a trechos ay mármoles.[191] EL ARROYO EL PUERCO 5 leguas, van por Malpartida. ARROYOMOLINOS 3 leguas, van por Alcuexca, 2 leguas. CÁCERES 4 leguas de camino llano, la primera legua ay 5 fortalezas a trechos. CARMONICA 3 leguas, la mitad del camino es tierra doblada e lo otro es sierra. LAS CASAS DE DON ANTÓN una legua llana. EL CASTILLO DE MONTÁNCHEZ 3 leguas, van por Alvalá, 2 leguas. CORDOVILLA 3 leguas, la primera es llana e lo otro es llano [¡!]. MALPARTIDA 4 leguas, de tierra doblada e de montes las 3 leguas postreras. MEDELLÍN 7 leguas, van por Alcuesca. NUESTRA SEÑORA DE GUADALUPE 18 leguas, van por Alvalá, 2 leguas, e por Valdefuentes, una legua, e por el Aldea el Pastor e por Lugrusán e por Cañamero. SIERRA DE FUENTES 3 leguas, van por Torre de Argaz, 2 leguas. TORRE DE ARGAZ 2 leguas de tierra doblada. TORREMOCHA 2 leguas de tierra doblada. TORREQUEMADA 2 leguas de tierra doblada. TRUXILLO 8 leguas, van por Torrequemada, 2 leguas.

Aldea el Corvo [§ 1046] tiene 20 vezinos; es de Sepúlveda; está en un alto por la parte del río que se llama Marixave, pásase junto al dicho Aldea el Corvo:

CONSUEGRA media legua, pásase Marixave junto a Aldea el Corvo por la puente. SANT MARTÍN DE LA VARGA medio millo. LA VENTOSILLA media legua pequeña.

Aldea el Horno [§ 1064] tiene 20 vezinos; es de Aranda; está en llano:

MORADILLO tres 4º de legua llana.

Aldea Luenga[192] lugar [§ 2039–2044] tiene 40 vezinos; es aldea de Salamanca; está en una cuesta de un cerro e riberas de un río dicho Tormes:

ALDEA RUBIA una legua llana, van por Salmoral. BLASCOMUÑOZ una legua llana salvo a trechos algunos vallejos. CABRARIZOS una legua llana. CALVARRASA DE ABAXO media legua llana, en saliendo de Aldea Luenga pasamos a Tormes por vado, que corre a la mano derecha. CALVARRASA DE ENCIMA 2 leguas, van por Calvarrasa de Abaxo, media legua, e por Pela Brabo, media legua. CASTELLANOS una legua, van por el Hoyo e por Morisco. GÜERTA una legua grande llana riberas arriba del Tormes, que queda a la mano derecha.

---

191 «Figuradamente se toma por las columnas [...] y también se llaman así las inscripciones y sepulcros» (*Autoridades s.v.* mármol).
192 Aldealuenga, cf. *Garcillán, Hontiveros.*

EL HOYO media legua llana. MORISCO una legua, van por el Hoyo. NAHARROS DEL RÍO una legua riberas abaxo de Tormes, junto con Naharros pasamos a Tormes por barca, que corre a la mano derecha. SALAMANCA 2 leguas pequeñas llanas riberas abaxo del dicho río Tormes, que queda a la mano dizquierda, por la mano derecha queda siempre un valle alto de 100 pasos a 50 pasos del camino, a medio camino queda Naharros del Castillo de la otra parte del río a un tiro e medio del camino. SAN CRISTÓVAL DE LA CUESTA 2 leguas, van por Hoyo e por Morisco e por Castellanos. SANMORAL media legua llana. VICENTE RUBIO un tiro de vallesta, está el río Tormes en medio. LOS VILLARES 2 leguas e media, van por Salamanca.

Aldea el Río lugar [§ 4460–4467, 4471–4472] tiene 60 vezinos; es aldea de Córdova; está en llano riberas de Guadalquebir que pasa junto con este lugar, está como en hondo, por la parte del río está la Sierra Morena a media legua del lugar e por todas partes de mediodía tierra muy doblada e de campiña muy buena de pan:

ADAMUZ 3 leguas, riberas abaxo de Guadalquebir las 2 leguas primeras e de tierra doblada e de campiña, a las 2 leguas primeras pasan a Guadalquebir por varca, corre a la mano dizquierda, de Guadalquebir adelante es de sierras e valles e montes de xarales. ANDÚJAR 4 leguas de campiña e tierra doblada e algunas vezes llanas, da bueltas el río que se desvía algunas vezes media legua e tres 4º de él e algunas vezes toca en el camino, la una legua postrera es muy llana, en llegando a Andújar pasan a Guadalquebir por puente, que corre a la mano dizquierda, a la mano dizquierda queda Marmolejo a un 4º de legua del camino, siempre queda la Sierra Morena a una legua e a tres 4º, a media legua del camino a la mano dizquierda e un 4º más hazia Andújar más cerca. ARJONA 3 leguas, van por Lopera, una legua. ARJONILLA 2 leguas de tierra doblada mucho e cerros e tierra de olivares e viñas muchas e tierras de pan. BAILÉN 8 leguas, van por Andújar, 4 leguas. BURJALANCE 2 leguas de tierra doblada e de campiña de pan. CAÑETE 2 leguas de tierra doblada e de campiña. EL CARPIO 3 leguas de tierra doblada e de campiña. CASTRO EL RÍO 6 leguas, van por Burjalance, 2 leguas. CÓRDOVA 8 leguas, van por el Carpio, 3 leguas, e por la Puente de Alcolea, 3 leguas. ESPEJO 8 leguas, van por Burjalance, 2 leguas, e por Castro el Río, 4 leguas. GRANADA 18 leguas, van por Cañete, 2 leguas, e por Alcabdete, 5 leguas de campiña, e por el Castillo de Lucubín e por Alcalá la Real, una legua, e por la Puente de Pinos. LA HIGUERA DE MARTOS 4 leguas, van por Porcuna. JAÉN 8 leguas, van por Lopera, una legua, e por Escanera, 3 leguas. LINARES 10 leguas, van por Andújar, 4 leguas. LOPERA una legua de tierra doblada e de campiña. EL MARMOLEJO 2 leguas riberas arriba de Guadalquebir, que queda a la mano dizquierda. MARTOS 6 leguas, van por Porcuna, 2 leguas. MONTORO una legua de tierra doblada e de campiña. MORENTE 2 leguas de tierra doblada e de campiña. PERO ABAD una legua de tierra doblada e como cuestezuelas abaxo e de campiña. PORCUNA 2 leguas de tierra doblada e de campiña. POZOBLANCO 11 leguas, van por Montoro. LA TORRE DON XIMENO 6 leguas, van por Lopera, una legua. TORRE EL CAMPO 12 leguas, van por Montoro e Villanueva de Córdova. TORREMILANO 11 leguas, van por Montoro, 2 leguas. VAENA 6 leguas, van por Cañete, 2 leguas. VILLA PEDROCHE 12 leguas de sierras e valles e montes de xarales, van por Montoro.

Aldea de (A)yuso lugar [§ 2055–2058] tiene 30 vezinos; es aldea de Salamanca; está en llano, pasa juncto con el lugar un río dicho Tormes:

ALVA DE TORMES una legua, van por el Carpio. CALVA RASA DE ABAXO media legua grande llana. CALVA RASA DE ARRIBA una legua grande, van por Utero. EL CARPIO media legua de tierra doblada riberas arriba de Tormes, que queda a la mano dizquierda. CILLERUELO media legua grande llana, junto con Cilleruelo pasamos al dicho río Tormes por vado, que corre a la mano dizquierda. CORDOVILLA legua e media, van por Cilleruelo. ENZINAS una legua, van por Cilleruelo. GARCI HERNÁNDEZ una legua grande llana, en saliendo de Aldea de Yuso pasamos al dicho río Tormes por vado, que corre a la mano dizquierda. GÜERTA legua e media, van por Enzinas, una legua. SALAMANCA 3 leguas, van por Pelabrabo, 2 leguas, e por Cargavete, 2 tiros de vallesta, e por Sancta Marta, media legua. SANTIDAD una legua llana, van por Cilleruelo. LA SERNA media legua llana riberas arriba de un riatuelo dicho Garci Hernández, que queda a la mano dizquierda, en saliendo de Aldea de Yuso pasamos al dicho río por varca, que corre a la mano derecha. UTERO media legua llana salvo algunos vallejuelos. VENTOSA 2 leguas, van por Ximengómez, media legua, e por Arconada, media legua.

Aldeanueva[193] lugar [§ 4068–4071] tiene 100 vezinos; es del duque de Alva; está en una ladera de una sierra metida en un valle; tiene un suntuoso monesterio de monjas:

EL ALISEDA una legua, la media legua primera es sierra arriba e la postrera sierra abaxo, todo de montes e peñas, a la mano derecha queda la Lastrilla a un tiro de vallesta e la Lastra del Cano a la mano dizquierda a otro tiro de vallesta. EL AVELLANEDA media legua un valle arriba, todo de montes de robledales e de peñas, van siempre la sierra arriba. EL BARCO DE ÁVILA 2 leguas, van por los Cuartos, media legua, e por Tarraque, 2 tiros de vallesta, a la mano derecha queda San Lorenço a un tiro de vallesta del camino. LA LASTRA DEL CANO media legua de sierra arriba e montes de robledales. SAN LORENÇO una legua, van por Cuartos, media legua, e por Tarroque, 2 tiros de vallesta. LA SOLANA una legua, van por el Aldeyuela, media legua de sierra abaxo.

Aldeanueva de la Serrezuela[194] [§ 1065] tiene 30 vezinos; es de Sepúlveda; está en alto al pie de la serrezuela de Hontidueña:

NAVALES DE LAS CUEVAS una legua áspera por la sierra adelante.

Aldeavieja lugar [§ 3804–3810] tiene 150 vezinos; es aldea de Segovia; está en un valle al pie de una grand sierra, que está la sierra por la parte de mediodía:

193 Aldea Nueva, cf. *Navamorisca.*
194 Aldeanueva, cf. *La Nava de Pedraza.*

ÁVILA 4 leguas, van por Mediana, 2 leguas, e por Berrocalejo, media legua, e por Vico Loçano. BERMUY DE PALACIOS 2 leguas. EL ESPINAR DE SEGOVIA 3 leguas por la halda de la sierra, queda siempre a la mano derecha. LAS GORDILLAS legua e media de cerrillos e vallejuelos e de montes salvo media legua primera. LAS LASTRAS DE ABAXO 3 leguas, van por Villacastín, una legua, e por las Lastras de Arriba, una legua. LAVAJOS 2 leguas, van por Maello. MAELLO legua e media de cerros e vallejuelos e de montes baxos. MARTÍN MUÑOZ DE LAS POSADAS 5 leguas, van por las Gordillas, una legua e media, e por Almarça, una legua, e por Sancho Adán, 2 tiros de vallesta, e por Adanero, una legua. MEDIANA 2 leguas pequeñas, la legua primera es de barrancos e siempre queda a la mano dizquierda la sierra, esta legua primera es toda de montes a manchas,[195] la legua postrera es de tierra doblada e de algunos vallejuelos e tierras de pan, a medio camino pasamos a un río dicho Boltoya, que corre a la mano derecha. MEDINA DEL CAMPO 13 leguas, van por las Gordillas, legua e media, e por Almarça, media legua, e por Sancho Adrián e por Adanero, una legua, e por Gutierre Muñoz e por Horvita e por Espinosa e por Arévalo e por Ataquines. LAS NAVAS DE ÇARÇUELA 2 leguas, van por Villacastín, una legua, por la mano derecha se ataja algo por la halda de la sierra. LAS NAVAS DE PEDRO DE ÁVILA 4 leguas, todo de sierras en saliendo de Aldeavieja, todo de prados e la media legua postrera que es de enzinares, este camino se llama el Campo Azálvaro. SANTA MARÍA DE NIEVA 7 leguas, van por Santa María de Párraces e por Velagómez e por Samiguel de Párraces e por Valisa. SANTA MARÍA DE PÁRRACES 3 leguas de cerrillos e tierra de berrocales las 2 leguas primeras, todo el camino es de vallejuelos. SEGOVIA 7 leguas, van por Villacastín, una legua, e por Hituelo, media legua, e por San Pedro de las Dueñas, una legua e media, e por Bermuy de Palacios, 2 leguas.

El Aldeyuela lugar [§ 4074–4078] tiene 130 vezinos; está en un valle hondo entre sierras; está dividido en 7 partes —este lugar dicho el Aldeyuela es prencipal, es de 25 vezinos— que vienen a oír misa, los 6 lugares que son colaciones son los siguientes, las Navas, 2 tiros de vallesta de cuesta arriba hazia la sierra prencipal, los Rubios, media legua grande de sierras arriba hazia la sierra prencipal, los Rehoyos, un 4º de legua de cuesta arriba e montes de robledales, la pequeña Solana, media legua de cuesta arriba e de peñas, van por el Mironcillo, un 4º de legua, la Solana grande, media legua, van por el Mironcillo, un 4º de legua, e el Hito, un 4º de legua llano algo de cuestas e berrocales:

ALDEANUEVA media legua pequeña de cuestas arriba. EL AVELLANEDA media legua, van por las Navas, 2 tiros de vallesta. EL BARCO 2 leguas, van por Enzina, un 4º de legua, e por Santa María de los Cavalleros, un 4º de legua, e por San Lorenço, media legua. LA HORCAXADA una legua, van por el Hito, un 4º de legua. PEFRAGUAS [¿?] una legua de cerros e sierras e peñas, a medio camino pasan una serrezuela de peñas que tenrá la sierra de subida e abaxada media legua. PIEDRAHÍTA 2 leguas, van por Santiago. SANTIAGO DEL COLLADO una legua de un valle arriba angosto e por entre sierras, por la mano derecha queda siempre

195 «Pedazo de tierra vestida de maleza entre otra calma» (*Autoridades s.v.*). Otras apariciones del término en *Mediana*, *Rus* y *Uitrera*.

la sierra prencipal. SANTIAGO DE PIEDRAHÍTA una legua pequeña llana valle arriba, queda la sierra prencipal a la mano derecha.

Aldeyuelas aldea [§ 492] tiene 8 vezinos:

HINOJOSA una legua llana. HUBIECOS una legua llana. URUEÑAS 2 leguas llanas. VILLASECA una legua llana. VILLAVESES una legua llana.

Alfayates villa [§ 2642–2646] tiene 300 vezinos; tiene fortaleza nueva; es en Portogal en Ribadecoa; son grandes leguas por esta tierra:

ALDEA DE PONTES una legua llana. ALDEA LA RIBEIRA una legua de tierra doblada. ALDEAVELLA una legua grande de tierra muy doblada. ALMEIDA 7 leguas, van por Aldea de Ponte, una legua, a la mano derecha queda Villa Fermosa una legua del camino, a la mano derecha queda Sampedro de Rioseco a una legua, a la mano dizquierda queda Mallada Sorda a una legua del camino. LA BEZMULA una legua muy grande de tierra doblada e de robledales. CASTER RODRIGO 12 leguas, van por Almeida, 7 leguas. CASTILBOO 5 leguas, van por Mallada Sorda, 2 leguas. CASTILMENDO 4 leguas, van por Villarmayor, 2 leguas. CUADRAZALES 2 leguas, van por el Soto, una legua. EL ESQUEBRAJADO una legua de tierra doblada. LOS HORCAJOS una legua llana. MALLADA SORDA 2 leguas, van por Aldea de Ribeira, una legua. NAVADEVER 3 leguas, van por Aldea de Ribeira, una legua. SABUGAL 3 leguas, van por el Soto, una legua. SAMPEDRO DE RIOSECO 5 leguas de tierra doblada, van por Almeida. EL SOTO una legua de tierra doblada e de berrocales e robledales. VILLA FERMOSA 5 leguas de tierra doblada e de robledales. VILLARMAYOR 2 leguas, van por el Esquebrajado.

Algecira villa [§ 6321–6324] tiene 700 vezinos; tiene buena fortaleza metida en un rincón de unas sierras; está en llano ribera de un río dicho Xúcar, río cabdal que la cerca en torno porque en llegando el río a la villa se hazen 2 braços, el uno la rodea e casi se viene a juntar con él otro por donde salió; tiene buenos arrabales, el uno hazia donde venimos de Valencia e el otro como imos hazia Xátiva, tiene muy fuertes puentes a la entrada e salida que suplen por fortaleza, en esta tierra se coge arroz e alegría:

CARCAXÉN media legua llana e de olivares e moreras e viñas e garrofales[196] espesos [...], por la mano dizquierda queda siempre la sierra a un 4º de legua e por la mano derecha a una e media, todos estos llanos son de viñas e de olivares e garrofales e moreras. CASTIL DE CORVERA una legua llana de olivares e viñas, por la mano derecha quedan sierras. OLIVA 6 leguas, van por la Vall, 2 leguas, e por Gandía. VALENCIA 6 leguas, van por Algemezí, media legua, e por Cotas, media legua, e por Almuçafar, 2 leguas, e por Sillas e por Catorra e por Maçanaça e por Fafar. LA VALL 2 leguas llanas e de olivares e viñas, en saliendo pasan

---

196 Campo de algarrobos (Rodríguez 2002, 97). El término aparece también en *Canales* y *Carcaxén*.

al un braço de Xúcar por puente, que corre a la mano dizquierda. XÁTIVA 3 leguas, van por Carcaxén, media legua, e por Cogullada, media legua, e por la Pobla, media legua, e por Énova, media legua.

Alguaça[197] lugar [§ 6420] tiene 20 vezinos; es de la iglesia de Murcia; está en llano riberas de un río dicho Segura; está entre unas huertas:

COTILLAS un millo de tierra llana e de huertas. MOLINA un millo de tierra llana e de huertas, a medio camino pasan a Segura río por vado, que corre a la mano derecha. MULA 5 leguas pequeñas de cerros e valles e montes de romerales e de atochares, a las 3 leguas e media pasan unos barrancos hondos de ramblas de aguas[198] que vienen de sobre la mano derecha de unas grandes sierras, un 4º postrero es de huertas, por la mano dizquierda queda la Puebla de Mula a un 4º de legua del camino.

Alhama aldea / lugar [§ 7, 4970–4976] tiene 40 / 50 vezinos; tiene muy buena fortaleza vieja en una gran peña; está en un valle entre unas grandes sierras e peñas; tiene buenos vaños pero no es tan callente como los de Alhama de Granada, después de fría esta agua es buena de bever:

ANIÑÓN 4 leguas, van por Moros, 3 leguas. BUBIERCA una legua por entre valles e sierras e riberas abaxo de Xalón río, que queda el río a la mano derecha, la cual ribera del dicho río es muy fértil de huertas e viñas e tierras de pan. CALATAYUD 4 leguas, van por Bubierca, una legua, e por Teca, una legua, e por Terrer, una legua. CARENAS 2 leguas, van por Godojos, media legua. CETINA una legua pequeña riberas arriba de Xalón, que queda a la mano derecha porque en saliendo de Alhama pasan al dicho río Xalón, que corre a la mano dizquierda. GODOJOS media legua de cerros e tierra doblada e de viñas, en saliendo pasan al dicho río Xalón, que corre a la mano dizquierda, por vado. HARIZA 2 leguas, van por Contamina, media legua pequeña riberas arriba de Xalón, que queda a la mano dizquierda, por la mano derecha quedan sierras de peñas, en saliendo del lugar pasan por entre 2 sierras de peñas. MOROS 3 leguas de grandes sierras e valles e montes de romerales e enebrales,[199] en llegando a Moros pasan un río que corre a la mano derecha. NUEVADOS 2 leguas, van por Godojos. TORRALVA 4 leguas, van por Bubierca, una legua, e por Ateca, una legua, e por Cervera, una legua. VILLARROYA 4 leguas, van por Moros, 3 leguas. YUDES 2 leguas, van por Godojos, media legua.

Alhambra lugar [§ 1133] tiene 150 vezinos; tiene una fortaleza; está en alto y bien alto, entre el lugar y la fortaleza tiene un valle:

---

197 El Alguaça, cf. *Molina*. Las Alguaças, cf. *Mula*.

198 «En algunas partes llaman assí las quebradas de los montes, por donde baxan las aguas quando llueve» (*Autoridades*, *s.v.*).

199 'Sitio poblado de enebros'. Testimonio temprano de este derivado en español (Rodríguez 2002, 79).

CARRIÇOSA una legua llana salvo el principio que se abaxa e se torna a subir. FUENT LLANA 2 leguas llanas, vase por Carriçosa.

Alhanje[200] lugar [§ 2829–2831] tiene 60 vezinos; es de don García de Cárdenas; tiene fortaleza muy buena; está en una muy alta peña tajada:

EL ALMENDRALEJO 3 leguas llanas. LA ÇARÇA media legua pequeña llana salvo en saliendo de Alhanje el cerro abaxo, que tenrá 2 tiros de vallesta. GUAREÑA 2 leguas de tierra doblada, baxan la abaxada de Alhanje. MEDELLÍN 6 leguas, van por la Çarça, media legua, e por Villagonçalo, una legua, e por Valdetorres, 2 leguas. PALOMAS 2 leguas de tierra dobladilla. LA PUEBLA 3 leguas, van por Palomas. VILLAGONÇALO una legua llana salvo la abaxada de Alhanje.

Aliseda lugar [§ 2475] tiene 70 vezinos; es del duque de Alva; está en llano riberas de Tormes entre 2 sierras:

EL ANGOSTURA media legua llana. BOHOYO una legua, van por Navaluenga. NAVALUENGA media legua, en saliendo del Aliseda pasamos a Tormes por vado, que corre a la mano dizquierda. PIEDRAHÍTA 2 leguas, van por la Lastra, media legua, e por Aldeanueva, media legua, e por Santiago.

Aljucén lugar [§ 2798–2803] tiene 50 vezinos; es aldea de Mérida; está algo en alto, pasa a un tiro de vallesta del lugar un río dicho Aljucén:

ALBURQUERQUE 10 leguas, van por la Nava el Bembrillo, 2 leguas de tierra doblada, e por Almaçanete, 2 leguas, e por Villar de Rey, 2 leguas. ALCUEXCA 3 leguas, de tierra doblada la primera media legua e media legua postrera, todo es de xarales e de montes. EL ATALAYA una legua de cerros e xarales. BADAJOZ 10 leguas, van por la Garrovilla, 3 leguas, e por el Alguijuela, una legua, e por la Puebla, una legua, e por Talavera. CÁCERES 9 leguas, van por Aldea el Cano, 5 leguas. CARMONITA 2 leguas de serrezuelas, pasamos al dicho río Aljucén. EL CARRASCALEJO media legua de tierra doblada e de xarales. CORDOVILLA 2 leguas de tierra doblada e de xarales, a un tiro de vallesta pasamos Alxucén por vado, que corre a la mano dizquierda. DON ÁLVARO 4 leguas, van por Carrascalejo, media legua, e por Mérida, una legua e media. MEDELLÍN 5 leguas, van por Mirandilla, una legua, e por Sampedro, 2 leguas. MÉRIDA 2 leguas, van por el Carrascalejo. MIRANDILLA una legua de tierra doblada. MONTÁNJEZ 5 leguas, van por Alcuexca, 3 leguas. SAMPEDRO 4 leguas, van por Mirandilla, una legua. TRUXILLANOS 2 leguas de tierra doblada. TRUXILLO 10 leguas. VALVERDE DE MÉRIDA 4 leguas, van por Mirandilla, una legua.

Allariz villa [§ 373–374] tiene 800 vezinos; es del conde de Benavente; está ribera de Arnoya, está en llano; villa cercada:

---

200 Alhanja, cf. *La Torre de Bezerra*.

CALDELAS 2 leguas, pásase Arnoya junto con Allariz. GINZO 2 leguas llanas, pásase la Limia a media legua de Ginzo por puente muy larga. REBOREDO 2 leguas y media. SAN BARTOLOMÉ DE GANADE 3 leguas llanas, pásase la Limia a media legua de San Bartolomé, pásase un monte de robles de más de una legua cerca de San Bartolomé. SAN MIGUEL DE SORGA 2 leguas y media, pásase Sorga a medio millo de San Miguel por puente. SANTA MARINA 2 leguas llanas, pásase Arnoya junto a Allariz. VILLAR DE SANTOS 2 leguas.

Almaçán villa [§ 777, 866–867, 5658–5661] tiene 450 vezinos; es del conde de Monteagudo; tiene buena fortaleza; está en alto por todas partes, Duero pasa al pie de la villa; villa bien cercada:

ALMÁNTIGA una legua de tierra doblada. EL AVELLANA media legua de tierra doblada. BERLANGA 4 leguas despobladas dobladas de cuestas e valles, a media legua de Almaçán se pasa un arroyo dicho arroyo de Morón, que corre a la mano derecha, junto con Verlanga se pasa otro que corre a la mano derecha. BORJABAZ 3 leguas, van por la Milana. BORJEICAYADA [...] leguas dobladas de cuestas. CENTENERA 3 leguas, van por Matute. COBARRUBIAS una legua de tierra doblada. COBERTELADA una legua grandísima de tierra muy doblada e de labranças. DURUELO, que es a donde nace Duero que es en tierra de Soria, 14 leguas, van por Vinuesa. HARIZA, que es en Aragón 2 leguas dentro del mojón, 7 leguas, van por Alantisque e por Monteagudo. LUBIA 3 leguas dobladas, en saliendo de Almaçán se pasa Duero por puente. MATAMALA una legua, van por Tejerizes. MATUTE una legua llana la ribera abaxo de Duero, en saliendo de Almaçán pasamos a Duero por puente, que corre a la mano dizquierda. LA MILANA media legua riberas arriba del dicho Duero, que queda el río a la mano dizquierda siempre a un tiro de vallesta del camino. MONTEAGUDO 5 leguas, es mojón de Aragón, van por Borjeicayada e por Alantisque. MONTES una legua de tierra doblada e de labrança. MORÓN 2 leguas, van por el Abellana. NEPAS 2 leguas de tierra doblada e de valles e labrança. PERDIZES una legua de tierra doblada e de algunos cerros e viñas e tierras de labrança, en saliendo de Almaçán pasan a Duero por puente, que corre a la mano dizquierda. SORIA 6 leguas, van por Lubia. TEJERIZES media legua de tierra doblada, en saliendo pasan a Duero por puente, que corre a la mano dizquierda. VILLASAYAS 2 leguas, van por Cobertelada.

Almadén lugar [§ 2661, 2665–2669, 4445–4446] tiene 180 / 200 / 400 vezinos; es aldea de Sevilla; está en valle hondo a la larga del valle en una calle, es en la Sierra Morena:

ALANÍS 7 leguas, van por Caçalla, 6 leguas. ARACENA 8 leguas, van por Santolalla, 2 leguas, e por Çufre, 2 leguas. BIENVENIDA 9 leguas, van por la Puebla el Maestre. BURGUILLOS 3 leguas de valles llanos e por entre sierras e montes de xarales. CAÇALLA 6 leguas de sierra. ÇAFRA 7 leguas, van por Realejo, 3 leguas, e por Monesterio e por Fuente de Cantos, 3 leguas, e por Calçadilla, una legua, e por la Puebla de Sancho Pérez, 2 leguas. CALA 4 leguas, van por Santolalla. CANTILLANA 6 leguas de sierra baxa. CASTILBLANCO 3 leguas de valles llanos e por entre sierras e montes de xarales. ÇUFRE 4 leguas, van por Santolalla, 2 leguas. MONTEMOLÍN 2 leguas de sierra. LA PUEBLA EL MAESTRE 6 leguas de sierra e montes de xarales, a la mano dizquierda queda Realejo del Valle a legua e media del camino. REAL una legua de sierras e valles llanos e de montes de xarales e tierras de linos.

REALEJO 3 leguas grandes de sierra e valles e de todo de monte. SANTOLALLA 2 leguas de sierra muy agra. SEGURA 8 leguas, van por Santolalla, 2 leguas, e por Cala, 2 leguas, e por Arroyo de Molinos, 2 leguas. SEVILLA 10 leguas, van por Castilblanco, 5 leguas, e por Alcalá del Río, 3 leguas, e por Renconada, media legua. USAGRE 9 leguas, van por la Puebla el Maestre, 6 leguas.

Almagro villa [§ 3131–3138] tiene 1000 vezinos; tiene buena fortaleza; está en llano; es cabeça del maestradgo de Calatrava:

EL ALDEA EL REY 2 leguas, van por Granátula, una legua e media. ALMODÓVAR DEL CAMPO 7 leguas, van por Valençuela, una legua, e por el Argamansilla, 4 leguas. EL ARGAMANSILLA 5 leguas, van por Valençuela, una legua. BOLAÑOS media legua llana. LA CALÇADA 3 leguas, van por Granátula, una legua. CARRIÓN DE ALMAGRO 3 leguas llano salvo a media legua un cerro que traviesa que tenrá 2 tiros de vallesta. CIBDAD REAL 3 leguas llanas salvo que a media legua travesamos una sierra que tenrá un 3º de legua. EL CONVENTO DE CALATRAVA, que es un castillo muy alto e monesterio, 4 leguas, van por la Calçada, 3 leguas. DAIMIEL 3 leguas llanas, a media legua travesamos un cerro que tenrá un 4º de legua. GRANÁTULA legua e media, a media legua travesamos un cerro que tenrá una legua. MIGUEL TURRA 2 leguas e media llanas salvo algunas traspuestas e un cerro que travesamos a media legua de Almagro, que tenrá de travieso un 4º de legua, todo es de labranças, a una legua e media pasamos por un lugar que solía ser dicho la Membrilleja, a la mano dizquierda queda el Pozuelo a media legua del camino, a la mano derecha queda Carrionzillo a una legua del camino. EL MORAL 2 leguas llanas salvo que a media legua travesamos un cerro baxo que tenrá media legua pequeña, a todas partes es alto. EL POZUELO legua e media llana salvo que a media legua primera pasamos a una sierra que tenrá 2 tiros de vallesta. PUERTO LLANO 6 leguas, van por Valençuela, una legua, e por el Argamansilla, 4 leguas. SANTA CRUZ DE MUDELA 5 leguas llanas por entre cerros e grandes llanadas[201] por todas partes de una legua en ancho, a 2 leguas pasamos a un río dicho Xavalón, que corre a la mano derecha. TORRALVA 2 leguas llanas, a media legua pasamos una sierra que tenrá de travieso 2 tiros de vallesta. VALDEPEÑAS 5 leguas, van por el Moral, 2 leguas. VALENÇUELA una legua llana. VALLESTEROS 3 leguas llanas por entre cerros, a 3 leguas pasamos a Xavalón río por vado, corre a la mano derecha. EL VISO 7 leguas, a la mano dizquierda queda Santa Cruz a media legua del camino.

Almántiga lugar [§ 5666] tiene 20 vezinos; es aldea de Almaçán; está en llano en tierra doblada a media legua de Duero:

ALMAÇÁN una legua de tierra doblada, en llegando a Almaçán pasan al arroyo de Morón por vado, que corre a la mano dizquierda, júntase luego con Duero. BORDEJE media legua de tierra doblada e de labrança. COBERTELADA 3 tiros de vallesta de tierra doblada e cuesta arriba. MORÓN 2 leguas, van por Bordeje. VILLASAYAS una legua, van por Cobertelada.

201 'Espacio de tierra o campo, que se extiende y dilata con terreno igual, sin altos ni bajos'. Testimonio temprano de la voz en español (Rodríguez 2002, 78).

Almaraz lugar [§ 2508–2512] tiene 180 vezinos; es de don Francisco de Monroy; tiene buena fortaleza; está en llano al pie de unas serrezuelas por la parte del mediodía e por la otra parte la cerca un monte de enzinares:

EL ANGUILLA legua e media de montes de enzinares. LAS BARCAS DE ABALATE una legua pequeña de tierra doblada, de que queremos llegar al lugar baxamos a un río dicho Texo, que tenrá 3 tiros de vallesta, pasamos a Texo por barca, que corre a la mano derecha. BELBÍS una legua de tierra llana, a la mano derecha queda la Serrezuela, subimos en llegando a Belvís una cuesta que tenrá 2 tiros de vallesta. EL CAMPILLO DE BELBÍS media legua llana. LAS CASAS DEL PUERTO 2 leguas, van por las Barcas de Alvalate, una legua. CASATEXADA 2 leguas, van por Sauzedilla. LA HIGUERA legua e media de tierra doblada, a una legua pasamos a Texo por barco, que corre a la mano derecha. PLAZENCIA 8 leguas, van por Valtoril, 3 leguas llanas e de montes, e por las Barcas de la Bazagona, 2 leguas, e por Malpartida, una legua. RAMANGORDO legua e media, a una legua pasamos a Texo por barca, que corre a la mano derecha. SERREJÓN 2 leguas llanas e de montes. TRUXILLO 8 leguas, van por las Barcas de Alvalá, una legua, e por las Casas del Puerto, una legua, e por Xaharizejo, 2 leguas. VALDECAÑAS una legua de tierra muy doblada de sierras, junto con Valdecañas pasamos a Texo por barca, que corre a la mano derecha.

Almarazejo lugar [§ 2527–2528] despoblado salvo un vezino; es del comendador del Oliva; es dehesa:

EL ALDEA EL OBISPO una legua de cerros e valles e montes. ALDEANUEVA 3 leguas e media, van por Torrezillas e por Centenera. CENTENERA 3 leguas, van por Torrezillas. NALPARTIDA media legua de cerros e valles. TORREZILLAS legua e media de cerros e valles. TRUXILLO 2 leguas e media, van por Nalpartida, media legua, e por Torreaguda, una legua.

(La) Almedina lugar [§ 1138, 4551–4552] tiene 300 / 400 vezinos; es de encomienda del conde de Osorno; está en alto, en un cerro; es lugar de pan e vino:

ALVALADEJO 3 leguas de tierra barrancosa e de chaparrales. CÓÇAR 2 leguas llanas. MONTIEL 2 leguas de tierra doblada e por entre cerros. LA PUEBLA (DE MONTIEL) una legua de barrancos e cerros e tierras de viñas. SANTA CRUZ una legua pequeña de cerros e valles e tierras de labranças e algunos montes baxos. TERRINCHES 2 leguas de cerros e barrancos e tierras de labrança. LA TORRE JOAN ABAD una legua llana. VILLAMANRIQUE una legua llana salvo un 4º de legua postrero que es cuesta arriba.

El Almendralejo lugar [§ 2824–2829, 2837] tiene 500 vezinos; es aldea de Mérida; está en llano:

ALHANJE 3 leguas llanas de lantiscares[202] por algunas partes e de tierra doblada. EL ALMENDRAL 6 leguas, van por Santa Marta, 3 leguas, e por la Torre del Almendral, 2 leguas. ALMONTIJO 5 leguas, van por Lobón, 4 leguas. EL ARROYO DE MÉRIDA 3 leguas llanas. EL AZEUCHAL una legua grande llana. BADAJOZ 9 leguas, van por Talavera de Badajoz, 6 leguas. ÇAFRA 5 leguas, van por la Fuente el Maestre. EL ERENA 10 leguas, van por Villafranca, 2 leguas, e por Villagarcía, 5 leguas. FERIA 4 leguas de tierra doblada e de enzinares por algunas partes, para subir al lugar subimos una sierra que tenrá media legua. EL FREXENAL 9 leguas, van por la Fuente el Maestre e por Valverde de Frexenal. LA FUENTE EL MAESTRE 3 leguas grandes, la primera e postrera de tierra doblada e la de en medio llano, todo de tierra de labrança. HORNACHOS 5 leguas, van por Arribera, 3 leguas. LOBÓN 4 leguas llanas. MÉRIDA 4 leguas, van por la Torre de Mexía o de Bezerra, 2 leguas. LA PARRA DEL CONDE DE FERIA 5 leguas, van por Villalva, 2 leguas. LA PUEBLA 5 leguas, van por Lobón, 4 leguas. RIBERA 3 leguas de tierra algo dobladilla. TALAVERA DE BADAJOZ 6 leguas llanas. TRUXILLO 16 leguas, van por la Torre de Mexía, 2 leguas, e por Mirandilla, una legua grande, e por Salvatierra, 4 leguas. USAGRE 6 leguas, van por Villafranca, 2 leguas. VILLAFRANCA 2 leguas llanas. VILLALVA 3 leguas llanas.

Almendros aldea [§ 4656–4663, 4666] tiene 100 vezinos; es del convento de Uclés; está en vallejuelo como en solanilla:

ALCÁÇAR DE GÜETE 5 leguas. EL AZEBRÓN una legua muy grande de tierra doblada e de pan. BARAJAS 3 leguas de tierra doblada e de tierras de labrança. BELMONTE 6 leguas, van por la Puebla de Almenara, 2 leguas, e por Tresjuncos, una legua, e por la Osa, una legua. LA FUENTE PERO NAHARRO 2 leguas, van por Sicuendes, una legua de tierra doblada e de labrança e de viñas. EL HITO 2 leguas e media, van por Sahelizes, una legua, e por Castillo. EL HORCAJO 2 leguas, van por Torrubia. LA MORALEJA media legua de tierra doblada e de panes. OCAÑA 8 leguas, van por la Huente Pero Naharro e por Santa Cruz. LA PARRILLA 7 leguas, van por Sahelizes, una legua, e por Castillo e por Montalvo. POZORRUBIO 2 leguas, van por la Moraleja. EL QUINTANAR 5 leguas, van por Moraleja e por Pozorrubio e por la Fuente Dañada [¿?] e por Villanueva de Alcardete. ROÇALÉN una legua e media, van por la Huenterredonda. SAHELIZES una legua de tierra doblada e de panes e algunos chaparrales. TARANCÓN 2 leguas e media, van por Villarrubio, media legua, e por Uclés, una legua, e por Alcáçar de Güete, 2 leguas, e por Navahermosa. TORRUBIA una legua de tierras de pan e tierra doblada. TRIBALDOS una legua de tierra doblada e de panes e viñas, van por Villarrubio. UCLÉS una legua de tierra doblada e de tierras de pan. EL VILLAREJO DE FUENTES 3 leguas, van por el Hito, 2 leguas, a la mano derecha queda Almonacerejo a una legua del camino, van también por el dicho Almonacerejo que no se arrodea. VILLARRUBIO media legua grande de tierra doblada e de panes, en medio del camino está un monte de enzinares.

Almerín villa [§ 5677] tiene 3000 vezinos; tiene fortaleza; está en alto, es riberas de la mar, es en Portogal:

202 Variante de *lentiscal* 'terreno poblado de lentiscos'. Testimonio temprano de la voz en español (Rodríguez 2002, 78).

LISBOA 5 leguas de tierra de cerros e tierra doblada e montes baxos e altos e arboledas.

Almodóvar del Campo villa [§ 2281–2285, 3099–3101, 3523–3529, 3533] tiene 800 / 1000 vezinos; es del maestradgo de la orden de Calatrava; tiene fortaleza en alto más que la villa a 2 tiros de vallesta del lugar; está en llano, en un valle hondo, algo en ladera, está al pie de la Sierra Morena a 4 leguas de la villa, es en el campo e maestradgo de Calatrava; tiene arrabales hazia Córdova, son las leguas grandes:

ABENOJA 4 leguas, van por Abraçatortas, 2 leguas. ABRAÇATORTAS 2 leguas, la una legua de cerros e tierra doblada e lo otro de sierras. AGUDO 12 leguas, van por Tirate Afuera, una legua, e por Cabeça de Arados, 2 leguas, e por Abenoxa, una legua, e por Sazeruela, 4 leguas. EL ALMADÉN 10 leguas de sierras e valles e montes baxos. ALMAGRO 7 leguas, van por el Argamansilla, una legua, e por Valençuela, 5 leguas. EL ARGAMANSILLA una legua grande de tierra doblada, todo de viñas, a la mano derecha quedan siempre sierras a 2 tiros de vallesta del camino. CABEÇA ARADOS 3 leguas, van por Tirate Fuera, una legua. LA CAÑADA EL MORAL 4 leguas, van por el Argamansilla, una legua. CARACUEL 2 leguas grandes llanas salvo que antes que llegamos a Caracuel con media legua travesamos un collado por entre unas sierras que tenrá media legua, la legua e media primera es de vega de prados muy llana, a la mano dizquierda queda Villa Mayor a 3 tiros de vallesta e el Argamansilla a media legua a la mano derecha. CHILLÓN 10 e media leguas, van por el Almadén, 10 leguas. CIBDAD REAL 6 leguas, van por Caracuel, 3 leguas, de cerros e valles las 2 leguas. EL CORRAL DE CARACUEL 3 leguas e media, van por Caracuel, 3 leguas. DAIMIEL 10 leguas, van por la Cañada el Moral, 3 leguas, e por Villar del Pozo, una legua, a la mano derecha queda Vallesteros a un tiro de vallesta del camino, e por el Pozuelo, 2 leguas. LA FUENTE EL MAESTRE 25 leguas, van por Chillón, 10 leguas, e por Capilla, 3 leguas, e por la Peña el Sordo, media legua, e por la Çarça, una legua, e por Cabeça el Buey, una legua e media, e por Çalamea e por el Retamal, a la mano derecha queda Castuera en un cerro a 3 tiros de vallesta del camino, e por Ribera, 3 leguas adelante del Retamal, a la mano derecha a media legua queda Hornachos. PUERTO LLANO una legua de tierra doblada e de viñas, por la mano dizquierda de viñas, por la otra mano de montes, para subir al lugar subimos una cuesta que tenrá un tiro de vallesta. EL RETAMAL una legua de sierras e montes de xarales. TIR(A)TE AFUERA una legua de cerros e tierra doblada e de lavores e viñas. TOLEDO 24 leguas, van por Caracuel, 3 leguas, e por Cibdad Real, 3 leguas, e por Malagón, 4 leguas, e por Yévenes, 8 leguas, e por Orgaz, una legua. EL TURUCHEL 2 leguas, van por el Argamansilla. VALLESTEROS DE ALMODÓVAR 4 leguas, van por el Argamansilla, una legua. LA VENTA LOS MOROS 3 leguas, de cerros e valles las 2 leguas postreras e la primera de tierra doblada. VILLAMAYOR (VILLA MAYOR) una legua de cerros e de tierras de labranças. LA VIÑUELA una legua de tierra de sierras e valles. EL VISO 10 leguas, van por el Argamansilla, una legua, e por el Turuchel, una legua, e por la Calçada, 2 leguas.

Almodóvar del Río lugar [§ 4425–4427, 4434–4435] tiene 80 / 100 vezinos; es aldea de Córdova; tiene muy grande e muy fuerte fortaleza en la punta del cerro e peña muy redondo; está en una ladera al pie de la fortaleza e alto riberas de

Guadalquebir, está muy alto por la parte de mediodía que es por la parte del río; es cárcel real por ser muy fuerte:

CÓRDOVA 4 leguas llanas riberas de Guadalquebir, que queda a la mano derecha, todo de dehesa e yervajes, por la mano dizquierda queda en un orilla de la sierra Córdova la Vieja a un 4º de legua del camino, esta dicha Sierra Morena queda todo este camino a la mano dizquierda a media legua del camino e a las vezes a menos, en saliendo de Almodóvar baxan unas cuestezuelas abaxo que tenrá un 4º de legua. GUADALCÁCAR 2 leguas de tierra doblada e de montes de enzinares, en saliendo de Almodóvar pasan a Guadalquebir, que corre a la mano derecha. LAS POSADAS 2 leguas de tierra doblada entre sierra e Guadalquebir, queda el río a la mano dizquierda con derrumbaderos. TRAS SIERRA 5 leguas de sierras e valles e montes de xarales e de algunas viñas.

Almorox lugar [§ 2306–2308] tiene 450 vezinos; es del marqués de Villena, es aldea de Escalona; está en un llano en hondo e algo de él en alto, a una legua por la parte de mediodía pasa un río dicho Alverche:

CADAHALSO legua e media de tierra doblada e por entre sierras e de viñas. ESCALONA una legua de tierra doblada. FUENT SALIDA 4 leguas, van por Portillo. MADRID 12 leguas, van por Aldea Álamo, 3 leguas, e por Villamanta, 2 leguas. PORTILLO DE FUENT SALIDA 3 leguas e media de tierra de cerrillos e de tierra doblada, a una legua pasamos al dicho río Alverche por vado, que corre a la mano derecha. LAS ROÇAS 3 leguas, van por Cadahalso, legua e media. SEGOVIA 17 leguas, van por Samartín de Valdeiglesias, 3 leguas, e por las Navas de Pedro Dávila, 6 leguas, e por el Espinar de Segovia, 3 leguas, e por Hortigosa, 3 leguas. VILLAMIEL 6 leguas, van por Portillo de Fuensalida, 3 leguas, e por Fuensalida, media legua.

Almuña villa [§ 8, 5009–5013, 5016–5018] tiene 250 vezinos; es de la encomienda de San Juan; está en un llano ancho e largo de manera que es tierra llana; este lugar está cerca de tierras, tiene muchas viñas por la parte de mediodía:

AGUARÓN 4 leguas, van por Almonacir, una legua, e por Cosuenda, una legua. ALMONACIR 2 leguas de tierra doblada, la mitad postrera del camino van como cuesta arriba. CALATAYUT 5 leguas, van por el Fraxno, 2 leguas e media de valles e sierras e como cuesta arriba salvo que la media legua postrera es cuesta abaxo. CALATORAO una legua pequeña llana de inestares.[203] ÇARAGOÇA 9 leguas, van por la Muela, 5 leguas de tierra doblada e montes baxos. CARIÑENA 4 leguas de tierra llana e de montes de inestares, a la mano derecha queda Almonacir a media legua del camino. CHODES 2 leguas e media, van por Morata. COSUENDA 3 leguas, van por Almonacir. ÉPILA 3 leguas, van por Calatorao, una legua, e por Lucena, una legua. LONGARES 3 leguas, van por Alfamén, 2 leguas llanas e de montes baxos de inestares. MORATA 2 leguas de tierra de sierras e valles, a media legua primera pasan Agrio río por vado, que corre a la mano derecha, de la primera media legua el postrero

203 Derivado de *hiniesta* 'retama' (Rodríguez 2002, 76).

4º es de olivares. MUEL 4 leguas grandes, de tierra llana las 2 leguas primeras e como cuesta arriba, lo otro como cuesta abaxo e de tierra doblada, las 2 leguas primeras pasamos por entre unas serrezuelas, por la mano derecha en una cabeça de un cerro queda un atalaya de tiempo antiguo. LA MUELA 4 leguas, van por Gotorrita e por la Torrezilla e por Mediana e por Fuentes. RIGLA media legua pequeña llana de vega, junto con Rigla pasan a Xalón río por puente, corre a la mano derecha. SALILLAS 3 leguas, van por Rigla, media legua, arrodéase algo por este lugar por causa de ir a pasar por puente a Xalón.

Altamira villa [§ 2653–2655] tiene 2000 vezinos; es del conde de Altamira; tiene muy buena fortaleza; está en alto en una sierra, es en Galizia:

EL ALDEA DEL CAMPO 5 leguas de sierras, van por Ce, 5 leguas adelante, e por Corgobión, una legua. EL ALDEA DE PEROXIL 2 leguas de tierra doblada. FENESTIERRA 14 leguas, van por el Aldea del Campo. MUROS 4 leguas de sierras e montes de enzinares. NOAYA 8 leguas, van por las Cuatrocasas. PONTEVEDRA 12 leguas, van por las Cuatrocasas, 6 leguas. SANTA MARÍA DE LA BARCA 20 leguas, van por el Aldea del Campo, 5 leguas, e por Ce, 5 leguas, e por Corgobión. SANTIAGO DE GALIZIA 5 leguas, van por el Aldea de Peroxil.

Alva de Tormes villa [§ 360, 474, 477] tiene 900 / 1500 vezinos; es del duque de Alva; está la fortaleza igual del lugar; está en llano, está ribera de Tormes río:

COCA 2 leguas buenas llanas, a la mano derecha del camino está la Serna. MADRID 32 leguas, vase a Pedrosillo, a Macotera, a Bóveda, a Salvadiós, a Ximehalcón, a Castronuevo, a Pascual Grande, a Villanueva de Gómez, a la Puebla, a Lavajos, a Villacastín, a las Navas, al Espinar, a Guadarrama, a la Torredelodones, a Aravaca. MADRIGAL 8 leguas, vase por Garcihernández y a Arauzo y Aldeaseca de la Frontera y Paradinas y a Rágama. MANZERA 5 leguas, vase por la Serna y por Tordillos y por Macotera. MATERRALA media legua llana. PIEDRAHÍTA 7 leguas, vase por Hela Rodrigo y a Gallegos de Crespes y a Horcajo de Medianero y a Arevalillo y a Malpartida. PLAZENCIA 20 leguas, vase por Enzinas y a Siete Iglesias y a Pero Martín y a la Maya y al Guijuelo y a la Calçada y a Baños y Aldea Nueva del Camino. SALAMANCA 4 leguas, vase por Calvarrasa y a Pelagarcía. SANTIAGO DE LA PUEBLA 4 leguas. LA SERNA una legua buena llana. TERRADILLOS media legua cuesta arriba, pásase Tormes junto con Alba. TURRA 2 leguas pequeñas llanas, queda a mano derecha Materrala un tiro de vallesta del camino. VALLADOLIT 21 leguas, vase por Villoria y por Río de Lobos y a Póveda y a Villaflores y a Cantalapiedra y a Frexno de los Ajos y al Carpio y al Campo y a la Golosa y a Medina del Campo y a Valdastillas y a la Puente de Duero. VILLORIA 4 leguas.

Alvaladejo de los Freiles[204] lugar [§ 1139] tiene 150 vezinos; está en alto:

---

204 Alvaladejo de los Fraires, cf. *La Torre Juan Abad*. Alvaladejo, cf. *La Membrilla (Bembrilla), Montiel, La Puebla de Montiel.*

TERRINCHES una legua llana.

Alvendiego [§ 829–832] tiene 60 vezinos; es de don Íñigo de la Cerda; está en llano, pasa junto con él un río dicho Bornoval:

ATIENÇA 3 leguas, van por Cañamares y por Tor del Corço. BAÑUELOS 3 leguas, van por Ojados e Ixas e por Miedes. BARCANOS 4 leguas, van por Romanillos. CANTASAVANOS una legua doblada, andado un 4º de media legua entramos en un pinar que tenrá todo el camino. CARACENA 2 leguas, van por Peralejo e por Rebollosillo e por Cañizera. CERCADILLO 4 leguas, van por Cañamares e por Tor del Corço e por Atiença. LOS CONDEMIOS una legua llana. MIEDES 3 leguas, van por Ojados e por Ixas. EL OLMEDA 5 leguas, van por Cañamares e por Tor del Corço e por Atiença e por Cercadillo. PALAÇUELOS 6 leguas, van por Cañamares e por Tor del Corço e por Atiença e por Cercadillo e por el Olmeda. RETORTILLO 2 leguas llanas, a medio el camino se pasa una hoz que es un valle que tenrá media legua. VALVENEDIZO una legua, a medio el camino se sube e baxa una cuesta que de cada una tiene 3 tiros de vallesta.

Alvos aldea [§ 415] tiene 20 vezinos; es del conde de Benavente; está en llano, está el Tuño río a medio millo y otro río pasa de la otra parte que se junta con el Tuño 2 tiros de vallesta más baxo de Alvos:

COBREROS medio millo, pásase el río ya dicho. MILMANDA un 4º de legua llano, pásase el Tuño por la Ponte Torigo [¿Torigón?], de allí es cuesta arriba hasta Milmanda.

Ambroz aldea [§ 328] tiene 40 vezinos; es de Madrid:

COSLADA media legua.

Anchuelo aldea [§ 23] tiene 50 vezinos; es del arçobispo de Toledo:

ALCALÁ DE HENARES legua y media, pásase Henares por la puente a medio millo de Alcalá.

Andaluz aldea [§ 779, 878–879] tiene 40 vezinos; es aldea de Fuente Pinilla; tiene una torrezilla en un cerro de peñas; está en una ladera:

EL BURGO 4 leguas, van por Tajueco e por Vayugas de Arriba e por Valdenebro e por la Texada. CANTAELAÇOR 3 leguas, van por Valderrodilla e por la Torre e por Ruiseco. CENTENERA una legua grande, la media legua primera doblada e la postrera llana, riberas de Duero todo. FUENTE PINILLA una legua llana. GORMAZ 3 leguas, van por Hortizuela e por Aguilara e por Morales e por Recuerda. TAXUECO media legua de tierra doblada, al primero 4º entramos en un pinar que tenrá todo el camino hasta Tajueco, en saliendo de Andaluz pasamos un riatuelo que corre a la mano dizquierda, va a entrar en Duero a un tiro de vallesta.

Andújar[205] cibdad [§ 1125–1126, 4473–4475, 4478] tiene 2000 / 3000 vezinos; tiene fortaleza; está en llano salvo por la parte del río Guadalquebir que está en alto por causa de los derrumbaderos del río que es por la parte de mediodía; tiene olivares:

ALDEA EL RÍO 4 leguas de tierra doblada e de llanos orillas de Guadalquebir, en saliendo de Andújar pasan a Guadalquebir por la puente, corre a la mano derecha. ARJONA 2 leguas de tierras dobladas e de campiña, en saliendo pasan a Guadalquebir por puente, que corre a la mano derecha. BAILÉN 6 leguas de tierra doblada. ARJONILLA una legua grande de tierra doblada e de campiña, en saliendo de Andújar pasan a Guadalquebir por puente, que corre a la mano derecha. EL CARPIO 8 leguas, pásase el dicho río junto a Andújar, vase por la Torre del Cañaveral. JAÉN 6 leguas, van por la Higuera, 2 leguas, e por la Fuente el Rey, 2 leguas. LINARES 6 leguas de tierra doblada e algunos montes de enzinares, las 2 leguas primeras van siempre riberas arriba de Guadalquebir, que queda a la mano derecha, la media legua primera por la mano dizquierda es todo olivares, por la mano derecha quedan los lugares siguientes, la Higuera de Martos a una legua del camino e Villanueva de Andújar a media legua e Espeluy a un 4º de legua e Xavalquinto a media legua grande e Tovaruela a media legua e Estediel a 4 tiros de vallesta. LUCENA 12 leguas, van por Arjonilla e por Porcuna, 2 leguas, e por Valençuela e por Vaena e por Caba. MARMOLEJO una legua e media llanas riberas abaxo de Guadalquebir, que queda a la mano derecha porque en saliendo de Andújar pasan a Guadalquebir por la puente, que corre a la mano derecha. MARTOS 6 leguas, van por Arjona, 2 leguas. MONTORO 5 leguas, van por Aldea el Río, 4 leguas. SANT JULIÁN 2 leguas, pásase el dicho río junto a Andújar por puente.

Los Ángeles [§ 5238–5240] monesterio de franciscos; es del duque de Alva en su tierra; es muy debota casa aunque no es grande:

EL BRONCO 2 leguas e media, van por Torrezilla e por Villanueva. DESCARGAMARÍA una legua de subida e abaxada de un puerto e de montes de brezales, en llegando a Descargamaría pasan a un río dicho Árrago por vado, que corre a la mano dizquierda. HERNAND PÉREZ 2 leguas, van por Torrezilla. PUÑOENROSTRO una legua de puerto de subida e de abaxada, en llegando al lugar pasan al dicho río Árrago por vado, que corre a la mano dizquierda. ROBLEDILLO una legua de puerto de subida e de abaxada. SANTA CRUZ 2 leguas, van por Torrezilla e por Villanueva. TORREZILLA una legua de puerto de subida e de abaxada muy agria. VILLANUEVA 2 leguas, van por Torrezilla. EL ZEREZO 3 leguas, van por Torrezilla e por Villanueva.

Antequera cibdad [§ 6560–6568] tiene 3000 vezinos; tiene buena e grande fortaleza; está entre unos cerros en hondo y la villa en un cerro redondo, está al pie de una sierra muy grande al pie de otras chicas; tiene grandes arrabales por los hondos alderredor, la villa es pequeña, solía ser de moros e de muy poco tiempo se

205 Andúxar, cf. *Vilches*.

ha poblado mucho, ha 100 años que se tomó que se cuentan des 1519; en el camino de Málaga [...] una fuente de agua para 2 muelas [...] junto a la villa e júntase luego a media legua con Guadalhorce:

ALMOXÍA 4 leguas de tierra de sierras muy ásperas e montes baxos e altos, en saliendo de Antequera a media legua cumbran[206] una sierra muy agra que se llama la Escaleruela que tenrá un 4º de legua e de abaxada media legua. ARCHIDONA 2 leguas de tierra llana de valle, a medio camino pasan por un collado que haze la Peña de los Enamorados e por entre una sierra, que la peña queda a la mano dizquierda, allí pasan a Guadalhorce río por vado, que corre a la mano dizquierda. ÉCIJA 11 leguas, van por Estepa. ESTEPA 7 leguas de tierra llana e por entre sierras, a media legua primera pasan a Guadalhorce río por vado, que corre a la mano dizquierda, a las 5 leguas se pasa otro río dicho el Río de las Yeguas por vado, que corre a la mano derecha. IZNÁXAR 5 leguas de tierra doblada e de campiñas, en llegando pasa a Xenil por puente, que corre a la mano dizquierda, a media legua de Antequera pasan a Guadaxoz por vado, que corre a la mano dizquierda. LOXA 5 leguas, van por Archidona. LUCENA 7 leguas de tierra llana, las 4 leguas primeras e lo otro tierra barrancossa, todo tierra de labrança e montes baxos e algunos cerros redondos por todas partes, a media legua primera pasan a Xenil río por puente, que corre a la mano dizquierda. MÁLAGA 7 leguas de sierras e valles e arroyos, tierra muy áspera, a 2 leguas de Antequera traviesan una sierra que tenrá de subida e abaxada una legua. OSUNA 9 leguas de tierra llana, van por Estepa, las 5 leguas primeras e sierras redondas por algunas partes e montes de lantiscares e las otras 4 de cerros e sierras baxas e montes de lantiscares e coxcoxares, por la mano derecha queda siempre una sierra a media legua, a un 4º e a las 5 leguas primeras se pasa el dicho riatuelo dicho el Río las Yeguas, todo este camino es por algunas partes tierra de labrança e caserías de cortijos, para subir a Osuna subimos una ladera en cuesta que tenrá 3 tiros de vallesta. TEVA 5 leguas de valles llanos e por entre sierras, a 2 leguas se pasa Guadalhorce río por vado, que corre a la mano dizquierda.

Aragüetes [§ 1068] tiene 10 vezinos; es de Sepúlveda; está en llano:

PERO RUVIO tres 4º de legua llana. SANTA MARTA media legua llana.

Arançueque lugar [§ 18, 4798–4808] tiene 50 / 60 vezinos; es aldea de Tendilla; está en las riberas de Taxuña río, que pasa a un tiro de vallesta del lugar, por la parte de mediodía está en hondo por causa que está en valle entre cerros, es en el Alcarria:

ALCALÁ DE HENARES 4 leguas, van por Pioz, una legua, e por Santorcaz, una legua. ALMOGUERA 4 leguas, van por Escariche, 2 leguas, e por el Pozuelo de Almoguera, una legua. ALMUÑA una legua riberas arriba de Taxuña, que queda siempre el río por la mano dizquierda porque en saliendo de Arançueque pasan al dicho río, que corre a la mano derecha. ALVARES 3 leguas, van por Escariche. CHILUECHES 2 leguas, van por Valdearaches, una

---

206 *Encumbrar* 'subir la cumbre, pasarla'. Otras apariciones del verbo en *Baça* y *Veas (Beas)*.

legua llana de valle arriba e de labranças de tierras de pan. ESCARICHE 2 leguas, riberas abaxo de Taxuña e por entre cerros la primera legua, que queda el río por la mano derecha porque en saliendo lo pasan, corre a la mano derecha, a medio camino suben un portezuelo muy áspero que tenrá un 3º de legua, de allí adelante es tierra doblada e de algunos montes. ESCOPETE 2 leguas, van por Hontova. FUENTE EL VIEJO una legua e media llanas, la primera legua riberas arriba de Taxuña, que queda a la mano dizquierda porque en saliendo pasan a Taxuña, corre a la mano derecha, la media legua postrera casi es todo cuesta e viñas. FUENTENOVILLA 3 leguas, van por Loranca. GUADALAJARA 3 leguas, van por Valdearachas, una legua pequeña de un valle e tierra de labrança. MONDÉJAR 4 leguas, van por Loranca, una legua riberas abaxo de Taxuña, que queda el río a la mano dizquierda. MORATILLA 2 leguas, van por Renera, una legua de tierra de valles hondos e cerros e tierras de labrança e olivares e viñas, en saliendo de Arançueque pasan a Taxuña por puente, corre a la mano derecha. ORCHE una legua de tierra doblada por un cerro arriba porque en saliendo de Arançueque suben una cuesta que tenrá un 4º de legua. PASTRANA 3 leguas, van por Hontova, una legua de cerros e traviesos de valles e cuestas de tierras de viñas e olivares, en saliendo de Arançueque pasan a Taxuña río, corre a la mano derecha. PEÇUELA 2 leguas, van por Loranca, una legua. PIOZ una legua de tierra doblada e de tierras de pan salvo que en saliendo de Arançueque subimos una cuesta que tenrá un 4º grande de legua muy agra, de que queremos llegar a Pioz dexamos un monte de enzinares a la mano derecha. EL POZO DE PIOZ una legua muy grande, la primera media legua es valle e por entre cerros llanos e la otra media legua es de tierra de montes. LOS SANTOS DE LA HUMOSA 2 leguas, van por el Pozo de Pioz. SEBER 2 leguas, van por Hontova. TENDILLA 2 leguas llanas un valle arriba, la primera legua riberas arriba de Taxuña, queda a la mano dizquierda porque en saliendo del lugar pasan a Taxuña por la puente, corre a la mano derecha, por todas manos queda grandes cerros. YEBRA 3 leguas, van por Hontova. YEVES una legua de cerros arriba salvo un 4º primero que es llano, todo es de labranças, algún monte a media legua postrera.

Aranda de Duero[207] villa [§ 495, 1078, 4541–4545] tiene 1000 / 3000 vezinos; está en llano riberas de Duero río cabdal; está cercada, es lugar de muchas viñas si lo ay en Castilla:

AGUILERA 2 leguas de tierra doblada e de viñas e arenales. ALDEANUEVA DE LA SERREÇUELA 4 leguas, van por Pardilla, 2 leguas. EL CAMPILLO DE OSMA una legua llana, todo de viñas la media legua primera. FREXNILLO DE ARANDA media legua llana, todo de viñas riberas arriba de Duero, que queda el río a la mano derecha. FUENTE EL CÉSPED 2 leguas, van por Fuente Espina, una legua de tierra doblada, en saliendo de Aranda pasan a Duero. FUENTE EL SOTO 7 leguas, van por Pardilla e por Moradillo. FUENTE ENEBRO 5 leguas, van por Fuente Espina, una legua, e por Pardilla, 2 leguas. FUENTE ESPINA una legua, pásase Duero junto a la villa. GUMIEL DE ÇAN 2 leguas de tierra doblada, todo de viñas e vallejuelos hondos. GUMIEL DE MERCADO 3 leguas, van por Aguilera, 2 leguas. MIRAGLOS una legua e media, van por el Campillo de Osma. MONTEXO 3 leguas de tierra doblada

207 Aranda, cf. *Morales, Nava (La Nava de Pedraza), Pedraza de la Sierra, Las Quintanas Rubias, La Torre de San Pedro, Santisteban de Gormaz.*

e de montes de enebrales, en saliendo de Aranda pasan a Duero, junto con Montexo tornamos a pasar a otro río que es el que pasa e viene por Riaça por puente, corre a la mano dizquierda. MORADILLO 5 leguas, van por Fuente Espina e por Pardilla e por Villaverde. PARDILLA 3 leguas, van por Fuente Espina. PEÑARANDA una legua Duero arriba, queda Fuente Espina a mano derecha. ROA 4 leguas riberas abaxo de Duero a la mano derecha, en saliendo de Aranda pasan a Duero por puente, corre a la mano derecha, junto con Roa lo tornan a pasar por puente, corre a la mano dizquierda. SAGRAMEÑA 7 leguas, van por el camino de Moradillo. SANTA CRUZ DEL CONDE DE PEÑARANDA 2 leguas de tierra doblada e de montes de enebrales salvo la media legua primera que es de viñas, en saliendo pasan a Duero. TORRE GALINDO 3 leguas, de tierra muy doblada e de viñas la primera legua e todo lo otro de montes baxos e cuestas, en saliendo pasan a Duero.

Arasán lugar [§ 5196–5197] tiene 12 vezinos; es del conde Ribagorça; está en una ladera a una solana e por baxo, pasa a media legua un río dicho Ésera; son leguas grandes:

BISAORIO media legua de cerros e valles e de valles de viñas, a medio camino pasan a un río que se llama de Ormela por vado, que corre a la mano derecha. CASTELLÓN media legua pequeña de tierra doblada e de tierras de viñas e pan. FORMELA media legua de cerros e valles e de viñas. LIRA 2 tiros de vallesta llana.

Arauzo lugar [§ 2021–2022, 2029] tiene 50 vezinos; es de Juan de Arauzo; está en llano, pasa junto con el lugar un riatuelo dicho río Almar:

ARCONADA media legua llana. LA NAVA DE ALVA media legua llana. SOTROVAL una legua pequeña, van por la Nava. (LA) VENTOSA (DE RÍO ALMAR) media legua grande llana, en llegando a Ventosa pasamos al dicho río Almar por vado, que corre a la mano dizquierda, para subir al lugar subimos una cuesta que tenrá [...]. EL VILLAR DE GALLIMARÇO una legua pequeña, en saliendo de Arauzo pasamos al dicho río Almar por vado, que corre a la mano dizquierda.

Aravaca aldea [§ 330] tiene 30 vezinos; es de Madrid:

POZUELO media legua buena algo doblada.

Aravalles lugar [§ 4234–4241] tiene 25 vezinos; es aldea de Oropessa; está en llano, está orilla de un enzinar, es en el Campo de Arañuelo:

ALCAÑIZO una legua llana e de algunos montes. ALCOLEA 2 leguas, van por Alcañizo, una legua. ALTORRICO 2 leguas e media, van por la Huente el Maestre, una legua llana e de arenales e de algunos montes los postreros. ARENAS 7 leguas, van por Mengacinar, una legua e media, e por el Bodegón, una legua, e por Ramacastañas, 3 leguas. LA CALÇADA 3 leguas, van por Torralva, media legua, e por Lagartera, una legua, a la mano dizquierda queda Oropesa 2 tiros de vallesta. CALERA 2 leguas de tierra doblada e de prados e de grandes montes de enzinares. CARRASCALEJO 3 leguas, van por Torralva, media legua, e por

Lagartera. CHOÇAS 2 leguas e media de tierra doblada e de enzinares e de prados. COLILLA 2 leguas de tierra doblada e de algunos vallejuelos, todo de montes de enzinares e prados. EL GAMONAL 2 leguas e media de tierra doblada e de enzinares e prados. GUADIERVA LA CIMERA legua e media llana e de montes de enzinares. GUADIERVA LA HONDONERA una legua e media llana e de montes de enzinares e de prados. MEJORADA 4 leguas, van por Colilla, una legua. MONTES CLAROS 5 leguas, van por Mengacinar, una legua e media, e por el Bodegón, una legua. OROPESA una legua, van por Torralva, media legua llana. PLAZENCIA 18 leguas, van por Torralva, media legua, e por Lagartera, media legua, e por la Calçada, 2 leguas e media, e por Valparaíso e por Casatejada e por Nava el Moral e por Almaraz. SAN JULIÁN 2 leguas, van por la Corchuela, una legua llana e de montes de enzinares e prados. TALAVERA DE LA REINA 5 leguas, van por Gamonal, 2 leguas e media, e por el Casar, media legua. TOLEDO 18 leguas, van por el Gamonal, 2 leguas e media, e por el Casar, media legua, e por Talavera, una legua e media, e por Cebolla. TORRALVA media legua grande llana e de tierras de pan.

Archidona villa [§ 6551–6556, 6559] tiene 500 vezinos; es del conde de Ureña; tiene en el cogote de la sierra una fortaleza buena; está en una cabeça de una sierra redonda en muy alto e juncto con otra sierra; solía ser de moros, tiene un grand arrabal abaxo de la sierra hazia Sevilla, que es más grande que la villa, hazia Sevilla es tierra honda más que la de hazia Granada:

ALHAMA 7 leguas, van por Loxa. ALMOXÍA 4 leguas de sierras e valles e montes de enzinares e tierras de labrança. ANTEQUERA 2 leguas grandes llanas e de campiña, salvo que en saliendo de Archidona baxamos una ladera abaxo que tenrá 3 tiros de vallesta, a medio camino pasamos un collado por entre una sierra e una grand peña muy alta que se llama la Peña de los Enamorados, que queda la peña a la mano derecha, por la mano dizquierda siempre vamos sierras, en llegando a la peña pasamos a un riatuelo dicho Guadalhorce. ESTEPA 7 leguas de sierras e valles e de montes baxos e altos. IZNÁXAR 3 leguas de cerros e barrancos e sierras e montes baxos e tierra de campiña, en llegando a Iznáxar pasan al río Xenil por puente, que corre a la mano dizquierda. LOXA 3 leguas grandes de sierras e valles, las 2 leguas primeras son de enzinares e lo otro de robledales baxos e algunos altos, a las 2 leguas e media pasan a un río dicho Riofrío por vado, que corre a la mano dizquierda. MÁLAGA 7 leguas de sierras e valles e algunos llanos, a 2 leguas primeras pasan un puerto dicho el Puerto Xumayma [¿?], no es agro salvo llano, llámase puerto porque de allí adelante es tierra más callente e descúbrese la mar e es tierra más baxa, a una legua e media primera pasan a Guadalhorce río por vado, que corre a la mano derecha. OSUNA 11 leguas de tierra doblada e de campiña e algunos montes baxos e cerros grandes, a 5 leguas primeras pasan un río dicho el Río de las Yeguas por vado, que corre a la mano derecha, a la mano dizquierda queda Antequera a media legua del camino y Estepa a la mano derecha a legua e media del camino. LA PUENTE DE DON GONÇALO 6 leguas, es de tierra de cerros e valles e tierra de labrança e montes baxos, en llegando al lugar pasan a Xenil por puente, que corre a la mano dizquierda. SETENIL 12 leguas, van por Teva. TEVA 7 leguas, van por Antequera.

Arcos aldea [§ 304] tiene 200 vezinos; es del obispo de Burgos:

SALDAÑUELA media legua grande, pásase un río junto a Arcos que pasa primero a un millo de Saldañuela. SANTIVAÑES media legua, llano todo, pásase el dicho río junto a Arcos.

Arcos aldea / lugar [§ 6, 4939–4945] tiene 100 vezinos; es del duque de Medinaceli; tiene fortaleza; está en un valle, pasa junto con el lugar un río dicho Xalón; en este lugar se rexistra todo lo que pasa Aragón por este camino de Castilla, es tierra de Castilla:

AGUABIBA 2 leguas de cerros e valles, en saliendo de Arcos pasan a Xalón, corre a la mano derecha. ALMALUEZ una legua de cerros e valles, en saliendo pasan al dicho río Xalón. HARIZA 4 leguas, van por Mirabueno, media legua, e por Huerta, legua e media. MEDINACELI 2 leguas, van por Lodares, legua e media de cerros e sierras e valles hondos, la media legua postrera van riberas arriba de Xalón por entre unas peñas, que queda el río a la mano dizquierda. MIRABUENO media legua muy grande llana riberas abaxo de Xalón, que queda el río a la mano dizquierda, junto con Mirabueno pasan al dicho Xalón, corre a la mano derecha, todo es de vegas de panes, por la mano derecha queda Aguilar a 4 tiros de vallesta del camino. MONREAL 3 leguas. MONTUENGA una legua, van por Aguilar, media legua de cerros e valles por todas partes e por valles llanos. SOMAÉN media legua de cerros e valles e montes e valles, en saliendo de Arcos pasan el dicho río, corre a la mano derecha. LA TORRE DE XUBERA una legua grande de cerros e valles hondos e como cuesta arriba. TORREHERMOSA 2 leguas, van por Aguilar, media legua, e por Montuenga, media legua. UTRILLA 2 leguas e media de cerros e valles, en saliendo pasan al dicho Xalón.

Arcos de la Frontera[208] cibdad [§ 3376–3380, 3398] tiene 1000 vezinos; es del duque de Arcos; tiene buena fortaleza en lo más alto del cerro; está en alto en un cerro como en ladera salvo por la parte de mediodía, que es más alto que todo, pasa un río dicho Guadalete junto con la villa; tiene muchos olivares por la parte de Carmona:

ALCALÁ DE LOS GANZULES 5 leguas de cerros e sierras, en saliendo de Arcos pasan a Guadalete río, que corre a la mano derecha. BORNOS una legua grande de cerros e sierras. LAS CABEÇAS 5 leguas de cerros e valles, la media legua primera es de olivares e la media legua postrera de tierra doblada e de olivares. ESPERA 2 leguas de cerros e tierra doblada e de pan de palmares. MEDINA SIDONIA 5 leguas de sierras e cerros e montes baxos, en saliendo de Arcos pasan a Guadalete río, que corre a la mano derecha. PATERNA DE RIBERA 4 leguas grandes, en saliendo de Arcos baxamos una cuesta de olivares que tenrá 2 tiros de vallesta, allí pasamos Guadalete río por vado, que corre a la mano derecha, una legua de Arcos pasamos otro río dicho Guadalcacín por vado, que corre a la mano derecha, la media primera es de tierra doblada e todo lo otro llano salvo media legua postrera que es con cuesta arriba, todo este camino es de dehesas e de vacadas e de palmares e montes baxos. SANLÚCAR 7

---

208 Arcos, cf. *Medina Sidonia, (Los) Palacios.*

leguas, van por Xerez, 5 leguas. UITRERA 8 leguas, van por Espera, 2 leguas. XEREZ 5 leguas de sierras e cerros por todas partes, todo de montes baxos.

Arenas aldea [§ 1144] tiene 50 vezinos; es de la orden de Calatrava; está de la una parte llano y de la otra algo alto, pásase Zihuela río 2 tiros de vallesta de este dicho lugar:

DAIMIEL 3 leguas llanas, pásase Zihuela junto a Arenas.

Arenas lugar [§ 1084, 2451–2455, 4210–4216] tiene 400 / 500 vezinos; es del duque el Infantazgo; tiene buena fortaleza; está en hondo metida entre unas grandes sierras e de muchos pinares e de viñas e olivares, es en la vera de Plazencia; esta tierra es montosa de pinares e de castañares e robledales, tiene de los mejores vinos tintos que ay en Castilla:

EL ARENAL una legua llana, todo de pinares, esta es la más rica legua que ay en cristianos por ser de grandes pinares, a los tres 4º primeros de legua pasan un riatuelo dicho Berrocoso por vado, corre a la mano derecha, junto con el lugar a 2 tiros de vallesta pasan otro riatuelo dicho Carçosa, corre a la mano derecha. EL BARCO DE ÁVILA 10 leguas, van por Navacepeda, 6 leguas, e por Navaelperal e por el Angostura, media legua, e por el Aliseda. CANDALEDA (CANDELEDA) 4 leguas, van por Lasdellano, una legua de valles e cerros abaxo e de viñas. (DER)RAMACASTAÑAS una legua de cerros e de valles e de pinares e de viñas la primera media legua, a un 4º de legua primero pasan a un río dicho el Avellaneda por vado, corre a la mano derecha. GUISANDO media legua de sierra arriba e de pinares, en saliendo de Arenas pasan a un río dicho Río Cuevas, corre a la mano dizquierda. HONTANARES 2 leguas, van por Ramacastañas. EL HORNILLO una legua por entre sierras e de pinares e huertas. EL HOYO 2 leguas de sierras e grandes valles e muchos arroyos e de pinares e robledales. LASDELLANO una legua pequeña de sierras, antes que lleguemos a Lasdellano baxamos una cuesta que tenrá 4 tiros de vallesta. NAVACEPEDA 6 leguas de grandes puertos e sierras e valles e montes de pinares. OROPESA 7 leguas, van por Nava el Can, 3 leguas de tierra de valles e cerros de robledales e xarales e madroñales e la media legua primera es de viñas, a legua e media primera pasan a Tiétar por vado, corre a la mano derecha, e por Guadierva, una legua, e por Ventosilla. LA PARRA media legua de valles e por entre sierras de pinares e viñas, en saliendo de Arenas pasan al Avellaneda río por vado, corre a la mano derecha. PLAZENCIA 21 leguas, van por Lasdellano, media legua, e por Candeleda, 3 leguas e media, e por Madrigalejo, 2 leguas, e por Salobral, una legua, e por Villanueva, una legua, e por Valverde, media legua, e por el Losar, 2 leguas, e por Xarandilla, una legua, e por Aldeanueva, una legua, e por Cuacos, una legua, e por Garganta la Olla, una legua, e por Pasarón, una legua, e por Xarahiz el Beodo, una legua, e por Texeda, media legua. TALAVERA 7 leguas, van por Ramacastañas, una legua, e por Hontanares, una legua, e por Montes Claros, una legua, e por Mejorada, 3 leguas.

Arençana[209] aldea [§ 288] tiene 120 vezinos; está un chico millo del río dicho Najarilla:

ALASÓN media legua buena. MANJARRÉS una buena legua, toda esta tierra es algo agra. TRICIO medio millo. UÉRCANOS legua y media, tierra áspera, pásase cerca de Tricio que queda un tiro de vallesta a man derecha.

Arençana de Suso lugar [§ 289] tiene 50 vezinos:

ALASÓN una legua pequeña. ARENÇANA DE YUSO media legua. MANJARRÉS media legua. TRICIO gran media legua.

Arevalillo aldea [§ 487] tiene 20 vezinos; es del Condestable:

EL GUIJAR media legua chica llana.

Arévalo villa [§ 10, 1104, 2273–2280] tiene 1000 / 1200 / 1500 vezinos; tiene buena fortaleza; está en medio de 2 ríos que se juntan allí con él y el uno de ellos es Adaja:

BARCELONA 128 leguas, van por Martín Muñoz de la Dehesa, media legua, e por Codorniz, 2 leguas, e por Huente Pelayo, 6 leguas, e por el Burgo de Osma e por Almaçán e por Calatayudt [...]. CIBDAD RODRIGO 12 leguas, van por Navajuelo, una legua, e por [...], una legua, e por Valtodano, media legua, e por Canales, media legua, e por Cisla, 2 leguas, e por Flores de Ávila, una legua, e por la Cruz, una legua, e por Peñaranda del Mercado, una legua, e por Alva, 4 leguas, e por el Mesón de las Siete Carreras, 3 leguas, e por Aldeyuela el Enzinar, 4 leguas, e por Usejo, una legua, e por el Sepulcalario, una legua, e por el Aldeyuela de Yeltes, una legua. LAS OLMEDILLAS media legua, pásase Adaja junto con Arévalo, que corre hazia la mano derecha. OLMEDO 4 leguas, en saliendo de Arévalo se pasa la puente de Adaja. PALACIOS DE BODA una legua, pásase Adaja junto con Arévalo. SALAMANCA 15 leguas, van por Castellanos, 3 leguas, e por Madrigal, una legua, e por Horcajo, legua e media, e por Palacios Rubios, legua e media, e por Arroyo de Lobos, legua e media, e por Villoria, legua e media, e por Aldea Luenga, 3 leguas. VALENCIA DE ARAGÓN 80 leguas, van por Vita, una legua e media, e por Salvador, una legua e media, e por Xememuño, una legua, e por Cobos, una legua, e por Párrazes, media legua, e por Marugán, media legua, e por las Lastras, media legua, e por Guadarrama, 6 leguas, e por Nava el Quexigo, legua e media, e por el Colmenarejo, una legua, e por el Pardillo, legua e media, e por la Veguilla, 2 leguas, e por Móstoles, una legua, e por Fragazelos, una legua, e por Parla, 2 leguas, e por Valdemoro, una legua, e por Vayona, 2 leguas, e por Chinchón, 2 leguas, e por Pozuelo de la Soga, una legua, e por Fuentidueña, 3 leguas, e por Vilinchón, 2 leguas, e por Tarancón, una legua, e por Uclés, 2 leguas, e por Sahelizes, una legua, e por el Hito, 2 leguas, e por Villardecañas, 3 leguas, e por el Castillo de Garci Muñoz, 3 leguas, e por Honrubia, 2 leguas,

209 Arençana de Yuso, cf. *Tricio, Uércanos*.

e por Alarcón, 3 leguas, e por Valhermoso, una legua, e por la Motilla, 2 leguas, e por el Campillo, 2 leguas, e por Utiel, 9 leguas, e por Requena, 2 leguas, e por Sieteaguas, 3 leguas, e por Chiva, 4 leguas, e por Miraelcampo, 2 leguas, e por Cuarto, 2 leguas.

Argança lugar [§ 5612] tiene 50 vezinos; es de Juan de Villarroel; está en un vallejuelo entre 2 cerros:

PONFERRADA 2 leguas, van por Villanueva, un 4º de legua de travieso de un cerro e de viñas. SAMIGUEL DE ARGANÇA 2 tiros de vallesta de un vallejuelo arriba e de viñas. SAN JUAN DE LA MATA un 4º de legua de tierra de travieso de un cerro e de viñas. VEGA DE SANTANDRÉS 2 leguas, van por San Juan de la Mata.

Arganda lugar [§ 3648–3654] tiene 225 vezinos; es del arçobispado de Toledo; está en valle hondo entre unos cerros que toma todo lo hondo del valle e aún las laderas de cada parte, a media legua pasa un río dicho Xarama:

ALCALÁ DE HENARES 4 leguas, van por Lueches, 2 leguas llanas, en saliendo de Arganda baxamos una cuesta que tenrá un tiro de vallesta, en abaxando de esta cuesta pasamos un río por vado dicho Vilches, que corre a la mano dizquierda, júntase luego a media legua con Xarama, de este dicho río se riega mucho cáñamo e tierras de pan. ALDEA CAMPO una legua de cerros grandes e valles e tierras de atochares e romerales. CHINCHÓN 2 leguas, van por Morata, una legua de cerros e valles, antes que lleguemos a Morata abaxamos una cuesta que tenrá 4 tiros de vallesta. LUECHES 2 leguas llanas e de tierras de pan salvo unos cerros que travesamos en saliendo de Arganda, que tenrán 4 tiros de vallesta, allí pasamos Vilches, que corre a la mano dizquierda, en saliendo de este arroyo está en unos prados junto con el camino una ermita e un lugar despoblado e asolado dicho Vilches, que la sacristanía de este ermita es del [...] de Toledo. MADRID 4 leguas, van por Vallecas, 3 leguas llanas e de tierras de pan, a media legua primera pasan a Xarama por barca, que corre a la mano dizquierda. MEJORADA 2 leguas, van por Vililla, una legua. EL POZUELO DE LA SOGA 4 leguas, van por Perales, 2 leguas. SAMARTÍN DE LA VEGA 2 leguas muy grandes e de tierra llana riberas abaxo de Xarama, que queda a la mano derecha, junto con Samartín pasamos al dicho Xarama por barca, que corre a la mano dizquierda, la media legua primera es de viñas, por la mano dizquierda quedan siempre sierras. SANTORCAZ 4 leguas, van por Aldea el Campo, una legua, e por el Pozuelo de Torres, una legua, e por Corpa, una legua. TOLEDO 11 leguas, van por Samartín de la Vega, 2 leguas, e por Cient Pozuelos, una legua, e por Seseña, una legua, e por Puñoenrostro. TORREJÓN DE HARDOZ 3 leguas, van por Vililla, una legua, e por Mejorada, una legua. VAZIAMADRID una legua llana, junto con Vaziamadrid pasamos a Xarama por varca, que corre a la mano dizquierda. VILILLA una legua llana.

Ariza (Hariza) villa [§ 7, 4957–4961] tiene 200 / 400 vezinos; es del señor de Ariza; tiene fortaleza que sojuzga la villa; está riberas de Xalón al pie de un cerro e peña grande; es este el lugar en que registran lo que traen de Aragón para Castilla, en este lugar ay moros:

ALCONCHEL 2 leguas de cerros e valles e romerales, en saliendo pasan a Xalón río por vado, que corre a la mano dizquierda. ALHAMA 2 leguas. ARCOS 4 leguas, van por Monreal, una legua, e por Huerta, una legua, e por Mirabueno, una legua. BORDALVA 2 leguas de cerros e valles e montes baxos. CALATAYUD 6 leguas, van por Contamina, una legua e media, e por Alhama, media legua, e por Bubierca, una legua, e por Teca, una legua, e por Terrer, una legua. CETÍN una legua riberas arriba del dicho Xalón, que queda el río a la mano dizquierda porque en saliendo de Ariza lo pasan, corre a la mano dizquierda. CONTAMINA legua e media llana e por entre cerros riberas abaxo de Xalón, que queda por la mano derecha con toda su ribera, por la mano dizquierda cerros, a la mano derecha queda Cetina a 2 tiros de vallesta, a la primera legua pasamos un riatuelo, júntase luego con Xalón, que corre a la mano derecha. EMBIT 2 leguas de cerros e valles. MONREAL una legua llana riberas arriba de Xalón, que queda el río e ribera por la mano derecha, por la mano dizquierda queda un cerro. MONTAGUDO 2 leguas, van por Pozuelo, una legua e tres 4º de cerros e valles e montes baxos e altos. TORREHERMOSA 2 leguas de cerros e valles e montes de romerales, en saliendo pasan a Xalón río, que corre a la mano dizquierda.

Arjona villa [§ 2295–2299] tiene 1100 vezinos; es de la orden de Calatrava; tiene fortaleza; está en alto en cerro en una grand campiña:

EL ALDEA EL RÍO 4 leguas, van por Lopera, 2 leguas. ANDÚJAR una legua de tierra doblada e de campiña, junto con Andújar pasamos a Guadalquebir río por puente, que corre a la mano dizquierda. ARJONILLA una legua de tierra doblada e de campiña. BAEÇA 8 leguas, van por Menxíbar, 4 leguas, e por Bexíxar, 3 leguas. BAILÉN 4 leguas, van por la Higuera, una legua, e por Villanueva del Río, una legua. BURJALANCE 5 leguas, van por Lopera, 2 leguas. CAÑETE 5 leguas de cerros e tierra doblada e de campiña. EL CARPIO 7 leguas de cerros e tierra doblada, todo de campiña, junto con el Carpio a 2 tiros de vallesta pasan a Guadalquebir por puente, corre a la mano dizquierda. LA HIGUERA una legua de cerros e de tierra doblada e de campiña. LINARES 6 leguas, van por la Higuera, una legua, e por Villanueva el Río. MONTORO 8 leguas, van por Arjonilla, una legua pequeña. MORENTE 5 leguas, van por Lopera, 2 leguas. PERABAD 6 leguas e media, van por Lopera, 2 leguas. ÚBEDA 8 leguas, van por Menxíbar, a la mano dizquierda queda Baeça a una legua del camino. VILLANUEVA DEL RÍO 2 leguas, van por la Higuera, una legua.

Armenteros[210] lugar [§ 3984–3987] tiene 80 vezinos; es de Ávila; está en una ladera de un cerro en una solanilla; tiene 4 lugares anexos que vienen a misa a este lugar, el uno dicho Rebalbos e el otro Blasco Sancho e el otro Íñigo Blasco e el otro Aba don Bela:

EL ABA DON BELA media legua de hoyas abaxo e valles e tierras de labrança. BLASCO SANCHO media legua de tierra de cerros e valles e tierras de pan, la mitad primera van cuesta arriba e lo otro cuesta abaxo. ÍÑIGO BLASCO un 4º de legua de tierra doblada e de tierras de pan. MERCADILLO media legua de un vallejuelo e linares arriba un arroyo. NAHARRI-

210 Armentero, cf. *Gómez Blasco, Valverde* lugar [§ 3974–3978, 3988], *Salvatierra.*

LLOS una legua de cerros e valles e tierras de labrança. REBALBOS media legua de tierra de cuestas arriba. SALVATIERRA una legua e media, van por el Aba don Vela, media legua, e por Tala del Duque de Alva, media legua. VALVERDE una legua de tierra de cerros e valles, la media legua de en medio el camino de montes de enzinares, que se llama la dehesa de Pero Huertes, que es de unos fraires de san Bernardo [¿?].

Arnoya aldea [§ 449] tiene 80 vezinos; está en llano, ribera del Miño río:

EL CASTELO DE SANDE una legua de cuesta arriba. CASTRELO una legua buena de cuesta arriba. EL MONESTERIO DE MELÓN una legua grande de subida áspera, pásase el Miño por barcas junto al Arnoya. LA RAÇA medio millo llano. RIBADAVIA legua y media llana, pásase el Miño junto a la Ponte Castrelo.

Arroyal aldea [§ 297] tiene 25 vezinos; es de Burgos; está en llano:

BURGOS legua y media. SOTO PALACIOS una pequeña legua poco más que media, pásase un río que pasa por Quintanadueñas por más cerca de Soto Palacios. SOTRAJERO una pequeña legua, pásase el dicho río algo más cerca de Sotrajero. VILLAHERMERO media legua pequeña, pásase el dicho río algo más cerca de Villahermero.

El Arroyo el Castaño (Arroyocastaño) lugar [§ 1084, 2450, 4217–4218] tiene 15 / 22 / 50 vezinos; es del duque de Alburquerque, es aldea de Mombeltrán; está en llano e entre unas güertas muy frescas e de un valle hondo entre unas sierras muy montosas e de pinares; es de muchas frutas:

ARENAS legua e media de sierras muy agras e de pinares e viñas e castañares. LA PARRA media legua. RAMACASTAÑAS una legua e media, de un valle abaxo e montoso de alcornocares la legua postrera, de robledales todo el camino, por todas manos grandes sierras e pinares. SANTA CRUZ media legua pequeña.

Arroyo el Puerco lugar [§ 2547–2548] tiene 700 vezinos; es del conde de Benavente; tiene buena fortaleza; está en llano:

ALBURQUERQUE 8 leguas, van por el Aliseda. EL ALISEDA 2 leguas de tierra doblada. LAS BROÇAS 4 leguas de tierra doblada por todas partes e por algunas partes e todo de enzinares. CÁCERES 3 leguas, de tierra muy doblada e de berrocales e de muchas enzinas las 2 primeras. LAS GARROBILLAS 5 leguas de tierra de sierras.

Artesa [§ 5048]:

TORREGROSA una legua muy grande, que ay 2 de las de Castilla, llana salvo algunos vallejuelos, a medio camino por la mano derecha está un lugar despoblado.

Arvancón[211] lugar [§ 5272] tiene 60 vezinos; es aldea de Cogolludo; está en una laderuela:

CARRASCOSA una legua de tierra de cerros e valles e montes altos e baxos. COGOLLUDO media legua de tierra doblada e valles e de soto e tierras de pan e vino. MEMBRILLERA una legua e media de tierra de cerros e montes altos e enzinares. SANT ANDRÉS 3 leguas de cerros e valles e montes de xarales e enzinares. XADRAQUE 2 leguas, van por Membrillera.

Astorga[212] cibdad [§ 5082–5087] tiene 1500 vezinos; es del marqués de Astorga; tiene muy buena fortaleza; está en alto como en ladera, está entre 2 riatuelos, que el uno de ellos se seca en verano, es en el reino de León; es cabeça de obispado, tiene 2 arrabales buenos, en esta cibdad dizen que está la cabeça de San Cristóval, en esta tierra son las leguas pequeñas:

BRIMEDA una legua de tierra de labrança. CELEDA una legua de tierra llana e tierras de prados e de labrar. EL ESPITAL DE BAXO 2 leguas e media de tierra doblada algo e tierras de labrança, en saliendo de Astorga pasan un riatuelo que corre a la mano derecha. EL ESPITAL DEL GANSO 3 leguas e media, van por el Espital de Abaxo. PONFERRADA 7 leguas, van por el dicho Ospital de Baxo e por el Ospital del Ganso e por el Rabanal del Camino e por Fuencebadón e por el Azebo e por Riego de Ambrox e por Molina Seca. PRADO DE REY una legua de tierra doblada e de tierras de labrança. EL RABANAL DEL CAMINO 5 leguas, van por el Espital de Abaxo, 3 leguas e media, e por el Espital del Ganso. SAMIGUEL 3 leguas, van por San Siste, un tiro de vallesta llana, en medio el camino de este tiro de vallesta pasan a un riatuelo que corre a la mano derecha. SOPEÑA media legua llana de tierras de labrança, en saliendo de Astorga pasan al dicho riatuelo, corre a la mano derecha. VALDEVIEJAS media legua pequeña llana, en saliendo a 2 tiros de vallesta pasan al dicho riatuelo que corre a la mano derecha. VALLADOLID 24 leguas, van por Ginestal, una legua llana, a medio camino pasan a un riatuelo, que es el que viene de Astorga, corre a la mano derecha, e por Villaçala e por Sancta María del Páramo, una legua, e por Laguna de Negrillos, una legua, e por Campaças e por Valderas e por Castroverde, 2 leguas, e por Villafruchossa e por Villabráxima e Castromonte e por Villanubra.

(A)teca lugar [§ 4984–4989] tiene 300 vezinos; está entre grandes sierras, pasa Xalón por medio del dicho lugar, junto con este lugar se junta un río dicho Monublas; está algo de él cercado, es lugar de muchas viñas:

ANIÑÓN 2 leguas de sierras e valles e viñas por todas partes. BUBIERCA una legua riberas arriba de Xalón, que queda el río a la mano dizquierda, todo es de huertas e buenas viñas. CALATAYUT 2 leguas, van por Terrer, una legua buena riberas abaxo de Xalón de un valle e por entre sierras e un valle de huertas e pan. CARENAS una legua de grandes sierras e

211 Arbancón, cf. *Cogolludo, Fuencemillán (Fuente Cemillán).*
212 Estorga, cf. *León.*

viñas, en saliendo suben sierra, pasan a Xalón por medio la villa, corre a la mano dizquierda. CASTREJÓN media legua riberas arriba de un riatuelo e por entre sierras, en saliendo pasa a Xalón, corre a la mano dizquierda. CERVERA 2 leguas de sierras e valles, en saliendo suben una sierra de viñas. MOROS una legua de travieso de una sierra, todo de viñas e panes. MUNIÉBRIGA 2 leguas, van por Valtorres, media legua, en saliendo pasan a Xalón, corre a la mano dizquierda. TERRER una legua de riberas abaxo de Xalón, que queda el río a la mano derecha, todo de huertas e viñas por los cerros, en saliendo de Ateca pasan a Monublas río, que corre a la mano derecha, a medio camino pasan e traviesan una punta de un cerro que tenrá de subida e abaxada 3 tiros de vallesta. TORRALVA 2 leguas de cerros e sierras e valles e viñas por todas partes. VILLARROYA 2 leguas de sierras e valles, suben una sierra de viñas en saliendo. YUDES 2 leguas de sierras e valles arriba e de viñas, la primera media legua riberas arriba de un río dicho el Río de Piedra.

Atençuela aldea [§ 1010] tiene 15 vezinos; es de Segovia:

SANTO DOMINGO media legua, pásase el río dicho Santo Domingo junto al lugar de Santo Domingo. VASARDILLA una legua.

Atiença[213] villa [§ 2270–2273] tiene 500 vezinos; tiene muy buena fortaleza; está en alto al pie de una sierra como en ladera; tiene otro castillo para guarda del mayor dicho Padrastro un tiro de vallesta del otro:

ALCOLEA 2 leguas, van por Cinco Villas. BAÑUELOS 3 leguas, van por Romanillos, 2 leguas. BARCONES 2 leguas de sierras e valles. BOHONES una legua de cerros e sierras e valles. CINCO VILLAS una legua de cerros una vega abaxo. IJES 3 leguas de sierras e cerros e montes. MARAZUBEL 3 leguas de sierras e montes baxos. MIEDES 3 leguas de sierras e cerros. MORENGOS 2 leguas e media de cerros e tierra doblada. PAREDES 3 leguas e media, van por Morengos, 2 leguas. ROMANILLOS 2 leguas pequeñas de sierras e cerros e valles. TOR DEL CORÇO 2 leguas de cerros e valles. TORDERRÁVANOS 3 leguas, van por Morengos, 2 leguas e media.

Autillo villa [§ 348] tiene 300 vezinos:

CASTROMOCHO una legua llana.

Ávila cibdad [§ 9, 1971, 2396, 3860, 4161–4162] tiene 3000 / 4000 vezinos; tiene buena fortaleza; está en un cerro salvo por la parte de Segovia; tiene grandes arrabales por los derrumbaderos de la cibdad especialmente por hazia Córdova e por aquella parte tiene una vega muy grande que se llama el Val de Ablés, es de las mejores cercadas que ay en Castilla, en esta cibdad fueron martillizados 4 mártires, los cuales están en una iglesia en la cual ninguno puede ser enterrado que

213 Atiencia, cf. *Muñana*.

no sea echado fuera de la tierra, el uno fue San Vicente e 2 hermanas suyas dichas Santa Crestina e Santa Savina su hermana e san Pedro del Barco, el sepulcro de San Vicente tiene tal calidad que cuando uno jura sobre su sepulcro siendo el juramento falso no cumple el año:

CARDEÑOSA 2 leguas. GALINDOS una legua llana e de prados riberas arriba de Adaja, que queda a la mano dizquierda, en saliendo de Ávila pasan Adaja por puente, corre a la mano derecha, a la mano dizquierda queda Aldeavieja a un tiro de vallesta del camino. MARLÍN 2 leguas grandes dobladas de berrocales, en saliendo de Ávila pasamos Adaja río por puente, que corre a la mano derecha, a la mano derecha queda San Miguel de las Viñas a un tiro de vallesta del camino, que son 5 vezinos. NIHARRA 2 leguas e media llanas, en saliendo de Ávila pasamos Adaja río por puente, que corre a la mano derecha. LA SERRADA legua e media llana por la vega arriba de Adaja, que queda siempre a la mano dizquierda a 4 tiros de vallesta, en saliendo de Ávila pasamos Adaja río por puente, que corre a la mano derecha, a la mano derecha queda la Colilla a 3 tiros de vallesta del camino.

Avilés villa [§ 2441–2442] tiene 200 vezinos; tiene buena fortaleza; está en llano, es en las Esturias de Ovido; es puerto de mar:

OVIDO 5 leguas, van por Nobledo, una legua, e por Posada, 2 leguas, e por Caes, una legua. XIXÓN 5 leguas, van por Santa Cruz de Trexona, una legua, e por Bertamón, una legua, e por Carreño, una legua.

Ayamonte lugar [§ 5310–5312] tiene 500 vezinos; tiene fortaleza; está en un cerro alto, al pie del cerro por baxo de lugar pasa un río cabdal dicho Guadiana; es cabeça de condado, es lugar postrero de entre Castilla e Portogal, parte Castilla por el dicho río Guadiana:

LOS CASTILLEJOS 7 leguas de sierras e valles e montes de enzinares e xarales, a la mano dizquierda queda Sanlúcar de Guadiana a legua e media del camino. CASTROMARÍN media legua de tierra llana e de viñas e muchos higuerales e palmares, todo de travieso de Guadiana, pásase por barca. SANLÚCAR DE GUADIANA 6 leguas de sierras e xarales e enzinares, que se llama el Campo de Andévalo, a 5 leguas primeras pasan a un río saladillo por vado, que corre a la mano derecha. TAVILA 4 leguas e media, van por Castromarín.

Ayllón villa [§ 498, 766–767, 833–834] tiene 360 / 600 vezinos; es del marqués de Villena; tiene la fortaleza en alto, encima de la villa, y muy buena e grande; está en un llano, en hondo, pasa por orilla de la villa un riatuelo dicho Aguisexo, que se va a juntar con Duratón e Duratón con Duero; es villa Ayllón de muchas frutas y muy linda ribera y tierra fértil de pan y vino, en par de Ayllón se acaban las Sierras de Segovia en un cerro pelado que se dize Cerro de Grado, vaños:

ALMAÇÁN 12 leguas, van por Torralva e por Torremocha e por Quintana Rubia e por el Frexno de Caracena. ARANDA 7 leguas, van por Mançagatos e por Castillejo e por Tamarón e por Santacruz. BARAHONA legua y media llana, pasan por la puente de Ayllón. FRESNO 2 leguas llanas, pásase el dicho río por la dicha puente de Ayllón. MADERUELO 2 leguas llanas, pásase el dicho río por la puente de Ayllón para ir a Maderuelo. RIAÇA 3 leguas llanas, pásase el dicho río por la dicha puente del arrabal. SANTA MARÍA DE RIAÇA un 4º de legua dobladilla de viñas. TORREMOCHA 2 leguas grandes dobladas todo el camino e de muchos valles por un cabo e por otro, antes que lleguemos a Torremocha con media legua pasamos un río dicho Pedro que corre a la mano dizquierda, tiene de abaxada un tiro de vallesta e de subida 2 e medio muy agro e de peñas, después abaxamos un abaxada a ojo de lugar que tenrá 2 tiros de vallesta, a la primera legua como venimos a la mano dizquierda queda Yunquera, que es un lugar en un alto, a 3 tiros de vallesta del camino, en la mitad del camino de estas 2 leguas dexamos a Torraño 2 tiros de vallesta del camino a la mano derecha en un alto.

Azebedo[214] aldea [§ 447] tiene 46 vezinos; es del conde de Benavente; está en llano:

COBREROS media legua llana. PEIÇAS media legua pequeña llana. RAMIRANS media legua llana. TRASMIRAS medio millo llano.

Azedera aldea [§ 378] tiene 50 vezinos; es de don Pedro de Sotomayor; está en una alta sierra áspera dicha Suido:

CARCAVELOS una legua áspera. SANCROYO 2 leguas de cuesta fragosa, pásase la Avia junto con Sancroy.

Azedera lugar [§ 3237–3242] tiene 50 vezinos; es aldea de Truxillo; está en llano en tierra doblada e entre unos enzinares, a una legua pasa Guadiana río:

EL CAMPANARIO 3 leguas de tierra doblada e de montes de enzinares, a una legua grande e a 2 leguas a la primera pasamos a Guadiana por barca, que corre a la mano derecha, a la otra legua adelante pasamos a otro río dicho Xújar por barca, que corre a la mano derecha, a 2 leguas se juntan más abaxo. CAÑAMERO 6 leguas de montes de enzinares, pasan a las Gargaligas a media legua, corre a la mano dizquierda, a 2 leguas adelante de las Gargaligas río pasamos a Ruecas, que corre a la mano dizquierda. LAS CASAS DE DON PEDRO 3 leguas, van por Nava el Villar, una legua. CASTILNUEVO legua e media de montes de enzinares e tierra doblada, junto con Castilnuevo pasamos a Guadiana por varca, que corre a la mano derecha. GUADALUPE 7 leguas grandes, las 5 leguas primeras son llanas salvo una cuesta 2 leguas e media, que tenrá 2 tiros de vallesta, e otras 2 leguas de sierras, a una legua primera pasamos a las Galvalivas río, que corre a la mano dizquierda. LUGRUSÁN 5 leguas de tierra muy doblada e de montes, a media legua pasamos a las Gargalgas, corre a la mano dizquierda, a Ruecas a 3 leguas de Azedera por vado, que corre a la mano dizquierda. NAVA EL VILLAR una legua grande de tierra doblada e de xarales salvo la media legua primera,

214 Azevedo, cf. *Milmanda*.

que es de enzinares, e la otra media legua van por ladera de una sierra que queda a la mano derecha. ORELLANA LA NUEVA una legua grande de xarales e de sierras salvo el primero 4º de legua, que es de tierra doblada e de montes de enzinares. ORELLANA LA VIEJA una legua grande, la mitad llana e la postrera de tierra doblada, todo de montes salvo un cerro en mitad del camino, a medio camino queda la punta de una sierra a un 4º de legua del camino. TRUXILLO 9 leguas, van por Madrigalejo, una legua, e por Çorita, 3 leguas, e por el Guixuelo.

Aznalcáçar[215] villa [§ 2752–2753, 3333, 3338–3339] tiene 400 vezinos; es aldea de Sevilla; tiene buena fortaleza; está en alto por la parte de hazia la Palma, pasa junto un río dicho Guadiamar a un tiro de vallesta, es en el Axarafee de Sevilla; por la parte de mediodía tiene grande arrabal:

PILAS una legua grande, la mitad es como algo cuesta arriba, todo el camino es de olivares salvo un poco de camino que tenrán 2 tiros de vallesta de tierra de pan, en saliendo de Aznalcáçar abaxamos una cuesta que tenrá un tiro de vallesta, allí pasamos a Guadiamar río por puente en invierno e en verano se vadea, corre a la mano dizquierda. QUEMA una legua de tierra doblada e de viñas. RIANÇUELA legua e media de tierra doblada e de olivares. SEVILLA 4 leguas, todo de olivares e tierra doblada salvo la postrera legua, que es llana e de güertas e viñas, abaxamos una cuesta que tenrá 2 tiros de vallesta en la dicha legua en principio. XELO una legua pequeña de olivares espesos.

Azpe villa [§ 6394–6395] tiene 500 vezinos; es del adelantado de Murcia; tiene buena fortaleza de argamasa e tierra; está en una llanada grande de entre unas sierras e a un 4º de legua de una, un arroyo parte el lugar a una parte y la villa a otro, es en el reino de Valencia; solíase llamar Granada la Chica, en este lugar es donde se solían hazer e fazen buenos hierros de lança, es de moros, está entre unas huertas:

ELCHE 2 leguas de sierras e valles hondos e montes de atochares e romerales, en saliendo de Azpe suben una ladera arriba que tenrá un 4º de legua, de allí adelante parece que van valles abaxo, un 4º postrero es llano. MONFORTE un 4º de legua llano e de olivares. NOVELDA media legua grande llana, por la mano derecha quedan siempre olivares e viñas.

Azuaga[216] lugar [§ 4343–4346, 4363–4369] tiene 850 / 1000 vezinos; es del maestradgo de Santiago; tiene fortaleza buena; está en un cerrillo e en los derrumbaderos de él:

---

215 Asnalcáçar, cf. *Castilleja de Talhara, Espartinas (Espartines), Gelo, Sanlúcar la Mayor*. Haznalcáçar, cf. *Castilleja de Talhara, Espartinas (Espartines)*.
216 Azuagua, cf. *Verlanga*.

ALANÍS 4 leguas de sierras e valles e portezuelos e de montes de xarales e enzinares, a la primera legua pasan un río dicho el Sotillo por vado, que corre a la mano dizquierda, a las 3 leguas se parten en un mojón que está en medio el camino 3, que es el de Guadalcanal e Azuaga e Sevilla, a estas dichas 3 leguas subimos un portezuelo dicho el Puerto de la Breña que tenrá de subida un 4º de legua grande, todas estas laderas de puerto son de viñas, todo lo otro es sierra abaxo. BENALCÁÇAR 9 leguas, van por la Granja, una legua de tierra doblada e de montes de enzinares. BENQUERENCIA 9 leguas, van por Monterrubio, 7 leguas de sierras e valles de travieso muy grandes e montes de xarales e enzinares. BERLANGA 2 leguas de tierra doblada e de montes de enzinares e xarales. CABEÇA EL BUEY 9 leguas. LAS CASAS DE REINA 4 leguas, van por Valverde de Reina, 2 leguas de tierra barrancosa e de xarales e tierra muy gruesa de panes e dehesas. CÓRDOVA 16 leguas, van por Fuente Ovejuna, 3 leguas. ELLERENA 5 leguas, van por Berlanga, 2 leguas, e por los Aillones, una legua. ESPARRAGOSA DE BENQUERENCIA 7 leguas de tierra doblada e de montes de xarales, a las 4 leguas e media pasan un portezuelo que de subida e abaxada tenrá media legua. FUENTE EL ARCO 3 leguas, van por Valde de Reina, 2 leguas. FUENTE OVEJUNA 3 leguas de tierra barrancosa de piçarrales[217] e enzinares e algunos xarales, a legua e media pasan a Xúxar por vado, que corre a la mano dizquierda. GUADALCANAL 4 leguas de tierra muy doblada e barrancosa e de xarales e enzinares, la postrera legua es Sierra Morena, a la primera legua pasan el Sotillo río por vado, corre a la mano dizquierda. LA HINOJOSA 8 leguas, van por la Granja, una legua. LA PUEBLA DE ALCOCER 15 leguas, van por Castuera, 8 leguas. REINA 5 leguas, van por Valdeverde, 2 leguas de tierra doblada e de montes de xarales. SEVILLA 18 leguas, van por Alanís, 4 leguas, e por Caçalla, 2 leguas, e por el Pedroso, 2 leguas, e por Cantillana e por Brenes. VALENCIA DE LA TORRE 5 leguas, van por Berlanga, 2 leguas llanas e de xarales.

217 Testimonio temprano de este derivado de *pizarra* en español (Rodríguez 2002, 78).

B

Baade[218] aldea [§ 428] tiene 20 vezinos; está en un llano:

CADONS un 4º de legua llano, pásase el Puerto de los Bueis río junto a Cadons. CALVOS media legua llana. ORILLI una legua llana, toda de robledales. PRERA media legua llana, pásase el Puerto de los Bueis a medio camino de Baade a Preera. RECARE un 4º de legua llano. VEREDA una legua llana, toda de robledales.

Baça cibdad [§ 6489–6496] tiene 1200 vezinos; tiene buena fortaleza; está al pie de una sierra grande y en hondo como en ladera, es en el reino de Granada; tiene buena ribera de huertas, esta cibdad tiene un grand circuito redondo de entre unas sierras de 8 e 9 leguas de ancho e largo que se llama la Hoya de Baça, está poblada de cristianos viejos e moriscos, esta cibdad fue la más dificultossa de ganar del reino de Granada:

ALMERÍA [...], van por Gelga. BAÚL, castillo, 3 leguas, van por el camino de Guadix. CANILES una legua de tierra doblada de montes e atochares. ÇÚJAR una legua grande de tierra de cerros e valles e sierras, en saliendo suben una cuesta que tenrá 3 tiros de vallesta. CÚLLAR 4 leguas de tierra doblada e de cerros e tierra de labrança, a una legua primera pasan un río dicho Caniles por vado, que corre a la mano dizquierda. GELGA 9 leguas de sierras e valles e montes baxos e altos. GOR 4 leguas de tierra de valles llanos e montosos de pinares e carrascales, por la mano dizquierda quedan siempre grandes sierras e por la mano derecha grandes llanos, todo este camino es como ladera, queda siempre baxa por la mano derecha, en saliendo de Baça subimos un portezuelo que tenrá de subida 3 tiros de vallesta, des que avemos cumbrado este dicho portezuelo se devisa por la parte de Güesca e hazia los Vélez mucha tierra honda e barrancosa, en llegando a Gor baxamos a un valle hondo que tenrá de baxada 4 tiros de vallesta agro, a las 3 leguas primeras está un castillejo que se llama el Baúl. GRANADA 16 leguas, van por Gor e por Guadix e por Lapeça e por Veas. GUADIX 7 leguas, van por Gor. GÜESCA 7 leguas, van por Benamaure, 2 leguas, e por Castilleja, 2 leguas. PURCHENA 7 leguas, van por Serón, 5 leguas, e por Zigola, una legua, e por Almuña, una legua. SERÓN 5 leguas de tierra de cerros e valles, por la mano derecha queda siempre sierra que se llama de Filiabres. LOS VÉLEZ 11 leguas, van por Cúllar.

Baeça cibdad [§ 472, 1119, 2599–2601, 3091–3098, 3101] tiene 4000 / 4500 / 5000 vezinos; parte de él está en llano y parte en ladera, pasa a una legua de la cibdad un río dicho Guadalquebir; tiene buenos arrabales por todas partes de las laderas de ella, tiene grandes olivares:

---

218 Vaade, cf. *Prera*.

https://doi.org/10.1515/9783111044064-004

ANDÚJAR 10 leguas, vase por Bejíxar y por Mengíbar y por Caçalilla, queda Lupión a mano derecha a media legua y Xavalquinto a una legua y a mano izquierda queda Arjona a 2 leguas y la Higuera de Arjona a una legua. ARJONA 9 leguas. AZNATORAF 6 leguas e media, van por Úbeda, una legua, e por la Torre Peroxil e por Villacarrillo, 3 leguas e media. BAILÉN 5 leguas de cerros e tierra de labrança, van por Xavalquinto, a 2 leguas pasamos a Guadalimar por varca, que corre a la mano dizquierda, júntase con Guadalquebir a 4 leguas e pierde el nombre. BAÑOS 5 leguas, van por Ibros, media legua, e por Linares, 2 leguas e media. BEXÍXAR media legua llana de olivares. CAÇORLA 6 leguas de cerros e valles, a 3 leguas pasamos a Guadalquebir, que corre a la mano derecha. CANENA una legua de tierra de cerros e como cuesta abaxo de olivares e viñas. CÓRDOVA 21 leguas, van por Bexíxar, una legua, e por Menxíbar, 4 leguas, e por Caçalilla, una legua, e por Villanueva de Andújar, 2 leguas, e por el Aldea el Río e por el Carpio. ELLIRUELA 6 leguas e media, van por Caçorla, 6 leguas. GRANADA 18 leguas, van por Xódar, 3 leguas, e por Guadahortuna, 7 leguas, e por Aznalloz, 4 leguas. IBROS media legua llana de olivares. JA(H)ÉN 6 leguas llanas salvo que hasta el río Guadalquebir van como cuesta abaxo, vase por la Torre Gildolís, a una legua pasamos el río Guadalquebir por puente, que corre a la mano derecha. LINARES 3 leguas de cerros e tierra doblada, van por Ibros, a 2 leguas pasamos el dicho río Guadalimar por barca, que corre a la mano dizquierda. EL MÁRMOL una legua de cuesta abaxo e de viñas e olivares. QUESADA 6 leguas, van por el camino de Caçorla. RUS (DE BAEÇA) una legua de tierra doblada salvo la media legua primera es llana, todo el camino de olivares e viñas, la media legua postrera como cuesta abaxo. SAVIOTE 2 leguas, van por Úbeda, una legua. TOLEDO 40 leguas, van por Rus, una legua, e por Vilches, 3 leguas, e por el Viso, 5 leguas, e por Almagro, 6 leguas, e por Malagón, 6 leguas, e por Yévenes, 8 leguas, e por Orgaz, una legua. LA TORRE PEROGIL 2 leguas, van por Úbeda. ÚBEDA una legua llana de calçada salvo a medio camino que está una cuesta, toda de viñas e de olivares. VILCHES 4 leguas, van por Rus, una legua. VILLACARRILLO 6 leguas, van por Úbeda, una legua, e por la Torre Pero Xil, una legua. EL VISO 9 leguas, van por Rus, una legua, e por Vilches, 3 leguas. XAVALQUINTO 3 leguas de tierra doblada, van por Ibros, media legua, a 2 leguas primeras pasamos el dicho río Guadalimar por varca, que corre a la mano dizquierda. XÓDAR 3 leguas, la legua e media es como cuesta abaxo e lo otro como cuesta arriba, a medio camino pasamos al dicho río Guadalquebir por puente, que corre a la mano derecha.

Bailén lugar [§ 473] tiene 500 vezinos; es del duque de Arcos; tiene fortaleza; está en llano:

MENJÍBAR 2 leguas, pásase un gran río junto con Menjíbar, desde allí la primera legua es algo de cuesta y la otra llana.

Bangueses aldea [§ 432] tiene 80 vezinos; está en alto:

CEJO una legua pequeña llana. LAS CHEDAS media legua llana. MILMANDA una legua pequeña llana.

Baño de Caldas[219] aldea [§ 390] tiene 20 vezinos; está orilla de la Limia:

CADONS una legua algo áspera. ENTERIMO una legua algo áspera, pásase la Limia por puente de ivierno y de verano la pasan por vado, así no ay hasta Enterimo sino media legua pequeña. RECARE una gran legua áspera, pásase por Cadons. EL RIBEIRO DE RUVINES una legua, pásase el Puerto dos Bueis por puente junto con el Ribeiro.

Baños[220] aldea [§ 472] tiene 250 vezinos; es de Baeça; tiene fortaleza en alto:

ANDÚJAR 5 leguas. BAEÇA 5 leguas, vase por Linares. BAILÉN una legua, la media primera llana y la otra de una cuesta de pedregal que se sube y desciende. JAÉN 7 leguas, vase por Bailén y por Menjíbar. LINARES 2 leguas llanas salvo a medio camino que está un río con barranqueras.[221] VILCHES 5 leguas, pásase un río 2 leguas de Vaños.

Bará [§ 14] es una torre sola de un señor:

LA TORREDAMBARRA una legua de llano.

Barahona aldea [§ 1026] tiene 40 vezinos; es del adelantado de Granada; está en llano:

FREXNO media legua.

Baraxas[222] lugar [§ 333] tiene 300 vezinos; es de un Çapata:

EL ALAMEDA media legua. CAÑILLAS media legua. PARACUELLOS una legua, pásase Xarama por vado a medio camino.

Barbadans aldea [§ 457] tiene 500 vezinos; es de Orense; está en llano; es tierra de mucho vino e azeite:

MORERAS media legua llana de viñedo. ORENSE una legua buena llana, pásase el Sillo junto a Orense un tiro de vallesta por puente, corre este río a la mano izquierda. PAR DE RUVIAS una legua buena llana. LAS PÍAS una legua grande llana de viñedo.

Barbolla[223] lugar [§ 501] tiene 30 vezinos; está en un llano, pásase el río de la Hozezilla cuasi media legua del lugar:

---

219 Los Baños de Caldas, cf. *Enterimo, Lobera, Lobios.*

220 Vaños de Linares, cf. *Vilches.*

221 Lo mismo que *barranco*. Testimonio temprano de la voz en español.

222 Varajas, cf. *Villanueva de Fuente el Frexno*. Barajas, cf. *Ajalvir (Hajalvir), Lueches, Moraleja.*

223 Barvolla, cf. *Olmillo, Sepúlveda.*

BOZEGUILLAS una legua llana, pásase el mesmo río junto a Bozeguillas un tiro de piedra. LA ÇARZOSA una legua, pásase el dicho río. ENZINAS una legua llana. GRAGERA una legua llana, pásase el dicho río junto a Gragera obra de un tiro de vallesta.

La Barca de Fuentedueña[224] lugar [§ 4690–4696] tiene 60 vezinos; es del comendador mayor don Hernando de Vega; tiene buena fortaleza; está en una solanilla a 2 tiros de vallesta del río Texo; tiene los edeficios de yeso:

ALCALÁ DE HENARES 8 leguas, van por Valdearazete e por Caravaña e por el Pozuelo de Torres e por Torres. CHINCHÓN 4 leguas, van por Pozuelo de la Soga o de Belmonte. EL COLMENAR DE OREJA 4 leguas, van por Pozuelo de la Soga. ESTREMERA una legua riberas arriba de Taxo, por la mano dizquierda quedan siempre grandes derrumbaderos del río por la mano derecha el río, para subir al lugar suben una cuesta que tenrá media legua. MONDÉJAR 3 leguas, van por Estremera, 2 leguas, e por Brea, una legua. OCAÑA 6 leguas, van por Villarrubia, 4 leguas, de las 2 leguas primeras son riberas abaxo de Taxo, que queda a la mano derecha el río porque en saliendo de Fuentidueña pasan al dicho río por la barca, que corre a la mano derecha, lo otro es de cuestas e valles arriba. EL POZUELO DE LA SOGA 3 leguas de tierras de cerros e vallejuelos e tierras de pan, a media legua primera está en el camino un lugar despoblado dicho Salvanés. SANTA CRUZ DE LA ÇARÇA 3 leguas de tierra de cerros e valles e atochares e tierras de pan, en saliendo de Fuentidueña pasan a Taxo por barca, corre a la mano derecha. UCLÉS 5 leguas, van por Vilinchón e por Tarancón. VALDEARAZETE 2 leguas pequeñas llanas un vallejuelo angosto e de tierras de pan e por entre cerros de atochares, 3 tiros de vallesta postreros es de cuestezuela abaxo, a la mano dizquierda queda Fuente Saúco, lugar despoblado, a 2 tiros de vallesta del camino. VALDELAGUNA 3 leguas, van por Villarejo. VILINCHÓN 2 leguas de tierra doblada, todo como cuesta arriba, en saliendo de Fuentidueña a 2 tiros de vallesta pasan a Taxo por varca, corre a la mano derecha. VILLAREJO DE SALVANÉS 2 leguas de tierra de barrancos e tierra doblada e de pan e como cuestas arriba, a media legua primera queda un grand cerro redondo a la mano dizquierda del camino.

Las Barcas de Abalate[225] lugar [§ 2513–2514] tiene 2 vezinos; está en un cerro; fue un lugar grande en otro tiempo:

LAS CASAS DEL PUERTO DE MIRAVETE una legua grande, legua e media de sierras e tierra muy doblada, cuanto más arriba es de sierra, a la mano derecha a 3 tiros de vallesta de las Barcas queda una villa despoblada orilla del camino que se llama Villavieja.

Barcelona cibdad [§ 13, 5093, 5668–5670, 5678–5680] tiene 8000 vezinos; está en llano por todas partes, media milla al occidente vera la mar tien al Monte Monjuic, está ella en llano y bate la mar en ella, ay sierras salvo que esta está en tierra llana; es puerto de mar, en esta cibdad son todos los edificios de las casas de

---

224 La Barca de Fuentidueña, cf. *Vilinchón*. La Barca de Fuente y Dueña, cf. *Tarancón*.
225 Las Barcas de Alvalá, cf. *Almaraz, Nava el Moral*. Las Barcas de Alvalate, cf. *Almaraz*.

piedra, por todas las calles ay acequias por manera que por mucho que llueva jamás ay lodo, es muy bien cercada, tiene un buen arrabal cercado con la villa, ay muchas casas fuertes, es abundosa de todas frutas, cibdad cabeça del reino de Cataluña, en esta ciudad ay mártiles los cuales son naturales de aquí, Santa Olalla e San Saber:

CALDAS 4 leguas, van por Moncada, 2 leguas. EL ESPITALETE (OSPITALETES) media legua de llano. MOLÍN DE RECHE 2 leguas, van por Ospitaletes, una legua, e por San Juan Despín, media legua, e por la Mançanera, media legua, e por San Felío. MONSERRATE 7 leguas, van por Espitalete e por la Mançanera, media legua pequeña, e por San Felío, un 4º de legua, e por San Juan Despino, media legua, e por Molín de Reche, media legua, e por Santandreo de la Barca, una legua, e por Marturel, una legua, e por San Pedro de Brea, media legua, e por la Maverola, media legua, e por Esparraguera, media legua, e por Colbeto, una legua. PERPEÑÁN (PERPIÑÁN) 28 leguas, van por Moncado, 4 leguas, e por la Roca, una legua, e por Sansalón, 3 leguas, e por Esterlique, 2 leguas, e por Girona, 5 leguas, e por Naxcara, 3 leguas, e por Figueras e por Xuqueras e por la Bella, guarda fortaleza, e por el Bolón. PIEDRALVAS, monesterio, una legua de llano e huertas e viñas. SAN COLGAT 2 leguas, de tierra llana la media legua primera e de huertas e viñas e lo otro de sierras e valles e montes de pinares e arboledas, a medio camino está un buen monesterio de la orden de San Jerónimo. SANTANDREO una legua llana e de viñas e huertas e muchas casas de huertas. SARRIÓN una legua de viñas e huertas, por todas partes de casas fuertes de huertas. TARRASA 4 leguas, van por San Colgat.

El Barco de Ávila villa [§ 3854–3859, 4050–4059] tiene 400 / 500 vezinos; es del duque de Alva; tiene buena fortaleza; está en hondo salvo la fortaleza, que está algo en laderuela, pasa junto con la villa hazia Béjar un río dicho Tormes, está metido entre unas grandes sierras salvo por la parte de Alva que tiene grand valle anchuroso;[226] tiene buena cerca:

EL ALDEYUELA 2 leguas, van por Santa María de los Cavalleros, una legua grande de tierra doblada e labrada e por entre sierras. EL ALISEDA 2 leguas de cerros e grandes valles por todas partes e tierra muy doblada por el camino e de montes de enzinares e de grandes berrocales. ALVA DE TORMES 10 leguas, van por Vallejohondo, media legua, e por el Santo, media legua, e por el Mojón, 2 tiros de vallesta, e por la Horcajada, una legua, e por Gallegos de Solmirón, una legua, e por Mercadillo, una legua, e por Valverde, 3 leguas, e por Llañaya, una legua e media. ÁVILA 14 leguas, van por Cavalleruelos, una legua, e por el Aldeyuela, una legua, e por Piedrahíta, 2 leguas, e por las Casas del Puerto, 2 leguas, e por Villatoro, una legua, e por Muñogalindo, 3 leguas e media. EL BARQUILLO una legua, van por Navamorisca, media legua. BAXILLOHONDO media legua, van por Navamorisca, media legua pequeña. BECEDAS 2 leguas llana un valle arriba, por todas partes ay sierras e montes, en saliendo pasan a río Tormes por puente, que corre a la mano derecha. BÉJAR 4 leguas, van por Becedas, 2 leguas, e por San Bartolomé, media legua, e por Navacarros, media legua.

226 'Muy ancho o espacioso'. Testimonio temprano de la voz en español (Rodríguez 2002, 76).

BOHOYO 2 leguas, van por los Llanos, media legua, e por los Guixuelos, media legua. BONILLA 5 leguas, van por el Aldeyuela, 2 leguas, e por Piedrahíta, 2 leguas. LAS CASAS DE LA VEGA media legua de cerros, en saliendo pasan al dicho Tormes, corre a la mano derecha. LA CASSA TEXADA media legua de cerrillos, pasan al dicho Tormes en saliendo. GIL BUENA 2 leguas de valle arriba, por todas partes sierras, por la mano dizquierda queda siempre la sierra nevada prencipal. HONTANARES una legua de tierra doblada. EL HOYO una legua de tierra doblada e de montes de enzinares. EL LOSAR media legua grande de cerrillos, en saliendo del dicho Barco pasan al dicho río Tormes por vado, que corre a la mano derecha. LOS LLANOS media legua riberas arriba de Tormes, que queda el río a la mano derecha. EL MOJÓN una legua de tierra doblada e de enzinares. NAVA 2 leguas de camino llano e un valle arriba e por todas partes sierras e grandes peñas e montes de enzinares. NAVALONGUILLA 2 leguas, van por los Llanos, media legua, e por Navamures, media legua. PIEDRAHÍTA 4 leguas, van por el Aldeyuela, 2 leguas. PLAZENCIA 12 leguas, van por las Casas del Puerto, 2 leguas, e por Tornavacas, 2 leguas, e por Xerete, una legua, e por Vadillo, media legua, e por Cabeçuela, media legua, e por el Esperilla, 3 leguas. LA PUENTE DEL CONGOSTO 3 leguas, van por Navamorisca, media legua. LA RETUERTA una legua llana un valle arriba e por entre sierras. SALVATIERRA 5 leguas, van por Navamorisca, media legua, e por la Puente del Congosto, 2 leguas e media. SANTIAGO DE ARAVALLE 2 leguas, van por la Retuerta, una legua. EL SANTO una legua llana e de montes de enzinares. SAN LORENÇO (SAN LLORENTE) media legua grande llana e de prados e tierras de pan e por entre sierras un valle ancho, que queda la sierra prencipal a la mano derecha la halda de ella a un 4º de legua, en llegando a San Lorenço pasan un arroyo grande, corre a la mano dizquierda, júntase luego a una legua con Tormes. LOS SAUZES una legua de tierra doblada e de montes de enzinares. SOLANA 2 leguas de cerros e sierras e valles e montes de robledales, en saliendo del Barco pasan al dicho río Tormes por la puente, corre a la mano derecha, a media legua primera pasan otro río dicho la Garganta del Endrinar por vado, que corre a la mano derecha. TORNAVACAS 4 leguas, van por las Casas del Puerto, 2 leguas llanas valle arriba e de montes por todas partes e de sierras. VALLEJOHONDO media legua llana.

Los Barrios de Salas[227] [§ 5585–5587] son 3 lugares divididos en 3 partes en un 4º de legua, que el prencipal se llama Villar, 300 vezinos, e el otro se llama Salas, que tiene 300, e el otro se llama Lumbillo; son del obispo de Astorga; son lugares de mucho vino:

EL AZEBO 2 leguas, van por Molina, media legua, e por Río de Ambroz. COMPRUDO 3 leguas e media, van por Molina e por Río de Ambroz. ESPINOSO legua e media de tierra de sierras e valles e montes baxos. MOLINA media legua de sierras e valles e viñas. PONFERRADA una legua de tierra doblada e de viñas, junto con Ponferrada pasan a Bueça río por vado, que

---

227 Los 3 barrios de Salas, cf. *Campo* lugar.

corre a la mano derecha. SAN LORENÇO una legua de tierra doblada e de viñas e de labrança. SANTISTEVAN DE VALDUEÇA media legua de cerros e viñas. VALDEFRANCOS una legua de cerros e valles e de viñas e nogaledas.[228]

Baterna lugar [§ 4170–4173] tiene 15 vezinos; es de Muño Gonçález del Águila; está en llano riberas de Adaja río, es en el Val de Ablés:

ÁVILA 4 leguas, van por Niharra, una legua, e por Galindos, una legua. HERREROS media legua pequeña llana riberas arriba del dicho río Adaja, que queda el río a la mano derecha. MENGA MUÑOZ una legua e media, van por la Hija, media legua de cerros e montes. MUÑO GALINDO una legua, van por Salobralejo, media legua. MUÑO TELLO legua e media, van por Herreros, media legua, e por Naharros del Puerto, media legua. NIHARRA una legua riberas abaxo de Adaja, la mitad del camino queda el río a la mano dizquierda, a medio camino pasan Adaja por vado, corre a la mano derecha, lo otro del río queda a la mano derecha. PRADOSEGAR una legua e media, van por Herreros, media legua, e por Naharros del Puerto, media legua. SALOBRALEJO media legua llana, a medio camino pasan Adaja por vado, corre a la mano derecha. SOLO SANCHO media legua llana por entre el río e la sierra riberas abaxo del río, que queda a la mano dizquierda. VILLATORO 2 leguas e media, van por Xemerendura, media legua, e por Blacha, un 4º de legua. VILLAVICIOSA media legua, van por Robledillo, un 4º de legua llana.

Belmonte villa [§ 1204–1205, 4634–4641] tiene 500 / 600 vezinos; es del marqués de Villena; tiene muy buena fortaleza en más alto que el lugar; está en un valle en la traviesa del que toma las haldas; por la parte donde sale el sol tiene la cerca de calicanto e por la parte de donde se pone es de yelso la mayor parte, de este lugar comúnmente hazia Ocaña son los edeficios de las casas de yelso, házese una feria en este lugar por San Miguel:

ALCÁÇAR DE CONSUEGRA 7 leguas, van por la Mota, 2 leguas, e por el Campo de Clitana, 4 leguas. ALMENARA 4 leguas, van por la Osa, 2 leguas, e por Tresjuncos, una legua. EL CASTILLO DE GARCI MUÑOZ 5 leguas, van por el Enzina, 3 leguas de cerros e montes baxos de romerales e pinares en medio el camino, a 2 leguas primeras pasan a Záncara por vado, corre a la mano derecha. LAS MESAS 2 leguas, van por el Pedernoso, una legua. MONREAL una legua llana de tierra de labrança salvo los 2 primeros tiros de vallesta son cuesta abaxo. LA MOTA 2 leguas de tierra doblada, la postrera legua de montes de enzinares, a la mano derecha queda Monreal a media legua del camino. LA OSA DE BELMONTE 2 leguas de tierra doblada e algunos cerros, el postrero 4º de legua es de montes de enzinares, de viñas el primero 4º de él. EL PEDERNOSO una muy gran legua algo doblada, traviesa un monte que dura media legua que comiença a una milla de Belmonte. LAS PEDROÑERAS 3 leguas, el medio camino primero es de grandes cerros e montes baxos e algunos pinares e lo otro es

228 'Terreno poblado de nogales'. Testimonio temprano del derivado en español (Rodríguez 2002, 79).

de tierra muy doblada, a medio camino pasan a Záncara río por vado, corre a la mano derecha. EL PROVENCIO 4 leguas, van por Santiago el Quebrado, 3 leguas, e por las Pedroñeras, 2 leguas. SAN CLEMENTE 5 leguas de tierra de cerros e algunos vallejuelos, pásase un monte a medio camino que tenrá media legua, a la derecha queda Santiago a una legua del camino, el Alberca a la mano dizquierda a otra legua. SANTA MARÍA DEL CAMPO 4 leguas de tierra doblada e de cerros e valles e montes baxos e algunos pinares, a la mano derecha queda el Alberca a una legua del camino, a las 2 leguas primeras pasan a Záncara por vado, que corre a la mano derecha. SANTIAGO DE LA TORRE 3 leguas de tierra de cerros e vallejuelos e tierras de pan e montes baxos de romerales e atochares, junto con Santiago pasan a Záncara, corre a la mano derecha. EL TOVOSO 4 leguas, van por Monreal. TRESJUNCOS 3 leguas, van por la Osa, 2 leguas de tierra de vallejuelos e por entre cerros e la media legua primera es de viñas. VILLESCUSA DE HARO una legua de cerros e por entre valles hondos la mitad del camino e de viñas e lo otro se sube una cuesta grande, todo de cerros e montes baxos de romerales.

Benavente[229] villa [§ 3798–3803] tiene 1000 vezinos; es del conde de Benavente; tiene fortaleza; está en una ladera de un cerro; es cabeça de condado:

ÇAMORA 5 leguas, van por Billabeça, 2 leguas, e por Santovenia, una legua e media, e por la Granja, 2 leguas, e por Riego, una legua, e por Piedrahita, 2 leguas, e por Cubillos, 2 leguas. MATILLAS 2 leguas, van por San Cristóval, una legua. PALADINOS una legua e media de tierra doblada e de tierras de pan, por la mano dizquierda siempre prado, por la mano derecha siempre tierras de pan. SAN CRISTÓVAL una legua de tierra doblada e de viñas. SAN ROMÁN media legua llana un prado arriba. SANTA CRISTINA una legua llana, todo de huertas arriba de un río dicho Órbigo, queda siempre a la mano derecha, en saliendo de Benavente pasan al dicho río, que corre a la mano dizquierda. LA TORRE DEL VALLE 2 leguas, van por Villabráçaro, una legua, e por Paladinos, una legua. VILLABRÁÇARO una legua de tierra doblada e de viñas, por la mano derecha van, por la mano dizquierda van río Órbigo arriba. VILLAFÁFILA 5 leguas, van por Castro Gonçalo, una legua de prados, junto con Castro Gonçalo pasan un río que corre a la mano derecha, por Castropepe, adelante 3 leguas.

Bentraces aldea [§ 456] tiene 700 vezinos; es de Orense; está en llano:

MORERAS media legua llana. OLANS una legua llana buena de viñedo. ORENSE una legua llana de viñedo. PAR DE RUVIAS una legua buena llana de viñedo. LAS PÍAS una grand legua llana de viñedo. SOBRADO media legua llana de viñedo.

Bercial[230] aldea [§ 1107] tiene 60 vezinos; es de Arévalo; está en un altillo, está ribera de Çapardiel:

---

229 Benevente, cf. *Laguna*.
230 Berceal, cf. *Madrigal*, *Torralva* lugar [§ 1227].

VARROMÁN media legua llana.

Bermuy de Palacios lugar [§ 3745–3746] tiene 8 vezinos; es de Pedrarias el Galán; está en llano, pasan un río dicho río Milanos a un tiro de vallesta del lugar, sécase en verano:

EL CAMPO legua e media de un valle arriba e tierra doblada e como cuesta arriba, a la mano dizquierda queda Cristóval a 2 tiros de vallesta. SEGOVIA legua e media de tierra de cerros e valles e tierra de pan, a un tiro de vallesta del lugar pasamos al dicho río Milanos, corre a la mano dizquierda.

Berrocalejo [§ 3820–3823] tiene 12 vezinos; es aldea de Ávila; está en un vallejuelo, pasa por medio un arroyo que se seca en verano; está dividido en 3 partes:

ÁVILA legua y media, van por Vico Loçano. CARDEÑOSA 2 leguas de tierra de cerros e valles e de berrocales, a medio camino poco más pasan a un río dicho Adaja por vado, que corre a la mano derecha. LAS GORDILLAS 2 leguas, van por Tolvanos, media legua de tierra doblada e de berrocales. LAS NAVAS DE PEDRO DE ÁVILA 5 leguas, van por Hurraca Miguel, una legua, e por Nava el Peral, 2 leguas. OJOS ALVOS una legua e media, van por Mediana, media legua. SANTO DOMINGO DE LA CALÇADA 3 leguas, de tierra doblada la primera legua como cuesta arriba la media legua e la otra media cuesta abaxo, de allí adelante valles abaxo. VICO LOÇANO media legua llana e como cuesta arriba, todo de berrocales e arenales e tierras de pan. VILLACASTÍN 3 leguas e media, van por Mediana, media legua, e por Aldeavieja, 2 leguas. ZEBREROS 6 leguas, van por Bermuy Salinero, media legua, e por el Herradón, 2 leguas e media, e por San Bartolomé, media legua.

Berruezes[231] lugar [§ 347] tiene 40 vezinos:

MORAL DE LA REINA media legua pequeña.

Berzimuel[232] lugar [§ 502] tiene 40 vezinos; está en un llano:

FRESNILLO DE LA FUENTE una legua llana. PAJAREJOS media legua llana. YANGUAS legua y media llana.

Bezilla[233] aldea [§ 352] tiene 100 vezinos; está ribera de Valderadué:

---

231 Berruezas, cf. *Moral de la Reina*.

232 Bercimuel, cf. *Nava (La Nava de Pedraza)*. Vercimuel, cf. *Cantarazillo*. Verzimuel, cf. *El Fresno de Cantaspino (Frexno)*.

233 Avezilla, cf. *Medina de Ruiseco*.

MAYORGA 2 leguas pequeñas llanas. VILLAVICIENÇO media legua pequeña, pásase el dicho río junto con Bezilla.

Bibero villa [§ 2832–2833] tiene 3000 vezinos; tiene fortaleza; está en llano, pasa un río grande dicho Landrove, es en Galizia; es puerto de mar:

EL ALDEA EL RÍO una legua llana e de viñas. CEDEIRA 5 leguas, van por San Juan de la Mar. CELEIRO media legua de cerros. MONDOÑEDO 5 leguas de sierras e cerros e de castañares. LA PUENTE DE LANDROBE 2 leguas, van por Aldea el Río. SAMIGUEL 2 leguas, pasan el dicho río Landrobe por una puente que tenrá media legua, que corre a la mano derecha. SAN CEBRIÁN 3 leguas, van por Celeiro por orilla de la mar, que queda la mar a la mano izquierda. SAN JUAN DE LA MAR 2 leguas e media llanas, en saliendo de Bibero pasamos al dicho río Landrove por una puente que tenrá media legua, que corre a la mano derecha, a una legua entra en la mar. SANTA MARTA DE HORTIGUEIRA 5 leguas, van por Samiguel.

Boada aldea [§ 348] tiene 100 vezinos:

HERRÍN 2 leguas llanas.

Boadilla[234] aldea [§ 341] tiene 150 vezinos; es behetría:

VIZALER, que se suele más propiamente llamar Villacidaler, media legua.

Bobadilla del Camino lugar [§ 3844–3848] tiene 200 vezinos; es aldea de Melgar; está en llano, es en tierra de Campos:

ASTUDILLO una legua llana de viñas e panes, a media legua de Astudillo pasan a un río dicho Pisuerga por puente, que corre a la mano derecha. CARRIÓN DE LOS CONDES 3 leguas e media, van por Flómesta, media legua, e por Palación, media legua, e por Revenga, una legua, e por Villasirga, 2 leguas. CASTRO XIRIZ 4 leguas, van por la Puente Hitero, 2 leguas llanas, a medio camino pasan a Pisuerga río por puente, corre a la mano derecha. FRÓMESTA media legua llana, todo de viñas e de panes. HAMUSCO 3 leguas, van por Támara, una legua. MELGAR 3 leguas, van por el Lantarilla, una legua llana, todo de viñas e llana e tierras de pan. MONÇÓN 4 leguas, van por Támara, una legua, e por Hamusco, 2 leguas. PALENCIA 6 leguas, van por Támara, una legua, e por Hamusco, 2 leguas, e por Monçón, una legua, e por Huentes, una legua. PIÑA una legua llana e de viñas e de panes. SANTIAGO DEL BAL una legua llana salvo una cuesta para subir a Santiago que tenrá 2 tiros de vallesta. SANTOYO una legua llana de viñas e panes. TÁMARA una legua llana de tierras de pan e de viñas.

El Bodegón aldea [§ 4226–4227] tiene 4 vezinos; es aldea de Oropesa; es gente que trata más por ventas que por labrança, cabe este lugar a 2 tiros de vallesta

---

234 Boadilla de Ruiseco, cf. *San Vicente de la Barquera.*

nace una fuente dicha la Fuente Santa en la cual diz que se apareció Nuestra Señora, esta agua sana munchas llagas:

MENGACENAR una legua llana algo de tierra doblada, todo de muy espessos enzinares e robledales, en llegando al dicho Mengacenar pasamos a Guadierva por vado, corre a la mano derecha. OROPESSA 4 leguas, van por Mengacenar, una legua, e por Torralva, a la mano dizquierda queda Aravalles a un tiro de vallesta del camino.

Bodón[235] lugar [§ 9] tiene 50 vezinos; es del señor de Villatoro:

ARÉVALO 3 leguas.

Bohoyo lugar [§ 2478–2479] tiene 70 vezinos; es del duque de Alva; está al pie de una sierra, está en la ribera de Tormes río:

EL ALISEDA una legua llana, van por Navaluenga. EL BARCO DE ÁVILA una legua llana, a 2 tiros de vallesta pasamos a Tormes por vado, que corre a la mano dizquierda. NAVALUENGA media legua llana.

Bollullos lugar [§ 2733–2734] tiene 150 vezinos; es del duque de Medina; está como en laderuela:

ALMONTE una legua de tierra doblada de montes de alcornocares e de campiña. MOGUER 5 leguas, van por Rociana, una legua, e por Bonales, 2 leguas. LA PALMA una legua de tierra doblada e de campiña. ROCIANA una legua grande de montes espesos de alcornocares. VILLALVA una legua grande de montes e de alcornocares de tierra doblada.

Boniel aldea [§ 307, 363] tiene 30 / 40 vezinos; es de Burgos; está ribera de un río:

CAVIA media legua grande. QUINTANILLA DE LAS CARRETAS media legua llana. VILLAFRANDOVÍNEZ una legua llana, pásase Arlançón junto con Villafrandovínez.

Bonilla de la Sierra[236] villa [§ 3966–3968, 4105–4112] tiene 300 / 400 vezinos; es del obispo de Ávila; tiene buena fortaleza; está entre 2 sierras grandes e un valle hondo muy callente que se llama el valle Val de Corneja, entre montes de enzinares e berrocales, pasa un río junto con la villa dicho Sauzedoso; es cámara del obispo de Ávila:

ALVA DE TORMES 7 leguas, van por Serranos, una legua, e por Çapardielejo, una legua, e por Chagarcía, una legua, e por Gallegos de Trespes, una legua, e por Hela Rodrigo, una

---

235 (El) Bodoncillo, cf. *Hontiveros, Nava de Arévalo*.
236 Bonilla, cf. *Menga Muñoz, Villafranca* lugar.

legua, e por Velillas, una legua. ÁVILA 9 leguas, van por las Casas del Puerto, una legua, e por Villatoro, una legua, e por Santa María el Arroyo e por Muño Galindo. LAS CASAS DEL PUERTO una legua, todo de cuestas arriba por entre sierras por un lomo de un cerro largo, un 4º de legua postrera es cuesta abaxo, a la mano derecha queda Villafranca a 3 tiros de vallesta del camino, por la mano dizquierda queda Tórtoles a media legua del camino e Cabeças a media legua e Pajarejos a 3 tiros de vallesta. CESPEDOSA 4 leguas, van por Becedillas, algo de tierra doblada, e por el Collado, media legua, e por Naharra, media legua, e por Naharrillos, una legua, e por Ventosa, media legua. PIEDRAHÍTA una legua de tierra llana, van por Mensegar, junto con el Mensegar pasan a un río dicho Valdecorneja, corre a la mano derecha. LA PUENTE DEL CONGOSTO 4 leguas llana e de labranças, van por Malpartida e por Santa María del Berrocal, una legua, e por Arroyo el Campo, una legua, e por Berrocoso, media legua. SALVATIERRA 5 leguas de tierra doblada e de tierras labradas, van por Beçadillas e por los Collados, media legua, e por Naharra, media legua, e por Naharrillos, una legua. SAMIGUEL DE CORNEJA media legua grande llana un valle abaxo, a la mano dizquierda queda siempre un monte de enzinares, a la media legua pasan al dicho río Corneja, corre a la mano derecha. SAMIGUEL DE SERREZUELA 3 leguas, van por las Casas del Rebollar, una legua e media de sierra arriba e montes de enzinares la una legua primera e la media primera es llana algo cuesta arriba. SAN BARTOLOMÉ una legua e media, van por el Mensegar, media legua. TÓRTOLES media legua de cuesta arriba e de tierras de labrança. VADILLO 2 leguas, van por Villanueva del Campillo, una legua. VILLAFRANCA una legua pequeña un valle alto en medio que tenrá de subida un 4º de legua e de abaxada otro, el un 4º de en medio es de enzinares, junto con Villafranca pasan al dicho río Corneja por vado, corre a la mano derecha. VILLANUEVA DEL CAMPILLO una legua grande, la mitad es cuestas e montes de enzinares arriba e lo otro algo cuestas abaxo e de montes de estepares.[237] VILLATORO 2 leguas, van por las Casas del Puerto, una legua de tierra de cerros e valles e robledales.

El Bonillo lugar [§ 4533, 4589–4594] tiene 500 / 700 vezinos; es aldea de Alcaraz; está en tierra llana, el asiento del lugar algo en alto, es en la sierra de Alcaraz; por la parte de mediodía ay muy grandes savinares:[238]

ALCARAZ 5 leguas, van por la Solanilla, 4 leguas e media de tierra doblada e de savinares salvo la postrera legua que es de cerros e cuestas. CHINCHILLA 12 leguas, van por Lezuza e por Barrax e por Albacete. LEZUZA 3 leguas de cerros e valles e savinares e tierras de labrança. MONTIEL 7 leguas, van por Cañamares, 5 leguas de tierra doblada e de savinares todo el camino. MUNERA 2 leguas de tierra llana salvo algunos vallejuelos, la legua e media postrera es de montes de enzinares, antes que lleguemos al lugar con 3 tiros de vallesta pasamos a un arroyo por vado, corre a la mano dizquierda, para subir al lugar suben una cuesta que tenrá un tiro de vallesta. LA OSA 3 leguas de tierra doblada e de savinares las 2 leguas primeras. SANCLEMENTE 9 leguas, van por Munera, 2 leguas. SOCUÉLLAMOS 7 leguas, van

237 'Lugar o sitio poblado de estepas'. Testimonio temprano de la voz en español (Rodríguez 2002, 77).
238 'Terreno poblado de sabinas'. Testimonio temprano del derivado en español (Rodríguez 2002, 79).

por Sotuélamos, 2 leguas de tierra de cerros e valles e montes de savinares e enzinares. VILLANUEVA DE ALCARAZ 5 leguas, van por las Salinas de Pinilla. VILLARROBLEDO 6 leguas, de tierra doblada las 3 leguas de medio el camino, a 2 leguas primeras se pasa Socuéllamos río por vado, corre a la mano dizquierda, a la mano derecha queda Munera a una legua del camino.

Bostillo del Valle de Carriedo lugar [§ 5613–5619] tiene 60 vezinos; es del duque del Infantazgo; está en ladera e de ello en llano, pasa a un tiro de vallesta un río dicho Pisueña; está dividido en 3 barrios que el uno se dize Vega, tiene 60 vezinos, el otro la Canal, tiene 20 vezinos, e el otro Bustillo, que tiene 60:

ABIANZO una legua, van por la Canal e por Bárcena. ALLARANA una legua, van por la Canal, 2 tiros de vallesta, e por Vega e por Saro, un 4º de legua. ALOÑOS un 4º de legua, van por Soto. ARGOMEDA una legua, van por Valosanos e por Villa Fufre e por Escobedo. BÁRCENA media legua, van por Soto e por Pruneda. LA CANAL 2 tiros de vallesta. ESCOBEDOS media legua, van por Valosanos e por Villafufre. PEDROSO media legua, van por Soto. PINILLA un 4º de legua de tierra llana e de prados e pan. PURNEDA media legua, van por la Canal. RASILLO un 4º de legua de tierra de cerros e de prados. RIBA una legua, van por la Canal e por Vega. SALAYA una legua, van por la Canal e por Purneda. SANDOÑANA media legua, van por Samartín de Valosanos. SARO media legua, van por la Canal e por Vega. SOTO 2 tiros de vallesta llano. SUSVILLA media legua de tierra doblada e cuesta arriba e de pan. TEJANILLOS media legua, van por Soto e por Pedroso. TEJANOS una legua, van por la Canal e por Pedroso e por Tejanillos. TRASVILLAS una legua, van por Valosanos e por Villafufele e por Hojiriego. VEGA media legua llana de tierra doblada e de pan e montes. VILLACARREDO una legua, van por la Canale. VILLAFUFRE media legua, van por Samartín de Valosanos, 2 tiros de vallesta por entre cerros e de prados.

Botorrita[239] lugar [§ 5023–5025] tiene 45 vezinos; es de señorío; tiene casa fuerte; está en llano por parte de mediodía, por la parte de Çaragoça está en alto por causa de los derrumbaderos del río dicho María; es lugar de moros:

MAÇOTE media legua grande riberas arriba del dicho río María, que queda a la mano dizquierda porque en saliendo de Botorrita pasan al dicho río, corre a la mano derecha. MUEL una legua grande, por la mano dizquierda quedan sierras e los derrumbaderos de ellas, por la mano derecha tierra doblada, por la dicha mano derecha queda Maçote a un 4º de legua del camino, en llegando a Botorrita pasan al dicho río María por vado, que corre a la mano derecha. TORREZIELLA 2 leguas muy grandes, un valle arriba e por entre grandes cerros la una legua primera, la media legua de medio llana, la postrera media legua valles abaxo e por entre cerros e montes de pinares e matorrales[240] e retamales.

239 Gotorrita, cf. *Almuña.*
240 Testimonio temprano de la voz en español (Rodríguez 2002, 78).

Bovadilla aldea [§ 331] tiene 100 vezinos; es de Madrid; ay en él una iglesia en que está el cuerpo de San Bavilés, la tierra de allí dizen que quita las calenturas:

ALCORCÓN una legua llana.

Boyezillo[241] aldea [§ 10] tiene 60 vezinos; es tierra de Valladolit:

VALLADOLIT 2 leguas, Duero se pasa por puente a media legua de Boyezuelo.

Bozeguillas[242] lugar [§ 1033] tiene 40 vezinos; es de tierra de Sepúlveda; está en un llano:

BARBOLLA una legua pequeña. LA ÇARÇOSA una legua pequeña. GRAJERA media legua.

Brantavilla lugar [§ 5193] tiene 60 vezinos; es de don Fradique de Çúñiga; está en llano al pie de una cuesta, pasa junto con el lugar un río dicho Ibida:

MIJANCAS 2 leguas. MIRANDA DE EBRO legua e media de tierra doblada e de pan, a media legua primera pasan a un río dicho Çadorra por vado, que corre a la mano derecha. ZEMBRANA media legua de tierra doblada e de labranças.

Breçadillas [¿**Brecedillas**?] lugar [§ 4038–4039] tiene 4 vezinos; es barrio del Texado; está en llano riberas de un riatuelo dicho Valdebeçadas, júntase luego con Tormes:

NAVAMORISCA una legua de tierra doblada e de grandes peñascales que casi ocupan toda la tierra, a la mano derecha queda Losar a 4 tiros de vallesta del camino.

Brenes lugar [§ 2372–2376, 3315, 6591–6596] tiene 140 / 150 vezinos; es del arçobispo de Sevilla, es aldea de Cantillana; está en llano riberas de Guadalquebir –río que va para Sevilla– que pasa a un 4º de legua del lugar, a 3 tiros de vallesta lo más cerca, está [...] a la larga de Cantillana para Sevilla:

ALCALÁ DE GUADAIRA 4 leguas llanas de xarales, la media legua primera es de tierra de labrança. ALCALÁ DEL RÍO 2 leguas llanas de campiña riberas abaxo de Guadalquebir, junto con Alcalá del Río pasamos a Guadalquebir, que corre a la mano derecha, siempre todo el camino queda Guadalquebir a la mano derecha. BURGUILLOS una legua e media llana e de campiña, en llegando se pasa Guadalquebir por barco, que corre a la mano dizquierda. CANTILLANA una legua grande llana riberas de Guadalquebir, que queda a la mano dizquierda siempre a un 4º de legua del camino, en llegando a Cantillana pasan a

241 Boezillo, cf. *Santa María de Nieva*.

242 Boceguillas, cf. *Torrivuelo (Torrovivelo), Sepúlveda*.

Guadalquevir por vado, que corre a la mano dizquierda. CARMONA 4 leguas despobladas e de xarales salvo media legua de panes, la media legua postrera es como cuesta arriba. CASTILBLANCO 3 leguas de sierras e valles e montes salvo media legua primera llano e de tierras de pan, a un 4º de legua primero pasamos a Guadalquebir por barca, corre a la mano dizquierda, a la mano derecha queda Villaverde a media legua del camino en pasando el río. GANDUL 4 leguas llanas e de montes de palmares e romerales, tierras de ganado. GUADAXOX 2 leguas e media riberas arriba de Guadalquebir, tierras de labrança, a la mano dizquierda queda Cantillana a media legua del camino. MAIRENA 4 leguas de tierra llana e de montes baxos e campiña e palmares. LA RENCONADA 2 leguas e media llanas riberas abaxo de Guadalquebir, queda siempre a la mano derecha. SEVILLA 4 leguas pequeñas llanas de labranças e de palmares riberas de Guadalquebir, que queda a la mano derecha, que lo más lexos queda a media legua. TOSINA 2 leguas e media llanas riberas arriba de Guadalquebir, que queda siempre el río a la mano dizquierda a 2 e a 3 tiros de vallesta del camino, a la mano dizquierda Cantillana a media legua del camino. UITRERA 6 leguas, van por Alcalá de Guadaira, 4 leguas. VILLAVERDE media legua cuesta arriba todo el camino, que queda el río la mitad primera a la mano dizquierda e lo postrero a la mano derecha, en medio el camino pasamos al río que corre a la mano dizquierda. EL VISO 4 leguas llanas e de montes e palmares, tierras de ganado.

Bribiesca[243] villa [§ 4347] tiene 1500 vezinos; es del condestable de Castilla; tiene buena fortaleza; está en llano e entre unos olivares:

BURGOS 8 leguas. POZA 7 leguas, van por Salas, 3 leguas. SALAS 3 leguas de tierra doblada mucho e de algunos barrancos. VALVERDE 2 leguas de tierra de cerrillos e tierra doblada e de labrança.

Las Broças lugar [§ 2549–2554] tiene 1000 vezinos; tiene buena fortaleza; está en un cerrillo entre unos berrocales:

ALCÁNTARA 3 leguas, van por el Aldea el Rey, una legua. EL ALISEDA 4 leguas de tierra muy doblada e de montes de enzinas. EL ARROYO EL PUERCO 4 leguas grandes de tierra doblada e de montes salvo media legua primera. EL AZEÚCHE 5 leguas de tierra doblada e de montaña, a 3 leguas pasamos a Texo por barca, que corre a la mano dizquierda. BRAMBÍO 4 leguas de tierra muy doblada. CÁCERES 7 leguas, van por el Arroyo el Puerco, 4 leguas. EL CARABAXO 7 leguas grandes de tierra doblada mucho e de montes por algunas partes. LA ÇARÇA DE ALCÁNTARA 7 leguas, van por Aldea el Rey, una legua, e por Alcántara. EL CASTILLO DE SAN PEDRO 5 leguas, van por Herreruela, 4 leguas. CECABRÍN 6 leguas de tierra muy doblada de serrezuelas e de montañas, a 3 leguas primeras pasamos a Texo río por barca, que corre a la mano dizquierda, Texo lleva por todas partes grandes derrumbaderos. LAS GARROVILLAS 4 leguas de tierra doblada e de montes e de enzinas. HERRERUELA 4 leguas de tierra doblada e de montes. LA MATA 3 leguas de tierra doblada. SALOR 3 leguas, tierra doblada. SALORINO 4 leguas de tierra muy doblada, a 4 leguas pa-

243 Briviesca, cf. *Velhorado*.

samos un río dicho Salor por vado, que corre a la mano derecha, de allí adelante es de sierrezuelas e enzinares. SANTIAGO DE VALENCIA 9 leguas, van por Carabaxo. VALENCIA DE ALCÁNTARA 8 leguas de tierra doblada, a 5 leguas travesamos la Sierra de San Pedro, que tenrá 3 tiros de vallesta, a 3 leguas pasamos al dicho río Salorín, que corre a la mano derecha.

Bruero villa [§ 444] tiene 1600 vezinos; tiene fortaleza más alta que el pueblo; cercada de todas partes, bátela la mar junto al adarve:

LA CORUÑA 3 leguas orilla de la mar, por mar avrá una legua.

Bubierca lugar [§ 4977–4983] tiene 200 vezinos; tiene fortaleza; está entre unas grandes sierras e valles muy ásperas de peñas e grandes sierras, está riberas de Xalón en un cerro e valle; aunque esta tierra es fragosa es tierra de mucho vino:

ALCONCHEL 5 leguas, van por Alhama, una legua, e por Cabrahuente, 3 leguas. CABRAFUENTE 4 leguas, van por Alhama, una legua. CALATAYUT 3 leguas, van por Teca, una legua, e por Terrer, una legua. CAMPILLO 4 leguas, van por Yudes, 2 leguas. ÇARAGOÇA 17 leguas, van por Ateca, una legua, e por Terrer, una legua, e por Calatayut, una legua, e por Güérmeda, una legua, e por el Fraxno, 2 leguas, e por Almuña, 3 leguas, e por la Muela, 5 leguas. CERVERA 2 leguas, van por Ateca, una legua. CETÍN 2 leguas, van por Alhama. GODOJOS una legua de sierras e valles e montes, en saliendo del lugar pasamos a Xalón río por puente, corre a la mano dizquierda. JARAVA 3 leguas, van por Yudes, 2 leguas. MONTUENGA 5 leguas, van por Alhama, una legua, e por Contamina, media legua, e por Hariza e por Monreal e por Huerta. MOROS 2 leguas de grandes sierras e valles e montes baxos de romerales e enebrales, en saliendo del lugar suben un gran puerto agro que tenrá media legua, junto Moros pasan a un riatuelo dicho Monubles por vado, que corre a la mano derecha. SISAMÓN 4 leguas, van por Godojos, una legua. TECA una legua grande riberas abaxo de Xalón por entre grandes de sierras un valle hondo abaxo, el cual haze muchas vueltas e de muchas huertas e viñas por la mano derecha, queda siempre a la mano derecha. TORRALVA 3 leguas, van por Ateca, una legua, e por Cervera, una legua. TORRIJO 3 leguas de sierras e valles, en saliendo suben un puerto que tenrá media legua, por otra parte por ataxo ay [...] media legua. VILLALUENGA 2 leguas, van por el mismo camino de Torrijo. VILLARROYA 3 leguas, van por Moros, 2 leguas. YUDES 2 leguas, van por Godojos, una legua.

Buin aldea [§ 1004] tiene 30 vezinos; es del duque de Vergança, donde tiene una muy buena casa y soto; ay aquí una fuente muy grande:

ELVAS legua y media porque está en medio de entramos. VILLAVICIOSA legua y media.

Bujalaloz[244] lugar [§ 5037] tiene 90 vezinos; es de señorío; es tierra estérile de agua que beben de lagunas:

244 Bujalaroz, cf. *Osera*.

PEÑALVA una legua muy grandísima de tierra doblada e por entre valles salvo que la primera media legua es llana.

Bujalharo[245] lugar [§ 4888–4892] tiene 50 vezinos; es del marqués de Cenete, es aldea de Xadraque; está en valle hondo entre unos cerrillos:

ATIENÇA 5 leguas, van por las Cendrejas e por Medredo, una legua, e por Rebollosa, a la mano dizquierda queda Cardeñosa a un tiro de vallesta del camino. CENDREJAS DE MEDIO e CENDREJAS DE PADRASTRO media legua de tierra doblada. CIGÜENÇA 4 leguas, van por Vaides, 2 leguas de valles llanos e tierras de pan e por entre cerros. COGOLLUDO 3 leguas, van por Xadraque, media legua, e por Bembrillera, una legua. HITA 3 leguas, van por Villanueva, media legua, e por Mira el Río e por la Casa de San Galindo e por Padilla. MENDRANDA una legua e media, van por Xirueque, media legua. VAIDES 2 leguas riberas arriba de Henares por valle llano salvo 3 tiros de vallesta primeros que es cuesta baxo e de panes e por entre cerros, la mitad del camino por todas partes es de montes de enzinares y enebrales por las cumbres de los cerros, a medio camino pasan un río dicho Río Duze, corre a la mano dizquierda, júntase con Henares luego, cabe este río se junta otro salado que viene de las salinas de Olmeda. VILLANUEVA media legua de un valle arriba e por entre cerros. XADRAQUE media legua de cuestas e valles, toda vía van como cuesta arriba e de viñas e tierras de pan, por la mano dizquierda queda un cerro grande. XIRUEQUE media legua pequeña de tierra doblada e de tierras de pan.

Burgo aldea [§ 492] tiene 5 vezinos; está ribera de Duratón al pie de las peñas:

CARRASCAL media legua llana.

El Burgo de Osma[246] villa [§ 783, 891–893, 5062] tiene 300 vezinos; es del obispo de Osma; tiene buena fortaleza sobre un pico de una peña el cual señorea los cerros; está en llano e en hondo entre unos cerros muy altos por todas partes salvo hazia la parte de Burgos, está riberas de un río dicho Lucero; es cabeça de obispado:

ALCUBILLAS una legua llana e por entre cerros. ARANDA 9 leguas, van por Santistevan de Gormaz e por Horedro e por la Vid e por Valdecuendes. BERÇOSA 2 leguas, vase por Torderón. BERLANGA 4 leguas, van por la Texada e por Lodares. GORMAZ 2 leguas, van por el Olmeda. LODARES una legua, van por Tejadillo. NAHARROS DE OSMA legua e media doblada. EL OLMEDA una legua llana el río dicho Luzero abaxo, pásase el dicho río Lucero en saliendo del Burgo a un tiro de vallesta, que corre a la mano derecha. OSMA 2 tiros de vallesta, tierra llana una vega abaxo, en saliendo de la villa pasamos al dicho río Lucero por puente, que corre a la mano derecha. SAN ESTEVAN 2 leguas, van por Osma, un 4º de legua.

245 Bujaharo, cf. *Padilla*. Buxalharo, cf. *Mira el Río*. Burjaharo, cf. *Villanueva* lugar.
246 El Burgo, cf. *Morales*.

TORDERÓN una legua llana. TORRALVA 2 leguas, doblada la media primera. UZERO 2 leguas, van por Cervalejo. VALDENEBRO legua e media llana.

Burgos cibdad [§ 292–294, 316, 319, 362, 5081] tiene 2400 / 6000 / 8000 vezinos; tiene muy buena fortaleza en alto; está parte en ladera y parte en llano, pasa un río junto con la cibdad dicho Arlançón; es cabeça de obispado y de Castilla, tiene muy linda eglesia mayor de sotil edificio, está en esta cibdad Santo Lesmes, tiene buenas iglesias y monesterios y ospitales, está en la iglesia mayor el sacramento y el cuerpo de San García, que lo mataron los judíos en la cuesta de Santa María la Blanca:

ALMAÇÁN 26 leguas, va un mesmo camino que para Soria y Berlanga hasta Sallonarde y cerca de allí se aparta a los otros lugares. ARCOS 2 leguas. ARROYAL legua y media llana, pásase un riachuelo junto con Arroyal. BELORADO 8 leguas, vase por Villafranca. BERLANGA 24 leguas, va un mesmo camino que para Almaçán y Soria hasta Sallonarde y cerca de allí se aparta a los otros lugares. CAVIA [...], dexa a man derecha Boniel y Villafrandovínez y a mano izquierda Alvillos. CORTES media gran legua llana, pásase Arlançón junto a Burgos. GAMONAL media legua de tierra doblada e de huertas. MONESTERIO DE RODILLA 5 leguas de cerros e tierra doblada. PALENÇUELA 9 leguas, vase a Boniel, a Torre y a Pampliga. PÁRAMO 2 leguas, la media postrera es cuesta arriba, pasa por Quintanadueñas y dexa a man derecha a Arroyal. QUINTANA DUEÑAS 2 leguas llanas, pásase un río pequeño junto con Quintana Dueñas, que corre a la mano izquierda, queda a mano izquierda Villagonçalo y Villarramiro, a mano derecha Villahermero. QUINTANILLA DE LAS CARRETAS legua y media llana, pásase Arlançón junto a Burgos, dexa a man derecha a Tardajos y a Villalonquexar. SAN JUAN DE ORTEGA 4 leguas, van por Gamonal, media legua, e por Vellimas, media legua, e por Atapuerca. SANTO DOMINGO DE LA CALÇADA [...], se va por Belorado. SORIA 22 leguas, vase a Lara y por Villaspasa y Barvadillo y Hacinas y Ravaneda y Sallonarde, va un mesmo camino que para Almaçán y Berlanga hasta Sallonarde y cerca de allí se aparta a los otros lugares. SOTOPALACIOS una buena legua llana. SOTRAJERO legua y media llano. TARDAJOS legua y media llana, pásase Arlançón junto a Burgos, dexa a man derecha Villalonquexar y a man izquierda Quintanilla de las Carretas. VALLADOLIT 22 leguas, vase por Villanueva de las Carretas, a Quintana de la Puente, a Torquemada, a Dueñas, a Cabeçón. VILLACIENÇO una legua grande llana, pásase Arlançón junto a Burgos. VILLAGONÇALO una legua llana, pásase Arlançón junto a Burgos. VILLAHERMERO una legua grande llana. VILLALONQUEXAR una legua grande, pásase Arlançón junto a Burgos.

Bustillo aldea [§ 340] tiene 50 vezinos; es del almirante de Castilla:

CABEÇÓN una legua. CASTROPONCE una legua, llano. GORDALIZA media legua. HONTOYUELO media legua. VILLANUEVA un 4º de legua.

C, Ç, CH

Las Cabeças lugar [§ 3371–3375] tiene 50 vezinos; es aldea de Sevilla; tiene castillo de argamasa; está en un cerrillo en alto:

ARCOS 5 leguas grandes de cerros e valles montosos, a la mano dizquierda queda Espera a una legua grande del camino, la media legua postrera junto con Arcos es de cerros e olivares. BORNOS 5 leguas de sierras por medio camino e por las partes de los lugares, en saliendo de las Cabeças media legua primera es tierra doblada e lo otro postrero una legua de tierra de cerros e de montes, a la mano derecha queda Espera a 3 tiros de vallesta, antes que lleguemos a Bornos con media legua pasamos un río dicho Guadalete, que corre a la mano derecha. CORIA 6 leguas e media, van por los Palacios, 3 leguas. ESPERA 3 leguas, sierras e montes salvo la media legua primera, que es tierra doblada. LIBRIJA 2 leguas llanas de marismas e lagunas salvo un 4º de legua primero, que es algo de tierra doblada e de palmares. MARCHENA 9 leguas, van por los Molares, 4 leguas, e por el Arahal, 3 leguas, e por Paradas, una legua. SANTIAGO DE FEE, que es una torre, 2 leguas e media, de tierra doblada la media legua primera e lo otro laderas de unas sierras, para subir al lugar subimos una sierra. SEVILLA 8 leguas, van por los Palacios, 3 leguas. UITRERA 4 leguas, las 2 primeras son de marismas salvo la media legua primera que es tierra doblada e la legua e media postrera, todo este camino es de tierras de pan. VILLAMARTÍN 7 leguas, van por Bornos. XEREZ 7 leguas de tierra doblada e de palmares e montes baxos.

Cabeças del Pozo[247] aldea [§ 1111] tiene 60 vezinos; es de Arévalo; está en llano.
Cabeçón villa [§ 11, 314, 366] tiene 100 / 200 / 300 vezinos; tiene fortaleza en muy alto; está en llano ribera de un río, a medio millo está la fortaleza en un alto:

CIGALES una legua pequeña. DUEÑAS 4 leguas. VALLADOLIT 2 leguas llanas.

Cabeçón aldea [§ 345] tiene 80 vezinos; es de señorío; está ribera de Valdaradué.
Cabeçón lugar [§ 3839–3841] tiene 100 vezinos; es del duque del Infantazgo; está en llano, pasa junto con el lugar un río dicho Saja, es en la Montaña; tiene buenas salinas:

AGUILAR DE CAMPOA 14 leguas, van por Santa Lucía, media legua, e por Ruent, una legua, e por Barzanilla, media legua, e por Cabuérnega, 2 tiros de vallesta, e por Callande de Monço e por Correpoco, media legua, e por los Tojos, media legua, e por Espinilla, 5 leguas de puerto, e la Polación, una legua, e por Lastor, 3 leguas. BARNEJO media legua pequeña llana. CARCI una legua, van por Piriedo, tres 4º e medio de legua. MAZCUERRAS una legua, van por Hontoria, media legua pequeña llana. SANTILLANA 2 leguas, van por Piriedo, tres

247 Cabeças, cf. *Vadillo*. Cabeça(s) del Poço, cf. *Hirites (Herites), Hontiveros, Medina del Campo, Villaflor*.

https://doi.org/10.1515/9783111044064-005

4º de legua e medio, e por Carsar, medio 4º de legua. SANTIVÁÑEZ media legua. VILLANUEVA legua e media, van por Hontoria, media legua, e por Mazcuerras, media legua.

Cacabelos[248] lugar [§ 5153, 5604–5609] tiene 250 vezinos; es del marqués de Villafranca; tiene 3 fortalezas alderredor; está en llano, está riberas de un río dicho Sil e otro dicho el río Cacabelos e de un río dicho el Río de Vega, es en el Bierço; en esta tierra son las leguas pequeñas:

ALBARBONA media legua de tierra llana, en saliendo de Cacabelos pasan al dicho Río de Vega por vado, que corre a la mano dizquierda, siempre van riberas arriba del dicho río, que queda a la mano derecha. ARGANÇA una legua de tierra de valles e cerros e montes baxos e algunas viñas. EL CAMPELO una legua de tierra llana e de montes baxos e de labranças. EL CAMPO DE NARAYA una legua e media de tierra doblada e de viñas e tierras de pan. CANEDO una legua de tierra llana por entre cerros un valle arriba e de montes baxos e tierras de labrança e algunas viñas. CARRAZEDELO 2 leguas, van por Carrazel. CARRAZEL media legua llana riberas abaxo del dicho Río de Vega, que queda el río a la mano derecha. CASTRO media legua cuesta arriba e de tierras de pan e viñas. MAGAZ DE ABAXO una legua de tierra doblada e viñas e de labrança. MAGAZ DE ARRIBA una legua grande de tierra de cerros e montes baxos. NARAYOLA una legua de tierra doblada e de viñas e tierras de pan. PIEROS un 4º de legua llano, en saliendo pasan al dicho río, corre a la mano dizquierda. PONFERRADA 3 leguas, van por el Campo de Naraya, legua e media, por la mano dizquierda queda Magaz a un tiro de vallesta. QUILÓS media legua llana de tierras de labrança. SAN JUAN DE LA MATA una legua grande de tierra llana de prados e arroyos e viñas riberas arriba de los dichos arroyos. SORRIBA una legua de tierra doblada e de pan e viñas, en saliendo de Cacabelos pasan al dicho río. VILLABUENA tres 4º de legua, van por Albarbón.

Caçalla lugar [§ 3302–3306, 4380–4385, 6614–6619] tiene 1000 vezinos; es aldea de Sevilla; está algo en hondo como en hondo, está en la Sierra Morena; es lugar muy rico y de buenos vinos si los ay en el Andaluzía:

ALANÍS 2 leguas de sierras e valles llanos e tierra de montes baxos de xarales, la primera legua ay muchas viñas. ALCALÁ DEL RÍO 10 leguas, van por Villaverde. EL ALMADÉN 6 leguas de sierra e montes baxos espesos, a 3 leguas se pasa Viar por vado, que corre a la mano dizquierda. AZUAGA 6 leguas, van por Alanís, 2 leguas. CANTILLANA 7 leguas, todo de sierras e valles e montes baxos de xarales e algunos alconocares, por algunas partes de este camino ay valles comúnmente por todas partes, que tenrá una legua de llano, e por entre sierras, a las 5 leguas primeras llegamos a tocar a Viar río, que queda a la mano derecha, a medio camino de estas 7 leguas baxamos un puerto dicho el Puerto de Montexil que tenrá de abaxada un 4º de legua, solía estar un castillo que agora ay memoria de él dicho Montegil. CASTILBLANCO (DE LA SIERRA) 6 leguas de sierra e de montes baxos espesos, a las 4 leguas se pasa Viar por puente, que corre a la mano dizquierda. CÓRDOVA 17 leguas, van por Costantina, 3 leguas, e por la Puebla de los Infantes, 4 leguas, e por las Posadas, 4

---

248 Cacavelos, cf. *Ponferrada*. Caracabelos, cf. *Ponferrada*.

leguas, e por Almodóvar del Río, 2 leguas. COSTANTINA 3 leguas de sierras e montes baxos e altos, a una legua primera pasamos a un río dicho Güesma por vado, que corre a la mano derecha. GUADALCANAL 3 leguas llanas salvo la media legua primera e postrera, que la primera es de sierra abaxo e la postrera de sierra arriba e lo de medio es de valle llano, por todas partes del camino ay muchas viñas, es montosa de montes baxos. EL PEDROSO 2 leguas de sierras e montes baxos e algunos altos y espesos, a medio camino se pasa un arroyo dicho arroyo de San Pedro por vado, que corre a la mano dizquierda. LA PUEBLA DE LOS INFANTES 7 leguas, van por Costantina, 3 leguas. LA PUEBLA EL MAESTRE 6 leguas de sierras e valles e montes baxos, a 2 leguas e media primeras pasan a Viar río por vado, que corre a la mano derecha. SAN NICULÁS 2 leguas de sierras e valles e montes de xarales, a media legua pasan a Güesma por vado, que corre a la mano dizquierda. SEVILLA 12 leguas, van por el Pedroso, 2 leguas, e por Cantillana, 5 leguas, e por Brenes, una legua. TOSINA una legua, van por el Pedroso. VILLAVERDE 8 leguas de sierras e montes e algunos llanos, a las 4 leguas se pasa Puerto Montegil que tenrá de baxada un 4º.

Cáceres cibdad / villa [§ 2540–2542, 2770–2777, 4534–4535, 5635–5642] tiene 2000 / 2500 / 3000 / 3500 vezinos; tiene buena fortaleza; está en alto, más por la una parte que por la otra, orilla de Cáceres a 3 tiros de vallesta de la cibdad cabe un ermita nace un río de una fuente muy cabdal que se llama la Fuente del Rey de la cual agua muelen molinos, es en Estremo; es villa muy bien cercada e torreada, tiene gran ribera de huertas, tiene muy buen arrabal adonde está la plaza:

EL AGUIXUELA 2 leguas de tierra doblada, junto con el Aguixuela pasamos a un río dicho Salor por vado, que corre a la mano derecha. EL ALDEA EL CANO 4 leguas llanas, a una legua primera pasamos por entre una sierra, a 3 leguas primeras llegamos a 2 fortalezas un tiro de vallesta una de otra, fasta el lugar ay otras 4 a trechos, son de cavalleros, la postrera legua es algo tierra doblada, a la mano derecha a medio tiro de vallesta dexamos un valle de peñas, toda esta tierra es dehesas, es el Camino de la Plata, ay a trechos algunos mármoles de piedra. EL ALISEDA 5 leguas, van por Malpartida. EL ARROYO EL PUERCO 3 leguas, de tierra doblada e de montes, las 2 leguas postreras son de monte. LAS BROÇAS 8 leguas, van por el Arroyo el Puerco, 3 leguas. EL CASAR (DE CÁCERES) 2 leguas de tierra doblada, en saliendo de Cáceres baxamos una cuesta que tenrá 2 tiros de vallesta de travieso. LAS GARROBILLAS 6 leguas, van por el Casar, 3 leguas. MALPARTIDA 2 leguas de tierra doblada e de berrocales, la postrera legua es de monte. MEDELLÍN 11 leguas, van por Torrequemada, media legua, e por Torremocha, una legua, e por las Casas de Santa María, 2 leguas, e por el Moharín. MONROY 4 leguas de tierra doblada e de erbajes e cerros e piçarrales, a 3 leguas primeras pasan a un río dicho Tamuja por vado, que corre a la mano dizquierda. SANTIAGO DEL CAMPO 4 leguas de tierra doblada e de montes, a 2 leguas pasamos Almonte río, que corre a la mano dizquierda. SIERRA DE FUENTES 2 leguas de tierra doblada. TALABÁN 5 leguas de tierra doblada, a 2 leguas primeras pasamos al dicho río Almonte por vado, que corre a la mano dizquierda. TORRE DE ARGAZ (TORRE DE ALGAZ) 2 leguas de tierra de cerros e xarales, a medio camino pasan a un arroyo dicho el Arroyo del Alberca por vado, que corre a la mano derecha. TORREMOCHA 3 leguas, van por Torrequemada, 2 leguas e media, e por Torre de Argaz, media legua. TORREQUEMADA 3 leguas de tierra de cerros e doblada e de erbajes, a una legua primera pasan al dicho arroyo del Alberca por vado, que corre a la mano derecha. TRUXILLO 8 leguas pequeñas de tierra doblada mucho e de algunos enzinares las 3 leguas postreras.

Caçorla villa [§ 2394–2396] tiene 1000 vezinos; es del adelantado de Caçorla; tiene buena fortaleza en alto en una sierra; está en valle entre 2 ríos, que el uno es Guadalquebir:

QUESADA 2 leguas de tierra doblada e de sierras. ÚBEDA 8 leguas de tierra doblada, por algunas partes riberas abaxo de Guadalquebir, queda a la mano derecha, a 2 leguas de Úbeda pasamos a Guadalquebir por puente, que corre a la mano dizquierda. VILLANUEVA DEL ARÇOBISPO 5 leguas de tierra doblada, en saliendo de Caçorla pasamos un riatuelo que corre a la mano derecha, júntase con Guadalquebir a media legua, a 2 leguas de Villanueva del Arçobispo pasamos otro río dicho las Guadazebas por varca, que corre a la mano dizquierda.

Cadahalso lugar [§ 9] tiene 300 vezinos:

ZEBREROS 4 leguas.

Cadahalso lugar [§ 5222–5224] tiene 40 vezinos; es de don Francisco de Belbís; está entre unas sierras al pie de la sierra de Santiváñez:

ALMENARA, fortaleza, una legua de una sierra arriba e de montes e viñas. DESCARGAMARÍA 2 leguas e media, van por Puñoenrostro. GATA una legua, van por la Torre. LOS HOYOS 2 leguas e media de tierra de valles llanos e por entre sierras e montes de breçales.[249] PUÑOENROSTRO 2 leguas de tierra doblada e de montes de breço e alisedas riberas abaxo de Árrago, que queda el río a la mano derecha. ROBLEDILLO 3 leguas, van por Puñoenrostro e por Descargamaría. SANTIVÁÑEZ una legua de tierra de cerros e sierras e valles e montes de robledales. LA TORRE media legua una ladera arriba de una sierra e de viñas, que queda la sierra a la mano derecha.

Cadons[250] aldea [§ 390] tiene 30 vezinos; está orilla del río dicho Porto dos Bois:

BAADE media legua pequeña, pásase el Puerto dos Bois junto con Cadons, corre haza la man derecha. CORVELL media legua. PRERA media legua pequeña. RECARE media legua pequeña, pásase el Porto dos Bois junto con Cadons.

Çafra villa [§ 2811, 2845–2852] tiene 1000 / 1200 vezinos; es del conde de Feria; tiene fortaleza; está en llano entre unos cerros; házese en esta villa 2 herias en el año:

---

249 Derivado de *brezo*. Testimonio temprano de la voz en español (Rodríguez 2002, 79).
250 Cadones, cf. *Recare*.

ARACENA 12 leguas, van por Medina de las Torres, una legua, e por Valencia del Barrial, 2 leguas, e por Segura, 3 leguas, e por Huentes, una legua, e por el Cañaveral, 2 leguas. EL ATALAYA 2 leguas de tierra doblada. EL AZEUCHAL 4 leguas, van por la Fuente el Maestre, 2 leguas. BADAJOZ 12 leguas, van por la Morera, 4 leguas, e por el Abuhera, 4 leguas. BIENVENIDA 2 leguas de tierra algo doblada. BURGUILLOS 2 leguas de tierra doblada. CALÇADILLA 3 leguas, van por la Puebla. FERIA 2 leguas de tierra doblada e de montes de enzinares. EL FREXENAL 5 leguas, van por Valverde. FUENTE DE CANTOS 4 leguas, van por Bienvenida. LA FUENTE EL MAESTRE 2 leguas de tierra doblada, a una legua pasamos un riatuelo que corre a la mano dizquierda. LA HALCONERA una legua de tierra doblada e de enzinares. MEDINA DE LAS TORRES una legua, van por la Puebla de Sancho Pérez. MÉRIDA 10 leguas, van por la Fuente el Maestre, 2 leguas, e por el Almendralejo, 3 leguas, e por la Torre Mexía, 2 leguas. LA MORERA 5 leguas, van por la Parra, 4 leguas. LA PARRA DEL CONDE DE FERIA 4 leguas de tierra doblada e de enzinares. LA PUEBLA (DE SANCHO PÉREZ) media legua grande de tierra doblada, algo de viñas. RIBERA 4 leguas, van por los Santos, media legua, e por Villafranca. LOS SANTOS media legua de tierra doblada. SEGURA 5 leguas, van por Valencia del Barrial, 3 leguas, a la mano dizquierda queda la Marotera a 2 tiros de vallesta del camino. USAGRE 4 leguas de tierra doblada e de enzinares. VALENCIA DEL BARRIAL 3 leguas, van por el Atalaya, 2 leguas. VALVERDE 2 leguas de tierra doblada e de enzinares. VILLAFRANCA 3 leguas, van por los Santos, media legua. VILLALVA 4 leguas, van por la Fuente del Maestre. XEREZ DE BURGUILLOS 5 leguas, van por Burguillos.

Cala lugar [§ 4441–4442] tiene 400 vezinos; es aldea de Sevilla; está en un llano, es en la Sierra Morena:

EL ALMADÉN 2 leguas de valles e cerros e montes de xarales. ARROYOMOLINOS 2 leguas de sierras e valles e xarales e de muchos arroyos en invierno. CABEÇA DE VACAS 2 leguas de valles e por entre sierras e xarales. SEGURA DE LA SIERRA 2 leguas de valles e montes de xarales e por entre sierras.

Calabaças[251] lugar [§ 1054] tiene 30 vezinos; es de don Álvaro de Luna; está en un llano:

FUENTE EL OLMO una legua pequeña. LA TORREZILLA media legua grande.

Çalamea del Arçobispo[252] lugar [§ 2729–2732] tiene 300 vezinos; es del arçobispo de Sevilla; está entre unas sierras, está en Sierra Morena:

ALMONASTER 5 leguas de sierras e puertos, a 2 leguas e media pasamos a Odiel río por vado, que corre a la mano dizquierda. ARACENA 5 leguas de sierra muy agra, a 3 leguas primeras pasamos a Odiel río por vado, que corre a la mano dizquierda. CALAÑAS 3 leguas de Sierra Morena agra por algunas partes, a 2 leguas primeras pasamos al dicho río Odiel

---

251 Calabaça, cf. *Lagunillas*.
252 Çalamea, cf. *La Palma*.

por vado, que corre a la mano dizquierda. EL CERRO 5 leguas de cerros e puertos, a 2 leguas pasamos al dicho río Odiel por vado, que corre a la mano dizquierda. FACANIAS 3 leguas de sierra e alcornocares. LA PALMA 7 leguas, de sierra las 6 leguas primeras e lo otro de tierra doblada, a las 3 leguas primeras pasamos a Río Tinto por vado, que corre a la mano derecha, a las 6 leguas pasamos a Corumbel por vado, que corre a la mano derecha. VILLALVA 7 leguas, de sierra las 5 leguas primeras e lo otro tierra doblada, a las 5 leguas primeras pasamos al dicho Río Tinto por vado, que corre a la mano derecha. VILLARRASA 7 leguas, van por Facanias, 3 leguas.

Çalanueva[253] villa [§ 368–369] tiene 200 vezinos; tiene buena fortaleza; está cerca de Suerga río a 2 tiros de vallesta, es en Galizia; cercada, ay buen monesterio de Cartuxa:

ALLARIZ 3 leguas chiquitas. GINZO 4 leguas chicas, vase por Crasto Veredo y a Villar de Santos. LOBERA 3 leguas grandes, vase por Chaira de Pojares y a Portela y a Calvos y a Corvella y a Prera. MONTERREY 9 leguas, vase por Ginzo y por Uimbra. PONTEVEDRA 12 leguas, vase por las Varcas de Portafigueira y a las Achas y por Ferreros y por Meirolo y por la Ponte de San Payo. SANTIAGO DE GALIZIA 15 grandes leguas, vase por Ribadavia y por Sancroy.

Calatayud (Calatayut) cibdad / villa [§ 7, 4996–5003] tiene 1500 / 3000 vezinos; tiene buena fortaleza; está en las riberas de Xalón, es de Aragón; tiene muchas torres, en este lugar dizen que se hazen buenos caxcos:

ALHARBA 2 leguas e media, van por Paracuellos, media legua, e por Maluenda, una legua. EL ALMUÑA 5 leguas, van por el Frexno, 2 leguas. CASTEJÓN 3 leguas, van por Munébriga. DAROCA 6 leguas, van por Paracuellos, media legua, e por Maluenda, una legua, e por Villilla, media legua, e por Novella, una legua, es lugar despoblada, e por Fuentes e por Mochales e Montón e por Villaheliche e por Murero e Manchones. FREXNO 2 leguas e media, de vega de travieso la primera media legua, a 2 tiros de vallesta en saliendo pasan a Xalón por puente, corre a la mano dizquierda, todo lo otro 2 leguas son de sierras e valles hondos, a medio camino pasan un portezuelo que tenrá de subida un 4º de él, por la mano derecha en un vallejuelo queda Aluenda a 3 tiros de vallesta del camino, por la mano dizquierda unos valles abaxo queda Paracuellos de Ribera a media legua del camino. MALUENDA una legua e media, van por Paracuellos de Xiloca, media legua. MORATA 3 leguas, van por Paracuellos de Xiloca e por Maluenda e por Villilla. MOROS 3 leguas de tierra muy fragosa e yerma que no abitan ninguno, llámanse los montes de Armantes. MUNÉBRIGA 2 leguas, la primera riberas arriba de Xalón, lo otro cuestas arriba, a un 4º primero pasan a Xalón, corre a la mano dizquierda. PARACUELLOS DE XILOCA media legua grande, todo de vega e huertas e sotos, en saliendo a 2 tiros de vallesta pasan a Xalón río por puente, corre a la mano dizquierda, a un tiro de vallesta adelante pasan a otro río dicho Xiloca por vado, que corre a la mano dizquierda, júntase luego con Xalón. TERRER una legua de vega riberas arriba de

253 El Monasterio de Çalnueva, cf. *Vereda*. Çalanueva monesterio, cf. *Villanueva de los Infantes*.

Xalón, que queda con su ribera por la mano dizquierda, por la mano derecha un lomo e derrumbadero de la vega grande. TORRIJO 4 leguas, van por Villarroya, 3 leguas de tierra doblada e valle arriba, todo de viñas. VILLALUENGA 4 leguas de los dichos cerros de Armantes, por la mano derecha queda Moros a un 4º de legua. VILLILLA 2 leguas, van por Paracuellos, media legua, e por Maluenda, una legua.

Calatorao lugar [§ 5015] tiene 120 vezinos; es de Nuestra Señora del Pilar de Çaragoça; tiene fortaleza; está en llano como en ladera, a 2 tiros de vallesta pasa Xalón río; es lugar de moros e cristianos:

ALMUÑA una legua llana. RUEDA 3 leguas, van por Lucena e por Épila.

Calatrava la Vieja cibdad despoblada [§ 3160–3163] en tiempos de moros era de 200 vezinos; tiene las cercas muy fuertes de tierra e tiene aún fortaleza; no moran en ella nadie por ser doliente por causa de los ojos de Guadiana, que pasa junto con ella por la parte de Malagón, están en pie los palacios del rey moro, tenía en tiempo de moros e agora tiene una caba[254] que sale de Guadiana llena de agua e arrodea la villa e tornase a entrar en el río, era cabeça de maestradgo:

ALMAGRO 4 leguas, van por Carrioncillo. CARRIONCILLO una legua llana. CIBDAD REAL 2 leguas riberas abaxo la primera legua de Guadiana, que queda a la mano derecha, la una legua postrera es de viñas. DAIMIEL 4 leguas llanas e de montes baxos, a la mano derecha queda Torralva a una legua del camino. HERNAND CAVALLERO legua e media llana e de montes baxos, en saliendo de Calatrava pasamos a Guadiana por puente, corre a la mano dizquierda. MALAGÓN 2 leguas llanas, en saliendo pasamos a Guadiana por puente, que corre a la mano dizquierda. TORRALVA 2 leguas llano.

La Calçada lugar [§ 4280–4284]; es del conde Oropesa; está en llano, es en el campo de Arañuelo:

LA BOBADILLA 2 leguas e media llanas e de prados, la legua postrera es monte de enzinares. CARRASCALEJO 3 tiros de vallesta de tierra doblada. LA CASA EL CANTO una legua e media llana, todo de montes de enzinares salvo la media legua primera, por la mano derecha primera legua queda el Monte. LA CORCHUELA 3 leguas de tierra llana e de prados, las primeras son de monte de enzinares. HERRERUELA media legua llana e de tierra de labrança. LAGARTERA una legua e media llana. OROPESA 2 leguas llana salvo una cuesta para subir a Oropesa que tenrá un tiro de vallesta, por la mano derecha queda Lagartera a 3 tiros de vallesta del camino e Herreruela a la mano derecha a 6 tiros de vallesta. LA PUENTE EL ARÇOBISPO 3 leguas, van por Carrascalejo, 3 tiros de vallesta, e por Caliruela, media legua,

254 'Foso'. En tanto que construcción militar, su valor es distinto del que tiene la voz en *Santa Fee*.

e por el Torrico. SAN JULIÁN 2 leguas, van por la Higuera, media legua, e por Malhincada, media legua. SAUZEDOSA una legua llana e de prados.

Calçadilla lugar [§ 2626, 2856–2863] tiene 500 vezinos; es del maestrazgo de Santiago; está en hondo como en valle:

BIENVENIDA una legua de tierra doblada. BURGUILLOS [...] van por Medina, una legua, e por Alconera. ÇAFRA 3 leguas e media, van por la Puebla, 3 leguas. EL ERENA 4 leguas, van por Bienvenida, una legua. FERIA 6 leguas, van por la Puebla, 2 leguas e media, e por Çafra, media legua. FUENTE DE CANTOS una legua de tierra algo doblada e tierra de pan [...]. FUENTES DE FREXENAL 5 leguas de tierra doblada, a la primera legua pasamos al Bodión río, a 3 leguas a otro río Ardila, que corre a la mano derecha. GUADALCANAL 7 leguas, van por Bienvenida, una legua, e por El Erena, 3 leguas, e por las Casas de Reina, a la mano derecha queda la Fuente del Arco a media legua grande del camino, a la mano derecha queda Trasierra a media legua del camino. LA HALCONERA 3 leguas, van por Medina, una legua. LA HINOJOSA 4 leguas de tierra doblada, por algunas partes ay quexigales e enzinares. HORNACHOS 5 leguas, van por la Hinojosa. MEDINA DE LAS TORRES 2 leguas de tierra doblada e de pan llevar. MONESTERIO 4 leguas, van por Fuente de Cantos, una legua. (MONTE)MOLÍN 3 leguas de tierra doblada e de panes, van por Fuente de Cantos, una legua. REALEJO 7 leguas, van por Fuente de Cantos, una legua, e por Monesterio, 3 leguas. SEGURA 4 leguas de tierra doblada, a la primera pasamos al Bodión río, que corre a la mano derecha, a las 3 pasamos Ardila río, que corre a la mano derecha. USAGRE 2 leguas de tierra doblada. VALENCIA DEL BARREAL (VALENCIA DEL VENTOSO) 2 leguas de tierra doblada, a una legua primera pasamos a un río dicho el Bodión, que corre a la mano derecha. VILLALVA 7 leguas, van por la Puebla, 2 leguas e media, e por Çafra, media legua.

Caldas villa [§ 5681] tiene 200 vezinos; está en baxo entre unos cerros cabe una sierra; tiene una fuente de agua muy caliente de donde se hazen baños e tiene esta calidad que si pelan una gallina hurtada no se pueden pelar e si no es furtada se pelará:

RUBÍ media legua llana e por entre cerros.

Caldelas aldea [§ 382] tiene 160 vezinos; está en llano:

PAR DE RUVIOS legua y media llana. SAN MARCOS media legua algo cuesta arriba. SANTA MARINA una legua llana aunque ay poco de cuesta. LA ULFA una gran legua llana.

Calera lugar [§ 3214–3217] tiene 80 vezinos; es aldea de Talavera; está en alto por la parte de hazia mediodía e por la de poniente e hazia Ávila llano, está riberas de Texo que pasa a un 4º de legua:

ALCAÑIZO legua e media llana por entre cerros un valle arriba. ALCAUDETE 2 leguas de cerros e tierra muy doblada, a un 4º de legua pasamos a Texo por barca, que corre a la mano derecha. ALCOLEA 3 leguas, de tierra llana las 2 leguas e media e lo otro de cerros e de montes baxos, como dicho es, las 2 leguas e media primeras. CANTULES media legua, de tierra de cerros el 4º postrero, a medio camino pasamos a Texo por la dicha barca. CASAR legua e media, van por Choças, media legua, e por el Gamonar, media legua grande. CHOÇAS media legua llana e de retamales. COLILLA legua e media, van por Choças, media legua. CORRAL RUBIO 2 leguas de cerros e valles, a media legua primera pasamos a Texo por barca, que corre a la mano derecha. COVISA media legua llana. LAS HERENCIAS media legua de tierra doblada e de cerros lo postrero, a medio camino pasamos al dicho río Texo por barca, que corre a la mano derecha. LAGARTERA 3 leguas, van por Alcañizo, una legua e media, e por Oropesa, media legua. LANÇA E VARA media legua, van por las Herencias, media legua. MEJORADA 3 leguas, van por la Peña el Mochuelo, 2 leguas e media, de cuestas e cerros lo postrero e de tierra doblada la primera legua e por la mano dizquierda cerros. OROPESA 2 leguas e media, van por Alcañizo, legua e media. LA PUENTE DEL ARÇOBISPO 3 leguas e media, van por Alcolea, 3 leguas. RAMACASTAÑAS 5 leguas, van por Colilla, una legua e media, e por Val de Palacios, 2 leguas e media. TALAVERA 2 leguas e media llanas, por un valle arriba llano e por todas partes de cerros salvo la media legua primera que es de tierra doblada riberas arriba de Texo, que queda a la mano derecha. TORRALVA 2 leguas, van por Alcañizo. VILLA DE LA VERA DE PLAZENCIA 9 leguas, van por Aravalles, 2 leguas, e por Ventosilla, media legua.

Calvarrasa de Abaxo lugar [§ 2048–2050] tiene 40 vezinos; es aldea de Salamanca; está en llano, a media legua pasa un río dicho Tormes:

ALDEA LUENGA media legua llana, en llegando a Aldea Luenga pasamos el dicho río Tormes por vado, corre a la mano dizquierda. ALDEA DE AYUSO una legua, van por Machacón. ALVA DE TORMES 2 leguas e medio, van por Hutero. CALVARRASA DE ENCIMA una legua llana. CHENÍN media legua llana. ENZINAS una legua, van por Chenín. GÜERTA una legua grande llana, junto con Huerta pasamos el dicho río Tormes por varca, que corre a la mano dizquierda. MACHACÓN media legua llana. SALAMANCA 2 leguas, van por Santa Marta, legua e media. UTERO una legua llana.

Calvos aldea [§ 380] tiene 300 vezinos; está ribera del río dicho el Puerto dos Bueis:

BAADE media legua. BANGUESES legua y media, tierra de muchos robles. CORVELL media legua pequeña, pásase el Puerto dos Bueis por puente, es camino áspero. RECARE una legua pequeña, vase el río abaxo, camino llano. VEREDA una legua llana.

Camarena lugar [§ 3201–3202] tiene 50 vezinos; es aldea de Torrijos; está en un vallejuelo; tiene olivares salvo por la parte de mediodía:

ADOBEA media legua llana de arenales.

Çamarramala aldea [§ 1008] tiene 15 vezinos; es de Segovia:

LA LASTRILLA media legua llana pequeña.

Cambrils villa [§ 15] tiene 250 vezinos; es del duque de Cardona:

TORTOSA 7 leguas, de ellas son tierra fragosa haza Tortosa.

Çamora cibdad [§ 2288–2289, 5078–5079] tiene 4500 vezinos; tiene muy buena fortaleza; está en llano riberas de Duero, de la una parte pasa Duero río e por la otra peña tajada:

CARAVAJALES 4 leguas, van por Liniesta, una legua de tierra doblada. CUBILLOS una legua grande de tierra doblada e de tierras de pan. MONTAMARTA 3 leguas, van por Villanueva, una legua de tierra doblada e de tierras de pan e de viñas. NONFERREZINOS una legua llana. ROALES una legua de tierra doblada e de tierras de pan e viñas. SALAMANCA 12 leguas. TORO 5 leguas, van por Santa Cristina, una legua. TORRES 2 leguas llanas salvo algunos cerrillos, a la mano dizquierda Monfarrazinos queda a 2 tiros de vallesta. VILLAGODIO una legua pequeña de tierra doblada e de viñas.

El Campanario villa [§ 3246–3253, 3255] tiene 320 vezinos; es de la orden de Alcántara; está en llano en unas pizarrales agudas tabladas, está en tierra doblada, está entre muchos prados de dehesas desmontados,[255] es en el riñón de la Serena:

EL ALDEYUELA una legua grande de tierra doblada e de tierra de panes. BIENQUERENCIA 3 leguas, van por Castuera, 2 leguas. ÇALAMEA 4 leguas, van por Quintanas, 2 leguas. ESPARRAGOSA DE BIENQUERENCIA 3 leguas de tierra doblada e de enzinares. ESPARRAGOSA DE LARES 5 leguas de cerros e tierra doblada e de prados, a una legua primera pasan a Xújar río por barca, que corre a la mano dizquierda. LA GUARDA una legua de tierra doblada de panes. LA HAVA 2 leguas, van por Magazela, 2 leguas de tierra doblada e de prados de panes. LA HIGUERA 4 leguas, van por Quintana, 2 leguas. MONTE RUVIO 5 leguas, van por Castuera, 2 leguas de tierra doblada e de montes, de media legua delante de xarales e enzinares. NUESTRA SEÑORA DE GUADALUPE 10 leguas, van por Azedera, 3 leguas grandes, a la primera pasan a Xújar por varca, que corre a la mano dizquierda, a una legua de Azedera pasan a Guadiana por varca, que corre a la mano dizquierda. ORELLANA LA VIEJA 2 leguas grandes de cerros, a la primera legua pasan a Xújar río por varca, que corre a la mano dizquierda, a 2 tiros de vallesta de Orellana pasan a Guadiana por barca, corre a la mano dizquierda. QUINTANA 2 leguas grandes de tierra doblada e de montes de enzinares e de berrocales, salvo un poco de lo postrero, que es de panes, a la mano derecha queda la Guarda a media legua del camino. SEVILLA 29 leguas, van por Quintana, 2 leguas, e por la Higuera, 2 leguas, e por el Campillo, 3 leguas, e por Verlanga, 4 leguas, e por Valverde, una legua, e por Guadalcanal, 2 leguas, e por Caçalla, 3 leguas, e por el Pedroso, 3 leguas, e por Cantillana, 4 leguas, e por Brenes, una legua. TRUXILLO 12 leguas, van por Madrigalejo, 4

255 'Cortar los árboles o matas de un monte (prado o sierra)'. Otras apariciones de la expresión en *Guixosa* y *Medinaceli*.

leguas, e por Santa Cruz, 5 leguas. VILLANUEVA DE LA SERENA 3 leguas, van por el Aldeyuela, una legua.

Campaspero [§ 1053] tiene 10 vezinos; es de Cuéllar; está en llano:

MANÇANILLO una legua pequeña.

El Campillo lugar [§ 3273–3280] tiene 200 vezinos; está como en ladera cerca de una sierra que está por algunas partes a una legua e a media legua:

AZUAGA 5 leguas de sierras e valles e xarales. ÇAFRA 9 leguas, van por Elera de Hornachos, 3 leguas. ÇALAMEA 3 leguas de sierras e montes baxos salvo media legua primera que es de tierra doblada e de pan llevar. LAS CASAS DE REINA 7 leguas, van por Ellerena, 5 leguas. CÓRDOVA 22 leguas, van por la Granja, 5 leguas, e por Huenteovejuna, 2 leguas. EL ERA DE HORNACHOS 3 leguas de cerros e de montes de xarales e enzinares. ELLERENA 6 leguas, de sierras las 2 leguas primeras e lo otro de tierra doblada e de pan llevar. LA GRANJA 5 leguas de cerros e sierras e montes de xarales. LA GUARDIA 6 leguas, van por la Higuera, 3 leguas. LA HAVA 9 leguas, van por la Higuera, 3 leguas, e por la Guardia, 3 leguas. HORNACHOS 3 leguas de sierras e cerros e valles llanos. MEDELLÍN 8 leguas, van por el Retamal, una legua. MÉRIDA 9 leguas, van por Hornachos, 3 leguas, e por Valverde de Mérida. QUINTANA 5 leguas, van por la Higuera, 3 leguas. EL RETAMAL una legua grande de sierras e valles no muy agras, a media legua primera pasamos a Guadamez río por vado, corre a la mano derecha. SEVILLA 22 leguas, van por Verlanga, 4 leguas, e por Valverde, una legua, e por Guadalcanal, 2 leguas, e por Caçalla, 3 leguas, e por Cantillana, 7 leguas, a la mano dizquierda queda el Pedroso a 2 leguas del camino. USAGRE 5 leguas, van por Valencia de la Torre, 3 leguas. VALENCIA DE LA TORRE 3 leguas de sierras e cerros e montes baxos e altos por algunas partes. EL VALLE 4 leguas, van por Guadamez abaxo, que queda Guadamez a la mano dizquierda siempre por entre sierras. VERLANGA 4 leguas de cerros e sierras, a la mano dizquierda queda Azuaga e la Granja, Azuaga a 2 leguas e la Granja a 3 leguas. VILLAGARCÍA 5 leguas, van por Valencia de la Torre, 3 leguas.

El Campillo de Belbís lugar [§ 2507–2508] tiene 25 vezinos; es de don Francisco de Monroy; está en llano:

ALMARAZ media legua grande llana. BELBÍS media legua llana salvo que para subir a Belbís subimos una cuesta que tenrá 2 tiros de vallesta. CASATEXADA una legua grande llana e de enzinares por algunas partes. SABZEDILLA media legua llana.

El Campo lugar [§ 3747–3749] tiene 6 vezinos; es de señorío; está en unos prados en llano:

SAN PEDRO DE LAS DUEÑAS una legua, van por Lagunilla, media legua. EL UTERO una legua de tierra doblada e de tierras de pan, en medio está un valle que tenrá media legua de baxada e de subida. VALDEPRADOS una legua de tierra doblada e de cerros como cuesta abaxo.

Campo[256] aldea [§ 19] tiene 60 vezinos; son entramos [Campo y el Pozuelo] del arçobispo de Toledo:

EL POZUELO una legua.

Campo lugar [§ 5583–5584] tiene 60 vezinos; es de Ponferrada; está en llano, a 2 tiros de vallesta del lugar pasa Bueça:

LOS 3 BARRIOS DE SALAS media legua de tierra doblada e de viñas e tierras de pan. MOLINA media legua de tierra doblada e de viñas. PONFERRADA media legua llana e de pan, en saliendo pasan a Bueça por vado, que corre a la mano dizquierda, siempre van riberas abaxo, queda a la mano dizquierda. SAN LORENÇO media legua grande riberas abaxo de Bueça, que queda el río a la mano derecha, tierras de pan e viñas e olmos. SANTISTEVAN DE VALDUEÇA una legua de tierra doblada e algunas cuestas e de viñas e tierras de pan.

El Campo de Critana[257] [§ 1201] tiene 300 vezinos; está en ladera:

TOGOSO 3 leguas de tierra doblada.

El Campo de Naraya[258] lugar [§ 5597] tiene 40 vezinos; es de la avadía de Carrazedo; está en llano:

FUENTES NUEVAS un 4º de legua pequeña e de montes vaxos. NARATIALA un 4º de legua pequeño de tierras de pan llanos. PONFERRADA legua e media de tierra llana, pasan el río del Sil en Ponferrada. LA VÁLGUMA un 4º de legua de viñas e tierra dovrada, del campo de Naraya ay legua e media de tierra llana de viñas e tierras de pan.

Camuñas [§ 1142] tiene 150 vezinos; es aldea de Consuegra; está en llano:

VILLAFRANCA 2 leguas llanas.

Canalejas[259] aldea [§ 1015] tiene 40 vezinos; es del conde de Ureña:

MORPEZER una legua. LA TORRE media legua cuesta abaxo.

Canales lugar [§ 6343–6351] tiene 200 vezinos; es de los jurados de Xátiva; está en llano entre unas sierras en un valle hondo de huertas, junto con el lugar pasa un río dicho el río de Montesa que va casi seco en verano:

---

256 Aldea el Campo, cf. *Lueches*. El Campo, cf. *Morata, Pozuelo (de Torres), Villalvilla*.
257 Campo de Clitana, cf. *Alcâçar de Consuegra, Daimiel, Quero, Villarrobledo*.
258 El Campo de Naray, cf. *Magaz* lugar, *Ponferrada*.
259 Canaleja, cf. *Pesquera*.

EL ALCARIA DE ÇARDA media legua, van por el Alcaria de los Fraires. EL ALCARIA DE LOS FRAIRES media legua llana e de huerta. EL ALCARIA DE LANÇO tres 4º de legua, van por el Alcaria de los Fraires e de Çarda. EL ALCUDIA un 4º de legua llana e de huertas de olivares e moreras e garrofales e viñas. ANA una legua de travieso de una sierra salvo un 4º primero e postrero que es llano e de huerta. ANCUGUIR media legua, van por Ayacor. AYACOR un 4º de legua llano e de huerta. CHELLA una legua, van por Ana. ÉNGUERA una legua e media, van por Alcudia. HONTINIENTE 3 leguas, van por la Ollería e por Veinte e Cinco e por Yelo. MONTESA una legua llana de valle e olivares e moreras e viñas e garrofales, por la mano derecha queda una sierra junto con el camino, en saliendo del lugar pasan al dicho río por vado, que corre a la mano dizquierda. MOXÉN 3 leguas llanas e de un valle arriba de olivares e moreras e por entre sierras, siempre imos por la orilla de la mano dizquierda las 2 leguas primeras e después por medio, a la mano derecha queda Montesa a un 4º de legua del camino e a la mano dizquierda Vallada a un 4º de legua del camino. NAVARRÉS 3 leguas, van por Ana e por Chella e por Bolbay. LA OLLERÍA una legua de travieso una grand sierra de subida e de abaxada salvo 3 tiros de vallesta primero e un 4º postrero que es de huerta, en saliendo pasan al dicho río de Montesa, que corre a la mano dizquierda. TALLADA tres 4º de legua llanos, por la mano derecha queda la sierra, todo es de olivares, en saliendo del lugar pasan al dicho río por vado, que corre a la mano dizquierda, van riberas abaxo del que queda a la mano dizquierda. LA TORRE DE CANALES un millo llano e de huerta e de acequias que corren a la mano dizquierda. VALLADA 2 leguas, van por Montesa, una legua riberas arriba del río dicho de Montesa, que es frutífero de huertas, por entre sierras a ambas manos. VEINTE E CINCO una legua e media, van por la Ollería.

Canara [§ 6448] solía ser cibdad; está al pie de una sierra encima de unas peñas en cabeço, por baxo pasa un riatuelo que viene de Cehegín; era cabeça de la bailía, no tiene sino solamente el castillo derrocado:

CEHEGÍN media legua llana e de huerta, la sierra por la mano derecha.

Candasnos [§ 5039]:

FRAGA 3 leguas muy grandes de montes de romerales e tierra de valles, para abaxar a Frada baxan un valle de sierras abaxo que tenrá media legua muy grande, en llegando a Frada pasan a un río dicho Cinta por barca, que corre a la mano derecha, tiene buena ribera de huertas antes que lleguemos al dicho río, toda estas 3 leguas pasadas es muy estérile de agua.

Candeleda[260] lugar [§ 2460–2464] tiene 300 vezinos; es del conde de Miranda; tiene buena fortaleza; está en llano al pie de la sierra que se llama la Sierra de Gredo, que es la más alta sierra que ay en toda España, pasa junto con el lugar un río dicho la Garganta de Santa María:

260 Candaleda, cf. *Arenas* lugar, *Lasdellano, Mombeltrán, Oropes(s)a, Ramacastañas, Villar del Pedroso.*

ARENAS 4 leguas, van por Lasdellano, 3 leguas. MADRIGALEJO 2 leguas e media llanas, pasamos en saliendo al dicho río por puente, que corre a la mano derecha, junto con Madrigalejo pasamos un río dicho Alardos por puente, que corre a la mano derecha. OROPESA 5 leguas, van por la Bobedilla, 3 leguas, estas 3 leguas son de camino llano, a una legua pasamos a un río dicho Tiétar, que corre a la mano derecha. PIEDRAHÍTA 8 leguas, van por Navacepeda, 5 leguas, e por Nava el Peral, media legua. SALOBRAL 3 leguas, van por Madrigalejo. SAN JULIÁN 3 leguas grandes, a una legua grande pasamos a Tiétar río por puente, que corre a la mano derecha, todas estas 3 leguas son de tierra doblada e de muchos robles e enzinas e xarales. TIÉTAR una legua llana. VALVERDE 5 leguas, van por Madrigalejo, 2 leguas e media, e por Salobral, una legua, e por Villanueva, una legua.

Canencia lugar [§ 3720–3722] tiene 150 vezinos; es aldea de Segovia; está en un valle, es en el Val de Loçoya:

BUITRAGO 2 leguas, van por Garganta e por Pajaralla. GARGANTA media legua de cerros e sierras e montes de enzinares. LOÇOYA una legua de montes e cerros por todas partes, van siempre un arroyo arriba dicho Loçoya, que queda siempre a la mano dizquierda. MANÇANARES 4 leguas, van por Porcarizas, 2 leguas de sierras e robledales, e por Choças, una legua. SEGOVIA 7 leguas, van por Penilla, 2 leguas e media de cerros e valles e montes, a la mano derecha queda Loçoya a 2 tiros de vallesta. TORDELAGUNA 4 leguas, van por Garganta, media legua, e por el Berrueco, 2 leguas e media, por otro camino van por Loçoyuela, 3 leguas de sierras e valles.

Canillas[261] aldea [§ 327] tiene 20 vezinos; es de Madrid:

EL ALAMEDA media legua buena. CANILLEJAS media legua.

Canillejas[262] aldea [§ 328] tiene 40 vezinos; es de Madrid:

EL ALAMEDA medio millo.

Canta la Piedra[263] villa [§ 6598–6600] tiene 500 vezinos; está en llano; tiene buenos vinos blancos:

FORCAXO una legua llana e de labranças, la primera es de viñas, por la mano dizquierda queda montes baxos de chaparrales. EL FREXNO una legua llana e de labranças. LA GARDA una legua llana e de viñas e de labrança. MADRIGAL 2 leguas, van por San Pedro. MEDINA DEL CAMPO 5 leguas, vase por el Frexno e por el Carpio. MOLLORIDO una legua llana e de viñas. PALACIOS RUBIOS una legua llana e de labranças e viñas. SAN PEDRO una legua llana e de viñas e labranças, en llegando a San Pedro se pasa un riatuelo por vado, que corre

261 Cañillas, cf. *Madrid, Ortaleza.*
262 Cañillejas, cf. *Madrid.*
263 Cantalapiedra, cf. *Medina del Campo, Mollorido, Palacios Rubios, Pedros(s)o.*

a la mano dizquierda, sécase de verano. TARAÇONA una legua llana. VILLAFLORES una legua llana.

Cantarazillo lugar [§ 2007–2012] tiene 100 vezinos; es aldea de Ávila; está llano algo en hondo:

ALARAZ 3 leguas, van por Mancera de Abaxo e por Salmoral. ALDEASECA una legua pequeña llana. BÓBEDA una legua llana salvo algunos vallejuelos. LA CRUZ media legua llana salvo que para subir al lugar subimos una cuesta que tenrá un tiro de vallesta. FLOREZ DE ÁVILA una legua, van por la Cruz. HONTIVEROS 3 leguas, van por Muño Sancho. MANCERA DE ABAXO legua e media llana, a la mano derecha queda Bóbeda a un tiro de vallesta. MANCERA DE ARRIBA 2 leguas grandes llanas salvo algunos vallejuelos, a la mano derecha queda Manzera de Abaxo a 3 tiros de vallesta del camino. MUÑO SANCHO legua e media llanas salvo algunos vallejuelos. NAVA DE ALVA legua e media, van por Peñaranda. PARADINAS legua e media llanas. PEÑARANDA DEL MERCADO media legua llana, es grande media legua salvo que ay vallejuelos por todas partes. RÁGAMA 2 leguas llanas. SALMORAL 2 leguas, van por Mancera de Abaxo. SALVADIÓS una legua llana salvo algunos vallejuelos. SOTROVAL una legua muy grande, van por Peñaranda. VERCIMUEL una legua grande llana salvo algunos vallejuelos. XIMEHALCÓN media legua llana.

Cantillana villa [§ 3307–3313, 4386–4387] tiene 300 / 400 vezinos; es cámara del arçobispo de Sevilla; tiene fortaleza junto con el río; está en llano e en una ladera de la Sierra Morena por la parte del río que es hazia Sevilla, cabe este lugar hazia Alcalá del Río se junta un río dicho Viar con Guadalquevir, de manera que está esta villa metida casi en el rencón de estos 2 ríos, está cabe la Sierra Morena:

ALCALÁ DEL RÍO 3 leguas, van por Villaverde. EL ALMADÉN 7 leguas de sierras e valles, en saliendo de Cantillana pasamos a Viar río, que corre a la mano dizquierda, de allí adelante en 2 leguas se torna a pasar 2 vezes, después queda el río a la mano derecha. BRENES una legua llana de tierra de pan riberas abaxo de Guadalquebir, en saliendo de Cantillana pasamos a río Guadalquebir por barca, que corre a la mano derecha, a la mano dizquierda queda Villaverde a un 4º de legua del camino. BURGUILLOS 2 leguas, van por Villaverde, media legua. CAÇALLA 7 leguas, van por el Pedroso, 5 leguas. CARMONA 4 leguas, van por Tosina. CASTILBLANCO 3 leguas, van por Villaverde, por otra parte se ataxa media legua e queda Villaverde a la mano dizquierda a 2 tiros de vallesta, en saliendo de Cantillana pasamos al dicho río Viar, que corre a la mano dizquierda, luego se junta con Guadalquebir. CÓRDOVA 17 leguas, van por Villanueva, 2 leguas, e por Lora, 3 leguas, e por Peñaflor, 3 leguas, e por las Posadas, 4 leguas, e por Almodóvar del Río, 2 leguas. COSTANTINA 7 leguas, van por Villanueva, 2 leguas. SANTOLALLA 9 leguas, van por el Almadén, 7 leguas. SEVILLA 5 leguas, van por Brenes, una legua. TOSINA 2 leguas llanas e de palmares, en saliendo de Cantillana pasamos a Guadalquebir por varca, que corre a la mano derecha. VILLAVERDE media legua, junto con el lugar pasamos a un río por vado, que corre a la mano dizquierda, júntase con Guadalquebir.

Cañas lugar [§ 278] tiene 60 vezinos; es del monesterio de monjas que está en el lugar:

CANILLAS un millo pequeño, es tierra áspera algo. VILLAR media legua, tierra agra. VILLAREJO media legua fragosa, que se va por una cañada.

Cañizar lugar [§ 5132–5135] tiene 60 vezinos; es aldea de Hita; está en llano entre algunos cerros:

CIRUELAS media legua de tierra doblada e olivares e viñas. ERAS una legua grande, van por la Torre de Sopetrán. HITA una legua de tierra doblada, la media legua cuesta abaxo primera e la postrera cuesta arriba, a medio camino pasan a Vadiel por vado, que corre a la mano dizquierda. REBOLLOSA media legua de tierra doblada e de olivares e viñas. TARAGUDO una legua, van por Nuestra Señora de Sopetrán, media legua. LA TORRE DEL BURGO DE SOPETRÁN una legua pequeña de tierra doblada e como cuesta abaxo e de viñas e tierras de pan. TRIXUEQUE una legua grande, van por Rebollosa. VALDEARENAS una legua de tierra doblada riberas arriba de Vadiel, que queda el río a la mano dizquierda, todo de tierras de pan e de viñas.

Caracena[264] villa [§ 522–529] tiene 60 vezinos; es de Gómez Carrillo; tiene buena fortaleza, está en alto sobre peñas; la villa está ansí mismo en alto entre 2 cerros que señorean la villa, cerca de Santistevan de Gormaz:

ATIENÇA 5 leguas, pásase un puerto a las 2 leguas que tenrá una legua, vase por Retortillo e por Miedes. AYLLÓN 5 leguas dobladas, van por la Hoz e por Montexo e por junto a las Cuevas. BERLANGA 4 leguas llanas salvo 2 cuestas, que la una de ellas está en saliendo de Caracena e la otra [...], vase por la Pereja y por Nograles, pásase un río antes que lleguemos a Berlanga con media legua, que corre a la mano dizquierda. EL BURGO 3 leguas grandes llanas, van una legua un río abaxo y el primer lugar por donde van se llama Carrascosa, y por el Fresno e por Navapalos y entre Navapalos y el Fresno se pasa un río de aquel cabo del Fresno un tiro de vallesta que corre a la mano derecha, en pasando a Navapalos está Duero a 20 pasos, pásase por varca, en llegando al Burgo de Osma se pasa un buen río que corre a la mano derecha. CAMPUSÁVANOS 2 leguas llanas salvo que se atraviesa una cuesta a legua e media de Campusávanos, van por Cañizero. CASTRO 2 leguas llanas [...] un río arriba que lo pasan 15 vezes e más, la primera vez corre a la mano dizquierda e la [...] también a la mano dizquierda, van por Tarançuena. GORMAZ 2 leguas dobladas, pasa un río junto con Caracena que corre a la mano dizquierda, adelante antes que lleguen a Gormaz con un tiro de vallesta se pasa Duero por puente, que corre a la mano dizquierda. MADRUÉDANO una legua grande llana salvo una cuesta que pasa junto en saliendo del Caracena y el río que corre a la mano dizquierda. MANÇANARES 2 leguas llanas, pásase un río en mitad del camino que corre a la mano derecha, van por Jurdiel que está en mitad del camino. LA MORCUERA 3 leguas dobladas, van por la Hoz de Abaxo e por las Quintanas Rubias, en

264 Carcena, cf. *Las Quintanas Rubias*.

pasando la Hoz se pasa un río que corre a la mano derecha. PEDRO 2 leguas grandes dobladillas, van por Jurdiel, pásase un riatuelo junto con Jurdiel a un tiro de vallesta y por el Varrio de Santa María de Tiermes y por junto con Sotillo. PERALEJO 2 leguas llanas, van por Cañizera. SANTISTEVAN DE GORMAZ 4 leguas llanas, van por Carrascosa de Abaxo, pasan entre Caracena y Carrascosa 2 vezes un río que corre la primera vez que lo pasamos a mano dizquierda e la otra vez a la mano derecha, y por Frexno y por Hinos, entre Fresxno e Hinos está un río en pasando a Fresxno obra de un tiro de vallesta que corre a la mano derecha, en llegando a Hinos junto con él se pasa otro río que corre a la mano derecha. SANTIVAÑES 4 leguas pequeñas dobladas, vase por la Hoz, antes que lleguen a la Hoz está un riatuelo un tiro de piedra, que corre a la mano derecha, y por Montexo y por Noyales, en estos 2 lugares están 2 riatuelos en la mitad del camino, que corre a la mano derecha y más adelante a un tiro de vallesta de Noyales está otro río que corre a la mano derecha. VALVENEDIZO 2 leguas grandes llanas también el río sobredicho que se pasa 15 vezes, van por Tarançuena.

Caracuel lugar [§ 3534–3539] tiene 20 vezinos; es de la mesa mestral; tiene fortaleza en alto lo más de ello derrocada; está en una ladera de un cerro e como en valle entre otros:

ABENOJA 4 leguas, van por el Corral de Caracuel, un 4º de legua, e por Cabeça Arados, 3 leguas. ALMODÓVAR DEL CAMPO 3 leguas llanas salvo la media legua primera que también es llano salvo que van por entre unas sierras que tenrá media legua, la legua e media es de montes baxos, lo otro es de una vega muy llana. EL ARGAMANSILLA 2 leguas llanas, en saliendo pasamos un collado por entre cerros que tenrá media legua primera e lo otro es llano e de montes baxos. CABEÇA ARADOS un 4º de legua. LA CAÑADA EL MORAL media legua de cerros. CIBDAD REAL 3 leguas, van por Torrezilla, una legua, e por Poblete, una legua. EL CORRAL DE CARACUEL un 4º de legua llana. LOCIANA 4 leguas, van por el Corral de Caracuel, un 4º de legua, e por los Pozuelos, una legua. PIEDRA BUENA 3 leguas, van por Alcolea, 2 leguas por entre cerros e de montes baxos e tierras de pan. LOS POZUELOS una legua, van por el Corral de Caracuel, media legua pequeña. TORREZILLA legua e media de cerrillos e tierra doblada e de panes, antes que lleguemos con 2 tiros de vallesta al lugar pasamos a un riatuelo dicho Xavalón, que corre a la mano dizquierda, sécase en verano. VILLA MAYOR 2 leguas llanas, en saliendo pasamos un collado por entre cerros que tenrá media legua, lo otro es llano e de montes baxos. EL VISO 10 leguas, van por la Cañada el Moral, media legua, e por Villar del Poço, media legua, e por Vallesteros, media legua, e por el Aldea del Rey, 2 leguas, e por la Calçada, legua e media.

Çaragoça[265] cibdad [§ 1] grande de Aragón:

PERDIGUERA 5 leguas, pásase por barca un río un millo de Çaragoça, y Ebro sí pasa antes que no el dicho río a par de Çaragoça por puente.

265 Zaragoça, cf. *Alcalá de Henares*.

Caravaca villa [§ 6443–6446, 6449–6451] tiene 600 vezinos; es encomienda de la orden de Santiago; tiene fortaleza; está entre unas grandes sierras y ella en un valle hondo en cerro alto; en esta villa está la Veracruz que dizen de Caravaca, a un 4º de legua del lugar nace una huente que del agua que sale muelen 3 muelas juntas:

CEHEGÍN una legua llana e de viñas salvo que en llegando a Cehegín pasan un valle que tiene de baxada e de subida 2 tiros de vallesta, en lo hondo pasan al dicho río por vado, que corre a la mano dizquierda, siempre van riberas abaxo del dicho río, que queda con las huertas por la mano derecha. GÜESCA 14 leguas, las 2 leguas primeras son de un valle hondo e por entre sierras e montes de pinares e romerales e atochares, todo el camino es llano salvo algunos collados, la legua primera ribera arriba de un arroyo, que lo pasan muchas vezes e queda después sobre la mano dizquierda, a las 4 leguas primeras pasan un portezuelo que tenrá de subida media legua e de abaxada un 4º pequeño, para abaxar sobre la mano dizquierda por este como es llano salvo una grand sierra redonda de cuya causa se haze a Güesca, antes que lleguen con media legua baxan un portezuelo que tenrá de abaxada 3 tiros de vallesta, de allí adelante es cerrillos e atochares, las 8 leguas primeras son de montes de los dichos pinares, las 2 leguas primeras e las otras 6 de adelante de enzinares, siempre grandes sierras por todas partes en especial por la mano derecha porque las de la mano dizquierda contino[266] quedan muy lejos a las vezes, son sierras redondas e hazen concabidad de llanos entre ellas y estotras van siempre asidas unas con otras, en saliendo de Caravaca pasan al dicho río por vado, que corre a la mano dizquierda, a las 2 leguas primeras sobre la mano derecha a 3 tiros de vallesta del camino cabe una sierra nace una fuente que muele una muela de molino, pasamos el arroyo que corre a la mano dizquierda, por toda esta tierra es despoblada por causa del Reino de Granada antes que se ganase. HELLÍN 10 leguas, van por Calasparra. LETUR 7 leguas, van por Socobos. MORATALLA 2 leguas de sierras e valles, mal camino e de montes de enzinares, en saliendo pasan al dicho río de Caravaca por vado, que corre a la mano dizquierda. SOCOBOS 6 leguas de tierra de cerros e valles e sierras e montes de enzinares e coxcoxares, a las 4 leguas primeras pasan a río Segura por vado, que corre a la mano derecha. YESTE 10 leguas, van por Letur.

Caravanchel de Abaxo[267] aldea [§ 325] tiene 80 vezinos; es de Madrid:

CARAVANCHEL DE ARRIBA un pequeño millo. LEGANÉS una legua.

Caravanchel de Arriba aldea [§ 334] tiene 80 vezinos; es de Madrid:

MADRID más que a Caravanchel de Abaxo lo que ay del uno al otro.

266 'Continuamente'. También aparece en *Guadalajara* y *Sevilla* integrando la locución *de contino*.

267 Los Caravancheles [en referencia a este lugar y al siguiente], cf. *Leganés*, *Villaverde*.

Caravaña lugar [§ 4712–4716] tiene 60 vezinos; es aldea de Alcalá de Henares; está riberas de Taxuña en un valle hondo como en solana; tiene buena ribera de árboles e cañamares:

ALCALÁ DE HENARES 5 leguas, van por el Pozuelo de Torres e por Torres. FUENTIDUEÑA 3 leguas, van por Valdarazete. MONDÉJAR 2 leguas de cerros e valles e tierras de pan, van por Orusco, media legua. EL POZUELO DE TORRES 3 leguas de tierra doblada e matorrales e tierras de pan salvo que en saliendo de Caravaña suben una cuesta e valle arriba que tenrá un 4º de legua grande. TELMES una legua riberas abaxo de Taxuña, que queda el río a la mano dizquierda, por la mano derecha grandes cerros e derrumbaderos del río. TREVES 3 leguas de cerros e valles, la media legua primera es de cerros arriba e valles e atochares. URUSCO media legua riberas arriba de Taxuña, que queda a la mano derecha, por la mano dizquierda grandes cerros e derrumbaderos de él. VALDEARAZETE una legua de un valle arriba de cañamares e tierras de pan e por entre cerros, en saliendo de Caravaña pasan a Taxuña por puente, corre a la mano derecha.

Caravias lugar [§ 3961–3965] tiene 18 vezinos; es aldea de Alva de Tormes; está en llano entre tierras labradas:

ALVA DE TORMES 2 leguas, van por Vilillas, una legua llana e de tierras de pan salvo en saliendo de Caravias que ay una cuesta de un tiro de vallesta. BONILLA DE LA SIERRA 5 leguas, van por Chagarcía, 2 leguas de tierra doblada cuanto más adelante e de montes de enzinares, e por Serranos, una legua. DIEGÁLVAREZ una legua e media de montes de enzinares salvo un 4º de legua primero que es llano e de tierras de pan e lo otro como cuestas arriba e valles e los dichos montes. GALISANCHO 2 leguas, van por Hela Rodrigo, media legua, e por la Ñaya, media legua. HALHARAZ una legua e media de tierra doblada e de tierras de pan salvo un 4º de legua a la legua primera. HELA RODRIGO media legua llana riberas abaxo de un arroyo e tierras de pan, por la mano derecha queda siempre un cerro grande e derrumbadero del dicho arroyo. EL MESÓN DE LAS SIETE CARRERAS 5 leguas, van por Hela Rodrigo, media legua, e por la Ñaya, media legua, e por Galisancho, una legua, e por Siete Iglesias, media legua, e por Terrados, media legua. LA ÑAYA una legua, van por Hela Rodrigo, media legua llana e de tierras de pan. PEDRAZA una legua de tierras labradas de pan e tierra doblada. VALDECARROS media legua de tierras de pan labradas.

Carbonero de Agusín lugar [§ 2385–2389] tiene 30 vezinos; es aldea de Segovia; está en hondo en un valle e entre unos cerros:

ABADES 2 leguas, van por Garcillán. EL ALMUÑA una legua grande de tierra doblada, a medio camino pasamos un río dicho Erezma, que corre a la mano derecha. BERNALDOS 2 leguas de tierra doblada, a medio camino poco más pasamos a Erezma río, que corre a la mano derecha. CARBONERO LA MAYOR legua e media, van por Yanguas. CARRASCAL una legua de tierra doblada. GARCILLÁN una legua grande, llana la postrera media legua. HAÑE una legua de tierra doblada, a medio camino pasamos a Erezma río, que corre a la mano derecha. HÁÑEZ 2 leguas de tierra doblada. LOS HUERTOS media legua de tierra doblada.

MARTÍN MIGUEL legua e media, van por Garcillán. MIGUEL IVÁÑEZ legua e media de cuestas e tierra doblada, pasamos al dicho río Erezma, que corre a medio camino. MINGO GARCÍA 2 leguas, van por el Almuña, una legua. PINILLOS legua e media, van por Hañe. SANTA MARÍA DE NIEVA 2 leguas e media, van por Hañe, una legua, e por Pinilla, una legua. SEGOVIA 2 leguas e media, van por Valseca. VALSECA una legua de tierra doblada. VALVERDE EL MAJANO legua e media, van por Carrascal. YANGUAS media legua de tierra doblada.

La Çarça de Alcántara[268] lugar [§ 2571–2576] tiene 300 vezinos; está en llano e entre unos cerros e berrocales, está a media legua de la raya de Portogal:

ALCÁNTARA 3 leguas grandes de tierra doblada e fragosa por algunas partes, en llegando a Alcántara pasamos a Texo por puente, corre a la mano derecha. LAS BROÇAS 6 leguas, van por Alcántara. LAS CASILLAS 4 leguas de sierras e valles e tierra muy doblada, a 2 leguas e media pasamos a un río dicho Gata por vado, que corre a la mano derecha, todo el camino es de montes de enzinares e xarales, a la mano derecha queda el Castillo la Peña, castillo, a 3 tiros de vallesta. CECLAVÍN 2 leguas de tierra doblada, a medio camino pasamos un río dicho Alagón por varca, que corre a la mano derecha. CORIA DE GALISTEO 5 leguas, van por las Casillas, 4 leguas de tierra fragosa, a 2 leguas pasamos a Gata río por vado, que corre a la mano derecha. ESTORNINOS 2 leguas de tierra muy doblada e de berrocales. LA MATA 4 leguas, van por Alcántara. LA MORALEJA DE ALCÁNTARA 4 leguas de tierra doblada, a 2 tiros de vallesta de Gata pasamos al dicho río Gata por vado, que corre a la mano derecha. LAS PESCUEÇAS 3 leguas de tierra fragosa, a 2 leguas pasamos al dicho río Alagón por varca, que corre a la mano derecha. PIEDRAS ALVAS 3 leguas de tierra muy doblada e de berrocales e viñas e xarales. VALVERDE 7 leguas de tierra de sierras e valles e fragosa.

Carcavelos [§ 411] tiene 150 vezinos; está en alto y bien alto, 3 leguas de subida y descendida; es tierra de mucha castaña.
Carcaxén lugar [§ 6324–6328] tiene 110 vezinos; está en llano entre muchas arboledas de olivares e viñas e moreras e garrofales, a 2 tiros de vallesta de este lugar pasa Xúcar; cóxese arroz e alegría:

ALBERIQUE una legua e media, van por Alcocer. ALCOCER una legua llana e de huertas de olivares e moreras e viñas, a medio camino pasan a Xúcar por barca, que corre a la mano dizquierda. ALGECIRA media legua llana e de viñas e de olivares e garrofales e moreras, en llegando pasan a un braço del Xúcar río por puente, corre a la mano derecha. ALGINETE 2 leguas, van por Algecira e por Algemezí. ALVALATE una legua e media, van por Sinent. BENIFAYOL 2 leguas, van por Simate. CASTELLO una legua, van por Cogullada. COGULLADA un 4º de legua llana pequeño e de arboledas de olivares e moreras e viñas. GUADASUAR una legua, van por Algecira. LA POBLA una legua, van por Cogollada. SIMATE una legua e media, todo de sierras e valles hondos por do va el camino, en medio el camino

268 Çarça, cf. *Moraleja*.

está un monesterio de Sant Agostín. SINENT una legua e un 4º llana e de olivares e viñas, por la mano derecha queda siempre sierra a un 4º de legua.

La Çarçosa aldea / lugar [§ 765, 817–818, 1032] tiene 10 / 15 vezinos; es tierra de Sepúlveda; está en un llano, pasa Mesleón 2 tiros de vallesta de la Çarçosa:

ARANDA 7 leguas, van por Boceguillas e por Frexnillo de la Fuente y por Caravias y por Honruvia e por Pardilla e por Miraglos e por Huente Espina. BARAHONA 2 leguas grandes, van por Torruvivelo. BARBOLLA media legua, es llana. BOCEGUILLAS (BOZEGUILLAS) una legua llana. CASTILLEJO tres 4º de legua, pásase Mesleón 2 tiros de vallesta de la Çarçosa. CEREZO DE YUSO legua e media doblada. LAS COBACHUELAS media legua, es todo un concejo del Olmillo. GRAJEDA una legua doblada. EL OLMILLO media legua. PAJAREJOS legua e media llana. SOMOSIERRA 3 leguas, van por Sotillo y por la Horden. TORRIVUELO (TORROVIELO) media legua grande, en saliendo del lugar subimos una cuesta que tenrá 2 tiros grandes de vallesta, de allí adelante es tierra doblada, para subir al lugar subimos una cuesta que tenrá un tiro de vallesta. EL VILLAREJO DE LA SIERRA 2 leguas e media, van por el Cerezo de Yuso.

La Çarçuela del Monte[269] lugar [§ 3768–3779] tiene 75 vezinos; es aldea de Segovia; está en un valle algo en hondo, está al pie de la sierra de Segovia; tiene 4 barrios a 2 tiros de vallesta del lugar:

ÁVILA 6 leguas, van por Hituero, media legua, e por Villacastín, media legua, e por Aldeavieja, una legua, e por Mediana e por Vico Loçano. EL CAMPO 2 leguas, van por Guixas Alvas, una legua. COLINA una legua de tierra de vallejuelos e tierra doblada e de labranças. EL ESPINAR 2 leguas e media, van por las Navas de Çarçuela, una legua cuestas e valles arriba hazia la sierra. HERREROS legua e media, van por Guijas Alvas, una legua. HITUERO media legua de cerros e valles e montes, todo es como cuesta abaxo, a 4 tiros de vallesta primeros pasan por un arrabal dicho Çarçuela. LAGUNILLA una legua, van por Colina, una legua. LAS LASTRAS DE ABAXO una legua de tierra muy doblada e tierras de pan. LAS LASTRAS DE ARRIBA una legua pequeña de cerros e valles e montes de enzinares. LAVAJOS 2 leguas, van por Hituero, media legua. MARTÍN MUÑOZ DE LAS POSADAS 5 leguas e media, van por las Lastras de Arriba, una legua, e por Párraces, una legua, e por Cobos, media legua, e por Xemenuño, una legua, e por Salvador, media legua. MEDINA DEL CAMPO 13 leguas, van por las Lastras de Arriba, una legua, e por Párraces, una legua, e por Cobos, media legua, e por Xemenuño, una legua, e por Salvador, media legua, e por Martín Muñoz de las Posadas, 2 leguas, e por Espinosa, una legua, e por Arévalo, una legua e media, e por el Pozo, media legua, e por el Campo, 2 leguas, e por San Pablo de la Moraleja, una legua. MONTERRUBIO una legua pequeña de cerros e tierra doblada e de montes baxos e altos. LAS NAVAS DE PEDRO DE ÁVILA 4 leguas, van por las Navas de Çarçuela, una legua pequeña de valles e cerros arriba. PÁRRACES 2 leguas, van por las Lastras de Arriba, una legua. SAN PEDRO DE LAS DUEÑAS una legua de cerros e valles e montes abaxo. SANTA

269 Çarçuela, cf. *El Utero de Herreros.*

MARÍA DE NIEVA 5 leguas e media, van por las Lastras de Abaxo, una legua e media, e por Redonda, una legua, e por la Maraçuela, legua e media, e por Villafría, media legua grande, e por Paradinas, 4 tiros de vallesta, e por Aragones. SEGOVIA 5 leguas, van por Guixas Alvas e por Fuente Milanos, una legua e media, e por Bermuy de Palacios, una legua. TAXUÑA una legua, van por Colina, tres 4º de legua poco más. VALVERDE EL MAJANO 3 leguas, van por San Pedro de las Dueñas, una legua, e por Melque, un 4º de legua, e por Mazarrías, media legua, e por Abades, media legua. LAS VEGAS media legua grande de valles e cerros hazia la sierra como cuesta arriba, todo de montes. VILLACASTÍN una legua, van por Hituero, media legua de valles por entre cerros, a la mano dizquierda queda siempre la sierra.

Cárdenas aldea [§ 276] tiene 15 vezinos; es del abad de San Millán:

ARENÇANA una legua, pásase Najarilla por la puente de Arençana a media legua pequeña de Cárdenas. MAHABE media legua pequeña, es tierra áspera, del río Najerilla está media pequeña legua. VADRÁN una legua pequeña de muchas viñas, no muy áspera, vase a orilla de río dicho la Glera que pasa junto con Cárdenas y junto con Vadrán y júntase con Najarilla baxo de Cárdenas más baxo de la puente un tiro de vallesta.

Cardeñosa lugar [§ 9] tiene 300 vezinos; es tierra de Ávila:

EL BODÓN 4 leguas.

Carmona villa [§ 480, 3322, 3436–3448, 6635] tiene 2000 / 3500 / 6000 vezinos; es de la reina de Castilla cada una en su tiempo; tiene buena cerca y fortaleza en alto que señorea el lugar; está la villa algo en alto, de la parte de Sevilla algo en ladera y de la otra parte está alta mucho, pásase un río media legua de la cibdad; es la mejor villa del Andaluzía, tiene grandes arrabales por la parte de Sevilla, es tierra de mucho pan, tiene grandes olivares, dizen que en tiempo antiguo —en tiempo de moros— era reino por sí e tenía tantos lugares como días ay en el año porque tantos ay en el previllegio morisco:

EL ARAHAL 4 leguas llanas salvo el primer 4º de legua que es cuesta abaxo. BRENES 4 leguas grandes, de tierra doblada e de olivares la una legua primera e todo lo otro es de palmares e montes baxos. BURGUILLOS 6 leguas, van por Brenes, 4 leguas. CAÇALLA 10 leguas, van por Villanueva del Camino, 3 leguas e media, e por el Pedroso, 4 leguas e media. CANTILLANA 4 leguas, de tierra doblada las 3 leguas, todo de montes e de palmares, junto con Cantillana pasamos a Guadalquebir por varca, que corre a la mano dizquierda. CÓRDOVA 17 leguas, van por Huentes, 5 leguas, e por Écija, 4 leguas, e por Guadalcáçar, 4 leguas. FUENTES 4 leguas, la primera es llana salvo una cuesta que abaxamos en saliendo de Carmona que tenrá 2 tiros de vallesta, todo lo otro es tierra doblada e de panes, la primera legua llana se llama la Vega de Carmona que es nombrada por todas partes por ser buena de pan. GANDUL 3 leguas, van por el Viso, una legua e media, e por Mairena, media legua. GRANADA 30 leguas, van por Marchena, 4 leguas todo tierra llana e vega, e por Osuna, 5 leguas, e por Archidona, 11 leguas, e por Loxa, 3 leguas. GUADAXOX 2 leguas de tierra doblada, la mitad del camino es de olivares e viñas e lo otro de palmares. LIBRIJA 12 leguas, van por Alcalá de Guadaira, 4 leguas, e por los Palacios, 3 leguas, e 5 leguas a Librija. LORA 4 leguas de tierra de cerros e tierra doblada salvo la postrera legua e la primera legua es de olivares, junto con Lora pasamos a Guadalquebir por vado en verano, que corre a la mano dizquierda. MAIRENA 2 leguas, van por el Viso, legua e media llana salvo la primera media legua que es de tierra doblada e de viñas e de olivares. MORÓN 7 leguas, van por el Arahal, 4 leguas llanas salvo algunas traspuestas e de tierras de pan. LOS PALACIOS 7 leguas, van por Alcalá de Guadaira, 4 leguas de tierra doblada e de viñas e olivares. PALMA 7 leguas, van por la Campana, 4 leguas de tierra de palmares e viñas, salvo la primera legua es llana una vega abaxo salvo una cuesta en saliendo de Carmona. RONDA 16 leguas, van por el Arahal, 4 leguas, e por Morón, 3 leguas, e por Olvera, 5 leguas, e por la Torre el Alhaquín, una legua. SEVILLA 6 leguas, las 3 primeras son de tierra doblada e de olivares e las otras de tierra llana e de palmares. UITRERA 6 leguas, van por el Viso, una legua e media, e por Mairena, media legua, por otro camino por la mano dizquierda va otro camino despoblado, que ay otras 6 leguas de tierra doblada e de cerros e de palmares, a medio camino pasamos un río dicho Guadaira por vado, que corre a la mano derecha. VILLANUEVA DEL CAMINO 3 leguas e media de tierra doblada, la primera una legua es de olivares e lo otro es de palmares, a la mano dizquierda queda Tosina a media legua pequeña del camino, a las 3 leguas pasamos a Guadalquebir por varca, que corre a la mano dizquierda. XEREZ 15 leguas, van por Uitrera, 6 leguas, e por las Cabeças, 5 leguas.

El Carpio lugar [§ 4455–4459] tiene 250 vezinos; es de don Diego López de Haro; tiene muy buena fortaleza; está en un cerrillo redondo, a 2 tiros de vallesta de Guadalquebir:

ADAMUZ una legua e media, van por Villafranca, media legua. ALDEA EL RÍO 3 leguas de tierra muy doblada e de campiña de panes muy gruesa, queda Guadalquebir a la mano dizquierda a media legua del camino, a la mano dizquierda queda Pero Abad a un 4º de legua del camino. ANDÚJAR 7 leguas, van por Aldea el Río, 3 leguas riberas arriba de Guadalquebir, que queda a la mano dizquierda. BURJALANCE una legua e media de tierra de campiña de panes. CASTRO EL RÍO 5 leguas de campiña e de muchos cortijos de labranças. CÓRDOVA 5 leguas, van por la Puente de Alcolea. MONTORO 2 leguas, van por Pero Abad, media legua. MORENTE una legua de tierra doblada e de campiña. PERABAD media legua llana, a medio camino tocamos en un codo[270] de Guadalquebir, que queda a la mano derecha. VAENA 7 leguas, van por Cañete, 2 leguas. VILLAFRANCA media legua de tierra doblada riberas abaxo de Guadalquebir, en llegando a Villafranca pasan a Guadalquebir por varca, corre a la mano dizquierda.

Carranque lugar [§ 5348–5351] tiene 200 vezinos; es de encomienda de Santiago; está en un tesso:[271]

---

270 Es decir, 'recodo'. En referencia al Guadalquivir, también aparece en *Sevilla* y *Villanueva del Camino*. Además, en ***Galindos* y *Villacastín*.
271 Tanto *tesso* como *teso* se documentan en *Casarrubios, Cobexa, Santo Tomé de Zabarcos, Uxena, Valaguera* y *Vico Loçano*. El diminutivo *tesillo* en *Fuentenovilla* y *Yuncos*.

BATRES una legua de tierra de algunos cerros e tierra doblada e de pan, para abaxar a Batres abaxan una cuesta que tenrá un 4º de legua. CASARRUVIELOS 2 leguas, van por Torrejoncillo. CEDILLO 2 leguas, van por el Viso. COBEXA 3 leguas, van por Uxena e por Illescas. LA CRUZ 2 leguas, van por Torrejoncillo. CUBAS 2 leguas, van por Torrejoncillo. ESQUIVIAS 2 leguas e media, van por Uxena e por Yeles. GRIÑÓN 2 leguas e media de tierra doblada e de pan e viñas. HAZAÑA 2 leguas e media, van por Uxena e por Illescas. ILLESCAS legua e media, van por Uxena, una legua. PALOMAREJO 2 leguas e media, van por Uxena, una legua, e por Moratalaz, una legua. PARLA 3 leguas, van por Torrejoncillo e por Humanejos. TORREJÓN DE VELASCO 2 leguas e media, van por Torrejoncillo. TORREJONCILLO una legua de tierra doblada e de pan. UXENA una legua de tierra doblada e de viñas e tierras de pan. VALAGUERA una legua de tierra doblada e de tierras de pan. EL VISO una legua de tierra doblada e de tierras de pan. YELES 2 leguas, van por Uxena. YUNCOS 2 leguas e media, van por Uxena e por Illescas.

Carrascal aldea [§ 1021] tiene 20 vezinos; es de tierra de Sepúlveda; está en alto, pásase Dueratón a un tiro de vallesta:

EL BURGO media legua Dueratón arriba. COVOS media legua Dueratón abaxo.

Carrascalejo lugar [§ 1978–1979] tiene 5 vezinos; es aldea de Ávila; está en llano, pasa a un tiro de vallesta del lugar un riatuelo dicho Arevalillo:

SANTO TOMÉ 2 tiros de vallesta, a medio camino pasamos al dicho río Arevalillo por vado, que corre a la mano derecha.

Carrascalejo lugar [§ 2803–2804] tiene 20 vezinos; es aldea de Mérida; está en altillo:

MÉRIDA 2 leguas de tierra doblada e de berrocales, por todas partes de cerros, por el Camino de la Plata a trechos ay mármoles.

Carrascosa lugar [§ 5273–5278] tiene 80 vezinos; es del duque del Infantazgo; está en llano riberas de Henares:

LA CASSA DE SAN GALINDO una legua, la mitad primera llana e lo otro una cuesta arriba e de montes, en saliendo de Carrascosa pasan a Henares por vado, que corre a la mano derecha. ESPINOSA media legua llana riberas abaxo de Henares, que queda a la mano derecha porque en saliendo de Carrascosa pasan al dicho río Henares por vado, que corre a la mano derecha. HITA 2 leguas de cerros e valles, la primera legua van cuestas arriba, en saliendo de Carrascosa pasan al dicho río Henares por vado, que corre a la mano derecha. MEMBRILLERA una legua de tierra doblada e como cuesta arriba e de tierras de pan e algunos montes. MIRA EL RÍO una legua, llana la media legua primera e lo otro cuesta arriba agra, en saliendo del lugar a 4 tiros de vallesta pasan a Bornova río, a medio camino pasan a Henares por vado a entrambos, que corren a la mano derecha, júntanse luego a 2 tiros de vallesta. PADILLA una legua de montes e valles arriba, en saliendo de Carrascosa pasan a Henares río por vado, que corre a la mano derecha. XADRAQUE una legua de tierra doblada e de pan, en saliendo de Carrascosa a un 4º de legua pasan a Bornovar por vado, en llegando a Xadraque al dicho río Henares por vado, que corren a la mano derecha.

Carriches lugar [§ 3203] tiene 40 vezinos; es de don Estevan; está algo en alto:

HERUSTES media legua de tierra doblada e de labranças.

Carriçosa[272] lugar [§ 1134] tiene 50 vezinos; está en llano:

FUENT LLANA 2 leguas llanas.

Carrión[273] lugar [§ 3548–3552] tiene 130 vezinos; es del maestradgo de Calatrava; está en llano, pasa Guadiana a una legua del lugar, es en el campo de Calatrava:

ALCÁÇAR DE CONSUEGRA 11 leguas, van por Damiel, 3 leguas, e por Villaharta. ALMAGRO 3 leguas llanas salvo algunas traspuestas e cerros. ALMODÓVAR DEL CAMPO 7 leguas e media, van por Miguel Turra, una legua, e por Caracuel, 3 leguas e media. CALATRAVA LA VIEJA una legua llana e de tierras de pan. CIBDAD REAL 2 leguas llanas e de viñas salvo un cerro a legua e media que tenrá 3 tiros de vallesta. DAIMIEL 3 leguas llanas, por algunas partes a trechos ay montes, todo es tierra de pan, a la mano derecha queda Torralva a 3 tiros de vallesta del camino. HERNAND CAVALLERO legua e media, van por Calatrava la Vieja, una legua. MALAGÓN 3 leguas, van por Calatrava la Vieja, una legua. MIGUEL TURRA una legua grande de tierra doblada e de montes baxos, a medio camino pasamos un cerro que tenrá 4 tiros de vallesta. EL POZUELO 2 leguas de cerros e tierras de pan. TORRALVA una legua llana de tierras de panes.

Carrión de los Ajos[274] lugar [§ 2736–2741, 2743] tiene 40 vezinos; es de la encomienda de Calatrava; está en llano entre unos olivares, está en el Axarafe de Sevilla:

ALBAIDA 2 leguas e media de tierra doblada e de olivares. ALCALÁ DE JUANA DE ORTA una legua de tierra doblada e de xarales. ALMONTE 3 leguas e media de tierra doblada e de montes, dehesas de xarales e alcornocares por algunas partes, a la mano dizquierda queda Hinojos a media legua del camino. AZNALCÁÇAR legua e media, van por Robaina. BOLLULLOS 3 leguas, van por Alcalá de Juana de Orta. CASTILLEJA DEL CAMPO media legua de tierra doblada e de olivares e viñas. GERENA 3 leguas de tierra doblada e de campiña e dehesas, a 2 leguas pasamos en un 4º de legua a 2 ríos, el primero Cañaveroso, el otro Gua-

---

272 Carrizosa, cf. *Montiel, Villanueva de los Infantes* lugar / villa.
273 Carrioncillo / Carrionzillo, cf. *Calatrava la Vieja, Cibdad Real, Hernand Cavallero, Malagón, Miguel Turra, (La) Solana, Vilches, Yévenes*. Carrión de Almagro, cf. *Almagro*.
274 Carrión, cf. *Mançanilla*. Carrioncillo, cf. *Escarcena*.

diamar, que co-rren a la mano derecha, luego a 3 leguas se juntan con Guadalquebir. GÜÉVAR una legua todo de olivares. HELICHE 2 leguas e media de tierra doblada e de campiña. HINOJOS legua e media de tierra doblada e de montes de xarales e de olivares. MANÇANILLA legua e media de tierra doblada. MURES 2 leguas, van por Pilas. PATERNA una legua de tierra doblada. PILAS legua e media de tierra doblada e de olivares. ROBAINA una legua grande de tierra doblada e de olivares e enzinares. SALTERAS 3 leguas, van por Albaida, 2 leguas e media, e por Heliche, un 4º de legua pequeña. SEVILLA 6 leguas, van por Sanlúcar de Alpechín, 2 leguas grandes e de tierra doblada e de campiña e por cabo los lugares es de olivares, e por Espartines, 2 leguas, e por Castilleja de la Cuesta, legua e media. TEXADA una legua grande de tierra doblada e de campiña. VILLA DE OLIVARES 2 leguas e media de tierra doblada e de campiña, a las 2 leguas pasamos al dicho río Guadiamar, que corre a la mano derecha.

Carrión de los Condes[275] villa [§ 353] tiene 1500 vezinos; tiene fortaleza; todo en llano, está ribera de un gran río.
Cartajena cibdad [§ 315] tiene 800 vezinos; es cabeça de obispado, es buen puerto de mar, llegan los muros a la mar:

LORCA 14 leguas llanas, todas despobladas.

Cartaya lugar [§ 5313] tiene 300 vezinos; es del conde de Ayamonte; está en llano a media legua de la mar; es lugar de muchos higuerales e viñas:

GIBRALEÓN 3 leguas de palmares e viñas, en llegando a Gibraléon pasan por vado e por varca un río que se llama Guadiel, que corre a la mano derecha.

La Casa de San Galindo[276] lugar [§ 4878–4880] tiene 30 vezinos; es aldea de Atiença; está en llano entre unas enzinas salvo por la parte de Henares río, que está en cerro e derrumbadero alto:

CARRASCOSA media legua de valle abaxo muy agro e viñas, junto con Carrascosa pasan a Henares río por vado, corre a la mano dizquierda. MIRA EL RÍO media legua pequeña llana e de tierras de pan, por la mano dizquierda queda siempre un valle hondo que baxa a la ribera de Henares muy agro, que queda el río siempre a un 4º de legua. PADILLA media legua, de un vallejuelo abaxo el un 4º grande postrero e lo primero llano. UTANDE una legua de valles abaxo e por entre cerros e montes de enzinares e tierras de pan.

El Casar de Cáceres[277] lugar [§ 2617–2622] tiene 500 vezinos; es aldea de Cáceres; está en llano:

---

275 Carrión, cf. *Toledo*.

276 La Casa, cf. *La Torre de Sopetrán*. La Cassa de San Galindo, cf. *Padilla*.

277 El Cassar de Cáceres, cf. *El Portezuelo*.

EL ARROYO EL PUERCO 3 leguas de tierra doblada e de montes grandes de enzinares e berrocales. CÁCERES 2 leguas pequeñas de tierra doblada, en llegando a Cáceres con un 4º de legua travesamos un cerro que tenrá de abaxada e de subida 3 tiros de vallesta. LAS GARROVILLAS 5 leguas de tierra doblada e de montes de xarales, a 3 leguas primeras pasamos un río dicho Almonte por vado, que corre a la mano dizquierda. HINOJAL 3 leguas, van por Santiago del Campo. MALPARTIDA 3 leguas de tierra doblada e de berrocales e de enzinares. MARTA 5 leguas de tierra doblada, a una legua primera pasamos a un río dicho Guadiloba por vado, que corre a la mano dizquierda. SANTIAGO DEL CAMPO 2 leguas de tierra fragosa algo por algunas partes, a medio camino pasamos al dicho río Almonte por vado, que corre a la mano dizquierda, tiene grandes derrumbaderos de un 4º de legua en tramos e todo de enzinares. SIERRA DE FUENTES 4 leguas de tierra doblada mucho, a medio camino pasamos a Guadaloba por vado, que corre a la mano dizquierda. TALABÁN 3 leguas, van por Santiago del Campo. TRUXILLO 9 leguas, van por Marta.

Casarrubios villa [§ 5332–5334] tiene 500 vezinos; es de don Gonçalo Chacón; tiene fortaleza; está en un tesso en tierra llana:

ARROYO DE MOLINOS una legua, van por la Çarçuela. LA ÇARÇUELA media legua llana de viñas. CHOÇAS una legua llana e de tierras de viñas e pan llevar. MÉNTIDA 2 leguas e media, a la mano derecha queda Nava el Carnero a una legua del camino. NAVA EL CARNERO 2 leguas de tierra doblada e de xarales e pan llevar. SAZEDÓN 3 leguas, van por la Çarçuela. VILLAMANTA 3 leguas de tierra doblada e algunos cerros e montes de xarales. VILLAMANTILLA 3 leguas de tierra doblada e de xarales.

Las Cassas del Puerto[278] lugar [§ 4113–4118, 4125] tiene 90 vezinos; es el medio del obispo de Ávila e el otro de don Juan de Ávila; está en un valle en llano entre unas grandes sierras, por la parte de mediodía está la sierra prencipal:

ÁVILA 8 leguas, van por Villatoro, una legua, e por Santa María el Arroyo, 3 leguas, e por Muñogalindo. BONILLA una legua de cuestas abaxo salvo el primer 4º de legua, que es cuesta arriba. EL COLMENAR DE ARENAS 7 leguas, van por la Garganta el Villar, 2 leguas, e por Navadijos, media legua, e por los Hoyos de Mengamuñoz, una legua, e por Samartín del Pimpollar, una legua, e por las Cuevas, 2 leguas. PAJAREJOS media legua de valles abaxo por una ladera de una serrezuela, que queda la sierra a la mano derecha, e de montes de enzinares. PIEDRAHÍTA 2 leguas un valle abaxo e por entre sierras, a medio camino pasan a Corneja por vado, que corre a la mano derecha, a la mano dizquierda queda Villafranca a 3 tiros de vallesta e Samiguel de Corneja a un tiro de vallesta. TÓRTOLES una legua, van por Pajarejos, media legua, e por Cabeças de Bonilla, un 4º de legua. VADILLO 2 leguas, van por Villanueva del Campillo, una legua. VILLAFRANCA media legua grande de valle abaxo e por entre sierras, por la mano dizquierda queda la sierra grande. VILLANUEVA DEL

278 Casas del Puerto, cf. *El Guixo, La Hija de Dios e Belmonte*. Las Casas del Puerto, cf. *Malpartida* lugar [§ 2471–2472], *Menga Muñoz, Piedrahíta de la Sierra, Villafranca* lugar.

CAMPILLO una legua, de sierra arriba la media legua primera e de berrocales e lo otro cuestas abaxo e de montes de estepares e robledales. VILLATORO una legua algo grande, la mitad del camino un portezuelo arriba e por entre sierras e lo otro un valle abaxo de robledales e prados los robledales pequeños, por la mano derecha queda siempre la sierra prencipal.

Las Casas del Puerto de Miravete[279] lugar [§ 2514–2517, 2521] tiene 35 vezinos; es aldea de Plazencia; está entre unas sierras al pie del Puerto de Miravete:

EL CASTILLO DE MIRAVETE media legua una sierra [...] puerto arriba. DELEITOSA 2 [...] leguas de sierras. LA HIGUERA una legua de sierras. LAS PIÑUELAS media legua grande de sierras, son 3 concejos a 3 tiros de vallesta. PLAZENCIA 11 leguas, van por Serrejón, 2 leguas, e por Malpartida, 4 leguas. RAMANGORDO media legua de sierras. TORREJÓN 6 leguas de sierras. TRUXILLO 6 leguas, van por Xaharizejo, 2 leguas, e por Torreaguda, 3 leguas. XARAHIZEJO 2 leguas grandes, en saliendo subimos un puerto que se llama el Puerto de Miravete, todo lo otro es de sierras e valles no muy agros, a la mano derecha a 2 tiros de vallesta del camino queda un castillo roquero[280] encima de una peña que se llama Miravete.

Cáseda lugar [§ 5248–5251] tiene 200 vezinos; está en llano e por todas partes a media legua ay muchas sierras, está orilla de un río dicho Aragón; solía ser cercada, es frontera de Aragón porque no está el mojón más de media legua:

GALLIPIENSO media legua, todo de cuesta arriba e de montes, en llegando a Gallipienso con 2 tiros de vallesta pasan al dicho río, que corre a la mano derecha. IBAR una legua de valles e por entre sierras e de muchos montes de enzinares e robledales. LEACHE 2 leguas de tierra doblada e de tierras de labrança, en saliendo pasan al dicho río Aragón por puente, que corre a la mano dizquierda. LUMBRERA 3 leguas, van por Aibar. SADA una legua de tierra llana de valles e por entre sierras e montes de enzinares e robledales, en saliendo de Cáseda pasan al dicho río Aragón por puente, que corre a la mano dizquierda. SALINAS DE MONREAL 5 leguas, van por Leache. SANGÜESA una legua riberas arriba del dicho río Aragón e por entre valles e montes de enzinares e robledales, que queda el dicho río a la mano derecha. SOS 2 leguas llanas de valles de tierras de labrança e viñas, en saliendo de Cáseda pasan al dicho río Aragón por puente, que corre a la mano dizquierda.

Las Casillas[281] lugar [§ 2577–2580] tiene 200 vezinos; es aldea de Coria; está en una solana al pie de una serrezuela:

---

279 Las Casas del Puerto, cf. *Nava el Moral, Xaharizejo.*

280 «El que está fundado sobre alguna roca» (Covarrubias s.v. *roca*). Otros ejemplos en *Castilleja* y *Velhorado.*

281 Las Casillas de Coria, cf. *(Los) Hoyos.*

EL AZEBO 5 leguas, van por la Moraleja, 2 leguas de tierra doblada, e por Perales, una legua. LA CACHORRILLA una legua e media de sierras e montes de enzinares, a media legua pasamos Alagón río por barca, que corre a la mano derecha. CALÇADILLA 3 leguas, van por Coria. LAS CASAS DE DON GÓMEZ una legua de sierras. CORIA DE GALISTEO una legua grande llana, la mitad del camino postrera riberas arriba del dicho río Alagón, que queda a la mano derecha. EL GUIXO 5 leguas, van por Casas de Don Gómez, una legua, e por Calçadilla, 2 leguas. EL GUIXO DE CORIA 6 leguas, van por Coria, una legua grande. EL PEDROSO 5 leguas, van por el Torrejoncillo, 4 leguas. LA PESCUEÇA una legua de sierras e de monte, a media legua pasamos a Alagón río por barca, que corre a la mano derecha. LA PORTADA 2 leguas de sierras e montes, a media legua pasamos al dicho Alagón río por barca, que corre a la mano derecha. TORREJONCILLO 3 leguas, van por la Portaja, legua e media.

Casla aldea [§ 1044] tiene 30 vezinos; es de Sepúlveda; está en llano al pie de la sierra de Segovia:

MATANDRINO una legua por la alda de la sierra. SANTA MARTA una legua por la alda de la sierra adelante. TEJADILLA una legua pequeña por la halda de la sierra adelante. EL VILLAREJO DE LA SIERRA una legua pequeña.

El Castañar de Ivor[282] lugar [§ 2354–2356] tiene 100 vezinos; es aldea de Talavera; está entre sierras; tiene un grand castañar 2 leguas en largo e media en ancho, llámase el Valle de Ivor porque va un río por orilla del lugar dicho Ivor:

EL AVELLANEDA 2 leguas e media de sierras e valles. LAS JUNTAS media legua de sierras un valle arriba de nogales. NUESTRA SEÑORA DE GUADALUPE 5 leguas, van por Nava el Villar, una legua, e por Nava Alcornocosa, una legua e media. LA PERALEDA 3 leguas e media, van por el Avellaneda, 2 leguas e media. SAN ROQUE 3 leguas, van por el Avellaneda.

Castellanos aldea [§ 1116] tiene 60 vezinos; es de Arévalo; está en llano, está ribera de Çapardiel:

SANTISTEVAN DE GORMAZ media legua llana. SINLAVAJOS media legua llana.

Castelo de Sande [§ 376]; tiene fortaleza en alto; está medio millo del río de Arnoya:

SANDE 2 tiros de vallesta. VILLAR DE VACAS media legua llana y grande.

---

282 El Castañar de Ibor, cf. *Guadalupe*.

Castilblanco[283] lugar [§ 2670–2676] tiene 230 vezinos; es aldea de Sevilla; está en una ladera de un cerro, es en la Sierra Morena:

ALCALÁ DEL RÍO 3 leguas muy grandes, las 2 leguas e medio primeras es de sierras e lo otro es de tierra doblada e de palmitares, a la mano dizquierda queda Burguillos a media legua pequeña del camino. EL ALMADÉN 5 leguas de sierra e de montes de xarales. CAÇALLA 7 leguas de sierras. CALA 9 leguas, van por Santolalla. CANTILLANA 3 leguas de sierra. CARMONA 8 leguas, van por Cantillana, 3 leguas, e por Tosina, una legua. CASTIL DE LAS GUARDAS 5 leguas de sierra, a media legua primera pasamos un río dicho Cala por vado, que corre a la mano derecha, a 2 leguas primeras pasamos a un río dicho Güerva, que corre a la mano dizquierda. COSTANTINA 8 leguas, van por el Pedroso, 5 leguas. ÇUFRE 7 leguas de sierras. GUILLENA 3 leguas de sierras e de xarales. LORA 8 leguas, van por Villanueva del Camino, 5 leguas. EL PEDROSO 5 leguas de sierras. SALTERAS 5 leguas, van por Guillena, 3 leguas. SANTOLALLA 7 leguas de sierras e xarales no y alta la sierra. SEVILLA 5 leguas, van por Alcalá del Río, 3 leguas, e por la Renconada, media legua. VILLANUEVA DEL CAMINO 5 leguas, las 2 leguas e las otras riberas arriba de Guadalquebir, que queda a la mano derecha.

Castilblanco lugar [§ 4276–4279, 4285–4288, 4294] tiene 200 vezinos; es del arçobispado de Toledo; está en llano, tiene por alrededor en alto por causa de aver valles alredor, es en los montes e dehesas de Guadalupe, a una legua pasa Guadiana:

LOS AGUIJONES 3 leguas de cerros e valles e montes de xarales e alcornocares e enzinares riberas arriba de Guadiana, que queda el río a la mano derecha. LAS CASSAS DE DON PEDRO 5 leguas de cerros e valles, todo de enzinares e xarales riberas abaxo de Guadiana, que queda el río a la mano dizquierda, a una legua primera pasan a Guadalupejo, corre a la mano dizquierda, júntase con Guadiana a 2 tiros de vallesta. CHILLÓN 10 leguas, van por [...], 2 leguas, e por Tamurejo, 4 leguas. GUADALUPE 5 leguas de cerros e valles de montes de xarales e alcornocares e enzinares e bereçales [¿?].[284] HALÍAS 4 leguas de valles e montes de xarales e bereçales [¿?], la postrera legua es por entre sierras. HERRERA 2 leguas de cerros e valles e montes de xarales e alcornocares, la media legua postrera es cuesta arriba, a media legua primera grande pasan a Guadiana río por varca, corre a la mano derecha. LA PUEBLA DE ALCOCER 6 leguas, van por Taverneros, 4 leguas, e por Talarrubias, una legua. SEVILLA 40 leguas, van por Taverneros, 4 leguas, e por Talarrubias, una legua, e por la Puebla de Alcocer, una legua, e por Castuera, 7 leguas, e por Azuaga, 8 leguas, e por Alanís, 4 leguas, e por Caçalla e por Cantillana e por Brenes. TALAVERA 16 leguas, van por el Puerto de San Vicente, 5 leguas, e por Fuentes, 3 leguas, e por Corral Rubio, 3 leguas. TAVERNEROS 4 leguas grandes de cerros e valles e montes de enzinares, a la primera legua pasan a Guadiana por varca, que corre a la mano derecha, van por riberas abaxo de ella 2 leguas, que queda a la mano derecha siempre, estas 2 leguas de medio son de las más grandes valles

283 Castilblanco de la Sierra, cf. *Caçalla*.

284 ¿Brezales?

hondos e sierras, todos de peñas e muy montosos, a medio camino pasan un puerto dicho el Puerto la Peña, están aquí unas muy grandes peñas que parecen sierras, en este puerto arriba dizen que ay un castillo de tiempo de moros e aún que ay tesoro e una grande laguna de agua. VALDECAVALLEROS una legua e media de valles hondos e cerros e montes de xarales e enzinares, a una legua pasan al dicho río Guadalupejo por vado, corre a la mano dizquierda, júntase con Guadiana a media legua de donde lo pasan.

Castilleja lugar [§ 6478–6482] tiene 80 vezinos; es aldea de Güesca; está en un cerro muy alto, por la parte de Baça pasa un riatuelo dicho Guadahardales, por la parte del dicho río está en muy grand derriscadero, es en el reino de Granada en la hoya de Baça; está poblada de moriscos:

BAÇA 4 leguas, van por Benamaurel. BENAMAUREL 2 leguas de una vega, por todas partes cerros e atochares riberas abaxo de Hardales río, que queda el río a la mano dizquierda, porque en saliendo la pasan por vado, que corre a la mano dizquierda, en llegando a Benamaurel lo tornan a pasar a la mano derecha. BENÇALEMA, castillo roquero, 5 leguas dobladas e de atochares e cerros, pásase el río que viene de Castil juncto con Bençalema, que corre a la mano derecha. CASTIL 4 leguas de cerros e valles e montes de pinares. CORTES 3 leguas dobladas e de atochares. CÚLLAR 5 leguas, van por Benamaurel. GALERA una legua e media de cerros una rambla arriba e de atochares riberas arriba de un riatuelo dicho río de Galera, que queda sobre la mano derecha, júnctase cerca de Castilleja con río Hardales. GÜESCA 3 leguas dobladas e de atochares e labranças. ORCE 3 leguas, van por Galera.

Castilleja del Campo lugar [§ 2701–2705, 2709–2711, 3342] tiene 150 / 200 vezinos; es aldea de Sevilla; está en llano como en ladera, es en el Axarafee:

ALCALÁ DEL RÍO 7 leguas. ALMONTE 2 leguas de tierra muy doblada e de cerros. AZNALCÁÇAR 2 leguas, van por Güévar. BOLLULLOS 3 leguas, van por Chuzena, media legua. CARRIÓN DE LOS AJOS media legua pequeña de tierra doblada. ELERENA una legua de tierra doblada e de olivares. ESCA(R)CENA una legua grande de tierra doblada e de olivares e viñas por todas partes. GERENA 3 leguas de tierra doblada e de campiña. GÜÉVAR 2 leguas de tierra doblada e de olivares espesos. HINOJOS 2 leguas de tierra de cerros. MANÇANILLA 2 leguas pequeñas de tierra doblada, la mitad como cuesta abaxo e lo otro como cuesta arriba, la primera media legua es de olivares e todo lo otro es de viñas, a la mano derecha queda Paterna a media legua pequeña del camino, ansí mismo Escacena delante de Paterna en par de Mançanilla. LA PALMA 4 leguas, van por Mançanilla, 2 leguas, e por Villalva, una legua. PATERNA una legua de tierra doblada e de labranças. PILAS 2 leguas, van por Carrión, media legua, e por Collera, media legua, e por Benahacín, un 4º de legua. ROBAINA legua e media, van por Güévar, 2 leguas. SANLÚCAR DE ALPECHÍN 2 leguas muy grandes de tierra doblada salvo la postrera media legua, que es cuesta arriba e de olivares, a legua e media primera pasamos un río dicho Guadiamar, que corre a la mano derecha. SEVILLA 6 leguas, van por Sanlúcar de Alpechín, 2 leguas, e por Espartines, una legua e media, e por Castilleja de la Cuesta, una legua e media. TEXADA, que es una villa despoblada, 2 leguas de tierra doblada e de campiña.

Castilleja de la Cuesta lugar [§ 2687–2689, 3331, 3340, 3363–3365] tiene 20 / 50 vezinos, 100 vezinos avía con moros; es aldea de Sevilla e la mitad del lugar es de la encomienda de Santiago; está en llano entre unos olivares, es en el Axarafee de Sevilla:

CAÇALLA media legua, van por Gines, un 4º de legua. CAMAS un 4º de legua de tierra doblada e de olivares. CASTILLEJA DE ALCÁNTARA media legua pequeña llana e de olivares. CORIA legua e media, van por Mairenilla, un 4º de legua, e por Palomares, tres 4º. ESPARTINAS (ESPARTINES) legua e media de tierra doblada e de olivares e de viñas, a la mano derecha queda Gines a un 4º de legua del camino e Caçalla a 4 tiros de vallesta del camino. PALENCINA media legua llana e de olivares e viñas. PALOMARES una legua, van por Mairenilla, un 4º de legua grande. SAN JUAN DE ALFARACHE media legua llana e de olivares, siempre por la mano dizquierda queda un gran derrumbadero, todo es de olivares. SEVILLA media legua grande llana salvo que a 2 tiros de vallesta primeros baxamos una cuesta que tenrá un tiro de vallesta, todo este camino es de calçada. TOMARES un 4º de legua llana e de olivares e viñas.

Castilleja de Talhara lugar [§ 2749–2752, 3333] tiene 30 vezinos; es de Hernando Ortiz e de don Álvaro; está por la parte de Güévar en alto e por las otras partes en llano e entre olivares, es en el Axarafe, a 2 tiros de vallesta pasa un río dicho Guadiamar:

AZNALCÁÇAR (HAZNALCÁÇAR) media legua llana todo de olivares, a la mano derecha a un tiro de vallesta queda siempre un derrumbadero. BENACAÇÓN media legua grande e de olivares. GELO media legua grande de olivares e de tierra doblada. GÜÉVAR una legua de tierra doblada e de olivares media legua primera, en saliendo a 2 tiros de vallesta pasamos el dicho río Guadiamar, que corre a la mano dizquierda. HINOJOS 2 leguas e media, van por Asnalcáçar, media legua. RIANÇUELA legua e media, van por Xelo, media legua. ROBAINA media legua grande llana riberas arriba del dicho río Guadiamar, en saliendo a 2 tiros de vallesta pasamos el dicho Guadiamar, que corre a la mano dizquierda. SANLÚCAR DE ALPECHÍN legua e media de tierra doblada e de olivares. VILLA DE OLIVARES 2 leguas e media, van por Sanlúcar de Alpechín, una legua e media.

Castillejo lugar [§ 505] tiene 30 vezinos; está en llano, por medio de este lugar se pasa el río Leoncillo; ay huertos dentro del lugar.

El Castillo de Alocaz [§ 3421–3424], castillo despoblado, que está la mayor parte de él en pie; está en alto en cerro, es tierra de Uitrera; es del tiempo del rey don Rodrigo, hizieron los romanos una calçada con sus mármoles a trechos por cabe el castillo:

ARCOS 4 leguas, van por Espera. BORNOS 4 leguas de cerros e serrezuelas e montes baxos. LAS CABEÇAS una legua grande de tierra algo doblada e cerros por todas partes e de tierras de pan. ESPERA 2 leguas grandes de cerros e valles e palmares e montes baxos. LIBRIJA 4 leguas, van por las Cabeças, una legua. MORÓN 7 leguas de cerros e valles e palmares. LOS

PALACIOS 3 leguas grandes llanas e de marismas. UITRERA 3 leguas grandes, de tierra doblada por la parte de la mano dizquierda, por la mano derecha cerros de palmares e por la mano dizquierda panes, a la mano dizquierda quedan las Cabeças a una legua del camino e los Palacios a 2 leguas. XEREZ 8 leguas de cerros e palmares.

El Castillo de Bullas [§ 6447] solía ser lugar de moros; está entre unos pinares; no ay sino solamente el castillo derrocado:

CEHEGÍN 3 leguas de cerros e valles e pinares.

Castillo de Garci Muñoz[285] villa [§ 1206] tiene 800 vezinos; está en alto hazia San Clemente e hazia Belmonte:

PERONA 3 leguas dobladas de tierra.

Castillo de Hontidueña [§ 1056] tiene 30 vezinos; es de don Álvaro de Luna; está en llano:

CASTRO SERREZÍN una legua llana. CASTRO XIMENO legua y media. FUENTESOTO una legua pequeña.

El Castillo de Lucubín lugar [§ 3061–3069] tiene 300 vezinos; es aldea de Alcalá la Real; tiene fortaleza; está en un valle hondo de muchas labranças e entre unas grandes sierras al pie de una hazia Alcalá, nace a un 4º de legua de una fuente muy grande que se llama el Río Frío:

ALCALÁ LA REAL una legua grande de sierras, en saliendo subimos un puerto que tenrá un 4º de legua, de allí adelante es como cuesta abaxo hasta subir Alcalá, que subimos una cuesta de 3 tiros de vallesta. ALCAUDETE 2 leguas de sierras e valles de labrança, en saliendo pasamos a Carrizal río, que corre a la mano dizquierda, van la primera legua riberas abaxo del dicho río a la mano dizquierda. CABRA 7 leguas, van por Luque. COLOMERA 4 leguas de sierras e valles e montes baxos, a 2 leguas pasamos a un río que corre a la mano derecha. CÓRDOVA 13 leguas, van por Vaena, 5 leguas, e por Castro el Río, 2 leguas. GRANADA 9 leguas, van por Alcalá, una legua, e por Pinos, 5 leguas. LA HIGUERA DE MARTOS 6 leguas de sierras e cerros e valles de labranças, a 3 leguas pasamos a un río que corre a la mano dizquierda. JAÉN 7 leguas por Martos, por la sierra, que es a la mano derecha, 6 leguas. LOXA 9 leguas, van por Alcalá, una legua, e por Monte Frío, 3 leguas. LUQUE 4 leguas de sierras e valles, a 3 leguas pasamos a un río que corre a la mano derecha. MARTOS 4 leguas grandes de sierras e valles e montes por todas partes, salvo la postrera legua, que es de tierra doblada e de labranças e viñas, en saliendo del Castillo de Lucubín pasamos al dicho río que corre a la mano dizquierda, a 3 leguas pasamos otro río dicho Caçalla, que

285 El Castillo de García Muñoz, cf. *La Osa de Belmonte*.

corre a la mano dizquierda, a la mano dizquierda, tras de unas sierras a una legua del camino, queda Alcaudete e el Castillo de Bíboras a una legua pequeña el dicho río de Caçalla abaxo. MOCLÍN 4 leguas, van por Alcalá, una legua. MONTEFRÍO 4 leguas, van por Alcalá la Real, una legua. PORCUNA 7 leguas, van por la Higuera de Martos. PRIEGO 4 leguas de tierra doblada e de labrança, por todas partes sierras. LA TORRE DON XIMENO 5 leguas, van por Martos. VAENA 5 leguas de sierras e cerros e valles de labranças e montes baxos e altos, a 3 leguas pasamos a un río que corre a la mano derecha.

El Castillo de Monteagudo [§ 6418] castillo, está en la huerta de Murcia sobre una punta de una peña alta e redonda:

MURCIA una legua llana e de huertas e acequias que corren a la mano dizquierda. ORIGÜELA 3 leguas llanas e de huertas, al pie de la sierra que queda por la mano dizquierda riberas abaxo del dicho río Segura, que queda a la mano derecha.

El Castillo de Rochafrida[286] [§ 4584–4588] está riberas de Guadiana en el campo de Montiel una legua del nacimiento de Guadiana, es un castillo muy antigo, está lo alto de él derrocado por vando[287] del rey, está en medio de una laguna en hondo entre unos cerros altos, está el asiento en una roca, a 4 tiros de vallesta está una cueva en un valle alto que dizen que hizo allí Montesinos su abitança cuando salió de Francia desterrado, esta cueva es de mucha largura, que no se sabe el fin porque a 20 pasos entrado de la puerta, porque van como hazia abaxo, pasa un río con grand zurrido,[288] clara e buena de beber, e no la osan vadear, dizen que está allí una piedra que dizen que sobre ella hazía moneda Montesinos, abaxo en la ribera está una ermita antigua a 2 tiros de vallesta de la cueva que se llama San Pedro de Sahelizes, que dizen que la hizo de Montesinos, a un 4º de legua del castillo la ribera abaxo ay muy grandes lagos de agua que tenrá una legua, la mayor de ellas, de largo e 2 tiros de vallesta de ancho, que tienen grande pesca:

ALCÁÇAR DE CONSUEGRA 10 leguas, todo riberas abaxo de Guadiana e de lagunas, a 4 leguas primeras está un castillo que se llama Peña Arroya. EL BONILLO 4 leguas, van por la Osa, una legua. LA OSA una legua de valles por entre cerros e montes. VILLAHERMOSA 3 leguas de tierra muy doblada e de montes de savinares e enzinares.

Castrejón lugar [§ 1237–1238] tiene 65 vezinos; es aldea de Alahejos; está en llano:

---

286 El Castillo de Rocha Frida, cf. *La Osa de Montiel*.
287 En la acepción de 'parcialidad, partido' (*Autoridades s.v.*; equivale, pues, al latín FACTIO). Para otras menciones a los *bandos* en el *Vocabulario*, cf. *Munera, (Las) Posadas, La Rambla, Rus*.
288 'Sonido bronco, desapacible y confuso'. Testimonio temprano de la voz en español (Rodríguez 2002, 79).

LA BÓBEDA 3 leguas llanas, vase por Vadillo, pásase la Guarueña por Vadillo junto con el lugar, corre a la mano derecha. CASTRILLO legua e media llana, pásase la cuesta e la Garueña junto con el dicho lugar Castrillo, corre a la mano derecha. HORDEÑO legua y media llana, pásase una cuesta cerca de Hordeño, pásase la Gareña junto con Hordeño, que corre a la mano derecha. TORREZILLA DE LA ORDEN legua y media llana. VADILLO [...] legua llana salvo una cuestezilla y la Garueña que se pasa orilla del dicho Vadillo, que corre hazia la mano derecha.

Castrelo aldea [§ 397] tiene 30 vezinos; está ribera del Miño:

ARNOYA 2 leguas pequeñas de tierra muy áspera. CASTELO DE SANDE una legua, la primer media muy fragosa y de castañales. MACEADA una legua llana, el río arriba. RIBADAVIA media legua, llano, pásase el Miño por puente junto con Castrelo. VALDARIZ una grandísima legua, todo cuesta arriba de castañales y viñas.

Cast(r)il[289] aldea [§ 786, 904] tiene 35 vezinos; es del condado de Santistevan sojeta a Santistevan; está en un alto como ladera hazia el río; tiene una ermita de Santiago sobre un cerro que encima del aldea muy alto redondo con sus varandas e campanas en una torrezilla:

ORADERO una legua llana ribera de Duero abaxo.

Castril de Vela aldea [§ 349] tiene 50 vezinos; es de un comendador hijo de Juan de Vega; es llano todo:

MENESES una legua llana. PALACIOS DE MENESES una legua. TAMARIZ una pequeña legua. VILLAVARUZ media legua. VILMONTE media legua.

Castro de Hordiales[290] villa [§ 882] tiene 400 vezinos; tiene fortaleza e está sobre la mar la fortaleza; está en llano; es puerto de mar:

BILVAO 5 leguas, van por Hontón e por la Torre de San Martín. PORTOGALETE 3 leguas, van por Hontón e por la Torre de San Martín.

Castro Nuño[291] lugar [§ 1102] tiene 50 vezinos; es del prior de San Joan; está ribera de Duero:

MEDINA DEL CAMPO 5 leguas.

289 Aldea Castrillo, cf. *Las Quintanas Rubias*.
290 Castro, cf. *Laredo*. Castro de Ordiales, cf. *El Valle de Guriezo*.
291 Castromuño, cf. *Medina del Campo, Toro*.

Castro de Rey aldea [§ 4159] tiene 80 vezinos; es del conde don Hernando; está en llano, está riberas de Miño:

LA PONTE DERRIBADA un 4º de legua pequeño llano e de montes de robledales. TORTOJAL una legua de sierras grandes e montes de robledales e de peñas grandes.

Castro el Río[292] villa [§ 2309–2315] tiene 1000 vezinos; es aldea de Córdova; tiene fortaleza; está como en ladera, pasa un río junto con la villa; tiene grandes arrabales por la parte de mediodía:

AGUILAR 4 leguas, van por Montilla, 3 leguas. EL ALDEA EL RÍO 5 leguas, van por Cañete, 4 leguas. ANDÚJAR 8 leguas, van por Cañete, 4 leguas, e por Lopera, una legua, e por el Aldea el Río, 2 leguas. ARJONA 7 leguas, van por Porcuna, 5 leguas. BURJALANCE 4 leguas de tierra de cerros e valles llanos e de campiña. CABRA 3 leguas de cerros grandes e campiña, en saliendo de Castro el Río pasamos el dicho río, que corre a la mano derecha. CAÑETE 4 leguas de cerros e tierra doblada e de campiña. CÓRDOVA 6 leguas de tierra doblada, a una legua de Córdova abaxamos una cuesta que tenrá un 4º de legua, junto con Córdova pasamos a Guadalquebir río por puente, que corre a la mano dizquierda. ÇUHEROS 3 leguas, van por Vaena, 2 leguas. DOÑA MENCÍA 3 leguas de tierra doblada e de campiña, en saliendo de Castro el Río pasamos el dicho río, corre a la mano derecha, a la mano dizquierda queda Vaena a una legua del camino. ÉCIJA 9 leguas, van por Montemayor, 3 leguas, e por la Rambla, una legua. ESPEJO una legua de tierra doblada, en saliendo pasamos al dicho río, corre a la mano derecha, para subir a Espejo subimos una cuesta que tenrá 3 tiros de vallesta. LOPERA 5 leguas, van por Cañete, 3 leguas. LUCENA 4 leguas de tierra de cerros e doblada e campiña, a la mano dizquierda queda Cabra a media legua del camino, a 3 leguas pasamos a un río que corre a la mano derecha. LUQUE 3 leguas, van por Vaena, 2 leguas. MONTILLA 3 leguas de cerros e tierra doblada e de campiña, en saliendo de Castro el Río pasamos al dicho río que corre a la mano derecha. PORCUNA 5 leguas de cerros e tierra doblada e de campiña. VAENA 2 leguas de tierra doblada e de campiña, en saliendo de Castro el Río pasamos el dicho río por vado, que corre a la mano derecha. VILLAFRANCA 4 leguas de cerros, doblada e de campiña.

Castro Serrezín lugar [§ 1069] tiene 30 vezinos; es de Sepúlveda; está en alto por ambas partes.
Castromao[293] aldea [§ 437] tiene 20 vezinos; está en alto de muchos peñascales:

AZEBEDO media legua toda llana salvo el primer tiro de vallesta que es cuesta baxo. ÇALANUEVA media legua de cuesta baxo, todo castañales. LA GANDARELA 3 tiros de vallesta de cuesta baxo porque saliendo de Castromao es todo cuesta baxo. VILLANUEVA DE LOS INFANTES media legua.

---

292 Castro el Rey, cf. *Pliego*. Castro de Córdova, cf. *La Rambla*.
293 Castro Mao, cf. *Villanueva de los Infantes*.

Castromocho villa [§ 346] tiene 600 vezinos; es de la condesa madre del conde de Benavente, que es de los Pimenteles:

FUENTES una gran legua llana. VAQUERÍN una legua llana pequeña.

Castroponce lugar [§ 345] tiene 200 vezinos:

BEZILLA media legua llana, vase Valdaradué abaxo. MAYORGA una legua llana, pásase Valdaradué junto con Castroponce.

Castroserna aldea [§ 1049] tiene 20 vezinos; es de Sepúlveda; está en un llano ribera de Marixave río:

ARAGÜETES una legua llana. CASTROSERNA DE ARRIBA media legua Marixave arriba. SANTA MARTA una legua pequeña llana.

Castroximeno lugar [§ 1069] tiene 20 vezinos; es de Sepúlveda; está en llano:

CASTRO SERREZÍN media legua llana. UREÑAS una legua buena llana.

Castuera lugar [§ 4331–4340, 4361–4362] tiene 180 vezinos; está en tierra muy doblada e el asiento en un cerro redondo, está a un 4º de él una serrezuela e la legua otra sierra e cabe otras serrezuelas, es en la Serena; en este lugar se funde e afina grande parte de la plata que se saca en la Serena, es el postrero lugar de la Serena por la parte de mediodía:

AZUAGA 8 leguas grandes, las 2 primeras son barrancosas e de prados e montes de enzinares, de allí adelante es por entre sierras e valles e montes de xarales e alcornocares, a 3 leguas e media primeras pasan un puerto dicho el puerto de las Ollas que tenrá de subida e abaxada media legua pequeña, no es muy agro, una legua adelante es llana e de monte de xarales, por este camino ay algunas partes colmenares, las 3 leguas postreras son llanas, a la una legua primera a la mano dizquierda queda un remate de una sierra, a la mano derecha queda Esparragosa de Benquerencia a media legua del camino, por la mano dizquierda queda la Granja a media legua del camino, la media legua postrera es toda de montes e muy barrancosa. BENQUERENCIA una legua de sierras e montes salvo el primero 4º de legua que es llano, siempre por la mano dizquierda un lomo de la sierra prencipal que es la que parte la Serena. CABEÇA EL BUEY 4 leguas de tierra doblada mucho, por la mano dizquierda queda siempre la Serena, por la mano derecha queda la sierra derecha siempre orilla el camino. ÇALAMEA 2 leguas, van por Malpartida, una legua. CAMPANARIO 2 leguas de tierra llana e de montes de dehesa. CIBDAD REAL 28 leguas, van por la Peña el Sordo, 5 leguas, e por Capilla, una legua, e por Chillón, 3 leguas, e por Cabeça Arados, 8 leguas. CÓRDOVA 21 leguas, van por Monterrubio, 3 leguas, e por Bélmez, 6 leguas. ESPARRAGOSILLA DE BENQUERENCIA una legua llana de algunos montes de enzinares. GUADALCANAL 12 leguas, van por Azuaga, 8 leguas. HORNACHOS 9 leguas, van por Malpartida, una legua, e por la Higuera, 2 leguas, e por el Retamal, 2 leguas. MAGAZELA 4 leguas de tierra doblada e de algunos barrancos, llámase la Serena, es todo de montes de enzinares e prados salvo que no es monte media legua postrera, para subir a Magazela suben una sierra que tenrá un 4º de legua muy agro. MALPARTIDA una legua llana salvo algunos barranquillos e montes de enzinares. MONTERRUBIO 3 leguas, todo de montes de enzinares un valle abaxo, cada mano quedan sierras. NAVA EL VILLAR 5 leguas. LA PUEBLA DE ALCOCER 6 leguas de tierra muy doblada e barrancosa e de prados, a 4 leguas primeras pasan a un río dicho Xúxar por varca, que corre a la mano dizquierda, antes que lleguen a la Puebla con media legua pasan un portezuelo que tenrá media legua pequeña, a la mano derecha queda Esparragosa de Lares a un 4º de legua del camino. SANTA MARÍA DE GUADALUPE 12 leguas, van por Nava el Villar, 5 leguas, por otro camino solían ir queda a la dizquierda, van por Orellana, 4 leguas, e por Azedera, una legua. SEVILLA 26 leguas, van por Azuaga, 8 leguas, e por Alanís, 4 leguas, e por Caçalla e por Cantillana. TOLEDO 32 leguas, van por la Puebla de Alcocer, 6 leguas, e por la Garvayuela, 4 leguas, e por Villaharta, 5 leguas, e por Hornillo, 2 leguas, e por Horcaxo e por la Retuerta e por Cuerva e por Casas Buenas. VILLANUEVA DE LA SERENA 5 leguas, van por Campanario, 2 leguas, e por el Aldeyuela, una legua.

Cavia aldea [§ 306, 366] tiene 60 / 100 vezinos; es de Diego de Rojas; tiene fortaleza en llano; está ribera de un río; tiene buena casa llana:

BONIEL media legua grande. VILLACIENÇO legua y media.

Cebolla lugar [§ 2323, 3205–3206, 3211] tiene 70 vezinos; es de don Juan de Ayala; tiene fortaleza a una legua de Cebolla en cerro; está en un valle algo en hondo en arenales, pasa Tejo río a un 4º de legua:

ALLENDEVACAS media legua de tierra doblada e de viñas. ESCALONA 5 leguas, van por Llendevacas, media legua, e por Techada, media legua, e por Valverde, una legua, e por Hormigos, legua e media. MANOSA un tiro e medio de vallesta de tierra doblada e de viñas. MONTEARAGÓN una legua llana e de arenales e todo de viñas, a la mano dizquierda queda sierras y Texo río del camino a media legua. SANTOLALLA 2 leguas e media, van por Domingo Pérez, una legua. TALAVERA DE LA REINA 3 leguas grandes llanas riberas abaxo de Texo, a las 2 leguas primeras pasamos a Alverche río por puente, que corre a la mano dizquierda. TOLEDO 8 leguas, van por la Mata, 2 leguas, e por Burujón, 2 leguas. TORRIJOS media legua, van por Herustes, una legua, e por Carriches, media legua, e por Carmena, una legua.

Cedillo aldea [§ 5361–5365] tiene 200 vezinos; es de señorío; tiene casa fuerte; está en llano:

BATRES 3 leguas, van por el Viso, una legua de tierra doblada e de pan, e por Carranque. COBEXA 2 leguas, van por Yuncos e Hazaña. LA CRUZ 2 leguas, van por Illescas, una legua, e por Casarrubiuelos, una legua e tres 4º. ESQUIVIAS 2 leguas, van por Illescas e Yeles. GRIÑÓN 2 leguas e media, van por Illescas e Casarrubiuelos. HAZAÑA una legua e media, van por Yuncos. ILLESCAS una legua grande de tierra llana e de tierras de pan. NOMENCHAL una legua de tierra doblada e de aradas e de viñas. PALOMEQUEXO una legua de tierra doblada e de tierras de pan e viñas. PALOMERO 2 leguas e media, van por Illescas, una legua, e por Moratalaz, una legua. PARLA 4 leguas, van por Illescas, una legua, e por Humanejos, una e media. SERRANILLOS 3 leguas, van por Uxena. TORREJÓN DE VELASCO 2 leguas, van por Illescas, una legua, e por Moratalaz. TORREJONCILLO 2 leguas, van por Uxena, media legua llana de tierras de pan e olivares. YUNCOS una legua llana de tierra de pan e viñas.

Cehegín[294] villa [§ 6438–6442] tiene 500 vezinos; es encomienda del marqués de los Vélez; tiene fortaleza; está en un cerro redondo e llano por alderredor e al pie de unas sierras, por alderredor de la villa pasa un río que viene de Caravaca, que en llegando a Cehegín el río se parte un braço por una parte e el otro braço por la otra, de que se riega muchas huertas:

CALASPARRA 3 leguas, van por Canara. CANARA media legua llana e de huerta e sierras por todas partes. CARAVACA una legua llana e de viñas salvo que en saliendo de Cehegín baxan una cuesta e suben otra que tenrá un tiro de vallesta, en saliendo del lugar pasan al dicho río por vado, que corre a la mano derecha, la otra mitad a la mano dizquierda. EL CASTILLO DE BULLAS 3 leguas de cerros e valles e montes de pinares, a una legua primera pasan al dicho río. MULA 6 leguas de tierra de cerros e valles e montes de pinares, a una legua primera pasan al dicho río de Caravaca por vado, que corre a la mano dizquierda.

Cehinos[295] aldea [§ 347] tiene 100 vezinos; es del almirante de Castilla:

BOLAÑOS legua y media. VILLAVICENCIO una legua, llano.

Cejo del Río[296] aldea [§ 394] tiene 60 vezinos; está medio millo del río dicho Pitos, a que otros llaman Otuño, el cual nace a una legua de Cejo y entra en la Arnoya legua y media más baxo a un tiro de ballesta de Santo Tomé:

ALVOS media legua grande, el río abaxo. BANGUESES una legua áspera, pásase Pitos, corre a la mano derecha. CALVOS una legua, llano. COBREROS media legua llana. MILMANDA media legua algo fragosa, pásase Pitos cerca de Cejo. ORILLI una legua pequeña. VEREA una legua llana.

Celada del Camino aldea [§ 308, 318, 366] tiene 30 / 70 vezinos; es de Burgos; está un millo de Arlançón:

BONIEL 2 leguas llanas, pásase un río junto con Boniel. PALENÇUELA 5 leguas, vase por Villanueva de las Carretas y a Villaverde, a man derecha queda Villaldemiro y los Balvases

294 Cehexín, cf. *Murcia*.
295 Cehines, cf. *Medina de Ruiseco*.
296 Cejo, cf. *Orilli*.

y Villaquirán y Revilla Vallejera, a mano izquierda queda Torre y Pampliga y Villavieja. PAMPLIGA legua y media llana, pásase Arlançón algo más cerca de Pampliga. TORQUEMADA [...], vase a Villanueva de las Carretas y a Quintana la Puente, queda a man derecha Balvas y Villaquirán y Revilla Vallejera, a mano izquierda queda Torre y Pampliga y Villaverde y Palençuela. VILBIESTRE media legua llana. VILLALDEMIRO una legua llana.

Centenera aldea [§ 778, 873–874] tiene 30 vezinos; es del conde de Aguilar, es aldea de Fuente Pinilla; está en llano ribera de Duero:

ANDALUZ legua e media, la mitad de él es llana e la otra mitad es tierra doblada. FUENTE PINILLA una legua grande, es tierra doblada de cerros e montes de enzinas. FUENTE EL PUERCO una legua llana, pasamos a Duero a medio el camino, que corre a la mano derecha, para subir al lugar subimos una cuesta que tenrá 2 tiros de vallesta. OSONA una legua grande doblada de cerros e montes. OSONILLA legua e media algo doblada. SORIA 6 leguas, van por Valdecuendes e por Quintana Redonda. TAXUECO 2 leguas, van por Andaluz.

Cepeda[297] lugar [§ 2418] tiene 30 vezinos; es de Diego Hernández de Ávila; está en llano al pie de una sierra:

LA GARGANTA EL VILLAR una legua de tierra doblada. SAN MARTÍN DE LA VEGA una legua de camino llano e sierras.

Cerezo de Ayuso[298] [§ 1061] tiene 20 vezinos; es de Sepúlveda; está en llano, está ribera de un río que viene de la sierra Cebollera:

LAS RADES una legua pequeña llana.

Cerezo de Suso[299] aldea [§ 1037, 1075] tiene 30 / 40 vezinos; es de tierra de Sepúlveda; está en llano al pie de la sierra dicha Pico Cebollera, pásase junto a Cerezo un río que viene de la sierra:

CASTILLEJO legua y media llana. CEREZO DE AYUSO una legua llana el río abaxo. RÍO FRÍO una legua llana por la halda de la sierra el río arriba.

Cervera villa [§ 5055–5056] tiene 800 vezinos; tiene buena fortaleza e muralla; está en tierra doblada; tiene grandes arboledas e viñas:

297 La Cepeda, cf. *Menga Muñoz, La Mora.*
298 Cerezo de Yuso, cf. *El Fresno de Cantespino, Torrivuelo (Torrovivelo). Zerezo de Yuso, El Corral, Nava (La Nava de Pedraza).*
299 Zerezo de Suso, cf. *El Corral, Nava (La Nava de Pedraza), Riaça.*

LOS ESTALETES una legua de tierra doblada e de arboledas e huertas e viñas, es tierra muy viciosa. RIBAZ una legua e media de tierra de valles e cerros, la media legua de viñas e arboledas de almendrales.

Cespedosa lugar [§ 5230–5232] tiene 30 vezinos; es aldea de Cibdad Rodrigo; está en llano e a una legua por la parte de hazia Robledillo ay sierras:

LAS AGALLAS legua e media, van por Martiago. DESCARGAMARÍA 3 leguas e media, van por Robledillo. EL ELGUIXUELA una legua llana e montes baxos de robledales. FUENTEGUINALDO 3 leguas, van por Sahúgo e por Robleda. MARTIAGO una legua llana e de montes de robledales baxos e labrados. ROBLEDA 2 leguas, van por Sahúgo. ROBLEDILLO 3 leguas, la legua primera e postrera llana e lo de medio de subida e abaxada de puerto de una sierra e montes de robledales e breçales. SAHÚGO una legua llana por entre sierras e de montes de robledales.

Cetina[300] lugar [§ 4962–4964] tiene 200 vezinos; es de señorío; tiene buena fortaleza; está riberas de Xalón e algo en alto en los derrumbaderos de Xalón; este lugar es de ricos labradores e de muchos ganados:

ALHAMA media legua grande riberas abaxo de Xalón, junto con Alhama pasan a Xalón río por vado en verano, corre a la mano derecha, por la mano dizquierda queda Contamina a 3 tiros de vallesta. CONTAMINA media legua de travieso de ribera e vega de Xalón, en saliendo de Cetina pasan a Xalón río, corre a la mano dizquierda. HARIZA una legua grande riberas arriba de Xalón, queda el río a la mano derecha, junto con Hariza pasan a Xalón, corre a la mano derecha. MONREAL 2 leguas, van por Hariza.

Chaira de Pojares [§ 375] es un llano de tierra en Galizia cerca de Cejo y de Milmanda.
Chamartín aldea [§ 327] tiene 7 vezinos; es de Madrid:

FUENCARRAL media legua algo doblada. ORTALEZA media legua.

Chaves villa [§ 3520–3522] tiene 2000 vezinos; tiene fortaleza; está en llano, pasa un río cabdal junto la muralla, es en Portogal:

FAYALES media legua llana riberas arriba del río, que queda a la mano derecha. MIRANDELA 10 leguas, van por Río Tuerto, 7 leguas de montañas e sierras e montes. MONFORTE legua e media, van por Santistevan, media legua. MONTE REY 4 leguas, van por Tamagallos, 2 leguas e media. SAN LORENÇO legua e media, van por un valle abaxo por entre unas sierras e lo otro es de cerros e tierra de montes, en saliendo de Chaves pasan al dicho río,

300 Cetín, cf. *Ariza (Hariza).*

que corre a la mano derecha. SANTISTEVAN DE CHAVES media legua llana por un valle abaxo por entre unas sierras. VERGANÇA 7 leguas, van por Viñaes e por Tela e por Lagomar.

Chiclana lugar [§ 4538–4540] tiene 300 vezinos; es de don Luis Manrique; tiene fortaleza; está en un cerro a una solana:

EL CASTELLAR 2 leguas de valles llanos e de montes de xarales e algunos enzinares en medio el camino. EL ESPINOSA 2 leguas e un 4º de legua, van por el Castellar. LAS NAVAS DE SANTISTEVAN 4 leguas, van por Santistevan del Puerto, 2 leguas de tierra doblada e de montes baxos, por todas partes algunas sierras alexos del camino, la media legua postrera e algo como cuesta arriba e el postrero 4º más. SORIUELA una legua e media de tierra doblada e de valles e tierra de labrança e montes baxos e por entre sierras. VEAS 3 leguas de tierra doblada e de montes baxos muchos de xarales, a medio camino pasan a Guadalimar río por puente, corre a la mano derecha. VILLACARRILLO 3 leguas, van por Soriuela, una legua e media. VILLANUEVA DE VILLACARRILLO 3 leguas, van por Soriuela, una legua e media.

Chinchilla[301] villa [§ 315] tiene 1500 vezinos; tiene fortaleza; está el lugar en alto y la fortaleza en más alto.
Chinchón lugar [§ 3636–3641] tiene 700 vezinos; es de don Hernando de Bobadilla; tiene fortaleza muy buena; está en un cerro, que toma todo el cerro de largo a largo e de ancho, parece siempre desde otras partes por estar como está en cerros altos, cércanla valles alderredor e vegas de pan no muy anchos; por la parte de mediodía tiene todas las viñas e olivares, a 2 tiros de vallesta del castillo del lugar que pasa un valle hondo entre medias:

EL COLMENAR DE OREJA media legua grande llana, todo de viñas e olivares. MORATA una legua grande de cerros e valles, todo de atochares, todo cuesta abaxo siempre salvo la postrera media legua pequeña que es llana e de vega de panes, por la mano derecha queda siempre cerros altos, en llegando a Morata pasa a un río dicho Taxuña por puente, que corre a la mano dizquierda. OCAÑA 4 leguas de cerros e valles, las 2 leguas primeras como cuesta abaxo e las 2 leguas postreras como cuesta arriba salvo la postrera legua que es llana e de olivares. EL POZUELO una legua de tierra doblada e algunos vallejuelos, todo de viñas e olivares salvo lo postrero que será un 4º de legua. VAL DE LAGUNA una legua de tierra doblada e de viñas e olivares. VILLACONEJOS una legua, todo como cuesta abaxo e por entre cerros e tierras de pan.

Chipiona lugar [§ 3327] tiene 200 vezinos; es de don Luis Ponce de León; está en llano riberas de la mar, que combate con las cassas:

301 Chenchilla, cf. *Hellín*.

PUERTO REAL 5 leguas, van por el Puerto de Santa María, una legua. EL PUERTO DE SANTA MARÍA 4 leguas llanas de palmares e tierras de pan e viñas cabe los lugares. ROTA 2 leguas de tierra algo dobladilla e de viñas e tierra de pan. SANLÚCAR DE BARRAMEDA una legua riberas de la mar, que queda siempre la mar a la mano dizquierda. XEREZ 5 leguas de tierras dobladas salvo una legua primera.

Cibdad Real cibdad [§ 3141–3148, 3543–3547] tiene 1500 / 2000 vezinos, solía ser de 3000 vezinos; está en llano, pasa Guadiana de la cibdad a legua e media; hundiose grand parte de ella por muchas aguas llovedizas, tiene una mina desde la cibdad por debaxo tierra para las aguas llovedizas que tenrá una legua hasta entrar en Guadiana, es cibdad muy húmeda porque se hazen lagunas en la cibdad por causa de Guadiana, esta cibdad solía ser una venta que se llamava la Venta de don Gil, después el rey don Alonso de la Mano Horadada sentó real cabe la venta sobre los moros e mandó que se dixese Cibdad Real:

ALCÁÇAR DE CONSUEGRA 13 leguas, van por Carrionzillo, 2 leguas, e por Daimiel, 3 leguas, e por Villaharta, 3 leguas, e por Arenas, 4 leguas. ALMAGRO 3 leguas, van por Miguel Turra, media legua. ALMODÓVAR DEL CAMPO 6 leguas, van por Poblete, una legua, e por la Torrezilla, media legua, e por Caracuel, legua e media. EL ARGAMANSILLA 6 leguas, van por el Corral de Caracuel, legua e media. BENAVENTE 2 leguas grandes de tierra e de vallejuelos e traspuestas, a medio camino pasamos a Guadiana río por puente, corre a la mano dizquierda. BOLAÑOS 3 leguas e media, van por Miguel Turra, media legua, e por Almagro. CALATRAVA LA VIEJA, lugar despoblado, 2 leguas llanas e de viñas la una legua. LA CALÇADA 6 leguas, van por Miguel Turra, media legua, e por el Pozuelo, una legua, e por Granátula, 2 leguas, e por Aldea el Rey, 2 leguas. CARACUEL 3 leguas de tierra doblada e de cerros. CARRIÓN (CARRIONZILLO) 2 leguas algo pequeñas llanas e de viñas todo el camino salvo un cerro que pasamos a cuatro 4º de legua primera que tenrá 3 tiros de vallesta, a la mano derecha queda Miguel Turra a media legua del camino e Calatrava la Vieja a la mano dizquierda a otra media legua. LAS CASAS una legua llana salvo algunos vallejuelos e de viñas. CÓRDOVA 28 leguas, van por Caracuel, 3 leguas, e por Almodóvar del Campo, 3 leguas, e por Adamuz. EL CORRAL DE CARACUEL legua e media de tierra doblada e de cerros e viñas la legua primera. DAMIEL 5 leguas, van por Carrionzillo, 2 leguas, e por Torralva, una legua. GRANADA 40 leguas, van por Puebla de Xavalón, 2 leguas de tierra algo llana, e por la Calçada, 4 leguas, e por el Viso, 5 leguas, e por Vilches, 7 leguas, e por Úbeda, 4 leguas, e por Guadahortuna e por Aznalloz. HERNAND CAVALLERO 3 leguas pequeñas, de tierra doblada las 2 leguas postreras e de cerros pequeños cuanto más delante, la primera legua es llana e de viñas, tres 4º de legua primeras e lo otro es un cerro de subida e abaxada hasta Guadiana, a una legua primera pasamos a Guadiana por puente, que corre a la mano dizquierda, a media legua pequeña de Guadiana están los palos dichos de Pero de Villa donde haze justicia e asaetean los malos hechores la Santa Ermandad vieja de Cibdad

Real[302], a mediodía queda Calatrava la Vieja a una legua del camino. MALAGÓN 4 leguas llanas salvo algunos lomos de cerros, la una legua es de viñas, a una legua primera pasamos a Guadiana por puente, que corre a la mano dizquierda, a la mano dizquierda queda Hernán Cavallero a media legua del camino. EL MORAL 5 leguas, van por Miguel Turra, media legua, e por Almagro, 2 leguas e media. OCAÑA 22 leguas, van por Malagón, 4 leguas, e por Mora, 12 leguas, e por la Guardia. PIEDRA BUENA 4 leguas, van por Benavente, 2 leguas de tierra doblada, a una legua pasan a Guadiana por barca, que corre a la mano dizquierda. SEVILLA 40 leguas, van por Poblete, una legua, e por Torrezilla, media legua, e por Caracuel, una legua, e por Almodóvar del Campo, 3 leguas, e por Adamuz, 17 leguas, e por la Puente de Alcolea, 4 leguas, e por Córdova, 2 leguas, e por Guadalcáçar e por Écija e por Carmona. TOLEDO 18 leguas, van por Malagón, 3 leguas, e por Yévenes, 8 leguas, e por Orgaz, una legua, e por Biezma, 2 leguas e media. TORRALVA 3 leguas, van por Carrionzillo, 2 leguas.

Cibdad Rodrigo[303] cibdad [§ 2606–2610] tiene 2000 vezinos; tiene buena fortaleza en alto; está en un cerro, hazia Salamanca está en llano, junto con la cibdad pasa un río dicho Águeda; tiene arrabales por las laderas:

EL BODÓN 2 leguas de tierra doblada salvo que junto con el Bodón subimos una cuesta que tenrá 4 tiros de vallesta, en saliendo de la cibdad pasamos a río Águeda por puente, que corre a la mano derecha. ÇAMARRA 2 leguas riberas arriba de río Águeda, que queda a la mano derecha. FUENTE GUINALDO 4 leguas, van por el Bodón, 2 leguas. MERCADILLO 7 leguas, van por Santispritos. SAHELIZES DE LOS GALLEGOS 7 leguas de tierra doblada e de enzinares, a media legua de Sahelizes pasamos el dicho río Águeda por vado, que corre a la mano dizquierda. SANTESPRITOS 3 leguas de tierra doblada. SOBRADILLO 8 leguas, van por Sahelizes, 7 leguas.

Cieça villa [§ 314] tiene 500 vezinos; tiene fortaleza en alto; está en llano.

Cigüença (Sigüença) cibdad [§ 6, 4903–4913] tiene 600 / 1300 vezinos; tiene fortaleza; está en una laderuela entre unas sierras e riberas de Henares río, que es el que va e pasa por Alcalá de Henares; es cabeça de obispado, este lugar tiene comúnmente las casas de calicanto:

ALCONEÇA una legua de valle por entre sierras e prados, en saliendo de Sigüença pasan a Henares por vado, que corre a la mano dizquierda. ALGORA 2 leguas, van por la Cabrera, una legua. ALMAÇÁN 8 leguas, van por Alcuneça e por Alboreca, media legua adelante, e por la Casa de Alboreca, otra media legua, e por las Olmedillas, media legua. ATIENÇA 4 leguas, van por Olmeda de las Salinas Reales e por Cercadillo, una legua. BARVATONA una legua grande de pinares e sierras e valles. LA CABRERA una legua de sierras e derriscaderos

---

302 «Un pago junto a Ciudad Real adonde la Santa Hermandad haze justicia a los delincuentes que pertenecen a su jurisdicción con la pena de saetas» (Covarrubias, *s.v.* Peralvillo). Además, *Yévenes*.

303 Cibdat Rodrigo, cf. *Farfolera*.

e montes de chaparrales, junto con el lugar pasan un riatuelo que corre a la mano derecha. CIFUENTES 6 leguas, van por la Cabrera, una legua, e por Algora, una legua, e por las Inviernas, 2 leguas adelante. GUIXOSA una legua grande, la mitad primera riberas arriba de Henares riatuelo, que es el que va por Alcalá, que queda a la mano dizquierda, lo otro es un valle llano, todo este camino es por entre cerros e tierras de pan. MEDINACELI 4 leguas, van por Guixosa, una legua por un valle entre sierras. MORATILLA media legua. OLMEDA DE LAS SALINAS REALES 2 leguas pequeñas, van por valle e vega e por entre cerros e montes, en saliendo de Cigüença pasan a Henares río por vado, que corre a la mano dizquierda. PALAÇUELOS una legua llana salvo un cerro que traviesan en saliendo de Sigüença a 3 tiros de vallesta, todo de viñas, que tenrá de travieso un 4º de legua, en saliendo de Cigüença pasan a Henares río por vado, que corre a la mano dizquierda. PELIGRINA una legua de sierras e cuestas e valles e montes de robles. POZANCOS una legua de valles e sierras, en saliendo de Sigüença pasan a Henares río por vado, que corre a la mano dizquierda. SEGUIGO media legua de una cuesta arriba salvo 3 tiros de vallesta primeros que es llano de vega de travieso, en saliendo de Sigüença pasan a Henares río por vado, corre a la mano dizquierda. TORREMOCHA 2 leguas de cerros e sierras e valles e montes de robledales. URES una legua de cerros grandes e valles e montes la postrera media legua, en saliendo de Sigüença pasan a Henares por vado, que corre a la mano dizquierda. VAIDES 2 leguas grandes de cerros e sierras e valles, la postrera legua es de montes de enzinares e de enebrales, en saliendo de Cigüença pasan a Henares río por vado, corre a la mano dizquierda, junto con Vaides pasan otro riatuelo, corre a la mano derecha.

Cillán lugar [§ 2115] tiene 10 vezinos; es aldea de Ávila; está en un llano en hondo entre unas peñas:

ÁVILA 4 leguas, van por Chamartín, un 4º de legua, e por Piedra Hitilla, una legua.

Ciruelas lugar [§ 5136–5138] tiene 60 vezinos; es aldea de Hita; está en una ladera:

CAÑIZAR media legua de tierra doblada de algunos olivares e viñas. ERAS una legua de tierra doblada e de algunos vallejuelos e de tierras de pan e vino. TORIJA una legua pequeña de tierra doblada e cuesta arriba, la media legua primera es de viñas e olivares e lo otro de montes baxos e altos. LA TORRE DE SOPETRÁN una legua de tierra doblada e de tierras de pan e algunos vallejuelos. TÓRTOLA una legua e media de tierra doblada e de tierras de pan. YUNQUERA una legua grande de tierra de cerros e tierra doblada e de viñas, a medio camino pasan a Henares por vado, que corre a la mano dizquierda.

Ciruelos lugar [§ 5569] tiene 100 vezinos; es de don Hernando de Silva; tiene una cassa fuerte; está en llano:

OCAÑA 2 leguas de tierra llana e de viñas e olivares. YEPES media legua pequeña de viñas e olivares.

Ciruelos [§ 1060] tiene 10 vezinos; es de Sepúlveda; está en llano:

FREXNILLO DE LA FUENTE una legua pequeña llana.

Cirueña lugar [§ 280] tiene 200 vezinos:

CIRUÑUELA medio millo. GALLINERO media legua pequeña. HERVÍAS media legua. MANÇANARES medio millo. SANTO DOMINGO DE LA CALÇADA una pequeña legua, tierra llana.

Ciruñuela aldea [§ 279] tiene 15 vezinos; juridición de Nájara:

CIRUEÑA un pequeño millo llano. HERVÍAS media legua, tierra fragosa. MANÇANARES media legua, se va por un valle arriba.

Cisla[304] aldea [§ 1226] tiene 5 vezinos; está en llano:

CANTIVEROS una legua. HONTIVEROS una legua. RÁGAMA legua e media, pásase por el Ajo. TORRALVA media legua.

Cisneros villa [§ 346] tiene 600 vezinos:

BOADILLA una muy gran legua. CARRIÓN DE LOS CONDES 4 leguas, ay 2 lugarejos en medio. VILLARRAMIEL una legua.

Citges lugar [§ 14] tiene 60 vezinos:

BARÁ 3 leguas, casi todo el camino arenal.

Cobarrubias[305] lugar [§ 5664–5665] tiene 12 vezinos; es del conde Montagudo, es aldea de Almaçán; está en llano, está a un 4º de legua de Duero:

ABARCA una legua de tierra de cerros e tierra doblada e como cuesta arriba la primera media legua. ALMAÇÁN una legua llana riberas de Duero arriba, que queda el río a la mano dizquierda. ALMÁNTIGA un 4º de legua de tierra doblada e de labrança. COBERTELADA media legua, van por Almántiga. MORÓN 2 leguas e media, van por Almántiga.

Cobexa[306] lugar [§ 5372–5375] tiene 100 vezinos; es aldea de Toledo; está en un teso:

BATRES 4 leguas, van por Illescas e por Uxena e por Carranque. BOROX 2 leguas e media, van por Esquivias. CEDILLO 2 leguas, van por Hazaña e por Yuncos. LA CRUZ 2 leguas e media, van por Illescas e por Cassa Rubielos. ESQUIVIAS legua e media de tierra doblada e

304 Zisla, cf. *Florez de Ávila*.
305 Coba(s) Rubias, cf. *(A)barca*.
306 Cobeja, cf. *Torrejón de Velasco, El Viso* lugar [§ 5352–5356].

de pan. GRIÑÓN 3 leguas, van por Illescas, una legua e media, e por Casa Rubielos, tres 4º de legua, e por Cubas, una legua. HAZAÑA legua e media de tierra doblada e de pan e viñas. ILLESCAS legua e media, van por Hazaña. MORATALAZ 2 leguas de tierra doblada e de pan. NOMINCHAL 2 leguas e media, van por Hazaña e por Yuncos. PALOMEQUEXO 2 leguas e media, van por Hazaña e por Yuncos e por Cedillo. PALOMERO 2 leguas e media, van por Yeles. PARLA 4 leguas e media, van por Illescas, una legua e media, e por Humanejos, 2 leguas e media. PUÑONROSTRO 2 leguas e media, van por Esquivias. SERRANILLOS 3 leguas e media, van por Illescas e por Torrejoncillo. TORREJÓN DE VELASCO 2 leguas e media, van por Moratalaz. VALAGUERA una legua, van por Hazaña. EL VISO 2 leguas e media, van por Hazaña e por Yuncos. YELES una legua de tierra doblada e de pan e viñas. YUNCOS 2 leguas e media, van por Uxena e por Illescas.

Cobos lugar [§ 493] tiene 11 vezinos; es de don Álvaro de Luna; está ribera de Duratón:

SANT MIGUEL DE BERMUY media legua llana Duratón abaxo. SANTA CRUZ una legua por el monte adelante.

Cobreros aldea [§ 445–446] tiene 15 vezinos; es del conde de Benavente; está en llano, está un millo del Tuño río:

ALVOS un 4º de legua llano. AZEBEDO media legua llana. CEJO DE ALENDE media legua buena llana salvo la primera salida de Cobreros que es cuesta arriba, pásase el Tuño junto a Cobreros, el cual corre de Cejo para Cobreros. MILMANDA media legua llana, pásase el Tuño un tiro de vallesta de Milmanda, el cual tiro es de cuesta arriba. EL MONESTERIO DE RAMIRANS una legua pequeña llana, pásase el Tuño junto a Ramirans medio millo.

Coca[307] aldea [§ 476] tiene 100 vezinos:

TORDILLOS media legua.

Cogolludo villa [§ 4885, 5265–5269] tiene 400 vezinos; es del duque de Medinaceli, es sojecta a Medinaceli; tiene fortaleza; está en cerro en ladera en solana al pie de una sierra en tierra baxa, que la señorean sierras por todas partes a una legua del río Henares:

ARBANCÓN media legua de ribera e arboledas arriba e tierras de pan e viñas. CARRASCOSA una legua de tierra de cerros e valles, camino llano, tierras de pan. ESPINOSSA una legua de tierras de pan e algunas viñas, junto con Espinosa pasan a Henares río por puente, que corre a la mano derecha. FUENTECEMILLÁN media legua de tierra doblada, la mitad de viñas e lo otro de enzinares altos. MEMBRILLERA legua e media de tierra de cerros e valles e montes baxos e altos e tierras de pan, antes que lleguemos al dicho lugar con 3 tiros de

---

307 Coca de Alva, cf. *Garci Hernández, Tordillos.*

vallesta pasan a un río dicho Bornova por vado, que corre a la mano derecha, a media legua de allí se junta con Henares. MIRA EL RÍO 2 leguas, van por Carrascosa, una legua. MONTARRÓN una legua, van por Fuente Cemillán. PADILLA 2 leguas, de tierra doblada e de pan la primera legua e lo otro de montes e cuestas arriba, a medio camino de estas 2 se pasa Henares, que corre a la mano derecha, por vado en verano. XADRAQUE 2 leguas, van por Carrascosa, una legua. ZEREZO legua e media, van por Fuente Cemillán.

Cogullada lugar [§ 6329] tiene 20 vezinos; está en llano, entre unos olivares; despoblado alguna parte de él, en esta tierra se coxe arroz:

CARCAXÉN un 4º de legua llano e de huertas. LA POBLA media legua llana e de higuerales e olivares e moreras e viñas.

Cohorcos [§ 1064] tiene 40 vezinos; es de Roa; está en llano.
Collado(s) (Hermoso) aldea [§ 759, 794] tiene 25 vezinos; es aldea de Pedraza; está en llano, está al pie de la sierra de Segovia, está cabe un soto de robles que está junto con el lugar; tiene buenas fuentes:

LA TORRE DE SAN PEDRO una legua, a 2 tiros de vallesta entramos en un robledar que tenrá todo el camino, a medio camino pasamos un arroyo que corre a la mano dizquierda, a la mano derecha del camino a un tiro de vallesta queda la Sauzeda.

El Colmenar (Viejo)[308] lugar [§ 3703–3711, 6539–6541] tiene 1000 vezinos; es del duque del Infantadgo; está en un cerrillo entre unos montes baxos, está entre unos grandes enzinares, es en el Real de Mançanares; es lugar de muchas viñas:

ALCALÁ DE HENARES 7 leguas, van por Villanueva, 3 leguas, e por Ajalvir, 2 leguas, e por Dagançuelo, media legua, e por la Hinojosa, media legua. BEZERRIL 4 leguas, van por Zerezeda. BUITRAGO 7 leguas, van por Navalafuente, 4 leguas de cerros e valles e montes. CHOÇAS 2 leguas de valle abaxo e tierra doblada e montes altos de enzinares e baxos e tierras de labrança. FUENTE EL MORAL 4 leguas, van por Zerezeda. FUENTE EL SAZ 4 leguas como cuestas abaxo e tierra de cerros e montes baxos e altos, a las 3 leguas e media pasan a un río dicho Xarama por barca, que corre a la mano derecha. GUADALAJARA 9 leguas, van por Fuente el Saz, 4 leguas, e por Alarpardo, media legua, e por Valdeolmos, media legua, e por Valdeavero, 2 leguas, e por Valbueno Cabanillas, una legua. GUADALIX 3 leguas de tierra barrancosa e algunos llanos e labrados e montes de enzinares altos e baxos. GUADARRAMA 6 leguas, van por Zerezeda, 3 leguas de tierra doblada e de montes de enzinares e baxos, a una legua primera pasan a un río dicho Guadarrama, que va a salir a Madrid, por vado, que corre a la mano dizquierda. MADRID 6 leguas, van por Huentecarral, 4 leguas de tierra doblada. MANÇANARES 2 leguas, la una es como algo cuesta arriba e la otra postrera como cuesta abaxo, todas estas 2 leguas son de montes de enzinares, el un 4º postrero se pasan 2 arroyos grandes. MATA EL PINO 4 leguas, van por Zerezeda. LOS MOLINOS

---

308 Colmenar el Viejo, cf. *Villanueva de Fuente el Frexno.*

6 leguas, van por Zerezeda. NAVACERRADA 5 leguas, van por Zerezeda e por Bezerril. PORCARIZAS 3 leguas, van por Choças. POSADILLA 3 leguas de cerros e valles e montes de enzinares. SANT AGUSTÍN 3 leguas de tierra de barrancos e cerros e montes baxos e altos de enzinares. SEGOVIA 11 leguas, van por Zerezada, 3 leguas, e por Navacerrada, 2 leguas, e por Zerezedilla, una legua. TALAMANCA 5 leguas, van por Santagostín, 3 leguas de cerros e valles e montes. TOLEDO 18 leguas, van por Fuent Carral, 4 leguas, e por Madrid, 2 leguas, e por Xetafe, 2 leguas, e por Parla, 2 leguas, e por Humanejos, una legua, e por Illescas, 3 leguas, e por Yunquillos, una legua, e por Cabañas, 3 leguas, e por Olías, una legua. TORDELAGUNA 5 leguas de cerros e valles e montes, por la mano dizquierda a 2 leguas primeras e después a una legua e media queda siempre sierras, a 3 leguas primeras pasan a un río dicho de Santagustín, que corre a la mano derecha, va a dar a Xarama a 3 leguas de este paso. ZEREZEDA 4 leguas, van por Mançanares.

Condado lugar [§ 538] tiene 120 vezinos; está en una ladera de una sierra.
Consuegra lugar [§ 1066] tiene 10 vezinos; es de Sepúlveda; está en llano, pásase Marixave río tiro y medio de vallesta de Consuegra:

MONTIAÑO media legua pequeña llana.

Consuegra (El Castillo de Consuegra) lugar / villa [§ 1141–1142, 4511–4513] tiene 300 / 400 vezinos; es del prioradgo de Sant Joan; la fortaleza está en una sierra alta; está en llano al pie de un grand cerro donde está un muy fuerte castillo si lo ay en España en la cumbre del cerro; es cabeça del priorazgo de San Juan, solíase llamar la cibdad de Cintilla, donde se echó el rey don Rodrigo con la Caba, por donde se perdió España:

EL ALCÁÇAR DE CONSUEGRA 5 leguas, vase por Villafranca. ARENAS 5 leguas, todas de sierra. CAMUÑAS 2 leguas llanas. HUERTA DE VALDECARÁVAÑOS 7 leguas llanas. MADRILEJOS una legua llana de viñas. MANÇANEQUE 5 leguas llanas. MORA 5 leguas llanas. TEMBLEQUE 5 leguas llanas. VILLAFRANCA 3 leguas, van por Camuñas, 2 leguas llanas e de atochares, por la mano dizquierda queda un cerro. VILLAHARTA 5 leguas de atochares e chaparrales e por cerros por todas partes, las 2 leguas primeras son riberas abaxo de Xiuela que la pasan a par de Villaharta, corre a la mano derecha. VILLARRUVIA 5 leguas, todas de sierra. YÉVENES 5 leguas llanas salvo la primera legua que es de sierra áspera.

Contamina lugar [§ 4965–4969] tiene 8 vezinos; es del señor de Cetina; tiene fortaleza de tiempo antiguo derrocada; está riberas de Xalón, que pasa por la parte de mediodía; tiene buena vega de pan:

ALHAMA media legua pequeña llana riberas abaxo de Xalón, por la mano dizquierda queda siempre orilla el camino una sierra de peña e romerales, antes que lleguemos Alhama pasamos a un puerto por entre unas peñas altas e muy agras, que no tiene este puerto más anchor[309] que cuanto pasa Xalón río, de estas peñas de la mano dizquierda ay muchas fuentes callentes. CALATAYUT 4 leguas e media, van por Alhama, media legua, e por Bubierca, una legua, e por Ateca, una legua, e por Terrer, una legua. CARENAS 2 leguas, van por Godojos, una legua. CEGÜELA 2 leguas, van por Embit, a media legua de este Contamina ay una ermita en una gran sierra, que haze muchos milagros dicha Sancta Quiteria. CETINA media legua de travieso de una vega, junto con Cetina pasan a Xalón río, que corre a la mano dizquierda. EMBID una legua de sierras e valles muy agros e montes de romerales. GODOJOS una legua de cerros e valles e montes de romerales e de viñas, traviesan en saliendo de Contamina a la ribera e al río a un tiro de vallesta por vado e por puente, corre a la mano dizquierda. HARIZA una legua e media riberas arriba de Xalón, que queda el río con su ribera a la mano dizquierda, por la mano derecha cerros de peñas e romerales de yervas muy odoríferas e frutíferas. MONREAL 2 leguas e media, van por Hariza, legua e media.

Córdova (la llana) cibdad [§ 482, 1127–1129, 3475–3487, 4436–4437, 4447–4453] tiene 11000 / 12000 / 13000 vezinos; tiene buenas fortalezas, una en cabo de la puente muy fuerte; pasa junto con la cibdad por la parte de mediodía un río dicho Guadalquebir; este pueblo solía en tiempo antiguo estar al pie de la Sierra Morena, tiene un templo muy antiguo que tiene tantos pilares como días ay en el año, tiene 17 puertas, tiene 2 alcáçares, en esta cibdad ay 2 mártires naturales de León dichos San Ciscos e Santa Vitoria, es cibdad de muchas naranjas del mejor agro de toda España e de todas otras frutas de agro, tiene una campiña hazia la parte de mediodía de tierras muy gruesas de pan e de olivares:

ADAMUZ 5 leguas riberas arriba de Guadalquebir, que queda a la mano derecha, lo otro a la mano dizquierda, a 2 leguas e media primeras pasamos a un río dicho Guadalbarbo, que lo pasan muchas vezes en el camino, la primera vez que lo pasamos corre a la mano derecha, júntase luego con Guadalquebir. AGUILAR 7 leguas, van por Montilla. EL ALCARIA 2 leguas, todo de viñas e lagares, la mitad del camino llano e lo otro de sierras. ALMODÓVAR DEL RÍO 4 leguas llanas e de prados riberas abaxo de Guadalquebir, que queda el río a la mano dizquierda siempre a 3 e 4 tiros de vallesta del camino, por la mano derecha siempre queda la Sierra Morena a un 4º de legua del camino, el un 4º primero es de huertas e viñas, el 4º postrero de tierra de cuestas arriba. EL BUÑUELO una legua, la media legua primera llana e lo otro de sierras. BURJALANCE (BRUXALANCE) 6 leguas riberas arriba de Guadalquebir, las 2 leguas que queda el río a la mano derecha. CAÑETE 7 leguas, van por Burjalance, 6 leguas. EL CARPIO 5 leguas riberas arriba de Guadalquevir, que queda las 2 leguas primeras el río a la mano derecha e lo otro a la mano dizquierda, corre a la mano derecha. CASTRO EL RÍO 6 leguas de tierra doblada e de campiña, a media legua de Córdova subimos una cuesta que es de los derrumbaderos de Guadalquebir que tenrá un 4º de legua, en saliendo de Córdova pasan a Guadalquebir por la puente. CÓRDOVA LA VIEJA una legua llana hazia la sierra. ÉCIJA 8 leguas llanas, pásase Guadalqueví junto a Córdova, vase por Gua-

309 Anchura.

dalcáçar, 4 leguas. ESPEJO 5 leguas de tierra de cerros e tierra de campiña, en saliendo pasamos a Guadalquebir por la dicha puente, corre a la mano derecha, a 2 leguas primeras pasamos a otro río Guadaxox, corre a la mano derecha, por vado. GRANADA 22 leguas, van por Castro el Río, 6 leguas, e por Baena, 2 leguas, e por Alcalá la Real e por Pinos, 5 leguas. GUADALCÁÇAR 4 leguas llanas riberas abaxo de Guadalquebir, que queda el río a la mano derecha, a una legua primera pasamos al dicho río Guadaxox por puente, corre a la mano derecha. MONTEMAYOR 4 leguas de tierra muy doblada e de campiña de mucho pan, en saliendo pasan a Guadalquebir por la puente, corre a la mano derecha, a una legua primera tornamos a pasar al dicho río Guadaxox por vado en verano, que corre a la mano derecha. MONTILLA 6 leguas de tierra muy doblada e de campiña de tierras de pan, en saliendo de Córdova pasan a Guadalquebir e a Guadaxox a una legua primera, corre a la mano derecha. MONTORO 6 leguas de toda tierra. PALMA 9 leguas, van por las Posadas, 6 leguas de tierra llana riberas abaxo de Guadalquebir, que queda a la mano dizquierda. LAS POSADAS 6 leguas, vase por junto a Almodóvar del Río, pásase el río de las Guadacabrillas por puente 4 leguas de Córdova. LA PUENTE DE ALCOLEA 2 leguas llanas riberas arriba de Guadalquebir, que queda a la mano derecha a 2 tiros de vallesta del camino, por la mano dizquierda queda Sierra Morena a media legua del camino, la halda se entiende, a legua e media en el camino está un montón de tierra que fue fecho por mano despuertas por memoria [¿?]. LA RAMBLA 5 leguas de cerros e tierra de pan, en saliendo de Córdova pasamos a Guadalquebir por la puente, que corre a la mano derecha, a legua e media primera pasamos a otro río dicho Guadaxox por puente, corre a la mano derecha. SANT ANDRÉS 3 leguas llanas. SANTAELLA 5 leguas de cerros e tierras de pan, en saliendo pasan al dicho río Guadalquebir por puente, a legua e media primera pasamos al dicho río Guadaxox, que corre a la mano derecha. SEVILLA 22 leguas, van por Guadalcáçar, 4 leguas, e por Écija, 4 leguas, e por Fuentes, 4 leguas, e por Carmona, 5 leguas. TOLEDO 46 leguas, van por la Puente de Alcolea, 2 leguas, e por Adamuz, 3 leguas, e por Almodóvar del Campo, 17 leguas, e por Caracuel, 4 leguas, e por Cibdad Real, 2 leguas, e por Malagón, 4 leguas, e por Yévenes, 6 leguas, e por Orgaz, una legua, e por Biezma, 2 leguas e media. TRASIERRA 2 leguas grandes de Sierra Morena salvo media legua primera que es llana. VAENA 8 leguas, van por Castro el Río, 6 leguas. VILLAFRANCA 4 leguas riberas arriba de Guadalquebir, que queda a la mano derecha el río. EL VILLAR una legua e media, la media primera llana e lo otro de sierras, todo viñas e huertas.

Cordovilla lugar [§ 2795–2797] tiene 30 vezinos; es aldea de Mérida; está en llano entre unas sierras:

ALCUEXCA 3 leguas, van por Carmonica. CARMONICA legua e media de tierra doblada e de enzinares e xarales. LAS CASAS DE DON ANTÓN 3 leguas, van por Carmonica. CASTELLANOS una legua grande de tierra doblada e de xarales. ESPARRAGALEJO 3 leguas, van por Sancta Ana. MÉRIDA 5 leguas, van por Santana. LA NAVA una legua e media de tierra muy doblada e de cuestas e de xarales. LA NAVA DEL MEMBRILLO 2 leguas e media de cuestas e de montes de xarales. SANCTA ANA una legua de camino llano un valle abaxo.

Cordovín aldea [§ 279] tiene 20 vezinos; es del duque de Nájara:

BADRÁN media legua pequeña. CANILLAS media legua. CAÑAS buena media legua. TORRECILLA media legua, tierra áspera. VILLAR una legua.

Coria cibdad [§ 2071–2074, 2580–2595, 2602] tiene 400 / 450 / 500 vezinos; es del duque de Alva; tiene buena fortaleza en una orilla de la cerca; está en alto, por todas partes derrumbaderos, pasa junto con la cibdad hazia el mediodía un río dicho Alagón:

EL AZEBO (EL AZEVO) 5 leguas de tierra de sierras salvo la primera legua, a 2 leguas pasamos a un río dicho Árrago por vado, que corre a la mano dizquierda, a una legua más adelante pasamos a un río dicho Gata por barca, que corre a la mano dizquierda. CÁCERES 11 leguas, van por el Portezuelo, 4 leguas, e por el Casar de Cáceres, 5 leguas. LA CACHORRILLA 2 leguas, van por la Pescueça, una legua e tres 4º. CALÇADILLA 2 leguas pequeñas de sierras, a una legua subimos un portezuelo que tenrá un 4º de legua de abaxada e subida. LAS CASAS DE DON GÓMEZ una legua de tierra doblada mucho. LAS CASILLAS una legua grande llana riberas abaxo de Alagón, que queda a la mano dizquierda. CIBDAD RODRIGO 14 leguas, van por Calçadilla, 2 leguas, e por la Reina, 2 leguas, e por Descargamaría, una legua, e por Saúgo, 3 leguas, e por el Bodón, 2 leguas. GALISTEO 5 leguas riberas arriba del dicho río Alagón, que queda a la mano dizquierda, en saliendo de Coria pasamos Alagón por la puente, que corre a la mano derecha. GATA 5 leguas, van por Calçadilla, 2 leguas pequeñas, e por el Frexno, una legua. EL GUIJO DE CORIA (EL GUIXO DE CORIA, EL GUIXICO DE CORIA) 3 leguas llanas salvo que a medio camino pasamos una serrezuela que tiene de atravieso media legua agra. HUÉLAGA 2 leguas de tierra doblada, a medio camino pasamos a un portezuelo que tenrá un 4º de legua, la postrera legua es de montes de enzinares. MONTE HERMOSO 4 leguas, van por Morcillo. LA MORALEJA 4 leguas de tierra doblada, por algunas partes sierras. MORCILLO 2 leguas llanas riberas arriba de Alagón, que queda a la mano dizquierda. OLGUERA 3 leguas riberas arriba del dicho río Alagón, camino llano, que queda el río a la mano dizquierda, en saliendo pasamos al dicho río por la puente, que corre a la mano derecha. EL PEDROSO 3 leguas, van por Torrejoncillo, 2 leguas. PERALES 4 leguas, van por Huélaga, 2 leguas. LA PESCUEZA 2 leguas de tierra doblada de monte e de enzinas, en saliendo de Coria pasamos al dicho río Alagón, que corre a la mano derecha. PLAZENCIA 8 leguas, van por Galisteo. LA PORTAJA una legua, llana la primera media legua e lo otro sierras, en saliendo de Coria abaxamos una cuesta que tenrá un tiro de vallesta, pasamos Alagón río por la puente, que corre a la mano derecha. EL PORTEZUELO 4 leguas de tierra algo agra e de montes de enzinares salvo la primera media legua primera, en saliendo de Coria pasamos al dicho río Alagón por puente, que corre a la mano derecha, a la mano dizquierda queda Torrejoncillo a media legua del camino. RÍO LOBOS 4 leguas riberas arriba de Alagón, en saliendo de Coria pasamos al dicho río por la puente, que corre a la mano derecha. TORREJONCILLO 2 leguas de tierra doblada, en saliendo de la cibdad pasamos al dicho río Alagón por barca, que corre a la mano derecha. VILLAS BUENAS 5 leguas, van por la Moraleja.

Çorita de los Canes aldea [§ 353] tiene 30 vezinos; todo es llano:

HONTOYUELO una legua grande. VILLACARLÓN media legua. VILLACRECES media legua. VILLADA una legua.

Çorita de los Canes[310] villa [§ 4768–4772] tiene 6 vezinos; tiene una fortaleza en un cerro redondo, la cual está abraçada con la cerca de la dicha villa; está junto con Texo, es en el Alcarria; es cabeça de muchos lugares del maestradgo de Calatrava, llámase Çorita de los Canes porque siempre tiene 4 o 5 perros que la velan:

ALMOGUERA una legua e media de cerros e valles arriba e tierras de labrança, en saliendo de Çorita pasan a Taxo por puente, que corre a la mano dizquierda. ALMONACIR DE ÇORITA media legua de cuesta e cerros arriba e olivares. ALVALATE una legua pequeña de tierra doblada e como cuesta arriba e de viñas e olivares. GÜETE 4 leguas, van por Alvalate, una legua, e por Marzulleque, 2 leguas. MONDÉJAR 4 leguas, van por Almoguera, una legua e media, e por Alvares, media legua. PASTRANA legua e media, la primera media legua es riberas arriba de Texo porque en saliendo pasan al dicho río Texo por puente, corre a la mano dizquierda e queda a la mano derecha, todo la otra legua postrera es un valle e arroyo arriba e por entre grandes cerros de pinares a todas manos, en este dicho arroyo ay 2 sierras de agua que hazen madera la una en la boca del arroyo como entran en Texo e la otra media legua más arriba. VALDECONCHA 3 leguas, riberas arriba de Duero la media legua primera, que queda a la mano derecha porque en saliendo de Çorita pasan a Texo, corre a la mano dizquierda, a las 2 leguas e media postreras van un valle e arroyo arriba.

Corpa aldea / lugar [§ 17, 20, 4749–4751] tiene 50 / 70 / 150 vezinos; es del arçobispo de Toledo, es aldea de Alcalá de Henares; está en un vallejuelo; es lugar de muchas viñas e olivares algunos, es lugar de buenas aguas para ser en esta tierra, entre este lugar e el Pozuelo ovo una batalla un mosén Juan e los comendadores avrá 50 años que se cuentan desde 1519:

ALCALÁ DE HENARES una legua e media, van por Villalvilla. MONDÉJAR 3 leguas y media, pásase el río dicho Tajunia una legua de Mondéjar por puente. PEÇUELA (PEZUELA) una legua e media de tierra de barrancos e viñas e tierras de pan. PIOZ una legua muy grande de tierra doblada e de algunos vallejuelos e de viñas e olivares. SANTORCAZ una legua de tierra doblada mucho e de viñas e tierras de pan e algunos olivares. VALVERDE media legua de tierra de vallejuelos e cerros e viñas e tierras de pan. VILLALVILLA media legua de tierra de valles e viñas e olivares, para abaxar al lugar baxan una cuesta que tenrá un tiro de vallesta. EL VILLAR una legua grande de tierra doblada e de cerros e vallejuelos e tierras de viñas e olivares, los vallejuelos la media primera.

El Corral aldea [§ 764, 815–816, 1038] tiene 15 vezinos; es de tierra de Sepúlveda; está en un llano, ribera de Duratón; es un concejo [cf. *Duratón*]:

BOCEGUILLAS una legua dobladilla grande, en saliendo del Corral se pasa Duratón, que corre a la mano dizquierda. LA ÇARÇOSA media legua grande llana, a medio camino pasamos un arroyo que corre a la mano dizquierda, a la misma mano queda el Villarejo que es 3

310 Çorita, cf. *Villalvilla, Yebra.*

o 4 casas a 100 pasos del camino y el Olmo a la mano dizquierda que son otras 4 casas a otros 100 pasos, ansí mismo queda a la mano dizquierda la Serna a media legua del camino. DURUELO una legua llana, pásase Duratón cerca del lugar a un tiro de vallesta, que corre a la mano dizquierda. FREXNEDA media legua llana. LOS HAZES media legua pequeña. SEPÚLVEDA media legua muy doblada. LA SERNA media legua llana, pásase Duratón junto al Corral por vado. VELLOSILLO 3 tiros de vallesta, llano. DOS ZEREZOS [DE YUSO y DE SUSO] 2 leguas dobladillas, pásase Duratón a media legua, que corre a la mano dizquierda.

El Corral de Ayllón aldea [§ 765, 829] tiene 40 vezinos; es de Ayllón; está en alto por parte del Frexno e por parte de Ayllón está en llano, el asiento tiene en llano:

AYLLÓN una legua grande, los tres 4º de legua es llano, allí pasa un río dicho Riaza que corre a la mano dizquierda, allí subimos una cuesta que tenrá 2 tiros de vallesta, de allí adelante es tierra dobladilla de viñas, a la mano dizquierda queda Santa María de Riaça a un tiro de vallesta del camino.

La Correduera aldea [§ 450] tiene 30 vezinos; está en llano, pasa el Arnoya medio millo de este lugar:

BARALLO un 4º de legua llano. CUBELAS media legua llana. FREANS media legua llana. PEIÇAIS un 4º de legua llano. SAN MARTÍN medio millo llano.

Cortes aldea [§ 301] tiene 30 vezinos; es de Burgos:

GAMONAL media legua grande, pásase Arlançón más cerca de Cortes que de Gamonal.

La Coruña cibdad [§ 393, 2651–2652, 5161–5164] tiene 600 / 2500 / 8000 vezinos; tiene buena fortaleza en alto; está en llano al pie de una sierra, pasa junto con la cibdad un gran río que entra la mar en él porque la cibdad está vera del mar y en llano, casi es isla que la cerca la mar salvo por una parte, es en Galizia; es puerto de mar, es llave de Galizia, fázese moneda, tiene buenos molinos de viento, en esta tierra son las leguas pequeñas:

ALTAMIRA 14 leguas, van por las Casas, 4 leguas, e por los 3 Espitales, 2 leguas, e por Santiago de Galizia, 4 leguas, e por el Aldea de Perogil [¿Peroxil?], 3 leguas. BETANÇOS 4 leguas, van por las Mariñas, 2 leguas. BRUERO 3 leguas, vase vera del mar. LAS MARIÑAS (LAS MARINAS DE CORUÑA) una legua por la mar e 2 por tierra de riberas de la mar, que queda la mar a la mano dizquierda. ORENSE 12 leguas, van por las Mariñas, 2 leguas, e por Betanços, una legua, e por Castil de Ferro, 3 leguas, e por el Aldeanueva, 3 leguas. LAS PONTES DE IMA (LA PUENTE DE IME) 4 leguas, van por las Mariñas, 2 leguas, e por Betanços, una legua. LA PUENTE DEL BURGO 2 leguas riberas de la mar, que queda la mar a la mano dizquierda a un tiro de vallesta. LA PUENTE DE SARANDONES 2 leguas, van por Uzes. SANTIAGO DE GALIZIA 10 leguas, van por el Espital, una legua e media, e por la Puente de Saranón, una legua e media, e por las Traviesas e por el Ospital de Traviesa, una legua, e por Polo. UZES una legua de cerros e valles e algunos arroyos. VILLALVA 10 leguas, van por Betanços.

Corvell(o) aldea / lugar [§ 381, 453] tiene 60 / 200 vezinos; está en llano, está ribera del río que se dize Puerto de Bueis:

BAADE media legua, pásase este dicho río Puerto de Bueis junto a Corvello. BANGUESES 2 leguas llanas, pásase el río Puerto de Bueis junto a Corvello. CADONS media legua, vase por Prera, que está en medio del camino. CALVOS un 4º de legua de cuesta abaxo y cuesta arriba, pásase el dicho río Puerto de los Bueis al medio camino. LA FLAGA legua y media pequeña, la media postrera es muy fragosa, vase por Parada. PARADA (DE LA VENTOSA) una legua llana, pásase Cabanelas junto con Corbell. PRERA un millo, pásase Cabanela cerca de Corvell.

Coslada [§ 333] tiene 40 vezinos; es de Madrid:

AMBROZ una legua grande. REJAS media legua.

Covachuelas aldea [§ 1029] tiene 10 vezinos; es de tierra de Sepúlveda; está ribera de la Hozezilla:

SANTA CRUZ un 4º de legua. SEPÚLVEDA una legua la Hocezilla abaxo. VÁSAMOS una legua de tierra doblada.

Coveña[311] lugar [§ 3701] tiene 150 vezinos; es del conde de Coruña; está en un valle hondo entre unos cerros; es pobre de leña:

ALCALÁ DE HENARES 3 leguas, van por Daganço, una legua. ALJETE una legua pequeñica de valles e cerros e tierras de pan. FUENTE EL SAZ 2 leguas, van por Algete. PARACUELLOS legua e media de tierra de cerros e tierra doblada.

Crastoveredo lugar [§ 386] tiene 20 vezinos:

ÇALANUEVA una legua llana, pásase Sorga a medio millo de Çalanueva. CASTROMAO legua y media, vase por Çalanueva. SAN MIGUEL DE SORGA media legua llana.

Crespos aldea [§ 441–442] tiene 12 vezinos; está en llano:

LAS HACHAS 2 leguas grandes, tierra áspera, la una legua de subida y la otra descendida, pásase el río de las Hachas junto a las Hachas un tiro de vallesta por puente. MEIROLO legua y media llana. NUESTRA SEÑORA DE LA FRANQUERA media legua, toda de cuesta arriba.

---

311 Cobeña, cf. *Villanueva de Fuente el Frexno.*

La Cruz [§ 5396–5398] es un monesterio de monjas; aquí está una santa muger biba que se llama Juana de la Cruz, la cual se traspone en vida 2 o 3 días e después resucita:

CASARRUBIELOS 3 tiros de vallesta llano. CUBAS 2 tiros de vallesta llano e de labrança. GRIÑÓN una legua, van por Cubas. HUMANEJOS legua e media de tierra doblada e de pan. ILLESCAS una legua, van por Casarrubielos. PARLA 2 leguas, van por Humanejos. TORREJÓN DE VELASCO una legua de tierra doblada e de labrança. TORREJONCILLO tres 4º de legua de tierra doblada e de labrança. UXENA una legua, van por Torrejoncillo.

Cubelas[312] aldea [§ 470] tiene 15 vezinos; está en llano ribera del Arnoya río:

SANTA MARÍA DEL FIOZ media legua llana, pásase el Arnoya junto a Cubelas un tiro de piedra por barca. SANTIAGO DE MORTERA un tiro de vallesta.

Cubillos lugar [§ 5080, 5104–5105] tiene 500 vezinos; es aldea de Çamora; está en llano:

ÇAMORA una legua de tierra doblada e de tierras de pan e de viñas. MONTAMARTA 2 leguas de tierra doblada e de labranças e viñas. PIEDRAHÍTA 2 leguas e media de tierra doblada e de tierras de labrança. ROALES media legua llana de viñas e tierras de pan. SAN CEBRIÁN 3 leguas de tierra doblada e tierras de pan e de viñas. VILLANUEVA una legua de tierra doblada e de viñas e tierras de pan.

Cubo aldea [§ 488] tiene 10 vezinos; es de Segovia:

LA CUESTA 2 leguas llanas, pásase Santo Domingo río a medio camino y más adelante se pasa Pirón a media legua de la Cuesta, de verano llevan poca agua y de invierno se pasan por puente.

Cuenca cibdad [§ 3585–3589] tiene 3000 vezinos; tiene fortaleza; está el asiento entre 2 cerros, pasa e cércanla 2 ríos, el uno dicho Xúcar e el otro Güécar; es cabeça de obispado, es tierra fría, esta cibdad es la mejor cibdad de lanças [¿?] que ay en España:

ALTAREJOS 5 leguas, van por Villar de Olalla, una legua. ARCAS 2 leguas de tierra doblada, a media legua se pasa un río dicho Muxcas por puente, que corre a la mano derecha. BEHAMART 3 leguas de sierras e pinares e savinares. LA CAÑADA 5 leguas, van por Fuentes, 3 leguas. FUENTES 3 leguas de cerrillos, a media legua primera pasan a Muxcas por vado, que corre a la mano derecha. GÜÉLAMA 7 leguas, van por Buenache, 2 leguas, estas 2 leguas son de sierras. GÜETE 12 leguas. MONTEAGUDO 7 leguas, van por Fuentes, 3 leguas. LA

312 Covelas, cf. *Frexo, Santabaya del Fioz, Santiago de Mortera.*

PARRILLA 6 leguas, van por Villar de Olalla, una legua. VILLAR DE OLALLA una legua grande de tierra doblada. VILLAR DEL SAZ 3 leguas, van por Arcas, 2 leguas.

Cuenca de Campos[313] villa [§ 338] tiene 400 vezinos; es del condestable:

BUSTILLO una legua. GATÓN una legua. MORAL DE LA REINA una legua llana. VILLACIR una legua. VILLAVARUZ una legua llana.

Cuesta aldea [§ 488] tiene 30 vezinos; es de Segovia; está en un alto:

ATENÇUELA media legua llana salvo que ay una pequeña baxada. SANTO DOMINGO media legua llana sino al principio que ay una pequeña decendida.

Cueto lugar [§ 5674] tiene 1000 vezinos; está en llano veras de la mar:

SANTANDER una legua de cerros e valles e viñas, por la mano derecha queda la mar siempre, a medio camino pasan a un río por puente, que corre a la mano derecha.

Las Cuevas aldea / lugar [§ 1086, 2435–2440, 4202–4204] tiene 60 / 80 / 100 vezinos; es del duque de Alburquerque; está en valle hondo entre unas grandes sierras montosas de pinares e de castañares, está al pie del Puerto el Pico, pasa por medio del lugar un río dicho la Garganta del Puerto el Pico; nace un arroyo grande, es de muchas castañas e de muchas frutas:

ARENAS 3 leguas, van por el Colmenar, una legua, e por el Arroyo el Castaño, 2 leguas. ÁVILA 11 leguas, van por los Molinos, 2 leguas, e por la Mora, 2 leguas, e por Mengamuñoz, una legua, e por la Hija de Dios, una legua, e por Niharra, 2 leguas e media. EL BURGO DE ÁVILA 5 leguas, van por Serranillos e por Navarrubisca, una legua. EL COLMENAR DE MOMBELTRÁN, que antes se llamava EL COLMENAR DE ARENAS una legua pequeña un valle abaxo e por entre sierras, los tres 4º de legua primeros son de castañares e por entre grandes sierras, por la mano dizquierda queda un grande valle hondo e de castañares. NACEHÍTA 4 leguas, van por el Colmenar de Mombeltrán. NAVACEPEDA 4 leguas de sierras e puertos. NAVARREDONDA 3 leguas de sierras e puertos e tierra doblada mucho. NAVARRUBISCA 3 leguas, van por Serranillos. OROPESA 8 leguas, van por el Colmenar, una legua, e por Arroyo Castaño, media legua, e por Ramacastañas, 2 leguas, e por Torre Alva. SAN MARTÍN DEL PIMPOLLAR 2 leguas de sierras e puertos. SANTISTEBAN (SANTISTEVAN DEL CASTAÑAR) una legua de grandes valles e castañares, van por el Villarejo de Mombeltrán. SERRANILLOS 2 leguas de sierras e valles. TALAVERA DE LA REINA 9 leguas, van por Ramacastañas, 2 leguas, e por Hontanares, una legua, e por Montesclaros, una legua, e por Mejorada, 2 leguas. LA VEGA 4 leguas, van por Samartín del Pimpollar. VILLAREJO media legua laderas de la sierra.

313 Cuenca, cf. *San Vicente de la Barquera*.

Culumbrianos lugar [§ 5600–5601] tiene 60 vezinos; es aldea de Ponferrada; está en llano; es lugar de mucho vino e pan:

FUENTES NUEVAS un tiro de vallesta llano e de prados e pan. PONFERRADA una legua pequeña de tierra doblada e de tierras de pan e montes baxos, en llegando a Ponferrada pasan al Sil por puente, que corre a la mano derecha. SANTANDRÉS DE MONTEXOS 2 tiros de vallesta de tierra llana e de pan.

Çuniel lugar [§ 5047] tiene 60 vezinos; está en un cerro:

ALCARRAZ una legua, van por Torres, media legua. GALFES un 4º de abaxada e subida no agra. LÉRIDA una legua grande de tierra doblada, junto con Lérida pasan a Segre, corre a la mano dizquierda, por barca. TORRES media legua llana.

Curiel villa [§ 1011, 1079] tiene 200 vezinos; tiene fortaleza fuera del lugar sobre peña tajada; está en una ladera, está ribera de Duero:

MÉRIDA una legua buena, pásase Duero al medio camino, que corre hazia la mano derecha. PESQUERA una legua, a la mano izquierda queda Quintanilleja e Langayo e Mançanillo.

Çuvir lugar [§ 5303] tiene 8 vezinos; está en un valle entre 2 sierras, está orilla del río que va por Pamplona:

EL ESPINAR 3 leguas, ay lugares en medio, todo de montes e sierras.

D

Dagamço aldea [§ 22] tiene 80 vezinos; es del conde de Coruña:

ALCALÁ DE HENARES 2 leguas, pásase un río dicho Torote, por vado porque es chico, a media legua de Alcalá.

Dagançuelo (Daguençuelo) aldea / lugar [§ 21, 3674–3679] tiene 30 / 40 vezinos; es del arçobispo de Toledo, es aldea de Alcalá de Henares; está en un vallejuelo:

AJALVIR (HAJALVIR) media legua pequeña llana salvo una cuesta que subimos en saliendo del lugar que tenrá 200 pasos, todo es tierras de pan. ALCALÁ DE HENARES legua e media, van por la Hinojosa, pásase un río pequeño dicho Torote a media legua de Alcalá. ALMACENEJO una legua, van por Dagamço, media legua. ARGANDA 3 leguas, van por Lueches, 2 leguas, por otra parte por Torrejón de Hardoz, una legua. EL COLMENAR VIEJO 5 leguas, van por Hajalvir, media legua. GUADALAJARA 5 leguas llanas, a la mano dizquierda quedan Camarma e Meco a 2 tiros de vallesta cada uno, a 4 leguas e media primeras se pasa Henares río por puente, que corre a la mano derecha, en este camino para Guadalajara van por Alhobera, 4 leguas, e por Benalaque, media legua. LUECHES 2 leguas, van por Baeçuela, una legua llana. MADRID 5 leguas, van por Rejas, 2 leguas e media, e por el Alameda, media legua, adelante queda a la mano dizquierda Canillejas a un tiro de vallesta. MEJORADA 2 leguas, van por Torrejón de Hardoz, una legua. PARACUELLOS una legua, la mitad primera es llana e lo otro es de cuestas. QUER 3 leguas, van por Meco, 2 leguas. REXAS 2 leguas e media llanas salvo algunas traspuestas, a 2 leguas primeras pasan a un río dicho Xarama por puente, corre a la mano dizquierda, a la mano dizquierda queda Torrejón de Hardoz media legua del camino. SANTORCAZ 3 leguas, van por la Hinojosa, media legua, e por Alcalá de Henares, una legua. TORDELAGUNA 5 leguas, van por Dagamço, media legua llana, e por Alarpardo Talamanca, 3 leguas. TORREJÓN DE HARDOZ una legua llana e de tierras de pan. VALLECAS 3 leguas, van por Coslada, 2 leguas e media, e por Ambroz, media legua, e por Vicálvaro, media legua. VILLA NUEVA 3 leguas e media, van por Meco.

Daimiel[314] lugar [§ 1148–1149, 3553–3565] tiene 800 / 850 vezinos; es de la orden de Calatrava; tiene buena fortaleza igual que el lugar; está en llano, es e está en el Campo de Calatrava, nace Guadiana a legua e media de este lugar que viene a salir junto con este lugar 7 leguas; parte mojones con el priorazgo de San Juan:

ALMAGRO 3 leguas de tierra llana e de montes baxos salvo media legua postrera que travesamos una serrezuela que tenrá 3 tiros de vallesta. LA BEMBRILLA 3 leguas de tierra llana e de tierras de pan llevar. CALATRAVA LA VIEJA 4 leguas de tierra llana, a la mano dizquierda queda Carrión a media legua del camino. CARRIÓN 2 leguas llanas. CIBDAD REAL 5 leguas llanas, van por Carrión, 3 leguas. EL CORRAL DE ALMAGUER 14 leguas, van por

---

314 Damiel, cf. *Alcáçar de Consuegra, Malagón, (La) Solana, Villaharta (Villa Harta), Villacañas.*

https://doi.org/10.1515/9783111044064-006

Villaharta, 4 leguas, e por Villa Franca, 3 leguas, e por Puebla don Fradique, 3 leguas. LISBONA 82 leguas, van por Carrión, 3 leguas, e por Cibdad Real, 2 leguas, e por Cabeça Arados, 6 leguas, e por Abenoja, una legua, e por Sazeruela, 4 leguas, e por Agudo, 4 leguas, e por Siruela, 3 leguas, e por Esparragosa, 3 leguas, e por Villa Nueva de la Serena, 7 leguas, e por Don Benito, una legua, e por Medellín, una legua, e por San Pedro, 3 leguas, e por Mérida, 2 leguas, e por Mal Partida, 3 leguas, e por Badaxoz, 5 leguas, e por Yelves, 3 leguas, e por Estremoz, 6 leguas, e por Arroyolos, 4 leguas, e por Monte Mayor lo Novo, 6 leguas. MALAGÓN 4 leguas de tierra llana e montes baxos e altos e dehesas e tierras de pan, a medio camino pasan a Guadiana por puente, que corre a la mano dizquierda. MANÇANARES 3 leguas de tierra llana. MONTIEL 12 leguas, van por la Brembilla, 3 leguas, e por Villa Nueva de los Infantes, 7 leguas. EL MORAL 4 leguas de tierra llana e tierras de pan llevar salvo que a 3 leguas e media traviesan una sierra que tenrá toda la media legua postrera. MURCIA 49 leguas, van por Mançanares, 3 leguas, e por Socuéllamos, 10 leguas, e por Villa Robledo, 3 leguas, e por Minaya, 4 leguas, e por la Gineta, 3 leguas, e por la Roda, 3 leguas, e por Chinchilla, 3 leguas, e por Jumilla. OCAÑA 18 leguas, van por Arenas, 3 leguas, e por Madrillejos, 5 leguas, e por Tembleque, 5 leguas, e por la Guardia e por Dos Barrios. SAN CLEMEYENTE 17 leguas, van por Villaharta, 4 leguas, e por Alcáçar de Consuegra, 4 leguas, e por el Campo de Clitana, una legua, e por Pero Muñoz, 2 leguas, e por Manjavacas, una legua, e por Pedroñeras, 3 leguas, e por Santiago el Quebrado, una legua. TOLEDO 18 leguas, van por Arenas, 3 leguas de tierra llana e de montes, e por el Puerto Lapeche, 2 leguas, e por Consuegra, 3 leguas, e por Mora, 5 leguas, e por Maxcaraque, una legua. TORRALVA una legua llana. VALDEPEÑAS 6 leguas de tierra llana e algo de montes baxos, en medio camino pasamos una sierra que tenrá media legua. VALENCIA DE ARAGÓN 50 leguas, van por Mançanares, 3 leguas, e por Socuéllamos, 10 leguas, e por Villa Robledo, 3 leguas, e por San Clemente, 2 leguas, e por Vala de Rey, 2 leguas, e por Villa Nueva de la Xara e por Alcabdete e por Utiel e por Requena e por Sieteaguas e por Buñuelo e por Chivar e por Guarte. VILLA HARTA 4 leguas llanas e de montes a trechos de enzinares e atochares salvo media legua primera e media postrera, por medio el camino ay media legua rasas, a la mano dizquierda a 2 leguas del camino quedan siempre sierras, a legua e media primera pasamos a Guadiana por cima de tierra, que queda sobre la mano dizquierda ciertas lagunas, por la mano derecha la tierra seca. VILLA NUEVA DE LOS INFANTES 10 leguas, van por la Brembilla, 3 leguas. VILLA RUBIA 3 leguas de tierra llana e de montes baxos, a una legua primera pasan Guadiana por puente, que corre a la mano dizquierda.

Daroca cibdad [§ 5319–5321] tiene 1000 vezinos; tiene buena fortaleza; está en un barranco; en esta cibdad están unos corporales que tienen 5 gotas de sangre de Nuestro Señor e fue sobre cierto milagro que hizo Nuestro Señor, que está un clérigo diziendo misa e los moros venían a saquear el lugar e el clérigo escondió los corporales debaxo de una losa e después lo hallaron con las dichas gotas de sangre:[315]

---

315 «Los corporales de Daroca: es una misteriosa reliquia, que se guarda en la iglesia de aquella ciudad, de que ay particular escritura. Y passó assí: que teniendo puesto cerco sobre el castillo de Quio, reyno de Valencia, los soldados del rey don Jayme que avían quedado en Valencia por

MANCHONES e MORERA una legua llana de montes e tierras de pan riberas abaxo de un río dicho Xiloca, que queda el río a la mano dizquierda. RETASCÓN media legua de barrancos e algo llano e viñas. VALCONCHAL media legua llana de viñas e tierras de pan. VALDEHORNA media legua llana salvo un cerro que traviesan en llegando a Valdehorna. VILLANUEVA una legua llana e de vega e riberas arriba de Xiloca, que queda a la mano derecha la mitad de camino e lo otro queda el río a la mano dizquierda, a medio camino pasan al dicho río, queda a la mano derecha.

Deça villa [§ 4725–4728] tiene 400 vezinos; es del duque de Medinaceli; tiene fortaleza; está una valle y una ladera, está en solana; es puerto de Aragón:

ALCALÁ DE HENARES 26 leguas, van por Bordalva, una legua, e por Montagudo, una legua, e por Almaluez, 2 leguas, e por Medinaceli e por Corvesín e por Torrealvilla e por Guixosa e por Cigüença e por Vaides e por Buxalharo e por Villanueva e por Padilla e por Hita e por Guadalaxara. ALMAÇÁN 6 leguas, van por Vililla, 4 leguas e media de tierra de cerros e montes de enzinares. ALMALUEÇA 4 leguas de tierra llana e tierras de labrança e algún monte por algunas partes del camino. ALMAZUL 2 leguas e media, van por Miñana. CALATAYUT 12 leguas, van por Teca, 6 leguas, e por Terrer. CIGÜELA media legua llana de una vega abaxo. MEDINACELI 7 leguas, van por Almalueça e por Montagudo. MIÑANA una legua grande de tierra doblada e de tierras de pan. SERÓN 3 leguas de grandes cerros e valles e montes de enzinares e tierras algunas de pan. TECA 6 leguas de tierra doblada e de tierras de pan.

Descargamaría lugar [§ 5217–5218] tiene 250 vezinos; es de don Francisco de Belbís; está en un valle entre 2 sierras, está riberas de Árrago:

HERNAND PÉREZ 2 leguas e un 4º de cerros e valles e montes de enzinares e robledales, a un 4º de legua primera pasan a Árrago río por vado, que corre a la mano derecha. ROBLEDILLO media legua pequeña llana por entre sierras riberas arriba de Árrago río, que queda el río a la mano derecha, pásanlo 3 vezes en el camino. SANTA CRUZ 2 leguas e media, van por Hernand Pérez. VILLANUEVA 3 leguas, van por Hernand Pérez.

---

guarnición, los moros cercados dieron aviso con ahumadas a los comarcanos, y en breve espacio se juntaron hasta un número de veinte mil. Eran los christianos muy pocos, pero muy valientes y esforçados y exercitados en la guerra, y determinándose de pelear con toda aquella morisma. Se pusieron a oyr missa, y el preste puso seis formas para comulgar seis cavalleros; y antes de poderlo hazer oyeron tal alarido en los reales, que les fué forçoso dexar la missa, y acudir a las armas. El preste, que avía ya consagrado las formas, las envolvió en los corporales y las escondió. Aviendo pues los christianos vencido a los moros, y bolviendo los cavalleros para comulgar, hallaron los corporales vañados en sangre, que avía corrido de las formas; dudando en que lugar se colocarían, dizen que no sin misterio vinieron a la yglesia de Daroca, siendo el intento de los que los llevaban ir a otra parte» (Covarrubias, s.v. *corporales*).

***Don Benito** lugar [§ 3562, 4322] tiene 500 vezinos; es aldea de Medellín; está en llano:

DON LLOREINTE media legua llana. GUAREÑA 4 leguas, vase por Minga Abril. HAVA una legua llana. MEDILLÍN una legua llana. MINGA ABRIL una legua llana. RENA 2 leguas grandes, a una legua se pasa Guadiana por vado, que corre a la siniestra, y junto con Rena se pasa Ruecas por vado, que corre a la siniestra. VALDETORRES 3 leguas llanas. VILLANUEVA una legua pequeña.

***Don Hierro** [§ 3850]:

ALMENARA 2 leguas.

***Doñorente** aldea tiene 70 vezinos:

MEDELLÍN una legua llana.

Dos Barrios[316] villa [§ 3612–3620] porque solía; es algo cercada; está en llano salvo por la parte de mediodía, un valle hondo por junto con la villa:

ALCÁÇAR DE CONSUEGRA 10 leguas, van por la Guardia, 2 leguas, e por el Romeral, 2 leguas, e por Villa Cañas, 2 leguas, e por Quero, 2 leguas. ALCALÁ DE HENARES 11 leguas, van por Ocaña e por Chinchón, 4 leguas, e por Morata, una legua, e por Arganda, 2 leguas, e por Lueches. ALMAGRO 20 leguas, van por la Guardia, 2 leguas, e por el Romeral, 2 leguas, e por Villa Franca, 5 leguas, e por Herencia, una legua, e por Villa Harta, 2 leguas, e por Daimiel, 4 leguas. BELMONTE 12 leguas, van por el Corral de Almaguer, 5 leguas, e por Villanueva de Alcardete, 2 leguas, e por los Hinojosos, 3 leguas, e por Monreal. CONSUEGRA 9 leguas, van por la Guardia, 2 leguas, e por Tembleque, 2 leguas. EL CORRAL DE ALMAGUER 5 leguas de cerrillos e valles algo hondos e de atochares, a la mano dizquierda queda Villatovas a una legua del camino. CUENCA 21 leguas, van por Villatovas, 2 leguas, e por Santa Cruz, 3 leguas, e por Villinchón, 2 leguas, e por Güete. LA GUARDIA 2 leguas de tierra doblada de cerrillos de atochares, antes que lleguemos a la Guardia travesamos un valle que tenrá de abaxada e subida un 4º de legua, todo de viñas e tierras de pan, para subir al lugar subimos una cuesta que tenrá 2 tiros de vallesta. ILLESCAS 7 leguas, van por Ciruelos, 2 leguas, e por Borox, 3 leguas. LILLO 4 leguas de cerros e atochares no muy altos. MADRID 11 leguas, van por Ciruelos, una legua, e por Seseña, 3 leguas, e por Pinto, 2 leguas, e por Xetafee, 2 leguas, e por Villaverde, una legua. MADRILEJO 9 leguas, van por la Guardia, 2 leguas, e por Tembleque, 2 leguas. OCAÑA una legua muy grande de viñas e olivares ralos. TOLEDO 8 leguas, van por Yepes, 2 leguas llanas, todo de viñas, a la mano derecha queda Ocaña a una legua del camino. UCLÉS 10 leguas, van por Villa Tovas, 2 leguas, e por Santa

316 Dosbarrios, cf. *Yepes*.

Cruz, 3 leguas, e por Tarancón, 2 leguas. VILLA 2 leguas de tierra muy doblada de atochares e tierras de pan. YEPES 2 leguas llanas e de viñas e olivares.

Dos Hermanas lugar [§ 3430–3431]; es aldea de Sevilla; está en llano:

CARMONA 6 leguas, van por Alcalá de Guadaira, una legua muy grande llana de montes baxos e olivares e palmares. CORIA 2 leguas de tierra llana, en llegando a Coria pasamos a Guadalquebir por barca, que corre a la mano dizquierda. CORONIL 6 leguas llano salvo algunas traspuestas, van por Uitrera. MORÓN 7 leguas, van por Uitrera, 3 leguas. LOS PALACIOS 2 leguas e media llanas e de palmares. SEVILLA 2 leguas de tierra doblada e de tierras de pan. UITRERA 3 leguas llanas e de pinares e olivares e viñas.

Duarte lugar [§ 5302]; es aldea de Plampona; está en llano riberas del río que pasa por Pamplona:

ELCANO media legua llana de viñas e labranças.

Dueñas villa [§ 11, 313, 365, 3505–3507] tiene 600 / 700 / 1000 vezinos; es del conde de Buendía; tiene fortaleza en más alto que el lugar, el cual está en alto; está en una ladera, pasa un río junto con la villa dicho Pisuerga; ay muy buenas guindas:

CABEÇÓN 4 leguas llanas, pásase Arlançón junto con Cabeçón por puente. CUBILLAS 2 leguas de cerros, en saliendo de Dueñas pasamos al dicho río Pisuerga por puente, que corre a la mano derecha. PALENCIA 2 leguas, van por Calabaçanos, una legua. TARIEGO 2 leguas de tierra doblada e algunas traspuestas e de viñas e tierra de pan, en saliendo de Dueñas pasan al dicho río por la puente, corre a la mano derecha. TORQUEMADA 4 leguas, van por Magaz, 2 leguas de tierra llana. TRIGUEROS 2 leguas, van por Valdeçadas, una legua de tierra doblada mucho. VALLADOLID 6 leguas, van por Cabeçón, 4 leguas.

Du(e)ratón aldea [§ 815–816, 1062] tiene 14 / 20 vezinos; es de Sepúlveda; está en llano, está ribera de Dueratón; es un concejo [cf. *El Corral*]:

EL ALAMEDA media legua pequeña llana. EL CORRAL 2 tiros de vallesta. LA FREXNEDA media legua Dueratón arriba.

Dueruelo[317] [§ 1067] tiene 20 vezinos; es de Sepúlveda; está en llano:

MANSILLA media legua pequeña llana. LAS RADES una legua llana.

Durango villa [§ 403] tiene 1000 vezinos:

317 Duruelo, cf. *Mansilla, (Nava) La Nava de Pedraza, La Orden, Pero Ruvio.*

BILVAO 5 leguas ásperas, vase por Çornoça. ELGUETA 2 leguas. GARNICA 3 leguas. LECAITIO 6 leguas. MARQUINA 3 leguas. MONDRAGÓN 3 leguas, vase por el Orrio. ORDUÑA 10 leguas. VERGARA 2 leguas. VITORIA 7 leguas, vase por Ochandiano y por Villarreal.

E

Écija cibdad [§ 479, 3458–3469, 4377–4379] tiene 5000 / 6000 / 7000 vezinos; tiene buena fortaleza; está en un valle entre unos cerros, pasa junto con la cibdad un río dicho Guadaxenil, tiene este dicho río por la ribera de él 4 leguas de huertas 2 leguas de cada cabo; tiene grandes arrabales por alrededor de la cibdad que tienen más número de vezinos que la cibdad, tiene grandes olivares, cójese esta cibdad mucho azeite e alegría, que es dicha agengolín:

ALMODÓVAR DEL RÍO 5 leguas de cerrillos e tierra doblada. CASTRO EL RÍO 10 leguas, van por la Rambla, 6 leguas, e por Montemayor, una legua. CÓRDOVA 8 leguas, van por Guadalcáçar, 4 leguas de tierra dobladilla e algunos barrancos, la media legua primera es de olivares, en saliendo pasan a Guadaxenil por puente, corre a la mano dizquierda. ESTEPA 5 leguas de cerros e olivares a trechos e viñas e montes baxos. FUENTES 4 leguas, de tierra doblada mucho e de tierras de palmares las 2 leguas postreras e las 2 primeras son de olivares. GRANADA 24 leguas, van por Estepa, 5 leguas, e por Archidona, 8 leguas, e por Loxa, 3 leguas, e por Santafee, 6 leguas. GUADALCÁÇAR 4 leguas grandes de tierra llana salvo algunos valles, la media legua primera es de olivares e de montes baxos las 2 leguas postreras, en saliendo de Écija pasamos a Guadaxenil por puente, que corre a la mano dizquierda. GUADALCANAL 16 leguas, van por Palma, 4 leguas, e por la Puebla, 2 leguas, e por Costantina, 4 leguas, e por San Niculás, 3 leguas, e por Alanís, una legua. HORNACHUELOS 6 leguas de cerros e de palmares, por algunas partes panes, a 5 leguas pasan a Guadalquebir por varca, que corre a la mano dizquierda, a la mano derecha queda Palma a una legua del camino. MÁLAGA 20 leguas, van por Estepa, 5 leguas, e por Almoxía, 10 leguas. MARCHENA 6 leguas de cerros baxos, las 4 primeras son de olivares e viñas e lo otro de tierras de pan e de palmares, a una legua del camino queda Fuentes a la mano derecha. OSUNA 5 leguas de tierra de campiña e tierra doblada e de montes baxos. PALMA 4 leguas de cerros e palmares salvo media legua primera de olivares, van siempre riberas abaxo de Guadaxenil, que queda el río a la mano derecha, junto con Palma pasamos al dicho río, que corre a la mano dizquierda. LA RAMBLA 5 leguas de vegas e abaxadas de cerros baxos e de tierra de pan e de olivares, en saliendo de Écija pasan a Guadaxenil por puente, que corre a la mano dizquierda. SANTAELLA 5 leguas de cerros e vegas e tierras de pan e de olivares a trechos, en saliendo pasan al dicho río Xenil por la puente, que corre a la mano dizquierda. SEVILLA 15 leguas, van por Fuentes, 4 leguas, e por Carmona, 5 leguas, por la mano dizquierda ay otro camino que es algo más cerca e van por Carmona, a la mano derecha queda Fuentes a una legua del camino. ÚBEDA 26 leguas, van por la Rambla, 6 leguas, e por Montemayor, una legua, e por Castro el Río, 3 leguas, e por Santiago, 5 leguas, e por Lendines, una legua, e por la Torre don Ximeno, 3 leguas, e por la Torre el Campo, una legua, e por Jaén, una legua. XEREZ DE LA FRONTERA 22 leguas, van por Marchena, 6 leguas, e por Paradas, una legua, e por el Arahal, una legua, e por los Molares, 3 leguas, e por las Cabeças, 4 leguas, e por Librija, 4 leguas.

Elche villa [§ 5194–5195, 6396–6399, 6402] tiene 900 vezinos; es del adelantado de Granada; tiene buena fortaleza; está en llano a 2 leguas del mar e cerca de unas

https://doi.org/10.1515/9783111044064-007

sierras, por la parte de hazia Origüela tiene un grand rambla, es en el reino de Valencia; tiene un grande arrabal de moros que tiene los 300 vezinos, tiene muchos olivares e palmas de dátiles, en este lugar se haze mucho xabón e bueno que toda Castilla casi se provee de él, no tiene agua duze salvo de algibes, tiene 2 arroyos de agua salada:

ALBATERA 3 leguas llanas e de montes de atochares, por la mano dizquierda quedan llanos hazia la mar e marismas e por la mano derecha sierras, al pie de una queda Crevillén a media legua del camino. ALICANTE 4 leguas llanas de atochares e romerales, quedan siempre sierras a la mano dizquierda e la mar a la mano derecha, a medio camino pasan un cuchillo[318] de sierra que tenrá un 4º de legua de travieso. ALMORADÍ 3 leguas, van por Catral. CALLOSA 3 leguas e media, van por Albatera. CATRAL 2 leguas llanas, la primera legua de olivares e la otra de juncares e marismas. CREVILLENTE (TREBILLÉN) una legua llana e de tierras de labrança e de romerales. GUARDAMAR 2 leguas pequeñas llanas e de atochares salvo la una legua primera que es de olivares. MONFORTE 2 leguas de sierras e valles e montes baxos de romerales. ORIGÜELA 5 leguas, van por Albatera. ROJALES 3 leguas llanas, la primera legua de olivares e lo otro de almarjales,[319] que es de marismas de agua e prados.

Elda lugar [§ 6383–6387, 6389] tiene 250 vezinos; es de Mosén Colomo; tiene fortaleza buena; está entre unas sierras, está metido como en una rambla e sobre una peña, es en el reino de Valencia; es lugar que tiene de 3 partes las 2 de moros, tiene razonable valle de huertas, está a una legua del moxón de Castilla:

ALBATERA 5 leguas, van por Novelda e por Trevillén. AZPE 2 leguas e media, van por Novelda. ELCHE 4 leguas, van por Novelda e por Azpe. LA MOLA una legua de valle llano e por entre sierras e montes baxos e altos de atochares. MONFORTE 3 leguas, van por Novelda. MONÓVAR una legua llana e por entre sierras de valles llanos e de huertas e viñas. NOVELDA (NOBELDA) 2 leguas de tierra barrancosa e por entre sierras e valle angosto de atochares e romerales salvo la media legua postrera que entramos en un valle e llanada ancha entre unas sierras, el 4º postrero es de huertas, a la mano derecha queda el Castil de la Mola a un 4º de legua del camino en una ladera de una sierra sobre una peña. PETREL media legua llana de un valle de huertas e viñas. SALINAS 2 leguas de valles llanos e por entre sierras e de montes de pinares. SAX una legua, la primera media es de subida e abaxada de una serrezuela, el otro de tierra doblada e de viñas. TREVILLÉN 4 leguas, van por Novelda e por Azpe. VILLENA 3 leguas, van por Sax.

---

318 'Ceja o línea de cumbre de una sierra'. Testimonio temprano de este valor en español (Rodríguez 2002, 76). Otros ejemplos en *Martos*.
319 Marjal 'terreno bajo y pantanoso'.

Las Énovas[320] lugar [§ 6332–6334] tiene 50 vezinos; es de Mosén Tallada; está al pie de una sierra, en el camino de Valencia a Xátiva; es lugar muy fresco, tiene muchas acequias que pasan junto con el lugar, las Énovas son 4 o 5 lugarejos que están a la larga:

ALBERIQUE una legua e media, van por Castello e por Alcocer. ALCOCER una legua, van por Castello de Xátiva, media legua llana e de viñas e de olivares e moreras. XÁTIVA una legua, la media legua primera es de travieso de unas sierrezuelas baxas e de tierras de pan e la media legua postrera es toda de huertas de regadío de arboledas de viñas e olivares e moreras e viñas e cañaverales, al un 4º primero pasan un río por puente, que corre a la mano derecha, e a los tres 4º lo tornan a pasar, que corre a la mano dizquierda, no lleva mucha agua porque la toman para acequias de regadío, antes que lleguemos a Xátiva con media legua pasamos por entre 2 serrezuelas que está la una de la otra media legua, que en la cabeça de cada una está una ermita.

Enterimo aldea [§ 440] tiene 50 vezinos; es de Troy dos Darojo; tiene fortaleza más alta que el lugar; el lugar está en llano:

LOS BAÑOS DE CALDAS una legua. LOBERA una legua de cuesta arriba áspera, pásase el río dicho Sexo un 4º de legua de Lobera por ponte. LOBIOS una legua pequeña llana, la media legua primera es de tierra áspera y cuesta abaxo.

El Enzina lugar [§ 4072–4073] tiene 5 vezinos; es arrabal de Santa María de los Cavalleros; está en llano en valle entre sierras:

EL ALDEYUELA un 4º de legua llana valle arriba e por entre sierras e prados. CARRASCALEJO un tiro de vallesta una cuesta arriba e de berrocales. NAVA REGADILLA 2 tiros de vallesta de cuesta arriba.

Enzinas aldea [§ 1035] tiene 25 vezinos; es de tierra de Sepúlveda; está en un llano:

ALDEONTE tres 4º de legua llana. NAVARES DE AYUSO media legua llana. PERO VELASCO una legua pequeña llana. LA REBILLA una legua llana. VALDELLANO media legua pequeña.

Enzinilla(s) aldea / lugar [§ 1091, 2107–2110] tiene 10 / 13 vezinos; es de Joan Gaitán, es aldea de Ávila; está en una hoya:

320 Énova, cf. *Algecira, La Puebla de Mosén Corche, Xátiva.*

BLASCO XIMÉNEZ una legua pequeña de tierra doblada. GALLEGOS una legua pequeña de tierra doblada. GAMONAL una legua de tierra doblada. HONTIVEROS 4 leguas, van por Torneros, media legua de tierra doblada, e por Herreros e por Castro Nuevo, legua e media. MIRUEÑA un 4º de legua llana. MOÑICO media legua buena llana. ORTIGOSA media legua llana. ORTÚN PASCUAL una legua de tierra. PEÑARANDA 3 leguas, van por San García, media legua, e por Duruelo, una legua, e por Vercimuelle, un 4º de legua. RENCONADA una legua pequeña, junto con Renconada pasamos un riatuelo dicho Rialmar, que corre a la mano dizquierda. SAN CRISTÓVAL DE LA CUESTA una legua, van por Moñico. SAN GARCÍA tres 4º de legua de tierra doblada.

Épila villa [§ 5014] tiene 200 vezinos; es del conde de Aranda; tiene buena fortaleza; está en una ladera a una solana, pasa junto con el lugar Xalón río:

ALMUÑA 3 leguas, van por Lucena, una legua, e por Calatorao, una legua. LUCENA una legua llana de montes de inestares. RUEDA una legua pequeña llana riberas abaxo de Xalón, que queda el río con la ribera a la mano dizquierda.

Eras[321] lugar [§ 5139–5142] tiene 40 vezinos; es aldea de Hita; está en llano riberas de Vadiel:

HITA una legua, van por Nuestra Señora de Sopetrán. HUMANES una legua e media de tierra doblada e de tierras de pan e guixarrales, en saliendo del lugar pasan a Vadiel, que corre a la mano dizquierda, a medio camino pasan a un río dicho Henares por vado, que corre a la mano dizquierda. MALUQUE media legua llana, en saliendo pasan al dicho Vadiel, en llegando a Maluque pasan a Henares, entramos por vado, que corren a la mano dizquierda. MALVEZINO media legua llana de tierras de pan e viñas, en saliendo pasan al dicho Vadiel, que corre a la mano dizquierda. NUESTRA SEÑORA DE SOPETRÁN 3 tiros de vallesta. LA TORRE DE SOPETRÁN 3 tiros de vallesta. TORRIENTES una legua de tierra doblada e de pan e algunas viñas, en saliendo pasan a Vadiel por vado, que corre a la mano dizquierda. YUNQUERA media legua grande de tierra dobladilla, en saliendo pasan al dicho Vadiel, que corre a la mano dizquierda, a medio camino pasan a Henares por vado, que corre a la mano dizquierda.

Errebín aldea [§ 5148] tiene 20 vezinos; es de señorío; está al pie de una sierra agra, riberas de un riatuelo que va por Lumbier:

ÇALVA una legua, van por Uroz. PAMPLONA 3 leguas, van por Uroz, 2 tiros de vallesta. UROZ 2 tiros de vallesta cuesta arriba.

Escalona villa [§ 8] tiene 800 vezinos; es del marqués de Villena:

321 Heras, cf. *Hita, Rebollosa, La Torre de Sopetrán.*

CADAHALSO 3 leguas.

***Escalonilla** [§ 2103]:

CASTRONUEVO legua y media.

***Escañuela** [§ 3074]:

ARJONA 2 leguas.

****Escarcena**[322] lugar [§ 3346–3353] tiene 350 vezinos; es aldea de Sevilla; está en una loma de un cerro de olivares entre unos olivares, es en la ribera del Axarafee:

ALCALÁ DE JUANA DE ORTA una legua, de tierra como de abaxada la mitad del camino primero e lo otro es como cuesta arriba de viñas e alcornocares. AZARCOLLA 3 leguas, van por Texada, una legua. CARRIONCILLO una legua grande una vega abaxo, todo de montes e de olivares. CASTIL DE LA GUARDA 8 leguas, van por Texada, una legua, e por Azarcolla, 2 leguas. CASTILLEJA DEL CAMPO una legua llana por encima de unos alcores. CHUCENA una legua pequeña, como cuesta abaxo la 3ª parte del camino primero e de olivares, lo otro de viñas e como cuesta arriba. GERENA 5 leguas, van por Texada, una legua. GÜÉVAR 2 leguas, van por Castilleja del Campo, una legua. MANÇANILLA media legua, la mitad como cuesta abaxo e de olivares e lo otro de viñas e como cuesta arriba. PATERNA 2 tiros de vallesta llano e de olivares, siempre van como por alcores,[323] que es como lomo de cerros. SANLÚCAR LA MAYOR, que es dicha DE ALPECHÍN 3 leguas de cerros por todas partes, a la mano derecha queda Castilleja a un 4º de legua del camino, a las 2 leguas pasamos un río dicho Hardanchón, que corre a la mano derecha, media legua más delante a otro río Guadiamar por vado, que corre a la mano derecha, de allí adelante es cuesta arriba, fasta Sevilla se llama Axarafee. SEVILLA 7 leguas, van por Sanlúcar la Mayor e por Espartinas, 2 leguas, e por Castilleja de la Cuesta, una legua. TEXADA una legua de campiña salvo el primer 4º de legua que es como cuesta abaxo.

***Escariche** [§ 4745, 4757, 4807]:

ESCOPETE una legua. HONTOVA una legua. POZO DE ALMOGUERA una legua.

***Escobar** [§ 3761]:

MADROÑA media legua.

---

322 Escacena, cf. *Güévar, Mançanilla, Villalva* lugar [§ 2716, 2727–2728, 2735, 3335, 3344], *Texada* villa.

323 'Cerro'. Voz «antigua y de poco uso» (*Autoridades* s.v.). Cf. *Mairena del Alcor*, donde también se explica el valor de la voz. Además, Rodríguez (2002, 98).

***Escobar de Polendos**[324] aldea tiene 12 vezinos; es de Segovia; está en una ladera, está ribera de Polendo:

AJEXAS una legua, vase por Pinillos y por Cavañas. CANTIPALOS media legua llana. CARBONERO 2 leguas, vase por Escaravajosa y por junto a Tabanera, que queda a la siniestra un tiro de ballesta. ENZINILLAS 2 leguas llanas, es tierra doblada, báxase una cuesta junto de Enzinillas, pásase un riatuelo junto a Enzinillas, corre a la diestra, queda a la siniestra Pinillos un tiro de ballesta. MONÇONCILLO legua y media doblada. OTONES 2 leguas, vase por el Parral. PARRAL media legua doblada, junto con Escobar se pasa Polendo, que corre a la siniestra, y junto con el Parral se pasa Pirón, que corre a la siniestra. PEDREZUELA una legua, vase por Cantipalos. PINILLAS un 4º de legua. QUINTANAL legua y media, vase por Pinillos y por Cabañas y por Axejas. TABANERA legua y media, vase por Escaravajosa. TORRILEJA 2 leguas, vase por el Parral.

****Escuderos** aldea [§ 422–423] tiene 40 vezinos; está en llano:

ARMARIZ medio millo llano. BARALLO una legua pequeña llana, pásase el Tuño río por la Ponte Cavaleros al medio camino. GRIJO medio millo llano. RAMIRANS (RAMIRANES) media legua llana. SAN(T) PEDRO DE POLO un 4º de legua llano. SANT TOMÉ (SANTO TOMÉ) un 4º de legua llano. SANTA MARÍA DE OBALE (SANTA MARÍA DE OVALE) un 4º de legua llano.

***Escurial**[325] aldea [§ 4523] tiene 160 vezinos; es de Truxillo; está en llano:

BÚRDALO 2 leguas llanas de montes. CAMPILLO legua y media.

Esparragosa[326] lugar [§ 2363–2364] tiene 60 vezinos; es aldea de Bienquerencia; está en llano entre unos enzinares, es en la Serena:

BERLANGA 6 leguas, van por el Campillo, 4 leguas de cerros e valles e montes. BIENQUERENCIA 2 leguas, de cerros e montes la primera legua e lo otro es raso de prados. EL CAMPANARIO 3 leguas de tierra dobladilla e de montes e dehesas. MAGAZELA 4 leguas de montes e de tierra doblada.

Esparragosa de Lares lugar [§ 4325–4330] tiene 170 vezinos; es del maestradgo de Alcántara; está al pie de una sierra, a una legua pasa Xúxar, es en la Serena:

CABEÇA EL BUEY 5 leguas de tierra barrancosa e prados, que se llama la Serena, a la legua primera pasan a Xúxar por vado, corre a la mano derecha. LAS CASSAS DE DON PEDRO 3

---

324 Escobar, cf. *Valverde el Majano.*
325 El Escurial (El Escorial), cf. *Meajadas, Medellín (Medillín).*
326 Esparragosa de B(i)enquerencia, cf. *Azuaga, El Campanario.* Esparragosilla de Benquerencia, cf. *Castuera.*

leguas de tierra barrancosa, a una legua e media pasan a Xúxar por varca, que corre a la mano derecha. CASTUERA 6 leguas, toda de prados e muy barrancosa, quien la vea de alto parece llana, esta tierra se llama la Serena, en esta tierra por la mayor parte de toda ella ay veneros de plata e se saca oy día, a legua e media primera pasamos a un río dicho Xúxar por barca e por vado en verano, que corre a la mano derecha, tiene muy grandes barrancos de un 4º de legua de abaxada e otro muy agro de subida, antes que lleguemos a Castuera con un 4º de legua dexamos a la mano dizquierda una punta de una sierra e Benquerencia en la sierra a media legua del camino. CEBOLLOSO 2 leguas de tierra doblada e de prados, la media legua primera es traviesa de una sierra que tenrá la media legua primera. GALIZUELA un 4º de legua de barrancos e prados, por la mano dizquierda queda el castillo de la Puebla de Alcocer a 2 tiros de vallesta del camino. TALARRUBIAS legua e media, van por la Puebla de Alcocer.

Esparraguera lugar [§ 5066] tiene 20 vezinos; es del abadía de Monserrate; está en llano e entre unos pinares:

SAN PEDRO DE ABRERES media legua de tierra doblada e de montes de pinares.

Espartinas (Espartines) lugar [§ 2690–2694, 3332, 3340, 3359–3362] tiene 40 / 45 vezinos; es aldea de Sevilla; está en llano, es en el Axarafee de Sevilla; está entre olivares:

EL ALBAIDA (VILLA EL ALBAIDA) legua e media, van por Villanueva, media legua, e por Olivares. ASNALCÁÇAR (HAZNALCÁÇAR) 2 leguas e media, van por Umbrete, media legua de olivares e llano, e por Benacaçón, una legua. BENACAÇÓN una legua, van por Umbrete, media legua. BOLLULLOS una legua, van por Torre de las Arcas, media legua de olivares llana. CAÇALLA DE ALMANÇOR media legua pequeña de tierra doblada e de olivares. CASTILLEJA DE LA CUESTA una legua grande, la mitad primera es como cuesta abaxo e lo otro es como cuesta arriba, un 4º de legua postrero pequeño que es de tierra algo doblada e de viñas e todo lo dicho de olivares, a la mano dizquierda queda Caçalla a 2 tiros de vallesta e Gines ansimismo a la mano dizquierda a un tiro grande del camino. CORIA 3 leguas, van por Mexina, media legua, e por Enzinas, una legua. CUMARES legua e media llana salvo algunas traspuestas, todo de olivares. GINES una legua, van por Caçalla de Almançor, media legua. HELICHE una legua, van por Villanueva, media legua. JERENA 3 leguas, van por Albaida, una legua. MAIRENA una legua de tierra doblada e de olivares, van por Santo Domingo, una legua. EL MOJÓN media legua pequeña llana e de olivares. MORMUJOS una legua, van por Macholomar, dos 4º de legua. LA PALMA 7 leguas, van por Sanlúcar de Alpechín, una legua grande, e por Castilleja del Campo, 2 leguas, e por Mançanilla, legua e media, e por Villalva, una legua. PALOMARES legua e media, van por Mairena. RIANÇUELA 2 leguas, van por Almonaster, legua e media. SALTERAS una legua, van por Paterna, media legua. SANLÚCAR DE ALPECHÍN legua e media llana e algo doblada de tierra e toda de olivares espesos, a la mano derecha queda Lorete a un tiro de vallesta del camino. SEVILLA 2 leguas, van por Castilleja de la Cuesta, legua e media. UMBRETE media legua de tierra doblada e de olivares. VALENCINA DEL ALCOR una legua e media, van por Caçalla de Almançor, media legua llana e de olivares. VALVERDE, es casería, media legua llana de olivares. VILLA DE OLIVARES (OLIVARES) una legua de tierra doblada e de olivares, van por

Villanueva, media legua. VILLANUEVA DE ARISCAL media legua, van por Paternilla de los Judíos, un 4º de legua.

Espera villa [§ 3399, 3414–3417, 3421] tiene 100 vezinos; es del marqués de Tarifa; tiene buena fortaleza; está en un cerro; tiene 2 arrabalejos:

ALCALÁ DE LOS GANZULES 5 leguas. EL ARAHAL 8 leguas, van por el Coronil. BORNOS legua e media de cerros e de palmares e tierras de pan. LAS CABEÇAS 3 leguas de cerros e valles e montes. CARMONA 12 leguas, van por Uitrera. EL CASTILLO DE ALOCAZ 2 leguas grandes de grandes cerros e montes baxos e algunos palmares. CORONIL 5 leguas de cerros e valles e palmares e montes. LIBRIJA 4 leguas de cerros e valles e de palmares. MORÓN 7 leguas de cerros e valles e montes baxos e de palmares. LOS PALACIOS 5 leguas de cerros e valles e de palmares e montes baxos, a la mano dizquierda quedan las Cabeças a legua e media del camino. RONDA 11 leguas, van por Villamartín, 2 leguas, e por Zahara, 3 leguas. SANLÚCAR DE BARRAMEDA 9 leguas de cerros e valles e de palmares, a la mano dizquierda queda Xerez a 2 tiros de vallesta. TARIFA 16 leguas, van por Arcos, 2 leguas. TRIBUXENA 6 leguas de cerros e sierras, todo palmares, a la mano derecha queda Librija a una legua del camino. UITRERA 6 leguas de cerros e tierra doblada e de palmares, las 2 leguas primeras es de montes baxos. XEREZ 6 leguas de cerros e valles e de palmares e dehesas de vacas.

Espinar[327] lugar [§ 337] tiene 800 vezinos; es de Segovia:

LAS NAVAS DE ÇARÇUELA una legua de cuestas.

Espinosa aldea [§ 417] tiene 50 vezinos; está en llano:

FREXEDO media legua pequeña llana. SABUZEDO una legua pequeña llana. SANTA BAYA DEL FIOZ media legua pequeña llana. SEIXADAS una legua grande llana. LA ULFA media legua pequeña llana.

Espinosa[328] lugar [§ 5152] tiene 600 vezinos; es sojeta a Hita; está riberas de Henares:

CARRASCOSA media legua llana, a medio camino pasan a Henares por vado, que corre a la mano dizquierda, es de viñas e tierras de [...]. COGOLLUDO una legua de tierra doblada e de cerros por algunas partes, en saliendo pasan a Henares por puente, que corre a la mano dizquierda, todo el camino van como cuesta arriba e de tierras de pan.

Espirdo aldea [§ 489, 759, 788–789] tiene 30 / 40 vezinos; es de Segovia; está en llano; todas estas tierras son dobladas e de berrocales e fuentes:

---

327 El Espinar de Segovia, cf. *Aldeavieja, Urraca Miguel, El Utero de Herreros, Villacastín, Zerezedilla*.
328 Espinosa del Duque del Infantazgo, cf. *La Torre de Sopetrán*.

ADRADA legua e media pequeña, vase por a par de Brieva. BRIEVA una legua grande llana. PALAÇUELOS una legua llana. SANTO DOMINGO legua y media, vase por Vasardilla. SEGOVIA una legua llana. SOTOS ALVOS 2 leguas grandes dobladillas, queda a la mano derecha Cabanillas media legua del camino, queda Tordecavalleros a lą mano derecha 2 tiros de vallesta del camino, a la mano dizquierda 3 tiros de vallesta queda Vasardilla, estas 2 leguas son de berrocales por todas partes, ansí mismo queda el Aldeyuela a 2 tiros de vallesta a la mano derecha del camino, Santo Domingo a 3 tiros de vallesta del camino a la mano dizquierda, a una legua pasamos un arroyo, de allí a media pasamos otro por puente, que amos corren a la mano dizquierda. TAVANERA una legua llana grande. TORDECAVALLEROS media legua llana. TRES CASAS una legua llana, es pequeña. VASARDILLA una legua grande llana.

Esquivias lugar [§ 3605, 5376–5377] tiene 80 / 200 vezinos; es aldea de Toledo; está en llano, pasa un arroyo por medio del lugar:

BOROX una legua de tierra muy doblada e de labranças e olivares. HAZAÑA legua e media llana. ILLESCAS legua e media, van por Yeles. PALOMERO una legua de tierra doblada e de labrança. PARLA 3 leguas, van por Palomero, una legua, e por Humanejos, legua e media. PINTO 3 leguas, van por Valdemoro. PUÑOENROSTRO una legua e media de tierra muy doblada e de labrança. TORREJÓN VELASCO legua y media. VALDEMORO 2 leguas e media de tierra doblada muncho e de cerros e tierras de labrança.

Estavillo lugar [§ 5205–5207] tiene 200 vezinos; es del condestable de Castilla; está en una laderuela riberas de Çadorra, que pasa a 2 tiros de vallesta del lugar:

AÑASCO una legua e media, van por Pangoa. BURGUETA media legua de tierra de cuestas e cerros e de labrança. LA CERVILLA media legua de cerros e montes de robledales. MIRANDA DE EBRO 2 leguas de tierra de cerros e algunos llanos e algunos montes, en saliendo de Estavillo pasan a Çadorra río por puente, que corre por la mano dizquierda, a legua e media primera pasan al río de Ibida por vado, que corre a la mano dizquierda. PANGOA una legua de tierra de cerros e valles e de labranças. LA PUEBLA una legua de tierra llana e de labranças. SANTISTEVAN una legua de tierra de cuestas e cerros e tierras de labrança. ZEMBRANA 2 leguas de tierra doblada e de labranças, a legua e media primera pasan al río de Ibida por vado, que corre a la mano dizquierda.

*Estediel [§ 2266]:

TORRIJOS 2 leguas.

*Estela villa tiene 800 vezinos; tiene buena fortaleza; es en Navarra, pasa por medio de la villa un río, que nace en el puerto de Daquedán, que nace junto con el camino:

OTEIZA 2 leguas, algo llano.

****Estepa** lugar / villa [§ 3465–3466, 6575] tiene 600 / 800 vezinos; es de la orden de Santiago; tiene fortaleza buena; está a la falda de la Sierra de las Yeguas, está en una ladera de una sierra:

ALMOXÍA 10 leguas. ARCHIDONA 8 leguas, a 2 leguas de Estepa pasan el río de las Yeguas por vado.

****Estépar** aldea [§ 308] tiene 40 vezinos; es de Burgos:

BONIEL legua y media, pásase Arlançón a un millo de Boniel. CAVIA una gran legua llana, pásase Arlançón junto con Cavia. CELADA DEL CAMINO una legua llana. VILLAFRANDOVÍNEZ legua y media llana.

***Esteras** aldea tiene 100 vezinos; es aldea de Soria; está en llano:

ALMENARA una legua doblada, campiña, vega. CARDEJÓN 2 leguas, vase por Niel. CASTREJÓN una legua doblada, campiña. GOMERA 2 leguas, vase por Almenara. HINOJOSA 2 leguas, vase por Pinilla. NIEL media legua. PINILLA una legua llana, campiña. SORIA 4 leguas, vase por Niel y por Mazalvete y por Candalechera.

***Esterbique** [§ 5093]:

GIRONA 5 leguas.

***Estevan Vela**[329] [§ 2392]:

FRANCOS media legua.

***Estorninos** aldea tiene 70 vezinos; es de Alcántara:

ALCÁNTARA media legua. ÇARÇA 3 leguas de montes y cuestas. CECLAVÍN 3 leguas y media, pásase Alagón por varca a una legua de Estorninos. PERASALVAS una legua pequeña de montes y cuestas. SEGURA 2 leguas de montes, pásase Elja por puente a medio millo de Segura.

***Estremera** [§ 4758, 4696]:

BREA una legua. FUENTIDUEÑA una legua.

***Estúlez** lugar tiene 18 vezinos; es del conde de Salinas; está en una ladera junto con un monte de enzinas y robledales:

---

329 Estevanvala, cf. *Riaza*.

BURGUILLOS una legua doblada, algunos cerros y enzinas, campiña, a medio camino se pasa Nomezillo por vado, corre a la diestra. CARANCA media legua doblada, campiña, [...] de un monte, queda a la diestra. CÁRCAMO una legua, vase por Caranca. FREXNEDA media legua llana, campiña, a medio camino se pasa Nomezillo por vado, corre a la siniestra. MARDONES una legua, vase por Caranca. NIOMA media legua, valles, cuestas, campiña, montes. OSMA media legua doblada, campiña, pásase Nomezillo [...]. VALPUESTA una legua doblada, campiña, algunos pinares. VILLANUEVA una legua, vase por Caranca.

***Euna** cibdat tiene 500 vezinos; tiene fortaleza; está en alto, es en el condado de Rosellón:

COLIBRES 2 leguas agras. PERPIÑÁN 2 leguas dobladas.

****Évora** cibdat [§ 2873–2876] tiene 3000 / 6000 vezinos; tiene fortaleza; es en Portogal, pasa junto con la cibdad un río dicho Cuerpo de Hombre, en llano, tiene buenas riberas de huertas:

EL ALENDROAL 7 leguas, van por Torre Redondo. ESTREMOZ 8 leguas, a la mano dizquierda queda Évora Monte a media legua del camino. ÉVORA MONTE 4 leguas llanas, para subir a Évora Monte subimos una cuesta arriba que tenrá media legua. MONTEMOR 3 leguas llanas. PEDROGO 6 leguas, vase por muchas caserías, campiña. TERENA 8 leguas, las 4 leguas primeras es de tierra doblada e las otras de sierras, a una legua primera pasamos a un río dicho Pardielas, que corre a la mano dizquierda. TORREDONDO 4 leguas llanas, a una legua primera pasamos a un río dicho Pardielas por vado, que corre a la mano dizquierda. VIANA 3 leguas de tierra algo doblada, a 2 leguas de Évora pasamos al dicho río Pardielas por vado, que corre a la mano dizquierda.

***Exea de Albarrazín** villa tiene 350 vezinos; es de señorío; tiene fortaleza; es en Aragón; es de moros, tierra de señorío y herrerías que nace allí el hierro:

ALBARRAZÍN DE LA SIERRA 2 leguas de tierra áspera [...]. CELDA una legua no áspera.

***Ezla** río; júntase a una legua de Benavent con otro río dicho Órbigo.

F

***Fabero** lugar tiene 30 vezinos; es del abadía de Santandrés; está en un valle hondo entre sierras:

BARZANA media legua doblada, cerros, robledales, riberas arriba de Vega, queda a la siniestra, junto con Barzana se pasa por vado, corre a la siniestra. BERLANGA una legua agra, robledales, campiña. LILLO media legua llana, robledales altos y baxos, a medio camino se pasa Vega por vado, corre a la siniestra. LOMERAS una legua muy fragosa, robledales baxos, a un 4º se pasa Vega por vado, corre a la siniestra. OTERO DE VARACUANES medio millo, cuesta arriba. SAMIGUEL DE LLANGRE una legua agra, robledales, campiña. SÉSAMO media legua llana, robledales, junto con Sésamo se pasa Vega por vado, corre a la siniestra. VEGA una legua doblada, entre sierras, robledales, la media última se va riberas abaxo de Vega, queda a la diestra.

***Fafar** tiene 20 [¿?] vezinos; es de Valencia; está entre unas huertas como caserías, son 2 barrios este y Maçanaca:

CATARROJA un millo, vase por Maçanaca, llano, viñas, huertas. MAÇANACA 3 tiros de vallesta llanos, huertas. SILLA una legua, vase por Catarroja. VALENCIA una legua pequeña, huertas.

***Farfolera**[330] lugar tiene 50 vezinos; es del canónigo León; está en una ladera:

ALMENARA 2 leguas dobladas, campiña. ARCOS una legua, vase por Cibdat Rodrigo. CAÑEDO media legua llana, campiña, junto a Cañedo se pasa un riatuelo, corre a la siniestra. CIBDAT RODRIGO media legua llana, campiñas. OLMOS legua y media, vase por Santivañes. SALAMANCA 3 leguas y media dobladas, campiña. SANTIVAÑES una legua llana, campiña, a medio camino se pasa río de Santibañes por vado, corre a la siniestra. VALENCIA DE QUIXADA legua y media doblada, campiña, a media legua se pasa el río de Santivañes por vado, corre a la siniestra.

Feria lugar [§ 2842–2843]; es del conde de Feria; tiene buena fortaleza; es cabeça de condado:

BURGUILLOS una legua grande de cerros e valles. ÇAFRA 2 leguas de cerros. LA FUENTE EL MAESTRE 2 leguas de tierra doblada. LA MOREDA una legua, van por la Parra. LA PARRA media legua llana. SALVATIERRA una legua grande de valles e cerros. LOS SANTOS 3 le-

330 Forfolera, cf. *Naharros de Salamanca*.

https://doi.org/10.1515/9783111044064-008

guas de tierra doblada, a 2 leguas pasamos a Guadaxira por vado, que corre a la mano dizquierda, a la mano derecha queda Çafra a media legua grande. VILLALVA 2 leguas de tierra doblada.

Ferreros aldea [§ 391] tiene 20 vezinos; es de don Pedro de Sotomayor:

MEIROLO una legua llana.

Fiñana lugar [§ 6508] tiene 300 vezinos; tiene buena fortaleza; está en una ladera de una sierra; está poblado de moriscos e algunos cristianos viejos:

HABLA una legua llana e de tierra de labrança e de viñas e huertas. LA VROCENA una legua de tierra doblada de labrança e viñas.

Florez de Ávila[331] aldea [§ 1225] tiene 200 vezinos; está en llano:

MAMBLAS 2 leguas llanas, pásase un monte a una legua. TORRALBA legua y media, pásase Zapardiel a par de Torralva. VILLAMAYOR una legua. ZISLA una legua llana, pásase Zapardiel junto con Zisla.

***Fontecha** lugar tiene 40 vezinos; es de don Álvaro de Luna; tiene fortaleza; está en llano:

ALZEDO media legua llana, campiña, viñas. ATIEGA legua y media, vase por Alzedo y por Tuesta. BACHICABO legua y media, vase por Vergüenda. BARRIO 2 leguas, vase por Vergüenda y por Bachicabo. CAIZEDO una legua llana, campiña, algunas viñas. ESPEJO legua y media, vase por Vergüenda. PUENTE LA RA media legua, campiña. SALINAS DE AÑANA legua y media, vase por Villambroso. SANTAGADEA 2 leguas, vase por Alzedo. TUESTA una legua, vase por Alzedo. VERGÜENDA legua y media llana, campiña, viñas, junto con Vergüenda se pasa Nomezillo por puente, corre a la siniestra. VILLAMBROSO una legua llana, campiña, algunas viñas. VILLAMODERNO una legua, vase por Alzedo y por Tuesta. VILLANAÑE 2 leguas, vase por Vergüenda y por Espejo. VILLAXI legua y media, vase por Tuesta.

***Fontey** lugar tiene 85 vezinos; es de doña María Pementel; está en llano riberas del Sil:

GRANJA 2 tiros de vallesta llanos. PETÍN un 4º doblado riberas abaxo del Sil, a medio millo se pasa el Sil por puente, corre a la diestra. RUBRIDO media legua, montes, muy fragosa, robledales baxos. SANTISTEVAN un 4º llano, traviésase una vega fragosa, castañales, ribera arriba del Sil, queda a la diestra. SUMOÇA media legua, vase por Vilela. VILELA medio millo llano, campiña.

331 Flores de Ávila, cf. *Hontiveros, Nuño Sancho.*

***Fornos** [§ 4084]:

VILLARCHÂN 8 leguas.

****La Fraga**[332] aldea [§ 432] tiene 60 vezinos; está en alto, está medio millo de la Fraga Sexo río:

CALVOS una legua llana, junto a Calvos se pasa el río de Puerto de los Bueis medio millo por puente. CORVELLO una legua llana. LOBERA una legua llana pequeña. PARADA DE LA VENTOSA media legua llana. PRERA media legua llana. SEXO BLANCO media legua de ladera y fragosa.

****Fraga** villa [§ 5040–5042] tiene 200 vezinos; tiene fortaleza; está riberas de un río dicho Cinta, está en unos derrumbaderos grandes del dicho río; tiene buena ribera de las mejores granadas que se halla por toda esta tierra, es el postrero lugar de Aragón para Catalunya, en esta tierra son las leguas muy grandes de cerros e valles pelados salvo tomillos:

CANDASNOS 3 leguas de cerros e valles e tierra pelada salvo romerales, en saliendo de Fraga pasan a Cinta por barca, que corre a la mano dizquierda. SOSES una legua e media de cerros e valles, en saliendo de Fraga suben una grande cuesta que tenrá 4 tiros de vallesta.

***Fragazelos** [§ 2274]:

PARLA 2 leguas.

****Las Fraguas** lugar [§ 2286–2287] tiene 25 vezinos; es aldea de Aguilar de Campoa; está entre unas sierras riberas de un río dicho Brega:

AGUILAR DE CAMPOA 6 leguas, van por Pie de Concha, una legua. PIEDECONCHA una legua. RENOSA 6 leguas, van por Pie de Concha, una legua, e por Aguilar de Campoa, 3 leguas.

***Franco**[333] [§ 3899]:

GRADO legua y media.

***Francolí**[334] río entra en la mar cerca de Tarragona.

---

332 La Flaga, cf. *Corvell(o)*.

333 Francos, cf. *Galve(s)*.

334 Francolín, cf. *Tarragona*.

Fraxno[335] lugar [§ 5004–5008] tiene 60 vezinos; es de Calatayut; está en un vallejuelo entre unas sierras; tiene buena hoya de viñas e huertas más abaxo del lugar:

ALMUÑA 2 leguas e media, la primera es de cuesta arriba, todo lo otro es de sierras e valles abaxo, de la media legua postrera el 4º primero de olivares e un arroyo abaxo e de valle entre 2 peñas, de la cual peña e cerro de la mano derecha sale un arroyo que do ay avenidas de aguas. ALUENDA una legua de riberas arriba la mitad e lo otro abaxo. CALATAYUT 2 leguas e media de sierras e valles de travieso, toda vía cuesta abaxo salvo la media legua primera que es como cuesta arriba, la postrera media legua es de travieso de vega de Xalón e de huertas, cerca de Calatayut pasan a Xalón río por puente, corre a la mano derecha. ÇARAGOÇA 11 leguas, van por Almuña, 2 leguas e media, e por la Muela, 5 leguas. PARACUELLOS DE RIBERA una legua de sierras e valles abaxo e de viñas. PARACUELLOS DE XILOCA 3 leguas, van por Calatayut. SANCTA CRUZ 2 leguas, van por Hinoxos, un valle e sierras arriba.

Freans[336] aldea [§ 451, 471] tiene 15 / 16 vezinos; está en llano, pásase el Tuño río junto al lugar un tiro de piedra:

ALMARIZ media legua llana, pásase el Tuño junto a Freans. BARALLO un 4º de millo llano. FRAGUAS un 4º de millo llano, todo de viñas. PEIÇAS un 4º de legua llano. RAMIRANS media legua pequeña llana, pásase este dicho río junto a Freans por ponte. SANT MARTÍN un 4º de legua llano.

****Frechilla** villa [§ 348] tiene 300 vezinos:

AUTILLO media legua. CASTROMOCHO una legua.

***Fréscano** aldea tiene 80 vezinos; es en Aragón:

TARAÇONA 2 leguas. TUDELA 5 leguas.

***Fresneda**[337] [§ 2813]:

SANTOLALLA una legua.

****El Frexenal de la Sierra**[338] lugar [§ 2871–2872] tiene 2000 / 2500 vezinos; es de Sevilla; tiene fortaleza; está en llano:

335 Frexno, cf. *Calatayud (Calatayut).*
336 Freas, cf. *Grijo, Sotelo.* Freyans, cf. *Monasterio de Ramirans.*
337 Frexneda, cf. *Izcara.*
338 El Frexenal, cf. *Real del Valle.*

EL BODONAR una legua de tierra doblada. LAS CUMBRES (CUMBRES ALTAS) 2 leguas de tierra doblada. FUENTE DE CANTOS 2 leguas de tierra doblada. FUENTES 4 leguas de tierra doblada. LA HIGUERA DE FREXENAL media legua llana. SEGURA DE LA SIERRA 3 leguas, van por el Bodonar, una legua. USAGRE 8 leguas, van por Valencia del Barreal, 3 leguas, e por Calçadilla, 2 leguas. VALENCIA DEL BARREAL 3 leguas.

La Frexneda [§ 1071] tiene 10 vezinos; es de Sepúlveda; está en una ladera y está ribera de Duratón:

EL ALAMEDA media legua llana, pásase Duratón junto a la Frexneda un tiro de piedra por puente. DURATÓN medio millo llano. DURUELO tres 4º de legua, pásase Duratón junto a la Frexneda un tiro de piedra por puente.

Frexnillo de la Fuente aldea [§ 1035] tiene 15 vezinos; es de tierra de Sepúlveda; está en un valle:

AZUELOS media legua por un montezillo adelante.

El Fresno de Cantaspino (Frexno)[339] aldea / lugar [§ 764, 825–828, 1028] tiene 40 / 50 vezinos; es del adelantado de Granada; está en llano, cae en el condado de Santistevan de Gormaz:

ALDEALUENGA 2 leguas e media, van por Cascajares e por Riagua e por Arconada. ALDEANUEVA una legua grande doblada. ARANDA 7 leguas, van por Maderuelo e por Santa Cruz e por Frexnillo de las Dueñas. ARCONADA 2 leguas, van por Cascajares e por Riaguas. BARAHONA una legua de tierra doblada. BOCEGUILLAS 2 leguas, van por Barahona. CASTILTIERRA media legua doblada. CEDILLO DE LA TORRE 2 leguas, van por Castiltierra e por Berzimuel. EL CORRAL DEL AYLLÓN una legua pequeña doblada, antes que lleguemos al lugar subimos una cuesta que tiene de subida 2 tiros e medio de vallesta. FREXNILLO DE LA FUENTE 2 leguas, van por Sequera e por Pajarejos. PAJAREJOS una legua doblada. PEÑAFIEL 10 leguas, van por Castiltierra e por Verzimuel e por Ciruelos e por Pradales e por Aldeanueva de la Serrezuela e por Sagrameña e por Rábano. RIAÇA (RIAZA) 2 leguas, van por Pajares y por Gozmenaharro. RIAGUAS una legua, van por Caxcajares. RIBOTE una legua doblada, van por Caxcajares. SEQUERA media legua grande doblada. SOMOSIERRA 5 leguas, van por Torrubielo e por Castillejo e por Cerezo de Yuso. TORRIVUELO una legua llana. VALLADOLID 18 leguas, van por Peñafiel e por Quintanilla e por Quintanilla la Cercada e por Olivares e por Trespinedo e por Tudela.

(El) Frexno (de Gormaz)[340] aldea [§ 770, 841–843] tiene 45 vezinos; no es de Gormaz sino lugar [...]; está en una ladera, está ribera de un río dicho Caracena:

---

339 El Frexno de Cantispina, cf. *Riaza*. El Frexno de Cantispín, cf. *Torrivuelo (Torrovivelo)*. Frexlo, cf. *Nava (La Nava de Pedraza)*. Fresno, cf. *Ayllón*.

340 El Frexno de Caracena, cf. *Ayllón, Santistevan de Gormaz*.

ADANTA [¿?] un 4º de legua una cuesta arriba. ARANDA 10 leguas, van por Hiñes e por Aldea e por Castril e por Horadero e por la Vid e por Valdecuendes. ATIENÇA 6 leguas, van por Madruena e por Retortillo e por Miedes. EL BURGO DE OSMA 3 leguas, van por Navapalos. CARACENA una legua, van por Carrascosa. CARRASCOSA media legua muy doblada, pásase Caracena en saliendo del Fresno, que corre a la mano dizquierda. QUINTANAS 2 leguas, van por Gormaz. RECUERDA una legua e media todo un valle, la tierra es muy doblada de cuestas e valles, en saliendo del dicho lugar Frexno pasamos un riatuelo que corre a la mano dizquierda, la ribera del cual dicho río es muy abundosa de frutas muy buenas, a una legua se junta con Duero, a la mano derecha queda un lugar que se dize Villanueva a 3 tiros de vallesta del camino en un alto, a la mano dizquierda Gormaz. SANTISTEVAN 3 leguas, van por Hiñes. VERLANGA 3 leguas muy dobladas, a 2 leguas e media se pasa un río dicho Talegones que corre a la mano izquierda, pásase por puente, va a entrar a Duero a media legua.

Frexo aldea [§ 416] tiene 40 vezinos; está en llano, está ribera del Arnoya:

COVELAS medio millo llano. ESPINOSA un 4º de legua, pásase Arnoya por la ponte Frexo a la meatad del camino. LA GANDARELA medio millo llano. SANTIAGO DE MORTERA medio millo llano. VILLANUEVA DE LOS INFANTES media legua llana.

Frexo de Espadacinta lugar [§ 4082–4087] tiene 400 vezinos; tiene fortaleza; está entre unos cabeços de cerros e montes de xarales, pasa un río dicho Duero a media legua del lugar, es en Portogal; es el postrero lugar de entre Castilla e Portogal:

CASTER RODRIGO 5 leguas, van por Escallón, 4 leguas. CIZELLE una legua grande, todo de tierra doblada, la primera media legua e todo este camino es de viñas, a medio camino pasan a Duero por barca, corre a la mano derecha. ESCALLÓN 4 leguas de cerros e valles e montes de xarales, a 2 leguas primeras pasan un puerto dicho el Puerto de San Polo que tenrá de abaxada lo primero un 4º de legua grande, en abaxando este puerto van riberas abaxo media legua de Duero, queda siempre a la mano derecha, pasan luego a Duero por barca, corre a la mano dizquierda, todo lo otro es de cuestas e cerros e viñas media legua postrera. FORNOS 2 leguas de montes de pinares e xarales. LA HINOJOSA 2 leguas de tierra doblada salvo la primera media legua que es de cerros e montes de xarales e madroñales, a media legua primera pasan a Duero por barca, corre a la mano derecha, de allí adelante es todo de viñas. IGLARES 2 leguas de cerros e valles e montes de xarales, a medio camino pasan un río dicho Monesterio por vado, corre a la mano dizquierda. MENGADOIRO 5 leguas, van por Fornos, 2 leguas. MIRANDA 11 leguas, van por Fornos, 2 leguas, e por Villarchán, 8 leguas. MOS 3 leguas pequeñas de cerros e montes de xarales, a 2 leguas e media primeras pasan un río por puente, corre a la mano dizquierda. LA REDONDA 3 leguas e media, van por la Hinojosa, 2 leguas. LA TORRE DE FREXO 5 leguas, van por Mos. VILANOVA 5 leguas, van por Ilgares y por Urros, una legua.

Fuencarral[341] aldea [§ 329] tiene 200 vezinos; es de Madrid:

ALCOVENDAS una legua llana. CHAMARTÍN media legua pequeña. ORTALEZA media legua llana.

Fuenlabrada[342] aldea [§ 333] tiene 100 vezinos; es de Madrid:

LEGANÉS una legua. XETAFE una legua.

Fuente de Cantos[343] lugar [§ 2626–2632, 2636] tiene 1000 vezinos; es de la mesa del maestrazgo; tiene una iglesia como fortaleza; está algo en valle, es lugar que está fecho a la larga que traviesa un vallejuelo:

ARACENA 9 leguas, van por Arroyo de Molinos, 5 leguas, e por Cala, 2 leguas, e por Santolalla, 2 leguas. ARROYO DE MOLINOS 4 leguas, de tierra doblada las 3 leguas e la postrera de sierras. BIENVENIDA 2 leguas de tierra doblada. CABEÇA LA VACA 3 leguas, de tierra doblada de sierras la mitad postrera, lo otro tierra doblada. ÇAFRA 4 leguas, van por Calçadilla, una legua, e por la Puebla, 2 leguas e media. CALÇADILLA una legua pequeña de tierra algo doblada. LA CALERA 3 leguas de tierra doblada. CÓRDOVA 24 leguas, van por Guadalcanal, 7 leguas, e por Alanís, 2 leguas, e por Saniculás, una legua, e por Costantina, 4 leguas, e por la Prueva de los Infantes, 4 leguas, e por las Posadas, 4 leguas. ELERENA 4 leguas de tierra doblada. EL FREXENAL 5 leguas, van por el Bodonar, 4 leguas. LA HALCONERA 3 leguas de tierra doblada. MONESTERIO 3 leguas, las 2 leguas primeras de tierra doblada e la legua postrera es de Sierra Morena e de enzinares por algunas partes, a la mano dizquierda queda Montemolín a una legua del camino. MONTEMOLÍN 2 leguas de tierra doblada. LA MORERA 6 leguas, van por la Halconera, 3 leguas, e por la Parra, 4 leguas. LA PUEBLA 4 leguas, van por Montemolín, 2 leguas. LA PUEBLA DE SANCHO PÉREZ 2 leguas, van por Calçadilla, una legua. REAL 6 leguas, van por Monesterio, 3 leguas. LOS SANTOS 3 leguas, van por Calçadilla, una legua. SEGURA 4 leguas, las 2 leguas de tierra doblada e lo otro de Sierra Morena. SEVILLA 19 leguas, van por Monesterio, 3 leguas, e por Realejo, 3 leguas, e por el Almadén, 3 leguas, e por Castilblanco, 4 leguas, e por Alcalá del Río, 3 leguas, e por la Renconada, una legua.

Fuente Cemillán (Fuencemillán) lugar [§ 5270–5271, 5291–5294] tiene 70 / 80 vezinos; es del duque de Medina, es aldea de Cogolludo; está en llano:

ARBANCÓN un 4º de legua llana de tierra de pan. CARRASCOSA legua e media de ribera arriba de Henares, que queda el río a la mano derecha, a la mano derecha de la parte del río queda Espinosa a 3 tiros de vallesta del camino. COGOLLUDO media legua de tierra llana e carrascales el primero 4º e lo otro de viñas e tierras de pan. COPERNAL una legua grande,

---

341 Fuent Carral, cf. *Lueches, San Sebastián de los Reyes, Villanueva de Fuente el Frexno.*

342 Huenlabrada, cf. *Madrid.*

343 Fuente de Canctos, cf. *Guadalcanal.*

de tierra de marañales[344] la media legua primera e lo otro valle arriba de prado, a medio camino pasan a Henares, corre a la mano derecha, a la mano derecha queda Valdeancheta a 3 tiros de vallesta. ESPINOSA una legua pequeña riberas arriba de Henares, que queda el río a la mano derecha, en llegando a Espinosa pasan a Henares por vado, que corre a la mano derecha. MONTARRÓN media legua llana e de viñas e por entre cerros. VALDEANCHETA una legua pequeña de tierra doblada e cuesta abaxo la media legua primera e lo otro cuesta arriba e de prado e lo primero de marañales, a medio camino pasan a Henares por vado, que corre a la mano derecha. VELEÑA una legua e media de tierra de montes e algunas viñas e tierras de cerros. ZEREZO una legua, van por Montarrón.

Fuente la Higuera[345] lugar [§ 6358–6361] tiene 25 vezinos; es de don Pero Maça; tiene una casa fuerte antigua ya medio derrocada; está al pie de una grande sierra e en una laderuela de un cerro, por la parte de hazia Valencia tiene llano, es en el reino de Valencia:

ALCABDETE 2 leguas grandes de tierra llana e al pie de una sierra e montaña, que queda siempre por la mano derecha, por la mano dizquierda grandes cerros e sierras alexos, los tres 4º de legua primeros son como cuesta arriba e lo otro postrero como cuesta abaxo, todo este camino es de montes baxos de atochas e de lantiscares. ALMANSA 3 leguas de sierras e valles llanos e montes baxos. HUENTETINIENTE 3 leguas de sierras e valles e montes baxos. MOXÉN 2 leguas un valle abaxo e por entre sierras grandes e montes baxos de lantiscares e matas. VILLENA 3 leguas de cerros e valles e labranças e por entre sierras.

La Fuente el Maestre villa [§ 2838–2841, 2844] tiene 800 vezinos; es maestrazgo de Santiago; está en llano e algo por en medio valle; tiene unas torrezillas:

EL AZEUCHAL 2 leguas e media de tierra doblada. ÇAFRA 2 leguas de cerros e valles, a media legua grande pasamos un riatuelo que corre a la mano derecha, por algunas partes es de enzinares. FERIA 2 leguas de tierra doblada e de cerros la postrera legua, a medio camino pasamos a un río dicho Guadajira por vado, que corre a la mano derecha. FUENTE DE CANTOS 6 leguas, van por los Santos, 2 leguas, e por Calçadilla, 3 leguas. HORNACHO 5 leguas, van por Ribera, 3 leguas. MEDELLÍN 11 leguas, van por Villagonçalo e por Valdetorres e por Medellín. MÉRIDA 7 leguas, van por el Almendralejo, 3 leguas, e por la Torre de Mexía, 2 leguas. LA MOREDA 3 leguas, van por la Parra, 2 leguas e media. LA PARRA 2 leguas e media, van por Feria, 2 leguas. RIBERA 3 leguas de tierra doblada. LOS SANTOS 2 leguas de tierra doblada. VILLAFRANCA 2 leguas de tierra doblada. VILLALVA DEL CONDE DE FERIA 2 leguas pequeñas de tierra doblada, a poco más de medio camino pasamos al dicho río Guadaxira por vado, que corre a la mano derecha.

344 Derivado de *maraña* 'coscoja'. Testimonio temprano de la voz en español (Rodríguez 2002, 78).

345 La Fuente la Higuera, cf. *Moxén*.

Fuente Maestre[346] aldea [§ 4248] tiene 10 vezinos; es aldea de Oropessa; está en un hondillo en un vallejuelo:

LA PUENTE DE ARÇOBISPO 2 leguas de tierra doblada e de montes de enzinares e prados salvo un 4º de legua primero e otro postrero.

Fuente el Olmo [§ 1057] tiene 40 vezinos; es de don Álvaro de Luna; está en un llano:

SANT MIGUEL DE BERMUY una legua pequeña llana, pásase Dueratón junto a Sant Miguel de Bermuy. LA TORREZILLA una legua buena llana.

Fuente Ovejuna lugar [§ 4355–4360] tiene 2000 vezinos; es aldea de Córdova; está en un cerro:

ALANÍS 6 leguas, de cerros la primera legua e lo otro de sierras, todo de montes de enzinares. BÉLMEZ 3 leguas de tierra llana e de prados, la postrera es sierra montes baxos de xarales, a 2 leguas primeras pasan a un río dicho Guadiato por vado, que corre a la mano dizquierda. BENALCÁÇAR 7 leguas, van por Hinojosa, 6 leguas de sierras e valles e montes de xarales, la legua postrera es de montes dehesas, a media legua primera pasan al dicho río Guadiato por vado, corre a la mano derecha, sécase en verano. CASTUERA 8 leguas, van por Monterrubio, 7 leguas, todo de sierras e valles de montes de xarales las 5 leguas primeras e las 2 postreras de enzinares e prados, a legua e media primera pasan a Xúxar por vado, que corre a la mano derecha, a 6 leguas primeras se tornan a pasar, corre a la mano dizquierda. CÓRDOVA 13 leguas, todo de valles e sierras que se llama la Sierra Morena, a la mano dizquierda queda Bélmez a una legua del camino, a 5 leguas primeras pasan al dicho río Guadiato por vado, que corre a la mano dizquierda. COSTANTINA 11 leguas, van por San Niculás, 7 leguas de sierras muy agras e montes de xarales. LA GRANJA 2 leguas de vallejuelos e tierra barrancosa e de montes de enzinares, a legua e media primera pasan a Xúxar por vado, que corre a la mano derecha. GUADALCANAL 8 leguas, van por Azuaga, 3 leguas de sierras e valles e enzinares.

Fuente el Puerco aldea [§ 774–775, 860–863] tiene 50 vezinos; es del Condestable, es juredición de Berlanga; está en alto como en ladera; caen algunos de estos lugares en obispado de Cigüença:

ALMAÇÁN 3 leguas llanas. ANDALUZ una legua, van por Centenera. ARENILLA 2 leguas dobladas, a medio camino se pasa un arroyo que corre a la mano derecha. BELAMAÇÁN una legua dobladilla de camino e sierras por todas partes. BERLANGA una legua doblada, pásase junto con Verlanga un río dicho Escalote que corre a la mano derecha. BORDECOREX 3 leguas, van por Cantaojal. CANTAOJAL 2 leguas, van por las Casillas. LAS CASILLAS media legua doblada de subida e abaxada de una cuesta. CENTENERA una legua llana, de que

346 La Fuente el Maestre, cf. *La Puente (d)el Arçobispo*.

salimos de Fuente el Puerco abaxamos una cuesta que tenrá un tiro de vallesta, pasamos a Duero a los tres 4º de legua por vado, que corre a la mano dizquierda. CIADUEÑA 2 leguas llanas riberas de Duero. CIRUELA media legua llana. HONTIGELVES 3 leguas, van por Cantaojal e por Vordecorex. MATAMALA una legua, van por Centenera. REOLLO media legua llana, está riberas de Duero. VARCA 2 leguas grandes, es camino llano, es ribera de Duero, de todas partes ay valles altos e montes de enzinas e sabuzes, a la mano dizquierda de la parte de Duero queda Centenera a media legua del camino, ansí mismo queda Rebobollo a la mano dizquierda a 2 tiros de vallesta del camino, ansí mismo queda Santa María de Prado e Matamala de la otra parte de Duero a media legua grande del camino que es un concejo, a la mano derecha queda Velamaçán a 4 tiros de vallesta del camino, ansí mismo queda Cidueña a la mano dizquierda a 2 tiros de vallesta del camino en un alto, antes que lleguemos a Barca subimos una cuesta e abaxamos otra que tenrá un 4º de legua. VILLASAICIAS 4 leguas, van por Hontigelmes e por Valdecorex.

Fuente el Sol[347] aldea [§ 1110] tiene 60 vezinos; es de Joan de Bracamonte; tiene fortaleza más alta que el lugar:

RABÉ media legua llana salvo que en medio del camino está una cuestezuela. ZEBRILIEGO media legua llana.

Fuentes villa [§ 349] tiene 400 vezinos; ay allí muy buenas yeguas y mulas:

PAREDES DE NAVA una gran legua.

Fuentes[348] aldea / lugar [§ 480, 3449–3457] tiene 60 / 100 vezinos; es de don Álvaro de Guzmán; tiene fortaleza; está en llano:

ALMENARA 6 leguas, van por Palma, 4 leguas. ALMODÓVAR DEL RÍO 8 leguas, van por Palma, 4 leguas. CAÇALLA 4 leguas, van por Marchena. CAÑETE 11 leguas, van por Osuna, 5 leguas. CONSTANTINA 9 leguas, van por Lora, 4 leguas. CÓRDOVA 12 leguas, van por Écija, 4 leguas, e por Guadalcáçar, 4 leguas. ÉCIJA 4 leguas de tierra doblada e tierra de campiña, las 2 leguas postreras son de olivares grandes. ESTEPA 7 leguas, van por Osuna. GUADAXOX 7 leguas, van por Carmona, 5 leguas. HORNACHUELOS 6 leguas, van por Palma, 4 leguas. LORA 4 leguas, van por la Campana, 2 leguas de tierra doblada e de tierras de pan. MAIRENA 7 leguas, van por Carmona, 5 leguas. MONTILLA 10 leguas, van por Écija, 4 leguas, e por la Rambla, 5 leguas. MORÓN 6 leguas, van por Marchena, 2 leguas. OLVERA 14 leguas, van por Marchena, 2 leguas, e por Morón, 4 leguas. OSUNA 5 leguas de tierras dobladas e de pan. PEÑAFLOR 5 leguas, van por Palma, 4 leguas. LAS POSADAS 6 leguas, van por Palma, 4 leguas. LA PUEBLA DE CAÇALLA 4 leguas, van por Marchena, 2 leguas. LA PUEBLA DE LOS INFANTES 6 leguas, van por Palma. SEVILLA 11 leguas, van por Carmona, 2 leguas. TEVA 10 leguas, van por Osuna, 5 leguas. EL TOLEDILLO, que es castillo, 5

347 Huentelsol, cf. *Hontiveros*. Huente el Sol, cf. *Muñana*.
348 Huentes, cf. *Sevilla*.

leguas, van por Palma, 4 leguas. UITRERA 7 leguas, van por Marchena, 2 leguas, e por el Arahal, 2 leguas. EL VISO 7 leguas, van por Carmona, 5 leguas.

Fuentes lugar [§ 5031–5033] tiene 250 vezinos; es del conde de Fuentes; tiene casa fuerte; está en las riberas de Ebro al pie de un cerro que pasa a una legua, van por el Burgo 2 leguas llanas de vega, por la mano dizquierda queda un cerro la legua primera:

AGUILAR una legua llana de vega de travieso e de viñas e árboles e tierras de pan, junto con el lugar pasan al dicho Ebro, corre a la mano derecha. OSERA DE LA FRONTERA una legua de vega llana de travieso e de viñas e de árboles e tierras de pan, junto con Fuentes pasan a Ebro por barca, que corre a la mano derecha. PIÑA una legua de vega de viñas e arboledas e tierras de pan, junto con Piña pasan a Ebro por varca, corre a la mano derecha. RODÉN un 4º de legua un valle arriba e por entre cerros.

Fuentes Nuevas[349] lugar [§ 5598–5599] tiene 40 vezinos; es aldea de Ponferrada; está en llano:

BÁLGOMA media legua de tierra doblada e de viñas e tierras de pan. EL CAMPO DE NARAYA un 4º de legua de tierra doblada e montes baxos e de pan. CULUMBRIANOS un 4º de legua llano e de tierras de pan e montes baxos. MAGAZ una legua de tierra doblada e de montes baxos. PONFERRADA una legua de tierra doblada, en llegando a Ponferrada pasan al Sil por puente, que corre a la mano derecha.

Fuentespina[350] lugar [§ 497] tiene 30 vezinos; está en un llano:

ARANDA DE DUERO media legua llana.

Fuent Llana[351] lugar [§ 1134] tiene 300 vezinos; está en llano:

VILLANUEVA DE LOS INFANTES media legua llana.

Fuentenebro [§ 1063] tiene 40 vezinos; es de Aranda; está en llano, pasa Riaçuela río un tiro de vallesta de este lugar:

ALDEA EL HORNO una legua pequeña llana. MORADILLO media legua pequeña llana.

---

349 Fontes Novas, cf. *Ponferrada, Santandrés de Montejos.*

350 Fuente Espina, cf. *Peñaranda, La Torre de San Pedro.*

351 Fuentllana, cf. *Villanueva de los Infantes* lugar / villa. Huentllana, cf. *Montiel.* (La) Fuentellana, cf. *La Puebla de Montiel, Villahermosa, Villanueva de los Infantes* lugar / villa.

Fuentenovilla[352] lugar [§ 4753–4760] tiene 45 vezinos; es del maestradgo de Calatrava; está en tierra alta en un tesillo e por alderredor del lugar ay valles hondos, el asiento está sobre unas peñuelas; los edeficios de las casas son de yelso:

ALCALÁ DE HENARES 5 leguas, van por Peçuela, 2 leguas, e por Villalvilla, 2 leguas. ALMOGUERA 2 leguas, van por Alvares, una legua grande de cerros e tierra doblada, la media legua postrera es de montes de enzinares, la media legua primera ay algunas viñas. ALMONACIR DE ÇORITA media legua, van por Yebra e por Çorita. ARANÇUEQUE 3 leguas, van por Loranca, 2 leguas de cerros e grandes valles la legua primera, la una legua postrera es ribera arriba de Taxuña, que queda el río a la mano derecha porque a la primera legua pasan a Taxuña por puente, que corre a la mano dizquierda. ÇORITA DE LOS CANES 3 leguas, van por Yebra, 2 leguas de tierra doblada e de algunos vallejuelos e montes. CORPA 2 leguas e media, van por Peçuela. FUENTELENZINA 5 leguas, van por Escopete, de tierra de valles e cerros e predegales e montes de enzinares altos e baxos. GÜETE 8 leguas, van por Çorita e por Alvalate e por Garci Naharro. MADRID 10 leguas, van por Peçuela e por Villalvilla. MONDÉJAR una legua pequeña de valles hondos e cerros e montes de enzinares e baxos. PASTRANA 3 leguas, van por Seder, 2 leguas de valles e cerros e montes baxos e altos. PEÇUELA 2 leguas de valles e serrezuelas e montes baxos, a poco más de medio camino pasan a Taxuña por puente, que corre a la mano dizquierda, en saliendo de este lugar baxan e suben para subir al otro 2 cuestas que cada una tiene casi media legua, la primera es de montes de enzinares ralos [¿?]. SANTORCAZ 3 leguas, van por Pezuela, 2 leguas. TENDILLA 4 leguas, van por Escariche, una legua de tierra doblada e alta, por todas partes algunos valles e adelante, e por Hontova, una legua, e por Romera. VILINCHÓN 5 leguas, van por Mondéjar, una legua, e por Brea, una legua, e por Estremera, una legua, e por Fuentidueña, una legua. EL VILLAR 2 leguas, van por Ambite, una legua de tierra de cerros e valles abaxo e montes baxos e algunos altos, junto con Ambite pasan a Taxuña por puente, que corre a la mano dizquierda. YEBRA 2 leguas de tierra doblada e de cabeças de cerros e la media legua primera e de olivares e viñas, todo lo otro es de montes de enzinares por la mano dizquierda, la legua e media postrera e por la mano derecha chaparrales, la media legua postrera es como ladera abaxo.

Fuenterrabía[353] villa [§ 3318, 5094–5095] tiene 600 / 3000 vezinos; tiene fortaleza muy buena; el lugar está en alto, casi lo cerca la mar que es península,[354] está el asiento como en ladera; tiene 3 cercas de piedra, es puerto de mar en la provincia de Guipuzca, es el puerto que tiene buena, es frontera de Francia, en esta tierra ay muchas caserías derramadas[355] de manera que no ay lugares de vezindad sino muy pocos:

---

352 Huentenovilla, cf. *Villalvilla*.
353 Huenterrabía, cf. *Motrico*.
354 Testimonio temprano de la voz en español (Rodríguez 2002, 78).
355 'Separadas, apartadas'. Para este mismo sentido, se emplea en el *Vocabulario* también *escarramado*: cf. *Mohedas de Talavera* y *Santiso*.

IRÚN una legua tierra doblada. LEÇO legua y media. LESACA 4 leguas, las 2 primeras leguas son algo ásperas, las dos postreras por un puerto que se sube una legua y se deciende otra. OYARÇÓN (OYARÇU) 2 leguas, van por Inuriranço, una legua riberas de la mar, que queda la mar a la mano derecha, e por la mano dizquierda quedán grandes sierras e montes. LA RENTERÍA 2 leguas de tierra áspera, pásase un río junto al lugar que es pequeño mucho. SAN SABASTIÁN 5 leguas de montes de robledales e castañares e mançanares e por entre sierras, en este camino ay muchas caserías. VERA 3 leguas, vase por Irún.

Fuentesoto [§ 1057] tiene 15 vezinos; es de don Álvaro de Luna; está en un valle:

VALTIENDAS media legua un arroyo abaxo.

***Funes:**

PERALTA una legua.

G

Gajanejos[356] lugar [§ 5126–5127] tiene 40 vezinos; es aldea de Hita; está en alto, junto con el lugar a 4 tiros de vallesta de Vadiel que pasa por baxo del valle, es en el Alcarria:

LA CASA DE SAN GALINDO legua e media, van por Muduex, media legua de cerros e valles e tierras de pan, a medio camino pasan a Vadiel, corre a la mano dizquierda. TRIXUEQUE una legua e media de tierra doblada e tierras de pan. UTANDE media legua de cuesta abaxo, a medio camino pasan a Vadiel, que corre a la mano dizquierda, todo lo otro postrero es riberas abaxo de Vadiel, que queda el río a la mano dizquierda.

*__Galera__ río [§ 6478] júntase cerca de Castilleja con Guadahardales.
*__Galera__:

OSTALETES una legua y media.

*__Galiana__ aldea tiene 30 vezinos; es del duque de Alva; está más arriba de Tormes, que no Alva:

ALVA media legua.

**__Galindos__ lugar [§ 4162–4166] tiene 5 vezinos; es aldea de Ávila; está riberas de Adaja, en el Val de Ablés:

ALDEAVIEJA 5 tiros de vallesta llanos riberas abaxo de Adaja, queda el río a la mano derecha. ÁVILA una legua llana, en llegando pasan Adaja, corre a la mano dizquierda. LA COLILLA media legua de tierra algo doblada e de labranças, el un 4º postrero llegan a un codo de una serrezuela, queda a la mano dizquierda. EL FREXNO 2 tiros de vallesta, en medio el camino pasan Adaja por vado, corre a la mano dizquierda, es todo llano. LOS LÁÇAROS tres 4º de legua, van por el Merino, 4 tiros de vallesta. EL MIRINO 4 tiros de vallesta riberas arriba de Adaja, queda a la mano dizquierda, en llegando pasan Adaja por vado, corre a la mano dizquierda. NIHARRA una legua grande llana riberas arriba del Valle Ablés e Adaja, que queda el río a la mano dizquierda siempre juncto con el camino, por la mano derecha queda Salobral a 2 tiros de vallesta del camino. LA PELMAÇA media legua riberas abaxo de Adaja, queda a la mano dizquierda, en saliendo pasan Adaja, corre a la mano dizquierda. SALOBRAL media legua llana riberas arriba de Adaja, queda a la mano dizquierda. LA SERRADA media legua de tierra algo doblada e de tierras labradas.

*__Galisancho__ [§ 3964]:

---

356 Gaxanejos, cf. *Hita*.

https://doi.org/10.1515/9783111044064-009

SIETEIGLESIAS media legua.

***Galisteo** villa tiene 300 vezinos; es del conde de Osorno; está orilla de Alagón río:

CORIA 4 leguas, pásase Alagón río junto, el cual pasa primero por Galisteo. OLGUERA 2 leguas y media, es llano. PLAZENCIA 3 leguas, pásase el río junto. RIOLOBO legua y media, es llana. TORREJONCILLO 3 leguas llanas.

***Galizuela** [§ 3233, 3419]:

CABEÇA DEL BUEY 4 leguas y media.

****Gallegos** aldea [§ 1092, 2098, 3896, 3918, 4128] tiene 26 vezinos; es de Ávila; está en un cerrico:

BERMUY legua y media. BLASCOXIMENO media legua. CASTELLANILLOS media legua llana, toda de monte senzillo. MANZERA DE ARRIBA una legua. SOBRINOS media legua llana, vase por una xara[357] de enzinas y de estepares.

***Gallegos de Crespes**[358] aldea [§ 3970, 4090, 4107] tiene 70 vezinos; es del duque de Alva:

CHAGARCÍA una legua. HELARRODRIGO una legua. HORCAJO DE MEDIANERO una legua.

****Gallegos del Mirón (Gallegos de Almirón, Gallegos de Solmirón)** lugar [§ 2474, 3857, 3975, 3991, 4043, 4051] tiene 30 vezinos; es del duque de Alva; está en llano:

ARROYOMOLINOS una legua. MERCADILLO una legua.

****Galleguillos** aldea [§ 476] tiene 35 vezinos.
***Gallifa** lugar o casería; está orilla de la mar, a medio millo de Cubellas lugar.
***Gallinero** aldea [§ 2816] tiene 40 vezinos; es de Santo Domingo de la Calçada:

CIRUEÑA legua y media. SANTURDEJO una legua llana y algo cuesta arriba, pásase Valdezcari río a un millo de Gallinero.

---

357 'Monte'.
358 Gallegos de Crespos, cf. *Villafranca* lugar. Gallegos de Trespes, cf. *Bonilla de la Sierra, Gómez Blasco, Hela Rodrigo, Piedrahíta de la Sierra*.

Gallococeado[359] aldea [§ 1009] tiene 8 vezinos; es de Segovia.
Galve(s) lugar [§ 2390–2393, 3899] tiene 80 vezinos; es del conde don Fernando Andrada; tiene buena fortaleza; está en llano, nace a media legua del lugar un río dicho Henares:

ALVENDIEGO 2 leguas, van por Condemios de Ayuso. ATIENÇA 5 leguas, van por Condemios de Ayuso, una legua, e por Alvendiego, una legua, e por Cañamares, una legua e media, y por Tordelloço, una legua. AYLLÓN 5 leguas, van por Grado, 2 leguas llanas una hoz abaxo de un pinar, e por Santiváñez, una legua, e por Estevan Vela, una legua, e por Francos, media legua. CAMPISÁVANOS una legua. CANTALOXES una legua. CARACENA 4 leguas, van por Campisávanos, una legua, e por Mançanares de Caracena, una legua, y por Cañizera, una legua. CONDEMIOS DE ABAXO una legua llana. CONDEMIOS DE AYUSO una legua llana. GRADO 2 leguas. RETORTILLO 3 leguas de tierra doblada e por algunas partes pinares. EL REY DE LA MAJESTAD 3 leguas de tierra doblada. RIAÇA 5 leguas, van por Cantalojas, una legua, e por Bezerril, 2 leguas, a la mano derecha queda Alquite a un tiro de vallesta, a la mano dizquierda Martín Muñoz a 2 tiros de vallesta. SEMOLINOS 2 leguas e media, van por Condemios de Ayuso e por Alvendiego. VILLACADIMA una legua llana de pinares.

***Gamadriz** [§ 3837]:

CABIEDES media legua.

****Gamonal** aldea [§ 300, 5081] tiene 25 vezinos; es de Burgos:

CORTES una legua. VELLIMAS media legua. VILLAFRIUELA (FRIUELA) media legua llana.

****Gamonal**[360] aldea [§ 1095, 3943, 4135] tiene 27 vezinos; es de Ávila; está en llano, está ribera de un río:

MANJAVÁLAGO media legua llana. MIRUEÑA una legua. MOÑICO 2 leguas. ORTÚN PASCUAL media legua llana. VADILLO una legua llana.

La Gandarela [§ 414] tiene 35 vezinos; está en alto:

CASARDETA un 4º de legua llano. FREXO media legua pequeña llana. PEIÇAZ media legua pequeña llana.

Garci Hernández lugar [§ 2061–2064] tiene 40 vezinos; es aldea de Alva; está en una vega riberas de un riatuelo dicho Garci Cavallero:

359 Gallo Coceado, cf. *Segovia*.
360 Gamonar, cf. *Mirueña*. Gamonan, cf. *Villafranca* lugar.

ALDEA SECA una legua llana, a medio camino pasamos un montezillo de enzinas que tenrá un 4º de legua. ALVA DE TORMES una legua llana salvo que ay un cerro en mitad del camino no muy agro e es guijoso,[361] tiene de subida e baxada media legua e es la media legua postrera. COCA DE ALVA una legua llana salvo que en saliendo del dicho Garci Hernández pasamos al dicho riatuelo que se llama Garci Cavallero, que corre a la mano dizquierda, allí subimos una cuesta que tenrá un tiro de vallesta. LA LURDA un 4º de legua llano. PEÑARANDILLA media legua, van por el camino de Coca. TORDILLOS una legua llana, en saliendo del dicho Garci Hernández a 2 tiros de vallesta pasamos al dicho río Garci Cavallero, que corre a la mano dizquierda. VENTOSA 2 leguas, van por Ximengómez, media legua, e por Arconada, una legua.

Garcicavallero lugar [§ 3940–3942] tiene 8 vezinos; es perrocha[362] de Villanueva del Campillo; está en un vallejuelo entre unas peñas, pasa un arroyo que corre todo el año por medio:

BONILLA DE LA SIERRA una legua grande de valles e cerros e montes de robles e estepares e enzinas e arroyos arriba. ÇURRAQUÍN 2 leguas, van por Cabeças del Villar, 2 leguas, todo de tierra de berrocales e valles e montes de enzinas. PASCUAL COBO una legua muy grande de tierra de cerros e valles e montes ralos de roble e enzina. VILLANUEVA DEL CAMPILLO una legua pequeña todo valle arriba e del dicho arroyo e de cercados de prados e de montes de estepares e robledales.

***Garcillán** aldea tiene 80 vezinos; es de Segovia; está en un llano:

ABADES una legua grande llana, vase por Martinmiguel. ARÉVALO 8 leguas, vase por Paladinas y por Vallefría y por Valisa y por Melche y por Montuenga. BERNALDOS 3 leguas, vase por Pinillos, queda Hañe a la diestra a media legua. CARBONERO LA MAYOR 3 leguas, vase por Yanguas. HAÑE una legua grande llana. MARTINMIGUEL media legua llana. MARTINMUÑOZ DE LAS POSADAS 6 leguas, vase por Maraçuela y por Hermoro y por Hoyuelos. MARAÇUELA 2 leguas llanas, a la media legua primera se pasa río Moros, corre a la diestra, y a la siniestra queda Martinmiguel a 4 tiros de vallesta del camino y queda a la siniestra a 4 tiros de vallesta Senarros y Bermuy Anaya queda a la diestra a 2 tiros de vallesta. PEDRÓN 3 leguas. PINILLOS 2 leguas pequeñas llanas, a legua y media se pasa río Moros, corre a la diestra. SALAMANCA 24 leguas, vase por Maraçuela y por Hermoro y por Hoyuelos y por Martín Muñoz de las Posadas y por Espinoso y por Aldeyuela y por Palacios Ruvios y por Rágama y por las Villorias y por Aldealuenga. SANTA MARÍA DE NIEVA 3 leguas, vase por Tabladillo, queda Pascuales a la diestra medio tiro de vallesta. TABLADILLO 2 leguas grandes llanas, pásase río Moros a medio camino por vado, corre a la diestra. VALVERDE EL MAJANO media legua llana. VILLACASTÍN 5 leguas, vase por Martinmiguel y por Pero Coxo,

---

361 'Terreno que abunda en guijos'. Testimonio temprano del derivado en español (Rodríguez 2002, 79).

362 Variante de *parroquia*.

queda Halcón a la diestra un tiro de vallesta, y por Melchete [¿?] y por San Pedro y por Monterruvio. YANGUAS 2 leguas, tierra doblada, a la legua y media se pasa un río dicho Erezma por puente, corre a la siniestra legua y media.

****La Garda** aldea [§ 1117] tiene 30 vezinos; es de señorío; está en llano.
***Garganta** [§ 3722]:

BERRUECO 2 leguas y media.

***Garganta la Olla**:

PASARÓN una legua.

***Garganta el Villar** [§ 4003, 4118]:

NAVADIJOS media legua.

***Gargantilla** [§ 4274]:

ESPINOSA 4 leguas.

****Gargayanta** [§ 4233]:

ARAVALLES legua e media llana salvo la media legua de en medio el camino que es de tierra doblada, todo este camino es de enzinares e prados.

****Garnica** villa [§ 4195–4196]; está en llano, está riberas de un braço de mar, es en Viscaya; cercada, esta tierra es muy montosa:

BERMEO 2 leguas e media, van por Busturios e por Murdaca, media legua. BILBAO 4 leguas, van por Morga, una legua, e por Çamudio, 2 leguas. ÇORNOZÇA 2 leguas, van por Moxica, media legua, e por Oca, media legua. DURANGO 4 leguas, van por Moxica e por Çornozça, media legua. MORGA una legua de cerros e valles e montes. MOXICA media legua llana e de montes de robledales. OCA una legua riberas arriba del dicho braço de mar, queda a la mano dizquierda, a medio camino pasan al dicho río, corre a la mano dizquierda. RIGOITIA media legua de cerros e por valles montes de robledas[363] e castañares.

***Garoça** [§ 3867]:

BARBAHARDA legua y media. SANCHO CORTO media legua.

363 'Sitio poblado de robles'. Testimonio temprano del derivado en español (Rodríguez 2002, 79).

***Garoda** aldea.
***Garray**[364] lugar tiene 40 vezinos; está en llano riberas de Duero:

CHAVALER media legua llana, campiñas. FUENTE EL SAZ media legua llana, campiñas. FUENTECANTOS una legua, vase por Fuente el Saz. LINARES media legua llana, campiñas. SORIA 2 leguas dobladas, berrocales, junto con Garray se pasa Duero por puente, corre a la siniestra.

***Garrovilla** lugar [§ 2799] tiene 500 vezinos; es del maestrazgo de Santiago:

ALGUIXUELA una legua llana, pásase junto con el Alguijuela un río por vado.

***Garrovillas** lugar tiene 5 vezinos; es del conde de Alvadeliste:

MATA 5 leguas de cuestas y montes.

***Garvayuela**[365] aldea [§ 4317, 4339] tiene 200 vezinos; es del conde de Benalcáçar:

HUENLABRADA 2 leguas, tierra doblada de cerros. SIRUELA 2 leguas de cuestas. TALASRUVIAS 3 leguas de tierra doblada. VILLAHARTA 5 leguas.

****Gata** lugar [§ 5225] tiene 500 vezinos; es de señorío, es de maestrazgo de Alcántara; está en llano al pie de una grand sierra, de la sierra nace una grande sierra; es muy vicioso, es lugar de mucho vino:

CADAHALSO una legua, van por la Torre. FUENTE GUINALDO 3 leguas, van por Robleda. MORALEJA 4 leguas, las 3 primeras leguas llanas y de monte, la postrera de cuestas. ROBLEDA 2 leguas e media de cerros e valles e monte de pinares, a 2 leguas primeras pasan Águeda río por vado, que corre a la mano dizquierda. SANTIVAÑES 2 leguas de cuestas. LA TORRE media legua de una ladera arriba e de viñas e olivares e castañales, a 2 tiros de vallesta primeros pasan al arroyo de Gata por vado, que corre a la mano dizquierda.

Gatón aldea [§ 341] tiene 80 vezinos; es behetría encomendada a las Uelgas de Burgos:

CASTROMOCHO 2 leguas, llano. CUENCA DE CAMPOS una legua, llano. VILLARRAMIEL una legua, llano. VILLAVARUZ media legua, llano.

---

364 Garay, cf. *Soria*.
365 Gargayuela, cf. *Talarrubias*.

Gavia la Grande[366] lugar [§ 3025–3030] tiene 60 vezinos; es aldea de Granada; está en llano en la orilla de la Vega de Granada:

LAS ALBUÑUELAS, son muchos lugares, 4 leguas, van por Gavia la Chica, un 4º de legua, e por Alhendín, otro 4º de legua, e por el Padul, legua e media, e por Restabal, 2 leguas. ALHAMA 6 leguas, van por la Malahá, una legua, e por Cacín, 3 leguas. ALHENDÍN media legua, van por Gavia la Chica, un 4º de legua. ALMONACHIR 2 leguas, van por la Zubia. AMBROZ tres 4º de legua, van por Íjar e por Cúlar. EL ATARAFEE una legua e media, van por Íjar e por Cúlar e por Purchil e por Churriana, media legua llana, a medio camino pasamos al río dicho Dílar por vado, que corre a la mano [...]. CÚLAR media legua pequeña, van por Íjar, un 4º de legua. DILARE 2 leguas e media, van por Gavia la Chica, un 4º de legua, e por Alhendín, otro 4º de legua, e por Otura, media legua. GAVIA LA CHICA un 4º de legua llana, pasamos algunas acequias. GRANADA una legua grande de tierra llana todo de vega, en llegando a Granada a 2 tiros de vallesta pasamos a un río dicho Guadaxenil por puente, que corre a la mano dizquierda, la media legua postrera es de huertas. ÍJAR un 4º de legua llana de vega. MOLÍN 5 leguas, van por Villecina, tres 4º de legua, e por Santa Fee, un 4º de legua, e por Güécar, un 4º de legua, e por Puente de Pinos, media legua, e por Cacín, 3 leguas. OTURA tres 4º de legua, van por Gavia la Chica e por Alhendín. PURCHIL una legua, van por Íjar, un 4º de legua, e por Cúlar, un 4º de legua, e por Ambroz. SANCTA FEE una legua grande, van por Villecina. UGÍJAR una legua, van por Darbenadoz, media legua, e por Armila, un tiro de vallesta. VILLECINA tres 4º de legua llana e de viñas. LA ZUBIA legua e media, van por Darbenadoz, media legua, e por Armila, un tiro de vallesta, e por Ujíjar, un 4º de legua.

Gelo[367] lugar [§ 2754–2755] tiene 14 vezinos; es del duque de Medina Cidonia; está en llano, es en el Axarafee de Sevilla:

ASNALCÁÇAR una legua de tierra algo doblada e de olivares. BOYANA un 4º de legua pequeña llana e de olivares. CASTILLEJA DE TALHARA una legua pequeña llana e de olivares. REXUGENA DE LOS MONTEROS una legua de tierra llana e de olivares. REXUXENA DE DON FRANCISCO media legua llana e de olivares. RIANÇUELA una legua pequeña llana e de olivares, a la mano dizquierda queda Boyana, una casaría de un ginovés, a 2 tiros de vallesta del camino.

Gibraleón lugar [§ 5314] tiene 2000 vezinos; es del duque de Béjar; tiene buena fortaleza; está en llano riberas de un río dicho Guadiel:

GÜELVA 2 leguas de tierra llana e de almendrales e viñas riberas abaxo del dicho río Guadiel, que queda el río siempre a la mano derecha.

---

366 Gavia, cf. *La Malahá*.
367 Xelo, cf. *Aznalcáçar, Castilleja de Talhara*.

Giesta[368] aldea [§ 378] tiene 50 vezinos; es de don Pedro de Sotomayor; está al pie de la sierra dicha Suido:

LA LACERA una legua grande, para ir por buen camino se pasa un río aunque amos lugares están a una vanda del río. QUINTANA una legua de sierra áspera, pásase un gran río.

Gildolís[369] aldea [§ 1125] tiene 10 vezinos; es de Baeça; está en llano, pásase Guadalqueví un 4º de legua de la Puente del Obispo:

BELMAD 3 leguas de tierra doblada. JÓDAR 4 leguas de tierra doblada. XIMENA 2 leguas de tierra doblada.

Ginzo lugar [§ 385] tiene 350 vezinos; es del conde de Benavente; está ribera de la Limia:

SAN BARTOLOMÉ DE GANADE media legua buena, pásase la Limieta por puente, corre haza la man derecha, júntase con la Limia medio millo más baxo del camino. UIMBRA 3 leguas llanas. VILLAR DE SANTOS una legua llana, pásase la Limia, corre haza la mano izquierda, pásase a medio camino.

Golbetó[370] lugar [§ 5065] tiene 15 vezinos; es de Monserrate; está al pie de las sierras de Monserrate:

ESPARRAGUERA una legua de tierra doblada e como cuesta abaxo e de montes de pinares. NUESTRA SEÑORA DE MONSERRATE una legua, todo de grandes sierras de valles.

Gómez Blasco lugar [§ 3954–3960] tiene 20 vezinos; es aldea de Alva de Tormes; está en llano:

ALARAZ una legua de tierra doblada, de montes el un 4º de legua de en medio. ALVA DE TORMES 3 leguas, van por Mata Rala, 2 leguas e media de cerrillos e tierras de pan, a la mano dizquierda queda Valdecarros a un 4º de legua. ARMENTERO 3 leguas, van por Horcajo, de tierra doblada e de algunos montes. CARAVIAS una legua pequeña llana e de tierras de pan labradas, la mitad del camino primera es como algo ladera arriba e lo otro algo cuesta abaxo. EL CARPIO una legua de tierra doblada e de vallejuelos e dehesas de montes salvo la primera media legua. ÇURRAQUÍN 2 leguas, van por Alaraz, una legua de tierra doblada e de cerros. DIEGÁLVARO una legua muy grande cerros e valles e montes como cuesta arriba. GAJATES una legua riberas abaxo de un arroyo. GALLEGOS DE TRESPES una legua, van por Caravias, media legua. HELA RODRIGO una legua, van por Caravias, media legua. MALPARTIDA una legua e media, van por Alaraz, una legua. NABALES 2 leguas, van

368 La Giesta, cf. *Sancroyo*.
369 La Torre Gildolís, cf. *Baeça*.
370 Gobató, cf. *Marturel*.

por Valdecarros, una legua. PEDRAZA un 4º de legua llana e de tierras de pan. PEDROSILLO 2 leguas, van por Gajates, media legua, e por Valeros, 3 tiros de vallesta, e por Galleguillos, 3 tiros de vallesta. PEÑARANDA 4 leguas, van por Santiago de la Puebla, una legua de tierra doblada e de tierras de pan e de montes de enzinares. SALVATIERRA 5 leguas, van por Caravias e por Valverde. VILILLAS una legua e media, van por Valdecarros, una legua.

Gor lugar [§ 6497–6501] tiene 70 vezinos; es de don Diego de Castilla; tiene fortaleza; está en un valle hondo entre 2 sierras riberas de un arroyuelo:

BAÇA 4 leguas de cerros e valles, a la mano derecha queda siempre una sierra, todo este camino es de montes de enzinares e pinares. EL BALUDAY 5 leguas, van por Fiñana. FIÑANA 5 leguas de grandes sierras e valles por todas partes e montes de pinares e enzinares riberas arriba de un arroyo. GUADIX 3 leguas, la legua primera de tierra de cerros e valles y montes de pinares e enzinares, en saliendo suben unos barrancos y una cuesta que tenrá 4 tiros de vallesta, la media legua postrera de la legua primera es cuesta abaxo e todo lo otro es llano e de atochares e como cuesta abaxo, antes que lleguemos a Guadix con un 4º de legua pasamos e baxamos unas ramblas hondas e llano camino, el un 4º postrero es de viñas e arboledas, en llegando a Guadix pasamos un riatuelo dicho la Rambla que viene de unas sierras, que corre a la mano derecha. ÚBEDA 14 leguas, todo despoblado por todas partes, cerros e sierras e munchas montañas e grandes atochares e de munchos arroyos que nacen [...].

Gordaliza aldea [§ 344] tiene 40 vezinos; es de doña Marina:

CABEÇÓN media legua. CASTROPONCE media legua. VILLACIR una legua, llano.

Gormaz [§ 851]; el castillo está en la punta del cerro, es muy fuerte e muy grande, está en un cerro muy redondo e muy alto; el lugar está en la ladera, al pie de la sierra hazia el mediodía pasa Duero.
***Grado** [§ 2392, 3899]:

GALVES una legua. SANTIVAÑES una legua.

****Grado** lugar [§ 5198] tiene 15 vezinos; está en un cerro, es en el reino de León.
***Grajal**:

VILLADA [...] llana doblada.

***Grajeda** [§ 3898]:

CASTILNOVO media legua.

****Grajera**[371] aldea [§ 1034] tiene 30 vezinos; es de Sepúlveda; está en alto:

ENZINAS media legua pequeña. FREXNILLO DE LA FUENTE una legua llana. PAJAREJOS una legua pequeña llana.

Grajos lugar [§ 2105–2106, 3901–3909] tiene 100 vezinos; es aldea de Ávila; está en un vallejuelo algo en alto entre unos berrocales; tiene 2 árboles, algo mayor el uno que el otro, que dizen que son de una manera e están juntos el uno cabe el otro e si alguna rama entra el uno en el otro dizen que se seca, junto con la iglesia está una peña grande que en llegando a ella se anda:

ÁVILA 5 leguas, van por Robledillo, un 4º de legua, e por Barbaharda, tres 4º de legua, e por Garoça, una legua e media. GAMONAL una legua, van por Manja Válago, un 4º de legua. HONTIVEROS 5 leguas, van por Hortigosa, media legua de cerros e valles e tierra de labrança, e por Moñico, media legua, e por Vita, 2 leguas, e por Hirites, 2 tiros de vallesta. HORTIGOSILLA media legua de cuestas e cerros e tierras de pan. HORTÚN PASCUAL legua e media, van por Gamonal, una legua de cerros. MANCERA DE ABAXO 3 leguas, van por Manzera de Arriba, 2 leguas de tierra de cerros e tierras de pan. MANJA VÁLAGO un 4º de legua de cuestas e tierras de pan. MEDINA DEL CAMPO 13 leguas, van por Hortigosa, media legua, e por Moñico, media legua, e por Vita, una legua e media, e por Hontiveros e por Cantiveros e por Cabeças del Pozo e por Palaçuelos e por Vañuelos e por la Moraleja e por Fuente el Sol e por Rabé. MENGA MUÑOZ 3 leguas, van por Muñana, una legua, e por Naharros del Puerto, una legua. MIRUEÑA una legua de cerros e valles e como cuesta abaxo e tierras de pan. MUÑANA una legua, la mitad de puerto arriba e lo otro de puerto abaxan más agro abaxo, todo de berrocales grandes. MUÑO GALINDO 3 leguas, van por Múñez, una legua de sierra e montes de enzinares, en medio el camino está un portezuelo, todo este camino es de berrocales. ROBLEDILLO media legua llana. VADILLO una grande legua, de valles e cerros e montes los tres 4º de legua postreros, siempre queda una serrezuela a la mano dizquierda, todo este camino es de berrocales e por entre valles e de prados. VALDECASA(S) media legua de cuestas arriba una sierra e de berrocales. VILLATORO 2 leguas, van por Vadillo, 2 leguas de cerros e valles e de robledales los tres 4º de legua postreros.

Granada cibdad [§ 3031–3045, 6520–6522] tiene 30000 / 35000 / 40000 vezinos; tiene 3 villas cercadas, tiene sobre toda la cibdad una sierra cercada que se llama el Alhambra, la cual es la fuerça de la cibdad, villa e fortaleza, está hazia Murcia e la que señorea todo lo otro, tiene otra fortaleza más abaxo que es un cerro que se llama las Torres Bermejas e por lo baxo tiene otra fortaleza que guarda lo baxo que se llama el Castillo de Bivataubín; está en 3 cerros e valles grandes al pie de unas sierras, está 2 leguas de la Sierra Nevada, que está hazia mediodía, por la parte de Sevilla tiene grandes llanos e vegas, por todas las otras partes sierras grandes, a 4 leguas en la cumbre de esas sierras todo el año nunca falta nieve,

---

371 Graxeda, cf. *Torrivuelo (Torrivivelo)*. Grajeda, cf. *La Çarçosa, Nava (La Nava de Pedraza)*.

pasan 2 ríos, el uno dicho Darro por medio de la cibdad e (Guada)xenil a 2 tiros de vallesta de la cibdad, júntase cabe la cibdad e queda el nombre de Xenil; tiene grande [...] hazia Sevilla, el Albaizín está hazia Toledo; está enterrado en la cibdad el rey don Hernando e la reina doña Isabel e el Grand Capitán:

ALBOLETE EL GRANDE 2 leguas, van por Maracena. ALBOLOTE DE GENIL una legua grande riberas de Guadaxenil, queda el río a la mano derecha. ALFACAR 2 leguas grandes, la una legua llana e de güertas e lo otro de cuesta arriba e de olivares. ALHAMA 7 leguas, van por Gavia, 2 leguas, e por la Malahá, una legua, e por Cacín, 3 leguas. ALHENDÍN 2 leguas e media, van por Armilla, media legua de viñas e de vega, en saliendo de Granada pasamos a Xenil por puente, que corre a la mano derecha. ALMUÑÉCAR 14 leguas, van por Alhendín, 2 leguas e media. ARABENAZ una legua llana. ARZIBI [¿?] una legua llana de güertas e panizos, a 2 tiros de vallesta en saliendo pasamos a Xenil por la puente. ASQUEROSA 3 leguas llanas de vega e de güertas. EL ATARAFE 2 leguas grandes llanas, todo de viñas e olivares e güertas. BÍZNAR legua e media grande, la media legua primera llana e de güertas e lo otro cuesta arriba e de olivares e viñas. CARIATALBOLOTE [¿?] una legua grande, la media legua primera llana e de güertas e lo otro tierra doblada e de olivares e de viñas. CHURRIANA legua e media llana de vega, a 2 tiros de vallesta pasamos a Guadaxenil por la puente. GAVIA LA CHICA legua e media llana, pasamos a Xenil por la puente. GAVIA LA GRANDE 2 leguas pequeñas llanas, de güertas la media legua primera, a 2 tiros de vallesta de Granada pasamos al dicho río Guadaxenil por puente, que corre a la mano derecha. GUADIX 9 leguas, van por Beas, 3 leguas, e por la Peça. GÜÉJAR 4 leguas, van por Pinillos, 2 leguas de güertas e viñas riberas arriba de Xenil por unas laderas de una sierra, queda el río a la mano derecha. GÜÉTOR una legua pequeña llana de güertas e de olivares e carmes, que son casas,[372] por todas partes. LOXA 8 leguas, van por Sancta Fee, 2 leguas. MARACENA una legua pequeña llana e de güertas e viñas. MOCLÍN 5 leguas, van por Pinos, 3 leguas llanas de vega, la media legua primera es de huertas. PINOS 3 leguas llanas, la media legua primera es de güertas e la media legua postrera van por orilla la vega e por orilla de la Sierra Elvira, que queda la sierra a la mano derecha e la vega a la mano dizquierda, a la mano derecha queda el Atarafe a un tiro de vallesta del camino, junto con Pinos pasamos a un riatuelo dicho Pinos, que corre a la mano dizquierda. SAN(C)TA FEE 2 leguas llanas e de vega de labrança e algunas arboledas e acequias de regadío, a medio camino pasan al río Xenil por vado, que corre a la mano derecha. UGÍJAR (LA CHICA) legua e media llanas e de güertas, pasamos al dicho Xenil por la puente. XAÉN 14 leguas, van por Pinos, 3 leguas, e por Alcalá la Real, 5 leguas. LA ZUBIA 2 leguas e media llanas de vega e de güertas, a 2 tiros de vallesta de la cibdad pasamos a Guadaxenil por la puente, corre a la mano derecha.

***Granátula** [§ 3143]:

372 «En el Reino de Granada, vale tanto como huerta o jardín» (Covarrubias *s.v.* carmen). «Huerta o quinta con jardines que se haze para recreo. Assí llaman en Granada a ciertas casas de campo, que sirven para recreación» (*Autoridades s.v.* carmen)

ALDEA EL REY 2 leguas.

***Granja**:

ALDEANUEVA DEL CAMINO una legua.

***Granja**[373]:

FUENTEOVEJUNA 2 leguas.

***Granja** [§ 3802]:

RIEGO una legua.

***Granja** lugar tiene 4 vezinos; es de señorío; está en llano riberas del Sil:

PETÍN un 4º llano, campiña. SAMARTÍN DE CALAVENTE una legua, vase por Mones. SAMIGUEL DE MONES media legua, cerros, cuesta arriba.

****G(a)rañón** aldea / villa [§ 291, 1250] tiene 50 / 130 / 1500 vezinos; tiene fortaleza; está en una halda de una sierra, pasa por abaxo de la villa un arroyo pequeño:

BAÑARES legua y media llana, pásase Valdazcari a medio camino. LEIVA legua e media llana. MORALES media legua buena. REDEZILLA una legua de cuestezuelas y un portezuelo junto [¿?]. SANTO DOMINGO DE LA CALÇADA una legua, pásase la puente de Baldezcari cerca de Santo Domingo. VILLALOBAR una legua tierra algo áspera. ZEREZO 4 leguas llanas, van por Tormantos y [...] de Tormantos se pasa un río que se llama Tirón, que corre a la mano derecha, es ya cuando pasa cerca de Cerezo, pásase por puente.

***Grao** villa tiene 250 vezinos; es aldea de Valencia; está en llano riberas de Guadalviar entre huertas salvo por la parte de la mar; es muy fresca:

VALENCIA media legua llana, huertas riberas arriba de Guadalviar, que queda a la siniestra, junto con Valencia se pasa por puente, corre a la siniestra.

****Grijo** lugar [§ 409–410] tiene 20 vezinos; está en llano, pasa la Arnoya río 3 tiros de vallesta de Grijo:

ALMARIZ un 4º de legua llano. BARALLO una legua pequeña llana, pásase Tuño río por la Ponte Cavalleros (Puente Cavalleros) en el mismo camino de la legua. ESCUDEROS un 4º de

373 La Granja, cf. *Fuente Ovejuna*.

legua llano. FREAS una legua pequeña llana, pásase el Tuño río 2 tiros de vallesta de Freas. SANT LORENÇO una legua llana. SANTA MARÍA DE OVALE una legua pequeña llana. SANTO TOMÉ un 4º de legua llano, júntase el Tuño río con Arnoya río un tiro de vallesta de Santo Tomé.

***Grijota** villa tiene 30 vezinos; está en llano:

BEZERRIL legua y media, vase por Villumbrales. FUENTES DE GUADAPERO una legua llana, viñas, campiñas, junto con Fuentes de Guadapero se pasa Carrión por puente, corre a la diestra. PALENCIA una legua llana, campiñas, la media última de viñas, pásase por puente Carrión a medio camino, corre a la diestra. RIVAS DE BEZERRIL 3 leguas llanas, las 2 de viñas, lo otro pas [¿?], junto con Rivas de Bezerril se pasa Carrión, corre a la diestra. VILLAMARTÍN legua y media llana, campiñas, viñas. VILLUMBRALES una legua llana, campiñas.

***Grimaldo** aldea tiene 60 vezinos:

CAÑAVERAL 2 leguas de montes y un puerto pedregoso a medio camino. PLAZENCIA 5 leguas.

Griñón lugar [§ 5399] tiene 300 vezinos; está en llano; es de Luis Martínez:

LA CRUZ una legua, van por Cubas. CUBAS una legua de tierra doblada e de pan. ILLESCAS 2 leguas, van por Cubas, una legua, e por Casarrubielos, un 4º de legua. PARLA 2 leguas de tierra doblada e de labrança. SERRANILLOS media legua de tierra doblada e de pan e viñas. TORREJONCILLO una legua e media de tierra doblada e de pan. UXENA 2 leguas, van por Torrejoncillo.

***Grisallena** villa tiene 300 vezinos; es del condestable.

BERÇOSA una legua llana. CAMENO una legua llana.

***Guadahardales**[374] río [§ 6478] tiene un derriscadero muy grande junto con Castilleja por la parte de Baça.
***Guadahortuna** [§ 3094]:

AZNALLOZ 4 leguas.

Guadalajara cibdad / villa [§ 5, 1228–1230, 4832–4840] tiene hasta 2000 / 3500 vezinos; tiene fortaleza; está en llano e como en ladera en tierra de barrancos, es entre el Acarria e tierra de Alcalá de Henares, a un tiro de vallesta de esta cibdad

374 Hardales, cf. *Castilleja*. Guadahardal, cf. *Güesca*.

pasa un río dicho Henares; tiene muchas casas de cavalleros e en prencipal tiene el duque el Infantazgo una casa muy rica e prencipal a donde el dicho duque tiene su abitación:

ALCALÁ DE HENARES 4 leguas grandes muy llanas, en saliendo de Guadalajara a un tiro de vallesta pasan a Henares por puente, corre a la mano dizquierda, de contino van riberas abaxo, que queda a la mano dizquierda. ALMUÑA 4 leguas. ARANÇUEQUE 3 leguas llanas. EL ATANÇÓN 3 leguas, van por Iriepa e por Centenera. BENALAQUE una legua llana e de tierras de pan, en saliendo de Guadalajara pasan a Henares río por puente, corre a la mano dizquierda. LA CELADA una legua pequeña de tierra de barrancos e tierras de labrança, por la mano derecha queda siempre Henares río unos derrumbaderos abaxo. CENTENERA 2 leguas, van por Iriepa. CHILUECHES una legua, van por la Celada. HITA 4 leguas, van por Tórtola, una legua e media de tierra doblada e de cerros por todas partes, por la mano dizquierda queda siempre Henares. HONTANARES una legua e media, van por Marchamalo. HORCHE 3 leguas llanas. IRIEPA media legua de tierra de barrancos e cuestas e viñas e tierras de pan e guindaleras.[375] LORANCA 3 leguas llanas. LUPIANA 3 leguas, vase por la vega abaxo de Tejunia a la mano derecha. MADRID 12 leguas, vase por Benalaque y en el medio del camino se pasa Henares y a la mano derecha luego van a Ayunquera e Açuqueca e por Mira el Campo e por Aldeanueva e por Meco e por las Camargas e Bestiruelas y la Camarma de Albornoz y Alcalá e a Torrejón e a la Puente de Bivero, pásase Xarama que corre a la mano dizquierda, e por Lagunilla y por el Paso, este camino es todo llano. MARCHAMALO media legua de tierra doblada e viñas e tierras de labrança. PIOZ 3 leguas, van por la Celada e por Chilueches e por el Pozo de Pioz. EL POÇO 3 leguas llanas, vase por la Celada y por Chiruechez. SANTORCAZ 3 leguas de tierra de cerros e barrancos e viñas e cerros, por la mano dizquierda queda la Celada e Chilueches, la Celada a 3 tiros de vallesta del camino e Chilueches a un 4º de legua. LOS SANTOS 3 leguas de tierra de cerros e vallejuelos e tierras de pan riberas abaxo de Henares, queda a la mano derecha. TARACENA media legua de tierra muy doblada e de tierras de viñas e huertas. TENDILLA 4 leguas, van por Horche, 2 leguas de tierra de valles e cerros e tierras de pan e montes. TORIJA 3 leguas, van por Taracena, media legua, e por Valdenoche, una legua. TÓRTOLA una legua e media de tierra de cerros e valles e viñas e tierras de pan, por la mano derecha queda Taracena a 3 tiros de vallesta del camino, por la mano dizquierda queda Henares río siempre a 2 tiros de vallesta unas cuestas abaxo. TRES XUEQUES 6 leguas, vase por Tarija y a Baldelagua e a Riapales. USANOS 2 leguas de tierra doblada e de tierras de pan, en saliendo de Guadalajara pasan a Henares río por puente, corre a la mano dizquierda.

***Guadalbacar**[376] río [§ 4410, 6634] júntase con Guadalquevir a una legua de donde se pasa de Lora para Peñaflor, júntase a un millo.
***Guadalbollón** río [§ 3089, 4485] júntase con Guadalquevir a 5 leguas de Torres a una legua de donde se pasa yendo de Linares a Jaén.

375 'Sitio plantado de guindos'. Testimonio temprano de la voz en español (Rodríguez 2002, 77).
376 Guadalvacar, cf. *Lora*.

Guadalcáçar lugar [§ 3470–3474] tiene 60 vezinos; es de don Francisco de Benavides; está en un hondo en un valle:

ALMODÓVAR DEL RÍO una legua muy grande de valles e tierra doblada, en llegando a Almodóvar del Río pasamos Guadalquebir por barca, que corre a la mano dizquierda. CÓRDOVA 4 leguas de tierra doblada mucho e de valles, todo tierras de pan, de Guadalcáçar comiença la Campiña de Córdova, la mitad del camino postrera es riberas arriba de Guadalquebir, que queda a la mano dizquierda, en llegando a Córdova pasamos a Guadalquebir por puente, que corre a la mano dizquierda, antes que lleguemos a Córdova con una legua pasamos a un río dicho Guadaxox por puente, que corre a la mano dizquierda, luego se junta con Guadalquebir, a la mano dizquierda queda Almodóvar del Río a una legua del camino. ÉCIJA 4 leguas buenas llanas e de montes e tierras de pan, en llegando a Écija pasamos un río dicho Xenil por puente, que corre a la mano derecha. LA RAMBLA 4 leguas, todo de campiña.

Guadalcanal lugar [§ 3294–3301] tiene 1500 vezinos; es del maestradgo de Santiago; está entre 2 sierras en un valle hondo, es en la Sierra Morena, es el postrer lugar del maestradgo de Santiago entre tierra de Sevilla; es lugar de vinos:

ALANÍS 2 leguas pequeñas de montes e de sierras e viñas, el camino va entre sierras. AZUAGA 4 leguas de sierras e enzinares, la media legua primera Sierra Morena. CAÇALLA 3 leguas grandes de valles e sierras, es la Sierra Morena, en medio el camino está un valle de tierra doblada e de montes baxos e por entre sierras, la postrera legua es de sierras e montes e muchas viñas. LAS CASSAS DE REINA 3 leguas, van por Fuente el Arco, 2 leguas. COSTANTINA 6 leguas, van por Alanís, 2 leguas, e por San Niculás, una legua, ay un ataxo por la mano derecha, que se ataxa una legua, quedan estos dichos lugares e Alanís e San Niculás a tres 4º de legua del camino. ELLERENA 4 leguas, van por la Fuente el Arco. LA FUENTE EL ARCO 3 leguas, media legua sierra de subida e abaxada, siempre queda Sierra Morena a la mano dizquierda, todo lo otro es de laderas de la sierra. FUENTE DE CANCTOS 8 leguas, de sierras e valles las 3 leguas primeras e lo otro de tierra doblada e de cerros e enzinares. FUENTE OVEJUNA 7 leguas, van por Azuaga, media legua. MONESTERIO 7 leguas, van por Montemolín, 6 leguas. MONTEMOLÍN 6 leguas de sierras e valles. PALMA 12 leguas, van por el camino de la Puebla de los Infantes. LA PUEBLA DE LOS INFANTES 10 leguas, van por Alanís, 2 leguas, e por San Niculás e por Costantina, 3 leguas. RIBERA 10 leguas, van por el camino de Usagre e por la Hinojosa adelante de Usagre, 2 leguas. SANT NICULÁS 3 leguas, van por Alanís, 2 leguas. USAGRE 7 leguas, van por la Fuente el Arco, 2 leguas, e por las Cassas de Reina, una legua, e por Ellerena, una legua, e por Villagarcía, una legua. VILLAGARCÍA 5 leguas, van por la Fuente el Arco, 2 leguas, e por las Casas de Reina, una legua.

***Guadalhimar**[377] río [§ 4310] júntase con Xúxar a una legua de do se pasa camino de Talarruvias para Siruela.

377 Guadalemar, cf. *La Puebla de Alcocer, Talarrubias.*

***Guadalhimar**[378] río [§ 4485] júntase con Guadalquevir a una legua de donde se pasa yendo dende Linares a Jaén.

***Guadalmellato** río [§ 3496] júntase con Guadalquevir una legua de la Puente Alcolea.

***Guadalmez**[379] río [§ 4519] júntase con Guadiana a 4 leguas de donde se pasa camino de Medellín para el Retamal.

***Guadalquevir**[380] río [§ 2647, 3331, 4399] es braço de mar, vienen por él 15 leguas naos hasta Sevilla, crece y mengua cada día con la marea, de entre Villanueva del Camino y entre Lora lleva media legua de anchura y a una legua de Villanueva en los derrumbaderos ay unos cimientos de edificios antiguos.

***Guadalquevirejo**[381] río entra en la mar a 2 legua y media de Cártama.

****Guadalupe**[382] lugar / villa [§ 3229–3236, 5653–5654] tiene 500 / 550 vezinos; es de los fraires de la orden de San Jerónimo; está en un hondo entre unas sierras e como en ladera de una sierra que está hazia Toledo, pasa junto un río, es el lugar de la misma iglesia; tienen allí un monesterio muy rico, en ella está la iglesia e imajen de Nuestra Señora dicha de Guadalupe que haze grandes milagros, tiene dentro un cerco abraçado con la iglesia en que están e trabajan cuantos oficios en el mundo salvo el cedacero:

AZEDERA 7 leguas, las 2 leguas primeras son de sierras pequeñas e llanas, las 2 leguas adelante llanas de montes baxos de breçales e xarales, las 3 de adelante es de tierra llana e de montes e dehesas e de enzinares, a las 6 leguas pasamos un río dicho las Gargavilas por vado que corre a la mano derecha. BERZOCANA 4 leguas, van por Cañamero. EL CAMPANARIO 10 leguas, van por Azedera, 7 leguas, de sierras las 2 leguas primeras. CAÑAMERO 2 leguas de sierras e valles, a un 4º de legua primero pasan a un río por vado o por puente que corre a la mano dizquierda, llámase Guadalupe e nace a una legua de Guadalupe, nace de unas sierras e peñas que se dizen Villuercas. LAS CASAS DE DON PEDRO 7 leguas, de sierras e valles las 2 leguas primeras e lo otro de cerros. EL CASTAÑAR DE IBOR 5 leguas, van por Nava Alcornocosa, 2 leguas, e por Nava el Villar, 2 leguas. Córdova 32 leguas, van por las Casas de Don Pedro, 7 leguas, e por la Puebla de Alcáçar, 2 leguas, e por Galizuela, media legua, e por la Cabeça del Buey, 4 leguas e media, e por Benalcáçar, 2 leguas, e por la Hinojosa, una legua. EL ESPITAL DEL REY 4 leguas, es Espital de sierras e valles, a 2 leguas e media pasamos un río dicho los Guadarranques, que corre a la mano dizquierda. HALÍA 2 leguas de cerros grandes e de valles montosos baxos e por entre sierras, a medio

---

378 Guadalimar, cf. *Las Navas de Santistevan, Rus, Xavalquinto.*

379 Guadamez, cf. *El Campillo, La Higuera* lugar, *Medellín (Medillín).*

380 Guadalqueví, cf. *Córdova (la llana), Gildolís, Úbeda.*

381 Guadalhorce, cf. *Antequera, Archidona.*

382 Nuestra Señora de Guadalupe, cf. *Nava Grande, La Puente (d)el Arçobispo, El Romeral, Talavera de la Reina, Villar del Pedroso.* Santa María de Guadalupe, cf. *Castuera, Nava el Moral, Truxillo.*

camino pasamos a un río dicho Valdemorisco, que corre a la mano derecha. LUGRUSÁN 4 leguas, van por Cañamero. NAVALCORNOCOSA 2 leguas. LAS NAVAS 2 leguas e media de sierras e valles e robledales baxos. LA PUENTE DEL ARÇOBISPO 9 leguas, van por el Villar del Pedroso, 7 leguas de sierras e de puertos las 7 leguas primeras, a la mano derecha queda el Espital del Rey a medio tiro de vallesta. PUERTO DE ARREBATACAPAS, puerto, 6 leguas. EL PUERTO DE SAN VICENTE 7 leguas, van por Halías, 2 leguas. SEVILLA 40 leguas, van por Azedera, 7 leguas, e por el Campanario, 3 leguas, e por Quintana, 2 leguas, e por la Higuera, 2 leguas, e por el Campillo, 3 leguas, e por Berlanga, 4 leguas, e por Valverde, una legua, e por Guadalcanal, 2 leguas, e por Caçalla, 3 leguas, e por Cantillana, 7 leguas, e por Brenes, una legua. VENTA DE LOS PALACIOS 5 leguas. VILLAR DEL PEDROSO 7 leguas, despobladas salvo que ay vetas, estas leguas son de sierras, a las 6 leguas se pasa el Puerto de Arrebatacapas, queda a la diestra el Ospital del Rey a medio tiro de vallesta.

Guadarrama lugar [§ 332] tiene 150 vezinos; es del duque del Infantazgo:

EL ALPEDRETE una legua llana. COLLADO MEDIANO una legua de montezillo y peñascos, el camino es bueno. EL ESPINAR 3 leguas, la mitad de puerto arriba y la otra mitad de puerto abaxo sino que es más llana la baxada. GALAPAGAR 2 leguas y media, llano, queda Monesterio a un tiro de vallesta a man derecha. LA HERRERÍA media legua de cuesta arriba. LOS MOLINOS una legua pequeña llana. MONESTERIO media legua llana.

Guadaxox[383] lugar [§ 6611] tiene 60 vezinos; es de don Luis Ponce de León; está en llano orillas de Guadalquebir; en este lugar se haze una buena feria por mayo:

ALCOLEA media legua llana, en saliendo se pasa Guadalquebir por vado, que corre a la mano dizquierda. SEVILLA 7 leguas de tierra llana e de palmares, a la mano derecha queda Brenes a media legua del camino.

Guadix cibdad [§ 6502–6507, 6509] tiene 1500 vezinos, moriscos los 1000; tiene fortaleza; está en un barranco como en ladera, está a media legua de una grand sierra, pasa un río por la cibdad por medio que muelen molinos por de fuera de la cibdad; esta cibdad está puesta e cercada en triángulo, tiene buenas huertas, es cabeça de obispado:

ALCUDIA una legua llana, por la mano derecha quedan unos barrancos altos riberas arriba de un río dicho Rambla, todo es de huertas e viñas, de que llegan al lugar dexan el río a la dizquierda. BAÇA 7 leguas de sierras e valles e tierra barrancosa e montes de enzinares baxos e atochares e pinares, en saliendo de Guadix pasan un riatuelo que corre a la mano dizquierda, para abaxar a Baça baxan una cuesta que tenrá 3 tiros de vallesta. LA CALAHORRA 2 leguas e media, van por Alcudia. FIÑANA 5 leguas de tierra doblada e barrancos e por entre sierras e montes de atochares e retamales. GOR 3 leguas de tierra de cerros e valles, todo como cuesta arriba, montes de atochares e enzinares baxos. GRANADA 9 leguas, van

383 Guadajox, cf. *Villanueva del Camino.*

por Lapeça e por Veas. HABLA 6 leguas de tierra doblada e de algunos valles e montes de atochares e retamales, en saliendo pasan el río Rambla, que corre a la mano dizquierda. LAPEÇA 3 leguas, los 3 tiros de vallesta primeros son llanos e todo lo otro de grandes cerros e sierras e barrancos, la más agra que nunca andube, tierra muy estrecha de camino e algunos arroyos, a legua e media primera están unos baños de agua de su naturaleza cabe el camino, por la mano derecha queda Purullena a 3 tiros de vallesta del camino e Grayena a la misma mano de vallesta.

La Guardia lugar [§ 1149, 3607–3611] tiene 300 / 420 vezinos; es del arçobispado de Toledo; tiene fortaleza igual del lugar; está en llano salvo por la parte de Toledo, está entre la Mancha de Toledo de la orden de San Juan e tierra de Toledo; solía ser cercado de canto e yeso ceñido con la villa, por la mitad de la villa está bien cercada de calicanto, tiene grande arrabal por la parte donde sale el sol, en este lugar dicho la Guardia, en una cueva grande que está en un cerro que es de peña, crucificaron 7 judíos, los 4 hermanos, un niño avrá 25 años que se cuentan desde 1519 años, el cual inocente haze milagros, esta peña e cerro está a 4 tiros de vallesta del lugar e llámanle los Palacios, de este inocente no parece hueso ni carne aunque lo an buscado:

ALCÁÇAR DE CONSUEGRA 8 leguas, van por el Romeral, 2 leguas, e por Villa Cañas, 2 leguas, e por Quero, 2 leguas. ALCALÁ DE HENARES 13 leguas, van por Dos Barrios, 2 leguas, e por Ocaña, una legua, e por Chinchón, 4 leguas, e por Morata, una legua, e por Arganda, una legua, e por Lueches, 2 leguas. BELMONTE 12 leguas, van por Lillo, 3 leguas, e por el Corral de Almaguer, 2 leguas, e por Villa Nueva de Alcardete, 2 leguas, e por los Hinojos e por Monreal. EL CASTILLO DE CONSUEGRA 7 leguas, van por Tembleque, 2 leguas. EL CORRAL DE ALMAGUER 5 leguas, van por Lillo, 3 leguas, por otro cabo, que es por la mano dizquierda, unen 4 leguas e media llanas e de montes e atochares salvo una legua primera que tenrá una legua, a las 2 leguas tornamos a entrar en otro monte que tenrá legua e media. DOS BARRIOS 2 leguas de cerros e tierra doblada, en saliendo de la Guardia baxamos una cuesta que tenrá 2 tiros de vallesta, a un 4º de legua subimos otra que tenrá 3 tiros de vallesta, lo de medio es un valle grande de panes e viñas, todo lo otro es de atochares. LA PUEBLA DE ALMENARA 8 leguas, van por Lillo, 3 leguas, e por el Corral de Almaguer, 2 leguas, e por Villa Mayor, una legua. TOLEDO 9 leguas, van por el Casar, 2 leguas llanas e tierras de pan, e por Villamuelas, 2 leguas. UCLÉS 10 leguas, van por Lillo, 3 leguas, e por el Corral de Almaguer, 2 leguas, e por la Cabeça, una legua, e por el Azebrón, 4 leguas. Yepes 3 leguas, van por Güerta.

Guaza villa [§ 343, 348] tiene 200 vezinos:

AUTILLO una legua pequeña llana. BOADA media legua. FRECHILLA una legua muy pequeña. HERRÍN media legua. HUENTES DE OMBREMUDO una legua grande. PAREDES DE NAVA 2 leguas.

Güelva[384] lugar [§ 5314] tiene 2000 vezinos; es del duque de Medina Sidonia; tiene fortaleza; está en llano riberas de la mar:

PALOS una legua de braço de mar.

Güesca cibdad [§ 6452–6457, 6477] tiene 600 vezinos; es del duque de Alva; tiene fortaleza; está en tierra de una grand concabidad de llano de unas sierras, al pie de una a una solana, es en el Reino de Granada; es lugar de muchas fuentes, más de la mitad del pueblo es de moriscos:

BAÇA 7 leguas, van por Castilleja e por Benamaurel. BOLTERUELA 3 leguas de tierra de valles e por entre sierras, que las prencipales e grandes sierras quedan siempre por la mano dizquierda e muchos llanos por la mano derecha, montes de enzinares e atochares e romerales. CARAVACA 14 leguas llanas e de sierras por todas partes e montes de enzinares e pinares las 8 leguas postreras, a las 10 leguas traviesan un portezuelo que tenrá media legua de baxada e un 4º de subida, en saliendo de Güesca a media legua primera suben un portezuelo que tenrá 3 tiros de vallesta. CASTILLEJA 3 leguas de tierra doblada e de labranças e muy barrancosa, el un 4º postrero es de unos ramblizos,[385] este 4º postrero imos riberas abaxo de un riatuelo que tocamos en el que viene de sobre la mano derecha. CASTRIL 4 leguas de valles e grandes sierras por todas partes e montes de pinares e por algunas partes e grandes valles hondos de travieso, a 2 leguas primeras pasan a un riatuelo por vado, que corre a la mano dizquierda, que se llama Guadahardal. ÇUMETA 5 leguas de valles e grandes sierras e montes de pinares e enzinares, a 3 leguas primeras pasan a un puerto dicho el Puerto la Losa que tenrá de subida e abaxada una legua. GALERA una legua llana e de tierras de labrança. HORÇA 2 leguas de tierra llana e de labrança e atochares e romerales, pasan 2 acequias en el camino en saliendo de Güesca la una e entrando al otro lugar otra que la primera, corre a la mano derecha, e la otra ansimismo. MARÍA 6 leguas de valles llanos e sierras redondas, comúnmente quedan grandes sierras por la mano derecha, las 2 leguas postreras de enzinares e lo otro de romerales e atochares. QUESADA [...] leguas, van por Castril. SEGURA 12 leguas, van por Çumeta. LOS VÉLEZ 7 leguas, van por María.

Güévar lugar [§ 2744–2748] tiene 300 vezinos; es aldea de Sevilla; está en llano, es en el Axarafe de Sevilla:

ALCALÁ DE JUANA DE ORTA 2 leguas, van por Carrión de los Ajos. AZNALCÁÇAR una legua de tierra doblada de montes e olivares, a medio camino pasamos a un río dicho Guadiamar por vado, que corre a la mano derecha. CARRIÓN DE LOS AJOS una legua, todo de olivares. CASTILLEJA DEL CAMPO una legua de olivares e de tierra doblada. CASTILLEJA DE TALHARA una legua de tierra doblada e de olivares, salvo en medio del camino un poco de monte de marañales, antes que lleguemos a la dicha lugar Castilleja con 2 tiros de vallesta pasamos a Guadiamar por vado, que corre a la mano derecha, de allí adelante es cuesta

384 Huelva, cf. *Palos*.
385 'Rambla'. Testimonio temprano de la voz en español (Rodríguez 2002, 78).

arriba, a la mano derecha queda Aznalcáçar a media legua del camino, a la mano dizquierda Robaina a media legua del camino e un castillo más acerca de Robaina en la misma vía. CORIA 5 leguas, van por Castilleja de Talhara, una legua, e por Aznalcáçar, una legua. GERENA 3 leguas, van por Sanlúcar de Alpechín, una legua. HELICHES 3 leguas de tierra doblada de campiña e de olivares. HINOJOS 2 leguas de tierra doblada e de montes e marañales e olivares. MURES 2 leguas de tierra doblada de coxcoxos e olivares. PATERNA 2 leguas, van por Escacena, 2 leguas pequeñas. PILAS una legua, van por Robaina. ROBAINA media legua de olivares. SANLÚCAR DE ALPECHÍN una legua de olivares, a medio camino pasamos a Guadiamar río por vado, que corre a la mano derecha. SEVILLA 5 leguas, van por Benacaçón, una legua, e por Torre de las Arcas, una legua.

Guijar aldea [§ 487] tiene 20 vezinos; es de Segovia:

VALDEVACAS medio millo.

Guijas Alvas[386] lugar [§ 3766–3767] tiene 15 vezinos; es de Juan Arias; está riberas de un río dicho río Moros; está despoblado salvo 4 vezinos:

LA ÇARÇUELA DEL MONTE una legua de tierra doblada e de algunos vallejuelos e montes de enzinares salvo 3 tiros de vallesta, en saliendo de Guijas Alvas pasamos al dicho río Moros por vado, que corre a la mano derecha. LAS VEGAS media legua de cuestas arriba hazia la sierra, en saliendo pasan a río Moros por vado, corre a la mano derecha.

***Guijo**:

HIGAL media legua.

***Guinicio** lugar tiene 35 / 40 vezinos; es del adelantado de Castilla; está en llano riberas de Ebro:

CAIZEDO una legua de vega, junto con Guinicio se pasa Ebro, corre a la diestra. LIZINANA una legua llana de vega, junto con Guinicio se pasa Ebro, corre a la diestra. MIRANDA DE EBRO 2 leguas, vase por Montañana. MONTAÑANA un 4º de legua. MOREANA una legua grande agra, montes. PUENTE LA RA una legua ribera arriba de Ebro, queda a la diestra, junto con Puente la Ra se pasa por vado, corre a la diestra. SALINAS 2 leguas, vase por Puente la Ra. SALZEDO una legua grande llana de prado, pásase Ebro junto con Guinicio por varca en invierno, corre a la diestra. SANTA GADEA una legua llana, vase por Montañana, doblada, campiñas. SUZANA media legua riberas abaxo de Ebro, queda a la siniestra, llana, campiñas.

***Guisando** río [§ 2456] nace a 4 leguas de Lasdellano.

386 Guixas Alvas, cf. *San Pedro de las Dueñas, El Utero de Herreros.*

Guixano lugar [§ 5675–5676] tiene 1000 vezinos; está en llano, pasa por junto el lugar un braço de mar que viene de Santander:

ENTRAMASAGUAS 2 leguas e media, van por la Puente de Agüero. ERAS media legua, es todo de mar. OREJO media legua de tierra de cerros e sierras e montes riberas de la mar, que queda la mar a la mano derecha. LA PUENTE DE AGÜERO una legua e media, van por Orejo. SANTANDER una legua de tierra doblada riberas de la mar, que queda a la mano derecha. SITIÉN 2 leguas, van por Orejo. SOLARES 2 leguas, van por Eras.

***Guixico de Galisteo**[387] [§ 2625]:

CAMPO legua y media.

El Guixo[388] lugar [§ 4006–4016, 4020–4021] tiene 45 vezinos; es del obispado de Ávila; está en un cerro alto, está en tierra fragosa:

ADRADA 2 leguas de cerros por todas partes e sierras e llano camino de valles. ÁVILA 14 leguas, van por la Puente el Congosto, 2 leguas, e por Berrocosilla, una legua, e por Arroyocampos e por Malpartida, una legua, e por Bonilla de la Sierra, una legua, e por las Casas del Puerto e por Villatoro e por Santa María el Arroyo e por Muño Galindo. EL BARCO DE ÁVILA 4 leguas, van por Santiváñez, una legua, e por Peñaflor, una legua, e por Xeziana, una legua, e por el Losar, media legua. BEÇADAS 3 leguas, van por la Cabeça, media legua, e por Neila, 2 leguas. BÉJAR 4 leguas, van por la Cabeça, media legua de cerros e sierras e valles. LA CALÇADA 4 leguas, van por Fuentes, una legua de tierra de cerros e valles e de tierras de pan. CANDELARIO 4 leguas, van por la Cabeça, media legua, de allí adelante van por sierras grandes e montes e grandes arroyos que nacen de la sierra. CASTILLEJO 2 leguas, van por el Guixuelo, media legua. CESPEDOSA una legua de cerros e valles e montes, a 2 tiros de vallesta primeros pasan a un río dicho Tormes por vado en verano, que corre a la mano dizquierda, tiene grandes subida e abaxada de peñas. FUENTE EL ROBLE 2 leguas de valles e montes, a la mano derecha queda el Guixuelo a un 4º de legua. GILBUENA 2 leguas e media, van por Santiváñez, media legua, e por Medinilla, una legua. LA HOYA 3 leguas, van por Cabeça, media legua. LEDESMA 14 leguas, van por el Guixuelo, media legua, e por Frades, una legua, e por Matilla e por Robliza, 2 leguas, e Porcariza. MONTEMAYOR 6 leguas, van por Fuentes de Béjar, una legua de valles e cerros, e por la Calçada, 3 leguas. MONTEXO 2 leguas de cerros e valles e montes. LA NAVA una legua, van por la Cabeça, media legua. NAVACARROS 3 leguas, van por la Cabeça, media legua, e por Vallejera, 2 leguas. LA PUENTE DEL CONGOSTO 2 leguas de cerros e valles e berrocales riberas arriba del dicho río Tormes, que queda siempre a la mano dizquierda lo más lexos a un tiro de vallesta, va siempre muy hondo por un valle de peñas, todas estas 2 leguas son de montes de enzinares salvo la media legua primera por la mano derecha e por la mano dizquierda es monte de la otra parte del río, a la mano dizquierda queda Cespedosa a media legua del

387 El Guixo de Coria, cf. *Las Casillas*.
388 El Guijo de Ávila, cf. *Salvatierra*.

camino de tierras de unos cerros, a la mano derecha Santiváñez a otra media legua. REDESNOSO 2 leguas, van por la Cabeça, media legua. SALAMANCA 8 leguas, van por el Guixuelo, media legua de valles, e por el Campillo, un 4º de legua, e por Berrocal e por Amatos. SALVATIERRA una legua muy grande riberas abaxo de Tormes de cerros e valles abaxo, que queda el río a la mano derecha, de la parte del río la media legua primera monte de enzinares. SAN BARTOLOMÉ 3 leguas, van por la Cabeça, media legua, e por Neila, 2 leguas. SANTIVÁÑEZ una legua de cerros e valles e sierras e montes. LOS SANTOS 3 leguas de cerros e valles e montes grandes de robledales, que se llama el monte la Cabeça de Tonda. SORIUELA 2 leguas, van por la Cabeça, media legua. VALDEFUENTES 3 leguas, van por Fuentes, una legua, e por Valverde, una legua.

Guixosa lugar [§ 4914–4922, 4925–4926, 5295–5296] tiene 20 / 50 vezinos; es del duque de Medina, es aldea de Medinazeli; tiene buena fortaleza; está en un valle llano riberas de Henares, está entre unos cerros:

ALCOLEA 2 leguas, van por Estriguena. ALCUNEÇA media legua de tierra llana e por entre cerros, junto con Alconeça pasan a Henares río por vado, que corre a la mano dizquierda. ARCOS 5 leguas, van por Fuent Callente, 2 leguas de cerros e sierras e valles. ATIENÇA 5 leguas, van por la Torre de Valdealmendras, una legua, e por Villacorças e por la Barbolla e por Cercadillo. BARBATONA una legua pequeña de sierras e valles e montes de pinares, junto con Barbatona pasan un riatuelo, corre a la mano derecha. CUBILLAS un 4º de legua grande de tierra doblada e tierras de pan. ESTRIGUENA una legua de cerros e valles. HORNA una legua de cerros e valles e tierras de pan. MEDINACELI (MEDINAZELI) 3 leguas de sierras e valles e tierras de pan los valles hondos e las sierras desmontadas e de peñas e de muchas fuentes, por la mano dizquierda Horna a 4 tiros de vallesta del camino, Cobillas a la mano derecha a 2 tiros de vallesta del camino, Torralva a 3 tiros de vallesta a la mano derecha, en este camino pasan a 2 arroyos el primero a medio camino e el otro a un 4º de Medina Celi, corre a la mano derecha, a las 2 leguas está una peña alta e un castillo antigo derrocado, antes que lleguen a Medinaceli con media legua traviesan un valle que tenrá media legua de baxada e subida. MIÑO 2 leguas de valles e por entre sierras e cerros e tierras de pan e algunos montes. OLMEDA DE LAS SALINAS REALES 2 leguas, van por Palaçuelos, una legua e media de cerros e valles, a media legua primera pasan a Henares, corre a la mano dizquierda. SAUCA una legua e media, van por Estriguena, una legua. SIENES 2 leguas, van por Toves, una legua. SIGÜENÇA (CIGÜENÇA) una legua llana e por entre cerros e valles, la media legua postrera es riberas abaxo de Henares, que queda a la mano derecha, por otro camino que queda por la mano dizquierda se ataxa algo, también es de cerros e cuestas. TAXUECO media legua de tierra doblada, traviesan la vega de Henares, a medio camino pasan a Henares, que corre a la mano dizquierda. TORRALVA una legua e media de cerros e valles e montes algunos. LA TORRE DE VALDEALMENDRAS una legua de cerros e valles grandes e tierras de pan, a medio camino pasan a Henares río por vado, corre a la mano dizquierda, por la mano dizquierda queda Alcuneça a 3 tiros de vallesta del camino. TORREMOCHA 2 leguas de sierras de valles e montes algunos, a la mano derecha queda Xódar a 3 tiros de vallesta. TOVES una legua e tres 4º de cerros e valles. VAIDES 3 leguas, van por Cigüença. VILLAVERDE 2 leguas, van por Estriguena. XÓDAR una legua de cerros e valles.

****Gumiel de Mercado** villa [§ 316] tiene 500 vezinos; es del conde de Urueña.

***Gurriol**:

VILLARREAL 2 leguas.

H

***Halconera** [§ 2630]:

PARRA 4 leguas.

***Halía**[389] lugar [§ 4265] tiene 800 vezinos; es del alcobispo de Toledo:

CAÑAMERO 2 leguas. GUADALUPE 3 leguas, tierra doblada, pásase Guadalupejo río a medio millo de Guadalupe. PUERTO DE SAN VICENTE 2 leguas buenas de cuestas y súbese el puerto de San Vicente.

Haro villa [§ 3826–3827] tiene 1000 vezinos; es del condestable de Castilla; tiene buena fortaleza; está riberas de Ebro en un cerro:

BRIONES una legua riberas abaxo del dicho Ebro llano, que queda siempre el río a la mano dizquierda. GRAÑÓN 4 leguas, van por Çaratón, una legua, e por Vañares, una legua, e por Castañares, media legua. LOGROÑO 7 leguas, van por Nájara, 3 leguas riberas abaxo del dicho río Ebro, queda siempre el río a la mano dizquierda. SAN VICENTE 3 leguas, van por Briones. SANTO DOMINGO DE LA CALÇADA 3 leguas, van por Çaratón e por Vañares, una legua, e por Castañares, media legua. VILHORADO 4 leguas, van por la Casa la Reina, 2 leguas. VILLAFRANCA 9 leguas, van por el camino de Santo Domingo e por Vilhorado.

Hazaña lugar [§ 5369–5371] tiene 100 vezinos; es del arçobispado de Toledo; está en un vallejuelo llano de tierras de pan:

COBEXA media legua grande de tierra doblada e de pan. LA CRUZ 2 leguas, van por Illescas, una legua, e por Casarrubielos, tres 4º de legua. ESQUIVIAS una legua e media de tierra doblada e de pan e vino. GRIÑÓN 2 leguas e media, van por Illescas e por Casarrubielos e por Cubas. MORATALAZ legua e media de tierra doblada e de pan. PALOMERO 2 leguas, van por Moratalaz. PARLA 4 leguas, van por Illescas e por Humanejos. TORREJÓN DE VELASCO 2 leguas, van por Moratalaz, por la mano dizquierda queda Illescas a 2 tiros de vallesta. YELES una legua de tierra doblada e tierras de viñas e de labrança.

Hela Rodrigo[390] lugar [§ 3969–3973] tiene 20 vezinos; es aldea de Alva de Tormes; está en llano riberas de un arroyo, por la parte de Salamanca está en vallejuelo alto que señorea el lugar:

ALVA DE TORMES 2 leguas, van por Belillas, media legua pequeña llana e de tierras de pan. BONILLA DE LA SIERRA 5 leguas, van por Gallegos de Trespes, una legua llana e de tierras

389 Halías, cf. *Guadalajara*.
390 Helarrodrigo, cf. *Gallegos de Crespes*.

https://doi.org/10.1515/9783111044064-010

de pan, e por Chagarcía, una legua, e por Serranos, una legua. CARAVIAS media legua llana e de tierras de pan, por la mano dizquierda queda siempre un vallejuelo alto. DIEGÁLVARO 2 leguas, van por Caravias, media legua. GALISANCHO 2 leguas, van por la Ñaya, media legua. HERREZUELO media legua llana e de tierras de pan. LA ÑAYA media legua llana e de tierras de pan. PEDRAZA una legua e media, van por Caravias, media legua. PEÑARANDA DEL MERCADO 5 leguas, van por Valdecarros, media legua de tierra doblada e de pan labradas, e por Macotera, 2 leguas, por la mano derecha queda siempre un valle e derrumbadero, en llegando al lugar baxan una cuesta que tenrá un tiro de vallesta. PORTILLO legua e media de tierra doblada e de tierras de pan, a la mano dizquierda queda Herrezuelo a un tiro de vallesta del camino. SALVATIERRA 3 leguas, van por Valverde, una legua de tierra doblada e de labrança. VALVERDE una legua grande, el un 4º primero es como algo cuesta arriba por un vallejuelo, todo lo otro es llano salvo 2 cuestas, la primera a un 4º de legua de Valverde e la otra junto con el lugar, que tenrá cada una un tiro de vallesta.

Hellín villa [§ 6430–6436] tiene 600 vezinos; tiene fortaleza; está en llano e al pie de un cerrillo a donde está la fortaleza, es en el marquesado de Villena; en esta tierra son algo las leguas grandes, en esta villa se hazen las mejores cebollas de España, nace junto con el lugar una fuente cabdal que sale por 3 caños que de los 2 muele una rueda de molino:

AÍNA una legua de tierra de cerros e sierras e valles e montes de atochares e enzinares e pinares. ALBACETE 9 leguas, van por Tovarra e por Chinchilla. ALCARAZ 14 leguas de sierras e valles e algunos llanos de 3 leguas primeras, las 3 postreras muy ásperas e de montes de pinares e enzinares si los ay en España, Aína queda a la mano dizquierda a una legua, a la mano derecha quedan las Peñas a 2 leguas del camino e Tovarra a una legua. ALMANSA 11 leguas, van por Montealegre. BIETOR 4 leguas de tierra muy áspera e de sierras e muy barrancoso e de montes de atochares e pinares. CALASPARRA 6 leguas, de tierra llana las 3 leguas primeras e lo otro de sierras e valles, a 6 leguas primeras pasan a Segura río por vado, que corre a la mano dizquierda. CHENCHILLA 7 leguas, van por Tovarra. CIEÇA 7 leguas de tierra de cerros e sierras e camino llano salvo que las 2 leguas primeras son de tierra llana, todo este camino es de atochares e pinares e romerales. MONTEALEGRE 7 leguas de cerros e valles llanos por entre sierras e de montes de atochares e romerales e algunos pinares. MULA 11 leguas, van por Calasparra. LAS PEÑAS DE SAN PEDRO 6 leguas de tierra doblada e de cerros e de montes de atochares e pinares, para subir a las Peñas de San Pedro suben una sierra arriba muy agra que tenrá de subida 3 tiros de vallesta, a mano derecha queda Tovarra a media legua del camino. TOVARRA una legua llana e de atochares e pinares. XUMILLA 5 leguas de tierra llana e doblada e por entre sierras de romerales e atochares e algunos pinares.

Hernand Cavallero[391] lugar [§ 3149–3151] tiene 80 vezinos; es del maestrazgo de Calatrava; está en llano a una legua de la sierra de Malagón el Viejo, a una legua grande pasa Guadiana:

391 Garci Cavallero, cf. *Malagón*.

ALMAGRO 5 leguas, van por Calatrava la Vieja, una legua, e por Carrionzillo, una legua. MALAGÓN una legua llana e de montes baxos, en saliendo del lugar ay viñas 2 tiros de vallesta, a media legua por la mano dizquierda quedan siempre sierras. MALAGÓN EL VIEJO, que está asolado, era de moros, una legua de tierra doblada. LA PORÇUNA 5 leguas de sierras e valles salvo la primera que es de tierra doblada e de enzinares en medio el camino un 4º de legua. EL POZUELO 5 leguas, van por Miguel Turra, 3 leguas, a la mano derecha queda Cibdad Real a media legua del camino. VILLARRUBIA 5 leguas llanas salvo algunos cerrillos riberas arriba de Guadiana a trechos a media legua de la que queda a la mano derecha.

Herrín aldea [§ 339] tiene 80 vezinos; es behetría, está encomendada a las Uelgas de Burgos; todo es llano:

BOADILLA media legua. GUAZA media legua. VILLARRAMIEL una legua.

Herustes lugar [§ 3204] tiene 48 vezinos; es de don Estevan; está en alto en tierra doblada; es arenales:

CEBOLLA una legua de tierra doblada e de labranças e de arenales.

Hervías aldea [§ 282] tiene 30 vezinos:

NEGUERUELA medio millo. PORQUERA media legua pequeña. SANTO DOMINGO DE LA CALÇADA una legua, llana es toda la tierra susodicha, pásase la puente de Baldezcara cerca de Santo Domingo. VAÑARES un millo. VILLALOBAR una legua, pásase el río de Baldezcara a un 4º de legua de Villalobar.

La Higuera aldea [§ 1090] tiene 23 vezinos; es del duque de Alburquerque, es aldea del Colmenar:

LANÇA HITA una legua.

La Higuera lugar [§ 3261–3272] tiene 200 vezinos; es aldea de Çalamea; está en llano como en hondo:

BIENQUERENCIA 4 leguas, van por Çalamea, una legua, e por Esparragosa, media legua. ÇAFRA 12 leguas, van por el Retamal, 2 leguas, e por la Hinojosa e por los Santos. ÇALAMEA una legua grande de tierra doblada salvo una sierra que está en medio el camino, que tenrá de través un 4º de legua. EL CAMPILLO 3 leguas de cerros e sierrezuelas e montes baxos salvo la primera legua, que es de tierra doblada, allí subimos una serrezuela que tenrá un 4º de legua, a legua e media primera imos desde allí adelante riberas arriba de Guadamez, que queda siempre a la mano derecha, dexamos el río antes que lleguemos al Campillo un 4º de legua e a la mano derecha, del camino se parece el Retamal a un 4º de legua del camino. ELLERA 6 leguas, van por el Retamal, 2 leguas. ELLERENA 9 leguas, van por el Campillo, 3 leguas. ESPARRAGOSA DE BENQUERENCIA legua e media, van por Çalamea, una legua. GUADALCANAL 10 leguas, van por el Campillo, 3 leguas, e por Verlanga, 4 leguas.

GUARDIA 3 leguas de cerros e de montes. HORNACHOS 6 leguas, van por el Retamal, 2 leguas. MAGAZELA 5 leguas, van por la Guardia, 3 leguas, Quintana queda a las 2 leguas primeras a la mano derecha. LA MANCHA 6 leguas, van por Valle, una legua. EL OLIVA 5 leguas de cerros e sierras e de montes, a legua e media primera pasamos al dicho río Guadamez por vado, que corre a la mano derecha. PALOMAS 6 leguas de sierras e cerros e valles e montes de xarales, a una legua primera pasamos al dicho río Guadamez por vado, que corre a la mano derecha. LA PUEBLA DE LA XARA 5 leguas de sierras e cerros e valles, a una legua primera pasamos al dicho río Guadamez, corre a la dicha mano derecha. QUINTANA 2 leguas, de tierra doblada e de cerros la primera legua e lo otro es de tierra doblada, en medio una serrezuela de xarales que tenrá un 4º de legua e lo otro adelante es de enzinares. EL RETAMAL 2 leguas de sierras e valles, a una legua pasan un puerto de subida e abaxada que tenrá media legua. VALENCIA DE LA TORRE 6 leguas, van por el Retamal, 2 leguas. EL VALLE una legua de tierra doblada, la mitad de tierras de labrança e lo otro de montes de enzinares.

Higuera de Andújar[392] lugar [§ 4490–4492] tiene 100 vezinos; es del maestradgo de Calatrava; tiene fortaleza; está en un cerro redondo, está de campiña de mucho pan a una legua de Guadalquebir:

ANDÚJAR 2 leguas de tierra doblada e de campiña, la legua postrera van riberas abaxo de Guadalquebir, que queda a la mano derecha, junto con Andújar pasan a Guadalquebir por la puente, corre a la mano dizquierda. ARJONA una legua de tierra doblada e de campiña. ARJONILLA 2 leguas de tierra doblada e de campiña. LOPERA 2 leguas, van por Arjonilla, 2 leguas. PORCUNA 3 leguas, van por Arjona, 2 leguas. VILLANUEVA DE ANDÚJAR una legua de tierra de campiña e como cuesta abaxo.

La Hija de Dios e Belmonte[393] lugar [§ 2408–2410, 2413, 4175–4179] tiene 8 / 14 vezinos; es de Diego Hernández de Ávila; está entre unos montes e en hondo, pasa por medio del lugar un arroyo; lugar salvo que está devidido en 2 partes en un vallejuelo hondo, que está el uno del otro un tiro de vallesta:

ÁVILA 5 leguas, van por Niharra, 2 leguas e media, e por Galindos, una legua. BATERNA media legua grande de cuestas abaxo e de montes de enzinares e robledales e berrocales. BONILLA 4 leguas de sierras e puertos, van por Naharros del Puerto, una legua, e por Villatoro, una legua, e por las Casas del Puerto, una legua. BUENA VENTORA legua e media, de camino llano e tierra doblada la primera media legua. HERREROS 4 tiros de vallesta cuesta abaxo un arroyo abaxo. HONTIVEROS 8 leguas, van por Herreros, 4 tiros de vallesta, e por Xemerendura, 4 tiros de vallesta, e por la Torre, media legua, e por Sancho Corto, una legua, e por Sancho Rexa, una legua, e por el Cid, media legua, e por Altamiros, media legua, e por Carrascalejo, legua e media. MENGA MUÑOZ una legua algo pequeña de berrocales un valle arriba hazia la sierra, la mitad del camino primera es cuesta arriba e lo otro tierra muy

392 La Higuera, cf. *Arjona*.
393 La Hija de Dios, cf. *Menga Muñoz*.

doblada e algo cuesta arriba. MUÑANA una legua llana e sierras por la mano derecha. MUÑOTELLO una legua llana, por todas partes sierras. NAHARROS DEL PUERTO una legua de tierra doblada e de berrocales. VILLAGARCÍA una legua, de tierra doblada la primera media legua. VILLATORO 2 leguas, van por Naharros del Puerto, 4 tiros de vallesta de tierra doblada e de peñas e montes de enzinares un vallejuelo abaxo, e por Muño Tello, una legua adelante, e por Pradosegar, media legua. VILLAVICIOSA una legua, van por Robledillo, media legua de tierra doblada e de montes de enzinares, junto con el dicho Robledillo baxan una cuesta que tenrá 2 tiros de vallesta, por la mano derecha queda la sierra. XEMERENDURA media legua, van por Herreros, 4 tiros de vallesta.

La Hinojosa lugar [§ 3671–3673] tiene 12 vezinos; es aldea de Alcalá; está en llano, pasa un arroyo por la parte de Alcalá dicho Torote, que se seca en verano; solía ser en tiempo antigo buen lugar:

ALCALÁ una legua llana e de tierras de pan, a 2 años que se tornaron a poblar que se cuentan des 1519 años. EL CORRAL media legua llana e de tierras de pan. DAGANÇO una legua llana. DAGANÇUELO media legua llana, todo de tierras de pan. MAÇANÉN una legua, van por el Corral. TORREJÓN DE HARDOZ una legua llana de tierras de pan.

***Hinojosos**[394]:

VILLANUEVA DE ALCARDETE 3 leguas.

Hirites (Herites) lugar [§ 1986–1989, 1991–1997] tiene 15 / 20 vezinos; es aldea de Ávila; pasa junto con el lugar Çapardiel río; está repartido en 2 partes un tiro de vallesta una parte de otra:

BLASCO MILLÁN una legua de tierra doblada, pasamos un río dicho río Almar junto con el lugar, que corre a la mano derecha. CANINDOSA legua e media de tierra doblada. CASTRONUEVO una legua de tierra algo doblada. CHAHERRERO media legua de tierra doblada, en saliendo de Hirites a un tiro de vallesta pasamos al dicho río Çapardiel por vado, que corre a la mano dizquierda. CRESPOS una legua de tierra doblada, a media legua pasamos a Çapardiel por vado, que corre a la mano dizquierda. LA CRUZ 2 leguas, van por Naharros del Castillo, una legua, e por Salvadiós, media legua. DURUELO legua e media, van por Naharros del Castillo. ESCALONILLA media legua llana. HERREROS media legua llana riberas de Çapardiel. HONTIVEROS 2 leguas llanas salvo algo algunos vallejuelos, a media legua primera pasamos a Çapardiel que corre a la mano dizquierda. MADRIGAL 5 leguas, van por Hontiveros, 2 leguas, e por Cantiveros, media legua, e por Bermuy, media legua grande, e por Cabeças del Poço, media legua, e por Bercial, una legua. NAHARROS DEL CASTILLO una legua llana algo grande, a medio camino dexamos a un lugar despoblado que se llama Villacomer que era de 10 vezinos. PARRAL media legua de tierra dobladilla, van por Vita. PASCUAL GRANDA (PASCUAL GRANDE) una legua llana, a medio camino pasamos a

394 Los Hinojos, cf. *La Guardia*. Las Lobosas, cf. *Villacañas*.

Çapardiel por vado, que corre a la mano dizquierda. PEÑARANDA 3 leguas, van por Naharros del Castillo, una legua, e por Salvadiós, media legua, e por Cantarazillo, una legua. REBILLA legua e media llana riberas abaxo de Çapardiel, que queda a la mano dizquierda, a media legua pasamos a Çapardiel, que corre a la mano dizquierda. SAN JUAN DEL ENZINILLA 2 leguas e media, van por Chaherrero, media legua, e por Viñegra, media legua, e por Albornoz, media legua. SANCHO IZQUIERDO una legua grande de tierra algo doblada a trechos, en saliendo pasamos al dicho Çapardiel por vado, que corre a la mano dizquierda. SOLANA legua e media, van por Vita, un 4º de legua. TORNEROS legua e media de tierra doblada, pasamos al dicho río Almar a media legua, que corre a la mano derecha. VITA un 4º de legua llana riberas de Çapardiel arriba.

Hita[395] villa [§ 5, 1231, 3666, 4858–4869, 5107–5116] tiene 200 / 250 / 400 / 463 / hasta 500 / 600 vezinos; es del duque del Infantazgo; tiene muy buena fortaleza, está la fortaleza muy alta; está en una ladera de un cerro muy redondo en solana e alto, en la cabeça del dicho cerro tiene una muy fuerte fortaleza armada sobre una peña redonda, la villa en cuesta; dentro de la fortaleza se siembra más de 20 hanegas de pan, la cerca ciñe el castillo con la villa, la cerca baxa casi hasta el pie del cerro, de este lugar se devisa mucha tierra aunque esta tierra es muy áspera de valles e cerros:

ALGEZILLA 3 leguas, van por Mudueis, una legua, e por la Villa de Utande, una legua. ALHARILLA una legua de tierra de cerros e tierras de pan. BRIUEGA 2 leguas, van por Trixueque, una legua. CAÑIZAR una legua de tierra doblada e de tierras de pan e viñas, en saliendo de Hita baxan una cuesta abaxo. CIRUELAS una legua e media, van por la Torre del Burgo de Sopetrán, media legua de tierra doblada e cuesta abaxo, junto con la Torre del Burgo pasan a Vadiel, que corre a la mano derecha. COGOLLUDO 2 leguas, van por Espinosa, una legua de tierra de valles e cerros e tierras de mucho pan, junto con Espinosa pasan a Henares río por una puente, corre a la mano dizquierda. COPERNAL una legua de cerros e valles. ESPINOSA 2 leguas de cerros e valles e montes baxos, a la mano derecha queda Copernal a un tiro de vallesta del camino e Valdeancheta a un tiro de vallesta del camino. FUENTES una legua e media, van por Trixueque. GAXANEJOS 2 leguas, van por Valdearenas e por Muduex e por Utande. GUADALAJARA 4 leguas, van por Tórtola, 2 leguas e media de tierra de cerro e vallejuelos e tierras de pan e algunas viñas, por la mano derecha queda la Torre de Sopetrán a un tiro de vallesta del camino. HERAS una legua, van por Sopetrán, media legua. (H)UMANES una legua de tierra doblada e por entre cerros, junto con el lugar pasan a Henares, corre a la mano dizquierda. MIRAELRÍO 2 leguas montuosas. MOHERNANDO una legua e media de tierra doblada e de tierras de pan muy gruesas, a media legua primera pasan a Henares río por puente, corre a la mano dizquierda. MUDEIS (MUDUEX) una legua de valles hondos e arroyos e cáñamos e por entre cerros, van por Valdearenas, media legua. PADILLA una legua grande, de un valle arriba llano e de tierras de pan e viñas los tres 4º primeros, por todas partes quedan cerros e cumbres de valles de montes baxos, en saliendo de Hita baxan una cuesta que tenrá 3 tiros de vallesta no agra.

395 Hicta, cf. *Tórtola*.

REBOLLOSA media legua una ladera y cerro abaxo, la media legua cuesta baxo y la otra media cuesta arriba, a medio camino se pasa Vadiel, corre a la siniestra. TARAGU(A)DO media legua de tierra doblada e cuesta abaxo e tierras de pan. TORIJA (TORROJA) 2 leguas, van por Rebollosa, una legua de tierra de cerros, a media legua primera cuesta abaxo e lo otro cuesta arriba, a medio camino pasan Vadiel arroyo, que corre a la mano dizquierda. (LA TORRE DE) SOPETRÁN media legua grande de valle abaxo e cerros por todas partes, toda vía van como cuesta abaxo. TORRIENTES una legua de tierra de cerros e valles e tierras de pan. TÓRTOLA 2 leguas y media de cerros y valles y campiña. TRIXUEQUE (TRES XUEQUES) una legua de travieso de vega e de viñas e tierras de pan e de muchos olivares la media legua postrera, en medio el camino pasan al dicho arroyo Vadiel por vado, que corre a la mano derecha, la media legua primera es como cuesta abaxo e lo otro cuesta arriba. UTANDE legua e media, van por Valdearenas e por Muduex. UZEDA 7 leguas, van por Humanes, una legua, e por Malaguilla, 2 leguas. VALDEANCHETA una legua de tierra de cerros e valles. VALDEARENAS media legua de tierra doblada, toda de travieso de vega, junto con el lugar pasan a un río dicho Vadiel por vado, que corre a la mano derecha. XADRAQUE (XEDRAQUE) 2 leguas, van por Padilla, una legua de tierra un valle arriba de tierras de pan e grandes viñas e por entre cerros un arroyo. ZEREZO legua e media de tierra doblada e de cerros de todas partes, a medio camino pasan a Henares por vado, que corre a la mano derecha, a la mano dizquierda queda Alharilla a un tiro de vallesta del camino.

***Hitero** lugar tiene 100 vezinos; es en Navarra, está en llano riberas de un río; tiene muy lindo y fuerte monesterio:

ÁGREDA 2 leguas dobladas de sierras. ALFARO 3 leguas, vase por Corella, junto con Hitero se pasa un río por puente, corre a la siniestra. CERVERA 2 leguas llanas, vase riberas arriba de un río, queda a la siniestra, a medio camino se pasa otro río por vado que se junta con el otro a un tiro de vallesta. CINTRUÉÑIGO 2 leguas llanas, vase riberas abaxo de un río, junto con Cintruéñigo se pasa un río por puente, corre a la siniestra. CORELLA 2 leguas llanas.

***Hito** [§ 2275]:

VILLAR DE CAÑAS 3 leguas.

****Hituero (Hituelo)** lugar [§ 3783–3789, 3804] tiene 65 / 70 vezinos; es aldea de Segovia; está en un cerrillo e entre unos montes de enzinares:

BERCEAL 2 legua llanas. BLASCO HELES 2 leguas, van por Villacastín, media legua, e por Aldeavieja, legua e media. CÁCERES 40 leguas, van por Villacastín, media legua, e por Aldeavieja, legua e media, e por Mediana, legua e media, e por Berrocalejo, media legua, e por Ávila, legua e media, e por Niharra, 2 leguas, e por la Hija de Dios, 2 leguas, e por Menga, una legua, e por las Cuevas e por el Colmenar de Cuevas e por Arenas e por Ramacastañas e por Lasdellano e por Monteagudo. EL ESPINAR DE SEGOVIA 2 leguas, van por las Navas de Çarçuela, una legua de cuestas e sierra arriba e montes. GUADARRAMA 3 leguas, van por las Navas de Çarçuela, una legua. LAS LASTRAS DE ABAXO una legua e media, van por Monterrubio, una legua de un valle abaxo, todo de montes. LAS LASTRAS DE ARRIBA media legua de cuestas arriba, todo de montes. LAVAJOS 2 leguas de cerros e valles e montes.

MARTÍN MUÑOZ DE LAS POSADAS 5 leguas, todo de cerros e valles e de tierras de pan salvo la una legua primera. MARUGÁN legua y media, vase por las Lastras. MONTERRUVIO una legua llana, vase por una cañada. NAVAS una legua llana. SAN PEDRO DE LAS DUEÑAS legua y media. SAN VICENTE media legua grande doblada. SANTA MARÍA DE NIEVA 5 leguas, van por las Lastras de Arriba, media legua, e por Marugán, legua e media. SEGOVIA 5 leguas, van por San Pedro de las Dueñas, legua e media, e por Bermuy de Palacios, 2 leguas e media. UTERO 3 leguas, van por Çarçuela, una legua, e por Guijas Alvas, una legua, e por Valdeprados, media legua. VEGAS legua y media doblada. VILLACASTÍN media legua grande un valle arriba, todo de enzinares.

*__Hojacastro__[396] lugar tiene 80 vezinos; es del Condestable:

SANTA MARÍA DE VALGAÑÓN una legua grande algo cuesta arriba. SANTURDE una legua, deziéndese un portichuelo junto con Ojacastro. VALDEZCARIA media legua llana.

**__Honruvia__[397] lugar [§ 496, 2275] tiene 20 vezinos; está en alto:

ALARCÓN 3 leguas. PARDILLA media legua un valle abaxo.

**__Hontanares__ [§ 1089, 2346, 4202, 4207, 4214] tiene 20 vezinos; es del duque del Infantazgo:

ARENAS media legua doblada. CUEVAS legua y media, tierra doblada. MONTESCLAROS una legua. RAMACASTAÑAS 2 leguas.

*__Hontanares__ [§ 4061, 4066]:

VALLEJOHONDO 4 tiros de vallesta.

*__Hontar__[398] [§ 4849]:

MALUQUE 2 leguas.

**__Hontidueña (Fuentidueña)__ villa [§ 1023–1024, 1082] tiene 100 vezinos; es de don Álvaro de Luna; tiene fortaleza alta; está en una ladera, está ribera de Duератón, el cual nace en el puerto de Somosierra a 4 leguas de Sepúlveda:

EL BIVAR media legua Duratón abaxo. CALABAÇAS una legua. FUENTE EL OLMO una legua llana. OLIVARES 8 leguas, van por el Bivar y a Lagunillas y a Rávano y a Peñafiel e a

---

396 Hoja Castro, cf. *Izcara*. Ojacastro, cf. *Velhorado*.
397 Honruvia, cf. *Torrivuelo (Torrovivelo)*. Fuente Rubia, cf. *La Torre de San Pedro*.
398 Hontanar, cf. *La Torre de Sopetrán*. Hontanares, cf. *Samartín del Campo o de Guadalajara, Tórtola*.

Pesquera e a Valbuena, a mano derecha queda Sagrameña y a mano izquierda queda Morpeceres y Langayo e la Torre e Canalejas. SAGRAMEÑA 2 leguas llanas, pásase Duratón junto a Hontidueña. SANT MIGUEL DE BERMUY una legua Duratón arriba, pásase junto a San Miguel, que corre hazia mano izquierda. LA TORREZILLA legua y media llana.

****Hontiveros** lugar [§ 1221–1222, 3886] tiene 800 / 900 vezinos; es de Ávila; está en llano; es bien torreado:

ALBORNOS 2 leguas, vase por Collado. ARÉVALO 4 leguas, vase por Miguel Heles y por Xarahizes y por Don Ximeno y por Noharre y por Palacios Ruvios. ASTUDILLO 2 leguas y media, vase por Cisla y por Torralva. ÁVILA 7 leguas, vase por Velasco Pascual y por Muñomer y a Vinagrilla y por Cardeñosa. BERMUCEY una legua, vase por Cantiveros. BERRENDILLA una legua. BODÓN (BODONCILLO) 2 leguas y media, vase por Berrendilla y por Galindos. CABEÇA DEL POZO legua e media, pásase por Cantiberos y por Bermuy. CABEÇAS DE ALAMBRE 2 leguas, pásase por Berrendilla. CABEÇUELA 2 leguas, vase por Migaleles y por Gostançana. CANALES 2 leguas, vase por Huentelsaz y por San Juan de la Torre. CANTIVEROS media legua llana. CASTILNUEVO una legua, pásase por Ribilla en la mitad del camino. CISLA una legua llana. COLLADO una legua llana de viñas. CORDOVILLA legua y media, vase por Berrendilla. CRESPOS una legua, vase por Pascual Grande, es de viñas. FLORES DE ÁVILA 2 leguas, vase por Villamayor y pásase Zapardiel a media legua. FUENTES DE AÑÓN 2 leguas y media, vase por San Juan de la Torre y por Fuentelsaz y por Canales. GALINDOS 2 leguas pequeñas, vase por Berrendilla. HUENTE EL SAZ (FUENTELSAZ) legua y media, vase por San Juan de la Torre. MADRIGAL 3 leguas, vase por Cisla y por Torralva y a Mamblas, pásase Zapardiel a legua e media de Hontiveros. MAMBLAS 2 leguas, vase por Torralva y por Cisla. MEDINA 8 leguas, vase por Cantiveros y por Bermuy y por Cabeças y por Santistevan y por Lomoviejo y por Huentelsol y por Rabé. MIGUELELES (MIGUEL HELES) 2 tiros de vallesta. MONTALVO 2 leguas, vase por Berrendilla. MUÑOMER legua y media, vase por Blascopascual. MUÑOSANCHO una legua, vase por Xemerendura. NAHARROS legua y media llana de viñas. OSA 3 leguas, vase por Naharros y por Riocavalo. PAPATRIGO 2 leguas, vase por Cordovilla e por Naharros del Castillo. PASCUALGRANDE media legua grande llana, es de viñas. PEÑARANDA 3 leguas, vase por Muño Sancho, pásase Zapardiel a media legua de Hontiveros. RIBILLA media legua grande, cerca de Ribilla se pasa Çapardiel, corre a la diestra. SALAMANCA 2 leguas, vase por Muñosancho y por la Cruz y por Aldeaseca y por el Villar y a las Villorias y por Huerta y por Aldealuenga. SAN JUAN DE LA TORRE una legua llana. TORRALVA una legua llana, junto con el lugar pasamos a Çapardiel por vado, corre a la diestra. VILLAMAYOR una legua pequeña, a medio camino se pasa Çapardiel, corre a la diestra. VILLANUEVA DE GÓMEZ 3 leguas, vase por Berrendilla y por Galindos. XEMERENDURA media legua llana, al un 4º pásase Çapardiel, corre a la diestra, grande, por puente de madera, queda Ribilla a la siniestra y [...] nuevo una legua.

****Hontoria** aldea [§ 1008] tiene 30 vezinos; es de Segovia.

SEGOVIA media legua.

***Hontoria** [§ 3841]:

MASCUERRAS media legua.

***Hontova** aldea [§ 4775] tiene 60 vezinos; es del maestrazgo de Calatrava:

ARANÇUEQUE una legua. LORANÇA una legua, pásase Tajuña río junto, salvo una poca de cuesta que está en medio del río y de Lorança. PASTRANA 2 leguas, el primer millo de subida, el otro de pedregal y llano, otro millo de Pastrana se deciende una cuesta.

****Hontuyuelo (Hontiuelo)** aldea [§ 340] tiene 200 vezinos; es de un Francisco Vaca:

CISNEROS 2 leguas, llano. VILLACARLÓN media legua, llano.

***Horcajada**[399] lugar [§ 3857, 4044, 4051] tiene 250 vezinos; es de señorío:

BARCO DE ÁVILA 2 leguas de tierra montosa. CASAS media legua. GALLEGOS DE SOLMIRÓN una legua.

****Horcajo**[400] aldea [§ 1108, 2088, 2278] tiene 60 vezinos; es de Arévalo; está en un altillo, está ribera de un río:

PALACIOS RUVIOS legua y media. PUEBLA legua y media. LAS VIRTUDES una legua llana, pásase este río junto a Horcajo por vado.

***Horcajo**[401] [§ 4317–4318]:

EL RUBIAL.

***Horcajo de Medianeros**[402] aldea [§ 4090] tiene 6 vezinos; la mitad es del duque de Alva y lo otro de Ávila:

AREVALILLO 2 leguas llanas de monte y enzinales. GALLEGOS DE CRESPES una legua.

Horna lugar [§ 4923–4924, 5297] tiene 25 / 100 vezinos; es del duque de Medina; está en llano entre unos cerros, está riberas de Henares en valle; junto con este lugar nace Henares río de 3 fuentes cabdales que luego al pie de ellas muelen molino:

---

399 Horcaxada, cf. *Piedrahíta (de la Sierra), La Puente (d)el Congosto.*
400 Horcaxo, cf. *Palacios Rubios, Santiago de la Puebla*. Forcaxo, cf. *Canta la Piedra.*
401 Horcaxo (Forcaxo), cf. *Castuera, La Puebla del Alcocer.*
402 Horcajo, cf. *Gómez Blasco.*

GUIXOSA una legua de cerros e valles e tierras de pan. MEDINA SELI 2 leguas, van por Ambrona, media legua de cerros e tierras de pan. MOJARES media legua de tierra doblada e de vega abaxo de Henares, en saliendo de Horna pasan a Henares, corre a la mano dizquierda e queda siempre por la mano dizquierda, para subir a Mojares suben una cuesta arriba que tenrá 2 tiros de vallesta. EL OLMEDILLA 2 leguas, van por la Ventosa, media legua de traviesa de un cerro grande que tenrá todas media legua de subida e abaxada. OVILLAS media legua pequeña de cuestas arriba e tierras de pan. TAXUECO una legua pequeña de ribera abaxo de Henares, queda el río a la mano dizquierda, en saliendo lo pasan, corre a la mano dizquierda.

Hornillos aldea [§ 367] tiene 30 vezinos; es del conde de Ribadavia; tiene fortaleza; tiene un monesterio de monjas canónigas reglares.
Hortizuela[403] aldea [§ 773, 855–859] tiene 30 vezinos; es del Condestable, es barrio de Verlanga; está en llano riberas de Duero:

AGUILERA media legua doblada, pasamos en saliendo del lugar a un río dicho Talegones, que corre a la mano derecha, de que hemos de llegar Aguilera subimos una cuesta que tenrá un tiro de vallesta. ANDALUZ una legua, pásase Duero por puente junto con Andaluz, que corre a la mano dizquierda, es camino llano. EL BURGO 3 leguas, van por Lodares, a la mano derecha queda Vayuga 3 tiros de vallesta del camino. CABRARIZA 2 leguas, van por Berlanga. CANTAOJAR 2 leguas, van por Berlanga e por Ciruela. CIRUELA una legua, van por Berlanga. FUENTE EL PUERCO una legua grande, la media la ribera de Duero arriba, la otra media como por entre valles, toda vía dexamos a Duero a la mano dizquierda, queda Andaluz de la otra parte de Duero. PAONES una legua, van por Verlanga, delante de Verlanga a un 4º de legua pasamos al dicho río Talegones, que corre a la mano derecha, como queremos subir a Fuente el Puerco subimos una cuesta que tenrá tiro e medio de vallesta. SANTISTEVAN 4 leguas, van por Quintanas e por Pedraja. TAJUECO una legua, a un 4º de legua pasamos a Duero por vado, que corre a la mano dizquierda, a 2 tiros de vallesta pasado Duero entramos en un pinar que tenrá hasta el lugar. VERLANGA media legua llana, pásase a un río dicho Escalote en saliendo del lugar, que corre a la mano derecha, va a entrar en Duero. VEYUGAS DE ARRIBA legua e media, pásase Duero en saliendo a 2 tiros de vallesta, que corre a la mano dizquierda, a 2 tiros de vallesta de Duero entramos en un pinar e carrascal que tenrá media legua, a la mano dizquierda queda Veyugas de Abaxo a 4 tiros de vallesta del camino.

***Hoyo** [§ 3719]:

COLMENAR VIEJO 3 leguas, a media legua del Colmenar se pasa el río de Madrid, corre a la diestra. MAJADAHONDA 3 leguas. MANÇANARES 2 leguas de sierras, junto con Mançanares se pasa río Mançanares por puente, corre a la diestra.

403 Ortizuela, cf. *Morales*. Hortezuela, cf. *Recuerda, Torremocha*.

(Los) Hoyos lugar [§ 2596–2598] tiene 200 vezinos; es aldea de Coria; está en llano, algo en hondo:

EL AZEBO media legua de sierras. LA ÇARÇA 7 leguas de tierra doblada, por algunas partes ay cerros. LAS CASILLAS DE CORIA 5 leguas, van por la Moraleja, 3 leguas de tierra doblada. CILLEROS una legua de sierra. CORIA 5 leguas, van por Perales, una legua, e por Huelga, 2 leguas. LAS ELGAS 2 leguas, van por Samartín, una legua. GACTA 2 leguas grandes de sierras e valles, a media legua de los Hoyos pasamos a un río dicho Gata por vado, que corre a la mano dizquierda. MORALEJA 3 leguas dobladas. PERALES una legua de tierra doblada. SAN MARTÍN DE TREBEJO (SAMARTÍN DE TREBEJO) 2 leguas, van por el Azebo, media legua. TREBEJO una legua de sierras. VALVERDE DE LAS ELJAS 2 leguas, van por Samartín. VILLAMIEL una legua grande agra de sierras.

***Hoyos del Collado** [§ 2477]:

HOYOS DEL ESPINO tres 4º de legua.

(Los) Hoyos del Espino[404] lugar [§ 2480–2481] tiene 50 vezinos; es del duque de Alva; está en un valle hondo metido; está en el lugar una imagen de Nuestra Señora que se llama Santa María del Espino, que vienen de muchas partes a ella:

BARAJAS un 4º. ÇAPARDIEL 2 leguas, van por Navacepeda, media legua, e por Nava el Peral. HOYO BERRENDO una legua, van por Navacepeda, media legua. NAVA EL PERAL una legua, van por Navacepeda. NAVACEPEDA media legua. NAVARREDONDA media legua, van por Barajas, un 4º de legua. SAN MARTÍN DE LA VEGA (SAMARTÍN DE LA VEGA) una legua, a medio camino pasamos una serrezuela que tenrá 2 tiros de vallesta de subida.

***Hoyos de Miguel Muñoz o de Menga Muñoz** [§ 4118, 4199]:

NAVADIJOS una legua. SAN MARTÍN DEL PIMPOLLAR una legua.

***Hoyuelos** [§ 2815]:

SALAS 2 leguas.

Huerta[405] lugar [§ 1145–1146, 5570] tiene 200 vezinos; es del maestradgo de Santiago o de Calatrava; tiene fortaleza más alta que el lugar; está en alto:

404 Santa María del Espino, cf. *Piedrahíta (de la Sierra), Navacepeda.*
405 Güerta, cf. *Ocaña, (El) Romeral, Sevilla, Yepes.*

LA GUARDIA 4 leguas grandes de vega llana de cañamares e pan. MONREAL 3 leguas de tierra doblada e de pan. OCAÑA 3 leguas llanas salvo en saliendo de Huerta que ay una subida. YEPES una legua llana salvo al principio que está una subida agra.

Huerta[406] lugar [§ 2034–2039] tiene 120 vezinos; es aldea de Salamanca; está en un llano, está riberas de un río dicho Tormes:

ALDEA LUENGA una legua muy grande llana riberas abaxo del dicho río Tormes, queda a la mano dizquierda. ALDEA RUBIA media legua llana. ALDEA DE YUSO una legua, van por Castañera e por Chinín el Nuevo, media legua, e por Francos, media legua. ALVA DE TORMES 3 leguas, van por Enzinas e por Cilleruelo, media legua, e por el Pardo, media legua. AMATOS media legua llana, en saliendo pasamos a Tormes, que corre a la mano derecha. BABILA FUENTE media legua llana. CALVARRASA DE ABAXO una legua grande llana, pasamos a Tormes en saliendo de Huerta por vado, que corre a la mano derecha. CANTAELPINO 2 leguas, van por Villeruela, una legua. CASTAÑERA media legua llana, en saliendo de Huerta pasamos al dicho Tormes por vado, que corre a la mano derecha. CHINÍN EL VIEJO media legua llana, en saliendo de Güerta pasamos a Tormes, que corre a la mano derecha. CORDOVILLA una legua llana. ENZINAS media legua llana. MACHACÓN una legua, van por Chinín el Viejo. MORÍÑIGO media legua llana. SALAMANCA 3 leguas, van por Aldea Luenga. SALMORALES media legua llana. VILLA FLORES 5 leguas, van por Villeruela, una legua, e por Cantaelpino, una legua. VILLERUELA una legua grande llana, a la mano dizquierda queda Babila Fuente a un tiro de vallesta del camino. VILLORIA una legua, van por Babila Fuente.

Huerta[407] lugar [§ 4949–4954] tiene 10 vezinos; es del monesterio que tiene este lugar dicho Santa María de Huerta; está riberas de Xalón; este lugar e monesterio es el postrero lugar de Castilla para Aragón, este monesterio hizo el rey don Alonso de la Mano Horadada e el arçobispo don Rodrigo, su hermano, en honor e reverencia de la cruz, que se le apareció la cruz:

AGUILAR una legua, van por Montuenga, una legua menos 2 tiros de vallesta riberas arriba de Xalón, que queda a la mano derecha. ALCONCHEL una legua, van por Torrehermosa. ALMALUEZ una legua de valles arriba e por entre cerros, en saliendo pasan a Xalón, corre a la mano derecha. ARCOS 2 leguas, van por Mirabueno, una legua de tierra llana e por entre valle ancho riberas arriba de Xalón, que queda a la mano dizquierda porque en saliendo de Huerta pasan a Xalón, corre a la mano derecha. CABRAFUENTE una legua e media, van por Torrehermosa. HARIZA 2 leguas, van por Monreal, una legua grande de tierra de cerros e valles. MONREAL una legua grande de cerros e valles e peñas e montes de romerales. MONTAGUDO 2 leguas, van por la Torre Martín Gonçález, una legua e media. SISAMÓN 3 leguas, van por Torrehermosa, media legua, e por Cabrafuente, una legua. LA TORRE MARTÍN GONÇÁLEZ una legua e media, la media legua primera es riberas abaxo de Xalón, que queda

406 Güerta, cf. *Pedros(s)o, Tordillos.*
407 Huertas, cf. *Monreal.*

a la mano derecha, porque en saliendo de Huerta pasan a Xalón, corre a la mano derecha. TORREHERMOSA media legua de cerros e valles e montes.

Humanejos[408] lugar [§ 5395] tiene 30 vezinos; está en llano:

CASARRUBIELOS legua e media, van por la Cruz. LA CRUZ legua e media de tierra doblada e de labrança. CUBAS legua e media de tierra doblada e de labrança e de viñas. GRIÑÓN 2 leguas de tierra doblada e de pan. ILLESCAS 2 leguas e media de tierra doblada e de pan e viñas. PALOMERO una legua e media de tierra doblada e de pan. PARLA media legua llana de tierras de pan. PINTO legua e media, van por Parla. TORREJÓN DE VELASCO una legua llana de tierras de pan e viñas.

408 Umanejos, cf. *Toledo*.

I

Igualada villa [§ 5061] tiene 300 vezinos; está en un valle ancho e entre sierras:

MONSERRATE 3 leguas de sierras e valles arriba, la primera legua van por orilla de una gran montaña de sierras, que queda por la mano derecha, son de grandes sierras.

Illescas villa [§ 5340–5344] tiene 500 vezinos; es del arçobispado de Toledo; tiene fortaleza; está en llano; es lugar de las mejores e más guindas que ay en Castilla:

BATRES 2 leguas, van por Uxena e por Carranque. CARRANQUE una legua e media, van por Uxena. CASARRUBIUELOS una legua de tierra algo doblada e de tierras de pan e viñas. CEDILLO una legua grande de tierra doblada e de pan e viñas. COBEXA una legua e media, van por Hazaña. LA CRUZ una legua, van por Casarrubiuelos. CUBAS legua e media, van por Casarrubielos. ESQUIVIAS una legua e media, van por Yeles, media legua llana, todo de viñas. GRIÑÓN 2 leguas, van por Casarrubiuelos e por Cubas. HAZAÑA una legua llana un valle abaxo e de tierras de pan e de algunas viñas en prencipio. HUMANEJOS legua e media de tierra doblada. MORATALAZ tres 4º de legua llanas e de dehesa de yerva e tierras de pan. PARLA 2 leguas e media de tierra doblada, a la mano derecha queda Humanejos a un tiro de vallesta del camino. TORREJÓN DE VELASCO una legua, van por Moratalaz. TORREJONCILLO una legua, de arboledas la media legua primera e la otra postrera de viñas. UXENA media legua llana de viñas e arboledas e guindaleras. VALAGUERA una legua llana de viñas e tierras de pan. EL VISSO legua e media, van por Valaguera. YUNCOS una legua de tierra doblada e de viñas e tierras de pan.

Íllora villa [§ 3053–3054] tiene 200 vezinos; es aldea de Granada; está en cerro entre unas sierras; toma la cerca de la villa todo el cerro por el pie, tiene una fuente dentro de la villa grande:

ALCALÁ LA REAL 4 leguas de sierras e cerros grandes e valles e montes baxos e altos. MOCLÍN 2 leguas de sierras e valles. EL TOCÓN 2 leguas de cerros e valles salvo la media legua postrera, que es de vega.

Iñesta (Iniesta)[409] lugar [§ 6458–6460] tiene 900 vezinos; está en tierra llana; este lugar tiene a 4 leguas unas salinas que se llama la Cueva de la Sal, que la sal es de peña:

BILLAMALEA 4 leguas de tierra llana e de montes baxos e chaparrales. EL CAMPILLO DE ALTABUEY 3 leguas de tierra llana de tierras de labranças e de algunos montes. INGUIDANOS 5 leguas de tierra llana salvo la media legua postrera que es una agra abaxada. MAHORA 6 leguas de tierra llana e de montes de chaparrales e labranças. EL PERAL 3 leguas

409 Inesta, cf. *San Clemente.*

https://doi.org/10.1515/9783111044064-011

de tierra doblada e algunos llanos e montes baxos e altos de chaparrales e atochares. VILLANUEVA DE LA XARA 3 leguas de tierra llana e de labranças e chaparrales, el primero 4º es de viñas e de algunos enzinares. XORQUERA 7 leguas de tierra llana e de chaparrales.

Íxar villa [§ 5335–5339] tiene 700 vezinos; es del conde Velchite; tiene fortaleza muy buena; está en una ladera de cerros, pasa un río junto con el lugar, es en Aragón; dizen que no ay en España otra de este nombre, por esta tierra aunque es en Aragón no son leguas grandes:

ALCAÑIZ 5 leguas de tierra doblada e de pan e montes de pinares e de xarales. CALANDA 6 leguas de tierra doblada e de montes de pinares e tierra de pan, a la mano dizquierda queda Alcañiz a 2 leguas del camino. ÇARAGOÇA 14 leguas, van por Zaila, 2 leguas, e por Fuentes. CASTELNOVO legua e media, van por Samper. ESCATRÓN 4 leguas, van por Xatiel. LA PUEBLA DE ÍXAR media legua llana, el primero 4º de vega de travieso e lo otro un cerro de travieso e tornan a dar en una vega, en saliendo de Íxar pasan a un río dicho de Samartín, que corre a la mano derecha. SAMPER una legua llana, por la mano dizquierda queda siempre el río Samartín, van riberas abaxo e tierras de pan e huerta. URREA DE ÍXAR media legua llana de huerta, en saliendo de Íxar pasan al dicho río que se llama Samartín por vado e por puente, que corre a la mano derecha. XATIEL una legua riberas abaxo del dicho río Samartín, todo de huerta, queda el río siempre a la mano derecha, en saliendo de Íxar pasa al dicho río que corre a la mano derecha. ZAILA 2 leguas de vega abaxo, todo de regadío.

Izcara[410] lugar [§ 2812–2816] tiene 500 vezinos; es de Pero Manrique; está en llano e entre unas sierras, pasa un río junto con el lugar que se llama Hoja, cabe Santo Domingo de la Calçada:

ARANDA DE DUERO 16 leguas, van por Posadas, 2 leguas, e por Barbadillo de Herreros, 3 leguas, e por Villaximeno, una legua, e por Hoyuelos, una legua, e por Salas, 2 leguas, e por Siete, una legua, e por Mamolar, una legua, e por Caleruega, 2 leguas, e por Val de Honde, una legua. BURGOS 10 leguas, van por Valgañón, una legua de tierra doblada, e por Pradilla, media legua, e por Frexneda, media legua, e por Santolalla, una legua, e por Valmala, una legua, e por Alarça, una legua, e por Villasur de Herreros e por Arlançón, una legua, e por Oriveas, una legua, e por Castañares, una legua. HOJA CASTRO media legua llana. ITURÇA una legua de un valle arriba, en saliendo a 2 tiros de vallesta pasamos a Hoja río por vado, que corre a la mano dizquierda. MANÇANEROS 3 leguas, van por Santurdejo, 2 leguas, e por Gallinero, media legua. NÁJARA 6 leguas, van por Santurde, 2 leguas, e por Gallinero, media legua, e por Cirueña, una legua e media, e por Çofre, una legua. POZUENGOS 2 leguas, van por Iturça. SAMILLÁN DE LA COGOLLA 3 leguas, van por Iturça, una legua, e por Pozuengos, una legua. SANTO DOMINGO DE LA CALÇADA 2 leguas llanas, en saliendo de Izcara pasamos el dicho río Hoja por vado, que corre a la mano dizquierda. SANTURDE una legua, van por Hoja Castro.

---

410 Valdezcaria, cf. *Hojacastro*.

J

Ja(h)én[411] cibdad [§ 473, 1123–1124, 3085–3091, 5165–5173, 6620–6625] tiene 4000 / 5500 / 6000 / 7000 / 7500 vezinos; tiene fortaleza muy buena en la cabeça de la sierra; está en una ladera de una sierra muy alta e redonda de peña, que está la cibdad hazia Baeça e la peña hazia Granada, encima de la peña está un castillo muy grande, la cual peña cierra e abraça la [...] de la cibdad consigo, está ribera de un gran río, es en el Andaluzía; la cerca de la cibdad ciñe el cerro con la cibdad e fortaleza, dentro de la cibdad junto con una iglesia que se llama la Madalena nace una fuente cabdal que del agua de ella muelen 13 piedras de molino, en esta cibdad está una verónica de Nuestro Señor Jesucristo de las 3 que dexó Nuestro Señor en un paño, la Verónica se muestra algunas vezes en el año, en esta cibdad ay escrito cómo Nuestra Señora vino en proceSión dende Santa María la Mayor hasta Santalifonso, tiene por baxo [huertas]:

ANDÚJAR 5 leguas, van por la Fuente el Rey, 2 leguas, e por la Higuera de Andújar, 2 leguas. ARENAS 6 leguas de cerros e tierra doblada e de campiña, van por el Villar Don Pardo. ARJONILLA 5 leguas, la primera de tierra doblada y las 4 llanas. ARJONA 4 leguas, de tierra doblada la primera y las otras 3 de tierra llana. BAEÇA 6 leguas de cerros e valles e tierra de labrança e de atochares e de muchos cortijos por algunas partes, a tres 4º de legua primeros pasamos a un río por vado, que corre a la mano dizquierda, a una legua de Baeça pasamos a Guadalquebir por puente, que corre a la mano dizquierda, de allí adelante, que es una legua, es todo cuesta arriba e tierras de pan llevar, a la mano derecha siempre quedan sierras e las más lexos a la postre a 2 leguas e media en saliendo de Jaén a una legua. CAÇALILLA 4 leguas de tierra de cerros e valles e tierras de labranças. CAMBIL e ALFABAR 4 leguas, van por la Guardia, una legua, e por Pegalajara, una legua. CÓRDOVA 15 leguas, van por Porcuna, 6 leguas, e por Cañete, 2 leguas, e por la Puente de Alcolea, 4 leguas. CUBILLAS 12 leguas de sierras e valles e montes baxos e altos e baxos e arroyos. ESTEDIEL 5 leguas, van por Menjíbar. FUENTE DEL REY 2 leguas de cerros e tierra de campiña de labranças. GRANADA 14 leguas despoblado e de sierras e valles, a 2 leguas pasan a un río dicho Candelbrax por vado, que corre a la mano dizquierda. LA GUARDIA una legua de tierra doblada e de labrança, todo de olivares e viñas, a medio camino pasan un río dicho Lope Pérez por vado, que corre a la mano dizquierda. GÜELMA [...], van por Cambil e por la Guardia e por Pegalajara. LINARES 6 leguas, van por Menxíbar, 4 leguas de tierra de cerros e campiña. MARTOS 2 leguas e media, van por la Torre el Campo, una legua e media. MENGÍBAR (MENJÍBAR, MENXÍBAR) 4 leguas pequeñas de tierra de cerros e campiña, a una legua primera pasan a río Frío por puente, que corre a la mano dizquierda. PEGALAXARA (PEGALAJARA) 2 leguas, van por la Guardia, una legua. PORCUNA 5 leguas, la primera de tierra doblada y las 4 llanas. SANTIAGO 5 leguas, van por la Torre el Campo e por la Torre don Ximeno e por la Higuera de Martos. LA TORRE EL CAMPO una legua de tierra de cerros e valles, todo de

411 Xaén, cf. *Granada.*

https://doi.org/10.1515/9783111044064-012

olivares e viñas, por la mano dizquierda queda siempre una sierra. TORREGIMENO (LA TORRE DON XIMENO) 2 leguas, de tierra doblada la primera y la otra llana, van por la Torre el Campo. TORRES 5 leguas de cerros e tierra doblada e de campiña, van por la Guardia, a una legua pasamos a 2 ríos a un tiro de vallesta, el uno dicho río [...], otro Guadalbollón, corren a la mano dizquierda, a 4 leguas de allí se juntan con Guadalquebir. ÚBEDA 7 leguas, van por Baeça, 6 leguas. VAENA 6 leguas, van por Torre el Campo, una legua e media, e por la Torre don Ximeno, una legua. VILLANUEVA [...] leguas, van por Caçalilla. EL VILLAR DON PARDO 3 leguas de tierra de cerros e valles e campiña. XIMENA 5 leguas de cerros e valles, pasan los dichos ríos que pasan a Torres. XÓDAR 6 leguas, van por la Guardia.

Jorba lugar [§ 5060] tiene 8 vezinos; es de señorío; tiene buena fortaleza; está entre unas sierras e al pie de una:

IGUALADA una legua de valles abaxo e por entre sierras.

L, LL

La Lacera [§ 411] tiene 30 vezinos; está en un alto y muy alto, que ay 4 leguas de subida y 4 de descendida.

Laguna[412] villa [§ 4353–4354] tiene 200 vezinos; es del conde de Luna; tiene fortaleza; está en llano:

BENEVENTE 4 leguas, van por Matilla, 2 leguas llanas e de labranças, a una legua de este lugar nace Xúxar río de una grand fuente que está en unas lavores de pan. CABAÑEROS tres 4º de legua, van por Conforcos, media legua. CONHORCOS media legua llana de labrança. GRAJAL una legua, van por Villa, poco menos de legua llana. ODANÇAS una legua e media llana e de labrança. RIBERA una legua llana e de labrança. SAN SALVADOR 3 tiros de vallesta llano. SANTA MARÍA EL ANTIGUA una legua llana e de labrança. SANTADRIÁN 2 leguas, van por Odanças, una legua. VILLARRABINES una legua, van por San Salvador, 3 tiros de vallesta.

Lagunillas[413] villa [§ 1017] tiene 100 vezinos; es de un obispo; pásase junto al lugar Dueratón:

EL BIVAR media legua Duratón arriba. CALABAÇA una legua, súbese la sierra un 4º de legua y después va por llano. SAGRAMEÑA una legua llana, pásase Duratón junto a Lagunilla, que corre hazia la mano izquierda.

****Lanájara (Nájara)** villeta [§ 2] tiene hasta 200 vezinos:

SARIÑENA 2 leguas.

Langa lugar [§ 909] tiene 60 vezinos; es del conde de Miranda; tiene buena fortaleza en alto sobre una peña; está en llano riberas de Duero [cf. *Oradero*].

Langayo [§ 1053] tiene 30 vezinos; es del conde de Ureña; está en llano:

MANÇANILLO media legua pequeña llana. MORPEÇARES una legua pequeña llana.

Lapeça lugar [§ 6510–6514] tiene 200 vezinos; es aldea de Guadix; tiene buena fortaleza; está en una punta de un cerro y en ladera, por baxo del lugar pasa un arroyo de una parte e otro de otra; está poblada de moriscos:

LA CALAHORRA 4 leguas, van por los Ugollos. GRANADA 6 leguas, van por Veas. GRAYENA legua e media, van por el camino de Guadix. GUADIX 3 leguas de tierra muy honda e de

412 Laguna de Negrillos, cf. *Medina de Ruiseco*.
413 Lagunilla, cf. *Torre* aldea [§ 1006].

https://doi.org/10.1515/9783111044064-013

puertos, a la legua e media están los baños que se dizen de Alhamilla de su naturaleza. GÜEXAR 4 leguas de grandes sierras e valles si los ay en España. PUROLLENA 2 leguas, van por el camino de Guadix salvo que dexan el camino de Guadix a la mano derecha. QUÉNTAR 4 leguas de sierras e valles e montes espesos. VEAS 4 leguas de grandes sierras si las ay en España, que las más grandes quedan por la mano dizquierda, e de muchos y espessos montes e grandes subidas e abaxadas e arroyos, a medio camino está un puerto hondo que se llama Aguas Blancas, el cual es peligrosso en verano de moros de llende,[414] la una legua postrera es toda cuesta abaxo, en la cumbre de arriba se llama Puertoblanco.

Laredo villa [§ 554, 557] tiene 2500 vezinos; está en llano y combate la mar con los muros; tiene un [...] que tenrá media legua que se pueden poner dentro 200 naos, que se pueden todas cerrar con un calnado:[415]

AMPUERO 2 leguas [...]. BILBAO 10 leguas, vase por Liendo e a Candina e el Barco de Oreñón. CASTRO 5 leguas, vase por Liendo e a Candina e pasan Barco de Oreñón, que es un braço de mar que corre a la mano derecha. CULPABRES [¿?] media legua doblada. ESCALANTE una legua llana, van por el Barco de Treto. LIMPIAS una legua, vase por Culindres. SANTANDER 6 leguas, vase al Barco de Treto e a Barzana y al Barco de Pedreña. SANTILLANA 8 leguas, van por el Barco de Tretón y a Hordenero e a la Puente de Agüero.

Lasdellano lugar [§ 2456–2458] tiene 6 vezinos; es aldea de Arenas; está en un valle hondo entre unas sierras e pinares, pasa un río dicho Guisando por el lugar, que nace a 4 leguas de Lasdellano:

ARENAS media legua grande, sierra e vallejuelos de pinares. CANDALEDA 3 leguas grandes un valle abaxo llano e por entre sierras, a la mano derecha quedan siempre. GUISANDO 3 leguas por unos valles e sierras arriba. HONTANARES 2 leguas e media, van por Ramacastañas. RAMACASTAÑAS media legua un valle abaxo.

Las Lastras de Arriba lugar [§ 3780–3781] tiene 3 vezinos; es de don Antonio Hernández; está en un cerro entre unos montes:

BERMUY DE PÁRRACES una legua e media, van por Marugán, una legua. MARUGÁN una legua de montes e vallejuelos, cerros. PÁRRACES una legua de tierra de cerros e tierra de montes. SEGOVIA 5 leguas, van por Monterrubio, media legua, e por San Pedro de las Dueñas, una legua, e por Bermuy de Palacios, 4 leguas.

Lastrilla aldea [§ 1009] tiene 8 vezinos; es de Segovia:

ESPIRDO media legua buena.

---

414 «Moros de allende mar».

415 Variante «corrupta» de *candado* (Covarrubias *s.v.*). Además, Rodríguez (2002, 74)

Latreela aldea [§ 420] tiene 15 vezinos; está en llano un tiro de vallesta del río dicho Latreela; es tierra de muchas colmenas, este lugar de Latreela tiene 6 leguas y más de foz [¿?] cerca de sí:

EL CASTELO DE SANDE media legua llana. ESPINOSA media legua llana, pásase Latreela junto a Latreela. LOS PUMARES media legua llana. SANTA BAYA DEL FIOZ media legua pequeña llana, pásase Latreela junto a Latreela. SEIXEDA media legua grande llana. VILLAR DE VACAS media legua buena llana.

****Lebrixa (Librixa)**[416] lugar [§ 481, 2891] tiene 350 vezinos; tiene buena fortaleza en alto:

SANLÚCAR DE BARRAMEDA 5 leguas llanas, ay de invierno malas lagunas que llaman marismas, an de ir los caminantes el agua a media pierna por muchos cabos. XEREZ 5 leguas.

Lecorçana lugar [§ 5199–5200] tiene 12 vezinos; es de Hurtado Díaz de Mendoça; está en llano orilla de un río dicho Çadorra:

ESTAVILLO una legua, van por Ribaaguda. MANÇANOS una legua, van por Ribaaguda e por las Ventas de Armiñón. QUINTANILLA una legua, van por Ribaaguda. RIBAAGUDA un 4º de legua pequeño llana ribera arriba de Çadorra, que queda el río a la mano derecha. LAS VENTAS DE ARMIÑÓN media legua grande, van por Ribaaguda. ZEMBRANA media legua de tierra doblada e de labranças, en medio camino pasan a Çadorra por vado, que corre a la mano dizquierda.

Leganés aldea [§ 332] tiene 100 vezinos; es de Madrid:

LOS CARAVANCHELES una legua. FUENLABRADA una legua. XETAFE media legua.

León cibdad [§ 823–824] tiene 5000 vezinos; tiene buena fortaleza; está en llano, pasan 2 ríos por junto con la cibdad que la tiene en medio, que el uno se llama Valdevarnes y el otro Turio, de cada uno sale una presa que va por mitad de la cibdad:

ESTORGA 9 leguas por el camino de Santiago. MANSILLA 3 leguas, van por Valdelafuente y por la Puente de Villarente, que es un río. VALDELAFUENTE una legua llana, pasadas el dicho río Valdevarnes en saliendo de la cibdad, que corre a la mano derecha. VALENCIA DE DON JUAN 3 leguas dobladas.

Lepe lugar [§ 5304–5307] tiene 2000 vezinos; es del conde Ayamonte; tiene muy buena fortaleza; está en llano, está a media legua pequeña de la mar; tiene un

---

416 Librija, cf. *La Cabeças, Carmona, El Castillo de Alocaz, Medina Sidonia, (Los) Palacios.*

puerto que se llama la Ramada, tiene en derredor del lugar muchos higuerales e viñas:

ALJARAQUE 5 leguas, van por Samiguel e por San Juan del Puerto. AYAMONTE 4 leguas, van por la Redondela. CARTAYA una legua de tierra llana e de palmares e higuerales, junto con Cartaya pasan un río por barca, que corre a la mano derecha, pásase por barca por causa que está cerca la mar. CASTROMARÍN 5 leguas, van por la Redondela e por Ayamonte. GIBRALEÓN 8 leguas, van por Cartaya. GÜELVA 6 leguas, van por Samiguel e por San Juan del Puerto e por Aljaraque. PALOS 7 leguas, van por Samiguel e por San Juan del Puerto e por Aljaraque e por Güelva. LA REDONDELA una legua llana de higuerales e viñas. SAMIGUEL DE CARCADEBUEY 2 leguas de tierra llana e de palmares e de higuerales. SAN JUAN DEL PUERTO 3 leguas, van por Samiguel de Carcadebuey.

Lerma villa [§ 315] tiene 200 vezinos; es del marqués de Denia; tiene fortaleza; está ribera de Arlança:

GUMIEL DE MERCADO 2 leguas llanas.

Lezuza lugar [§ 4531–4532] tiene 70 vezinos; es aldea de Alcaraz; tiene fortaleza de tiempo antiguo vieja a un tiro de vallesta del lugar; está en llano riberas de un río dicho [...], que nace este río a media legua del lugar una fuente dicha [...]:

ALCARAZ 5 leguas, van por Vallestero, 2 leguas llanas e de enzinares. EL BONILLO 3 leguas de tierra de montes de enzinares e robledales. MONTIEL 7 leguas. LA OSA 6 leguas de tierra doblada e de montes de enzinares e savinares. SAN CLEMENTE 9 leguas, van por Miñaya. VILLARROBLEDO 7 leguas, van por Munera. [...] 2 leguas de tierra doblada e de montes de enzinares.

Linares lugar [§ 473, 4479–4486, 4495] tiene 600 vezinos; es villa de Baeça; está en alto e el asiento en llano e algunas partes en hondo; es lugar de mucho azeite e de poco vino e de mucho trigo, a media legua de este lugar están los campos de Alventoso donde ovo una grand batalla de moros e cristianos, en este campo está un castillo media legua de Linares donde fue muerto don Beltrán:

ANDÚJAR 6 leguas de tierra doblada e de campiña e de algunos montes, las 2 leguas postreras van siempre orilla de Guadalquebir. BAEÇA 3 leguas, van por Ibros, 2 leguas e media de tierra doblada e de pan llevar e olivares e huertas, a una legua primera pasan a Guadalimar río por varca, que corre a la mano derecha. BAILÉN 2 leguas de tierra de valles e tierra doblada e de xarales e enzinares, a medio camino pasan a Guadiel río pequeño, corre a la mano dizquierda. BAÑOS 2 leguas de tierra doblada e de xarales e enzinares, para subir a Baños subimos una cuesta que tenrá 3 tiros de vallesta, a una legua pasan a Guadiel, corre a la mano dizquierda. BEXÍXAR 2 leguas, van por Lopión, una legua e tres 4º de legua de tierra doblada e de campiña, a una legua primera pasan a Guadalimar río por varca, corre a la mano derecha. LA HIGUERA DE ANDÚJAR 5 leguas, van por Espeluy e por Villanueva de Andújar, una legua. JAÉN 6 leguas de tierra doblada e valles hondos, todo de campiña, a una legua primera pasan a Guadalimar río por varca, que corre a la mano derecha, a 3 leguas primeras pasan a Guadalquebir por barca, corre a la mano derecha, a 5 leguas primeras pasan a Guadalbollón río por puente e por vado, corre a la mano derecha, estos 2 ríos se juntan con Guadalquebir cada a una legua de donde los pasan. MENXÍBAR 3 leguas, van por Estediel, 2 leguas de tierra de campiña. RUS 2 leguas de tierra doblada e de campiña, a una legua se pasa Guadalimar río por varca, que corre a la mano derecha, van por Canena a Rus, está a legua e media. SANTISTEVAN DEL PUERTO 7 leguas de tierra doblada e de algunos vallejuelos e de montes baxos de lantiscares e coxcoxares e por entre sierras, a una legua primera pasan a Guadalén río por vado en verano, corre a la mano dizquierda, a 2 leguas primeras tornan a pasar a Guadarrizaz por vado, corre a la mano derecha, a la mano derecha quedan las Navas de Santistevan a 4 tiros de vallesta del camino. TOVARUELA media legua de tierra doblada, el medio camino postrero de enzinares e de tierra doblada. VILCHES 2 leguas grandes de tierra de valles e cerros e algunos montes, a una legua primera pasan al dicho río Guadarriçaz por vado, corre a la mano derecha. XAVALQUINTO legua e media de tierra doblada e de campiña, la media legua postrera es de montes baxos de lantiscares e coxcoxares.

***Lio** lugar tiene 40 vezinos; es del arçobispo de Tarragona:

EL PLA 2 leguas. VALLES media legua. VALLMOLL media buena.

****Lisboa**[417] cibdad [§ 5650–5652] tiene 12000 vezinos; tiene buena fortaleza; está en una ladera; es puerto de mar:

ACONA (OCONA) 3 leguas de mar. ALCONCHEL 5 leguas de mar. ALDEAGALEGA 4 leguas de mar. ALMADA una legua de mar. AZEITÁN 4 leguas e media, las 3 primeras por mar e lo otro de tierra llana e de arenales e pinares. ERAS 3 leguas riberas de la mar, que queda la mar a la mano dizquierda. LABRADÍO 4 leguas de mar. LANDE (LANDRA) 5 leguas, van por Sacavén e por Povoa. OGUARRERO 2 leguas de mar. POBA 3 leguas, van por Sacavén. SACAVÉN 2 leguas de tierra de cerros e olivares e viñas e huertas. SINTRA 5 leguas de tierra doblada e de cerros e de pan e viñas e algunos montes.

***Llanos** [§ 4056]:

GUIJUELOS media legua. NAVAMARES media legua.

****Llarana** lugar [§ 5620–5622] tiene 70 vezinos; es del duque del Infantazgo; tiene una torre; está en llano entre unos ríos, que el uno se llama la Fuente de Valdelano, e entre otros arroyos, es en el val de Carriedo; tiene 2 herrerías que hazen hierro:

417 Lisbona, cf. *Alcalá de Henares, Daimiel, Sevilla.*

ABIENZO media legua de tierra de cerros arriba e montes de robledales e castañares. BÁRZENA (BÁRZANA) media legua de tierra doblada e de labrança e yerva e montes de castañas e robledales. CUTIRILLO DE LLARANA un 4º de legua de tierra de cuestas e pedregales riberas de un río que lo traviesan muchas vezes. PRUNEDA una legua, van por Saro. RIBA media legua de tierra de cuestas. SARO media legua de tierra de cuestas riberas abaxo del dicho río Valdelano, que queda el río siempre a la mano derecha.

***Llendevacas**[418] [§ 2323]:

TECHUDA media legua.

****Lobera** lugar [§ 375] tiene 800 vezinos; es de Tristán de Arojo; está en llano al pie de una gran cuesta, está a medio millo del río dicho Seixedo:

BAÑOS DE CALDAS una legua fragosa. CADONS una legua llana. LOBIOS 2 leguas fragosas y de mucho vino, pásase la Limia a medio camino por puente porque es gran río. PARADA una legua llana. PRERA una legua fragosa.

****Lobios** aldea [§ 389] tiene 100 vezinos; es de Tristán de Arojo:

LOS BAÑOS DE CALDAS legua y media, vase por Enterimo. ENTERIMO una legua pequeña, pásase la Limia junto con Enterimo.

****Lobios** lugar [§ 5260–5261] tiene 40 vezinos; es del conde de Lemos; está en llano riberas de un riatuelo; alderredor de este lugar ay muchas feligresías:

AZEREDO 2 leguas e media de tierra doblada e de algunos cerros e tierras de labrança e montes de roças. MONESTERIO DE GRO una legua de tierra doblada e de viñas e labranças e montes. PEREDELO legua e media de tierra de cerros e valles e montes e tierras de labrança. RÍO DE MUÑOZ 3 leguas y media agras, enzinares, madroñales y todo montes, junto con Lobios se pasa un riatuelo por vado, corre a la siniestra. SAMARTÍN 5 leguas, van por Río de Muñoz, 3 leguas e media de tierra de cerros e valles e montes de enzinares e madroñares e todo monte, en saliendo pasan al dicho río por vado, que corre a la mano dizquierda.

Lodares lugar [§ 4937–4938] tiene 5 vezinos; es aldea de Medinaceli; tiene una torrezilla; está en un grand valle hondo e entre cerros, está riberas de Xalón:

ARCOS una legua e media muy grande que vale por 2 riberas abaxo e por entre grandes valles angostos e hondos, de peñas de aguzaderas[419] la media legua primera, en esta media

---

418 Allendevacas, cf. *Cebolla*.
419 «Los sitios donde los jabalíes hozan y aguzan los colmillos cuando están en celo» (*Autoridades s.v.* aguzaderos). Otra mención del término en *Santistevan del Puerto (Santisteban del Puerto)*.

legua primera suben una cuesta muy grande de 5 tiros de vallesta, por la mano derecha queda el dicho río e una fortaleza dicha de Xubera a 2 tiros de vallesta del camino e Somaén a media legua del camino, a la mano dizquierda pásase a Xalón, corre a la mano dizquierda.

Logroño cibdad [§ 3828–3833] tiene 1600 vezinos; tiene buena fortaleza; está en llano riberas de un río dicho Ebro; es frontera de Navarra, que no ay otro lugar en medio de manera que está media legua del mojón:

ALVELDA 3 leguas, van por Nalda, una legua. ÁVILA 57 leguas, van por Navarrete e por Nájara, 2 leguas, e por Santo Domingo de la Calçada, 4 leguas, e por Vilhorado, 4 leguas, e por Villafranca de Montesdoca, 2 leguas, e por Villasur de Herreros, 2 leguas, e por Santa Cruz de Campeço, 2 leguas, e por Rebilla del Campo, una legua, e por Alcubillo, una legua, e por Torrezilla, 2 leguas, e por Villamancio, legua e media, e por Lerma, media legua, e por Villafranela, 4 leguas, e por Villavela, 3 leguas, e por Guija Rubia, 2 leguas e media, e por Curiel, una legua, e por Peñafiel, una legua, e por Cuéllar, 5 leguas, e por Coca, 5 leguas, e por Aldeyuela, 2 leguas, e por Martín Muñoz de las Posadas, una legua, e por Adanero, una legua, e por Santo Domingo de la Calçada, 2 leguas e media, e por Mingorrar, legua e media. ENTRENA 2 leguas llanas salvo el postrero 4º de legua que es cuesta arriba. GUADALAJARA 45 leguas, van por Lardero, una legua, e por Viguera, 3 leguas, e por la Bóbeda, 7 leguas, e por Soria, 6 leguas, e por Almaçán, 7 leguas, e por Paredes, 8 leguas, e por Atiença, 5 leguas, e por Xadraque, 5 leguas, e por Hita, 3 leguas. LA GUARDIA 3 leguas e media, la primera legua e media es llano e lo otro es de cerros e montes. NALDA 2 leguas llanas salvo media legua postrera que es cuesta arriba. NAVARRETE 2 leguas de tierra doblada e de tierras de pan. VIANA 2 leguas, la primera es llana e lo otro es cerro. VIGUERA 3 leguas, van por Lardero, una legua llana, todo de viñas.

Lomoviejo aldea [§ 1114] tiene 60 vezinos; es de Arévalo; está en llano:

MORALEJA DE MATACABRAS media legua llana.

Lora villa [§ 4400–4405, 4409–4410, 6631–6635] tiene 700 / 750 vezinos, solía ser 1000; es del priorazgo de San Juan; tiene buena fortaleza; está en llano riberas de Guadalquebir, bate Guadalquebir en ella, está en llano salvo por la parte del río que es por la parte de mediodía, está al pie de la Sierra Morena, por la parte de hazia Sevilla a un tiro de vallesta pasa un riatuelo dicho el Churre que se seca de verano e júntase con Guadalquebir cabe la fortaleza; la mayor parte es arrabal:

ALANÍS 8 leguas, van por Costantina, 5 leguas. ALCOLEA legua e media llana de palmares ribera de Guadalquebir e orilla de Sierra Morena [...]. CAÇALLA 6 leguas, van por Costantina, 5 leguas de sierras e valles e montes de xarales. LA CAMPANA 2 leguas llanas de tierra doblada e de campiña, a un millo pasa Guadalquebir por varca, que corre a la mano derecha. CARMONA 4 leguas de tierra doblada e de palmares, en saliendo de Lora pasan a Guadalquebir por varca, que corre a la mano derecha. CÓRDOVA 13 leguas, van por Peñaflor, 3 leguas riberas arriba de Guadalquebir, que queda a la mano derecha, e por las Posadas, 4 leguas. COSTANTINA 5 leguas de sierras e montes baxos e altos. ÉCIJA 7 leguas de tierra doblada, en saliendo pasan a Guadalquebir por vado, que corre a la mano derecha, por otro cabo ay 8, que es por la mano dizquierda, van por Palma, media legua de tierra llana, pásase el dicho Guadalquebir en saliendo de Lora. FUENTES 4 leguas, van por la Campana, 2 leguas llanas, en saliendo pasan a Guadalquebir por varco, que corre a la mano derecha. GUADAXOX 2 leguas, van por Alcolea, 2 leguas más un 4º llano riberas abaxo de Guadalquebir. HORNACHUELOS 6 leguas, van por Peñaflor. MONTORCAZ 3 leguas, van por Villanueva del Camino, 2 leguas. EL PEDROSO 5 leguas de sierras e valles e montes de xarales. PEÑAFLOR 3 leguas grandes llanas riberas arriba de Guadalquebir, nunca tocamos en el río con media legua e algunas vezes a una legua, todo es de montes baxos de coxcoxares e palmares, por la mano dizquierda queda a una legua siempre sierra, a la dicha mano queda Santa María de Siete Filla, que es un castillo en una ladera de una sierra a una legua del camino, a la primera legua se pasa Guadalbacar río por vado, que corre a la mano derecha, a una legua de donde se pasa se junta con Guadalquebir. LA PUEBLA (DE LOS INFANTES) 3 leguas de sierras e montes baxos e altos, a una legua pasan Guadalbacar por vado, que corre a la mano derecha. SANTAFILLA, fortaleza, 2 leguas de tierra doblada. SEVILLA 9 leguas, van por Villanueva del Camino, 2 leguas, e por Tosina, una legua. UITRERA 7 leguas, van por Carmona, 4 leguas. VILLANUEVA DEL CAMINO 2 leguas grandes llanas riberas abaxo de Guadalquevir, queda por la mano dizquierda, el cual haze bueltas e desvíos del camino, por la mano derecha queda la Sierra Morena a un 4º del camino, todo este camino es de pinares e algunos alcornocares, en saliendo pasan al Churre, que corre a la mano dizquierda.

Lorca cibdad [§ 6625–6628] tiene 3000 vezinos; tiene fortaleza buena; está en una ladera de una sierra, pasa un río por baxo de la cibdad que viene de los Vélez:

ALEDO 3 leguas de sierras e valles e montes de pinares, para subir al dicho lugar suben una cuesta que tenrá 3 tiros de vallesta. LOS ALUMBRES 7 leguas, las 4 leguas son llanas e por entre sierras e lo otro es unas sierras e valles abaxo, todo este camino es de atochares e romerales. CARAVACA 8 leguas de sierras e valles e montes de pinares e enzinares. MOXÁCAR 11 leguas, van por Vera. MULA 9 leguas de sierras e valles e montes de enzinares e pinares e grandes valles hondos. MURCIA 12 leguas, van por Totana, 4 leguas, e por Librilla, 4 leguas. TOTANA 4 leguas llanas e de labrança. VERA 9 leguas de tierra llana, las 3 leguas primeras e lo otro es de sierras e valles, a las 3 leguas primeras suben un puerto dicho la Escaleruela que tenrá de subida un tiro de vallesta.

La Losa lugar [§ 3755–3758] tiene 200 vezinos; es aldea de Segovia; está al pie de la sierra:

ABADES 2 leguas, van por Fuente Milanos, una legua. BERMUY DE PALACIOS una legua, van por Escobar, media legua de tierra de cerros e como cuesta abaxo. EL CAMPO legua e media de tierra de valles e cuestas abaxo. FUENTE MILANOS 2 leguas, van por Valsequilla, media legua de tierra doblada. HONTORIA legua e media de tierra de cerros e valles e tierra de pan. MATAMANÇANOS 2 leguas, van por el Campo, una legua. LAS NAVAS DE RÍO FRÍO media legua de tierra doblada e de tierras de pan. SAN PEDRO DE LAS DUEÑAS 3 leguas, van por Fuente Milano, una legua, e por el Campo, media legua. SEGOVIA 2 leguas de tierra de cuestas e valles abaxo e cerros la media legua postrera. EL UTERO una legua, van por Hortigosa, media legua.

Loxa cibdad [§ 6532–6539, 6548–6550] tiene 1000 vezinos; tiene fortaleza en una grand peña que está como lomo en mitad de la cibdad; está en un valle hondo entre 2 grandes sierras que el valle cruza viniendo de Granada para Sevilla, viniendo de Granada hazia Sevilla está ladera abaxo en unos barrancos, en esta dicha sierra que queda por la mano dizquierda viniendo de Granada a media legua de la cibdad nace el río Mançanil de una grand fuente que muelen 2 ruedas juntas, por baxo del dicho valle se junta con Xenil, Xenil pasa junto con la cibdad, que es el río que viene de Granada; solía ser de moros, tiene buenos arrabales por la parte de Sevilla y el otro por la parte de Granada:

AGUILAR 10 leguas, van por Iznáxar e por Rute e por Lucena. ALHAMA 4 leguas, van por Salar. ANTEQUERA 5 leguas, van por Archidona, 3 leguas de tierra de cerros e algunas sierras e montes de enzinares e quexigares e montes baxos e altos, a una legua primera pasan a un río dicho Riofrío por vado, que corre a la mano derecha, júntase con Xenil a una legua de allí. ARCHIDONA 3 leguas grandes de tierra doblada e de sierras por todas partes, a poco más de media legua pasan un río dicho Riofrío por vado, que corre a la mano derecha, en saliendo de Loxa subimos una cuesta de un valle que tenrá de subida 2 tiros de vallesta, desde allí adelante hasta el dicho río van baxando hasta el río e desde el río suben otros recuestos que tenrán media legua, la una legua primera es de robledales e coxcoxares e lo otro de enzinares e sierras, en saliendo de Loxa por la mano derecha queda una sierra e punta e desviado del camino grandes sierras e por la mano derecha ansí mismo, en llegando Archidona con un 4º de legua tocamos al pie de una grand sierra que tenrá hasta el lugar, para subir a la villa de Archidona suben una grand sierra que tenrá 2 tiros de vallesta. GRANADA 8 leguas, van por Santa Fee. GÜÉTOR una legua grande de tierra de cerros por todas partes e tierra de labrança e doblada riberas arriba de Xenil, que queda el río a la mano derecha porque en saliendo de Loxa lo pasan por puente, que corre a la mano dizquierda. ÍLLORA 6 leguas, van por Güétor. IZNÁXAR 3 leguas de tierra de cerros e doblada e por entre sierras, en llegando a Iznáxar pasan a Xenil río por puente, que corre a la mano dizquierda. LUCENA 6 leguas, van por Iznáxar e por Rute. MÁLAGA 11 leguas de sierras e valles e montes baxos e altos e algunos llanos. MONTEFRÍO 3 leguas, van por Güétor. RUTE 5 leguas, van por Iznáxar. SALAR una legua de tierra doblada, por la mano derecha queda una grand sierra, a un 4º primero pasan al dicho río Mançanil por vado, que corre a la mano dizquierda. SANTA FEE 6 leguas de tierra doblada por todas partes e de labrança, las primeras 2 leguas son orilla del río de Xenil e luego lo dexan por la mano dizquierda e da un desvío hasta que tornan la postrera legua a ir orilla de él a un tiro de vallesta, a un 4º primero pasan al dicho río Mançanil por vado, que corre a la mano dizquierda, a las 2 leguas primeras pasan otro dicho Cacín, que corre a la mano dizquierda, por vado. VÉLEZ MÁLAGA 8 leguas de sierras e valles e montes de enzinares e robledales, a 4 leguas primeras pasan e baxan un puerto por entre 2 peñas partidas que se llama las Puertas de Çalia, de allí hazia Vélez Málaga es todo unos valles abaxo, de allí se devisa la mar.

Lucena villa [§ 4476–4477] tiene 1500 vezinos; es del alcaide de los donzeles; tiene fortaleza; está en llano; tiene buen arrabal mayor que la villa:

BURJALANCE 9 leguas, van por Castro el Río. ESPEJO 6 leguas, van por Monturque, 3 leguas de tierra doblada e de campiña. IZNÁXAR 5 leguas, van por Rute, 3 leguas de montes de enzinares e quexigales e cerros. LOXA 8 leguas, van por Rute e por Iznáxar. VAENA 3 leguas, van por Cabra, una legua de tierra doblada e de campiña.

Lueches aldea [§ 20, 3655–3663] tiene 70 vezinos; es del arçobispo de Toledo; está algo en hondo, el asiento en un cerrillo; solía ser villa cercada de tierra e agora ay alguna memoria:

ALCALÁ DE HENARES 2 leguas de cerros e tierras de pan, a la mano derecha queda Torres a 4 tiros de vallesta del camino, antes que lleguemos a Alcalá con un 4º de legua pequeño baxamos una cuesta que tenrá 4 tiros de vallesta, en abaxando la cuesta pasamos un río dicho Henares por puente, que corre a la mano dizquierda. ALDEA EL CAMPO una legua de cuestas e como cuesta arriba e tierras de pan. ARGANDA 2 leguas, van por Vilches. BAEÇUELA una legua llana e de tierras de pan. COVEÑA 4 leguas, van por Dagançuelo, 2 leguas, e por Dagançо, una legua. DAGANÇUELO 2 leguas llanas e de tierras, a medio camino pasamos al dicho río Henares por varca, que corre a la mano dizquierda. FUENT CARRAL 5 leguas, van por Mejorada, una legua, e por Rexas, 2 leguas, e por Barajas, media legua. GUADALAJARA 6 leguas, van por Alcalá de Henares, 2 leguas. MADRID 4 leguas, van por Mejorada, una legua, e por Ambroz, legua e media, por otro camino, que es por la mano dizquierda, ay 4 leguas pero atájase camino, van por Vililla, una legua, e por Vallecas, una legua. MEJORADA una legua llana salvo un cerro que travesamos en medio el camino, que tenrá de subida e abaxada con un llano en medio del cerro un 4º de legua. OCAÑA 8 leguas, van por Morata, 3 leguas, e por Chinchón, una legua. EL POZUELO una legua, todo como cuesta arriba e de cerros e valles en medio el camino e olivares por algunos vallejuelos. REXAS 3 leguas, van por Mejorada, una legua. SAMARTÍN DE LA VEGA 4 leguas grandes llanas riberas abaxo de Xarama, que queda siempre el río a la mano derecha, por toda la vega abaxo es de cerros, antes que lleguemos a Samartín con 3 tiros de vallesta pasamos al dicho río por varca, que corre a la mano dizquierda, a la mano dizquierda queda Arganda a 4 tiros de vallesta del camino. SANTORCAZ 3 leguas, van por Torres, media legua, e por Villalvilla, una legua. TOLEDO 13 leguas, van por Samartín de la Vega, 3 leguas, e por Cient Pozuelos, una legua, e por Seseña, una legua, e por Borox, una legua, e por Villaseca, 3 leguas, e por Mocejón, una legua. TORREJON DE HARDOZ 2 leguas, van por Baeçuela. TORRES media legua llana, todo de viñas. VILCHES, lugar despoblado, legua e media llana e de tierras de pan. VILILLA una legua llana salvo algunas cuestas en saliendo de Vilches, a medio camino está un monte de enzinares que tenrá media legua pequeña.

Lugo cibdad [§ 4158] tiene 2000 vezinos; tiene buena fortaleza; está en un llano e riberas de un río dicho el Miño, es río muy cabdal, es en Galizia; es muy bien cercada, es cabeça del obispado de Lugo:

BELOT 5 leguas, van por Sante Alverte, 4 leguas de cerros e valles e montes de robledales, en saliendo de Lugo pasan al dicho río Miño por barca, corre a la mano dizquierda. PARGA 5 leguas, van por Vamonde, 4 leguas de cerros e valles e montes de robledales, en saliendo de Lugo pasan al dicho río Miño por barca, corre a la mano dizquierda. SINDE media legua de cerros grandes e montes de robledales, en saliendo pasan al dicho río Miño por barco, corre a la mano dizquierda.

Lugrusán[420] lugar [§ 2356–2362] tiene 700 vezinos; es aldea de Truxillo; está en un valle entre 2 sierras, a una legua del lugar pasa un río dicho Güecas:

EL ABERTURA 5 leguas, van por Çorita, 3 leguas. ALCOLLARÍN 5 leguas, van por Çorita, 3 leguas. AZEDERA 5 leguas de tierra de cerros e tierra doblada e de montes de enzinares, a 2 leguas primeras pasamos a Ruecas río, que corre a la mano derecha. BERZOCANA 2 leguas de sierras e valles. BÚRDALO 6 leguas, van por Çorita, 3 leguas. EL CAMPO 5 leguas de tierra doblada e dehesas e de enzinares. CAÑAMERO 2 leguas de cerros e valles. CÓRDOVA 30 leguas, van por las Casas de Don Pedro, 5 leguas, e por la Puebla de Alcocer, 2 leguas, e por Cabeça del Buey, 5 leguas, e por Venalcáçar, 2 leguas, e por la Hinojosa, una legua. ÇORITA 3 leguas de tierra doblada e de montes de enzinares. EL ESCURIAL 7 leguas, van por el Campo, 5 leguas. GARCÍAS 4 leguas de sierras e valles e puertos. MADRIGALEJO 4 leguas de cerros e tierra doblada e de montes ralos e dehesas de ganados, junto con Madrigalejo pasamos a Ruecas por vado, que corre a la mano derecha. MEAJADAS 7 leguas, van por el Campo, 5 leguas, e por el Escurial, 2 leguas. NUESTRA SEÑORA DE GUADALUPE 4 leguas, van por Cañamero, 2 leguas. EL PUERTO 6 leguas, van por Santa Cruz, 5 leguas. SANTA CRUZ DEL PUERTO, es de Truxillo, 5 leguas, van por la Fuensanta, fuente, a 4 leguas primeras. TRUXILLO 8 leguas, van por la Çarça, 4 leguas, e por el Guixuela.

La Lurda [§ 2070]:

TORDILLOS una legua llana, en saliendo de la Lurda pasamos un riatuelo dicho Garci Cavallero por vado, que corre a la mano dizquierda.

---

420 Logrusán, cf. *Truxillo*. Legrusán, cf. *Mohedas de Talavera, Truxillo*.

M

Maceada[421] lugar [§ 399] tiene 50 vezinos; es de don Pedro Vázquez de Puga; está en llano ribera del Miño:

PUGA una legua llana, pásase el Miño por barcas junto con Maceada.

Machacón lugar [§ 2051–2054] tiene 50 vezinos; es aldea de Salamanca; está en llano:

ALDEA LUENGA una legua grande llana, en llegando a Aldea Luenga pasamos a Tormes, que corre a la mano dizquierda. ALDEA DE YUSO media legua grande llana, a la mano dizquierda queda Francos a 2 tiros de vallesta del camino. ALVA DE TORMES 2 leguas de tierra algo doblada, a la mano derecha queda Palomares a 2 tiros de vallesta, a la mano dizquierda queda Martín Utero a 2 tiros de vallesta del camino. CALVA RASA DE ABAXO media legua llana. CALVA RASA DE ENCIMA una legua llana de camino. CHINÍN media legua pequeña. CORDOVILLA 2 leguas, van por Enzinas e por Santidad. ENZINAS media legua, en llegando a Enzinas pasamos al dicho río Tormes por varca, que corre a la mano dizquierda. HUERTA una legua, van por Chenín. SALAMANCA 2 leguas e media, van por Calvarrasa de Abaxo, media legua, e por Sancta Marta, legua e media.

Maçote villeta [§ 5021–5022] tiene 35 vezinos; es de señoría; tiene una casa fuerte; está riberas de un riatuelo dicho María que tiene hartas huertas, que está el río hazia Çaragoça; es toda de moros, cercada de tierra:

BOTORRITA media legua grande riberas abaxo del dicho río María, que queda con su ribera por la mano dizquierda, para subir a Botorrita subimos el derrumbadero del dicho río.

Macotera aldea / lugar [§ 477, 2030–2031] tiene 150 / 200 vezinos; es del duque de Alva; está en llano:

ALVA 4 leguas, van por Pedrosillo, legua e media. MANZERA 2 leguas llanas. PEDROSILLO legua e media de tierra algo doblada, a media legua primera pasamos a un riatuelo dicho Mazgañán, que corre a la mano derecha. PEÑARANDA 2 leguas llanas salvo algunos vallejuelos. SANTIAGO DE LA PUEBLA media legua de tierra doblada. SOTROVAL una legua grande llana. TORDILLOS una legua. VENTOSA 2 leguas, van por la Nava de Alva, una legua, e por Arauzo, media legua.

Maderuelo lugar [§ 1026] tiene 80 vezinos; es del marqués de Villena; tiene fortaleza:

---

421 Maceeda, cf. *Ribadavia*.

https://doi.org/10.1515/9783111044064-014

BERZIMUEL una legua llana. YANGUAS una legua.

Madrid villa [§ 321–324, 335] tiene 2500 vezinos; ay en Madrid el cuerpo de Sant Isidro que está en la iglesia de Santandrés, y fue un labrador que arava y los ángeles le ayudavan a arar, ha hecho algunos milagros:

EL ALAMEDA legua y media. ALCORCÓN 2 leguas, pásase Guadarrama a medio millo de Madrid. ALCOVENDAS 3 leguas llanas. AMBROZ legua y media. ARAVACA legua y media, pásase Guadarrama a medio millo de Madrid. BARAXAS 2 leguas. BOVADILLA 3 leguas, pásase Guadarrama a medio millo de Madrid. CAÑILLAS una legua. CAÑILLEJAS legua y media, algo doblada tierra. CARAVANCHEL DE ABAXO media legua buena llana y algo doblada, pásase un río dicho Guadarrama razonable de ivierno y pequeño de verano a medio millo de Madrid cuesta abaxo. CHAMARTÍN una legua. COSLADA 2 leguas. FUENCARRAL 2 leguas llanas. HUENLABRADA 3 leguas, pásase Guadarrama por la puente toledana que está baxo de la que se atraviesa para Umara. LEGANÉS 2 leguas, pásase Guadarrama por la puente toledana que está baxo de la que se atraviesa para Umara. MAJADAHONDA 3 leguas, pásase Guadarrama a medio millo de Madrid. MÓSTOLES 2 leguas y media, pásase Guadarrama a medio millo de Madrid. ORTALEZA una legua grande. PARACUELLOS 3 leguas, pásase el río dicho Xarama a un millo de Paracuellos. PINTO 3 leguas, pásase Xarama por la dicha puente toledana. POZUELO DE ARAVACA 2 leguas algo dobladas, pásase Guadarrama a medio millo de Madrid. REJAS 2 leguas algo doblado. LAS ROÇAS 3 leguas algo mayores que las de Majadahonda, pásase Guadarrama a medio millo de Madrid. LA TORREDELODONES 5 leguas algo dobladas, de allí a Guadarrama 4, las primeras 2 y media son ásperas y la una y media algo mejor y de ahí a Segovia ay 7 leguas. UMARA una legua, tierra doblada, pásase Guadarrama por una puente que está más alta un millo. VALLECAS una legua algo doblada. VICÁLVARO una buena legua. VILLAVERDE una buena legua doblada, pásase el dicho río Guadarrama razonable de ivierno y pequeño de verano a medio millo de Madrid cuesta abaxo. XETAFE 2 leguas, pásase Guadarrama por la puente toledana que está baxo de la que se atraviesa para Umara.

Madrigal villa [§ 1105, 1112–1113, 1226] tiene 900 / 1000 vezinos; es de la reina Germana; no tiene fortaleza; está en llano:

ALAHEJOS 5 leguas, vase por el Carpio e por Frexno. ARÉVALO 4 leguas, vase por Castellanos. BALTODANO una legua llana. BERCIAL (BERCEAL) una legua. CABEÇAS DEL POZO 2 leguas. ÇAMORA 14 leguas, vase por el Carpio y por Frexno de los Ajos y por Alahejos. FUENTE EL SOL legua e media, vase por Moraleja. HONTIVEROS 3 leguas, vase por Sant Joan de la Torre y por Cantiveros. HORCAJO una legua. HUENTE LA PIEDRA legua y media, vase por Zebriliego. MEDINA DEL CAMPO 5 leguas, vase por Velasco Nuño y por Zebriliego y por Fuente la Piedra. MORALEJA (MORALEXA) media legua. PEÑARANDA 4 leguas, vase por el Villar y por Paradinas. LA PUEBLA una legua. TORDESILLAS 9 leguas, vase por Medina y por Rueda. TORO 8 leguas. VAÑUELOS una legua de viñas llana. VARROMÁN una legua. VELASCO NUÑO media legua. EL VILLAR media legua.

Madrilejos[422] [§ 1142] tiene 500 vezinos; es aldea de Consuegra; está en llano.

Magaz villa [§ 313] tiene 60 vezinos; es del obispo de Palencia; tiene fortaleza en alto, media legua pequeña y la mitad postrera es de subida; está en llano:

DUEÑAS 2 grandes leguas, pásase Arlançón junto a Dueñas por puente, son llanas salvo que el medio millo postrero se sube a Dueñas.

Magaz[423] lugar [§ 5610–5611] tiene 70 vezinos; es del obispo de Astorga; está en llano:

CACABELOS una legua de tierra doblada e de viñas e de pan. EL CAMPO DE NARAY media legua de tierra doblada. CUETO una legua de tierra llana e de viñas e tierras de pan. CULUMBRIANOS una legua e media de tierra doblada e de montes baxos. MAGAZEJO DE ARRIBA un tiro de vallesta de tierra doblada e como cuesta. PONFERRADA 3 leguas, van por el Campo de Naray.

Magazela villa [§ 3254] tiene 100 vezinos; tiene fortaleza; está en un cerro alto; es cabeça de la Serena, los vezinos son de moriscos:

EL CAMPANARIO 2 leguas de tierra doblada mucho e de prados.

Mahabe lugar [§ 290] tiene 20 vezinos:

AÇOFRA legua y media, Cárdenas queda a mano izquierda un millo del camino. BADRÁN una legua, pásase un río junto con Badrán. BAÑOS media legua llana. CÁRDENAS medio millo. CORDOVÍN una legua, hase de pasar el río que va por Badrán medio millo de Mahabe y corre haza man derecha.

Mairena del Alcor villa [§ 6584–6589] tiene 300 vezinos; es del duque de Arcos; tiene fortaleza; está algo en alto por donde se llama Alcor; es lugar de que tiene alderredor arrabales, tiene buena fuente:

ALCALÁ DE GUADAIRA 2 leguas, van por Gandul, una legua de tierra doblada e de olivares e de pinares e viñas e palmares, por todas partes llanos. EL ARAHAL 3 leguas de tierra llana e de tierra de pan muy gruesa. CARMONA 2 leguas, van por el Viso. CORIA 5 leguas, van por Gandul e por Alcalá de Guadaira. MARCHENA 5 leguas de tierra llana, las 3 leguas primeras de travieso de la Vega de Carmona, las 2 leguas postreras son de tierra doblada. LOS PALACIOS 4 leguas de tierra llana e de palmares, cortijos de vacadas e ganados e puercos. SEVILLA 4 leguas pequeñas, la legua e media primera es de tierra doblada e de palmares e lo otro llano e todo de palmares, siempre venimos e abaxamos, a las 3 leguas primeras queda

422 Madrilejo, cf. *Yévenes*. Madrillejos, cf. *Daimiel*.
423 Magaz de Abaxo, cf. *Cacabelos*.

siempre un alcor e olivares a la mano dizquierda, a una legua de Sevilla pasamos un arroyo que viene a Sevilla por los caños de que se sirve Sevilla de agua, que se llaman los Caños de Carmona, que corren a mano derecha, a un millo de Sevilla lo tornamos a pasar, que corren a la mano dizquierda, la media legua postrera es de olivares e viñas, el 4º postrero de huertas, el dicho millo postrero queda siempre unos arcos hechos de ladrillo por donde viene la dicha agua, que se llaman Caños de Carmona, a la mano dizquierda queda Alcalá de Guadaira a tres 4º de legua del camino. UITRERA 3 leguas de tierra llana e de campiña la una legua primera, lo otro es de olivares e pinares donzeles[424] e de viñas. EL VISO un 4º de legua, van por un alcor, que es un lomo de un cerrillo, que va derecho, por todas partes es muy llano e de campiña.

Majadahonda aldea [§ 331] tiene 100 vezinos; es de Madrid:

LAS ROÇAS un millo.

Malagón lugar [§ 3152–3159, 3164–3165] tiene 100 vezinos; es de la encomienda de la orden de Calatrava; tiene fortaleza; está en llano entre sierras por hazia la parte de Alcáçar de Consuegra e de Toledo; a una legua de Malagón una memoria de tiempo de moros solía estar un castillo, los tres 4º de legua primeras e lo otro una sierra arriba:

ALCÁÇAR DE CONSUEGRA 8 leguas, van por Villarrubia. ALMAGRO 6 leguas, van por Calatrava la Vieja e por Carrioncillo, una legua. CABEÇA ARADOS 11 leguas, van por Cibdad Real, 4 leguas. CALATRAVA LA VIEJA 2 leguas de tierra doblada, junto con Calatrava la Vieja pasamos a Guadiana por puente, corre a la mano derecha. CIBDAD REAL 4 leguas salvo algunas traspuestas, a 3 leguas pasamos Guadiana por puente, que corre a la mano derecha, queda Garci Cavallero a media legua del camino de Calatrava la Vieja a media legua grande. EL CORRAL DE CARACUEL 7 leguas, van por Cibdad Real, 4 leguas. DAMIEL 4 leguas llanas e de montes baxos, a legua e media entramos en un [enzinar] de Çacatena que tenrá legua e media, a 2 leguas pasamos a Guadiana por puente, que corre a la mano derecha, a la mano derecha queda Calatrava la Vieja a una legua del camino. HERNAND CAVALLERO una legua llana e de montes baxos de chaparrales. ORGAZ 9 leguas, van por Yévenes. PIEDRABUENA 6 leguas de sierras e valles llanos e montes, a la mano dizquierda queda Hernand Cavallero a una legua del camino, a la mano derecha queda la Porçuna a media legua del camino. LA PORÇUNA 4 leguas de sierras e valles llanos, salvo media legua primera es llano. EL POZUELO 5 leguas e media, van por Calatrava la Vieja, 2 leguas, e por Carrioncillo, una legua. SANTA MARÍA DE LA SIERRA, ermita, 2 leguas llanas salvo la media legua postrera, que es una sierra arriba. TORRALVA 4 leguas llano e de montes de enzinares, a 2 leguas primeras e tenrán una legua, a 2 leguas pasan a Guadiana por puente, que corre a la mano derecha, a la mano derecha queda Calatrava la Vieja a una legua del ca-

---

424 «Pino donzel, pino nuevo cuya madera tiene pocos ñudos» (Covarrubias *s.v.* donzel). Otra mención en *Sax*.

mino. VILLARRUBIA 4 leguas de cerros e llano, a legua e media a la mano dizquierda quedan siempre sierras a media legua, a la mano dizquierda a una legua en la sierra queda una ermita que se dize Santa María de la Sierra, que haze milagros. YÉVENES 8 leguas, las primeras leguas llanas e luego entramos entre 2 sierras, es todo llano, de allí adelante es llano por entre sierras e después es todo llano 2 leguas de Yévenes por todas partes, a 2 leguas e media está una matança que hizieron los moros, que tenrá un 4º de legua, a 5 leguas primeras junto a Malagón está una puente muy larga que atraviese el camino por sus arcos que solían llevar agua al castillo de Consuegra, que se llama la Puente Seca que [...] en tiempo que se hizo.[425]

La Malahá [§ 3023–3024]:

GAVIA una legua grande, en saliendo de la Malahá subimos unas cuestas arriba, que tenrá un 4º de legua grande, de allí adelante es tierra doblada como cuesta abaxo, en saliendo de la Malahá pasamos un arroyo dicho Salado, que corre a la mano dizquierda, en medio el camino está una casita, que todo el año en una tinaja no falta agua porque un moro mandó ciertas [...] en su testamento para que siempre estoviese proveída. LOXA 6 leguas de tierra llana, legua e media unos atochares adelante, de allí adelante parece tierra llana, ay unas quebradas hondas, a 4 leguas pasamos a Cacín río por vado, que corre a la mano derecha. EL PADUL legua e media de cerros riberas arriba del dicho arroyo Salado. SANCTA FEE 2 leguas pequeñas llanas riberas abaxo del dicho arroyo Salado, por entre unas serrezuelas de atochares [...] una legua primera.

Malpartida lugar [§ 2471–2472] tiene 80 vezinos; es del duque de Alva; está en llano al pie de una serrezuela:

LAS BECEDILLAS un 4º de legua llano, valle. BONILLA legua e media llana. LAS CASAS media legua. LAS CASAS DEL PUERTO 2 leguas, van por Bonilla. EL MESEGAR una legua llana. EL MIRÓN una legua llana. MOÑICO una legua, van por las Casas. LA PUENTE EL CONGOSTO 2 leguas, van por San Bartolomé. SAN BARTOLOMÉ una legua llana.

Malpartida lugar [§ 2543–2546] tiene 130 vezinos; es aldea de Cáceres; está en llano entre unos berrocales e enzinares:

ALBURQUERQUE 9 leguas, van por el Aliseda, 3 leguas. EL ALISEDA 3 leguas de tierra doblada mucho e de montes por algunas partes. EL ARROYO EL PUERCO una legua de tierra doblada e por algunas partes de berrocales, a la mano dizquierda a medio camino queda a 4 tiros de vallesta del camino. LAS BROÇAS 5 leguas, van por el Arroyo el Puerco, una legua. CÁCERES 2 leguas de tierra doblada, la primera es de berrocales e de montes. EL CASTILLO

425 «Unas tres leguas antes de Yébenes, junto a una venta, se encuentra un acueducto antiguo, que comienza bastante lejos y, atravesando aquel desierto, va a terminar en Consuegra: está derruido en muchos sitios, pero en otros aparecen algunas ruinas y algunos están casi enteros, teniendo una extensión de siete leguas» (Navagero 1951, 82). Asimismo, *Yévenes*.

DE MONTANXE 8 leguas, van por el Aldeyuela, 2 leguas de tierra doblada e de berrocales, e por la Torre de Argaz, 2 leguas. MANÇANETE 7 leguas de tierra muy doblada e de dehesas por algunas partes. MEDELLÍN 12 leguas, van por Aldea el Cano, 4 leguas, e por las Casas de Don Antón e por Alcuexca. TORREMOCHA 6 leguas, van por Torre de Argaz, 4 leguas, e por Torrequemada, una legua.

Mançanares lugar [§ 3712–3719, 3723] tiene 250 vezinos; es del duque el Infantazgo; tiene fortaleza; está como en ladera, está al pie de las sierras de Segovia por la una parte e por la parte de mediodía tiene otra sierra no tan agra, de manera que está entre 2 sierras; este lugar es cabeça e condado del Real de Mançanares, por alrededor de este lugar nace de munchos arroyos que cercan a este lugar dicho Mançanares:

BEZERRIL legua e media, van por Mataelpino. COLLADO 3 leguas de cerros e valles e montes de enzinares e quexigalles. GALAPAGAR 4 leguas, van por Collado de Villalva. GUADARRAMA 4 leguas, van por Collado Mediano, 3 leguas. EL HOYO 2 leguas, en saliendo del lugar Mançanares travesamos una serrezuela que tenrá de subida e abaxada media legua, todo este camino es de montes de enzinares. MADRID 8 leguas, van por el Colmenar Viejo e por Fuent Carral, 4 leguas. MATAELPINO una legua pequeña de cerros e valles e muchas peñas e sierras por la mano derecha. EL MORAL legua e media, van por Zerezada, una legua. NAVACERRADA 3 leguas de cerros algo baxos e montes de enzinares e tierras de panes e por todas partes sierras, por la mano derecha queda siempre la sierra de Segovia casi por junto al camino, a la mano dizquierda queda Zerezeda a 4 tiros de vallesta e Bezerril a media legua, Mataelpino a 4 tiros de vallesta a la mano derecha. PORCARIZA 2 leguas, van por Choças, una legua de tierra llana una vega, queda siempre la sierra a la mano dizquierda, que van siempre por la halda de ella. SEGOVIA 9 leguas, van por Navacerrada, 3 leguas, e por Zerezedilla, una legua. TOLEDO 19 leguas, van por el Hoyo, 2 leguas, e por Majadahonda, 3 leguas, e por Alcorcón, 3 leguas, e por Griñón, 3 leguas, e por Cabañas, 5 leguas. TORDELAGUNA 5 leguas, van por Choças, una legua de vega llana, e por Guadalís, 2 leguas. VENTURADA 4 leguas, van por Choças e por Guadalís. ZEREZEDA una legua riberas arriba de un arroyo dicho Salmuriel, queda siempre la sierra a la mano derecha, a la mano derecha quedan 2 lugares dichos Mataelpino e Bezerril a 2 tiros de vallesta.

Mançaneque [§ 1148] tiene 200 vezinos; es de señorío; tiene fortaleza igual que el lugar; está en llano:

ORGAZ 2 leguas llanas.

Mançanilla lugar [§ 2706–2708, 2716, 2735, 3336, 3343] tiene 200 vezinos; es aldea de Sevilla; está en tierra doblada, es en el Axarafee; es lugar de munchos vinos:

ALCALÁ DE IOHANA DE ORTA media legua de tierra doblada e de olivares. CARRIÓN legua e media, la media legua primera es de viñas e tierra doblada e la media legua postrera de olivares e lo de medio llano. CHUCENA media legua de tierra doblada e de olivares. ESCACENA media legua grande de tierra doblada e de olivares e viñas. GÜÉVAR 3 leguas e media, van por Carrión, una legua e media. LA PALMA legua e media, van por Villalva, media legua. PATERNA media legua de tierra doblada, la mitad del camino postrero es de cuesta arriba, todo de viñas. ROBAINA 3 leguas grandes de cerros e valles, todo de olivares, a la mano dizquierda queda Ellerena a un 4º de legua del camino. SEVILLA 8 leguas, van por Castilleja del Campo, 2 leguas, e por Sanlúcar de Alpechín, 2 leguas, e por Espartines, 2 leguas, e por Gines, una legua, e por Castilleja de la Cuesta. VILLALVA una legua pequeñica llana salvo algunos derrumbaderos por todas partes, todo de alcornocares salvo 2 tiros de vallesta primeros e 3 postreros, estos postreros son de viñas.

Mançanillo aldea [§ 1015] tiene 30 vezinos; es del conde Ureña:

CAMPASPERO media legua llana. LANGAYO media legua llana. MORPEÇARES una legua llana.

Mansilla lugar [§ 1073] tiene 15 vezinos; es de Sepúlveda; está en un vallezico, pásase Duratón un tiro de vallesta de este dicho lugar:

DURUELO media legua llana, pásase Duratón 2 tiros de vallesta de Mansilla por puente. LAS RADES una legua pequeña llana. EL VILLAREJO DE LA SIERRA una legua pequeña llana.

Manzera de Arriba[426] lugar [§ 2095–2100] tiene 80 vezinos; es aldea de Ávila; está algo en cuesta e en valle, está riberas de un arroyo:

ÁVILA 8 leguas, van por Alcones de Solana [¿?], media legua, e por Toreneros, media legua, e por Hor[¿?]huelos, media legua, e por Chamartín, una legua, e por Piedra Hitilla. BLASCO MILLÁN una legua de tierra llana algo doblada de vallejuelos. CASTELLANILLOS una legua de tierra doblada. DURUELO una legua de tierra doblada. HONTIVEROS 4 leguas, van por Naharros del Castillo, una legua, e por Castro Nuevo, una legua, e por Rebilleja, media legua. MIRUEÑA una legua, van por San García, media legua. NAHARROS DEL CASTILLO legua e media de tierra doblada. PEÑARANDA 3 leguas, van por Mancera de Abaxo, una legua, e por Bóbeda, 2 tiros de vallesta. LA PUENTE DEL CONGOSTO 8 leguas, van por Cabeças del Villar, 2 leguas, e por Castellanos de la Cañada, 2 leguas, e por Çapardiel, una legua, e por Arevalillo e por Aldea el Abad, media legua, e por Gallegos de Solmirón, 2 leguas. SAN GARCÍA media legua cuestas arriba. VADILLO 3 leguas, van por Gallegos, una legua, e por Blasco Ximénez, media legua, e por Hurtún Pascual, media legua, a la mano dizquierda queda Gamonal e Viniegra a 2 tiros de vallesta.

Marchena villa [§ 6577–6583] tiene 2000 vezinos; es del duque de Arcos; tiene fortaleza; está algo en alto en un cerro e en algunos vallejuelos; la villa es bien

426 Mancera de Arriba, cf. *Peñaranda del Mercado, Salmoral, Vadillo.*

cercada, tiene grande arrabal alderredor por la parte de Sevilla e Carmona, en el arrabal en la plaça tiene una muy gentil fuente:

ALCOLEA 7 leguas, van por Carmona e por Guadaxox. CARMONA 4 leguas de tierra doblada e de campiña, tierra muy gruesa de pan, para subir a Carmona suben un cerro que tenrá de subida 3 tiros de vallesta. ÉCIJA 6 leguas de tierra doblada e de campiña, las 3 leguas postreras es de muy ricos olivares e caserías e lagares de una sierra alta, a una legua primera pasan a Guadaxox río por vado, que corre a la mano dizquierda, a la mano dizquierda queda Fuentes a media legua del camino. FUENTES 3 leguas de tierra doblada e de campiña, a una legua primera pasa el dicho río Guadaxox. GUADAXOX 6 leguas, van por Carmona. MAIRENA 5 leguas de tierra doblada e todo de campiña salvo que las 3 leguas postreras son llanas e, como dicho es, de campiña e de muchos cortijos por todas partes, para subir a Mairena subimos un cerrillo e unas costezuelas que tenrá 2 tiros de vallesta, este llano de las 3 leguas se llama la Vega de Carmona, traviésase por medio este llano. MORÓN 3 leguas de tierra doblada e de campiña. OSUNA 5 leguas de tierra doblada e de campiña, a la primera legua se pasa el dicho riatuelo Guadaxox por vado, que corre a la mano dizquierda, en saliendo de Marchena baxan unos cerrillos que tenrá 2 tiros de vallesta. LA PUEBLA 3 leguas de tierra doblada e de campiña e algunos montes baxos e altos de lantiscares e enzinares. SEVILLA 10 leguas, van por Mairena, 5 leguas de tierra doblada e de campiña. UITRERA 2 leguas, van por Paradas, una legua de tierra doblada e de campiña, e por el Arahal, una legua.

Marlín aldea [§ 1972–1973] tiene 9 vezinos; es aldea de Ávila; está en un valle hondo:

ÁVILA 2 leguas grandes. LAS BERLANAS una legua e media llana como cuesta abaxo la mitad del camino primero, van por Monsalupe. MUÑOHIERRO media legua llana. PEÑARANDA 7 leguas, van por Villaflor, una legua, e por Santo Tomé, una legua, e por Sancho Izquierdo, media legua, e por Hirites, una legua e media, e por Naharros del Castillo, una legua, e por Salvadiós, media legua, e por Cantarazillo, media legua. SAMIGUEL 2 leguas grandes dobladas de berrocales e cuestas. VILLAFLOR una legua grande de tierra doblada e como cuesta abaxo, a la mano dizquierda queda Villaverde a un tiro de vallesta del camino, en llegando a Villaflor pasamos un río dicho Pinarejo, que corre a la mano derecha.

Marmolejo de Andújar[427] lugar [§ 4469–4470] tiene 130 vezinos; es aldea de Andújar; está en llano al pie de la Sierra Morena, pasa Guadalquebir a 4 tiros de vallesta del lugar:

ALDEA EL RÍO 2 leguas de tierra doblada e de campiña. ANDÚJAR legua e media de tierra doblada e de campiña, en medio el camino está un cerro no alto que tenrá 4 tiros de vallesta de travieso, junto con Andújar pasan Guadalquebir por puente, corre a la mano dizquierda. FUENTE CALLENTE 8 leguas de sierras e valles e montes de xarales, a 4 tiros de vallesta

427 Marmolejo (Marmolexo), cf. *Andújar*.

primeros pasan a Guadalquebir por barca, que corre a la mano dizquierda. LOPERA una legua de tierra doblada e de campiña.

Martiago lugar [§ 5233–5235] tiene 200 vezinos; es de Cibdad Rodrigo; está en llano a una legua de la sierra:

LAS AGALLAS una legua llana e de tierras de pan, en llegando a las Agallas pasan a la Frexneda por vado, que corre a la mano derecha. EL BODÓN 2 leguas e media, van por Cespedosa e por Sahúgo. CESPEDOSA una legua llana e de montes baxos de robledales e brezales e de labrança. EL ELGUIXUELA una legua e media de montes de robledales e tierras de pan. FUENTEGUINALDO 3 leguas, van por Cespedossa e por Sahúgo. ROBLEDA 2 leguas e media, van por Cespedosa e por Sahúgo. ROBLEDILLO 3 leguas de tierra de cerros e valles e montes de robledales e breçales, en medio el camino pasan un puerto que tenrá de baxada e subida una legua. SAHÚGO 2 leguas, van por Cespedosa.

Martín Uvieco[428] lugar [§ 4616–4617, 4633] despoblado que solía ser de 50 vezinos; es de unas monjas; está en una laderuela; ay una memoria de una iglesia:

BELMONTE una legua de tierra muy doblada e de tierra de labrança, por la mano dizquierda queda un monte de enzinares. EL PEDERNOSO una legua de tierra de labranças e de algunos vallejuelos e romerales. LAS PEDROÑERAS una legua de tierra de cerros e romerales. EL ROBLEDILLO DE ZÁNCARA una legua de cerros e valles e labranças e montes baxos. SANTIAGO DE LA TORRE 2 leguas de tierra doblada e de montes baxos, cerca de Santiago subimos una cuestezuela e pasamos un río dicho Záncara por vado, corre a la mano derecha.

Martos villa [§ 3070–3075, 3078] tiene 1100 vezinos; es del maestradgo de Calatrava; está orilla de una sierra redonda muy alta e de peña de manera de una piña, encima en la punta más alta está un castillo dicho la Peña de Martos, de la dicha peña sale un cuchillo de peña en drº [¿?] de Córdova en que está el asiento de la dicha villa, de peña taxada, buenas torres de muralla, por las haldas del dicho cuchillo arriba valles por todas partes:

ALCALÁ 5 leguas de sierras e puertos, a legua e media pasamos a un río dicho Caçalla, que corre a la mano derecha, a mano derecha queda el castillo a media legua del camino. ALCAUDETE 3 leguas de cerros e valles de campiña, a la mano dizquierda quedan grandes sierras, a 2 leguas primeras pasamos al dicho río Caçalla, que corre a la mano derecha. ANDÚJAR 6 leguas, van por la Torre don Ximeno, media legua, e por Villar de don Pardo, una legua e media, e por Escañuela, una legua, e por Arjona, 2 leguas. ARJONILLA 4 leguas e media, van por Torre Ximeno e por el Villar de don Pardo e por Escañuela e por Arjona. ARJONA 4 leguas, van por Torre Ximeno, media legua, e por el Villar de don Pardo, una

428 Martín Ovieco, cf. *Las Pedroñeras*. Martín Ubieco, cf. *Las Pedroñeras*.

legua e media, e por Escañuela, una legua. CÓRDOVA 13 leguas, van por la Higuera, 3 leguas, e por Cañete, 2 leguas. GRANADA 13 leguas, van por Alcalá la Real, 5 leguas, e por Pinos, 5 leguas. JAÉN 2 leguas e media, van por la Torre el Campo, una legua. PORCUNA 4 leguas de cerros e tierra doblada de labranças. PRIEGO 6 leguas, van por Alcaudete, 3 leguas. LA TORRE EL CAMPO una legua de cerros e de labranças e viñas, a la mano derecha quedan siempre sierras e a la mano dizquierda toda tierra de cerros e tierra doblada e de labranças, a la mano derecha queda Xemilena a 3 tiros de vallesta del camino. TORRE XIMENO media legua de tierra muy doblada e de olivares e viñas. VAENA 5 leguas de cerros e valles de campiña, a 4 leguas pasamos al dicho río Caçalla, que corre a la mano derecha. XAMILENA media legua de tierra doblada e de olivares e viñas.

Marturel lugar [§ 5069–5070] tiene 80 vezinos; es de señorío; está en llano orilla de un cerro, está riberas de un río dicho Lobregot:

BARCELONA 4 leguas, van por Santandreo, media legua, e por Molín de Reche, una legua, e por Senfelío, media legua, e por Lo Espitalete, una legua. IGUALADA 5 leguas, van por Malaquefa, 2 leguas de tierra de cerros e pinares, e por Piera, una legua, e por la Pobla, una legua. MONSERRATE 3 leguas, van por Esparraguera, media legua, e por Gobató, una legua. SANTANDREO media legua de tierra doblada e de arboledas.

Mataelpino [§ 3735]:

BEZERRIL media legua de cuestas abaxo e de prados. GUADARRAMA 3 leguas, van por Bezerril, media legua, e por Collado Mediano, una legua. ZEREZEDILLA 2 leguas, van por Navacerrada, una legua.

Matamala aldea [§ 476] tiene 12 vezinos:

ALVA una legua.

Matamala[429] lugar [§ 5667] tiene 30 vezinos; es aldea de Almaçán; está en alto, tierra doblada:

ALMAÇÁN 2 leguas muy grandes, una e media de doblada e de labranças e montes de coscoxares, en llegando Almaçán pasan a Duero, corre a la mano derecha. MATUTE media legua de tierra doblada e cuesta abaxo e de labranças.

Matarrala[430] aldea [§ 475] tiene 12 vezinos:

TURRA legua y media.

---

429 «Es un concejo» junto a Santa María de Prado, cf. *Fuente el Puerco*.

430 Mata Rala, cf. *Gómez Blasco, Samiguel de Serrezuela*.

La Matilla aldea [§ 762, 807–810] tiene 30 vezinos; es de Pedraza; está en un alto entre unos savinares:

ARANDA DE DUERO 10 leguas, van por la Nava y por Ciruelos y por Fuenrubia y por Pardilla y por Fuentelespina. FUENTE REBOLLO 3 leguas, van por Seburco. MIRANDA media legua pequeña llana. LA NAVA legua e media, en saliendo de la Matilla pasamos un enebralejo que tenrá un tiro de vallesta, todo otro es tierra doblada, antes que lleguemos a la Nava con media legua pasamos un arroyo que se llama Castilnuevo, que corre a la mano dizquierda, a la mano derecha queda un castillo que se llama Castilnuevo muy fuerte en un hondo, también queda a la mano derecha Villafranca a media legua del camino. PEÑAFIEL 10 leguas, van por el Seburco e por Fuente Rebollo e por Fuente el Olmo e por Fuentesaúco e por Caneleja. SANTALEXO 2 leguas grandes dobladas. SEPÚLBEDA 2 leguas grandes. VALLERUELA, que es un concejo de ella e Miranda, media legua. LA VELILLA una legua doblada, pasamos un arroyo que corre a la mano derecha a medio camino.

Matute aldea [§ 778, 868–870] tiene 25 vezinos; está en llano riberas de Duero:

ALMAÇÁN una legua llana, vase por riberas de Duero. BARCA media legua, traviesan la ribera de Duero, pasan en la mitad del camino, que corre a la mano derecha. CENTENERA legua e media grande, la mitad del camino es llano e lo otro es tierra doblada de enzinas, a media legua de Matute pasamos un riatuelo que corre a la mano dizquierda, queda Fuente el Puerco una legua grande, Duero se pasa a medio el camino, corre a la mano derecha, a la mano derecha queda Santa María el Prado a media legua del camino. CIADUEÑA media legua, pasamos a Duero en la mitad del camino, que corre a la mano derecha. MATAMALA legua e media, vase ribera de un río dicho Izana, de que queremos llegar a Matamala pasamos el dicho río que corre a la mano derecha. SANTA MARÍA DE PRADO media legua llana, pásase el dicho río Izana a medio el camino, que corre a la mano derecha. TEXARIZAS media legua riberas de Duero, es tierra doblada. TORDECUENDE DE IZANA 2 leguas grandes, queda el dicho río como vamos a la mano derecha.

Mavides[431] lugar [§ 4139–4144] tiene 50 vezinos; es de Diego Hernández de Ávila, es aldea de Villatoro; está en el Val de Ablés riberas de Adaja; Mavides e Pascual Muñoz son un concejo, están uno del otro un tiro de vallesta e la iglesia en medio [cf. *Pascual Muñoz*]:

ÁVILA 6 leguas, van por Santa María el Arroyo e por Muño Galindo, media legua. MENGAMUÑOZ 2 leguas, van por Pradosegar, un 4º de legua. MUÑANA media legua, van por Villagarcía, un 4º de legua de tierra doblada e de enzinares. MUÑO TELLO media legua llana e de panes, a medio camino pasan Adaja por vado, corre a la mano dizquierda, a la mano dizquierda queda Pradosegar a un tiro de vallesta. NAHARROS DEL PUERTO una legua, van por Anguas, media legua llana de tierras labradas, junto con Anguas pasan Adaja por vado, corre a la mano dizquierda. PRADOSEGAR un 4º de legua llana e de tierras de pan, junto

431 Mavida, cf. *Muñana*.

con el dicho Pradosegar pasa Adaja por vado, corre a la mano dizquierda. LA TORRE DE DON PEDRO DE ÁVILA una legua de tierra algo doblada, por la mano dizquierda queda Villagarcía e Muñana a 2 tiros de vallesta cada uno. VADILLO una legua grande, la mitad del camino primero de puerto arriba e lo otro de puerto abaxo e de berrocales e un 4º de legua primero de enzinares. VILLATORO una legua de valle arriba, por la mano derecha queda siempre una serrezuela con algunos cabeços de enzinares.

Mayorga villa [§ 351] tiene 1000 vezinos; es del conde de Benavente; tiene fortaleza; está ribera de un río grande:

CASTILLEJA media legua, pásase el dicho río. SAN MARTÍN DEL RÍO media legua pequeña, pásase el dicho río junto a Mayorga.

Mazarías aldea [§ 549–550] tiene 5 vezinos:

LAS LASTRAS media legua, en saliendo de Mazarías se sube una cuesta de 2 tiros de vallesta. LUMBRERAS media legua llana, en saliendo se pasa la cuesta sobredicha. MELQUE una legua, vase por una cañada abaxo, antes que lleguemos a Melque con un tiro de vallesta se pasa un río que se llama río Moros, corre a la mano derecha. TURRAZES legua e media, van por Lumbreras.

Meajadas[432] lugar [§ 4522–4523] tiene 250 vezinos; es del conde de Medellín; tiene fortaleza; está en llano, está entre unos montes de enzinares e cerros, es en Estremadura:

BÚRDALO 3 leguas, van por el Escurial. LAS CASAS DEL PUERTO 4 leguas, van por Escorial, media legua, e por Búrdalo, 3 leguas. EL ESCURIAL media legua llano. SANTA CRUZ 4 leguas e media, van por Escorial e por Bórdalo e por las Cassas del Puerto. TRUXILLO 6 leguas, van por el Escorial e por Bórdalo e por las Casas del Puerto e por Santa Cruz.

Medellín (Medillín) villa [§ 2518–2520, 4514–4520] tiene 500 / 800 vezinos; es del conde de Medellín; tiene buena fortaleza en alto; está en llano e algo de la villa en una ladera, es en Estremo riberas de Guadiana:

EL CAMPILLO 8 leguas, van por el Retamal, 7 leguas. DON BENITO una legua llana. EL ESCORIAL 4 leguas e media de tierra doblada e de yervajes, en saliendo de Medellín pasan a Guadiana por vado e por puente, corre a la mano dizquierda, a media legua primera pasan a un portezuelo que tenrá 4 tiros de vallesta de travieso. GUAREÑA 3 leguas llanas, a una legua de Medellín pasamos a un río dicho Guadamez por vado, que corre a la mano derecha. LA MANCHA 3 leguas de tierra doblada, a una legua pasamos al dicho río Guadamez, que corre a la mano derecha. MEAJADAS (MEAXADAS) 4 leguas de tierra doblada e de ervajes, en saliendo de Medellín pasan a Guadiana río por vado e por varca, que corre a la mano

---

432 Meaxadas, cf. *Medellín (Medillín).*

dizquierda, a media legua primera pasan a un portezuelo que tenrá 4 tiros de vallesta de traviesa, la media legua postrera es de montes de enzinares. MÉRIDA 5 leguas, van por Sampedro e por Truxillanos, una legua. MINGABRIL media legua llana por entre viñas. RENA 3 leguas riberas arriba de Guadiana, que queda a la mano derecha. EL RETAMAL 7 leguas, las 3 leguas primeras son de tierra doblada e de ervajes e heredades e las 4 postreras es de sierras e valles e montes de enzinares e xarales, a 3 leguas primeras pasan al dicho río Guadamez por vado, que corre a la mano derecha, va a dar a Guadiana a 4 leguas de allí [...]. SAMPEDRO 3 leguas de tierra muy doblada e de valles, media legua postrera es de sierras e de montes de enzinares, por algunas partes yervajes, en saliendo de Medellín pasan a Guadiana río por vado en verano, que corre a la mano dizquierda, a 2 leguas e media primeras pasan a Búrdalo río, corre a la mano dizquierda, luego se junta con Guadiana. TRESTINA 3 leguas llanas, a una legua primera pasamos a Guadamez río por vado, que corre a la mano derecha. TRUXILLO 6 leguas, van por el Escorial e por Búrdalo e por las Cassas del Puerto. VALDETORRES 2 leguas llanas riberas abaxo de Guadiana, que queda a la mano derecha. VILLANUEVA DE LA SERENA 2 leguas, van por Don Benito, una legua llana de ervajes e huertas e viñas, a 4 tiros de vallesta primeros pasan a un río dicho Hortiga por vado, corre a la mano dizquierda, júntase con Guadiana a un 4º de legua. EL VILLAR 3 leguas, van por Rena, 3 leguas.

Mediana lugar [§ 3811–816, 3819] tiene 30 vezinos; es aldea de Ávila; pasa un arroyo por cabe este lugar que se seca en verano; con un barrio que está 2 tiros de vallesta:

ADANERO 5 leguas de valles e tierra llana que parece. ALMARÇA 4 leguas, van por la Puebla, 3 leguas grandes valles abaxo, a la mano derecha queda el monte siempre, que es de las Gordillas. ÁVILA 2 leguas, van por Berrocalejo, media legua, e por Vico Loçano, media legua. BERROCALEJO media legua llana e de berrocales e arenales e tierra de pan. BLASCO HELES legua e media de valles e cerros e de montes, la legua postrera a manchas. EL ESPINAR 6 leguas, van por Urraca Miguel, media legua. LAS GORDILLAS 2 leguas, van por Aldeaelgordo, de valles e tierras de pan. MARTÍN MUÑOZ DE LAS POSADAS 6 leguas, van por Adanero, 5 leguas. NAVA EL PERAL 3 leguas, van por Urraca Miguel. LAS NAVAS DE PEDRO DE ÁVILA 4 leguas de sierras e valles salvo que no es tan agro la primera, que es todo halda de sierra arriba. OJOS ALVOS una legua de valles e cerros cuanto más adelante e de tierras de pan, a medio camino pasan Boltoya por vado, que corre a la mano dizquierda. SANTO DOMINGO DE LA CALÇADA 3 leguas de cuestas e valles abaxo, por algunas partes algunos montes en medio el camino. URRACA MIGUEL media legua grande, tierra de cerros e valles. VILLACASTÍN 3 leguas, van por Aldeavieja, 2 leguas.

Mediana villa [§ 5028–5030] tiene 300 vezinos; es del señor de Maçote; tiene buen alcáçar; tiene buena ribera de huertas, cabe este lugar ay una fuente muy grande que muele un molino al pie:

ÇARAGOÇA 6 leguas, van por Burgo, 2 leguas de valles abaxo. FUENTES una legua muy grande riberas abaxo de un riatuelo, que queda a la mano derecha, e por entre cerros, por la mano derecha queda Rodén a un tiro de vallesta del camino. TORREZILLA 2 leguas de tierra de valles e cerros e montes de romerales, la primera legua valle arriba e lo postrero valles de travieso, que corren las aguas a la mano derecha.

Medina del Campo villa [§ 1098–1100, 1213–1215] tiene 3000 / 4000 vezinos:

ARÉVALO 6 leguas, vase por Valverde y por Sant Vicente y por Taquines y por el Poço. ÁVILA 14 leguas, vase por Miguel Serracín y por las Sorcaladas y a Muriel y por Cient Navajos. BENAVENTE 16 leguas, van por Tordesillas y a Vega y por la Mota y por Villar de Frades y por Almaraz y por Villarpando y por Cerezinas y a Villanueva y Castropepe. ÇAMORA 9 leguas, vase por la Nava de Medina y por Siete Iglesias y por Castromuño y por Aldea Teja y por Toro y por Monte Marta. COCA 8 leguas, vase por Moraleja y por la Çarça y por Almenara y por Santiyuste. DUEÑAS una legua pequeña. LA GOLOSA media legua. HONTIVEROS 8 leguas, vase por Rabé y por Fuente el Sol y por Moraleja y por B[...]ñuelos y por Cabeça del Poço y a San Juan de la Torre y [...] Bermuy y Cantiberos. MEDINA DE RUISECO 11 leguas, vase por Tordesillas y por Torre de Lobatón y por Castromonte y por la [...] y por Balverde. OLMEDO 3 leguas, vase por Pero Miguel. PERO MIGUEL media legua. PORTILLO 5 leguas, vase por Billalva y por Alcaçarén y por Mojados. RODILANA una legua pequeña. SALAMANCA 14 leguas, van por la Golosa y por el Carpio y a Frexno de los Ajos y a Mollorido y a Pedrosa y a Pituegua y por Morisco. SEGOVIA 14 leguas, vase por Moraleja y por la Çarça y por Almenara y por Santi Yuste y a Nieva e por Santa María de Nieva y por Garcillán. TORDESILLAS 4 leguas, vase por Rueda. TORO 9 leguas, vase por la Nava y a Siete Iglesias y a Castro Nuño y por Villafranca. VALLADOLID 8 leguas, vase por Rodilanos (Rodelana) y a (la) Ventosa y a Valdastillos (Valdeastillas) y por la Puente de Duero. VALVERDE media legua. VILLAHUERTES media legua, pásase Çapardiel a medio camino.

Medina de Ruiseco[433] villa [§ 347, 4180–4185] tiene 1200 / 1500 vezinos; es del almirante de Castilla; tiene fortaleza buena; está en llano, es en tierra de Campos; házese una gran feria:

AGUILAR DE CAMPOS 3 leguas llanas de tierras de labrança. ASTORGA 18 leguas, van por Berruezes, una legua, e por Cehines, 2 leguas, e por Avezilla e por Mayorga e por Valencia de don Juan e por Laguna de Negrillos e por la Vanieça. BENAVENTE 9 leguas, van por Villalombrós, 2 leguas llana de tierras labranças, e por Villafrechossa, 2 leguas, e por Villar de Fallades e por Villalobos, 2 leguas, e por Castrogonçalo, 2 leguas. BERRUEZES una legua llana grande mucho. ÇAMORA 13 leguas, van por Villa Bráxima, una legua e media, e por Villagarcía, una legua, e por Malvaule e por Villa Lube e por Manganeses. CIBDAD RODRIGO 35 leguas, van por Salamanca e por Aldeatexada, 2 leguas, e por el Xexo e por Saprocalario e por el Castillo de Santispritos. SALAMANCA 22 leguas, van por Villa Bráxima e por el camino de Toro e por Toro e por la Bóbeda, 3 leguas, e por la Huente el Saúco e por Aldeanueva del Arçobispo e por Arcediano e por San Cristóval de la Cuesta. TAMARIZ 2 leguas llanas. TORO 9 leguas, van por Villa Bráxima, una legua e media, e por Villagarcía e por Pobladura e por Villa Bendima, a la mano dizquierda queda Urueña a media legua del

433 Mediana de Ruiseco, cf. *San Vicente de la Barquera*.

camino. URUEÑA 4 leguas, van por Villa Bráxima, una legua e media llana, e por Villagarcía, una legua. VALLADOLID 7 leguas, van por Villa Nubla, 5 leguas de tierra llana e de labranças, a 3 leguas primeras pasan un monte dicho el Monte de Toroços que tenrá media legua de travieso. VILLAGARCÍA una legua grande.

Medina Sidonia cibdad [§ 3383–3390, 3397] tiene 1000 / 1100 vezinos; es del duque de Medina; tiene buena fortaleza; está en un cerro alto que señorea mucha tierra; es cabeça del ducado, parécese la mar des la villa, que está 4 leguas, ansimismo se parece Cádiz:

ALCALÁ DE LOS GANZULES 3 leguas de cerros e tierra de pan e de palmares. ARCOS 5 leguas grandes de cerros e valles de palmares salvo una legua e media en medio el camino que es entre valles, a las 4 leguas pasamos un río dicho Guadalcacín por vado, que corre a la mano dizquierda, junto con Medina Sidonia pasamos a otro río dicho Guadalete por vado, que corre a la mano dizquierda, a la mano derecha queda Paterna a 2 tiros de vallesta. BEXEL 4 leguas de cerros e palmares salvo que la media legua primera es llana que es valle, en saliendo de Medina baxamos una cuesta que tenrá 2 tiros de vallesta, adelante es cerros. CÁDIZ 7 leguas de cerros e valles de palmares, las 3 leguas son de mar postreras, a la mano derecha queda Chiclana a una legua del camino e Puerto Real a legua e media. CHICLANA 3 leguas de cerros e palmares. CHIPIONA 9 leguas, van por Puerto Real, 4 leguas, e por el Puerto de Santa María, 2 leguas. CONIL 4 leguas de cerros e de palmares. GIBRALTAR 11 leguas, las 3 leguas primeras son de cerros e palmares e lo otro es de sierras. PATERNA una legua grande de cerros e palmares, los tres 4º de legua todo como cuesta abaxo e lo otro como cuesta arriba. EL PUERTO DE SANTA MARÍA 6 leguas, van por Puerto Real, 4 leguas. SANLÚCAR DE BARREMEDA 8 leguas, van por Xerez, 5 leguas. SEVILLA 17 leguas, van por las Cabeças, 9 leguas. TARIFA 9 leguas de cerros e valles e palmares, por algunas partes montes baxos e algunos llanos por entre cerros. UITRERA 13 leguas, van por Arcos, 5 leguas, e por Espera, 2 leguas. XEREZ 5 leguas de cerros e valles, todo de palmares, a 4 leguas primeras pasamos al dicho Guadalete –río grande– por vado, que corre a la mano dizquierda. XIMENA 7 leguas, van por Alcalá de los Ganzules.

Medinaceli[434] villa [§ 6, 4729–4731, 4927–4936] tiene 300 / 360 / 1000 vezinos; es del duque de Medinaceli; tiene buena cerca e fortaleza; está en un cerro alto e redondo, pasa por la parte de mediodía a un 4º de legua de este lugar Xalón río, está a legua e media del mojón de Aragón; parécese algo a Medina Sidonia, está en tierra muy agra e de muy grandísimos valles e sierras desmontadas, esta villa está bien cercada, solía ser en tiempo antiguo a 2 tiros de vallesta del lugar e agora ay memoria de la cerca, es cabeça de condado, es lugar muy frío de invierno, no se coxe vino, tiene grandes e buenas salinas a media legua:

434 Medina Celi, cf. *Guixosa*. Medinazeli, cf. *Guixosa*.

ALMAÇÁN 6 leguas, van por Beltejar, una legua, e por las Adradas, 2 leguas. AMBRONA una legua e media de tierra doblada mucho e de tierras de pan, en saliendo de Medina baxan una cuesta que tenrá 2 tiros de vallesta, también se abaxa a Lodares, Deça, Fuente Callente, Horna e Miño. (LOS) ARCOS 2 leguas grandes de grandes cerros e valles e montes, a medio camino pasan a Xalón, corre a la mano dizquierda, van por Lodares. ATIENÇA 6 leguas, van por Toves, 3 leguas, e por la Riba de Santiuste, fortaleza, una legua. BENAMIRA una legua e media de tierra de cerros e valles, a media legua primera pasan a Xalón, corre a la mano dizquierda, a la mano dizquierda queda Hazcamellas a un tiro de vallesta. BLOCONA una legua de cerros e valles hondos. CABANILLAS 4 leguas, van por Blocona, una legua, e por Raudona, una legua. DEÇA 7 leguas, van por Lodares. FUENTE CALLENTE (FUENT CALLENTE) una legua de valles e cerros e tierras de pan, en saliendo de Medina traviesan un valle hondo que tenrá de abaxada e subida media legua pequeña. HAZCAMELLAS una legua de valle por entre cerros hondos, baxan una gran cuesta, a media legua primera pasan a Xalón por vado, corre a la mano dizquierda. HORNA 2 leguas de sierras e cerros e algunos montes. LODARES media legua un valle abaxo, en medio el camino suben una cuesta muy grande que se llama la Cuesta el Carro que tenrá un 4º de legua, todo vía van riberas abaxo del dicho río, que queda siempre a la mano derecha. MIÑO [...] de cerros e valles e tierras de pan. MORÓN 4 leguas, van por Blocona, una legua, e por Raudona, una legua, e por Taroda, una legua. TOVES 3 leguas de cerros muy grandes e valles hondos e tierras de pan lo baxo, en saliendo abaxan cuestas e para llegar al otro lugar asimismo.

Meirolo aldea [§ 392] tiene 25 vezinos; de don Pedro de Sotomayor:

MEISONFRÍO una legua llana, pásase un río dicho también Meisonfrío junto con el aldea de su nombre, pásase por puente.

Meisón Frío[435] aldea [§ 443] tiene 30 vezinos; está en llano, ribera de río Frío:

MEIROLO legua y media llana excepto la media primera que es una subida. SIABRA 2 leguas y media, pásase Río Frío junto a Meisón Frío.

Mejorada aldea / lugar [§ 1090, 2348–2350] tiene 130 / 200 vezinos; es de Diego López de Toledo; tiene fortaleza; está en llano el asiento e encima de una serrezuela:

CAÇALEGAS 2 leguas e media, de sierras abaxo la una legua primera e lo otro es llano, junto con Caçalegas pasamos a un río dicho Alverche por puente, que corre a la mano derecha. EL CASAR DE TALAVERA una legua de cerros e labranças. MONTE ARAGÓN 3 leguas e media, la primera es de tierra de cerros abaxo e lo otro es llano riberas arriba de Texo, que queda a la mano derecha, a legua e media pasamos Alverche río por puente, que corre a la mano derecha, júntase luego a un tiro de vallesta con Texo e pierde el nombre. MONTES

435 Mexón Frío, cf. *La Villa de Villalva*. Meisonfrío, cf. *Meirolo*.

CLAROS 2 leguas de cerros e montes, a una legua primera pasamos un río dicho Guadierva por vado, que corre a la mano dizquierda. TALAVERA una legua de sierras abaxo.

Melque lugar [§ 550–553] tiene 8 vezinos; está en llano, vezindad junto con San Pedro de las Dueñas, queda a la mano derecha a media legua las Lastras de Abaxo:

MAZARÍAS una legua, vase por una cañada abaxo, antes que lleguemos a Melque con un tiro de vallesta se pasa un río que se llama río Moros, corre a la mano derecha. SAN PEDRO DE LAS DUEÑAS un tiro de vallesta.

La Membrilla (La Brembilla)[436] lugar [§ 1132, 1134, 6475–6476] tiene 800 vezinos; es del maestrazgo de Santiago; está en llano; está en el campo de Montiel en el cual ay los siguientes lugares: la Solana, Alhambra, Carriçosa, Fuent Llana, Villahermosa, Villanueva de los Infantes, Torres de Montiel, Montiel, Vallalmedina, la Puebla, Santa Cruz de los Cáñamos, Alvaladejo, Terrinches y todos estos dichos logares son del maestradgo de Santiago, demás de los lugares dichos que ay en él tiene a Alcovillas e Cóçar e la Torre Joan Abad e Villamanrique e Chiclana:

ALMAGRO 7 leguas, van por Bolaños. BOLAÑOS 6 leguas de tierra llana e de cerros por todas partes e de montes baxos. MANÇANARES, que es de la orden de Calatrava, un 4º de legua. EL MORAL 5 leguas, de tierra llana las 2 leguas primeras e lo otro de tierra de sierras e valles e montes baxos e altos. LA SOLANA 2 leguas de tierra llana e de labranças e retamales. VALDEPEÑAS 5 leguas de tierra llana e de montes baxos e de labranças.

Membrillera lugar [§ 5284–5286] tiene 100 vezinos; es aldea de 2 señoríos, es del marqués de Cenete e del duque de Infantazgo; está en llano, está riberas de un río dicho Bornova:

CARRASCOSA una legua pequeña llana ribera abaxo de Bornova río, que queda el río a la mano dizquierda. CASTILBLANCO una legua de tierra de cerros e valles e algunos montes de enzinares, en saliendo de Membrillera pasan a Bornova río por vado, que corre a la mano derecha. COGOLLUDO una legua de montes de enzinares altos e baxos e de xarales e cerros e valles. XADRAQUE una legua de cerros e montes altos de enzinares, en saliendo de Membrillera pasan a Bornova, a media legua adelante a Henares, junto con Xadraque a Henares por vado, que corren a la mano derecha. XIRUEQUE legua e media de tierras de cerros e tierras de pan e de algunos montes, en saliendo de Membrillera pasan a Bornova río por vado, que corre a la mano derecha.

436 La Bembrilla, cf. *Villaharta (Villa Harta), Santa Cruz de Mudela.*

Menga Muñoz[437] lugar [§ 2414–2417, 2422, 4186–4189] tiene 40 / 70 vezinos; es de Diego Hernández de Ávila; está en un valle hondo y entre unas grandes sierras, ay media legua de puerto agro:

ÁVILA 6 leguas, van por la Hija de Dios, una legua, e por Niharra, 2 leguas e media, e por Galindos, una legua. BONILLA 4 leguas, van por Muño Tello, una legua, e por Prado Segar, media legua, e por Villatoro, media legua, e por las Casas del Puerto, una legua. LA CEPEDA una legua de sierras, a medio camino pasamos un puerto que tenrá media legua de subida. EL COLMENAR DE CUEVAS 6 leguas, van por la Mora, una legua, e por los Molinos e por las Cuevas. LAS CUEVAS 5 leguas, van por la Mora, una legua, e por los Molinos. LA GARGANTA EL VILLAR 2 leguas, van por la Cepeda. GRAJOS 3 leguas, van por Naharros del Puerto, una legua, e por Muñana, una legua. LA HIJA DE DIOS una legua de tierra doblada como cuesta abaxo. HOYO QUESERO 2 leguas, van por la Mora, una legua. LA MORA una legua, la mitad primera es de puerto de subida e lo otro es unas cuestas abaxo no muy agra, todo por entre sierras. MUÑANA 2 leguas, van por Naharros del Puerto, una legua. MUÑOTELLO (MUÑO TELLO) una legua de valles, por la mano dizquierda queda siempre una grande sierra. NAVA REDONDA 3 leguas, van por San Martín del Fraile, 2 leguas, e por Navadijos, media legua. SAN MARTÍN DEL FRAILE una legua, van por la Cepeda. SAN MARTÍN DE LA VEGA 3 leguas, van por la Cepeda, una legua, e por la Garganta el Villar, una legua. VILLATORO 2 leguas, van por Muño Tello, una legua, e Pradosegar, media legua. VILLAVICIOSA 2 leguas, van por la Hija de Dios, una legua, e por Robledillo, media legua. ZEBREROS 13 leguas, van por la Hija de Dios, una legua, e por Solosancho, una legua, e por Bechos e por Riatas e por el Mironzillo e por Río Frío e por el Barraco.

Mengacenar (Mengacinar) lugar [§ 4228–4233] tiene 8 vezinos; es aldea de Oropessa; está en llano entre unos enzinares, pasa un río por este lugar a un tiro de vallesta dicho Guadierva, que seca algunas vezes en verano, júntase con Tiétar a 2 leguas, es en el campo de Arañuelo:

ARAVALLES una legua e media, todo de enzinares e robledales e llana tierra. LA BOBADILLA 2 leguas, van por Guadierva la Cimera. CANDELEDA 4 leguas, van por Guadierva la Cimera, una legua, e por Guadierva la Hondanera, media legua. COLILLA 2 leguas llana, todo de enzinares e robledales. GUADIERVA una legua riberas abaxo del dicho riatuelo Guadierva, queda el río a la mano derecha, es todo de enzinares. HONTANARES 4 leguas, van por el Bodegón, una legua. OROPESA 2 leguas e media, van por Torralva, 2 leguas llanas e de enzinares e robledales la legua e media primera, a la mano dizquierda queda Aravalles un tiro de vallesta del camino. LA PUENTE EL ARÇOBISPO 4 leguas, van por Torralva, 2 leguas. SAN JULIÁN 4 leguas, van por la Corchuela, 2 leguas llanas e de montes de enzinares e robledales, a la mano derecha queda Guadierva la Cimera. TALAVERA DE LA REINA 4 leguas, van por Colilla, 2 leguas, e por el Casar, una legua. VENTOSILLA una legua e media

---

437 Menga, cf. *Hituero (Hituelo)*. Mengamuñoz, cf. *Los Molinos de Alverche, Naharros del Puerto, Pascual Muñoz, Villanueva del Campillo, Villatoro*. Nenga Muñoz, cf. *Villatoro*.

llana. ZEBREROS 12 leguas, van por el Bodegón, una legua, e por Hontanares e por Buenaventura e por Sartajada, una legua, e por el Almendral, una legua, e por la Higuera, 2 leguas.

Menjíbar[438] lugar [§ 474] tiene 550 vezinos.
Mensegar lugar [§ 2316–2319] tiene 70 vezinos; es de don Alonso; está en un valle hondo, a media legua del dicho lugar pasa un río dicho Texo:

ADOUCA legua e media, van por Carriches, una legua. EL CARPIO una legua de tierra doblada, junto con el lugar Carpio subimos un cerro que tenrá 3 tiros de vallesta. CARRICHES una legua grande de tierra doblada. ESPINOSO 5 leguas, van por Malpica e por Samartín de Valdepusa, 2 leguas e media. HERUSTES una legua, van por valle arriba por entre cerros como cuesta arriba. MALPICA media legua grande, junto con Malpica pasamos a Texo por barca, que corre a la mano derecha. MEMBRILLAR media legua de cerros e valles. PUEBLA NUEVA 2 leguas, de cerros lo postrero que será una legua e lo primero es de tierra doblada, a media legua primera pasamos a Texo río por puente, que corre a la mano derecha, a la mano dizquierda queda Malpeca a 2 tiros de vallesta. SAN MARTÍN DE VALDEPUSA 3 leguas, van por Malpica, media legua. TALAVERA 5 leguas, van por el Aldeyuela e por Cebolla, media legua, e por Mañosa, un 4º de legua. TORRIJOS 3 leguas, van por Membrillar, media legua, e por la Mata Mala e por Carmena, media legua.

Merayo lugar [§ 5593–5594] tiene 30 vezinos; es aldea de Ponferrada; está en llano:

LOS BARRIOS DE SALAS 2 leguas, de tierra de cerros e valles e montes baxos la primera una legua e lo otro llano e de viñas, en saliendo de Merayo a un 4º del primero pasan a Valdejoja por vado, que corre a la mano dizquierda, a la mano dizquierda queda San Lorenço a 2 tiros de vallesta del camino. PONFERRADA una legua, van por Pasadiel, 3 tiros de vallesta de tierra doblada, e por Toral, un 4º de legua. RÍO MORO 2 tiros de vallesta de vega e tierras de pan. VILLALIBRE un 4º de legua de tierra doblada e de pan.

Mérida aldea [§1016] tiene 20 vezinos; es del conde Ureña:

RÁVANO una legua, ay una cuesta al mismo camino.

Mérida cibdad [§ 2790–2794, 2805–2810, 2817–2818] tiene 1300 / 1500 vezinos; tiene buena fortaleza; está en llano e parte de ella en altillo, pasa junto con la cibdad un río dicho Guadiana; antiguamente solía ser muy grand cibdad, tiene unos caños como los de Segovia caídos:

ALBURQUERQUE 11 leguas, van por la Nava de Mérida, 3 leguas, e por Almacenete, 3 leguas. ALJUCÉN 2 leguas, van por Carrascalejo, legua e media. EL ALGUIXUELA 3 leguas, van por la Garrovilla. ALHANJE 4 leguas, de tierra doblada la primera legua e lo otro cerros

438 Mengíbar / Menxíbar, cf. *Arjona, Ja(h)én, Linares, Torre el Campo, Xavalquinto.*

e valles, en saliendo de la cibdad pasamos a Guadiana por puente, que corre a la mano derecha. EL ALMENDRALEJO 4 leguas, van por la Torre don Mexía. EL ARROYO DE MÉRIDA 2 leguas de tierra doblada, en saliendo pasamos a Guadiana por puente, que corre a la mano derecha. BADAJOZ 9 leguas, van por Lobón, 4 leguas, e por Talaveruela de Badajoz, 2 leguas. CÁCERES 12 leguas, van por Carrascalejo, 2 leguas, e por Aljucén, media legua pequeña, e por Aldea el Cano, 5 leguas. ÇAFRA 9 leguas, van por la Torre, 2 leguas, e por el Almendralejo, 2 leguas, e por la Fuente el Maestre. CALAMONTE media legua de tierra doblada, en saliendo de Mérida pasamos a Guadiana por puente, que corre a la mano derecha. DON ÁLVARO legua e media riberas arriba de Guadiana, que queda a la mano derecha. EL ERENA 14 leguas, van por la Puebla, 7 leguas. ESPARRAGALEJO una legua de tierra doblada, pasamos un río dicho Aljucén por vado, que corre a la mano dizquierda. LA FUENTE EL MAESTRE 7 leguas, van por el Almendralejo, 4 leguas. LA GARROVILLA 2 leguas llanas riberas abaxo de Guadiana, que queda a la mano dizquierda. HORNACHOS 8 leguas de tierra doblada riberas arriba del Campo de Alhanje, por todas partes cerros, en saliendo de Mérida pasamos a Guadiana por puente, que corre a la mano derecha. LOBÓN 4 leguas de tierra doblada, por algunas partes del camino ay serrezuelas, en saliendo de Mérida pasamos a Guadiana por puente, que corre a la mano derecha. MEDELLÍN 5 leguas, van por Truxillanos, una legua, e por San Pedro, una legua. MIRANDILLA 2 leguas de tierra algo doblada. EL MONTIJO 4 leguas, van por la Garrovilla, 2 leguas, e por el Alguixuela, una legua. NUESTRA SEÑORA DE GUADALUPE 18 leguas, van por Truxillanos, una legua, e por Meajadas, 6 leguas, e por Escurial, media legua, e por el Campillo, legua e media, e por Lugrusán, 5 leguas, e por Cañamero, 2 leguas. SAN PEDRO DE MÉRIDA 2 leguas, van por Truxillanos, una legua. SEVILLA 32 leguas, van por la Torre de Mexía, 2 leguas, e por el Almendralejo, 3 leguas, e por la Fuente el Maestre, 3 leguas, e por los Santos, 2 leguas, e por Calçadilla, 2 leguas, e por Fuente de Cantos, una legua, e por Almonesterio, 3 leguas, e por Realejo, 3 leguas, e por el Almadén, 4 leguas, e por Castilblanco, 5 leguas, e por Alcalá del Río, 3 leguas, e por la Renconada, una legua. LA TORRE DE BEZERRA (LA TORRE DON MEXÍA) 2 leguas grandes de tierra doblada e de lantiscares, en saliendo de Mérida pasamos a Guadiana por 2 puentes muy largas, que corre a la mano derecha, a medio camino travesamos entre 2 cerros de peñas e por entre ellos es llano, a la mano dizquierda queda el castillo de Alhanje en una peña redonda muy alta a una legua del camino. TRUXILLANO una legua grande de tierra doblada. TRUXILLO 12 leguas, van por Mirandilla, 2 leguas, e por Salvatierra, 6 leguas. VALVERDE DE MÉRIDA 2 leguas de tierra doblada.

Miguel Estevan [§ 1201] tiene 50 vezinos; está en llano:

EL QUINTANAR una legua buena llana.

Miguel Turra lugar [§ 3139–3140] tiene 150 vezinos; es del maestradgo de Calatrava; está en llano:

EL ALDEA EL REY 2 leguas llanas salvo algunos cerrillos. LA CALÇADA 5 leguas, van por el Pozuelo, una legua, e por el Aldea el Rey, 2 leguas. CARRIONZILLO legua e media llana salvo algunas traspuestas. CIBDAD REAL media legua llana e de viñas. GRANÁTULA 2 leguas, van por el Pozuelo. EL POZUELO una legua llana e de viñas.

Mijancas lugar [§ 5191–5192] tiene 30 vezinos; es de don Fradique; está en llano al pie de una cuesta, está riberas de un río dicho río Roxo:

BRANTAVILLA media legua de tierra doblada e de labranças. ESTAVILLO legua e media pequeña de tierra doblada e de labranças. LECORÇANA una legua e media, van por Brantavilla. MIRANDA DE EBRO 2 leguas, van por Brantavilla. RIBAAGUDA 2 leguas, van por Brantavilla e por Lecorçana. LAS VENTAS DE ARMIÑÓN legua e media, van por Estavillo. ZEMBRANA una legua, van por Brantavilla.

Milmanda villa [§ 395] tiene 150 vezinos; es del conde de Benavente; bien cercada, tiene 2 fortalezas; está en un alto orilla de Pitos; ay aquí muy buena corambre:

ALVOS media legua pequeña, pásase Pitos por puente, desde Milmanda a la puente es cuesta abaxo pequeña. AZEVEDO una legua pequeña, pásase Pitos por otra puente que está más [...] río abaxo. COBREROS media legua algo mayor, pásase Pitos.

****Minaya (Miñaya)** lugar [§ 1207] tiene 200 vezinos; es de Rodrigo Pacheco; está en llano:

EL PROVENCIO 3 leguas de tierra llana y arenales, pásase Záncara junto con el Provencio.

***Mingorría**[439] lugar tiene 80 vezinos; es aldea de Ávila; está en una ladera, a una solana:

ALAMEDA media legua grande de berrocales, doblada. ÁVILA 2 leguas dobladas de berrocales, queda Palaçuelos a la siniestra 2 tiros de vallesta. ÇARDEÑOSA una legua doblada, a medio camino se pasa Adaja por vado, corre a la diestra. ÇORITA media legua doblada, pásase Adaja junto con Çorita, corre a la diestra. PALAÇUELOS legua y media doblada de berrocales. PATOS media legua doblada de berrocales. PEDROSILLO una legua doblada de berrocales. PEÑALVA una legua, vase por Çorita. SANTO DOMINGO legua y media, la legua primera doblada. VILLACASTÍN 4 leguas, vase por los Patos y por Aldealgordo. [...] una legua, vase por Çorita.

***Miño** río [§ 370, 458, 4157] nace en Castilla, es muy caudal; pásase junto con Castrelo por puente muy grande, por los arcos de ella pasara una nao a vela.
****Mira el Río (Miraelrío)** lugar [§ 4871, 4881–4884, 4886] tiene 60 / 100 vezinos; es de señorío; está en llano por la parte de medio e por la parte del río Henares, que pasa a 4 tiros de vallesta del lugar, está un derrumbadero muy agro que tenrá hasta el río; la ribera del río es muy alegre e de muchos sotos e arboledas e viñas

439 Mingorrar, cf. *Logroño*.

e tierras de pan, llámase este lugar Mira el Río porque tiene y alcança gran vista de la ribera de Henares:

BRIUEGA 3 leguas, van por Utande, una legua. CARRASCOSA una legua, el primer 4º valle abaxo, por la diestra [¿?] un valle hondo. LA CASA DE SAN GALINDO media legua pequeña llana, por la mano derecha un valle hondo. CIGÜENÇA 5 leguas, van por Villanueva, media legua llana e de montes de enzinares, e por Buxalharo, media legua, e por Vaides, una legua e media. COGOLLUDO 2 leguas, van por Carrascosa, una legua, el primer 4º de legua es valle abaxo muy agro, a medio camino pasan a Henares río por vado, corre a la mano dizquierda. HITA 2 leguas, van por la Casa de San Galindo, media legua, e por Padilla, media legua. UTANDE una legua, la media legua primera es llana e de tierras de pan e lo otro un valle e arroyo abaxo e por entre cerros. VILLANUEVA media legua pequeña llana, por la mano dizquierda queda siempre un monte de enzinas. XEDRAQUE una legua de tierra de valles abaxo e montes la media legua primera.

Mirabel lugar [§ 2623–2625] tiene 200 vezinos; es de don Fadrique; tiene fortaleza en la sierra; está en llano, está al pie de la sierra:

EL CAÑAVERAL 3 leguas, van por las Casas de Don Millán. LAS CASSAS DE DOMILLÁN (CASAS DE DON MILLÁN) 2 leguas de sierras e de xarales. CORIA 5 leguas, van por Río Lobos, 2 leguas, a la mano dizquierda queda Olguera a media legua del camino. GALISTEO 2 leguas de cerros. GATA 9 leguas, van por Río Lobos, 2 leguas, e por el Guixico de Galisteo, 3 leguas, e por el Campo, una legua. GRIMALDO 2 leguas de cerros e xarales. MALPARTIDA DE PLAZENCIA 4 leguas de tierra doblada e de enzinares. OLGUERA 2 leguas de cerros e xarales. PLAZENCIA 4 leguas de tierra doblada. RÍO LOBOS 2 leguas de cerros. SERRADILLA 2 leguas de sierras e xarales.

Mirabueno lugar [§ 4946–4948] tiene 4 e 5 vezinos; es de un secretario del duque de Medinaceli; está en la ribera de Xalón:

AGUILAR DE MONTUENGA media legua pequeña llana de pan, en saliendo pasan a Xalón, corre a la mano dizquierda. ARCOS media legua grande llana ribera arriba de Xalón, queda a la diestra, pásase Xalón junto con Mirabueno, corre a la siniestra. GÜERTA (HUERTA) una legua llana, por la mano dizquierda quedan grandes derrumbaderos e valles de peñas, por la mano derecha siempre Xalón río, que tiene buenas riberas de pan, en llegando al lugar pasan a Xalón, corre a la mano dizquierda. MEDINACELI 2 leguas e media, van por Arcos, media legua grande llana riberas arriba de Xalón, que queda el río de la mano derecha porque en saliendo de Mirabueno pasan al dicho río, corre a la mano dizquierda. MONTUENGA media legua pequeña, van casi por el mismo camino de Aguilar de Montuenga salvo que por la mano derecha queda Aguilar.

***Miraelcampo** [§ 2276]:

CUARTO 2 leguas. CHIVA 2 leguas.

**Miraglos lugar [§ 496] tiene 10 vezinos; está en un llano ribera del río de Riaça.
*Miralcampo[440] aldea tiene 60 vezinos; es de Guadalajara:

AÇUQUECA media legua llana. ALHOVERA media legua llana. MECO media legua llana.

*Miranda villa tiene 300 vezinos; es de Aranda, es de Navarra:

[...] 3 leguas llanas.

Miranda del Castañar[441] villa [§ 3998–4002] tiene 200 vezinos; es del conde Miranda; tiene fortaleza; está entre 2 ríos, el uno dicho Francia y el otro San Benito, por todas partes está en alto de los derrumbaderos del río e por la parte de Salamanca entran por llano; esta tierra es tierra fragosa e montosa:

ALVA DE TORMES 12 leguas, van por Santiváñez, 2 leguas, e por los Santos, 2 leguas, e por el Berrocal, 2 leguas, e por Castillejo, una legua, e por Frexno, una legua, e por Pero Martín, media legua, e por Siete Iglesias, media legua, e por Enzinas, una legua. ARROYO MUERTO 2 leguas, van por Sequeros, una legua. BÉJAR 5 leguas, van por Santiváñez, 2 leguas, e por Cristóval, una legua, e por la Calçada de Béjar, una legua, por otro camino queda a la mano dizquierda van por Santiváñez e por Valdefuentes, una legua e media, e por Nava el Moral. CEPEDA una legua llana por entre sierras, en saliendo baxan una cuesta que tenrá un tiro de vallesta, pasan al dicho río Francia por vado, que corre a la mano dizquierda. MOGARRIZ una legua de cerros e sierras e valles e montes, en saliendo pasan al dicho río Francia. MONFORTE una legua de cerros e valles e montes de castañares, en saliendo pasan al dicho río Francia. SALAMANCA 12 leguas, van por Santiváñez, 2 leguas, e por las Casillas, 2 leguas, e por el Guixuela, una legua, e por la Sierpe e por las Veguillas e por el Guixo e por la Barca e por Aldetexada. SANTIVÁÑEZ 2 leguas de cerros e valles e por algunas montes, a legua e media pasan a un río dicho Alagón por puente, corre a la mano derecha. SEQUEROS una legua de cuestas e peñas calle arriba, en saliendo pasan al dicho río Francia, corre a la mano dizquierda.

Miranda de Ebro[442] villa [§ 5184–5186] tiene 800 vezinos; es del rey; tiene fortaleza, es del conde Salinas; está en llano, pasa Ebro por mitad de la villa por entre la villa e un grande arrabal:

BUXEDO una legua, van por Orón. CELLORIGO 2 leguas de tierra de cerros e valles, la una legua postrera más agra e de montes de enzinares. IRCIO una legua llana e de labranças e viñas. ORÓN media legua llana de tierra doblada e de labrança e viñas. VALVERDE una

440 Mira el Campo, cf. *Guadalajara*.
441 Miranda del Castañal, cf. *Salvatierra*.
442 Miranda Hebro, cf. *Santo Domingo de la Calçada*.

legua, van por Orón. VILLALVA 2 leguas, van por Ircio. ZEMBRANA una legua llana e de tierras de labrança riberas arriba de Ebro, que queda Ebro a la mano dizquierda.

***Mirandilla** [§ 2808, 2802]:

SALVATIERRA 4 leguas. SAN PEDRO 2 leguas.

El Mirón[443] lugar [§ 2473] tiene 250 vezinos; es del duque de Alva; está en una serrezuela alta:

GALLEGOS DEL MIRÓN una legua llana, la postrera media legua e la primera es cuesta abaxo. MALPARTIDA una legua de tierra doblada cuesta hazia abaxo. MOÑICO una legua de tierra doblada.

****Mirueña**[444] aldea / lugar [§ 1091, 2102–2104, 2106] tiene 100 vezinos; es aldea de Ávila; tiene buena fortaleza en baxo; está en llano, pasa junto con el lugar un valle algo hondo con arroyo:

ALCONES una legua llana. ÁVILA 6 leguas, van por el Enzina, un 4º de legua, e por Moñico, tres 4º de legua, e por San Cristóval, media legua, e por Piedra Hituela, legua e media. BLASCO XIMENO media legua de tierra doblada. BLASCOMILLÁN una legua. (EL) ENZINILLA un 4º de legua llana e por todas partes tierra barrancosa. GALLEGOS un 4º de legua de tierra doblada. GAMONAL (GAMONAR) media legua llana salvo los 2 postreros tiros de vallesta, que son de cuesta. GRAJOS legua e media, van por Gamonar. HONTIVEROS 4 leguas, van por Torneros, media legua, e por Escalonilla, un 4º de legua, e por Castro Nuevo, legua e media. HURTE PASCUAL una legua, van por Blas Ximénez. LA ORTIGOSA media legua llana. PASARILLA media legua llana. PEÑARANDA 3 leguas, van por San García, media legua, e por Duruelo, una legua, e por Bercimuelle, media legua. RENCONADA una legua. SAN(T) GARCÍA una legua llana, vase por un monte de enzinar que tiene un tiro de vallesta. TORNEROS una legua llana, vase por un monte de enzinar que tiene 2 tiros de vallesta.

***Mislata**:

CUARTE media legua.

Moguer lugar [§ 5317] tiene 3000 vezinos; es de don Pedro Puertocarrero; tiene buena fortaleza; está en llano, pasa un braço de mar por cabe el lugar, júntase luego cabe el lugar con el dicho braço de mar un río dicho Candón; es lugar de huertas e viñas e figuerales e mançanares e olivares, lo mejor de Castilla:

443 Almirón, cf. *Nava el Peral*.
444 Nirueña, cf. *Villafranca* lugar.

PALOS una legua llana riberas de la mar, que queda la mar a la mano derecha. TRIGUEROS 3 leguas de tierra llana e de palmares e viñas e huertas e olivares.

Mohedas de Talavera[445] lugar [§ 4261–4268] tiene 150 vezinos; es aldea de Talavera; está al pie de una sierra; está escarramado,[446] tiene por todas partes grandes enzinares:

LOS AGUIJONES 5 leguas de valles e cerros e grandes montes de yervajes, por la mano derecha queda siempre una sierra, a la misma mano queda el Puerto de San Vicente a media legua del camino e el Campillo a la mano dizquierda a media legua del camino. ALDEANUEVA DE MOHEDAS una legua pequeña de montes por algunas partes ralo. CÓRDOVA 37 leguas, van por el Puerto de San Vicente, 2 leguas, e por Castilblanco, 5 leguas, e por la Puebla de Alcocer e por Cabeça el Buey e por Benalcáçar e por la Hinojosa. EL ESTRELLA 2 leguas, van por Aldeanueva de Mohedas, una legua. FUENTES 2 leguas de tierra de barrancos e por todas partes ay montes. GUADALUPE 7 leguas, van por el Puerto de San Vicente, 2 leguas. NAVA EL MORAL 3 leguas de cerros e valles e montes de enzinares e prados e labores de panes e ervajes, a medio camino pasan a un río dicho Pedroso, corre a la mano dizquierda. OROPESSA 6 leguas, van por la Puente del Arçobispo, 4 leguas, e por Fuente Maestre, una legua e tres 4º. EL PUERTO DE SAN VICENTE 2 leguas de cerros e valles e montes de robledales e xarales e arroyos que corren a la mano dizquierda, por la mano derecha queda siempre una sierra a media legua del camino lo más lexos. SEVILLEJA 2 leguas, van por el Campillo, una legua de valles e yerva e montes de enzinares. TALAVERA 9 leguas, van por Fuentes, 2 leguas, e por Corralrubio, 3 leguas. TRUXILLO 19 leguas, van por el Puerto de San Vicente, 2 leguas, e por Halía, 3 leguas, e por Cañamero, 2 leguas, e por Legrusán, una legua, e por Çorita, 2 leguas. VALDELACASSA 4 leguas, van por el Villar de Pedroso, 2 leguas. LAS VENTAS DEL PUERTO DE ARREBATACAPAS 2 leguas e media de valles grandes e montes de enzinares, siempre por la mano dizquierda queda una sierra junto con el camino. VILLAR DE PEDROSO 2 leguas de valles e cerros e de montes de enzinares e de prados.

Molín de Rey[447] villa [§ 5072–5073] tiene 40 vezinos; es de señorío; tiene fortaleza; está en llano riberas de un río dicho Lobregot, río cabdal; tiene buena ribera:

BARCELONA 2 leguas e media, van por San Felío, media legua riberas arriba de Lobregot, que queda a la mano derecha. SAN FELUP media legua llana de huertas riberas arriba del dicho río Lobregot, que queda el río a la mano derecha.

---

445 Mohedas, cf. *Nava el Moral* lugar [§ 4254–4260], *La Puente (d)el Arçobispo, El Puerto de San Vicente, Villar del Pedroso.*

446 'Desparramado, disperso'.

447 Molín de Reche, cf. *Marturel.*

Molina lugar / villa [§ 314, 6413–6417, 6419] tiene 80 / 150 vezinos; es del marqués de los Vélez; tiene fortaleza; está entre huertas en un cerrillo, al pie de unos cerros y riberas de un río dicho Segura que pasa junto con el lugar:

EL ALGUAÇA un 4º de legua pequeño llano e de huertas, a medio camino pasan al dicho río Segura por vado, que corre a la mano dizquierda. ARCHENA 2 leguas, van por Cebtí. EL CASTILLO DE MONTEAGUDO 2 leguas, la legua e media primera es de cerros e de montes de atochares e lo otro huertas. CEBTÍ una legua de tierra doblada, en saliendo pasan a Segura río por vado, que corre a la mano dizquierda. CIEÇA 3 leguas llanas. FORTUNA 2 leguas e tres 4º de cerros e valles e montes de atochares. HAVANILLA 3 leguas, van por Fortuna. LORQUÍ una legua de tierra doblada e de montes de atochares. MULA 5 leguas, van por el Alguaça, un 4º de legua llana e de huertas, e por Cotillas, un 4º de legua. MURCIA 2 leguas pequeñas, la legua e media primera de cerros e atochares, el 4º postrero de huertas. ORIGÜELA 5 leguas llanas, de huertas las 3 leguas postreras e las 2 de cerros, tierra muy doblada e de montes de atochares, por la mano dizquierda queda el Castillo de Monteagudo a 2 tiros de vallesta del camino. XUMILLA 8 leguas de cerros e valles por todas partes e sierras, camino de carretas.

Los Molinos de Alverche[448] lugar [§ 2433–2434, 4197–4200] tiene 5 / 10 vezinos; es del duque de Alva; está en valle, pasa junto con el lugar un río dicho Alverche; de la parte del río están otros lugarejos que es de 7 vezinos, está de la parte del dicho río que es hazia la parte de mediodía:

LAS CUEVAS 2 leguas, la una primera es cuesta algo arriba e un arroyo arriba e lo otro es un puerto abaxo que se llama el Puerto el Pico, todo es de peñas, en medio de este camino están 2 grandes sierras por entre las cuales pasan, de allí adelante ay muchos arroyos, todo de castañares e grande valle hondo. LA GARGANTA EL VILLAR 2 leguas e media, van por los Hoyos de Miguel Muñoz, una legua, e por Navadijos, una legua, e por Altopaso. HOYO QUESERO una legua entre sierras e puertos, en saliendo pasamos Alverche, que corre a la mano derecha. SAMARTÍN DEL PIMPOLLAR media legua de cerros e sierras. TALAVERA 11 leguas, van por las Cuevas, 2 leguas, e por el Colmenar de Arenas, una legua, e por Ramacastañas, 2 leguas. VADILLO 6 leguas, van por la Mora, 2 leguas, e por Mengamuñoz, una legua, e por Muñotello e por Pradosegar e por Pobeda, a la mano dizquierda queda Villatoro a una legua del camino.

Mollorido[449] lugar [§ 6602] tiene 30 vezinos; es del obispo de Salamanca; está en un vallejuelo, pasa por baxo del lugar un riatuelo a un tiro de piedra:

448 Los Molinos, cf. *Menga Muñoz, Villatoro.*
449 Mullurido, cf. *Medina del Campo.*

CANTALAPIEDRA una legua llana e de algunas viñas. EL OLMO una legua de tierra llana, la postrera media legua es de montes de chaparrales. TARAÇONA una legua de tierra doblada e de labranças.

Mombeltrán[450] lugar [§ 1083, 2442–2445, 2449, 4205–4209, 4217] tiene 500 / 600 vezinos; es del duque de Alburquerque; tiene buena fortaleza en un cerrillo; está en un valle hondo entre unas grandes sierras e pinares e olivares alrededor de la villa; este valle aunque está entre sierras es muy frutífero e caliente e temprano de frutas, Mombeltrán antes se llamava el Colmenar de Arenas:

ARENAS 2 leguas, van por el Arroyo el Castaño, media legua, e por la Parra, una legua. EL ARROYO EL CASTAÑO media legua un valle abaxo e de viñas e castañares e pinares por todas partes. ÁVILA 12 leguas, van por las Cuevas, una legua, e por los Molinos e por la Mora e por Mengamuñoz e por la Hija de Dios e por Niharra e por Galindos. LA CRUZ media legua de tierra muy doblada e de viñas. LAS CUEVAS una legua de puerto los tres 4º postreros e de castañares. LAS GARGANTAS 2 leguas de sierras arriba e valles e grandes pinares, la media legua primera es de viñas. LA HIGUERA 2 leguas de sierras e valles. LANÇA HITA 3 leguas, van por la Higuera, 2 leguas de pinares, en saliendo suben a sierra que tenrá de subida una legua e de abaxada una legua. LA MAJADA media legua llana, por todas partes cerros. OROPESA 8 leguas, van por Arroyocastaño, media legua, e por Ramacastañas, una legua e media, e por Mengacinar, 4 leguas, e por Torralva. PLAZENCIA 25 leguas, van por Lasdellano, 3 leguas de cerros e valles grandes e de pinares e robledales e viñas, a la mano derecha queda Arenas a media legua, e por Candaleda, 3 leguas, e por Madrigalejo, 2 leguas, e por Villanueva, 2 leguas, e por Valverde, media legua, e por Viaandar e por Cuacos e por Jarandilla e por Garganta la Olla e por Pasarón. SANTACRUZ media legua, la mitad primera llana e de viñas e olivares e castañares e lo otro sierra arriba e montes. SANTISTEVAN una legua grande llana de camino muy doblada de sierras toda la tierra. SERRANILLOS 3 leguas, van por Santistevan, media legua de valle hondo e de viñas e castañares. TALAVERA 8 leguas, van por el Arroyo el Castaño, media legua, e por Ramacastañas, una legua e media, e por Hontanares, una legua, e por Montes Claros, una legua, e por Mejorada, 2 leguas, queda a la mano izquierda la Higuera y Montesalvos. EL VILLAREJO media legua grande valle arriba, todo viñas e castañares.

Monasterio de Melón (Monesterio de Melón) aldea [§ 376, 469] tiene 100 vezinos; el monasterio está en muy alto, Melón está abaxo un tiro de piedra; es un monesterio de Cartuxa muy bueno:

LAS HACHAS (LAS ACHAS) 2 leguas muy ásperas, la primera legua sierra arriba llamada Suido. PONTE CASTRELO 2 leguas y media de tierra fragosa, todo viñedo, cuesta baxo e

---

450 El Colmenar, cf. *Muñana, Pero Bernaldo, La Parra, Santistevan, Serranillos, Las Torres*. El Colmenar de Mombeltrán, cf. *Ramacastañas, Villatoro*. El Colmenar de Arenas, cf. *Los Molinos de Alverche, La Mora, Piedrahíta de la Sierra, Salvatierra, Talavera de la Reina, Villafranca* lugar, *Villanueva del Campillo, Villar del Pedroso*. El Colmenar de Cuevas, cf. *Hituero (Hituelo)*.

cuesta arriba. LA RAÇA (DE ARNOYA) una grande legua, pásase el Miño junto a la Raça por barcas. RIBADAVIA 2 leguas pequeñas de cuesta abaxo e cuesta arriba.

Monasterio de Ramirans[451] aldea [§ 427] tiene 20 vezinos; está en llano, está 3 tiros de vallesta del Tuño río:

FREYANS un 4º de legua llano, pásase el Tuño río junto a Freyans, 2 tiros de vallesta, corre yendo a Freyans hazia la mano derecha. MILMANDA media legua llana, pásase el Tuño junto a Ramirans por la Ponte Cavaleros. RUVIARES un 4º de legua llano.

Monçón villa [§ 3] tiene hasta 1000 vezinos; es lugar de Aragón; villa cercada.
Mondéxar[452] villa [§ 18] tiene 1000 vezinos; es del conde Tendilla.
Monesterio[453] lugar [§ 2637–2641, 2655] tiene 300 vezinos; es del maestrazgo; está en Sierra Morena, que es el primero lugar como entrando por la parte de hazia Mérida:

ARACENA 7 leguas de sierras e de enzinares e alcornocares. ARROYO MOLINOS 2 leguas de sierra. BALENCIA DEL BARREAL 4 leguas de tierra doblada salvo la primera legua que es de sierra. BIENVENIDA 4 leguas, la primera es de sierra e enzinares e lo otro es tierra doblada. BURGUILLOS 7 leguas, van por Valencia del Barreal, 4 leguas. CAÇALLA 9 leguas de sierra. CALA 2 leguas e media de sierra. LA CALERA una legua de sierra no muy agra. ELERENA 5 leguas, van por Montemolín. EL FREXENAL 6 leguas, van por la Calera, una legua, e por Cabeça la Vaca, una legua, e por Segura, una legua. GUADALCANAL 7 leguas, van por la Prueva. MEDINA DE LAS TORRES 6 leguas, de tierra doblada las 4 postreras e lo primero es de sierra. MONTEMOLÍN 2 leguas de sierra. LA PRUEVA DEL MAESTRE 3 leguas de sierra. REAL DEL VALLE (REALEJO) 3 leguas de sierra e por entre valles, ay en el camino algunos arroyos, por algunas partes montes de xarales, a 2 tiros de vallesta del lugar está un castillo dicho Calilla, allí pasa un río dicho Calilla que corre a la mano derecha, allí pártese maestrazgo con Tierra de Sevilla. SANTOLALLA 4 leguas de sierra e enzinares. SEVILLA 16 leguas, van por Realejo, 3 leguas, e por el Almadén, 3 leguas, e por Castilblanco, 5 leguas, e por Alcalá del Río, 3 leguas, e por la Renconada, una legua. USAGRE 6 leguas, van por Bienvenida, 4 leguas.

Monreal lugar / villeta [§ 6, 4954–4956] tiene 200 vezinos; es de don Rodrigo de Palafox; tiene una buena fortaleza en un cerro; está al pie del dicho cerro, a 2 tiros de vallesta del lugar pasa Xalón río; es tierra de Aragón:

---

451 Monesterio de Ramirans, cf. *Santabaya del Fioz*. Ramirans, cf. *Sotelo*.
452 Mondéjar, cf. *Moratilla, Yebra*.
453 Almonesterio, cf. *Mérida*.

ARIZA (HARIZA) una legua pequeña riberas abaxo de Xalón, que queda a la mano dizquierda con la vega toda, por la mano derecha cerros e derrumbaderos del valle, en llegando a Hariza pasan a Xalón, corre a la mano derecha, por vado. HUERTAS una legua grande de cerros e valles e romerales.

Monsalupe lugar [§ 2428–2430] tiene 30 vezinos; es aldea de Ávila; está en llano al pie de la sierra:

ALDEANUEVA tres 4º de legua llana. AVEINTE media legua llana. ÁVILA 3 leguas, van por Cardeñosa, una legua. LAS BERLANAS media legua llana. CARDEÑOSA una legua de tierra doblada de serrezuelas. HONTIVEROS 4 leguas, van por Muñomer, 2 leguas, e por Blasco Pascual, 2 tiros de vallesta. MORAÑUELA legua e media, van por Aveinte. MUÑOHIERRO un 4º de legua llana. RIOCABADO una legua llana. SAN JUAN DEL ENZINILLA una legua llana. SAN PEDRO EL ARROYO legua e media, van por Valseca, media legua llana. SESGUNDOS media legua de tierra doblada.

Montánchez (Montanjes)[454] lugar [§ 2535–2536] tiene 200 vezinos; tiene buena fortaleza; está en unas sierras:

ALCUESCA 2 leguas llanas salvo la abaxada que tenrá media legua. ARROYOMOLINOS una legua llana la postrera media legua. SALVATIERRA 3 leguas, van por la Torre de Santa María, una legua.

Montarrón lugar [§ 5287–5290] tiene 70 vezinos; es del duque de Medinaceli; está en una laderuela, pasa Henares río a un millo del lugar:

ALHARILLA legua e media, la media legua primera es como cuesta abaxo e de tierras de pan e viñas el 4º primero e la una legua postrera es de cerros e cuesta arriba e tierras de pan, a media legua primera pasan a Henares por vado, que corre a la mano derecha. COGOLLUDO una legua de cerros, van por Fuente Cemillán. ESPINOSA una legua de ribera arriba de Henares, que queda el dicho río a la mano derecha la media legua primera, a medio camino pasan a Henares, que corre a la mano derecha, lo otro van también orilla el río, que queda a la mano dizquierda, por todas partes de la ribera es peñas e montes e montes baxos de chaparrales. FUENTE CEMILLÁN media legua pequeña de cerros e valles e viñas e algunos montes. VALDEANCHETA una legua, cuesta abaxo la media legua primera e lo otro valle arriba e de prado, por todas partes cerros e montes de marañales, a medio camino pasan a Henares por vado, que corre a la mano derecha. ZEREZO una legua pequeña de tierra doblada e de tierras de pan.

454 Montáchez, cf. *Truxillo*. Montánjez, cf. *Aljucén*. El Castillo de Montaxe, cf. *Malpartida* lugar [§ 2543–2546].

Montearagón[455] lugar [§ 3207–3210] tiene 40 vezinos; es aldea de Talavera; está en un valle como en cuesta en una solana:

EL ALDEYUELA legua e media, van por Cebolla. BRUXEL una legua de tierra doblada e de vallejuelos. CAÇALEGAS una legua, van por Villanueva, media legua. ÇARRALVO una legua de tierra doblada de tierras de pan e de viñas. CEBOLLA una legua llana riberas arriba de Texo, que queda a la mano derecha a media legua del camino. LUZILLOS media legua pequeña de cerros e viñas. TALAVERA [...] llano riberas abaxo de Texo, que queda a la mano dizquierda, a 2 leguas pasamos Alverche río por puente, que corre a la mano dizquierda, júntase con Taxo luego. TOLEDO 9 leguas, van por Cebolla, una legua, e por la Mata, 2 leguas, e por Burujón, 2 leguas. VILLALVA, castillo, 2 leguas llanas riberas arriba de Texo, que queda a la mano derecha a media legua. VILLANUEVA media legua de tierra doblada e de labranças.

Montemayor villa [§ 2324–2328] tiene 120 vezinos; es de don Juan de Ribera; tiene fortaleza; en un cerro alto e entre otros que lo cercan, pasa abaxo de la villa un río dicho Cuerpo de Hombre:

BAÑOS 2 leguas, van por Peña Cavallera, legua e media. LA CALÇADA 2 leguas de cerros e valles riberas arriba del dicho río Cuerpo de Hombre, en saliendo lo pasamos por vado, que corre a la mano dizquierda. EL CERRO media legua grande de cerros e de castañares e de montes, en saliendo pasamos a dicho río Cuerpo de Hombre, que corre a la mano derecha. EL COLMENAR legua e media de cerros e berrocales e de viñas. HORCAJO 3 leguas, van por Calçada, 2 leguas. LAGUNILLA una legua de cerros e valles e de castañares e de avellanales, en saliendo de Montemayor pasamos al dicho río Cuerpo de Hombre, que corre a la mano derecha. VALDEESCOBOSO legua e media, van por Valdexeve, una legua. VAL DE FUENTES 3 leguas, van por el Aldea el Acipriste, una legua, e por Valbuena, media legua, e por Valvisadejos, una legua. VALDELAMATANÇA 2 leguas, van por Lagunilla, una legua.

Monterrey villa [§ 386, 462] tiene 500 / 1500 vezinos; es del conde de Monterrey; tiene fortaleza buena y más alta que el lugar; está en alto; es tierra de mucho pan y vino, los vinos tintos muy fuertes demasiadamente, tanto que si no se beven con demasiada agua non se podrán beber:

CHAVES 2 leguas llanas, todas de labradío.[456] UIMBRA 2 leguas llanas de viñedo y labradío, pásase un río que se dize Uimbra junto a Uimbra.

Montesa villa [§ 6355–6356] tiene 50 vezinos; tiene muy buena fortaleza; está en una ladera de una sierra sobre una peña e aun solana; es cabeça de maestrazgo:

---

455 Monte Aragón, cf. *Mejorada*.

456 'Terreno destinado al cultivo'. Testimonio temprano de la voz en español.

EL ALCUDIA una legua llana e de olivares, en medio el camino sale una fuente dicha la Fuente de los Santos que sale agua para 2 ruedas de molino, queda la fuente a la mano dizquierda. CANALES una legua llana e de olivares e viñas. ENGORA una legua de sierras de travieso de subida y abaxada. MOXÉN 2 leguas llanas e de olivares de un valle arriba e por entre sierras. VALLADA una legua de olivares como de travieso a solayo[457] del valle.

Montiaño[458] aldea [§ 1048] tiene 10 vezinos; es de tierra de Sepúlveda; está en un llano:

CONSUEGRA media legua llana. LA NAVA media legua llana. SEPÚLVEDA una legua pequeña, hasta el medio camino llana y de ahí adelante una cuesta abaxo, junto a Sepúlveda se pasa Caslilla río. EL VILLAR una legua pequeña llana.

Montiel lugar [§ 1136, 4562–4568] tiene 250 / 260 vezinos; tiene fortaleza en alto; está en llano en un valle al pie de un cerro redondo, en el cual cerro está una fortaleza muy fuerte e grande armada sobre peña, junto con este lugar por cabo la fortaleza pasa un río dicho Xavalón, pasa Xavalón del lugar un tiro de vallesta, júntase junto con la fortaleza otro río dicho Segurilla; en este lugar mataron al rey don Pedro su hermano el rey don Alonso, en este lugar se haze una feria por San Simón e Judas que tenrá un mes de cavallos e puercos e todas las otras cosas, a una legua de este lugar están mojones por memoria donde iva un moro huyéndose Oliveros, que tenrán 3 tiros de vallesta que tiene cada salto más de 30 pies:

ABRILEJOS media legua, van por el camino de Villanueva de los Infantes. ALCARAZ 6 leguas, van por Villanueva de Alcaraz, 2 leguas, e por la Torre Gorgajar. ALCUBILLAS 4 leguas, van por Villanueva de los Infantes. ALHAMBRA 5 leguas, van por Huentllana, 2 leguas, e por Carrizosa, 2 leguas. EL ALMEDINA 2 leguas de valles e cerros e tierras de labranças. ALVALADEJO 2 leguas de tierra de cerros e valles e tierras de labrança. CAÑAMARES 2 leguas pequeñas riberas arriba de Xavalón de tierra de labranças, a la mano derecha queda el dicho río. EL CASTILLO DE ROCHAFRIDA 4 leguas, van por Villahermosa. CÓÇAR 3 leguas de tierra llana e de labrança riberas abaxo de Xavalón río, que queda a la mano derecha. FUENTLLANA 2 leguas de vega e por entre cerros, en saliendo de Montiel pasan a Xavalón por vado e por puente, corre a la mano dizquierda. MANÇANARES legua y media de tierra doblada. LA OSA 5 leguas, van por Villahermosa. SANTA CRUZ DE LOS CÁÑAMOS una legua de tierra doblada e por entre cerros e tierras de labrança. TERRINCHES 2 leguas de cerros e valles e tierras de labrança. LA TORRE JUAN ABAD 3 leguas, van por el Almedina, 2 leguas. VILLAHERMOSA una legua llana salvo un hondo que se atraviesa en medio el camino que tenrá de subida e abaxada un 4º de legua, todo este camino es la mitad primera de labranças e la postrera de viñas. VILLAMANRIQUE 3 leguas, van por el Almedina. VILLANUEVA DE ALCARAZ 2 leguas grandes de cerros e valles e tierras de labrança,

457 A soslayo. Testimonio temprano de la locución.
458 Montiañón, cf. *Nava (La Nava de Pedraza).*

este camino es de una calçada de piedra la legua de medio. VILLANUEVA DE LOS INFANTES 2 leguas llanas grandes riberas abaxo de Xavalón, que queda la primera media legua el río a la mano derecha, a media legua primera pasan al dicho río por vado e por puente, corre a la mano dizquierda.

Mora[459] [§ 1147] tiene 500 vezinos; es de la orden de Santiago; tiene fortaleza buena en una sierra; está en llano:

ALMONACIR una legua llana. MAXCARAQUE media legua llana.

La Mora lugar [§ 2422–2427, 2431–2432, 4192–4194] tiene 4 / 5 vezinos; es de Diego Hernández de Ávila; está metido entre unas sierras; es como ventas:

ALTOPASO una legua, van por Samartín del Fraire. LAS CASAS DEL CHIQUILLO una legua, van por Altopaso, media legua de tierra doblada e por todas partes sierras. LA CEPEDA media legua de tierra de sierras e de berrocales. EL COLMENAR DE ARENAS 5 leguas, van por las Cuevas. GARGANTA EL VILLAR una legua llana entre sierras e valles. HOYO QUESERO una legua, la primera media van por una ladera de sierra llana e la otra media es de puerto de abaxada. MENGAMUÑOZ (MENGA MUÑOZ) una legua, de puerto de abaxada la postrera media legua. LOS MOLINOS 2 leguas de muchos valles e cerros hondos e muy agros, a la mano derecha queda Cepeda a media legua del camino e San Martín del Fraile ansimismo a media legua e la Garganta el Villar a una legua e la Vega a 2 leguas, todo esto queda a la mano derecha, a medio camino de los Molinos e la Mora pasamos un río dicho Alverche por puente, que corre a la mano dizquierda, de allí adelante vamos riberas abaxo de él, que queda a la mano dizquierda, este río nace de donde lo pasamos a 3 leguas de allí de unas fuentes muy grandes, viene por entre unas sierras abaxo muy agras. NAVA EL VADO 2 leguas, van por Hoyo Quesero. LA NAVA LA CRUZ (NAVALACRUZ) una legua, la primera es por entre sierras llanas e la media postrera abaxa un puerto muy hondo que se llama el Boquerón de Nava la Cruz. NAVADIOS una legua, van por Samartín del Fraire. NAVALOSA 2 leguas de tierra de sierras, el camino de tierra doblada e de valles. NAVAQUESERA una legua por entre sierras. NAVARREDONDA 2 leguas de tierra doblada e entre sierras. NAVATALGORDO 2 leguas, van por Navaquesera. SAMARTÍN DEL FRAIRE media legua de tierra doblada entre sierras. VILLATORO 2 leguas de sierras e puertos por una alta sierra.

Moradillo aldea [§ 1040] tiene 40 vezinos; es de Aça; está en un llano:

ALDEA EL HORNO una legua de viñedo. FUENTENEBRO media legua pequeña llana. LA SEQUERA media legua pequeña llana.

Moral de la Reina aldea [§ 341] tiene 100 vezinos; es del almirante de Castilla; todo llano:

459 La Mora, cf. *Orgaz.*

BERRUEZAS media pequeña legua. MEDINA DE RUISECO 2 leguas. TAMARIZ media legua. VILLAVARUZ media legua.

**Moraleja[460] aldea [§ 1109] tiene 50 vezinos; es de Arévalo; está en llano:

LOMOVIEJO media legua llana.

*Moraleja[461] lugar [§ 2577] tiene 300 vezinos; es del maestrazgo de Alcántara:

ÇARÇA 4 leguas, algo llano camino y muchos enzinares. GATA 4 leguas de enzinares, la postrera es algo áspera. PERALES una legua.

**Moraleja [§ 3690, 3697–3698] solía ser lugar de 150 vezinos e agora está despoblada; es aldea de Madrid; está en un cerro donde solía ser la poblazón:

BARAJAS una legua pequeña de tierra doblada e de pan llevar. HORTALEZA una legua de cerros e valles e tierras de pan llevar. PARACUELLOS una legua, el un 4º de legua primero es cuesta abaxo e el 4º postrero cuesta arriba, todo lo en medio es de vega de Xarama, a medio camino pasan a Xarama por barca, que corre a la mano derecha. REJAS legua e media, van por Barajas, una legua.

**Morales aldea [§ 772, 852–854] tiene 30 vezinos; es del Condestable de Castilla; está en llano ribera de Duero:

AGUILERA media legua llana. ARANDA 12 leguas, van por el Olmeda e por Santistevan e por Castril e por la Vid e por Bal de Cuendes. BRÍES una legua grande de cuestas e peñas muy doblada. EL BURGO 3 leguas dobladas, pásase Duero en saliendo de Morales a 2 tiros de vallesta por puente, que corre a la mano dizquierda, antes que lleguemos al Burgo con una legua pasamos un riatuelo que corre a la mano izquierda. GORMAZ una legua, al pie de la sierra pasamos a Duero por puente, que corre a la mano dizquierda, subimos una cuesta hasta el lugar que tenrá 2 tiros buenos de vallesta. EL OLMEDA 2 leguas, pásase Duero a 2 tiros de vallesta en saliendo de Morales por vado, que corre a la mano dizquierda. ORTIZUELA (HORTIZUELA) una legua ribera de Duero, es llano camino, por todas partes es de muchos cerros y enebrales y pinares, a poco más de mediado el camino pasamos un río dicho Tolegones que corre a la mano dizquierda, antes que lleguemos a Hortezuela pasamos un riatuelo dicho Calote que corre a la mano dizquierda, de allí a Hortizuela ay 3 tiros de vallesta, queda a la mano derecha Aguilera a 3 tiros de vallesta del camino que está puesta en un alto, a la mano dizquierda queda Beyugas de Abaxo de la otra parte de Duero a media legua del camino. PEDROSA 2 leguas. QUINTANA una legua, pásase Duero por

460 Moralexa, cf. *Madrigal*. Moraleja de Matacabras, cf. *Lomoviejo*.
461 La Moraleja de Alcántara, cf. *La Çarça de Alcántara*.

vado a 2 tiros de vallesta en saliendo del lugar, que corre a la mano dizquierda. SANTISTEVAN 4 leguas, van por el Olmeda. SAUQUILLO 2 leguas, van por Bríes.

**Morata lugar [§ 3641–3647] tiene 200 vezinos; es del arçobispado de Toledo; está en llano riberas de un río dicho Taxuña; tiene la mejor vega que ay en esta tierra de pan e cañamares, que tenrá 3 leguas de largo e media de ancho:

ALCALÁ DE HENARES 5 leguas, van por Arganda, una legua, e por Lueches, 2 leguas. AMBITE 4 leguas e media, van por Perales, una legua, e por Telmes, media legua, e por Caravaña, una legua e media, e por Orusco. ARGANDA una legua grande de cerros e valles e de atochares e romerales, en saliendo de Morata subimos una sierra arriba que tenrá 4 tiros de vallesta, de allí adelante vamos abaxando e subiendo valles. EL CAMPO 2 leguas de cerros e valles e atochares. CARAVAÑA 3 leguas, van por Perales, una legua, e por Telmes, media legua. CHINCHÓN una legua grande todo cerros arriba salvo un 4º grande de legua primera que es llana, en saliendo del lugar pasamos a Taxuña por puente, que corre a la mano derecha. PERALES una legua llana ribera arriba de Taxuña, que queda el río siempre a la mano derecha, es de panes. TOLEDO 11 leguas, van por Vayona, 2 leguas, e por Cient Pozuelos, una legua, e por Seseña, 2 leguas. VALDELAGUNA una legua de cerros e valles de atochares, en saliendo pasan a Taxuña por puente, que corre a la mano derecha. VAYONA 2 leguas llanas riberas abaxo de Taxuña, que queda siempre a la mano dizquierda. VAZ̧IA MADRID 3 leguas de cerros e valles e atochares, a las 2 leguas primeras pasan a un río dicho Xarama por varca, que corre a la mano dizquierda. VILLA CONEJOS 2 leguas de cerros e valles, a medio camino pasan a Taxuña por puente, que corre a la mano derecha riberas abaxo de Taxuña, la primera media legua queda a la mano dizquierda. EL VILLAREJO 2 leguas, van por Perales, una legua.

**Moratalaz [§ 5378–5383] es de un comendador que se llama de Moratalaz; está orilla de un riatuelo; es una cassa de plazer,[462] ha sido lugar grande:

BATRES 3 leguas, van por Uxena e por Carranque. BOROX 2 leguas, van por Esquivias. CARRANQUE 2 leguas, van por Uxena. CASSARRUBIELOS una legua de tierra doblada e de pan e algunas viñas. CEBRILIEGO (CIBRILIEGO) 2 leguas, van por Illescas. COBEXA 2 leguas, van por Hazaña. LA CRUZ una legua, van por Torrejón de Velasco. CUBAS una legua, van por la Cruz. ESQUIVIAS una legua de tierra doblada e de labrança. GRIÑÓN 2 leguas, van por Torrejón e por Cubas. HAZAÑA 2 leguas de tierra doblada e de pan e viñas, por la mano derecha queda Illescas a 2 tiros de vallesta del camino. ILLESCAS tres 4º de legua de tierra doblada e de tierras de labrança. NOMINCHAL 3 leguas, van por Illescas e por Cibriliego. PALOMEQUEJO (PALOMEQUEXO) 3 leguas, van por Illescas e por Cibriliego. PALOMERO una legua de tierra doblada e de labrança. PARLA 2 leguas e media, van por Torrejón e por

462 «Se llama la casa fabricada con jardines, fuentes y otros adornos que tienen algunos príncipes y personas ricas para ir a divertirse y pasar algunas temporadas del año: las que regularmente suelen estar situadas en el campo, para huir del concurso de la gente» (*Autoridades s.v.* casa de campo, de solaz, etc.).

Humanejos. PINTO 3 leguas, van por Torrejón de Velasco. PUÑOENROSTRO 2 leguas de tierra de cerros e de labrança e montes baxos. SERRANILLOS 3 leguas, van por Torrejoncillo. TORREJÓN DE VELASCO media legua de tierra llana e de pan. UXENA legua e media de tierra doblada e de arboledas e viñas. VALAGUERA una legua e media, van por Illescas. VALDEMORO 2 leguas, van por Palomero. EL VISSO 2 leguas, van por Illescas e por Valaguera. YELES tres 4º de un valle abaxo de tierra de pan. YUNCOS 2 leguas de tierra doblada e de pan e viñas, a 2 tiros de vallesta del camino queda Illescas a la mano derecha.

Moratilla lugar [§ 4781–4787] tiene 200 vezinos; es sojeta a Çorita e del maestradgo de Calatrava; está en un valle muy hondo entre unos grandes cerros todos de olivares e viñas, es en el Alcarria; todos los edeficios de este lugar son de yelso:

ALCALÁ DE HENARES 7 leguas, van por Renera, una legua, e por Loranca, 2 leguas, e por Pioz, una legua, e por Santorcaz, una legua. ALMUÑA una legua grande de tierra de cerros e valles hondos e olivares e viñas, junto con Almuña pasan a un río dicho Taxuña por puente, corre a la mano dizquierda. ÇORITA 4 leguas, van por Pastrana, 2 leguas. ESCARICHE una legua, van por Escopete. FUENTE EL ENZINA una legua de cerros e valles e montes baxos e altos, en saliendo suben una cuesta que tenrá 3 tiros de vallesta agra, de olivares e viñas la media legua primera. FUENTE EL VIEJO una legua de tierra doblada e de olivares e viñas salvo que en saliendo de Moratilla suben una cuesta que tenrá 2 tiros de vallesta. GUADALAJARA 4 leguas, van por Almuña, una legua, e por Orcha, una legua, e por Alcuete, una legua. GÜEVA una legua pequeña de tierra doblada e de valles hondos por algunas partes, todo de olivares e viñas, en saliendo de Moratilla suben una cuesta que tenrá 3 tiros de vallesta. MONDÉJAR 4 leguas, van por Güeva, una legua, e por Escopete, una legua. PASTRANA 2 leguas de cerros e tierra doblada e valles hondos por todas partes, en saliendo de Moratilla suben una cuesta que tenrá 3 tiros de vallesta, baxan para llegar a Pastrana otra que tenrá casi un 4º de legua grande, todo de olivares este 4º e media legua primera de olivares e viñas. PEÑALVER una legua grande de tierra de cerros e tierra doblada e de olivares e viñas, en saliendo suben una cuesta que tenrá un 4º de legua. PEZUELA 4 leguas, van por Renera e por Pioz. RENERA una legua grande un valle abaxo e por entre cerros un arroyo abaxo. TENDILLA una legua de olivares e viñas e algunos montes, en saliendo de Moratilla suben unas cuestas muy agras arriba que tenrán un 4º de legua, más adelante traviesan otro valle hondo, para abaxar a Tendilla baxan otra cuesta abaxo que tenrá 4 tiros de vallesta. VALDECONCHA una legua de tierra de cerros e montes baxos e tierras de pan e de cuestas en saliendo de Moratilla. YEBRA 3 leguas, van por Güeva, una legua.

Moreras aldea [§ 455] tiene 800 vezinos; es de Orense; está en llano; es tierra de muchas viñas:

BARBADANS una legua pequeña llana de viñedo. BENTRACES media legua buena llana de viñedo. ORENSE una legua buena llana, pásase Sillo río junto a Orense un tiro de vallesta. SANT CIBRÁN una legua pequeña llana de viñedo. SOBRADO media legua buena llana de viñedo.

Morisco de Castellanos[463] lugar [§ 3921–3932] tiene 70 vezinos; es aldea de Salamanca; está en llano orilla de un cerro:

ARCEDIANO 3 leguas, van por Lavellés, 2 leguas e media. ARMENTERO 3 leguas, van por Lavellés, 2 leguas e media. CANSINOS 3 leguas, van por Lavellés, 2 leguas e media, e por Armentero, media legua. CAÑADA 3 leguas, van por Gomezcillo, una legua. CARAVAJOSA 2 leguas de tierra doblada de labranças. CASTELLANOS media legua llana, todo de viñas e guindaleras. CORDOVILLA 4 leguas, van por Aldealuenga e por Huerta e por Babilafuente e por Morínigo. FRANCÉS media legua pequeña llana e de prados. GOMEZCILLO 2 leguas e media, van por Hortelanos, una legua. HORTELANOS una legua llana e de tierras de pan. LAVELLÉS 2 leguas e media algo de tierra doblada, a la primera subimos una cuesta dicha Torpedero que la subimos e baxamos que tenrá 2 tiros de vallesta, en baxando está una laguna muy grande dicha la laguna de Santa Locía. LORBADA 3 leguas, van por Gomezcillo, una legua e media, e por Pajares, una legua. LA MATA 2 leguas de tierra doblada, la postrera media legua e primera es de viñas, a la mano derecha queda Caravajosa a media legua del camino. MEDINA DEL CAMPO 9 leguas, van por la Cruz, media legua, e por Velasco Muñoz, media legua, e por Sordos, una legua, e por Pitiegua, una legua, e por Pedroso, una legua, e por Mollorido, 3 leguas, e por Frexno de los Ajos, 2 leguas, e por el Carpio, media legua. NEGRILLA 2 leguas e media de tierra doblada e de pan llevar. PAJARES 3 leguas, van por Villaverde. PALENCIA 2 leguas e media de tierra algo doblada e de labranças. PEÑARANDA DEL MERCADO 6 leguas, van por el Hoyo, media legua llana e de viñas, e por Aldealuenga e por Huerta, legua e media, e por Babilafuente e por el Villar de Gallimazo, 2 leguas e media. PEROSILLO EL FRANCO EL CHIQUITO una legua grande de tierra doblada e de prados. PEROSILLO RABO 2 leguas e media llanas e de tierras de pan. LA PUEBLA legua e media llana, en medio el camino están unas buenas canteras. SALAMANCA legua e media llana salvo un cerro que travesamos, un cerro e unos barrancos que están de la parte del cerro 3 tiros de vallesta. SAN CRISTÓVAL DE LA CUESTA media legua llana salvo una cuesta que subimos para subir al lugar un tiro de vallesta. SORDOS 2 leguas e media, van por la Cruz, media legua. LOS VILLARES una legua llana, todo de viñas e tierras de pan. VILLAVERDE 3 leguas, van por Gomezcillo, una legua e media.

Morón villa [§ 5662–5663] tiene 300 vezinos; es del señor de Morón; tiene buena fortaleza en muy alto; está en alto, pasa un río por abaxo del lugar a medio tiro de vallesta que se llama Arroyo de Morón:

ALMAÇÁN 2 leguas de tierra de cerros e tierra doblada e de labrança la primera legua e la postrera de prados, en saliendo de Morón pasan al dicho río que corre a la mano dizquierda, van por el Avellana, una legua e media de la tierra sobredicha. BORDEXÉ 2 leguas e media de tierra doblada e de labrança, en saliendo de Morón pasan al dicho río que corre a la mano dizquierda.

463 Morisco, cf. *Medina del Campo, Pedro(s)so.*

Morpeçares[464] [§ 1053] tiene 40 vezinos; es del conde de Ureña; está en un vallezico:

CANALEJAS una legua llana.

Morvedre villa [§ 16] tiene 500 vezinos; está media legua de la mar:

VALENCIA 4 leguas llanas, las 2 postreras de huerta.

Móstoles lugar [§ 332] tiene 500 vezinos; es de Toledo.
Motrico villa [§ 1239–1245] tiene 500 vezinos; es en Guipuzca; es puerto de mar:

ÇARAUZ 4 leguas y media muy agras. ÇUMAYA 3 leguas muy dobladas, van por Uciar. DEVA, que es puerto de mar, media legua, es tierra muy agra que apenas pueden andar las bestias. ECHAVALETA 9 leguas muy agras, vase por Mendaro y por Alçola y por Egueivar y por Plazencia e por Vergara e por Mondragón. EGUEIVAR 2 leguas muy agras, vase por Mendaro y Alçola. EGUIENES 8 leguas. EIVAR 3 leguas muy agras. GUITARIA 4 leguas muy agras, pásase en el camino un río dicho Quitaria junto con Çumaya, que es un gran río que entran y salen las naos en él [...] hazia la mano derecha. HUENTERRABÍA 10 leguas muy agras, ase de entender que todas estas villas e lugares que hemos dicho des Motrico hasta Fuenterrabía se [...] uno camino pásanse todas estas villas y es el camino de los romeros, son todas puertos de mar salvo Çarauz y Echiar. ORIO 5 leguas muy agras, pásase un río junto con Orio que es muy grande, corre a la mano derecha. PASAJE 9 leguas muy agras, Pasaje que es puerto que son 2 lugares juntos, uno de la una parte del río es de San Sabastián e la otra de la otra parte es de Fuenterrabía. PLAZENCIA 3 leguas desde Motrico muy agras. SALINAS 9 leguas muy agras, vanse por el dicho Mendaro y por Alçola y por Egueivar y por Plazencia e por Vergara e por Mondragón e por Echavaleta e por Eguianes hasta Salinas. SAN SABASTIÁN 7 leguas muy agrísimas que casi no se pueden andar cabalgando. VERGARA 4 leguas muy agras, van por Mendaro y por Alçola y por Egueivar y por Plazencia a Vergara.

Moxén villa [§ 6352–6354, 6357] tiene 240 vezinos; es de don Pero Maça; está en una ladera de una sierra alta de peña e a ombrías del sol,[465] encima de la sierra está el castillo e una torre en unas peñas, es en el reino de Valencia:

AYORA 7 leguas de sierras e valles e montes baxos e altos. BIAR 5 leguas de sierras grandes e hondos valles e montes baxos, en saliendo suben un portezuelo que tenrá una legua de subida. ENGARA 3 leguas de sierras e valles e montes salvo un 4º de travieso del valle de Moxén, que es de olivares. LA FUENTE LA HIGUERA 2 leguas un valle e rambla arriba e por entre sierras e tierra algo doblada e de montes baxos de matas e atochas e lantiscares, el 4º

464 Morpezer, cf. *Canalejas*. Morpezeres, cf. *Peñafiel*. Morpeceres, cf. *Hontidueña (Fuentidueña), Pesquera*.
465 'Lugar donde da poco el sol'. Testimonio temprano de esta frase en español.

primero es llano, para subir a la Fuente la Higuera subimos una costezuela que tenrá un tiro de vallesta. HUENTETENIENTE [...] de travieso de grandes sierras e montañas. MONTESA 2 leguas llanas e por entre sierras e de olivares. VALLADA una legua llana un valle abaxo e de olivares, por la mano dizquierda queda el valle llano, por la mano derecha la sierra.

Moya villa [§ 2256–2258, 6310–6315] tiene 100 / 110 vezinos; es del marqués de Moya; tiene buena fortaleza; está en alto en un cerro, a 2 tiros de vallesta de la villa por baxo de una vega pasa un río dicho (A)landete; es cabeça del marquesado de Moya, es frontera de Aragón e del reino de Valencia lugar postrero, tiene una bega buena, a 3 tiros de vallesta de Moya nacen 6 ojos de agua de unas lagunas, que cada ojo es una laguna en que sale agua de todas estas lagunas para 4 ruedas de molino juntas, es agua salobre:

ADAMUZ 2 leguas pequeñas de tierra doblada e de montes baxos e de algunos pinares. CAÑETE 4 leguas, van por Salvacañete, 2 leguas. CARBONERAS 6 leguas de sierras e pinares, a la mano dizquierda queda el Campillo a una legua, a la mano derecha queda Aliaguilla a un 4º de legua del camino. CARDENETE 5 leguas, van por Valdespino, una legua, e por Samartín, 2 leguas, e por Valdelhumo, una legua. CASTIEL 3 leguas, van por Vellanca. FUENTE EL ESPINO una legua de tierra doblada e de montes de pinares e de enzinares, por la mano dizquierda quedan los dichos ojos, en saliendo baxan una cuesta que tenrá un tiro de vallesta. LANDETE media legua llana salvo que en saliendo de Moya baxan una cuesta que tenrá 2 tiros de vallesta, van siempre riberas abaxo del río de Landete, a la mitad del camino queda el río a la mano dizquierda e lo otro a la mano derecha porque a medio camino lo pasan, que corre a la mano derecha. EL MORILLO 5 leguas, van por Salvacañete, 2 leguas, e por Cañete, 2 leguas. SALVACAÑETE 3 leguas, van por Santo Domingo. SANTACRUZ 2 leguas de cerros e tierra doblada e de montes de pinares e carrascales. SANTO DOMINGO 3 tiros de vallesta llano salvo que el primero tiro es cuesta abaxo. TALAYUELAS 2 leguas de tierra llana, algunas partes doblada e de montes baxos e de algunos [...]. TEXEDA 3 leguas, van por Alandete, media legua, e por Aliaguilla, legua e media. VALDEMORA 4 leguas, van por Salvacañete, 2 leguas. VALENCIA 14 leguas, van por Talayuelas e por Tuexa, 5 leguas, e por Chelva, 2 leguas, e por Calles e por Domeño e por Liria e por la Puebla de Benaguasil. VELLANCA 2 leguas de tierras de cerros e valles e montes de chaparrales e pinares.

Muduex[466] lugar [§ 5121–5123] tiene 150 vezinos; es del duque del Infantazgo, es aldea de Hita; está en un valle, está riberas de Vadiel:

LA CASA DE SAN GALINDO media legua de cerros e valles e montes altos e baxos. GAJANEJOS una legua, van por Utande, media legua. HITA una legua de tierra doblada, la media legua postrera e todo por entre cerros grandes, todo de tierras de pan, a la mano dizquierda queda Valdearenas a 2 tiros de vallesta del camino. PADILLA una legua de cerros e valles

466 Mudueis, Mudeis, cf. *Hita*. Muduees, cf. *Padilla*.

muy grande e de montes baxos e altos. UTANDE media legua riberas arriba de Vadiel, por la mano derecha queda Vadiel e por entre cerros e tierras de pan. VALDEARENAS media legua llana de vega e tierras de pan e viñas riberas abaxo de Vadiel, que queda el río a la mano dizquierda, junto con Valdearenas pasan al dicho Vadiel por vado, que corre a la mano dizquierda.

Muel villa [§ 5019–5021] tiene 200 vezinos; es de don Francisco de Luna; está en un valle al pie de una serrezuela, está riberas de un riatuelo dicho María; tiene buena ribera de güertas, es lugar de moros:

ALMUÑA 4 leguas, de tierra doblada e como cuesta arriba las 2 leguas e media primeras, lo otro llano e como cuesta abaxo. BOTORRITA una legua grande de tierra doblada e por entre sierras. ÇARAGOÇA 6 leguas despoblado de tierra doblada e de algunos cerros. MAÇOTE media legua pequeña llana riberas abaxo del dicho riatuelo dicho María, que da con muchas huertas, en llegando a Maçote pasamos al dicho río por vado, corre a la mano dizquierda.

Muela aldea [§ 8] tiene 30 vezinos:

ÇARAGOÇA 5 leguas.

Mula lugar [§ 6422–6429, 6437, 6463–6466] tiene 600 / 700 vezinos; es del marqués de los Vélez; tiene fortaleza; está en una ladera de una sierra alta de peña e a una solana, por lo más alto del dicho cerro en la misma ladera encima de la villa la cerca que solía ser la villa, en lo alto de la punta del cerro está la fortaleza abraçada con la cerca; solía ser villa cercada, tiene buena ribera de huertas en un valle llano por la parte de mediodía, solía ser frontera del reino de Granada:

ALBUDEITE 2 leguas de valles hondos e de montes baxos e de atochares, a medio camino pasan a un riatuelo por vado, que corre a la mano dizquierda. ALHAMA 5 leguas de tierra por entre sierras e muy barrancosa e de montes de atochares e romerales, a la mano dizquierda queda Librilla a media legua grande. CALASPARRA 5 leguas grandes de tierra doblada e por entre sierras e montes de pinares e romerales, a las 4 leguas primeras pasan a un río dicho el río de Quipar por vado, que corre a la mano derecha, a una legua adelante pasan el río de Caravaca por vado, que corre a la mano derecha. CAMPOS 3 leguas, van por Albudeite. CARAVACA 7 leguas, van por Cehegín, 5 leguas de tierra doblada e cerros e sierras grandes por todas partes e atochares e algunos pinares, el un 4º primero es de huertas, a una legua primera pasan a un río dicho río de Mula por vado, que corre a la mano derecha. CEHEGÍN 6 leguas, las 2 leguas primeras de un valle e arroyo arriba muy hondo e de montes de pinares e enzinares e atochares, todo lo otro es de montes de pinares e carrascales e atochares e tierra muy barrancossa, a las 5 leguas primeras pasan al dicho río de Caravaca por vado, que corre a la mano dizquierda, a la mano dizquierda queda el Castillo de Bullas a un millo del camino. CIEÇA 5 leguas de sierras e valles e montes de chaparrales e atochares, en llegando a Cieça pasan a Segura río por vado, que corre a la mano derecha. COTILLAS 5 leguas e media, van por el mismo camino de Molina salvo que no pasan el río. HE-

LLÍN 11 leguas, van por Calasparra. LIBRILLA 4 leguas de cerros e valles e muchos barrancos e montes de atochares e romerales e algunos pinares e tierras de labrança. LORCA 9 leguas de cerros e sierras e valles e tierra muy áspera e de muchas montañas, a media legua primera pasan al río de Mula por vado, que corre a la mano dizquierda, junto con Lorca pasan otro río por vado, que corre a la mano dizquierda. MOLINA 6 leguas de tierra de cerros e valles e montes de atochares e romerales, en llegando a Molina pasan al río Segura por vado, que corre a la mano derecha, por la mano derecha queda Cotillas e las Alguaças a 3 tiros de vallesta del camino. MORATALLA 9 leguas, van por Cehegín e por Caravaca. MURCIA 7 leguas, van por la Puebla de Mula, una legua, e por el Alcantarilla, 5 leguas. PRIEGO una legua de tierra de cerros e valles e montes de atochares, a medio camino pasan a un río dicho de Priego por vado, que corre a la mano dizquierda. LA PUEBLA DE MULA una legua llana e de algunos barrancos e atochares, el un 4º primero es de olivares e viñas. RICOTE 3 leguas de tierra de sierras e valles hondos e montes de pinares, a legua e media traviesan una sierra que tenrá de subida e abaxada legua e media.

Munera lugar [§ 4595–4599] tiene 150 vezinos; es aldea de Alcaraz; tiene fortaleza muy antigua derrocada por vando; está en llano salvo por la parte de Alcaraz, pasa un arroyo grande por la parte de hazia do se pone el sol que tiene buena ribera de huertas, que pasa a un tiro de vallesta del lugar:

ALBACETE 9 leguas, van por la Casería del Campo de Barrax, 5 leguas, de tierra de cerros las 2 leguas primeras e lo otro de tierra llana, todo de montes baxos e atochares e romerales. ALCARAZ 7 leguas, van por el Bonillo, 2 leguas llanas salvo algunos vallejuelos, la legua e media primera es de montes de enzinares, en saliendo del lugar abaxa una cuesta que tenrá un tiro de vallesta, allí pasan a un río por vado, corre a la mano derecha. CHINCHILLA 11 leguas, van por Albacete. LEZUZA 3 leguas de tierra doblada e de montes de enzinares la primera legua, riberas arriba del dicho arroyo que queda a la mano derecha. MIÑAYA 5 leguas llanas de atochares. MONTIEL 9 leguas, van por el Bonillo, 2 leguas, e por Cañamares. LAS PEÑAS DE SAN PEDRO 10 leguas, van por Lezuza, 3 leguas, e por Valaçote, 4 leguas. LA RODA 6 leguas llanas de montes baxos de enzinares e atochares. SAN CLEMENTE 7 leguas de tierra llana e de atochares, a la mano derecha queda Miñaya a 2 leguas del camino e Villarrobledo queda a la mano dizquierda a 2 leguas del camino. VILLARROBLEDO 5 leguas llanas, las 2 primeras son de montes de enzinares, todo este camino es de atochares e de tierras de labrança salvo que en saliendo del lugar ay algunos barrancos.

Muñana lugar [§ 3880–3900] tiene 70 vezinos; es aldea de Ávila; está en el campo de Valle Ablés entre unos montes de enzinares e al pie de una serrezuela, el asiento algo en alto:

ARÉVALO 10 leguas, van por Barbay, una legua de sierras e montes, e por Gurría, media legua, e por Sancho Reja, una legua, e por el Cid, media legua, e por Altamiros, una legua, e por Albornoz, 2 leguas, e por Muñomer, media legua, e por Naharros de Saldueña, media legua. ÁVILA 5 leguas, van por Santa María el Arroyo e por Muño Galindo, media legua. EL BARCO DE ÁVILA 9 leguas, van por Villatoro, 2 leguas, e por las Casas del Puerto, una legua, e por Samiguel, una legua, e por Piedrahíta, una legua, e por el Aldeyuela, 2 leguas. BURGOS 45 leguas, van por Medina del Campo, 15 leguas, e por Valladolid, 8 leguas, e por Cabeçón, 2 leguas, e por Dueñas, 4 leguas, e por Torrequemada e por Magaz e por Villanueva de las Carretas e por Estépar, 2 leguas. CIBDAD REAL 40 leguas, van por Toledo e por Yébenes. CÓRDOVA 60 leguas, van por Naharros del Puerto, una legua, e por Menga Muñoz, una legua, e por la Mora, una legua, e por Gargayanta, una legua, e por los Molinos, una legua, e por las Cuevas, 2 leguas, e por el Colmenar e por el Arroyo el Castaño, media legua, e por Ramacastañas, una legua e media, e por el Bodegón, 3 leguas, e por Mengacinar, 2 leguas, e por Torralva, 2 leguas, e por la Puente del Arçobispo, 2 leguas, e por el Villar del Pedroso, 2 leguas, e por Guadalupe, 7 leguas, e por las Casas de don Pedro, 6 leguas, e por la Puebla de Alcocer, 2 leguas, e por la Cabeça el Buey, 5 leguas, e por Benalcáçar, 2 leguas, e por la Hinojosa, una legua. GRAJOS una legua muy grande, la primera media todo puerto arriba salvo 2 tiros de vallesta primeros, que es llana, e de montes de enzinares e la otra postrera cuestas abaxo, todo este camino es de grandes peñas e berrocales. GUAREÑA media legua llana e de montes de enzinares por la mano dizquierda. LA HIJA DE DIOS legua e media, van por Naharros, una media legua. MÁLAGA 85 leguas, van por el camino de Córdova e a la Rambla, 5 leguas, e por el Pontón de don Gonçalo e por Antequera e por Almoxía. MATUTEJOS una legua llana, la media legua primera es de montes, por la mano dizquierda queda siempre una serreçuela. MAVIDA una legua, van por Villagarcía, un 4º de legua llana, e por Pascual Muñoz, media legua. MEDINA DEL CAMPO 15 leguas, van por Grajos, 2 leguas, e por la Hortigosa, media legua, e por Moñico, media legua, e por Vita, 2 leguas, e por Hirites, media legua, e por Hontiveros, legua e media, e por Cabeças del Pozo, legua e media, e por Huente el Sol e por Rabé. MENGA MUÑOZ 2 leguas, van por Naharros, una legua llana de travieso la vega de Adaja, a medio camino pasamos al dicho río Adaja por vado, corre a la mano dizquierda. MÚÑEZ media legua llana e de montes de enzinares. NIHARRA 2 leguas e media, van por la Torre, media legua, e por Salobralejo, una legua. PLAZENCIA 21 leguas, van por Villatoro, 2 leguas, e por las Casas del Puerto, una legua, e por Samiguel, una legua e media, e por Piedrahíta, media legua, e por el Aldeyuela, 2 leguas, e por el Barco de Ávila, 2 leguas, e por las Casas del Puerto, 3 leguas, e por Tornavacas, una legua, e por Navaconcejo, una legua, e por Vadillo, una legua, e por Cabeçuela, una legua, e por Ojalvo, una legua, e por el Asperilla, 2 leguas. POVEDA legua e media, van por Villa García e por Pascual Muñoz e por Solana. SALAMANCA 13 leguas, van por Vadillo, 2 leguas de sierras e montes e berrocales, e por Samiguel, 2 leguas, e por Gómez Blasco, 2 leguas, e por Alva de Tormes, 3 leguas. LAS SALINAS DE CIMÓN 45 leguas, van por Ávila, 5 leguas, e por los Patos, 2 leguas, e por Almarça, 3 leguas, e por Xuarros, 3 leguas, e por Párraces, una legua, e por Garcillán, 2 leguas, e por el Pedrón, 3 leguas, e por Turéguano, 2 leguas, e por Aldeamontes, 2 leguas, e por Grajeda, 2 leguas, e por Castilnovo, media legua, e por la Nava, media legua, e por el Corral, 2 leguas, e por Riaguas, 2 leguas, e por Aldeavieja, una legua, e por Franco, una legua, e por Grado, legua e media, e por Galves, una legua, e por los Condemios, una legua, e por Cañamero, una legua, e por Atiencia, una legua, e por el Corral, una legua. SEGOVIA 16 leguas, van por Santa María del Arroyo, una legua, e por Muño Galindo, media legua, e por Ávila, 3 leguas e media, e por Vico Loçano, una legua, e por Berrocalejo, media legua, e por Aldeavieja, 2 leguas, e por Villacastín, una legua, e por Hituelo, media legua, e por San Pedro de las Dueñas. TOLEDO 23 leguas, van por la Torre, media legua, e por el Salobralejo, una legua, e por el Mensegar, una legua, e por Belchos, media legua, e por Almironcillo, media legua, e por Río Frío, una legua, e por el Barraco, 3 leguas, e por el Tiemblo, 4 leguas, e por Cadahalso, 3 leguas, e por Paredes, 2 leguas, e por Escalona e por

San Silvestre e por Novés e por Villamiel. TORO 19 leguas, van por Gamonal, 2 leguas grandes sierra e montes e berrocales grandes, e por Viniegra, media legua, e por San García, media legua, e por Gallegos, media legua, e por Manzera de Arriba, una legua, e por Manzera de Abaxo, una legua, e por la Bóbeda, una legua, e por Peñaranda del Mercado, una legua, e por la Poveda de las Cintas, 2 leguas, e por Hordeño, 2 leguas, e por Castrillo, media legua, e por Vadillo, una legua, e por la Bóbeda de Toro, una legua, e por Villabuena, una legua. LA TORRE media legua llana de tierras de pan. VILLAR GARCÍA media legua llana de montes de enzinares. VILLATORO 2 leguas, todo llano por el campo e vega arriba de Daja, queda siempre el río a la mano dizquierda e la sierra por la mano derecha, a legua e media entramos en un monte de enzinares que tenrá todo el camino.

Muño Galindo[467] lugar [§ 3873–3876, 4149] tiene 40 vezinos; es aldea de Ávila; está en la ribera de Adaja, que está el dicho río Adaja a media legua; esta vega toda desde Villatoro hasta Ávila se llama el Balle Ablés, que es una ancha e llana ribera de vega:

ÁVILA 3 leguas algo de tierra doblada e de tierras de pan, por la mano dizquierda queda siempre una serrezuela, todo este camino se llama el Val de Ablés, a la mano dizquierda queda la Serrada a 2 tiros de vallesta del camino, en llegando a Ávila pasan al dicho río Adaja por puente, corre a la mano dizquierda. BARBAHARDA una legua, van por Sancho Corto, poco más de media legua. LA HIJA DE DIOS 2 leguas, van por Herreros, una legua. MENGA MUÑOZ 3 leguas, van por Ximerendura, una legua, e por Herreros, 2 tiros de vallesta. NIHARRA una legua de vega llana, todo de panes. SALOBRALEJO 4 tiros de vallesta llanos e de vega. SANCHO CORTO media legua grande de sierras e berrocales salvo un tiro de vallesta primero. SANTA MARÍA EL ARROYO media legua pequeña llana, por la mano derecha queda la serrezuela. LA SERRADILLA 2 leguas, van por Padiernos, una legua. VILLATORO 3 leguas e media, van por Santa María el Arroyo, un 4º de legua grande llana. VILLAVICIOSA una legua, van por Solo Sancho, media legua llana.

Muñochas [§ 3872] arrabal de Padiernos; es en la vega de Adaja, orilla una sierra e en una solana:

MUÑO GALINDO media legua llana. PADIERNOS un 4º de legua llana. SALOBRAL media legua llana.

Murcia cibdad [§ 314, 6410–6412] tiene 3000 / 4500 vezinos; tiene buena fortaleza; está en llano riberas de un río dicho Segura; tiene grandes huertas alderredor que se sirve mucha parte del reino de Toledo, es frontera del reino de Valencia:

467 Muñogalindo, cf. *Villanueva del Campillo*.

EL ALCANTARILLA una legua llana e de huerta, en saliendo de la cibdad pasan al dicho río Segura por puente, que corre a la mano dizquierda. CARAVACA 14 leguas, van por Alcantarilla, una legua, e por Mula, 6 leguas, e por Cehexín. EL CASTILLO DE MONTEAGUDO una legua llana e de huertas de regadío. LIBRILLA 4 leguas, la primera legua es de huerta, en saliendo de la cibdad pasan al dicho río Segura por puente, que corre por la mano dizquierda, lo otro es de sierras por [...]. LORCA 12 leguas, van por Librilla. MOLINA 2 leguas pequeñas, la primera legua es llana, el un 4º primero es de huertas, lo otro es de cerros e montes de atochares. ORIGÜELA 4 leguas, todo de huerta riberas abaxo de Segura río, que queda el río a la mano derecha.

N, Ñ

***Naharra** [§ 3993, 4003, 4109]:

CASAS DE CHICAPIERNA media legua. COLLADOS una legua. NAHARRILLOS una legua.

***Naharrillos** [§ 3992, 3993, 4003, 4111]:

NAHARRA media legua. VALDEMOLINOS una legua. VENTOSA media legua.

***Naharrole**[468] [§ 1241] está aquí la casa de la reina que hizo el condestable viejo; pásase junto con esta casa un riatuelo, es muy bueno de truchas; de la otra parte del río ay un soto de conejos.

****Naharros del Castillo** lugar [§ 1998–2002] tiene 160 vezinos; es de don Pedro de Toledo; está algo en valle:

BLASCO MILLÁN una legua llana, junto con Blasco Millán pasamos a un río dicho río Almar, que corre a la mano derecha. CANINDOSA una legua llana. CASTRONUEVO media legua. DURUELO una legua llana, junto con el lugar dicho Duruelo pasamos a río Almar, que corre a la mano derecha. FLOREZ DE ÁVILA legua e media, van por Canindosa. HERREROS una legua llana. HIRITES una legua llana. HONTIVEROS 2 leguas, van por Castro Nuevo, media legua, e por Rebilla, un 4º de legua. MADRIGAL 5 leguas, van por Muño Sancho, una legua, e por Villa Mayor, un 4º de legua, e por Cisla, una legua, a la mano derecha queda Torralva a un tiro de vallesta del camino. MUÑO SANCHO una legua. PEÑARANDA 2 leguas, van por Salvadiós, media legua, e por Cantarazillo, una legua. SALVADIÓS una legua llana, es aldea de Ávila. VERCIMUELLE (BERCIMUELLE) una legua llana, pasamos al dicho río Almar junto con el lugar, que corre a la mano derecha. VILLACOMER, que es un lugar despoblado de 10 vezinos, media legua llana.

***Naharros del Puerto** [§ 2409, 2412, 3889, 4134, 4176]:

HERREROS media legua. MENGAMUÑOZ una legua. MUÑOTELLO una legua. NIHARRA 2 leguas y media. VILLATORO una legua.

***Naharros de Salamanca** lugar tiene 20 vezinos; es aldea de Salamanca; está en llano:

CALÇADA una legua, vase por Valdonziel. CAÑEDINO una legua doblada, campiña, junto con Cañedino se pasa Santivañes, corre a la siniestra. FORFOLERA legua y media doblada, campiña, queda Valdonziel a medio millo y Calçada a medio millo. MATA media legua llana. NEGRILLA legua y media doblada, campiña. PALENCIA una legua doblada, campiña.

---

468 La Casa la Reina, cf. *Haro*.

https://doi.org/10.1515/9783111044064-015

SALAMANCA 2 leguas y media doblada, campiña. TOPAS legua y media doblada. VALDONZIEL media legua llana, campiña.

Nájara cibdad [§ 3833–3834] tiene 800 vezinos; está en llano al pie de unas sierras, está entre 2 fortalezas que están en la sierra e ella entre valles, pasa un río dicho Najarilla por cabe la cibdad; es cabeça del ducado de Nájara:

HARO 3 leguas, van por Villavre, 2 leguas de cerrillos. NAVARRETE 2 leguas llanas e de tierras de pan salvo que antes que lleguemos e subimos a una cuesta que tenrá un tiro de vallesta, en saliendo de Nájara pasan al dicho Najarilla por puente, corre a la mano dizquierda.

****Nava (La Nava de Pedraza)**[469] aldea [§ 763, 811–814] tiene 30 / 200 vezinos; es del Condestable; está en llano:

ALDEA EL CORVO una legua llana, pásase un río a medio camino por vado. ARANDA 8 leguas, van por el Corral e por Sondehesa e por Valdellano e por Ciruelos e por Honrubia e por Pardilla e por Miraglos e por Fuente Espina. AYLLÓN 6 leguas, van por el Corral e por Çarçosa e por Frexlo e por el Corral de Ayllón. BERCIMUEL 3 leguas, van por Bocegillas e por Grajeda. BOCEGUILLAS 2 leguas dobladas, pásase Duratón en medio del camino por vado, que corre a la mano dizquierda. CANTALEXO 3 leguas dobladas. CASTILNOVO (CASTILNUEVO) media legua dobladilla. EL CORRAL una legua grande, la mitad de ella es muy llana un prado abaxo, luego subimos una costezuela que tenrá tiro e medio de vallesta, luego abaxamos como una laderuela abaxo hasta el lugar dicho Corral, queda a la mano derecha Vellosillo del camino 2 tiros de vallesta, ansí mismo a la mano derecha queda la Frexneda a media legua del camino. CUÉLLAR 9 leguas, van por Cantalexo e por Hontalvilla. DURUELO 2 leguas, van por Zerezo de Yuso e por Zerezo de Suso. GRAJEDA 2 leguas e media, van por Boceguillas. HORTOIN media legua llana. MIRANDA una legua doblada, pásase a medio camino un riatuelo que corre a la mano derecha. MONTIAÑÓN media legua. NAVARES DE SUSO e NAVARES DE YUSO, que es todo un concejo, 2 leguas grandes, van por Sepúlveda. PEDRAZA 2 leguas e media, van por la Matilla e por Orejanilla. PEÑAFIEL 9 leguas, van por Sepúlveda e por el Carrascal e por Cobos e por Samiguel de Bermuy e por Fuentidueña. PERO RUBIO media legua doblada. PRADANA 2 leguas e media, van por Villafranca e por Castroserna de Arriba e por Pradanilla. RIAÇA 4 leguas, van por Vellosillo e por el Alameda de Sepúlveda e por Castillejo. ROA 10 leguas, van por Sepúlveda, todo lo otro es despoblado salvo queda a la mano derecha Aldeanueva a tres 4º de legua del camino, pásase junto con Roa a Duero por puente, que corre a la mano izquierda. SEPÚLVEDA una legua doblada de cuestas, antes que lleguemos a Sepúlveda con un tiro de vallesta pasamos un riatuelo, que corre a la mano izquierda. UREÑAS legua e media, van por Sepúlveda. VELLOSILLO media legua doblada, pásase un río a medio camino. VENTOSILLA una legua, pásase un río a medio camino. VILLAFRANCA media legua.

469 La Nava de Sepúlveda, cf. *La Torre de San Pedro.*

La Nava[470] aldea [§ 1101] tiene 200 vezinos; es de Medina del Campo:

CARRIONCILLO media legua. MEDINA DEL CAMPO 2 leguas. VILLAVERDE media legua.

***Nava de Alva**[471] lugar tiene 70 vezinos; es de Alva; está en llano, está riberas de un río dicho Rialmar:

ALDEASECA DE LA FRONTERA una legua. ARAUZO media legua pequeña Rialmar abaxo. COCA una legua llana. GARCI HERNÁNDEZ 2 leguas, vase por Coca. SOTROVAL un 4º de legua río arriba. VENTOSA una legua grande, queda Arauzo a la diestra a 2 tiros de vallesta. VILLAR una legua, y junto con la Nava se pasa Rialmar por vado, corre a la siniestra.

***Nava de Arévalo** tiene 100 vezinos; es de Arévalo; está en llano:

ALMARÇA 3 leguas y media, vase por Pajares y por Lavajos. ARÉVALO 2 leguas, vase por Vinaderos y por Gómez Çurramán. ÁVILA 7 leguas, vase por Pero Rodríguez y por el Oso y por los Berlangas y por Cardeñosa. FUENTES una legua llana, a la media legua se pasa por vado Arevalillo, corre a la siniestra, y junto con Fuentes se pasa Adaja por puente, corre a la siniestra, tiene derrumbaderos de 50 pasos cada uno. HONTIVEROS 3 leguas, vase por San Vicente y por Don Ximeno. MAGAÇOS media legua llana. MEDINA DEL CAMPO 5 leguas, vase por Muriel y por la Fuencalada y por Serranillos. MONTUENGA 2 leguas, vase por Huentes. MURIEL 3 leguas grandes, a la siniestra queda Cientlavajos y queda a la diestra Aldeaseca a 2 tiros de vallesta del camino, queda Donvides en un cerro a 2 tiros de vallesta. NOHARRE media legua llana. OSA 2 leguas, vase por Pero Rodríguez. PAJARES 2 leguas, vase por el Bodoncillo. PALACIOS RUVIOS una legua llana. PEÑARANDA 6 leguas, van por San Vicente y por Don Ximeno y por [...] y por Nuño Sancho y por la Cruz y por Cantarazillo. PERO RODRÍGUEZ una legua llana. SAN VICENTE media legua [...] llana. SANTA MARÍA DE NIEVA 6 leguas, vase por Huentes y por Montuenga y por Aldeanueva. TIÑOSILLOS una legua pequeña llana, a la media legua se pasa Arevalillo por vado, corre a la siniestra. VILLACASTÍN 7 leguas, van por el Bodoncillo y por Pajares y por el Almarça y por Lavajos. VINADEROS una legua llana.

***Nava de Coca** lugar tiene 140 vezinos; está en llano:

ALDEANUEVA legua e media llana, a la media legua primera se pasa Boltoya por vado, corre a la diestra. ARÉVALO 4 leguas, vase por Moraleja de Coca e por el Estepar e por Moraleja de Sancta Cruz. BERMUY DE COCA 2 leguas llanas, a media legua primera pasan a Boltoya por puente, corre a la siniestra. BERNALDOS 2 leguas llanas, las 2 medias leguas de medio camino es de pinares. COCA una legua muy grande, la media legua postrera es de arenales. CUÉLLAR 5 leguas, vase por Navasdolo e por Samboal e por el Campo. FUENTE DE COCA 2

470 La Nava de Medina, cf. *Medina del Campo*.
471 La Nava, cf. *Tordillos*.

leguas, vase por Villagonçalo. MARTÍN MUÑOZ DE LAS POSADAS 3 leguas, vase por Aldeanueva. MEDINA DEL CAMPO 7 leguas, vase por Santiuste e por la Fuente de Coca. MIGAL HÁÑEZ 2 leguas llanas, las 2 medias leguas de medio son de pinar. MINGOGARCÍA 2 leguas llanas grandes, [...] leguas de medio camino son de enzin[ares]. MONTEXO DE LA VEGA 3 leguas, vase por Santiuste. MORALEJA DE COCA una legua llana, e a medio camino pasan a Boltoya por vado, corre a la diestra. NAVASDOLO una legua, vase por la Trenidad. NIEVA 2 leguas llanas, las 2 medias leguas de media son de pinares, son grandes de pinares la legua e media. SANCHO [...], a medio camino se pasa Boltoya por vado, corre a la diestra. SANTIUSTE una legua llana, e a medio camino se pasa Boltoya por vado, corre a la diestra. SEGOVIA 7 leguas, vase por Nieva e por Sancta María de Nieva e por Tabladillo. TORGANILLO legua e media llana, a medio camino se pasa Boltoya por vado, corre a la diestra. TRENIDAD media legua llana. VILLAGONÇALO una legua llana, a medio camino se pasa Boltoya por vado, corre a la diestra. VILLIGUILLO 2 leguas, e vase por Coca.

Nava la Gamella[472] lugar [§ 2351–2353] tiene 500 vezinos; es aldea de Segovia; está en llano entre unas sierras:

ÁVILA 12 leguas, van por Robledo de Chavela, 2 leguas, e por Valdemaqueda, una legua. EL COLMENAR DE ARROYO una legua de tierra doblada e por entre sierras, a medio camino pasamos a un río dicho Peralejo, que corre a la mano derecha. NAVA EL QUIXIGO 3 leguas e media, van por Rodeznillo, una legua. PERALES DE MILLA una legua de valles e por entre sierras, a media legua primera pasamos al dicho río Peralejo, que corre a la mano derecha. ROBLEDO DE CHAVELA 2 leguas, van por los Degollados, media legua llana e de montes. SAMARTÍN DE VALDEIGLESIAS 5 leguas, van por Colmenar de Arroyo, una legua, e por Pelayos, 3 leguas. SEGOVIA 12 leguas, van por la Frexneda, 3 leguas e media, e por el Campillo, una legua, e por Guadarrama, una legua. ZEBREROS 6 leguas, van por Colmenar de Arroyo, una legua, e por Pelayos, 3 leguas, e por Samartín de Valdeiglesias, una legua.

Nava Grande lugar [§ 3509–3519] tiene 40 vezinos; es aldea de Pedroche; está en un altillo, está en la Sierra Morena:

ALMODÓVAR DEL CAMPO 8 leguas grandes, la media legua primera es de cerros e montes e las 3 leguas adelante es de grandes sierras, a medio camino de estas 8 leguas pasamos e travesamos a unas dehesas e prados que se llama el Campo de Alcudia, de allí adelante es de sierras e valles e montes baxos salvo una legua pequeña postrera que es llana e de montes baxos, a la mano dizquierda queda Tirte Afuera lugar a tres 4º de legua del camino. ANDÚJAR 12 leguas de sierras e montes baxos e altos, a 9 leguas primeras pasan a Guadalquebir por barca, que corre a la mano derecha. EL ANORIA 6 leguas, van por la Fuente el Álamo, 3 leguas, e por Pedroche, una legua. ARJONA 14 leguas, van por Arjonilla, 13 leguas, de sierras las 9 leguas primeras e lo otro es de campiña, a 10 leguas pasan a Guadalquebir por varco, corre a la mano derecha. BAEÇA 18 leguas, van por Andújar, 12 leguas, e por Lopión, 6 leguas, e por Bejíjar, media legua. CHILLÓN 9 leguas, van por San Benito, 3 leguas, e por el Almadén, 3 leguas. LAS CONISAS [¿?] 3 leguas e media, van por la Fuente el

472 Navalagamella, cf. *Valdemorillo.*

Álamo, 3 leguas. CÓRDOVA 14 leguas, van por Adamuz, 9 leguas e media, e por la Puente de Alcolea, 3 leguas e media. FUENT CALLENTE 3 leguas de sierras e montes. FUENTE OVEJUNA 15 leguas, van por Fuente el Álamo, 3 leguas, e por Pedroche, una legua, e por Torremilano, 2 leguas, e por Benalcáçar, 3 leguas. MONTORO 10 leguas de sierras e valles e montes baxos, junto con el lugar pasamos al dicho río Guadalquebir por varca, que corre a la mano derecha. NUESTRA SEÑORA DE GUADALUPE 22 leguas, van por San Benito, 3 leguas, e por el Almadén, 4 leguas, e por Chillón, media legua, e por Tamurejo, 3 leguas, e por Herrera, 7 leguas. OVEJO 6 leguas, van por Villa Nueva, 2 leguas e media. POZO BLANCO 6 leguas, van por Pedroche, 4 leguas. SANTO RAMIA [¿?] 6 leguas, van por Torre el Campo, 3 leguas, e por el Guixo, 2 leguas. EL TORNO 4 leguas e media, van por Villa Nueva, 2 leguas e media. TORRE CAMPO 3 leguas de cerros e montes baxos. TORRE MILANO 6 leguas, van por la Fuente el Álamo, 3 leguas, e por Pedroche, una legua. VILLA NUEVA DE CÓRDOVA 2 leguas e media de cerros e tierra de montes. VILLA PEDROCHE 4 leguas, van por la Fuente el Álamo, 3 leguas. EL VISO 7 leguas, van por la Fuente el Álamo, 3 leguas, e por Pedroche, una legua, e por Torre Milano.

Nava el Moral lugar [§ 2498–2506] tiene 120 vezinos; es aldea de Plazencia; está en llano e al pie de una serrezuela:

LAS ATALAYUELAS 2 leguas llanas e de montes. BELBÍS 2 leguas, van por los Millanes. EL CAMPILLO DE BELBÍS 2 leguas pequeñas de tierra algo doblada e de montes de enzinares e alcornocales, a la mano dizquierda queda Belbís a media legua. LAS CASAS DE BELBÍS legua e media, van por los Millanes. EL COLLADO 6 leguas, de tierra doblada las 3 leguas postreras, estotro de enzinares, a medio camino pasamos a Tiétar río por barca, que corre a la mano dizquierda. CUACOS 6 leguas de tierra doblada e de montes las 3 leguas postreras, a medio camino pasamos al dicho río Tiétar por barca, que corre a la mano dizquierda. EL LOSAR 6 leguas, van por el mismo camino de Valverde. LAS MAJADAS 3 leguas, van por Casatexada, 2 leguas de montes. MALHINCADA una legua llana de montes de enzinares. LA MESA 3 leguas de tierra doblada por encima de unas serrezuelas, a 2 leguas e media pasamos a Texo por barca, que corre a la mano derecha. LOS MILLANES una legua de sierra e de montes. PASARÓN 7 leguas, van por Xahariz, 6 leguas. LA PERALEDA DE PLAZENCIA una legua llana de montes. PLAZENCIA 10 leguas, van por Casatexada, 2 leguas llanas de enzinares, e por Toril, 2 leguas, e por la Barca de Bazagón, 2 leguas, e por Malpartida, 3 leguas. LA PUENTE DEL ARÇOBISPO 6 leguas, van por Valparaíso, una legua, e por el Gordo e por Duratorrico, 2 leguas. SAN JULIÁN 4 leguas, van por Torviscoso. SANTA MARÍA DE GUADALUPE 11 leguas, van por la Mesa, 3 leguas, e por el Avellaneda, 2 leguas, e por Nava el Villar, 2 leguas. SERREJÓN 4 leguas llanas de montes. TALAVERA 12 leguas, van por Valparaíso, una legua llana de monte, e por Calçada, 3 leguas, e por Oropesa, 2 leguas. TALAVERUELA LA VIEJA 3 leguas, van por la Peraleda, una legua, junto con Talaveruela pasamos a Texo por barca, que corre a la mano derecha. TORVISCOSO una legua grande llana de montes. TRUXILLO 11 leguas, van por Almaraz, 3 leguas llanas e de montes, e por las Barcas de Alvalá, una legua, e por las Casas del Puerto, 2 leguas, e por Almarazejo, una legua, e por la Torre, una legua. VALDEONCARO una legua, travesamos una serrezuela que tenrá todo el camino e es de enzinares. VALVERDE 6 leguas de montes de enzinares, las 3 leguas postreras son de tierra doblada cuanto más adelante, a medio camino pasamos a Tiétar por barca, que corre a la mano dizquierda. XAHARIZ EL BEODO 6 leguas, van por el mismo camino de Valverde. XARANDILLA 6 leguas, de tierra doblada e de montes de enzinares e xarales las 3 leguas postreras, a 3 leguas pasamos al dicho río Tiétar por barca, que corre a la mano dizquierda.

Nava el Moral lugar [§ 4254–4260] tiene 20 vezinos; es aldea de Talavera; está en llano al pie de una serrezuela:

ALCOLEA una legua e media, van por Açután, una legua de tierra doblada la media legua primera de montes, por la mano derecha queda una punta de una sierra, el camino es por la Puente del Arçobispo por el río que no se pasa. ALDEANUEVA 2 leguas de cerros e valles e montes. ALDEANUEVA DE MOHEDAS 2 leguas de cerros e valles e montes de enzinares, por la mano dizquierda queda siempre una serrezuela. BUENASBODAS 4 leguas, van por Aldeanueva de Mohedas, 2 leguas, e por el Campillo, una legua. EL CAMPILLO 3 leguas, van por Aldeanueva de Mohedas, 2 leguas. CARRASCALEJO 2 leguas, van por el Villar de Pedroso, una legua. EL ESTRELLA una legua de tierra doblada e de labranças e de algunos montes. GUADALUPE 8 leguas, van por el Villar del Pedroso, una legua de tierra barrancosa e de montes de xarales, a media legua primera pasan al Pedroso río por vado, corre a la mano derecha. MOHEDAS 2 leguas de cerros e valles e montes de enzinares e tierras de labranças, a medio camino pasan al dicho río Pedroso, corre a la mano derecha, sécase en verano. OROPESA 3 leguas, van por la Puente del Arçobispo, una legua, e por la Fuente Maestre, una legua e tres 4º. LA PUENTE DEL ARÇOBISPO una legua grande, de barrancos e montes la media legua primera e lo otro como cuesta abaxo, por la mano derecha queda Açután a 5 tiros de vallesta del camino. TALAVERA 6 leguas, van por Aldeanueva, 2 leguas, e por Corral Rubio, una legua. TORRE LA MORA 2 leguas, van por el Villar de Pedroso, una legua.

Nava el Peral[473] lugar [§ 2465–2468] tiene 70 vezinos; es del duque de Alva; está en llano riberas de Tormes, que nace a 2 leguas del lugar, está el lugar entre 2 sierras:

ALDEANUEVA legua e media, van por Horcaxo, una legua. ALVA DE TORMES 12 leguas, van por Piedrahíta, 2 leguas, e por Malpartida, una legua e media, e por Almirón, una legua, e por Gallegos del Mirón. BARAJAS media legua llana. EL BARCO DE ÁVILA 2 leguas, van por el Aliseda, una legua, a la mano dizquierda queda Bohoyo media legua del camino. ÇAPARDIEL media legua llana. EL HORCAXO media legua grande llana, a medio camino subimos una serrezuela arriba que tenrá 2 tiros de vallesta. HORTIGOSA media legua pequeñica cuesta arriba hazia la sierra. LOS HOYOS DEL COLLADO media legua pequeña llana. LOS HOYOS DEL ESPINO una legua. NAVACEPEDA media legua llana riberas arriba de Tormes río, que queda a la mano derecha. NAVARREDONDA media legua llana. NAVASEQUILLA media legua pequeña de tierra doblada cuesta arriba. SAMARTÍN DEL PIMPOLLAR una legua llana.

---

473 Navaelperal, cf. *Piedrahíta de la Sierra, Villacastín*. Nava, cf. *El Barco de Ávila*.

***Navacaros**[474] [§ 4031]:

BÉJAR una legua.

****Navacepeda** lugar [§ 2476–2478] tiene 60 vezinos; es del duque de Alva; está en llano, está riberas de Tormes, está entre 2 sierras:

EL AGUIGUELA (AGUIXUELA) media legua llana. BARAJAS legua e media, van por los Hoyos del Collado e por los del Espino, tres 4º de legua. HOYO BERRENDO media legua de tierra doblada, a medio camino pasamos a un río dicho la Garvança por vado, que corre a la mano dizquierda. LOS HOYOS DEL COLLADO media legua llana. SAMARTÍN DE LA VEGA (SAN MARTÍN DE LA VEGA) una legua, a medio camino pasamos una serrezuela que tenrá todo el camino. SANTA MARÍA DEL ESPINO una legua, van por los Hoyos del Collado.

Navacerrada lugar [§ 3724–3728, 3736] tiene 30 vezinos; es aldea de Mançanares; está en una ladera de una sierra que está hazia Segovia e en una solana, está en un valle de muchos robledales, está en el Real de Mançanares:

BEZERRIL media legua de valles e un cerro en medio que tenrá de subida e abaxada todo el camino. ÇARÇAL una legua de sierras e valles. COLLADO 2 leguas, van por el Moral, legua e media. GUADARRAMA legua e media de cerros e valles e de montes de robledales. MANÇANARES 3 leguas de valles e cerros e arroyos muchos e de montes de robledales e de cercados de piedras de prados. MATAELPINO una legua de tierra de valles e abaxadas e subidas, por la mano dizquierda queda siempre la sierra junto al camino. MORAL legua e media de valles e cerros e sierras, van agua abaxo. SEGOVIA 6 leguas, van por Zerezedilla, media legua grande de puerto de subida e abaxada. TOLEDO 20 leguas, van por Collado Mediano, media legua, e por el Alpedrete, media legua, e por Galapagar, 2 leguas, e por el Pardillo, 2 leguas, e por la Veguilla, 2 leguas, e por Móstoles e por Humanes e por Cedillo e por Cabañas. ZEREZEDA legua e media, van por Bezerril, media legua, por otro camino se ataja e queda Bezerril a la mano dizquierda a 3 tiros de vallesta. ZEREZEDILLA media legua grande, de subida 3 tiros de vallesta e lo otro todo postrero es cuestas abaxo, todo de robledales e prados.

***Navaconcejo** [§ 3895]:

VADILLO una legua.

***Navadejo**[475] [§ 4003]:

---

474 Navacarros, cf. *El Guixo, La Puente del Congosto, El Texado.*
475 Navadijo, cf. *Salvatierra.* Navadijos, cf. *Las Cassas del Puerto, Garganta el Villar, Menga Muñoz, San Martín del Fraire (Samartín del Fraire).* Navadios, cf. *La Mora.*

ALTOPASO media legua.

Navalosa lugar [§ 2445–2448] tiene 60 vezinos; es aldea de Ávila; está entre unas sierras en un valle, pasa un río dicho Alverche un 4º de legua, es en la sierra del Puerto el Pico:

ÁVILA 7 leguas, van por Navatalgordo, una legua, e por Nava el Moral, 2 leguas, e por Xemiguel, 2 leguas, e por Vadillo, media legua. EL BURGO DE ÁVILA 2 leguas, van por Navatalgordo. LAS CUEVAS 3 leguas por entre sierras, a una legua e media de las Cuevas subimos e abaxamos al Puerto el Pico, que tenrá toda legua e media, tiene de subida media legua e de abaxada una de peñas. HOYO QUESERO media legua por entre sierras. NAVA EL VADO media legua por entre sierras, pasamos al dicho río Alverche por vado, que corre a la mano derecha. NAVA QUESERA una legua por entre sierras. NAVALACRUZ una legua por entre sierras. NAVALUENGA 3 leguas, van por Navatalgordo e por el Burgo. NAVARRUBISCA una legua por entre sierras, pasamos al dicho río Alverche, que corre a la mano derecha. NAVATALGORDO una legua entre sierras e pinares. SERRANILLOS una legua muy grande por entre sierras.

Navamorisca aldea [§ 4040–4042] tiene 20 vezinos; es arrabal del Barco de Ávila; está riberas de él un río dicho Tormes al pie de una sierra e en alto por la parte del río que pasa por la parte de Ávila:

ALDEA NUEVA 2 leguas de tierra doblada, van siempre hazia la sierra, todo tierra de labranças, en saliendo pasan a Tormes por varco, corre a la mano dizquierda. EL BARCO DE ÁVILA media legua pequeña llana, por la mano derecha queda siempre una serrezuela, en llegando al Barco pasamos al dicho río Tormes por la puente, corre a la mano dizquierda. EL BARQUILLO una legua riberas abaxo de Tormes, que queda el río a la mano derecha, por la mano dizquierda grandes peñascares, la media legua postrera es de enzinares. BAXILLOHONDO 2 tiros de vallesta, está el río en medio, que corre a la mano dizquierda. BEZEDA una legua e media, van por el Losar, un 3º de legua. EL LOSAR un 3º de una legua de cerros e berrocales, por la mano dizquierda queda una sierra.

Navares de Ayuso[476] [§ 1059] tiene 10 vezinos; es de Sepúlveda; está en llano:

CIRUELOS una pequeña legua llana. NAVARES DE ENMEDIO media legua pequeña.

Navares de las Cuevas[477] lugar [§ 1068] tiene 60 vezinos; es del obispo de Segovia; está en un valle al pie de la serrezuela de Hontidueña:

---

476 Navares, cf. *La Torre de San Pedro*. Navares de Yuso, cf. *Nava (La Nava de Pedraza), Navares de En medio, Vásamos*.

477 Navales de las Cuevas, cf. *Vásamos*.

ALDEANUEVA una legua llana [...]. NAVARES DE ENMEDIO tres 4º de legua llano.

Navares de Enmedio [§ 1056] tiene 50 vezinos; es de Sepúlveda; está en llano:

NAVARES DE LAS CUEVAS tres 4º de legua. NAVARES DE YUSO medio millo.

Navarrete villa [§ 284] tiene 1000 vezinos; es del duque de Nájara; tiene buena fortaleza:

HUMAYOR una legua buena llana. SANTA COLOMA legua y media. SOTÉS una legua buena, tierra áspera.

Las Navas de Santistevan[478] lugar [§ 4536–4537] tiene 80 vezinos; es del conde de Santistevan, es aldea de Santistevan; tiene buena fortaleza; está en un lomo de una serrezuela; es muy fresco de verano e de mucha caça e fruta, cabe este lugar nace grana:

SANTISTEVAN DEL PUERTO 2 leguas de tierra de valles e sierras por todas partes, un 4º primero es cuesta abaxo e un 4º postrero cuesta arriba. SAVIOTE 2 leguas de cerros e valles e montes baxos, a medio camino se pasa Guadalimar río por puente e por varca, corre a la mano derecha. VILCHES 4 leguas de cerros e valles, a 3 leguas pasan un río, corre a la mano dizquierda.

Niebla villa [§ 2722–2726, 2757–27563, 3322–3323] tiene 300 / 450 / 500 vezinos; es del duque de Medina Cidonia; tiene buena fortaleza; está en altillo al pie de la Sierra Morena, pasa junto con la villa un río dicho Retinto:

ALMONTE 3 leguas de tierra doblada e de alcornocares, a la mano dizquierda queda Bollullos a media legua del camino, a la mano derecha queda Rociana a media legua del camino. EL ALOZNO 9 leguas, van por Trigueros, 3 leguas, e por el Portalguillo, 5 leguas. BOLLULLOS 2 leguas de tierra doblada de alcornocares, en saliendo pasamos al dicho río Tinto, que corre a la mano derecha. BONARES una legua de tierra doblada e de campiña, en saliendo pasamos al dicho río Tinto por vado, que corre a la mano derecha. EL BOITRÓN 6 leguas, van por Veas, 3 leguas. CALAÑAS 5 leguas de sierras, van por Facanias, 5 leguas. LAS CRUZES 8 leguas, van por Beas, 4 leguas. FACANIAS 5 leguas de sierra e de montes, a la mano dizquierda queda Veas a una legua del camino. GÜELVA 5 leguas, van por San Juan del Puerto, 3 leguas. LUCENA una legua grande de tierra doblada, a tres 4º de legua pasamos al dicho río Tinto por vado, que corre a la mano derecha, en saliendo del río subimos una cuesta que tenrá un 4º de legua. MOGUER 4 leguas de tierra doblada, en saliendo de Niebla pasamos al dicho río, que corre a la mano derecha, a medio camino pasamos a un braço de mar salada dicho el Vado de Mari Çuárez, que corre a la derecha. PALOS 4 leguas,

478 Las Navas, cf. *Vilches*. Las Navas de Santistevan del Puerto, cf. *El Viso* lugar [§ 3116–3123]. Las Navas de la Condesa, cf. *Saviote*.

van por Moguer. PEÑALHAXA 9 leguas, van por Trigueros, 3 leguas, e por el Portadguillo, 5 leguas. EL PORTALGUILLO 7 leguas, van por Veas, 3 leguas. LA PUEBLA DE GUZMÁN 10 leguas, van por Veas, 3 leguas, e por el Portazguillo, 5 leguas. ROCIANA una legua de tierra doblada e de alcornocales, en saliendo pasamos al dicho río. SAN JUAN DEL PUERTO 3 leguas de tierra doblada, a 2 leguas primeras pasamos a un riatuelo dicho Candoncillo por vado, que corre a la mano dizquierda. TRIGUEROS 3 leguas de sierra e de xarales, a la mano derecha queda Veas a una legua del camino. VEAS 2 leguas de tierra doblada e de campiña. VILLARRASA una legua de tierra algo doblada de campiña, en saliendo pasamos al dicho río.

Niharra lugar [§ 2397–2403, 4167–4169, 4174] tiene 30 / 50 vezinos; es aldea de Ávila; está en llano riberas de Adaja e en el valle de Ablés:

EL ALDEA EL ABAD media legua llana. ALDEAVIEJA una legua de Ávila, es una legua grande, van por Galindos. ÁVILA 2 leguas e media llanas riberas abaxo del dicho río Adaja, que queda a la mano derecha, van por Galindos, una legua e media. EL CASTILLO o RISCO DE PEDRO DE ÁVILA una legua, van por Velches, media legua llana, en saliendo pasan Adaja río, corre a la mano dizquierda. LA COLILLA 2 leguas pequeñas, van por Salobral. EL FREXNO una legua grande llana. GALINDOS legua e media llanas. LA HIJA DE DIOS 2 leguas e media llana salvo la media legua primera que es de un cerro e de tierra doblada e de montes de enzinares e robledales, la legua primera van riberas arriba de Adaja, queda el río a la mano dizquierda, allí pasamos al dicho río, corre a la mano dizquierda, a la mano dizquierda queda Villaviciosa e Solo Sancho e Robledillo, Solo Sancho a 2 tiros de vallesta, Villaviciosa a 4 tiros e Robledillo a un tiro de vallesta, a la mano derecha queda Salobral a un 4º de legua e Baterna a 3 tiros de vallesta. LOS LÁZAROS media legua pequeña llana, en saliendo del lugar pasamos al dicho río Adaja, que corre a la mano dizquierda. EL MERINO una legua llana, en saliendo pasamos Adaja, que corre a la mano dizquierda. MENGA MUÑOZ 3 leguas, van por la Hija de Dios. MUÑO GALINDO una legua de tierra algo doblada e de tierras de pan. MUÑO PEPE una legua llana e de tierras de pan. MUÑOCHAS media legua llana. PADIERNOS media legua grande llana. SALOBRAL DE MEDIANERO media legua llana. (EL) SALOBRALEJO media legua grande e de tierras de pan. LA SERRADA legua e media, van por Salobral, un 4º de legua llana. SERRAZINES legua e media llana. SOLOSANCHO legua e media llana, a la media legua primera pasamos un río dicho Adaja por vado, que corre a la mano dizquierda, a la mano dizquierda queda Salobralejo. LA TORRE legua e media, van por Salobral.

Nobelda[479] lugar [§ 6390–6393] tiene 200 vezinos; es de don Pedro Maça; está en una llanada entre unas sierras, está entre unas huertas, es en el reino de Valencia; es de moros:

AGOST media legua llana e de huertas. ALBATERA 3 leguas, van por Trevillén. AZPE media legua llana de una llanada que se haze entre unas sierras e de tierras de tomillares, por la

479 Novelda, cf. *Azpe, Elda, Petrel.*

mano dizquierda quedan siempre olivares. EL CASTIL DE LA MOLA media legua llana, el primero 4º de olivares e lo otro una serrezuela arriba. ELDA 2 leguas pequeñas de un valle e por entre sierras e de montes de atochares e romerales. MONFORTE media legua pequeña llana e de olivares. TREVILLÉN 2 leguas, la primera legua es llana e lo otro es de sierras de subida e abaxada.

Nogueiró[480] aldea [§ 435] tiene 15 vezinos; está en llano:

BALDARIZ una legua pequeña llana. SANDE una legua pequeña llana. SEIXADAS media legua llana. VILARÍN un millo más que al Villar porque es por allí el camino. EL VILLAR una legua llana, pásase Latreela a medio camino, que corre a la diestra, más baxo a media legua se junta con el Arnoya. VILLAR DE VACAS una legua llana.

Nogueiroa lugar [§ 436] tiene 300 vezinos:

CASTILLO REBOREDO media legua pequeña llana. VILLAR DE SANTOS legua y media llana.

Nuestra Señora de Monserrate[481] [§ 5063–5064]; es de la orden de San Benito; está entre unas grandes montañas de sierras e peñas arriba de todo, al pie de la sierra hazia donde sale el sol pasa un río dicho Lobregat, es en Catalunia; es una debota señora la cual ha fecho e faze muchos milagros:

GOLBETÓ una legua, todo de sierras e valles muy agro abaxo e montes baxos, todo de peñas.

Nules villa [§ 16] tiene 300 vezinos:

MORVEDRE 4 leguas llanas.

Nuño Sancho[482] aldea [§ 1224] tiene 50 vezinos; está en llano:

FLORES DE ÁVILA una legua llana. VILLAMAYOR una legua llana. XEMIGUEL media legua.

***Ñaya** [§ 3964, 3974]:

ALVA DE TORMES 2 leguas. GALISANCHO una legua.

---

480 Nogeiró, cf. *Valdariz.*
481 Monserrate, cf. *Igualada.*
482 Muño Sancho (Muñosancho), cf. *Cantarazillo, Hontiveros, Naharros del Castillo, Salvadiós, Villatoro.*

O

Ocaña villa [§ 1201, 3621–3627, 3635] tiene 1500 / 2000 vezinos; es de la orden de Santiago; tiene buena fortaleza; está en llano salvo por la parte de Segovia que está en valle hondo que pasa por junto a la villa; tiene casas de cavalleros, tiene una torre de defensión,[483] tiene buena cerca, en esta villa e por los lugares de alrededor son todas las casas de yelso, en esta villa ay de los mejores guantes que ay en España:

ALCÁÇAR DE CONSUEGRA 11 leguas, van por Dos Barrios, una legua, e por la Guardia, 2 leguas, e por el Romeral, 2 leguas, e por Villa Cañas, 2 leguas, e por Quero, 2 leguas. ALCALÁ DE HENARES 10 leguas, van por Chinchón, 4 leguas, e por Morata, una legua, adelante a la mano derecha queda Arganda a media legua del camino. CHINCHÓN 4 leguas de cerros e valles e atochares salvo la una legua primera que es llana, todo de viñas e de olivares, a medio camino, que es a las 2 leguas, pasan a Taxo río por varca, que corre a la mano dizquierda, de estas 2 leguas primeras hasta el río la postrera es todo cuesta abaxo e desde el río a Chinchón es todo cuesta arriba por entre valles e cerros e todo de atochares salvo el postrero 4º de legua que es de viñas e olivares, a la mano dizquierda queda el castillo de Oreja a un 4º de legua del camino. GÜERTA 2 leguas llanas, por algunas partes del camino es viñas, a la mano derecha queda Yepes a una legua del camino. GÜETE 14 leguas, van por Santa Cruz, 5 leguas, e por Villinchón. ILLESCAS 6 leguas, van por Borox, 4 leguas, todo de valles e dehesas, las primeras 2 leguas son como cuesta abaxo, a 3 leguas primeras pasan al dicho río Taxo por varca, que corre a la mano dizquierda. MORA 6 leguas, van por Huerta, 2 leguas. SANCTA CRUZ (SANTA CRUZ DE LA ÇARÇA) 5 leguas, las 3 leguas primeras son llanas e de viñas e de olivares las 2 leguas primeras e lo otro es de cerros e vegas de pan. TOLEDO 8 leguas, van por Yepes, 2 leguas. VILLARRUVIA DE OCAÑA 2 leguas llanas. VILLATOVAS 3 leguas llanas, todo de panes, la primera legua es de olivares e viñas. YEPES 2 leguas llanas e de viñas e algunos olivares.

Olans aldea [§ 454] tiene 100 vezinos; está en llano:

PARDERRUVIOS media legua grande llana. SANT MARCO media legua pequeña llana. SANTA MARÍA DE LAS AGUAS SANTAS media legua pequeña llana. LA ULFA una legua pequeña llana.

Olías lugar [§ 320, 5103] tiene 60 vezinos; es aldea de Toledo; está en llano:

MAGÁN legua y media. MOCEJÓN una legua de tierra doblada e de tierras de viñas e de pan. TOLEDO 3 leguas de tierra doblada e de viñas e tierras de pan, en llegando a Toledo pasan a Taxo por puente, que corre a la mano dizquierda.

---

483 'Defensa' (Rodríguez 2002, 75).

https://doi.org/10.1515/9783111044064-016

Olivares [§ 1052] tiene 100 vezinos; es lugar de señorío; pasa Duero 2 tiros de vallesta de este dicho lugar; cercado:

QUINTANILLA media legua, pásase Duero junto a Quintanilla. VALBUENA una legua llana.

Olivencia villa [§ 1005] tiene 1500 vezinos; es de Portugal; tiene muy buena fortaleza; está en llano:

VILLANUEVA DEL FREXNO, que es de Castilla, 4 leguas llanas, las 3 y la postrera de tierra fragosa.

Olmeda aldea [§ 24] tiene 50 vezinos; es del arçobispo de Toledo:

ALCALÁ DE HENARES 3 leguas. VALVERDE legua y media.

Olmedo villa [§ 10, 1103] tiene 500 / 1100 vezinos:

ALCACERÉN una legua y media. LA ÇARÇA una legua, pásase Adaja río.

Olmillo lugar [§ 499–500] tiene 20 vezinos; está en una vega llano, pásase el río de la Hozezilla junto al lugar un tiro de vallesta:

BARVOLLA media legua llana, no van por la puente ni se pasa el dicho río. LA ÇARÇOSA media legua llana, pásase el dicho río por la dicha puente. LAS COVACHUELAS media legua llana el río abaxo. EL OLMO media legua llana, pásase el dicho río por la dicha puente. LA SERNA media legua llana, pásase el río de la Hozezilla por la puente. EL VILLAREJO media legua llana, pásase el dicho río por la mesma puente.

Olmo lugar [§ 504] tiene 5 vezinos;[484] está en llano, pásase Leonzillo río un tiro de vallesta:

ÇARÇOSA un tiro de vallesta. CASTILLEJO una legua llana, pásase el dicho río Leoncillo junto al lugar del Olmo obra de un tiro de vallesta. LA SERNA media legua llana. EL VILLAREJO un tiro de vallesta el llano adelante.

Olvera villa [§ 6557–6558] tiene 250 vezinos; es del conde de Ureña; tiene muy fuerte fortaleza sobre una grand peña redonda; está en un cerro alto; solía ser de moros:

MORÓN 5 leguas de sierras e valles hondos e montes baxos. SETENIL 2 leguas de cerros e valles e montes baxos e labranças, en llegando a Setenil pasan un riatuelo por vado, que

484 «4 casas a 100 pasos del camino», cf. *El Corral*.

corre a la mano derecha, a la mano derecha queda la Torre del Alháquime a un 4º de legua. LA TORRE DE ALHÁQUIME una legua de tierra de un valle hondo entre sierras, en saliendo baxan una cuesta que tenrá 3 tiros de vallesta, para subir a la Torre suben un cerro agro que tenrá de subida 2 tiros de vallesta.

Oradero (Horadero)[485] e Langa lugar [§ 787, 905–908] tiene 100 vezinos; es del conde de Miranda; son 2 barrios, está Duero en medio de amos barrios:

ALCÓÇAR una legua de tierra doblada, pásase Duero en saliendo de Oradero por puente, que corre a la mano dizquierda. AYLLÓN 4 leguas, van por Valdanço e por Valdançuelo, a la mano derecha queda Maçagatos a un tiro de vallesta del camino en un alto. BOCIGAS una legua de tierra doblada, pásase Duero en saliendo de Oradero por puente, que corre a la mano dizquierda. CASTILLEJO una legua grande, van por un muy agro valle de muchos colmenares e de peñas. ÇAYAS DE TORRE una legua grande de camino llano e tierra doblada, pásase Duero en saliendo de Oradero por puente, que corre a la mano dizquierda. LANGA 3 tiros de vallesta, pásase a un tiro de vallesta Duero por puente, que corre a la mano dizquierda. MADERUELO 4 leguas, van por Castillejo, queda a la mano derecha Santa Cruz a 4 tiros de vallesta del camino un valle llano. PEÑARANDA 2 leguas de montes e tierra doblada, pásase Duero en saliendo de Horadero por puente, que corre a la mano dizquierda. SANTA MARÍA DE LA VID una legua Duero abaxo, a la mano derecha de la otra parte de Duero queda un lugar que se dize la Granjuela de la Vid, a la mano dizquierda quedan orilla del camino unos mármoles[486] gordos de peñas en unos cerros que se devisan en ellos muchas visiones de fraires e [...]. VILLILLA legua e media de tierra llana riberas de Duero arriba, pásase Duero en saliendo de Oradero por puente, que corre a la mano dizquierda.

La Orden aldea [§ 1074] tiene 20 vezinos; es de Sepúlveda; está en llano:

DURUELO una legua pequeña llana.

Orejanilla[487] aldea [§ 762, 807] tiene 6 vezinos; es aldea de Pedraza; está en llano, pasa junto con el aldea un arroyo dicho Orejanilla:

LA MATILLA media legua grande, en saliendo del lugar subimos una ladera arriba que tenrá la mitad del camino, no es agra, de allí al delante es como abaxamos algo de ladera, a la mano derecha queda Arenales a 2 tiros de vallesta e Alameda queda a la mano dizquierda, que es un concejo, a 2 tiros de vallesta.

485 Horedro, cf. *Santa María de la Vid.*

486 No parece que aquí equivalga a 'columna'. Cf. *Aldea el Cano.*

487 Orjenilla, cf. *Pedraza de la Sierra.* Además, «de este lugar dicho Orejanilla fue el emperador Trexano, que lo hallaron arando en una labrança a un tiro de vallesta del lugar» (ibid.).

Orellana la Vieja[488] lugar [§ 3243–3245] tiene 140 vezinos; es de Juan de Orellana; tiene fortaleza; está en un cerrillo, pasa a 2 tiros de vallesta Guadiana río, está en la Serena:

EL CAMPANARIO 2 leguas grandes de cerros e valles de prados de dehesas, a 2 tiros de vallesta de Orellana pasamos a Guadiana río por barca, que corre a la mano derecha, a medio camino pasamos a Xújar por varca, no corre todo el año por varca, que corre a la mano derecha. NAVA EL VILLAR una legua e media de sierras salvo un 4º primero es llano e una cuesta arriba. ORELLANA LA NUEVA e DE LA SIERRA media legua grande de sierras la mitad del camino. LA PUEBLA DE ALCOCER 4 leguas de cerros, la legua postrera es de cuesta arriba, a una legua pasan a Guadiana por varca, que corre a la mano derecha.

Orense [§ 458–461] tiene 4000 vezinos; tiene 2 cercas, está la fortaleza más alta que el pueblo, y no muy buenas; está en un llano, está ribera de Miño río y 2 tiros de vallesta del Sillo río, de manera que está entre ambos ríos, júntase Sillo con Miño media legua de Orense, nace el Miño acá en Castilla, el Sillo nace 4 o 5 leguas de Orense e viene de sierra; está en Orense en medio de la plaça un río que se llama la Vurga[489] que de verano y de ivierno siempre está el agua herviendo, digo herviendo que está demasiadamente caliente, ítem está un crucifixo en esta cibdad en la Trinidad que imita al que más perfecto fue de Nicodemus y haze infinitos miraglos y dize Amaro que le crecen los cabellos y la barva y Vugues [¿?] cree fue hallado en la mar, Orense es viciosa de pan y vino y azeite:

BARBADANS una legua llana, pásase el dicho río Sillo junto a Orense. BENTRACES una legua llana, pásase el dicho río Sillo junto a Orense por ponte, toda viñedo. MORERAS una legua llana pequeña, pásase el dicho río Sillo junto a Orense. RIBA DE SILLO 3 leguas llanas, pásase el río Miño junto a Orense por puente, la cual es muy alta y puede pasar una nao gruesa bien por debaxo, tiene esta dicha ponte 2 torres bien altas. SANT CIBRÁN una legua llana buena, pásase Sillo junto a Orense por ponte 2 tiros de vallesta. SOBRADO una legua llana, pásase el dicho río Sillo junto a Orense.

Orgaz villa [§ 3176–3183] tiene 400 vezinos; es de don Alvar Pérez de Guzmán, alguazil mayor de Sevilla; tiene fortaleza; está en un llano como en hondo en un vallejuelo:

AJOFRÍN 2 leguas llanas e de montes baxos. ALMONACIR 2 leguas llanas. ARISGOTAS una legua llana e de montes baxos. BURGUILLOS 2 leguas e media llano. CASA EL GORDO (CA-

488 Orellana, cf. *Quintana de la Serena*.

489 «Fuentes de agua hirviendo que manan en Orense de Galicia» (Del Rosal, *s.v.* burgas). Además, Covarrubias, *s.v.* Orense.

SARGORDO) una legua llana e de tierra doblada. CONSUEGRA 5 leguas, van por Mançaneque, una legua. CUERVA 5 leguas, van por Casargordo, una legua. MAJALIZA una legua, la primera media legua es llana e lo otro es de puerto. MANÇANEQUE una legua llana e de montes baxos. MAXCARAQUE una legua llana. LA MORA una legua muy grande llana. NAMBROQUE 3 leguas llano e de montes baxos, la postrera legua de viñas. SONSECA una legua de tierra doblada e de montes. TALAVERA DE LA REINA 17 leguas, van por Toledo, 5 leguas, e por la Puebla de Montalván, 5 leguas, e por Cebolla, 2 leguas. TOLEDO 5 leguas de tierra doblada, a 2 leguas primeras pasamos por un angostura de entre 2 cerros, la media legua es de viñas e las 2 leguas postreras son todo de viñas, a la mano dizquierda queda Ajofrín a una legua del camino e Sonseca a una legua, a la mano derecha queda Almonacir a tres 4º de legua del camino e Burguillos a la mano derecha a 3 tiros de vallesta e Nambroque a un 4º de legua, en llegando a Toledo pasamos a Texo por puente, que corre a la mano dizquierda, e tiene 2 fortalezas, una la entrada e otra la salida. VILLA MINAYA una legua llana e de viñas por algunas partes. YÉVENES una legua muy grande llana salvo la media legua pequeña, que es todo de puerto. YEPES 7 leguas, van por Maxcaraque, una legua.

Origüela cibdad [§ 6406–6409] tiene 1000 vezinos; tiene fortaleza; está al pie de una grand sierra de peña e alta, está a una solana, arriba en lo alto de la peña está la fortaleza, un río dicho Segura pasa junto la cibdad; tiene grande ribera de huertas, que se riega con el dicho río Segura, la cerca ciñe la fortaleza con la cibdad que está encima de lo alto de la sierra, es el postrero lugar del reino de Valencia hazia Murcia:

ALBATERA 2 leguas llanas, la una por entre 2 sierras e lo otro de un llano que queda por la mano dizquierda e la sierra por la mano derecha. CALLOSA 2 leguas llanas de huerta, que queda la huerta por la mano derecha, las sierras por la mano dizquierda riberas abaxo del dicho río Segura, que queda a la mano derecha. MURCIA 4 leguas pequeñas, todo de huerta riberas arriba del dicho río Segura que queda a la mano dizquierda, sierras por todas partes a un 4º de legua, a la mano derecha queda el Castillo de Monteagudo a un 4º de legua del camino en un cerro alto e angosto redondo.

Orilli aldea [§ 447] tiene 60 vezinos; está en llano:

ÇALANUEVA una legua llana. CEJO una legua llana. PORTELA media legua buena llana. VEGA una legua llana. VEREA media legua llana.

Ormazas aldea [§ 310] tiene 40 vezinos; es de un Castañeda:

ESTÉPAR legua y media llana, pásase un río a un millo de Estépar, corre haza la man derecha. VILLAGUTIERRE media legua llana, pásase un río junto a Villagutierre.

Oropes(s)a villa [§ 2483–2488, 4243–4248] tiene 300 vezinos; es del conde de Oropesa; tiene buena fortaleza; está en alto por parte de San Julián e por la parte de mediodía en hondo, es en el campo de Arañuelo:

ALCAÑIZO una legua grande de tierra doblada e de enzinares la media legua postrera. ARAVALLES una legua, van por Torralva, media legua. LA BOBADILLA legua e media [...] e montes de enzinares. LA CALÇADA 2 leguas, por otro camino dexan a Lagartera mano dizquierda a 2 tiros de vallesta del camino, es de tierra doblada. CALIRUELA legua e media, van por Lagartera e por Herreruela. CANDALEDA 5 leguas de tierra llana todo el campo de Arañuelo, la primera legua es prados e las 2 leguas adelante es de enzinares, todo de xarales e robledales, a las 4 leguas primeras pasan a Tiétar por vado en verano e en invierno por puente, corre a la mano dizquierda. CARRASCALEJO legua e media llana. ÇAUZEDOSSA (SAUZEDOSO) media legua grande llana e de prados salvo una cuesta en saliendo que tenrá 2 tiros de vallesta. LA CORCHUELA una legua de tierra dobladilla e de montes. LA FUENTE EL MAESTRE (FUENTE MAESTRE) un 4º de legua pequeño de tierra doblada e de berrocales. GAMONAL 4 leguas de tierra doblada. GUADIERVA LA CIMERA 2 leguas, van por Ventosilla. GUADIERVA LA HONDONERA 2 leguas, van por Ventosilla, una legua. HERRERUELA una legua de tierra doblada. LA HIGUERA una legua de tierra doblada. LAGARTERA media legua pequeña de tierra doblada. NAVA EL CAN 3 leguas de tierra doblada, campo e montes. LAS PARRILLAS 3 leguas de tierra doblada e de montes de enzinares. PLAZENCIA 16 leguas, van por la Calçada, 2 leguas, e por Valparaísso, 3 leguas, e por Nava el Moral, una legua, e por Cassa Texada e por Toril. LA PUENTE DEL ARÇOBISPO 2 leguas grandes de tierra doblada. SAN JULIÁN 2 leguas, llanas e de montes la postrera legua e de prados, en saliendo baxamos una cuesta que tenrá 2 tiros de vallesta. TALAVERA DE LA REINA 6 leguas de tierra doblada e algunos montes de pinares e enzinares por algunos lugares, a la mano dizquierda queda Gamonal media legua del camino e el Casar a un tiro de vallesta, a la mano derecha queda Choças e Calera a media legua del camino. TOLEDO 18 leguas, van por Talavera, 5 leguas, e por Cebolla. TORREALVA media legua de tierra doblada. VENTOSILLA una legua de tierra doblada e de montes. LA VILLA DEL TORRICO 2 leguas de tierra doblada e de berrocales.

Ortaleza[490] aldea [§ 326] tiene 40 vezinos; es de Madrid:

ALCOVENDAS una legua buena. BARAXAS media legua buena. CAÑILLAS medio millo pequeño. FUENCARRAL una legua pequeña.

Ortigosa aldea [§ 1096] tiene 12 vezinos; es de Ávila; está en llano, pásase un tiro de vallesta de este lugar el río del Vallestero:

GRAJOS media legua llana, pásase este río del Vallestero a la meatad del camino por vado.

La Osa de Belmonte[491] lugar [§ 4642–4646] tiene 120 vezinos; es aldea de Belmonte; está en un llano algo en altillo; tiene muchas viñas, está entre enzinares:

490 Hortaleza, cf. *Moraleja, Villanueva, Villanueva de Fuente el Frexno.*
491 La Osa, cf. *La Puebla de Almenara, Villarrobledo.*

ALCONCHEL 3 leguas, van por Fuente el Espino, una legua. BELMONTE 2 leguas de tierra dobladilla e por entre cerros, la media legua primera es de viñas e enzinares. EL CASTILLO DE GARCÍA MUÑOZ 5 leguas, van por Fuente el Espino, una legua, e por Villargordo. FUENTE EL ESPINO una legua de tierra doblada e de montes baxos. LOS HINOJOSOS una legua, traviesan 2 serrezuelas en medio el camino con subida e abaxada. HONTANAYA una legua de subida e abaxada de una serrezuela. MONREAL 2 leguas de tierra doblada e de tierras de labrança, el 4º primero de viñas e enzinares. MONTALVANEJO 4 leguas, van por Fuente el Espino e por Alconchel. EL PEDERNOSO 3 leguas, van por Monreal, 2 leguas. LA PUEBLA DE ALMENARA 2 leguas, van por Tresjuncos, una legua. SAN CLEMENTE 7 leguas, van por Belmonte. TRES JUNCOS una legua pequeña llana un vallejo arriba de viñas e de panes, para subir al lugar subimos una cuesta que tenrá un tiro de vallesta. VILLAMAYOR 2 leguas de tierras de sierrezuelas e montes baxos de romerales e atochares algunos. EL VILLAREJO DE FUENTES 2 leguas, van por Tresjuncos, una legua. VILLESCUSA 2 leguas de tierra doblada e de tierras de labranças, el 4º primero de viñas e montes de enzinares.

La Osa de Montiel[492] lugar [§ 1212, 4580–4584, 4588] tiene 80 / 90 vezinos; es de la orden de Santiago; está en llano, es en la Mancha de Aragón; a una legua de este lugar nace Guadiana que por esta tierra en el nacimiento de él se llama la Fuente el Puerco, nace entre unos cerros e montes de savinares de muchas fuentes de más arriba e otras muchas partes alrededor, en este lugar se haze por San Martín una feria de muchos puercos, por esta tierra son las leguas grandes:

ALCARAZ 6 leguas, van por las Salinas de Pinilla, 3 leguas, e por Biberos, una legua. EL BONILLO 3 leguas de tierra doblada e de savinares las 2 leguas postreras, la primera legua de tierras de labrança, por la mano derecha quedan grandes savinares en llanos. CANALEJAS 6 leguas, van por las Salinas de Pinilla e por Biberos. EL CASTILLO DE ROCHA FRIDA una legua de por entre cerros e montes de enzinares. LAS MESAS 8 leguas, van por Sotuélamos, 6 leguas. MINAYA 7 leguas, van por Sotuélamos, 3 leguas, e por Munera, una legua. MONTIEL 5 leguas, van por Villahermosa. LAS SALINAS DE PINILLA 4 leguas de tierra doblada algo e montes de enzinares e savinares. SAN CLEMENTE 9 leguas, van por Villarrobledo, 6 leguas. SOCUÉLLAMOS 6 leguas de tierra doblada e de atochares e algunos montes al principio del camino, tierra estérile. SOTUÉLAMOS 3 leguas de tierra de cerros e montes de enzinares e algunas labranças. VILLAHERMOSA 4 leguas llanas, pásase Ruidera a una legua de la Osa, todo este camino es de monte de enzinas e robles e sabinas salvo la primera e postrera media legua de los dichos lugares. VILLARROBLEDO 6 leguas de tierra doblada, las 3 leguas primeras son de montes de enzinares e de atochares.

Osera[493] lugar [§ 5034–5036] tiene 50 vezinos; es de señorío; tiene casa fuerte; está en la ribera de Ebro, pasa a un tiro de vallesta del lugar un río dicho Ebro; en esta tierra son las leguas grandes:

---

492 La Osa, cf. *Montiel*. La Osilla, cf. *Villanueva de los Infantes* lugar / villa.

493 Osera de la Frontera, cf. *Fuentes* lugar.

ALFAJARÍN 3 leguas llanas riberas arriba de Ebro, que queda por la mano dizquierda, por la mano derecha cerros. BUJALAROZ 6 leguas, la primera legua es por la vega abaxo de Ebro, que queda por la mano derecha a media legua del camino, por la mano dizquierda un cerro e derrumbaderos de valle, las 2 leguas de medio adelante es de enebrales e tierra muy estérile de agua que no beben sino de lagunas de agua llovediza. ÇARAGOÇA 6 leguas, van por Alfajarín, 3 leguas, e por la Pobla, una legua. FUENTES una legua llana de travieso de vega llana, en saliendo de Osera pasan a Ebro, corre a la mano dizquierda. PINAR una legua, van por Aguilar, un 4º pequeño de legua riberas abaxo de Ebro, queda por la mano derecha llana.

Osma cibdad [§ 784, 893] tiene 30 vezinos; está en llano, pasa el río dicho Lucero por cabe ella; el castillo del Burgo está junto con Osma:

SANTISTEVAN 2 leguas llanas de camino de carretas, por todas partes del camino es muy doblada de cuestas, queda la mano dizquierda en mitad del camino un lugar que se dize Alcubillas a 2 tiros e medio de vallesta del camino detrás de un cerro redondo.

Los Ospitaletes (Espitalete) lugar [§ 13, 5076–5077] tiene 40 / 100 vezinos; está en llano entre unas huertas:

BARCELONA una legua pequeña llana, todo de viñas arboledas e de calçada, a medio camino pasamos por entre 2 cerrillos, en el de la mano derecha queda un atalaya a 2 tiros de vallesta del camino dicho Menjuy de donde hazen seña cada que viene navío, de manera que es a la que viene de poniente o levante. SAN BOY una legua y media, pásase Lobregat por puente junto con San Boy, es camino llano.

Osuna villa [§ 6569–6576] tiene 1200 vezinos; es del conde de Ureña; tiene buena fortaleza por lo alto; está en una laderuela e un cerrillo; tiene grand arrabal por lo baxo del cerro como en valle, es lugar de muchos olivares e tierra gruesa de pan, a esta villa viene 2 caños de agua por debaxo de tierra por la vía de la fortaleza, dizen que han ido por la mina de donde vienen el agua, que es tan alta como un hombre que será trecho de 2 tiros de vallesta e de este trecho llegan a una peña de donde sale el agua, que será el agujero como una cabeça de un hombre, por allí han visto un grand estanco de agua:

ANTEQUERA 9 leguas del camino de Archidona. EL ARAHAL 7 leguas, van por la Puebla de Caçalla. ARCHIDONA 11 leguas de cerros e algunas sierras e montes baxos de lantiscares e coxcoxares e [romerales] e atochares e tierra de labrança, por todas partes ay caserías de cortijos, a 5 leguas se pasa un río dicho de las Yeguas por vado, que corre a la mano dizquierda, a la mano derecha queda Antequera a una legua del camino, a la mano dizquierda Estepa a una legua del camino. CAÑETE 2 leguas e media de tierra doblada e de campiña. ÉCIJA 5 leguas de tierra doblada e de campiña. ESTEPA 3 leguas de tierra de cerros e doblada e montes baxos de lantiscares e chaparrales, la postrera legua es de una ladera de una sierra que queda por la mano derecha, a medio camino pasan un riatuelo dicho Guadaduce por vado, que corre a la mano dizquierda. FUENTES 5 leguas de tierra doblada e de campiña e de viñas e lagares. MARCHENA 5 leguas de tierra doblada e valles llanos e de tierra muy gruesa de pan, por la mano dizquierda a lexos se devisan serrezuelas, en saliendo de Osuna baxan una laderuela abaxo, para subir a Marchena suben otra que tenrá 2 tiros de vallesta, a las 4 leguas se pasa un riatuelo por vado, corre a la mano derecha, sécase algunos veranos, dízese Guadaxox. MORÓN 5 leguas, van por la Puebla de Caçalla. LA PUEBLA DE CAÇALLA 2 leguas e media de tierra muy gruesa de campiña, en llegando a la Puebla pasan al río dicho de Caçalla por vado, que corre a la mano derecha. SEVILLA 14 leguas, van por Marchena, 5 leguas, e por Mairena, 4 leguas. TEVA 5 leguas de tierra de cerros e sierras e montes de lantiscares e coxcoxares.

Oteruelo aldea [§ 351] tiene 40 vezinos; está ribera de Valderadué, todo llano:

CABEÇÓN media legua. MONESTERIO DE VEGA una legua. VEGA DE RUY PONCE media legua, pásase el dicho río junto a Oteruelo.

Óvidos villa [§ 2320–2322] tiene 2000 vezinos; es de la Reina vieja; tiene buena fortaleza; está en alto muy cercada, es en Portogal; está una laguna salada que entra e sale en la mar 2 leguas hasta la villa, es de grandes pesquerías:

ALANQUER 6 leguas, van por Roliça e por Bombarral e por Torre Pero Muñiz e por el Villar e por Villaverde e por la Merciana [¿?]. ALCOBAÇA 6 leguas, vase por el camino de Alfeizirón. ALFEIZIRÓN 4 leguas, van por Escaldas de la Reina, una legua, e por Cornaga, una legua. ATOGUÍA 2 leguas, van por la Morera. CORNAGA 2 leguas, van por Escaladas de la Reina. ESCALDAS DE LA REINA una legua de tierra dobladilla. SERRA DEL REY legua e media, van por la Moreira. TORRES VEDRAS 4 leguas, van por Roliça, una legua, e por Bombarral, media legua, e por Villaverde, media legua.

P

Padiernos lugar [§ 3866–3871] tiene 30 vezinos; es aldea de Ávila; tiene buena torre; está en llano en la vega de Adaja:

ÁVILA 2 leguas e media, van por Muño Pepe, un 4º de legua, e por la Serrada, media legua. BARBAHARDA legua e media, van por Muñochas, un 4º de legua, e por Garoça, media legua, e por Sancho Corto, media legua. MENGA MUÑOZ 3 leguas, van por la Hija de Dios, 2 leguas llanas salvo la media postrera que es de cerros e montes, a la legua e media pasan Adaja, que corre a la mano dizquierda. MONTEFRÍO media legua de sierras e berrocales e montes de enzinares. MUÑO GALINDO una legua llana riberas arriba de la ribera de Adaja, que queda siempre la sierra a la mano derecha, a la mano derecha queda Muñochas a 2 tiros de vallesta. MUÑO PEPE un 4º de legua llana orilla la serrezuela, que queda a la mano dizquierda. NIHARRA media legua llana de vega. PIEDRAHITILLA 2 leguas, van por Adijos, media legua de berrocales e sierras, e por el Cid, una legua. SANCHO REZA una legua, van por Montefrío. LA TORRE 2 leguas, van por Muño Galindo, una legua. VILLAVICIOSA legua e media, van por Solo Sancho, una legua llana, junto con Solo Sancho pasan Adaja por vado, que corre a la mano dizquierda.

Padilla lugar [§ 4870–4874, 4877] tiene 35 vezinos; es aldea de Hita; está en un valle entre unos cerros:

CARRASCOSA media legua de tierra de cerros e algunas cuestas, junto con Carrascosa pasan a Henares río por vado en verano e invierno, corre a la mano dizquierda. LA CASSA DE SAN GALINDO media legua, el un 4º primero es un valle agro arriba e lo otro llano, por la mano dizquierda queda unos derrumbaderos de valles. CIGÜENÇA 6 leguas, van por la Casa, media legua, e por Mira el Río, media legua, e por Villanueva, media legua, e por Bujaharo, media legua, e por Vaides, 2 leguas. COGOLLUDO 2 leguas, van por Espinosa. COPERNAL una legua de cerros e valles, la media legua postrera de estepales. ESPINOSA una legua de montes de estepares baxos e cerros e valles, por la mano derecha queda Carrascosa a un 4º de legua grande. HITA una legua llana un valle abaxo e por entre cerros de viñas el dicho valle por lo baxo e de tierras de pan. MUDUEES una legua de cerros e valles e tierras de pan. TRIXUEQUE una legua e media, van por Valdearenas, una legua, de tierra de valles e algunas cuestas e tierras de pan e viñas los tres 4º de legua postreros. UTANDE una legua de cerros e valles e montes baxos e altos, cerca de Utande traviesan una vega muy fértil de tierras de pan con un arroyo que tenrá media legua de travieso, corre el arroyo a la mano derecha hazia Hita. XADRAQUE una legua de valle llano e por entre cerros e viñas e tierras de pan.

Padrón[494] cibdad [§ 393] tiene 800 vezinos; tiene fortaleza pequeña junto a la puente; aquí está en el río una gran barca de piedra en que vino Santiago, casi

494 El Padrón, cf. *Santiago de Galizia*.

https://doi.org/10.1515/9783111044064-017

toda çumida en el agua, un tiro de vallesta más alto que la cibdad sale una gran fuente de una peña, que dizen que Santiago hizo con el bordón aviendo gran sed:[495]

CALDAS 2 leguas llanas, pásase un gran río a media legua del Padrón.

Pajarejos lugar [§ 502] tiene 20 vezinos; está en llano.
(Los) Palacios lugar [§ 481, 3367–3370] tiene 60 / 130 vezinos; la mitad es del duque de Arcos e la otra mitad es del rey; tiene buena fortaleza, que es de la parte del duque; está en llano:

ARCOS 8 leguas, van por las Cabeças, 3 leguas, e por Espera, 2 leguas. LAS CABEÇAS 3 leguas muy grandes muy llanas de marismas, que en invierno siempre ay lagunas por todas partes, e de vacadas ygueas [¿yeguas?] que se repastan allí salvo antes que lleguemos a las Cabeças con media legua subimos una cuesta que tenrá de subida 2 tiros de vallesta, de allí adelante es tierra doblada. CORIA 3 leguas llanas salvo un cerro a medio camino que tenrá 2 tiros de vallesta, las 2 leguas primeras son de montes baxos e lo otro de palmares. LEBRIXA (LIBRIJA) 5 leguas grandes de marismas e tierras de pan. EL RINCÓN DE HERNAND IVÁÑEZ 3 leguas grandes llanas algo e de palmares. SANLÚCAR DE BARRAMEDA 10 leguas, van por Librija, 5 leguas. LA SERREZUELA 3 leguas, de tierra doblada la primera e de palmares e lo otro de tierra doblada e de montes baxos. SEVILLA 5 leguas, van por Dos Hermanas. UTRERA 2 leguas grandes e de palmares salvo algunos cerros por algunas partes. XEREZ 10 leguas, van por Librija, 5 leguas.

Palacios Rubios[496] lugar [§ 6601] tiene 400 vezinos; está en llano, a 2 tiros de vallesta del lugar se pasa un riatuelo que se seca de verano:

CANTALAPIEDRA una legua de tierra llana e de munchas viñas e labrança. ÇORITA una legua llana e de viñas e labranças. HORCAXO una legua de labranças, en llegando a Horcaxo se pasa un riatuelo por vado, que corre a la mano dizquierda. MEDINA DEL CAMPO 6 leguas, van por Horcaxo e por la Puebla.

Palaçuelos aldea [§ 1050] tiene 15 vezinos; es de Segovia; está en llano:

SAN CRISTÓVAL media legua llana.

Palençuela villa [§ 311, 363, 5644–5647] tiene 400 / 500 / 600 vezinos; es del almirante de Castilla; tiene fortaleza; está en una cuesta, está riberas de Arlança e

495 «4 leguas de Santiago de Galicia, era ciudad y en ella predicó y enseñó el Santo Apóstol y estuvo su cuerpo hasta la traslación a Compostela; y del Santo Patrón le quedó el nombre [...] donde estuvo amarrada la barca» (Del Rosal, *s.v.* Padrón).
496 Palacios Ruvios, cf. *Nava de Arévalo*.

de Arlançón, que el uno pasa por la una parte e el otro por la otra, júntanse luego a un 4º de legua:

BURGOS 8 leguas, van por Santamaría del Campo, 2 leguas grandes de tierra llana salvo un abaxada que abaxan para abaxar de Santamaría del Campo que tenrá 2 tiros de vallesta. EL MORAL, que es un monesterio de monjas de San Benito, una pequeña legua. PERAL media legua llana, en saliendo pasan Arlança por vado, que corre a la mano derecha. QUINTANA LA PUENTE (QUINTANALAPUENTE, QUINTANA DE LA PUENTE) una legua llana, pásase junto con Palençuela el dicho río Arlança por puente y otro junto con Quintanalapuente el dicho río Arlançón. REBILLA una legua pequeña de tierra llana, en saliendo pasan Arlançón por vado, que corre a la mano dizquierda. TAVANERA media legua llana e de tierras de pan, en saliendo de Palençuela pasan Arlança por vado, que corre a la mano derecha. VALLES una legua de tierra llana e de tierras de pan e viñas. VILLEGERO media legua llana de viñas e huertas.

La Palma[497] lugar [§ 2709, 2717–2719, 2734, 3335, 3345] tiene 300 vezinos; es de Francisco del Alcáçar; está en llano, es en el condado de Ñebla; es lugar de munchas huertas, es lugar de munchas frutas:

ALMONTE 2 leguas, van por Bollullos. EL ALPÍÇAR 2 leguas pequeñas de tierra doblada e de campiña. BOLLULLOS una legua grande de tierra doblada e de viñas. ÇALAMEA 7 leguas, la primera es de tierra doblada, lo otro es Sierra Morena, a la primera legua pasamos a un río dicho Corumbel, que corre a la mano dizquierda, a 4 leguas primeras tornamos a pasar otro río dicho río Tinto, que se coge el aziche.[498] MANÇANILLA legua e media, van por Villalva, una legua. PALOS 6 leguas, van por Villarrasa, una legua, e por Niebla, 2 leguas, e por Moguer, 3 leguas. PATERNA 2 leguas, van por el Alpíçar. ROCIANA 2 leguas de tierra doblada e de alcornocares. SANLÚCAR DE ALPECHÍN 6 leguas, van por Villalva, una legua, e por Mançanilla, una legua, e por Castilleja del Campo, 2 leguas. SANLÚCAR DE BARRAMEDA 13 leguas, van por Bollullos, una legua, e por Almonte, una legua, todo lo otro es marisma. VILLALVA una legua grande llana salvo una cuesta que subimos para ir a Villalva, que tenrá 2 tiros de vallesta. VILLARRASA una legua de tierra doblada.

Palma de Miçargilio villa [§ 4406–4408] tiene 900 vezinos; es del conde de Palma; está en llano riberas de Guadalquebir e de Guadaxenil de manera que está metida entre 2 ríos, a 2 tiros de vallesta de Palma se juntan, por la parte de mediodía viene Guadaxenil e por la otra parte pasa Guadalquebir:

CARMONA 7 leguas, van por la Campana, 3 leguas de tierra llana e de montes, en saliendo de Palma pasan a Guadalquebir por vado en verano, que corre a la mano derecha. CÓRDOVA 8 leguas, van por Guadalcáçar. ÉCIJA 4 leguas, llanas las 2 leguas postreras e las primeras son de tierra muy doblada, en saliendo de Écija pasan a Guadaxenil por puente,

497 La Palama, cf. *Sanlúcar la Mayor.*
498 'Aceche, caparrosa'.

corre a la mano derecha. HORNACHUELOS 2 leguas grandes llanas, en saliendo pasan a Guadalquebir, corre a la mano dizquierda. LORA 4 leguas, van por Peñaflor, una legua llana, en saliendo pasan a Guadalquebir por varca, corre a la mano dizquierda. LAS POSADAS 4 leguas pequeñas llanas, en saliendo de Palma pasan a Guadalquebir por varco, corre a la mano dizquierda. LA PUEBLA DE LOS INFANTES 2 leguas llanas, en saliendo pasan a Guadalquebir.

Palos lugar [§ 3323, 5315–5316] tiene 1000 vezinos; es de 3 señores, del rey e de don Pedro Puertocarrero e del duque de Sevilla; tiene fortaleza; está en llano riberas de la mar:

HUELVA legua y media llana, la una legua van por agua. MOGUER 2 leguas, pásase un río salado un tiro de piedra de Moguer.

Pampliga[499] aldea / lugar [§ 310, 364] tiene 130 / 200 vezinos; es de Burgos; está en una ladera:

VILLAÇO PEQUEÑO media legua llana, pásase un río.

Pamplona cibdad [§ 5298–5300] tiene 4000 vezinos; tiene muy buena fortaleza, tan buena como la ay en España; está en llano, cércala un río de una parte junto con las murallas; es cabeça del reino de Navarra, tiene muchas viñas enderredor, por todas partes de la cibdad ay sierras, en esta cibdad diz que está el cuerpo de San Fermín, haze milagros:

ÇUVIR media legua llana de viñas. DUARTE una legua de tierra llana e viñas e arboledas, en saliendo de Pamplona pasan al dicho río, que corre a la mano dizquierda, a media legua adelante lo tornan a pasar por puente, que corre a la mano derecha. OIZ 4 leguas. LA RESUENA 3 leguas, van por Villada. VILLADA media legua llana de viñas, en saliendo de Pamplona pasan al dicho río, que corre a la mano dizquierda, es río cabdal.

Par de Rubios[500] [§ 433] tiene 200 vezinos; está en alto; es pueblo de muchas viñas e tierras:

OLANS una legua llana. SANT MARCO una legua pequeña llana, el postrer tiro de vallesta es una subidica. SANTA MARINA DE LAS AGUAS SANTAS una legua buena llana.

Paracuellos lugar [§ 334] tiene 200 vezinos; es de la orden de Santiago; tiene fortaleza; está en alto:

499 Mampliga, cf. *Villalva* lugar [§ 2254–2255].
500 Par de Ruvios, cf. *Santa Marina*. Parderruvios, cf. *Olans*.

TORREJONDARDOZ una legua llana.

Parada de la Ventosa aldea / lugar [§ 388, 439] tiene 40 / 60 vezinos; está en una quebrada de una cuesta:

CADONS una legua grande. CORVELL(O) una gran legua llana. LA FRAGA una legua pequeña llana. LOBERA una legua llana. PRE(E)RA una legua llana, que ay en medio una costezuela.

Paradinas[501] aldea [§ 1118] tiene 80 vezinos; es de la orden de Sant Joan; está en llano:

PEÑARANDA una legua buena llana.

Páramo aldea [§ 300] tiene 15 vezinos; es de Burgos:

ARROYAL media legua de cuesta abaxo.

Pardilla lugar [§ 496] tiene 60 vezinos; está en un valle:

MIRAGLOS una legua llana.

Paredes de Nava villa [§ 348] tiene 1500 vezinos; es del conde de Salvatierra:

BEZERRIL una legua llana. BOADA una gran legua llana.

Parla lugar [§ 5391–5394] tiene 200 vezinos; es del marichal[502] de Malpica; está en llano:

BOROX 4 leguas, van por Palomero, 2 leguas, e por Esquivias, una legua. CASARRUBIELOS 2 leguas, van por Humanejos. COBEXA 4 leguas e media, van por Humanejos e por Torrejón de Velasco e por Moratalaz, por la mano derecha queda Illescas a un tiro de vallesta. LA CRUZ 2 leguas, van por Humanejos. CUBAS 2 leguas de tierra doblada e de labrança, van por Humanejos, media legua. HAZAÑA 4 leguas, van por Humanejos e por Torrejón de Velasco e por Moratalaz, queda Illescas a la mano derecha a un tiro de vallesta. HUMANEJOS media legua llana e de labrança e viñas. ILLESCAS 3 leguas, van por Humanejos. PALOMERO 2 leguas buenas de tierra doblada. PINTO una legua de tierra doblada e de pan e vino. PUÑOENROSTRO 3 leguas, van por Valdemoro. VALDEMORO 2 leguas de tierra doblada e de labrança e viñas en la salida e entrada. YELES 3 leguas, van por Humanejos, media legua, e por Torrejón de Velasco, una legua e media, e por Moratalaz, un 4º de legua.

---

501 Paradinas de los Omizianos, cf. *Villacastín.*
502 Mariscal.

La Parra aldea [§ 1085] tiene 30 vezinos; es del duque del Infantadgo:

EL COLMENAR una legua.

Pasadiel aldea [§ 5591–5592] tiene 5 vezinos; está al pie de una sierra, está riberas del Sil:

MERAYO media legua pequeña llana, van por Toral, un 4º de legua. PONFERRADA media legua riberas arriba del Sil, que queda a la mano dizquierda, en llegando a Ponferrada pasan a Bueça, que corre a la mano dizquierda. RIMOR media legua, van por Toral, un 4º de legua, e por Merayo, un 4º de legua. SAN PEDRO DEVESAS una legua pequeña de tierra doblada e de panes e montes baxos, a medio camino pasan al Sil por puente o por vado, que corre a la mano dizquierda. TORAL un 4º de legua de tierra doblada e de pan e viñas. VILLALIBRE media legua pequeña, van por Toral.

Pasarilla aldea [§ 1094–1095] tiene 13 vezinos; es de unas monjas; está en un cerro:

CASTELLANILLOS media legua llana. ÇURRAQUÍN media legua llana.

Pascual Cobo lugar [§ 3943–3948] tiene 70 vezinos; es de Pedro de Barrientos; está en un hoyo entre unos berrocales e enzinares, es en tierra de Ávila:

ÁVILA 9 leguas, van por Hortún Pascual, 2 leguas de cerros e valles e montes de enzinares e robledales e sierra arriba, e por Gamonal, una legua, e por Moñico, 2 leguas, e por San Cristóval, una legua, e por Piedrahitilla. BONILLA DE LA SIERRA 3 leguas, van por Tórtoles, 2 leguas e media de grandes valles e cerros e berrocales e algunos montezillos. CASTELLANOS DE LA CAÑADA media legua de montes de enzinares e de valles e peñas. ÇURRAQUÍN legua e media, van por Cabeças, una legua de cerros e valles e montes e arroyos, que corre a la mano dizquierda. HONTIVEROS 5 leguas, van por Cabeças, una legua, e por Çurraquín, media legua, e por Manzera de Arriba. MARTÍNEZ una legua de cerros e verrocales e valles e linares e arroyos, que corren a la mano derecha. PEÑARANDA DEL MERCADO 5 leguas, van por Cabeças de Blasco Pascual, una legua, e por Çurraquín, media legua, e por Mancera de Abaxo, 2 leguas, e por Bóbeda, media legua. SALAMANCA 9 leguas, van por Samiguel de la Serrezuela, 3 tiros de vallesta, e por Diego Álvaro e por Gómez Blasco, una legua, e por Pedraza, 2 tiros de vallesta, e por Valdecarros, media legua, e por Alva de Tormes, una legua. SAMIGUEL DE LA SERREZUELA 3 tiros de vallesta, todo como cuesta arriba e de berrocales, algunas enzinillas en medio el camino. SAN XIMONES una legua, e van por Martínez, una legua. VADILLO 2 leguas de cerros e valles e montes e berrocales.

Pascual Muñoz lugar [§ 4139–4144] tiene 20 vezinos; es de Diego Hernández de Ávila, es aldea de Villatoro; está en el Val de Ablés riberas de Adaja; Mavides e Pascual Muñoz son un concejo, están uno del otro un tiro de vallesta e la iglesia en medio:

ÁVILA 6 leguas, van por Santa María el Arroyo e por Muño Galindo, media legua. MENGAMUÑOZ 2 leguas, van por Pradosegar, un 4º de legua. MUÑANA media legua, van por Villagarcía, un 4º de legua de tierra doblada e de enzinares. MUÑO TELLO media legua llana e de panes, a medio camino pasan Adaja por vado, corre a la mano dizquierda, a la mano dizquierda queda Pradosegar a un tiro de vallesta. NAHARROS DEL PUERTO una legua, van por Anguas, media legua llana de tierras labradas, junto con Anguas pasan Adaja por vado, corre a la mano dizquierda. PRADOSEGAR un 4º de legua llana e de tierras de pan, junto con el dicho Pradosegar pasa Adaja por vado, corre a la mano dizquierda. LA TORRE DE DON PEDRO DE ÁVILA una legua de tierra algo doblada, por la mano dizquierda queda Villagarcía e Muñana a 2 tiros de vallesta cada uno. VADILLO una legua grande, la mitad del camino primero de puerto arriba e lo otro de puerto abaxo e de berrocales e un 4º de legua primero de enzinares. VILLATORO una legua de valle arriba, por la mano derecha queda siempre una serrezuela con algunos cabeços de enzinares.

Pastrana villa [§ 4773–4780] tiene 700 / 800 vezinos; es sojecta a Çorita de los Canes; está en un valle hondo entre unas serrezuelas e como en ladera a una solana, es en el Alcarria; tiene grandes olivares porque es tierra de ellos, que todos los dichos cerros todos están plantados de ellos a la redonda, tiene por la parte de donde sale el sol una ribera de huertas muy buena en un arroyo que pasa junto con la villa, tiene todos los edeficios de yeso, tiene la cerca casi toda por el suelo:

ALCALÁ DE HENARES 7 leguas, van por Hontova, 2 leguas, e por Loranca, una legua, e por Pioz, una legua, e por Santorcaz. ALHÓNDIGA 2 leguas, van por Valdeconcha. ALMOGUERA 2 leguas, van por Yebra, una legua. ALMONACIR 2 leguas, van por Çorita de los Canes. ÇORITA una legua e media, un valle abaxo e por entre grandes cerros e pinares por todas manos riberas abaxo de un arroyo la primera legua e la postrera media legua riberas abaxo de Texo, que queda a la mano dizquierda arroyo e río, junto con Çorita pasan a Taxo por puente, corre a la mano derecha. ESCARICHE 2 leguas, van por Escopete, una legua de tierra doblada e de viñas, en saliendo de Pastrana suben una cuesta que tenrá 2 tiros de vallesta. FUENTE EL ENZINA 2 leguas de tierra de valles e por entre cerros, la legua primera es de viñas e olivares e la otra legua ay montes de enzinares. GUADALAJARA 6 leguas, van por Hontova, 2 leguas, e por Arançueque, una legua. MONDÉJAR 3 leguas de tierra de cerros e vallejuelos e montes de enzinares, a la mano dizquierda queda Yebra a una legua pequeña del camino. MORATILLA una legua de cerros e valles, en saliendo de Pastrana suben un valle e cerros arriba que tenrá casi media legua, todo de olivares, para llegar a Moratilla baxan otra cuesta que tenrá 3 tiros de vallesta, la media legua postrera es de viñas e olivares, la legua de medio es de matorrales e tierras de pan. TENDILLA 3 leguas, van por Moratilla, 2 leguas de tierra de cerrillos e montezillos, la una legua primera es de olivares e viñas. UÑÓN 3 leguas, van por Valdeconcha, una legua de valle arriba e por entre cerros e olivares. YEBRA una legua muy grande de tierra muy doblada e de cerrillos, la media legua postrera e algo de la primera es de pinares, en saliendo de Pastrana suben una cuesta que tenrá 4 tiros de vallesta.

Paterna lugar [§ 2712] tiene 400 vezinos; es aldea de Sevilla; está en un lomo de un cerro de olivares:

ESCARCENA un 4º de legua de tierra doblada, un lomo de un cerro, e de olivares. MANÇANILLA media legua grande de tierra doblada, la mitad del camino primera es como cuesta abaxo e de viñas. TEXADA 2 leguas de tierra doblada por pocas partes, es todo llano de campiña.

Paterna de Ribera[503] lugar [§ 3381–3382] tiene 60 vezinos; es del marqués de Tarifa; está en llano entre unos palmares:

ALCALÁ DE LOS GANZULES 3 leguas de cerros e palmares, a una legua de Alcalá pasan 2 ríos que corren a la mano derecha. MEDINA SIDONIA una legua muy grande de cerros e valles e de tierras de pan e palmares, para subir a Medina subimos una cuesta que tenrá un 4º de legua, aún los tres 4º de legua venimos subiendo siempre cara arriba. XEREZ 4 leguas de cerros e de palmares e dehesas de vacadas, a 3 leguas primeras pasan a Guadalete río por vado, que corre a la mano dizquierda, es río grande.

Peçuela (Pezuela) aldea / lugar [§ 20, 4742–4748, 4752] tiene 50 / 90 vezinos; es del arçobispo de Toledo, es aldea de Alcalá de Henares; está en una ladera e por la parte de Alcalá de Henares está en llano salvo por la parte de Valencia que pasa Taxuña río, que pasa a media legua del lugar por valle hondo:

ALCALÁ DE HENARES 3 leguas, van por Villalvilla. AMBITE una legua de tierra de valles e cerros e tierras de pan. CARAVAÑA 3 leguas, van por Ambite, una legua. CHILUECHES 3 leguas, van por Pioz e por el Pozo de Guadalajara. ÇORITA DE LOS CANES 5 leguas, van por Fuentenovilla, 2 leguas, e por Yebra, 2 leguas. CORPA legua e media de tierra doblada e de barrancos e de viñas e olivares. FUENTENOVILLA 2 leguas de cerros grandes e valles hondos, en saliendo de Peçuela baxamos un valle abaxo hondo por entre cerros que tenrá de abaxada media legua pequeña, allí pasamos a Taxuña río por puente en invierno, corre a la mano derecha, vamos riberas abaxo de él un 4º de legua, que queda a la mano derecha, para subir a Fuentenovilla subimos unos valles e cuestas arriba que tenrán media legua, todo de montes de enzinares. GUADALAJARA 4 leguas, van por Pioz, media legua, e por el Pozo de Guadalajara, media legua, por la mano derecha queda Chilueches a 2 tiros de vallesta. LORANCA una legua de tierra de vallejuelos e tierras de pan. MONDÉJAR 2 leguas de tierra de valles e cerros e montes baxos e algunos altos por medio el camino, a medio camino pasan a Taxuña río por vado en verano, corre a la mano derecha. PASTRANA 4 legua, van por Escariche, 2 leguas, e por Escopete, una legua de tierra de vallejuelos e tierra doblada e de montes baxos e altos, en saliendo del lugar baxan un valle e suben una sierra que tenrá de subida e abaxada media legua, a media legua primera pasan a Taxuña por puente, corre a la mano derecha. PIOZ media legua de tierra doblada e de viñas e olivares e tierras de pan. TENDILLA 4 leguas, van por Loranca, una legua, e por Arançueque, una legua. TORRES 3 leguas, van por Valverde, una legua muy grande. URUSCO 2 leguas. VILLALVILLA 2 leguas de tierra de valles de travieso e viñas e algunos olivares, por la mano

503 Paterna, cf. *Medina Sidonia, Xerez de la Frontera*.

dizquierda queda Corpa a 2 tiros de vallesta del camino. EL VILLAR una legua e media, van por el Olmeda, una legua de tierra de valles e cerros e tierras de pan e algunas viñas.

El Pedernoso lugar [§ 1211] tiene 150 vezinos:

LOS HINOJOSOS 2 leguas.

Pedraza de la Sierra[504] villa [§ 761–762, 799–802] tiene 200 vezinos; es de la condesa de Haro; tiene buena fortaleza; está en un cerro muy agro, está una legua de la sierra de Segovia:

ARAGÜETES media legua doblada. ARANDA 11 leguas, van por la Matilla e por la Nava e por el Corral de Yuso e por Sondehesa e por Ciruelos e por Honruvia e a Pardilla e a Miraglos e por Fuentespina. ARCONES una legua doblada. AREVALILLO una legua grande doblada, pásase un arroyo en mitad del camino, que corre a la mano derecha. CASTILNOVO una legua, van por Orgenilla e por cabe Vallezuela de Sepúlveda queda a la mano derecha. CASTROSERNA 2 leguas dobladas, van por Sancho Pedro. EL CUBILLO una legua grande doblada. GALLEGOS una legua doblada. GÜERTA una legua doblada. LOÇOYA 3 leguas grandes, van por Navafría. MATABUENA una legua doblada de berrocales pequeños. LA MATILLA una legua, van por Orejanilla. OREJANILLA media legua doblada, antes que lleguemos abaxamos una abaxada que tenrá 2 tiros de vallesta, esta abaxada que abaxamos a un riatuelo que se llama Orejanilla, se llama el Valle de las Virtudes porque ay 5 ermitas en obra de media legua, de este lugar dicho Orejanilla fue el emperador Trexano, que lo hallaron arando en una labrança a un tiro de vallesta del lugar, el río está junto con el lugar, corre a la mano dizquierda de que lo pasamos por puente. LA PUEBLA 2 leguas, van por Pajares e por Rebollo. SANCHO PEDRO una legua grande doblada, está un montezillo en medio de la legua de enzinas. SEPÚLVEDA 3 leguas, van por Orejanilla e por la Matilla. VALDEVACAS una legua grande doblada, pásase a medio el camino un riatuelo dicho Yértega, que corre a la mano derecha.

Pedroche (Villa Pedroche) aldea / lugar [§ 4468, 5256–5258] tiene 1500 / 1900 vezinos; es aldea de Córdova; tiene buena fortaleza; está en una ladera de un cerro, es en la Sierra Morena, pasa un riatuelo junto con el lugar; en este lugar ay e se haze buena trapería, es lugar de muchos enzinares e dehesas e criaderos de ganados, tiene muchas viñas:

EL GUIXO una legua de tierra de valles e cerros e montes de enzinares e xarales e tierras de labrança e viñas, en saliendo de Villapedroche pasan al dicho riatuelo por vado, que corre a la mano derecha. POZOBLANCO una legua de tierra de cerros e enzinares e tierras de labrança e algunas viñas, en saliendo del dicho lugar pasan al dicho río por vado, que corre a la mano derecha. TORRE EL CAMPO una legua de tierra doblada e por entre cerros e montes e labranças. TORREMILANO 2 leguas de cerros e valles e dehesas de montes de enzinares

504 Pedraza, cf. *Nava (La Nava de Pedraza), La Torre de San Pedro, Val de San Pedro.*

e tierras de pan, la media legua postrera es de viñas. VILLANUEVA DE CÓRDOVA una legua de enzinares e campiñas e algunas viñas.

Las Pedroñeras[505] lugar [§ 1211, 4611–4615] tiene 200 vezinos; está en llano altillo en medio un pedregal:

BELMONTE 2 leguas, van por Martín Ovieco, una legua de tierra doblada de atochares e romerales. MARTÍN UBIECO una legua de cerros e romerales e atochares. LAS MESAS una legua muy grande llana e de romerales e enzinares. MIÑAYA 6 leguas, van por el Provencio. MONREALE 3 leguas, van por Martín Uvieco. LA MOTA 3 leguas, van por el Pedernoso, una legua, e por Santa María de los Llanos. EL PEDERNOSO una legua de tierra doblada e de algunos vallejuelos e tierras de labrança e romerales. EL PROVENCIO 2 leguas de tierra doblada e de montes baxos de atochares, a la mano dizquierda queda Santiago a media legua del camino. EL ROBLEDILLO DE ZÁNCARA una legua de tierra doblada e de romerales e atochares. SAN CLEMENTE 3 leguas, van por Santiago de la Torre. SANTA MARÍA DE LOS LLANOS 2 leguas, van por el Pedernoso, una legua. SANTIAGO EL QUEBRADO una legua grande de tierra de algunos cerrillos e tierras de labrança e de atochares, junto con Santiago pasan a un río dicho Záncara por vado, corre a la mano derecha. SOCUÉLLAMOS [...] llanas e de atochares, por las salidas de los lugares ay montes de enzinares e por medio el camino atochares.

Pedros(s)o[506] lugar [§ 4289–4293] tiene 100 vezinos; es aldea de Salamanca; está en llano:

ALDEARRUBIA 3 leguas, van por la Prueva, 2 leguas. BABILA FUENTE 2 leguas de tierra doblada e tierras de labrança. CANTAELPINO una legua de tierra doblada e de viñas e tierras de pan salvo la media legua de en medio. CANTALAPIEDRA 4 leguas, van por Mollorido, 3 leguas de tierra doblada e tierras de labrança. CAÑIZARES una legua e media, de tierra doblada la primera e lo otro es de cerros, todo este camino es de montes de enzinares baxos salvo la media legua primera que es rasa. ESPINO DE LLORVADA media legua llana e de viñas e tierras de pan. HORNILLOS media legua llana de viñas e tierras de pan. HUERTA 3 leguas de tierra doblada, para abaxar a Güerta baxan una cuesta que tenrá media legua. PITIVEGA una legua llana de tierras de pan e de viñas. LA PRUEVA 2 leguas de tierra doblada e unas cuestezuelas antes que lleguemos al lugar, todo tierra labrada. SALAMANCA 5 leguas, van por Pitivega, una legua, e por Sordos, una legua, e por Blasco Muñoz, una legua, e por Morisco, media legua. TORO 9 leguas, van por Cañizar, legua e media, e por Fuente la Peña, una legua e media, e por Bóbeda, 2 leguas, e por Villabuena, media legua, e por Palomares, media legua. VILLAFUERTE media legua llana e de viñas. VILLERUELA una legua, van por Hornillos, media legua. VILLORIA 2 leguas, van por Hornillos, media legua.

---

505 Las Predoneras, cf. *El Probencio (El Provencio).*
506 Pedrosa, cf. *Medina del Campo.*

Peñafiel villa [§ 490–491, 1077–1078] tiene 1500 vezinos; es del conde de Ureña; tiene fortaleza en alto; está en llano ribera de Duratón:

CANALEJAS una legua, pásase el dicho Duratón. CURIEL una legua llana, pásase Duero a un 4º de legua por puente, júntase Duratón con él un tiro de piedra de la dicha puente. HONTIDUEÑA 3 leguas Duratón arriba, vase Rávano y a Lagunillas y al Bivar, a la mano izquierda queda Sagrameña y a la mano derecha está Morpezeres y Canalejas y la Torre. LAGUNILLA 2 leguas, vase por Rávano. MANÇANILLO 2 leguas, pásase Duratón junto a Peñafiel. MÉRIDA media legua. PESQUERA 2 leguas, pásase por la dicha puente, a la mano izquierda está Quintanilleja e Langayo e Mançanillo y a mano derecha está Curiel. QUINTANILLEJA una legua llana, pásase Duratón junto a Peñafiel. RÁVANO 2 leguas Duratón arriba. LA TORRE una legua, pásase el dicho Duratón. VALBUENA 3 leguas llanas, pásase la dicha puente.

Peñaflor aldea / lugar [§ 483, 4411–4417] tiene 70 / 200 vezinos; es aldea de Córdova; está en llano riberas de Guadalquebir que pasa junto, está orilla de unos cerrillos que la señorean, por la parte del río está en llano, que es por la parte de mediodía, tierra de Córdova; tiene grandes vegas más gruesas que es en la ribera de Guadalquebir de pan:

ALMENARA, castillo, una legua de tierra doblada, el postrero 4º es de sierra arriba. CARMONA 6 leguas, van por la Matilla, una legua llana de campiñas, en saliendo pasan a Guadalquebir por varca, que corre a la mano derecha. CÓRDOVA 10 leguas, van por las Posadas, 4 leguas, e por Almodóvar, 2 leguas. COSTANTINA 5 leguas, van por Almenara e por la Puebla. ÉCIJA 5 leguas, van por Palma, una legua. GUADALCÁÇAR 7 leguas, van por Palma. GUADAXOX 5 leguas, van por Lora, 3 leguas, e por Alcolea. HORNACHUELOS 3 leguas de tierra doblada e de montes baxos e dehesas e algunos olivares la legua postrera. LORA 3 leguas llanas. PALMA (DE MIÇARGILIO) una legua llana riberas arriba de Guadalquebir, queda a la mano dizquierda porque se pasa en saliendo Guadalquebir por barca, corre a la mano derecha, junto con Palma pasan a Guadaxenil por vado, que corre a la mano dizquierda. LAS POSADAS 4 leguas llanas riberas arriba de Guadalquebir, que queda siempre a la mano derecha, algunas vezes queda el río a un 4º de legua del camino, a la primera legua pasamos un río por puente dicho Retortillo, a las 3 leguas primeras pasan a otro río dicho Bembéçar por vado e por puente, estos 2 ríos se juntan con Guadalquebir a media legua, a la mano derecha queda Palma de Miçargilio a un 4º de legua grande del camino, por todas partes del río ay cerros e derrumbaderos de manera que siempre lleva de vega un 4º de legua grande. LA PUEBLA DE LOS INFANTES una legua e un 4º, van por Almenara. SEVILLA 12 leguas, van por Lora, 3 leguas, e por Villanueva del Camino e por Tosina.

Peñalva lugar [§ 5038] tiene 40 vezinos; tiene fortaleza; está en un vallejuelo; es estérile de agua:

BUJALALOZ una legua grande de tierra de vallejuelos e algunos cerros, la media legua postrera es llana. CANDASNOS una legua grande, de tierra de valles e cerros la media legua primera e lo otro tierra doblada.

Peñaranda villa [§ 1025, 1081] tiene 150 vezinos; está ribera de Duero:

AÇA 3 leguas, queda a la mano derecha Aranda de Duero y a mano izquierda Fuente Espina. FUENTESPINA legua y media llana.

Peñaranda del Mercado[507] lugar [§ 1223, 2013–2020] tiene 475 / 500 vezinos; es de Juan de Bracamonte; tiene buena fortaleza; está en un llano:

ALDEA SECA media legua grande llana. ALVA DE TORMES 4 leguas, van por la Nava, una legua, e por Coca, una legua, e por Garci Hernández, una legua. ARAUZO una legua e media llana, en llegando Arauzo pasamos un río dicho río Almar por vado, que corre a la mano derecha. BÓBEDA una legua pequeña llana, junto con Bóbeda pasamos al dicho río Almar por vado, que corre a la mano derecha. EL CAMPO una legua grande llana, a la mano derecha queda Aldea Seca a un tiro de vallesta del camino. CANTALAPIEDRA 4 leguas, van por Aldeaseca, media legua, e por Çorita, media legua, e por Palacios Rubios, media legua. CASTRO NUEVO 3 leguas, van por Cantarazillo e por Salvadiós, una legua e media. CILLÁN 3 leguas algo tierra doblada, pásase un portezico en medio el camino y un montezillo. ÇORITA legua e media, van por Aldeaseca e por Aldeyuste. HONTIVEROS 3 leguas, van por la Cruz, una legua, e por Florez de Ávila, media legua. MADRIGAL 5 leguas, van por Paradinas, legua e media, e por Rágama, media legua, e por Rasueros, una legua, e por Astudillo, media legua, queda el Villarejo a la mano derecha a un tiro de vallesta del camino. MANCERA DE ABAXO una legua, van por Bóbeda. MANCERA DE ARRIBA 2 leguas, van por Mancera de Abaxo e por Bóbeda. MIRUEÑA 2 leguas llanas, pásase un monte en medio del camino de enzinas. PARADINAS legua e media llana, a una legua pasamos a un arroyo que corre a la mano dizquierda. RÁGAMA 2 leguas, van por Paradinas, una legua e media. LA RENCONADA 2 leguas e media llanas, pásase un río de que llegamos a la Renconada junto con el lugar y un montezillo de enzinas en medio el camino. SALAMANCA 7 leguas, van por Arauzo, una legua e media, e por Ventosa, media legua, e por Huerta, 2 leguas, e por Aldea Luenga, una legua. SAN GARCÍA 2 leguas llanas. SOTROVAL una legua llana, de todas partes de valles baxos, junto con Sotroval pasamos a río Almar, que corre a la mano derecha. VERCIMUELLE (VERZIMUELLE) una legua riberas de río Almar arriba, que queda a la mano derecha. EL VILLAR una legua grande llana. XIMEHALCÓN una legua, van por Cantarazillo.

Perdiguera lugar [§ 1] tiene hasta 100 vezinos; lugar mediano:

LANÁJARA 4 leguas.

Pero Bernaldo[508] [§ 1087] tiene 50 vezinos; es del duque de Alburquerque, es aldea del Colmenar:

507 Peñaranda, cf. *Mirueña, Navas de Arévalo, Paradinas.*

508 Perobernaldo, cf. *Ramacastañas.*

EL COLMENAR 3 leguas ásperas de sierras. LANÇA HITA una legua pequeña de tierra áspera.

Pero Miguel [§ 1103] tiene 20 vezinos; es aldea de Medina:

MORALEJA un pequeño 4º de legua. POZAL DE GALLINAS un chiquito 4º de legua.

Pero Ruvio[509] [§ 1067] tiene 12 vezinos; es de Sepúlveda; está en llano:

DURUELO una legua llana. VELLOSILLO tres 4º de legua llano.

Perona aldea [§ 1207] tiene 5 vezinos; dizen que solía ser buen lugar:

VILLAR DE CANTOS media legua llana, pásase Rus, que corre hazia la mano derecha.

Perpiñán villa [§ 5682] tiene 7000 vezinos; tiene fortaleza; está en llano a 2 leguas de la mar, pasa un río cabe la cibdad; en este lugar se hazen buenos paños:

COLIBRES 3 leguas. ESTAJEL 3 leguas de tierra de valle, por la mano derecha quedan los Montes Pirineos a media legua del camino. SALSAS 3 leguas de tierra doblada e de cañaverales e tierras de pan, en saliendo de Perpiñán pasan a un río por barca, que corre a la mano derecha.

Pesquera villa [§ 1012, 1080] tiene 100 vezinos; está ribera de Duero, en llano:

FONTIDUEÑA 5 leguas, van por Peñafiel, queda a mano izquierda Curiel y Mérida y a mano derecha Quintanilleja e Langayo e Mançanillo e Morpeceres e la Torre e Canaleja. QUINTANILLEJA una legua llana, pásase Duero con barca junto con Pesquera. VALBUENA una legua Duero abaxo.

Petrel lugar [§ 6388] tiene 100 vezinos; es de Mosén Colomo; tiene muy buena fortaleza; está en una ladera de una sierra alta que se llama la Peña del Cid, que no la ay más alta en esta tierra, es en el reino de Valencia; es de moros:

ELDA media legua llana e de huertas. NOVELDA 2 leguas de tierra de barrancos e por entre sierras. SAX una legua llana e por entre sierras.

Piedrahíta (de la Sierra) villa [§ 2469–2470, 4088–4100, 5259] tiene 350 / 700 vezinos; es del duque de Alva; tiene buena fortaleza; está en un valle hondo e anchuroso que tiene una legua de ancho e otra e más de largo, a media legua pasa un río dicho Corneja, es en el obispado de Ávila:

---

509 Pero Rubio, cf. *Nava (La Nava de Pedraza).*

EL ALAMEDA una legua, van por la Casa. EL ALDEYUELA 2 leguas, la primera valle arriba e por entre sierras e arroyo arriba e lo otro valles abaxo e arroyo, por la mano dizquierda queda la sierra prencipal e Santiago del Collado a 2 tiros de vallesta del camino. ALVA DE TORMES 7 leguas, van por Malpartida, una legua, e por Collados, media legua, e por Arevalillo, media legua, e por Horcajo, una legua, e por Gallegos de Trespes, una legua, e por Hela Rodrigo, una legua, e por Velillas. EL AVELLANEDA 2 leguas, van por Santiago del Collado, media legua, e por Navamuñana, media legua. EL BARCO DE ÁVILA 4 leguas, van por el Aldeyuela, 2 leguas, por la mano dizquierda a un tiro de vallesta queda Santiago, e por Enzinas e por Santa María de los Cavalleros. BONILLA DE LA SIERRA una legua, van por el Mensegar, media legua llana e de tierras de pan, antes que lleguemos al Mensegar con 2 tiros de vallesta pasan a Corneja río por vado, corre a la mano dizquierda. ÇAPARDIEL 2 leguas de sierras arriba salvo la primera media legua. CASASOLA media legua llana, junto con Casasola pasan a Corneja río por vado, corre a la mano dizquierda. CESPEDOSA 4 leguas, van por San Bartolomé, una legua llana, junto con él pasan a Corneja, corre a la mano dizquierda, e por Arroyo Campos, una legua, e por Bercimuelle, una legua. EL COLMENAR DE ARENAS 8 leguas, van por Villafranca e por la Garganta el Villar, 2 leguas, e por Samartín del Pimpollar e por los Molinos e por las Cuevas. LA GARGANTA DEL VILLAR 3 leguas, van por Samiguel de Corneja, media legua, e por Villafranca, media legua. EL GUIJUELA 2 leguas de sierras arriba salvo la primera media legua. HORCAJO 3 leguas, van por Çapardiel. HORCAXADA 2 leguas, vase por la Maça, media legua. HOYO REDONDO una legua llana, van por la Casa de Salustín Pérez, media legua llana. MALPARTIDA una legua llana e de tierras de pan, a poco más de media legua pasan a Corneja, corre a la mano dizquierda. NAVA ESCURIAL media legua llana algo cuesta arriba hazia la sierra. NAVA REDONDA 4 leguas, todo de sierras e valles e peñas salvo la primera media legua que es llano, a la mano derecha queda Santa María del Espino media legua del camino. NAVACEPEDA 3 leguas, van por el Elguixuela, 2 leguas. NAVAELPERAL 3 leguas de sierras arriba salvo la primera media legua. PESQUERA media legua cuesta arriba de una sierra. SALVATIERRA 5 leguas, van por San Bartolomé, una legua, e por Valdemolinos, una legua, e por Santa María el Berrocal, media legua, e por Naharrillos, legua e media. SAMARTÍN DE LA VEGA 3 leguas, van por Samiguel de Corneja, media legua, e por Villafranca, media legua. SAMIGUEL DE CORNEJA media legua de tierra doblada e de berrocales e prados, por la mano derecha queda siempre la sierra, a la mano derecha queda un arrabal de Piedrahíta dicho el Soto a un tiro de vallesta del camino. SAN BARTOLOMÉ media legua llana una vega abaxo. SANTA MARÍA DEL ESPINO 3 leguas, van por el camino de Nava Redonda. LA SOLANA una legua de cerros e valles arriba, a la mano dizquierda queda Santiago del Collado a 3 tiros de vallesta del camino. VADILLO 3 leguas, van por el Mensagar, media legua, e por Bonilla de la Sierra, media legua, e por Villanueva del Obispo, una legua. VILLATORO 3 leguas, van por las Casas del Puerto, 2 leguas de tierra doblada e de algunos montes, por la mano derecha queda la sierra prencipal, a medio camino pasan al dicho río Corneja por vado, corre a la mano dizquierda.

Pilas [§ 3334]:

LA PALMA 4 leguas grandes de cerros e valles, algo baxos los cerros, la primera legua es de olivares, de allí adelante es de alcornocales por la parte de la mano dizquierda, a mano derecha algunos olivares 2 leguas, de allí adelante es todo de alcornocares por todas partes, a la mano dizquierda queda el Carrioncillo a un 4º de legua del camino, a la mano derecha queda Villalva a una legua pequeña.

Pinos[510] lugar [§ 3046–3052] tiene 50 vezinos; es de don Antonio de Bobadilla; está en alto por la parte de la vega, junto con la vega e al pie de la Sierra Elvira:

ALBOLOTE 2 leguas, van por el Atarafe. ALCALÁ (LA REAL) 5 leguas de sierras de cerros e valles, da el camino munchas bueltas alderredor de los cerros, a una legua de Pinos empeçamos a dar una buelta a una sierra sobre la mano derecha que tenrá una legua, a la mano derecha queda Moclín entre unas sierras en alto a media legua del camino, a la mano dizquierda queda Íllora a media legua del camino. EL ATARAFE una legua llana al pie todo vía de la Sierra Elvira e por entre la Vega de Granada. AZNALLOZ 4 leguas, en saliendo travesamos la Sierra Elvira que tenrá media legua riberas arriba de un riatuelo dicho Pinos, de allí adelante es de tierra de cerros e doblada e de montes de atochares. CAPARACENA media legua de tierra doblada. GAVIA LA GRANDE 3 leguas, van por Sancta Fee, una legua. GRANADA 3 leguas pequeñas llanas, en saliendo de Pinos pasamos al dicho río Pinos, que corre a la mano derecha, la media legua primera imos por entre la Sierra Elvira e la vega, que queda la vega a la mano derecha, la media legua postrera es de huertas, todo lo de medio de haças de regadío, a la mano dizquierda a un tiro de vallesta del camino. GÜÉTOR TÁJAR 4 leguas, van por Ansola, un 4º de legua, e por el Tocón, 2 leguas e media riberas abaxo de la Vega de Granada toda vía. ÍLLORA 3 leguas, van por Ansole, un 4º de legua. LOXA 6 leguas, van por Ansola, un 4º de legua, e por el Tocón, 2 leguas. LA MALAHÁ 3 leguas e media, van por Sancta Fee. MOCLÍN 2 leguas de cerros e valles, para subir a Moclín subimos una cuesta que tenrá media legua pequeña, a media legua pasamos al dicho río Vilillos, que corre a la mano dizquierda, van toda vía hasta el pie de la cuesta riberas arriba del dicho río Vilillos, que queda a la mano derecha. MONTEFRÍO 7 leguas de sierras e montes, en saliendo de Pinos pasamos al dicho río Pinos, que corre a la mano derecha. SANTA FEE una legua llanas de vegas e tierras de regadío.

Pinto lugar [§ 334] tiene 400 vezinos; es de un Carrillo; tiene fortaleza razonable y en llano.

Pioz aldea / lugar [§ 18, 4809–4814] tiene 80 / 100 vezinos; es de Alvar Gomes; tiene buena fortaleza; está en llano, es Alcarria:

ALCALÁ DE HENARES 3 leguas, van por Santorcaz, una legua de tierra doblada e de viñas e labranças e algunos olivares. ALMUÑA 2 leguas, van por Arançueque, una legua. ANCHUELO una legua e media, van por Santorcaz. ARANÇUEQUE 2 leguas. CORPA una legua de tierra de valles algo hondos e por entre cerros, todo de viñas e olivares. FUENTE EL VIEJO 2 leguas, van por Arançueque. GUADALAJARA 3 leguas, van por el Pozo de Pioz, media legua, e por Chilueches, una legua e media. LORANCA una legua de tierra doblada e montes baxos e altos e tierras de labrança salvo que para abaxar a Loranca abaxan una cuesta muy

510 (La) Puente de Pinos, cf. *Aldea el Río, Gavia la Grande, Santa Fee.*

agra que tenrá 4 tiros de vallesta. LUECHES 3 leguas, van por Villalvilla, 2 leguas. MONDÉJAR 3 leguas, van por Peçuela, una legua. ORCHE 2 leguas, van por Valdearaches e por Yeves, media legua. PEZUELA una legua pequeña de tierra doblada, en medio el camino está un monte de enzinares que tenrá 2 tiros de vallesta, algunas viñas por cabe los lugares. EL POZO media legua llana e de tierras de labrança. EL POZO DE TORRES 4 leguas, van por Villalvilla, 2 leguas, e por Corpa, una legua. SANTORCAZ una legua de tierra doblada e de viñas e de algunos olivares e tierras de labrança. LOS SANTOS una legua de tierra de barrancos e valles e cuestezuelas e olivares e viñas e labrança. TENDILLA 3 leguas, van por Arançueque, una legua de tierra doblada, para abaxar a Arançueque baxan una cuesta muy agra que tenrá un 4º de legua. TORRES 3 leguas, van por Corpa, una legua. VALDEARACHES una legua de valles e tierra doblada e de montes de enzinares. VILLALVILLA 2 leguas de tierra de barrancos e tierras de viñas e olivares.

Plazencia cibdad [§ 5158] tiene 2000 vezinos; tiene fortaleza; está en un hondo, cércala casi un río abaxo; es cabeça de obispado.
Pliego[511] villa [§ 2290–2294] tiene 1100 vezinos; es del marqués de Pliego; tiene fortaleza; está en llano entre unas sierras e pasa por medio del lugar un río dicho la Fuente el Rey:

AGUILAR 7 leguas, van por Cabra e por Monturque, 3 leguas. ALCALÁ LA REAL 3 leguas grandes de sierras e cerros. ALCAUDETE 3 leguas de sierras baxas e valles e montes. CABRA 3 leguas grandes, van por Carcabuey, una legua de cerros e tierra doblada e de campiña. EL CASTILLO DE LUCUBÍN 3 leguas de sierras e valles. CÓRDOVA 12 leguas, van por Vaena, 4 leguas, e por Castro el Rey, 2 leguas. ÇUHEROS 3 leguas de sierras e valles. DOÑA MENCÍA 3 leguas de sierras e valles e montes baxos e altos. ESPEJO 7 leguas, van por Baena, 4 leguas, e por Castro el Río, 2 leguas. GRANADA 11 leguas, van por Pinos, 8 leguas, a la mano dizquierda queda Alcalá la Real a 3 leguas del camino. IZNÁXAR 3 leguas grandes de sierras e montes de enzinares e breñas. JAÉN 9 leguas, van por Alcaudete, 3 leguas, e por Martos, 3 leguas, e por la Torre el Campo, una legua. LUCENA 4 leguas, van por Cabra, 3 leguas. LUQUE 3 leguas de sierras e valles. MARTOS 6 leguas, van por Alcaudete, 3 leguas. MONTE FRÍO 3 leguas de sierras e montes. MONTE MAYOR 8 leguas, van por Vaena, 4 leguas, e por Castro el Río, 2 leguas. MONTILLA 7 leguas, van por Cabra, 3 leguas. MONTURQUE 5 leguas, van por Cabra, 3 leguas. LA RAMBLA 8 leguas, van por Cabra, 3 leguas, e por Montilla, 3 leguas.

Poblete lugar e casería de vezinos [§ 3542] solía ser de 10 o 12 vezinos; es de Cibdad Real; está despoblado salvo que abitan en él como en cortijo:

CIBDAD REAL una legua muy grande llana de tierra de pan salvo un 4º de legua primera que es de tierra doblada.

---

511 Priego, cf. *El Castillo de Lucubín, Torre el Campo.*

Ponferrada cibdad / villa [§ 2662–2664, 3849, 4045–4049, 5572–5579] tiene 250 / 800 / 1000 / 3000 vezinos; tiene muy buena fortaleza; está en un cerrillo largo de manera que toma la villa los derrumbaderos de cada parte salvo en medio que es llano e por do travieso el cerro, está entre 2 ríos, que el uno se llama el río de Buesça, el otro el río del Sil, el cual tiene las mejores y mayores truchas que ay en estas partes, júntase luego cabe la villa e después nómbrase el Sil, pasa junto con la cibdad un río dicho Saetín, pasa un río por junto a la fortaleza dicho Ribas del Sil, es en el Bierzo entre Castilla e Galizia; es llave de Galizia e es cabeza del Vierço en el reino de León, en esta tierra son las leguas pequeñas:

ALDEA EL ARROYO legua e media de tierra algo llana e de viñas. ARGANÇA 3 leguas, van por Colombrianos, una legua, e por las Cabañas de Portel don Fernando, a mano derecha queda Cueto e San Juan a 2 tiros de vallesta del camino. LOS BARRIOS DE SALAS, que es 4 lugares en un 4º de legua, una legua de viñas e tierras de pan e doblada, en saliendo de Ponferrada pasan al dicho río de Bueça por puente, que corre a la mano derecha. LAS BORRENAS 2 leguas riberas abaxo de Ribasdesil, que queda el río siempre a la mano dizquierda, por la mano dizquierda queda siempre sierra junto con el camino, a la mano dizquierda queda Cornatelo en la sierra a un tiro de vallesta. CACABELOS (CACAVELOS, CARCABELOS) 2 leguas de tierra doblada, en saliendo de Ponferrada pasamos al dicho río Saetín por puente, que corre a la mano dizquierda. CAMPO media legua de tierra llana e de pan e viñas riberas arriba del dicho río de Bueça, que queda el río a la mano derecha, en llegando a Campo lo pasan por vado en verano y en inverno por puente, que corre a la mano derecha. EL CAMPO DE NARAY(A) una legua grande de tierra doblada e de montes baxos, en saliendo pasan al dicho río del Sil por puente todo el año, que corre a la mano dizquierda. COLOMBRIANOS una legua pequeña de tierra doblada e de montes baxos, en saliendo pasan al dicho Sil. CUBILLOS 2 leguas, van por Santandrés de Montejos. FONTESNOVAS (FUENTES NUEVAS) una legua grande de tierra doblada e de tierras de pan, en saliendo pasan a dicho Sil. MAGAZ 2 leguas llanas e de montes de xarales e riberas arriba de Sil la legua primera, en saliendo lo pasan, corre a la mano dizquierda, van por el Campo de Naray, una legua, e por la Válgoma, un 4º de legua. MERAYO una legua, van por Pasadiel e por Toral. MOLINA SECA 2 leguas de valles e cuestas abaxo, a medio camino pasan un río por vado en verano, que corre a la mano dizquierda. PASADIEL media legua riberas abaxo del río del Sil, que queda el río a la mano derecha porque en saliendo de Ponferrada pasan al dicho río Bueça, que corre a la mano derecha. SAN JUAN DE LA MATA 3 leguas, van por Culumbrianos, una legua, e por Cabañas de Portel don Fernando, una legua, e por Cueto, media legua. SAN LORENÇO un 4º de legua llana e de viñas e tierras de pan, en saliendo de Ponferrada pasan al dicho río Bueça, que corre a la mano derecha. SAN PEDRO DE DEVESAS 2 leguas de tierra llana riberas abaxo del Sil, que queda el río a la mano dizquierda, en saliendo pasan al dicho Sil antes que salgan de un arrabal, que corre a la mano dizquierda. SANTANDRÉS DE MONTEJOS una legua, van por Colombranos, si no quieren queda a mano dizquierda a medio tiro de vallesta. SANTO TOMÁS un 4º de legua pequeño. EL VALLE 4 leguas de tierra doblada no mucho e por algunas partes de viñas. VEGA DE SANTANDRÉS 4 leguas, van por Culumbrianos, media legua, e por las Cabañas e por Sauzedo, una legua adelante. VERCE 5 leguas, van por el Valle, 4 leguas. VILLAFRANCA 5 leguas, van por el Campo de Naray, 2 leguas, e por Cacavelos, una legua.

Pontecastrelo[512] aldea [§ 419] tiene 50 vezinos; está en llano, está ribera del Miño río:

EL CASTRELO DE SANDE una legua toda de ladera y áspera. RIBADAVIA una legua pequeña, el medio camino primero áspero, el otro llano, pásase el Miño junto a la Pontecastrelo un tiro de piedra. VALDARIZ una legua grande, la meatad de la cual y la primera es de cuesta arriba tierra áspera, la otra meatad es llana.

Pontesampayo[513] aldea [§ 392] tiene 25 vezinos; es del arçobispo de Santiago; está junto con la mar, entra junto con él un gran río; ay allí una gran puente:

REDONDELA una legua vera de la mar.

Pontevedra villa [§ 387] tiene 5000 vezinos; es del arçobispo de Santiago; ay fortaleza puesta en alto; está en llano; es puerto de mar, que entra por un braço como río dicho Lérez, el cual llega duçe hasta la villa do ay una muy grande puente, dende allí a la barra del río ay una legua fondable para navíos todo agua salada, de la otra parte del río está el arrabal, ay en esta villa mucho pescado cecial y sardinas, que matan por aquella costa de mar:

LA PONTE SAN PAYO 2 leguas, llana la primera y la otra áspera. SAN JUAN DE LETRÁN media legua pequeña, pásase Lérez por barca junto a Pontevedra.

Porcuna villa [§ 4493–4494] tiene 1200 vezinos; es del maeztradgo del Calatrava; tiene buena fortaleza; está en un cerro redondo; tiene grandes arrabales, tierra gruesa de pan:

ARJONA 2 leguas de tierra doblada e de campiña. BURJALANCE 3 leguas, van por Cañete, 2 leguas de tierra doblada e de campiña. CAÑETE 2 leguas de tierra doblada e de campiña. LOPERA una legua de tierra doblada e de campiña. MARTOS 4 leguas, van por la Torre don Ximeno, 3 leguas de tierra doblada e de campiña. LA TORRE EL CAMPO 4 leguas de tierra doblada, todo de tierras de pan. VILLAR PARDILLO 2 leguas de campiña de tierras de pan e tierra doblada.

Porriño aldea [§ 462] tiene 30 vezinos; está en llano; es tierra de muchos ganados y nabos tan gruesos como cántaros de a media arroba y dulces para comer:

---

512 (La) Ponte Castrelo, cf. *Monasterio de Melón (Monesterio de Melón), Puga.*
513 La Ponte San(t) Payo, cf. *Pontevedra, Redondela.*

CAMIÑA 3 leguas buenas llanas, pásase el Miño junto a Valencia por varcas, corre a mano derecha. REDONDELA 3 leguas pequeñas llanas. TUY 3 leguas llanas, pásase junto a Tuy el río Miño, que es braço de mar de agua dulce donde van muchas caravelas.

Portalegre villa [§ 1006] tiene 800 vezinos; es de Portugal; la fortaleza en un cerro; está en llano; házese en este lugar el mejor calçado del reigno:

BARRERO 2 leguas de tierra doblada.

Portela lugar [§ 379] tiene 200 vezinos; está en llano:

ALVOS una legua llano. BAADE una legua buena llana. CALVOS una muy gran legua llana. CEJO DEL RÍO una legua llana, pásase a un río dicho Pitus, pequeño. CORVELL una legua llana, pásase un río dicho el Puerto dos Bueis, pásase a un millo de Corvell. MILMANDA una legua llano, pásase el Tuño junto con Milmanda, corre haza la man derecha. VEREDA media legua llana.

El Portezuelo lugar [§ 2603–2605, 2611–2614, 2616] tiene 140 / 200 vezinos; tiene buena fortaleza en la sierra a 2 tiros de vallesta del lugar; está en llano e entre unas serrezuelas e al pie de una serrezuela:

ALCÁNTARA 7 leguas, van por el Azeúche, 2 leguas, e por Ceclavín. EL AZEÚCHE 2 leguas de tierra algo agria e de enzinares. EL CAÑAVERAL una legua, van por el Arquillo, tres 4º de legua de tierra doblada, en saliendo pasamos un portezuelo que tenrá un tiro de vallesta. EL CASSAR DE CÁCERES 5 leguas, las 3 primeras de sierras e las otras 2 leguas de tierra muy doblada, todo este camino es de enzinares, a 2 leguas primeras pasamos 2 ríos por barcas en 2 tiros de vallesta, que corre a la mano derecha, que al primero llaman Texo e al otro Almonte, allí dexamos un castillo entre los 2 ríos, que queda a la mano derecha orilla el camino, allí estaba una villa que se llamava Alconete, a la mano dizquierda queda Santiago del Campo a una legua del camino, este camino es el camino que se llama de la Plata, a trechos ay ciertos mármoles de piedra de los romanos. LAS CASAS DE DON MILLÁN 2 leguas, van por el Arquillo, una legua, e por el Cañaveral, un 4º de legua. CECLAVÍN 4 leguas, van por el Azeúche, 2 leguas. CORIA 4 leguas de tierra doblada, por alguna parte de sierras salvo media legua postrera, en llegando a Coria pasamos al dicho río Alagón por puente, que corre a la mano dizquierda. LAS GARROVILLAS 2 leguas de tierra doblada, por algunas partes tierra de sierras la mayor parte del camino, antes que lleguemos al lugar con media legua pasamos a Texo por barca, que corre a la mano derecha. LAS PESCUEÇAS 3 leguas de tierra doblada, van por la Portaja. PLAZENCIA 7 leguas, van por Olguera, 2 leguas, e por Río Lobos, una legua. LA PORTAJA 2 leguas pequeñas de tierra doblada e de montes. TORREJONCILLO una legua e media de tierra doblada e de enzinares.

(Las) Posadas aldea / lugar [§ 483, 4418–4424, 4432–4433] tiene 50 / 100 vezinos; es aldea de Córdova; asimismo [...] fortaleza; está riberas de Guadalquebir que pasa por la parte de mediodía, tierra de Córdova; solía ser [...] e derrocose por ciertos vandos:

ALANÍS 12 leguas, van por la Puebla de los Infantes e por Costantina e por San Niculás. ALMENARA 4 leguas, van por el camino de la Puebla, a las 3 leguas primeras se pasa Retortillo por vado, corre a la mano dizquierda. ALMODÓVAR DEL RÍO 2 leguas, la primera es llana riberas arriba de Guadalquebir, que queda a la mano derecha, la otra legua es de cerros e valles e arroyos, a medio camino está un [...] dicho Guadacabrilla, antes que lleguen Almodóvar con media legua pasan a un río dicho Guadiato por puente, que corre a la mano derecha. CAÇALLA 9 leguas, van por la Puebla de los Infantes, 4 leguas, e por el Pedroso, 3 leguas. CARMONA 10 leguas, van por Palma de Miçargilio, 3 leguas. CÓRDOVA 6 leguas, las 2 leguas primeras son riberas arriba de Guadalquebir, que queda a la mano derecha, por la mano dizquierda siempre la Sierra Morena, a la mano derecha queda Almodóvar del Río a 3 tiros de vallesta del camino. COSTANTINA 8 leguas, van por la Puebla de los Infantes, 4 leguas. ÉCIJA 6 leguas de tierra muy doblada de dehesas e xarales, en saliendo de las Posadas pasan a Guadalquebir por barca, corre a la mano derecha, junto con Écija pasan a Guadaxenil por puente, corre a la derecha. GUADALCÁÇAR 2 leguas llanas e de algunos vallejuelos e montes de enzinares, en saliendo de las Posadas pasan a Guadaxenil por varca, que corre a la mano derecha. HORNACHUELOS 3 leguas de sierras e valles e de viñas e montes de enzinares e xarales e muy grandes cañaverales, junto con Hornachuelos pasan a Bembéçar río, que corre a la mano dizquierda. LA PUEBLA DE LOS INFANTES 4 leguas de cerros e valles llanos, la postrera legua es de sierras e viñas e alcornocares, a la mano dizquierda queda Almenara a media legua del camino.

Pozuelo de Aravaca[514] aldea [§ 330] tiene 100 vezinos; es de Madrid:

MAJADAHONDA una legua.

(El) Pozuelo (de Torres)[515] aldea / lugar [§ 19, 4717–4720] tiene 50 / 80 vezinos; es del arçobispo de Toledo, es aldea de Alcalá de Henares; está en llano como en vallejuelo:

ALCALÁ DE HENARES 2 leguas, van por Torres. EL CAMPO una legua de tierra doblada e de tierras de pan e viñas. CARAVAÑA 3 leguas de tierra doblada, el postrero 4º de legua es de cerros abaxo. CORPA una legua de tierra doblada e de tierras de pan. LUECHES una legua grande de tierra doblada e de tierras de pan. SANTORCAZ 2 leguas, van por Corpa. TORRES una legua de tierra doblada e de tierras de labrança, en todo el camino por algunas partes ay olivares, para abaxar a Torres baxamos una cuesta de un valle que tenrá 2 tiros de vallesta. VALDELUECHA una legua de tierra doblada e de tierras de pan. VILLALVILLA una legua de tierra doblada e de tierras de pan e algún monte. EL VILLAR una legua de tierra doblada e de tierras de pan.

514 Pozuelo, cf. *Umara*, *Valdemorillo*.
515 El Pozo de Torres, cf. *Pioz*.

Prádena[516] lugar [§ 1043] tiene 50 vezinos; es de Sepúlveda; está al pie de la sierra de Segovia:

CASLA media legua por la halda de la sierra adelante. CASTROSERNA DE ARRIBA una legua por un llano adelante. PEDRAZA DE LA SIERRA 2 leguas por la halda de la sierra.

Prado de Rey lugar [§ 5092] tiene 80 vezinos; es del marqués de Astorga; está en llano riberas de un riatuelo que va por Astorga:

COMBADOS una legua llana de tierras de pan.

Prera[517] aldea [§ 381] tiene 10 vezinos; está medio millo de Porto dos Bueis:

CADONS media legua pequeña áspera. RECARE media legua pequeña, pásase el río de Porto dos Bueis. VAADE media legua, pásase por Recare.

El Provencio (El Probencio) lugar [§ 1204, 4606–4610] tiene 250 / 300 vezinos; es de don Alonso de Guzmán; tiene fortaleza en llano; está en llano salvo hazia la parte del río dicho Záncara, que pasa junto con ella, que se seca en verano, es en la Mancha de Aragón; en esta tierra son las leguas grandes:

EL ALBERCA 3 leguas de tierra doblada e de atochares e de labranças, la postrera legua de monte de enzinares, en saliendo pasan a Záncara por vado, corre a la mano derecha. ALCÁÇAR DE CONSUEGRA 8 leguas, van por las Mesas, 3 leguas de tierra doblada e de romerales e atochares. BELMONTE 4 leguas, van por Santiago de la Torre o Quebrado, una legua. MINAYA 4 leguas llanas de tierra doblada e de atochares, en saliendo del Provencio pasa a Záncara por vado, corre a la mano derecha. LAS PEDROÑERAS (LAS PREDONERAS) 2 leguas de tierra de cerros e montes baxos de atochares e de romerales e tierras de labrança. LA RODA 7 leguas, van por Minaya. SAN CLEMENTE 2 leguas llanas, todo de viñas. SANTIAGO EL QUEBRADO una legua de tierra llana, la media legua primera es de viñas, cerca de Santiago se pasa el dicho río Záncara por vado, corre a la mano derecha. SOCUÉLLAMOS 3 leguas de tierra llana e de atochares e romerales. VILLARROBLEDO 2 leguas llanas y de grandes arenales.

La Puebla aldea [§ 1108] tiene 20 vezinos; es de Madrigal; está en llano:

LA GARDA legua y media llana, vase por el Monte la una legua primera.

---

516 Prádana, cf. *Nava (La Nava de Pedraza), La Torre de San Pedro.*
517 Preera, cf. *Parada de la Ventosa.*

La Puebla (Pobla) villa [§ 5208–5212] tiene 400 vezinos; es del condestable de Castilla; está en llano al pie de una cuesta, está riberas de un río dicho Çadorra; encima de la cuesta está un castillo:

ANTEÇANA media legua pequeña llana e de labranças, en saliendo de la Puebla pasan a Çadorra por puente, que corre a la mano dizquierda. LEZIÑANA DEL CAMINO media legua de tierra llana e de labranças, en saliendo pasan a Çadorra río por puente, que corre a la mano dizquierda. MIRANDA DE EBRO 3 leguas, van por las Ventas de Armiñón. MONTEVITE media legua llana e de labranças, en saliendo pasan a Çadorra por puente, que corre a la mano dizquierda. NANCLARES una legua de tierra doblada e de labranças, en saliendo pasan a Çadorra por puente, que corre a la mano dizquierda. PANGOA un millo de tierra llana e de labranças. QUINTANILLA 2 leguas, van por las Ventas de Armiñón. SANTISTEVAN media legua, van por Pangoa. LAS VENTAS DE ARMIÑÓN legua e media de tierra doblada riberas abaxo de Çadorra, que corre a la mano derecha. ZEMBRANA 3 leguas, van por las Ventas de Armiñón.

La Puebla de Alcocer[518] lugar / villa [§ 3418–3420, 4317–4324] tiene 300 / 800 vezinos; es del conde de Benalcáçar; tiene fortaleza a un tiro de vallesta de la villa en un risco; está en una ladera de una serrezuela, es en el condado de Benalcáçar:

CABEÇA EL BUEY 5 leguas de tierra doblada que se llama la Serena, en saliendo traviesan una serrezuela que tenrá media legua de subida e abaxada, a una legua primera pasan a un río dicho Xúxar por varca en invierno, que corre a la mano derecha. LAS CASAS DE DON PEDRO 3 leguas de tierra doblada e de montes de enzinares la media legua de en medio, a medio camino pasan a Guadiana por vado, que corre a la mano dizquierda. CASTUERA 6 leguas de tierra de cerros e barrancos e la postrera legua es de montes, a 2 leguas primeras pasan al dicho río Xúxar por vado en verano y en iverno por barca, que corre a la mano derecha. CIBDAD REAL 22 leguas, van por Siruela, 3 leguas, e por Agudo, 3 leguas, e por la Sazeruela, 5 leguas, e por Abenoja. CIRUELO 2 leguas de tierra de cerros, la legua e media postrera de enzinares. CÓRDOVA 21 leguas, van por Galizuela, media legua, e por Cabeça el Buey, 4 leguas, e por Benalcáçar, 2 leguas, e por la Hinojosa, 3 leguas. ESPARRAGOSA DE LARES un 4º de legua, ponerle media legua por el mal camino que es travesar una sierra muy agra e de peñas muy aguda, a medio camino en la cumbre de la sierra queda la fortaleza a 2 tiros de vallesta del camino. GUADALUPE 9 leguas, van por las Casas de don Pedro, 2 leguas de tierra doblada e de algunos barrancos, a una legua e tres 4º pasan a Guadiana por barca, que corre a la mano dizquierda. HERRERA 5 leguas, van por Talarrubias, una legua. MÉRIDA 14 leguas, van por Villanueva de la Serena, 7 leguas, e por Don Benito, una legua, e por Medellín, una legua. LOS PECOS una legua llana de yerbas. SEVILLA 32 leguas, van por Castuera, 6 leguas, e por Azuaga, 8 leguas, e por Alanís e por Cantillana e por Brenes. SIRUELA 3 leguas de cerros e valles e montes de enzinares, por la mano derecha en saliendo queda una serrezuela que tenrá 4 tiros de vallesta, a una legua primera pasan a un río dicho Guadalemar por vado, que corre a la mano derecha, a 2 leguas ay sierras por todas

518 La Puebla de Alcáçar, cf. *Guadalupe*.

partes. TALARRUBIAS una legua llana de dehesas de yerbas. TALAVERA 22 leguas, van por Talarrubias, una legua, e por Castilblanco, 5 leguas, e por el Puerto de San Vicente, 5 leguas, e por Fuentes, 2 leguas, e por Corral Rubio. TOLEDO 28 leguas, van por la Garvayuela, 4 leguas, e por Villaharta, 5 leguas, e por el Hornillo, 2 leguas, e por el Horcaxo, 2 leguas, e por el Rubial e por las Ventas de Peña Aguilera e por Cuerva. VILLANUEVA DE LA SERENA 7 leguas llanas, en saliendo van por orilla de una sierra que tenrá por la mano dizquierda que tenrá una legua e más, a 6 leguas primeras pasan a Xúxar por varca, que corre a la mano derecha.

La Puebla de Almenara[519] lugar [§ 4651–4655] tiene 80 vezinos; es de don Diego Hurtado de Mendoça; tiene a media legua del lugar en una serrezuela una muy grande e fuerte fortaleza que se llama Almenara; está en llano:

ALCÁÇAR DE CONSUEGRA 7 leguas, van por Villamayor, una legua, e por el Quintanar, 2 leguas, e por Miguel Estevan. ALMENDROS 2 leguas muy grandísimas, que ay 3 leguas pero no le ponen más de 2 grandes, de cerros e tierra de cerros e valles e montes de romerales, en medio el camino un pinar, a medio camino pasan a un río dicho Xiuela por vado, que corre a la mano dizquierda, a la mano dizquierda queda la Moraleja a un 4º de legua del camino. BELMONTE 4 leguas, van por Tresjuncos, una legua, e por la Osa, una legua. EL CASTILLO GARCI MUÑOZ 6 leguas, van por el Villarejo e por Alconchel, 2 leguas. HONTAÑAYA una legua de tierra de cerros e serrezuelas e montes de pinares. OCAÑA 9 leguas, van por Torrelonga, una legua, e por la Cabeça, 2 leguas. LA PARRILLA 5 leguas, van por el Villarejo de Fuentes. TARANCÓN 4 leguas, van por la Moraleja, 2 leguas. UCLÉS 3 leguas, van por Sahelizes, 2 leguas de sierras e cerros e montes, la primera legua es de montes baxos e altos. VILLAMAYOR una legua de tierra de serrezuelas e montes de pinares.

La Puebla el Maestre[520] lugar [§ 2864–2866] tiene 250 vezinos; es de don Pedro Puertocarrero; tiene muy buena fortaleza; está en valle entre unas sierras, es en la Sierra Morena:

EL ALMADÉN 6 leguas, van por Realejo, 3 leguas. GUADALCANAL 4 leguas de cerros e valles, a una legua primera pasamos a un río dicho Viar por vado, que corre a la mano derecha. MONESTERIO 3 leguas de tierra de sierras e enzinares e xarales. REALEXO 3 leguas de sierras e de montes de [...]. REINA 3 leguas de sierras e enzinares, a una legua primera pasamos al dicho río Viar, que corre a la mano derecha.

La Puebla de Montalván lugar [§ 2329–2331] tiene 600 vezinos; es de don Alonso Téllez; tiene fortaleza de la parte de Texo; está en llano, Texo pasa juncto a 3 tiros de vallesta de la villa:

---

519 Almenara, cf. *Belmonte*.
520 La Puebla, cf. *Fuente de Cantos*. La Prueva del Ma(e)stre, cf. *Monesterio, Verlanga*.

BURUJÓN una legua de tierra doblada e de olivares e viñas. CEBOLLA 3 leguas, es de tierra doblada riberas abaxo de Texo, que queda a la mano dizquierda a 2 tiros de vallesta. ESCALONILLA una legua de tierra doblada. FUENSALIDA 5 leguas de tierra doblada. TALAVERA DE LA REINA 7 leguas, van por el Carpio, una legua. TOLEDO 5 leguas, es de camino de tierra doblada salvo las 2 leguas postreras que es de cerros, a 3 leguas primeras pasamos a Guadarrama por puente, que corre a la mano derecha, a la mano dizquierda queda Torrijos a una legua del camino. TORRIJOS 2 leguas llanas salvo algunas traspuestas, el un 4º de legua postrera es de olivares.

La Puebla (de Montiel) lugar [§ 1139, 4555–4561] tiene 50 / 150 vezinos; es aldea de Montiel; está en alto entre unos cerros; tiene una torre reparada:

ALCARAZ 7 leguas, van por Terrinches, una legua, e por Alvaladejo, una legua, e por Villanueva de Alcaraz, 2 leguas. ALCUBILLAS 3 leguas, van por el Almedina, una legua, e por Cóçar, una legua. ALHAMBRA 5 leguas, van por Villanueva del Infante, 3 leguas. EL ALMEDINA una legua de tierra doblada e tierra de pan llevar. ALVALADEJO 2 leguas, van por Terrinches, una legua de tierra llana e por entre cerros e de labranças. EL CASTELLAR 7 leguas, van por el mismo camino de Santistevan, apártanse a las 6 leguas primeras. CHICLANA 5 leguas, van por el camino de Santistevan. CÓÇAR 2 leguas e media, van por el Almedina, una legua, e por la Torre Juan Abad. FUENTELLANA 3 leguas, van por Torres de Montiel, 2 leguas de tierra doblada e de labores e algunos montes baxos. MONTIEL 2 leguas muy grandes de tierra barrancosa e algunos llanos, todo tierras de labranças, a la mano dizquierda queda el Almedina a media legua del camino e Sancta Cruz de los Cáñamos a un 4º de legua a la mano derecha. LA OSA 9 leguas, van por Montiel, 2 leguas, e por Villahermosa, una legua. SANTISTEBAN DEL PUERTO 8 leguas de cerros e valles e xarales e lantiscares las 4 leguas postreras. LA TORRE JUAN ABAD 2 leguas de tierra de labranças e montes baxos e de cerros e vallejuelos. VEAS 6 leguas de cerros e valles e montes de xarales, a la mano derecha queda Chiclana a media legua del camino. VILLAHERMOSA 3 leguas, van por Montiel, 2 leguas. VILLAMANRIQUE una legua de tierra de cerros e de pan llevar e algunos montes baxos. VILLANUEVA DE ALCARAZ 4 leguas de tierra de valles e cerros e cabeços e tierras de pan, a la mano dizquierda queda Terrinches a 4 tiros de vallesta e Alvaladejo a 3 tiros de vallesta. VILLANUEVA DEL INFANTE 3 leguas, van por el Almedina.

La Puebla de Mosén Corche[521] lugar [§ 6330–6331] tiene 100 vezinos; es de Mosén Corche; tiene casa fuerte; está en llano, es hecho una calle; está entre olivares e moreras, cógese arroz y alegría:

ALGECIRA una legua, van por Cogullada e por Carcaxén. COGULLADA un 4º de legua llano e de olivares e viñas. ÉNOVA una legua pequeña llana e de olivares e tierras de pan montes de escobares e algunos arroyos e acequias que corren a la mano derecha. SAN JUAN media legua de huertas e olivares. XÁTIVA 2 leguas, van por Énova.

521 La Pobla, cf. *Carcaxén, Xátiva.*

La Puebla de Sancho Pérez[522] lugar [§ 2853–2854] tiene 50 vezinos; es del maestrazgo de Santiago; está algo en valle como en hondo:

EL ATALAYA 2 leguas de viñas e pan llevar. EL BODONAR 5 leguas, van por Medina de las Torres, una legua, e por Valencia el Barreal, 2 leguas. BURGUILLOS 3 leguas, van por la Halconera, una legua. CALÇADILLA 3 leguas pequeñas de tierra doblada e por algunas partes enzinares. FERIA 4 leguas, van por Çafra, media legua. LA FUENTE EL MAESTRE 3 leguas, van por Çafra, media legua grande. FUENTES DEL FREXENAL 6 leguas, van por el Atalaya, 2 leguas. LA HALCONERA una legua de tierra doblada. LA MORERA 5 leguas, van por Çafra e por Feria, 3 leguas. RIBERA 4 leguas de tierra doblada. LOS SANTOS una legua de tierra doblada. SEGURA 5 leguas, van por Medina de las Torres, media legua, e por Valencia del Barredal, 2 leguas e media. USAGRE 4 leguas de tierra doblada por algunas partes e llana por otras. VILLAFRANCA 3 leguas, van por los Santos, una legua. VILLALVA 4 leguas, van por Çafra, media legua, e por la Fuente el Maestre, 2 leguas. XEREZ DE BURGUILLOS 5 leguas, van por Burguillos, 3 leguas.

La Puente de Alcolea[523] lugar [§ 3488–3494, 3496, 4453–4454] tiene 5 / 8 vezinos; es aldea de Córdova; está orilla de Guadalquebir; aquí ay una puente buena que se pasa Guadalquebir, todo es bodegones, son ventas:

ADAMUZ 3 leguas e media de sierras, la primera legua llana, a una legua tornamos a pasar otro río dicho Guadalmellato por vado, que corre a la mano derecha la primera vez, pásase en una legua pequeña 7 vezes. EL ALCARIA 2 leguas de sierras arriba. ALCOLEYUELA media legua grande, en saliendo pasamos a Guadalquebir, corre a la mano derecha. BELMONTE 6 leguas, van por Bujalance, 4 leguas. BUJALANCE 4 leguas de campiña e tierras de pan, la mejor campiña que ay en el Andaluzía, en saliendo de la Puente pasamos a Guadalquebir por la puente, que corre a la mano derecha. CAÑETE 5 leguas de cerros, todo de tierras de pan, en saliendo pasamos al dicho Guadalquebir, corre a la mano derecha. EL CARPIO 3 leguas, de tierra doblada la postrera legua e de prados vega arriba de Guadalquebir, queda a la mano dizquierda e da muchas vueltas, desde la primera legua adelante media legua [va] por entre el río Guadalquebir e los derrumbaderos del río, a la mano dizquierda queda Villafranca a 4 tiros de vallesta del camino de la parte del río. CASTRO EL RÍO 5 leguas de campiña e tierra doblada, en saliendo de la Puente pasamos al dicho río Guadalquebir, corre a la diestra. CASTRO VIEJO, fortaleza, 7 leguas, van por Castro el Río. CÓRDOVA 2 leguas llanas riberas abaxo de Guadalquebir, que queda siempre a la mano dizquierda. FUENTE OVEJUNA 14 leguas, van por el Alcaria, 2 leguas, e por los Santos, una legua, adelante quedan a la mano dizquierda 2 lugares dicho el primero Casillas, a un 4º de legua, el otro dicho Doña Rama a un 4º de legua grande. MONTORO 5 leguas, van por el Carpio, 3 leguas, e por Pero Abad, una legua. MORENTE 4 leguas, van por el Carpio, 3 leguas. PERAVAD 4 leguas, van por el Carpio, 3 leguas. LA TORRE DE FRANCISCO DE AGUAYO 6 leguas, van por el

522 La Puebla, cf. *Usagre*.
523 Puente Alcolea, cf. *Guadalmellato*.

Carpio, 3 leguas, e por Pero Abad, una legua. VILLAFRANCA 2 leguas riberas arriba de Guadalquebir, que queda el río a la mano derecha.

La Puente (d)el Arçobispo lugar / villa [§ 2332–2340, 3221, 4249–4253] tiene 300 / 400 vezinos; es del arçobispo de Toledo; está dividido en 2 partes que lo parte el río, lo de hazia Oropesa está en alto e lo otro está en baxo, está riberas de Texo en llano; tiene de las buenas puentes que ay en España con 2 fortalezas en medio de la dicha puente:

AÇUTÁN media legua llana, en saliendo pasan al dicho río por la puente, que corre a la mano derecha, van por orilla río arriba, que queda a la mano dizquierda. ALCAÑIZO 2 leguas de tierra dobladilla e de montes de enzinares. ALDEANUEVA DE ÇARÇUELA 2 leguas, van por Açután, media legua. ALDEANUEVA DE MOHEDAS 3 leguas de cerros e montes, a la mano derecha queda Mohedas a media legua del camino, a la mano dizquierda queda el Estrella a una legua del camino. ALTORRICO una legua de tierra doblada e de montes. EL AVELLENEDA 6 leguas, van por Valdelacasa, 2 leguas, e por Peraleda, una legua, e por San Román, una legua. EL BODONAL 5 leguas, van por el camino de Talaveruela la Vieja. LA CALÇADA 2 leguas, van por Caleruela, legua e media, e por Carrascalejo, 2 tiros de vallesta. EL CAMPILLO 4 leguas, van por Estrella, 2 leguas. CORRAL RUBIO 2 leguas e media, van por el camino de Aldeanueva de Çarçuela. EL ESTRELLA 2 leguas, de cerros e sierras la legua postrera e de montes, en saliendo pasan a Texo por la puente, a la mano derecha queda Nava el Moral a media legua del camino. FUENTE EL APIO una legua, van por Açután, media legua. LA FUENTE EL MAESTRE legua e media de tierra doblada e de montes. GARVÍN 3 leguas, van por Valdelacasa, 2 leguas. (NUESTRA SEÑORA DE) GUADALUPE 9 leguas, van por el Villar de Pedroso, 2 leguas grandes de cerros e tierra doblada e de montes de xarales e matas, a una legua pasan a Pedroso río, corre a la mano derecha la primera vez e pásase 3 vezes, e por las Ventas, una legua. MOHEDAS 4 leguas de cerros e montes altos e baxos, a la mano dizquierda queda Estrella a una legua del camino, a la mano dizquierda queda Nava el Moral a un tiro de vallesta del camino. NAVA EL MORAL una legua grande, el un 4º primero es llano e lo otro barrancoso e de montes de enzinares e tierras de labrança, en saliendo de la Puente pasan a Texo por una puente, corre a la mano derecha, la cual puente tiene 2 fortalezas muy fuertes, a la mano dizquierda queda Açután a un 4º de legua del camino. OROPESA 2 leguas, van por la Fuente Maestre, una legua e dos 4º de tierra doblada e de montes de enzinares salvo media legua primera. LA PERALEDA 3 leguas, van por Valdelacassa, 2 leguas. LA PERALEDA 5 leguas, van por Altorrico, una legua, e por la Puebla, una legua, e por el Gordo, una legua. EL PUERTO DE SAN VICENTE 6 leguas, van por Aldeanueva de Mohedas, 3 leguas, e por Mohedas, una legua, a la mano dizquierda Nava el Moral 3 tiros de vallesta e el Estrella a media legua. SAN ROMÁN 4 leguas, van por Valdelacasa, 2 leguas, e por la Peraleda, una legua. TALAVERA 6 leguas, van por Alcolea, un 4º de legua, e por Calera, 3 leguas. TALAVERUELA LA VIEJA 4 leguas, van por Altorrico, una legua, e por la Puebla, una legua, e por Berrocalejo, una legua, e por Alixa, media legua. TOLEDO 18 leguas, van por Alcolea, media legua, e por Calera, 2 leguas e media, e por Talavera e por Cebolla, 4 leguas, e por la Mata, 2 leguas. TORRALVA 2 leguas de tierra doblada e de cerros, van por la Huente el Maestre, una legua e media. VALDELACASA 2 leguas de tierra doblada, en saliendo pasamos a Texo por la puente, que corre a la mano derecha. VALDEVERDEJA una legua riberas abaxo de Texo, que queda a la mano dizquierda. VILLAR DEL PEDROSO

2 leguas de cerros e valles e de berrocales e todo de dehesas de prados e de montes de enzinares.

La Puente del Congosto lugar [§ 4022–4032] tiene 90 vezinos; tiene fortaleza muy buena ceñida con la puente del río; está en una ladera e derrumbaderos del río dicho Tormes, que pasa junto con el lugar por la parte de Ávila, es en el obispado de Ávila; esta tierra es fragosa de cabeços de cerros e peñas e enzinares:

ALVA DE TORMES 6 leguas, van por Ventosa de Sancho Sánchez de Ávila, una legua, e por el Abad don Vela, una legua, e por Valverde, una legua, e por la Ñaya, una legua. EL BARCO DE ÁVILA 3 leguas riberas arriba del dicho río Tormes, que queda el río a la mano dizquierda, junto con el Barco pasan al dicho Tormes por puente, que corre a la mano dizquierda. BECEDAS 2 leguas, van por Gil Buena. BÉJAR 4 leguas, van por Medinilla, una legua e media, e por Neila, media legua, e por Navacarros, una legua. BERCIMUELLE media legua de cerros e valles e montes de enzinares, en saliendo pasan al dicho Tormes por la puente, corre a la mano dizquierda. BERROCOSA una legua de cerros e enzinares, en saliendo de la Puente pasan a Tormes por puente, que corre a la mano dizquierda. BONILLA DE LA SIERRA 4 leguas, van por Berrocosa, una legua, e por Santa María del Berrocal, una legua, e por Malpartida, una legua. LAS CASILLAS un 4º de legua de montes de enzinares e de cerros, en saliendo pasan al dicho Tormes por la puente. CESPEDOSA una legua grande de cerros arriba e enzinares, en saliendo de la Puente pasan al dicho río Tormes por puente, que corre a la mano dizquierda, riberas abaxo de Tormes la primera media legua. GALLEGOS DE SOLMIRÓN una legua grande de cerros e valles e montes de enzinares. GIL BUENA una legua e media de cerros e grandes cabeços de peñas e montes de enzinares. LA HORCAXADA una legua de cerros e grandes desmontes de enzinares, en saliendo pasan a Tormes por la puente, corre a la mano dizquierda, la media legua primera van riberas arriba del dicho río, que queda a la mano derecha. NAVAMORALES media legua de montes de enzinares e berrocales e cerros, en saliendo pasan al dicho Tormes. PLAZENCIA 13 leguas, van por Medinilla, una legua e media, e por Neila, media legua, e por Navacarros, una legua, e por Béjar, una legua, e por Cantagallego, una legua, e por el Puerto, media legua, e por Baños, una legua, e por Aldeanueva del Camino, 2 leguas, e por la Xarilla, 2 leguas, e por el Villar, una legua. SALVATIERRA 2 leguas, van por Cespedosa, una legua. SANTIVÁÑEZ una legua grande de cerros e berrocales grandes e de montes de enzinares. EL TEXADO una legua de tierra doblada e de cerros e valles arriba e berrocales e montes de enzinares. VENTOSA DE SANCHO SÁNCHEZ DE ÁVILA una legua de cerros e montes los tres 4º de legua, en saliendo pasan al dicho río Tormes por la puente.

La Puente de Duero[524] aldea [§ 1219] tiene 15 vezinos; es de Valladolid:

LAGUNA una legua. SIMANCAS una legua, pásase el río de Valladolid junto con Simancas. UTILLO 2 leguas, vase por Laguna.

524 La Puenteduero, cf. *Villatoro*.

La Puente de Valdevies(s)o lugar [§ 536–538, 5096–5102] tiene 70 / 100 vezinos; está en baxo de una montaña que la sojuzga, que tiene el valle de anchura cerca una legua de sierra a sierra, pasa Ebro junto con ella que combate en las mismas cassas; es lugar muy fresco de huertas e muchos nogales:

EL ALMIÑÉ (EL ALMIÑÍ) media legua llana salvo que en llegando al Almiñí se abaxa una cuesta de peñas, en saliendo de Valdevieso se pasa la puente, que corre el río a la mano dizquierda. ÇARMAEGALA 2 leguas e media, van por el Almiñel de la Puente, media legua. CONDADO, que es de la parte del río, una legua llana, pásase el río dicho Ebro en saliendo de Valdevieso, pásase por puente, que corre a la mano izquierda, van por Santa Olalla e por Toba. EL CUERVO 3 leguas, van por el Almiñel, media legua. ENZINILLAS media legua pequeña, en saliendo pasan al dicho río que corre a la mano dizquierda. ENZINILLAS DE LOS HOCINOS una legua grande, la media legua de medio es fragosa. MEDINA DE PUMAR 3 leguas de montaña, vase por orilla de Ebro 2 leguas, vase por Vizuezes. [¿OÑA?] 3 leguas, van a Pañizares e a Zerezeda e a Peñahorada. QUECEDO una legua llana riberas abaxo de Ebro, que queda el río a la mano derecha. REEMOLINO una legua, de tierra fragosa la media legua de medio, en llegando a Reemolino pasan a Ebro por puente, que corre a la mano dizquierda. SANTA MARÍA DE HOZE legua e media, vase por un lugar que se dize Quecedo e por Arroyo. SANTOLALLA media legua llana de tierras de pan, en saliendo pasan al dicho Ebro, que corre a la mano dizquierda. TOVA media legua muy grande riberas abaxo de Ebro, que queda a la mano dizquierda el río Ebro porque en saliendo pasan por la puente, corre a la mano dizquierda. VALDELACUESTA 3 leguas, todo de sierra e montes, en medio de la sierra está llano e es subida e abaxada. VALDENOZEDA (VALDENOCEDA) e VALDEVIÑA media legua llana, en saliendo de la Puente pasan a Ebro por puente, que corre a la mano dizquierda.

El Puerto de San Vicente[525] lugar [§ 4269–4275] tiene 40 vezinos; es aldea de Talavera; está en una ladera de una sierra, está al pie de un portezuelo e collado dicho el Puerto de San Vicente:

ALDEANUEVA DE MOHEDAS 2 leguas de cerrillos e valles e tierra de montes de xarales e robles baxos e arroyos, corren a la mano derecha, a la mano dizquierda queda el Campillo a tres 4º de legua del camino. EL CAMPILLO una legua de tierra de valles e arroyos e montes de xarales e robledales e cerrillos. CASTILBLANCO 5 leguas grandes, las 2 leguas e media de grandes valles hondos e puertos e valles e 2 leguas adelante es llano muy largo que tenrá de travieso 2 leguas e lo otro restante es de valles, todo este camino es todo de montes de grandes xarales e breçales e lantiscares, a 2 leguas primeras pasan a un río dicho Guadarranque por vado en verano, que corre a la mano dizquierda. FUENTES 3 leguas, de tierra doblada la primera media legua e lo otro de cerros e valles e montes de xarales e robles baxos. GUADALUPE 5 leguas, van por Halía, 3 leguas de grandes puertos e grandes xarales, toda tierra muy estérile e de arroyos, en saliendo suben el Puerto de San Vicente que tiene un 4º de legua de subida e media legua de abaxada, no es este puerto muy agro por hazer

525 San Vicente, cf. *Villar del Pedroso*.

collado la sierra. MOHEDAS 2 leguas de tierra de cerrillos e valles e montes de xarales e robledales e algunos arroyos que corre a la mano derecha, por la mano dizquierda queda la sierra lo más lexos, que es lo postrero, a media legua del camino. OROPESA 8 leguas, van por Mohedas, 2 leguas, e por la Puente del Arçobispo, 4 leguas. SEVILLEJA una legua e media, van por el Campillo, una legua. TALAVERA DE LA REINA 11 leguas, van por Fuentes, 3 leguas, e por Corral Rubio, 5 leguas e media. TOLEDO 22 leguas, van por Gargantilla, 2 leguas de valles e xarales abaxo, e por Espinosa, 4 leguas, e por el Villarejo, un 4º de legua, e por Navaluzillos, una legua e media, e por Malamoneda, una legua e media, e por Navahermosa, una legua, e por Galves, 3 leguas.

Pueyo aldea [§ 3] tiene hasta 60 vezinos; es de moros:

MONÇÓN una legua.

Puga aldea [§ 418] tiene 80 vezinos; es de Pero Vázquez de Puga; está en una ladera ribera del Miño río:

MACEADA media legua de tierra áspera, pásase el Miño por barcas junto a Maceda un tiro de vallesta. LA PONTE CASTRELO una legua áspera el Miño abaxo. RIBADAVIA una legua de ladera.

Pumares aldea [§ 405] tiene 12 vezinos; está ribera de la Treela; en estos Pumares ay muy grand abundancia de fruta especialmente de todo género de mançanas:

LA CORREDUERA una legua pequeña, pásase la Treela junto a los Pumares y la Arnoya por la Puente Paidiz. MIRONS media legua llana, pásase la Treela. SANTAVAYA media legua pequeña, pásase el dicho la Treela.

Puñoenrostro lugar [§ 2615, 5219–5221] tiene 25 / 40 vezinos; es de don Francisco de Belbís; está en llano riberas del río Árrago entre unas sierras en un valle llano que tiene una legua de ancho:

CADAHALSO 2 leguas de tierra de riberas abaxo de Árrago e por entre sierras, que queda el dicho río Árrago a la mano dizquierda. DESCARGAMARÍA media legua llana de vega e de viñas e olivares. GATA 2 leguas, van por Cadahalso, una legua, e por la Torre, media legua. HERNAND PÉREZ 2 leguas de sierras e valles, en saliendo pasan al dicho río Árrago por vado, que corre a la mano derecha. ROBLEDILLO una legua de tierra doblada riberas arriba del dicho río Árrago, que queda a la mano derecha, pasan al dicho río en el camino 3 vezes. TORREZILLA 2 leguas e media, van por Hernand Pérez.

QU

Quero lugar [§ 3583–3584, 3590–3592] tiene 34 vezinos; es del priorazgo de San Juan; está en llano; solía ser grand villa, tiene una grande laguna cabe la villa, en esta tierra son las leguas grandes:

EL CAMPO DE CLITANA 2 leguas de tierra doblada e atochares. CONSUEGRA 6 leguas, van por Camuñas, 3 leguas, e por Madrilejos, una legua. EL CORRAL DE ALMOGUER 4 leguas, van por la Puebla de Don Fradique, 2 leguas. HERENCIA 3 leguas llana, una legua e media es de atochares primera e lo otro vega. MANÇANEQUE 9 leguas, van por el camino de Consuegra. MIGUEL ESTEVAN 2 leguas llanas e de atochares. LA PUEBLA DE ALMORADÍO 2 leguas llanas e de atochares. LA PUEBLA DE DON FRADIQUE 2 leguas, todo de vega llana, a legua e media entramos en un monte que tenrá hasta la Puebla. EL QUINTANAR 3 leguas llanas, a la mano derecha queda Miguel Estevan a un 4º de legua del camino. TOLEDO 11 leguas, van por Villa Cañas, 2 leguas, e por Tembleque a Mora. EL TOVOSO 3 leguas, van por Miguel Estevan, 2 leguas. VILLA CAÑAS 2 leguas muy llanas, la media legua primera es de atochares e lo otro es de vega e de castañares e la media legua postrera es de tierras de pan, a media legua grande primera pasamos a un río dicho Xiuela por vado, que corre a la mano dizquierda, en verano se seca, a la mano derecha queda Don Fradique a tres 4º de legua del camino. VILLA FRANCA 2 leguas llana, a medio camino pasan un río dicho Xiuela por vado, que corre a la mano dizquierda.

Quintana [§ 411] tiene 20 vezinos; es de don Pedro de Sotomayor; está en alto, pásase el río un tiro de vallesta de Quintana.

Quintana (de) la Puente aldea [§ 12, 312, 364] tiene 25 / 30 / 60 vezinos; está ribera de Arlançón:

TORQUEMADA 2 leguas llanas, ribera del dicho río todas, pásase junto con Torquemada por puente. VILLANUEVA DE LAS CARRETAS 5 leguas, pásase la puente a par de Quintana.

Quintana de la Serena lugar [§ 3255–3260] tiene 100 vezinos; es del maestradgo de Alcántara; está en llano como en hondo e entre unos enzinares, está en la Serena; tiene una palma en lugar que no la ay otra en la Serena:

EL ALDEA EL VALLE 2 leguas de tierra doblada e de montes e la otra adelante de sierras. BIENQUERENCIA 3 leguas, van por Castuera, 2 leguas. ÇALAMEA 2 leguas de tierra doblada e de montes e lavores de pan. CASTUERA 2 leguas de tierra doblada e de montes de enzinares. LA GUARDA una legua de tierra doblada e de montes de enzinares, a la mano dizquierda queda siempre una sierra a media legua del camino. LA HIGUERA 2 leguas, la primera es de tierra doblada e de montes de enzinares, a medio camino subimos una serrezuela que tenrá un 4º de legua de xarales, de allí adelante es de cerrillos e tierras de labrança, a la mano dizquierda queda Çalamea a una legua pequeña del camino en un valle en un altillo. MAGAZELA 3 leguas, van por la Guarda, una legua. MALPARTIDA DE LA SERENA 2 le-

https://doi.org/10.1515/9783111044064-018

guas algo pequeñas de tierra doblada e de montes de enzinares. ORELLANA 4 leguas e media, van por el Campanario, 2 leguas. LA PUEBLA DE ALCOCER 6 leguas, de cerros e tierra doblada por algunas partes las 4 leguas primeras e lo otro de ervajes, a 5 leguas primeras pasan a Xújar por varca, que corre a la mano dizquierda. TRUXILLO 12 leguas, van por Villanueva, 5 leguas, e por Rena, 2 leguas, e por Alcollarín, 2 leguas, e por el Puerto.

Las Quintanas Rubias aldea [§ 769, 839–840] tiene 28 vezinos; es del marqués de Villena; está en una ladera al pie de un cerro:

ARANDA 8 leguas, van por Aldea Castrillo e por Horadero e por la Vid e por Valdecuendes. CARCENA 2 leguas, van por la Hoz de Abaxo. EL FREXNO una legua grande muy doblada, antes que lleguemos al lugar con un 4º de legua pasamos un río dicho Adante que corre a la mano dizquierda, subimos una cuesta que tenrá 2 tiros de vallesta, luego abaxamos una cuesta que tenrá un tiro de vallesta, queda a la mano derecha Adame que es un lugar de 4 casas un tiro de vallesta del camino. LA HOZ DE ABAXO una legua doblada, junto con la Hoz se pasa el dicho río de Adante, que corre a la mano dizquierda. MORCUERA una legua muy doblada. QUINTANAS RUBIAS 3 tiros de vallesta de tierra doblada. SANTISTEVAN 2 leguas dobladas. SOMOSIERRA 10 leguas, van por Torremocha e por Ayllón e por Riaça.

Quintanadueñas aldea [§ 296] tiene 130 vezinos; es de Burgos; pasa junto un río:

ARROYAL media legua llana, pásase un río junto a Quintanadueñas. BURGOS 2 leguas. PÁRAMO media legua cuesta arriba. SOTO PALACIOS una legua llana, traviésase el río de Quintanadueñas. SOTRAJERO una legua, pásase el río de Quintanadueñas. VILLAHERMERO media legua, traviésase un río junto a Quintanadueñas.

Quintanilla (de Abaxo)[526] aldea [§ 1014, 1052] tiene 50 vezinos; es del conde de Ureña; está en llano, pásase Duero junto al dicho lugar:

OLIVARES un 4º de legua, pásase Duero junto a Quintanilla por barca. QUINTANILLEJA media legua llana.

Quintanilla de las Carretas aldea [§ 301] tiene 20 vezinos; es de Burgos:

BONIEL media legua. CAVIA una legua grande llana. VILLACIENÇO una legua pequeña. VILLAFRANDOVÍNEZ legua y media, pásase Arlançón junto con Villafrandovínez.

Quintanilleja[527] aldea [§ 1050–1051] tiene 30 vezinos; es del conde de Ureña; está en llano, pasa Duero un tiro de vallesta de este dicho lugar:

---

526 Quintanilla la Cercada, cf. *El Fresno de Cantaspino (Frexno).*
527 Quintanilla, cf. *El Fresno de Cantaspino (Frexno).*

LANGAYO una legua. PEÑAFIEL media legua, pásase Dueratón junto a Peñafiel. PESQUERA media legua, pásase Duero junto a Pesquera por barca. QUINTANILLA DE ABAXO una legua Duero abaxo.

R

Rabé [§ 306] una fortaleza en alto con 8 o 10 casas; es del obispo de Burgos:

TARDAJOS un 4º de legua. VILLALONQUÉXAR una legua llana.

Rabé aldea [§ 1115] tiene 100 vezinos; es de Medina del Campo; está en llano:

MIGUEL SERRACÍN media legua llana. TOVAR media legua llana.

Raça de Arnoya lugar [§ 396] tiene 30 vezinos; está entre la Arnoya y el Miño, los cuales se juntan un tiro de ballesta más abaxo y pierde el nombre el Arnoya; a trechos ay muchas caserías:

SAN BIEITO una legua, lo más de cuesta arriba y [...] al fin es cuesta abaxo, pásase la Arnoya por el dicho lugar. SAN LORENÇO una legua, vase por Nuestra Señora de Ovale hasta allá adelante está un millo llano. SANTA MARÍA DE OVALE una legua cuesta arriba toda, pásase el Arnoya media legua pequeña de la Raça.

Las Rades [§ 1070] tiene 10 vezinos; es de Sepúlveda; está en llano:

LA ORDEN media legua llana. EL VILLAREJO DE LA SIERRA media legua llana.

Ramacastañas aldea / lugar [§ 1089, 4219–4225] tiene 40 vezinos; es del duque del Infantazgo, es aldea de Arenas; está entre unas sierras, pasa un río por este lugar dicho Juan Luengo; es lugar muy pasajero,[528] está en tierra montosa así de sierras como de montes de robledales:

ARENAS una legua de cerros e valles arriba e collados e de montes e viñas la media legua postrera. EL BODEGÓN 3 leguas, la primera llana e de robledales e la postrera llana e de enzinares e la de medio de valles e collados de sierrezuelas e robledales e frexenales por todo el camino e por todas manos por encima de las sierras de xarales, a la mano dizquierda queda Hontanares a 4 tiros de vallesta del camino. CANDALEDA 4 leguas, van por Lasdellano, media legua grande de valles llanos e de montes de robledales, por la mano derecha queda Arenas media legua del camino, junto con Lasdellano pasan a un río por vado, corre a la mano dizquierda. EL COLMENAR DE MOMBELTRÁN 2 leguas, van por Arroyocastaño, una legua e media. LAS CUEVAS 3 leguas, van por Arroyocastaño, una legua e media, e por el Colmenar de Mombeltrán, media legua. LA HIGUERA una legua un valle arriba e de montes e grandes robledales e xarales, en saliendo pasan al dicho río Juan Luengo por vado, corre a la mano derecha, a media legua se junta con Tiétar. HONTANARES una legua llana

528 «Adjetivo que se aplica al lugar o sitio por donde passa continuamente mucha gente» (*Autoridades s.v.*).

https://doi.org/10.1515/9783111044064-019

de valles abaxo e montes de robledales, a medio camino pasan a un río dicho Tiétar por vado en verano, corre a la mano derecha. OROPESA 6 leguas, van por el Bodegón, 2 leguas, e por Mengacinar, una legua, e por Aravalles e por Torralva. PEROBERNALDO 3 leguas, van por la Higuera e por Lançahita, una legua. SANTACRUZ 2 leguas, van por Arroyocastaño. SANTISTEVAN 2 leguas e media, van por Arroyocastaño, una legua e media, queda Mombeltrán a la mano dizquierda a 4 tiros de vallesta del camino. LAS TORRES 4 leguas e media, van por la Higuera, una legua, e por Lançahita, una legua.

La Rambla lugar [§ 2633–2635, 4428–4431] tiene 800 / 1000 vezinos; es aldea de Córdova; tiene fortaleza derrocada por vando del rey; está en altillo, es en la Campiña de Córdova, que es muy gruesa tierra de pan e olivares; tiene torre:

AGUILAR 2 leguas de tierra doblada e de campiña, junto con Aguilar pasan al río de Monturque por vado, corre a la mano derecha. CABRA 5 leguas, van por Aguilar e por Monturque. CASTRO DE CÓRDOVA 2 leguas de tierra doblada. CÓRDOVA 5 leguas de tierra doblada e campiñas de panes, en llegando a Córdova pasamos a Guadalquebir por puente, que corre a la mano dizquierda. ÉCIJA 4 leguas de tierra doblada, cerca de Écija pasamos a un río dicho Guadaxenil por puente, que corre a la mano derecha. ESPEJO 2 leguas de tierra doblada. ESTEPA 6 leguas, van por el Pontón. HERNAND NÚÑEZ 2 leguas de tierra doblada e de campiña e de algunos olivares. LUCENA 6 leguas, van por Aguilar. MONTEMAYOR 2 leguas de tierra doblada e de olivares e viñas. MONTILLA una legua de tierra doblada e de viñas e olivares todo el camino. MONTURQUE una legua de tierra doblada. EL PONTÓN legua e media de tierra doblada. SANTAELLA una legua grande de tierra doblada e de campiña e de olivares un 4º de legua de cada lugar la salida e entrada del otro. VAENA 5 leguas, van por Montilla, 2 leguas.

Rávano[529] aldea [§ 495] tiene 30 vezinos; es del conde de Ureña; está ribera de Duratón, está en llano:

CANALEJAS media legua, pásase Duratón junto al lugar de Rávano. LAGUNILLAS una legua Duratón arriba, pásase Duratón junto a Rávano. LA TORRE media legua, pásase Duratón.

Real del Valle[530] lugar [§ 2656–2661] tiene 130 vezinos; es aldea de Sevilla; tiene fortaleza; está en un valle metido, es lugar largo fecho todo una calle el valle hondo abaxo, está en Sierra Morena:

EL ALMADÉN 3 leguas de sierras e valles e de montes de alcornoques e de xarales, todo es de la Sierra Morena. ARACENA 6 leguas, van por Santolalla, una legua. ARROYO DE MOLINOS 5 leguas, van por Cala, 3 leguas. CAÇALLA 7 leguas de sierras e valles, a medio camino pasamos un río dicho Viar por vado, que corre a la mano derecha. CALA 3 leguas de montes

529 Rábano, cf. *Sepúlveda*.
530 Real, cf. *Fuente de Cantos*. Realejo (Realexo), cf. *Almadén, Calçadilla, Fuente de Cantos, Mérida cibdad, Monesterio, La Puebla el Maestre, Sant'Olalla* lugar.

e sierra e valles de arroyos por algunas partes. CASTIL DE LAS GUARDAS 6 leguas, van por Santolalla, 2 leguas, e por Çufre, 2 leguas. ELERENA 7 leguas, van por la Puebla del Maestre, 3 leguas. EL FREXENAL 9 leguas, van por Cala, 3 leguas, e por Arroyo de Molinos, 2 leguas, e por Segura, 2 leguas, e por el Bodonar. FUENTE DE CANTOS 6 leguas, van por Monesterio, 3 leguas. LA PUEBLA DEL MAESTRE 3 leguas de sierras e valles e montes de xarales. SANTOLALLA una legua de sierras e valles e montes de dehesa. SEGURA 7 leguas, van por Cala, 3 leguas, e por Arroyo de Molinos, 2 leguas. SEVILLA 13 leguas, van por el Almadén, 3 leguas, e por Castilblanco, 5 leguas, e por Alcalá del Río, 3 leguas, e por la Renconada, media legua. ZUFRE 4 leguas, van por Santolalla, una legua.

Rebollosa[531] lugar [§ 5130–5131] tiene 100 vezinos; es aldea de Hita; está en llano, está en tierra llana e algunos cerros:

CAÑIZAR media legua llana de viñas e olivares e tierras de pan. CIRUELAS una legua de tierra doblada e de pan e vino. HERAS una legua, van por la Torre del Burgo. HITA una legua de tierra doblada, la postrera cuesta abaxo e lo otro cuesta arriba, a medio camino pasan a Vadiel por vado, que corre a la mano dizquierda. SOPETRÁN media legua grande de cuestas abaxo e tierras de pan. LA TORRE EL BURGO una legua, van por Cañizar. TRIXUEQUE media legua de cuesta arriba e viñas.

Reboredo[532] aldea [§ 382] tiene 10 vezinos; está ribera de la Limia; también ay allí un llano llamado Reboredo, que tiene 6 leguas de largo y 2 de ancho, y por el largo de él va el dicho río de la Limia, en este Reboredo ay muchos robledales, y a la bellota de ellos llaman landes, críanse así mesmo en esta tierra nabos tan gruesos como un ombre:

GINZO una gran legua. VILLAR DE SANTOS media legua llano.

Recare aldea [§ 430] tiene 12 vezinos; está en llano, está ribera del Puerto de los Bueis río:

CADONS medio millo, pásase el Puerto de los Bueis por la puente de Cadones. PRERA media legua llana, pásase Puerto de los Bueis por vado al medio camino.

Recuerda lugar [§ 771, 848–850] tiene 50 vezinos; es del conde de Castro, es aldea de Gormaz; está en llano:

AGUILERA legua e media, van por Morales. ALMAÇÁN 6 leguas, van por Hortezuela e por Fuente el Puerco e por Rebollo. ATIENÇA 6 leguas, van por Nograles e por Sauquillo e por Retortillo e por Miedes, queda Pedroche a la mano derecha un tiro de vallesta del camino

---

531 Rebolloso, cf. *La Torre de Sopetrán*.

532 Castillo Reboredo, cf. *Nogueiroá*.

en una cuesta cara el sol. BRÍAS legua e media muy doblada. EL BURGO DE OSMA 2 leguas e media, van por Gormaz e por el Olmeda. LA CABRARIZA 3 leguas, van por Paones. FUENTE REY una legua llana, pásase Duero por la puente de Gormaz. GALAPAGARES una legua muy doblada. GORMAZ media legua, pásase Duero antes que lleguemos por puente, que corre a la mano dizquierda, luego subimos una cuesta muy agra que tenrá 2 tiros de vallesta. MORALES una legua ribera de Duero, por todas partes están muchos cerros e valles. MOSALEJOS una legua un valle arriba, es tierra doblada por todas partes. PAONES 2 leguas muy dobladas. QUINTANAS media legua grande, a medio camino se pasa Duero por puente, que corre a la mano dizquierda. SANTISTEVAN DE GORMAZ 4 leguas, van por Bilder e por Navapalos e por Olmillos. VILLANUEVA un legua un valle abaxo, la tierra es doblada en sí.

Redondela villa [§ 444] tiene 1500 vezinos; es del arçobispo de Santiago; está en llano y bátela la mar; es puerto de mar:

LA PONTE SANT PAYO legua y media llana. PORRIÑO 2 leguas llanas. VIGO 2 leguas llanas.

La Redondela lugar [§ 5308–5309] tiene 200 vezinos; es del conde Ayamonte; tiene fortaleza; está en llano vera de unos esteros que van a [...] mar, está a media legua de la mar; es lugar fresco de muchas frutas:

AYAMONTE 3 leguas de tierra llana e de palmares e higuerales e viñas. LEPE una legua de tierra llana e de palmares e de higuerales.

El Redondo villa [§ 1007] tiene 250 vezinos; es de Portugal; tiene fortaleza; está en un cerrico.
Rejas[533] aldea [§ 329] tiene 100 vezinos; es de Madrid:

BARAXAS media legua pequeña. PARACUELLOS una legua, pásase Xarama más cerca de Paracuellos, súbese el último medio millo.

Renconada lugar [§ 2111–2115] tiene 15 vezinos; es aldea de Ávila; está en un valle ancho de prados riberas de un riatuelo dicho río Almar:

ÁVILA 5 leguas, van por Cillán, una legua, e por Chamartín, 3 tiros de vallesta. CILLÁN una legua, la mitad llano e lo otro tierra doblada, pasamos a río Almar por vado, que corre a la mano dizquierda, en saliendo de Renconada, a la mano dizquierda queda San Cristóval de Rialmar, a la mano dizquierda queda Solana en una cuesta de cerro, San Cristóval a un tiro de vallesta, Solana a 3 tiros de vallesta. LA ENZINILLA media legua de tierra doblada. GRAJOS legua e media, van por Monico, media legua, e por Hortigosa. HORIUELOS media legua llana, en saliendo pasamos a Rialmar, que corre a la mano dizquierda. HORTIGOSA una legua llana riberas arriba de río Almar. MARLÍN 2 leguas, van por Chamartín, media legua,

533 Rexas, cf. *Lueches*.

e por Altamiros, media legua. MONICO un 4º de legua. NAHARRILLOS DE MUÑO PEDRO una legua de sierra e tierra doblada. PEÑARANDA 4 leguas, van por Torneros, una legua, e por Blascomillán, una legua, e por Bercimuelle, una legua. PRIEVA media legua de tierra doblada. SAN CRISTÓVAL DE LA CUESTA media legua llana salvo una cuesta para subir al lugar que tenrá 2 tiros de vallesta, pasamos a Rialmar en saliendo, que corre a la mano dizquierda.

La Renconada lugar [§ 2684–2687] tiene 170 vezinos; es aldea de Sevilla; está en llano, está riberas de Guadalquebir, que casi cerca el lugar por la parte de hazia Portogal:

ALCALÁ DEL RÍO media legua grande llana, en llegando a Alcalá del Río pasamos al dicho Guadalquebir, que corre a la mano dizquierda. EL ALGAVA una legua llana e de viñas, en saliendo pasamos a Guadalquebir, que corre a la mano dizquierda. BRENES 2 leguas llanas. CARMONA 5 leguas llanas salvo que para llegar al lugar subimos una cuesta que tenrá 3 tiros de vallesta. SANTIPONCE legua e media, van por el Algava. SEVILLA legua e media grande llana riberas abaxo de Guadalquebir, que queda a la mano derecha el río. TOSINA 4 leguas, van por Brenes.

Riançuela lugar [§ 2756, 2764–2769] tiene 100 vezinos; es del arçobispo de Sevilla; está en llano entre unos olivares, es en el Axarafee de Sevilla:

ALMENCILLA media legua grande de tierra doblada e de olivares. AZNALCÁÇAR legua e media de tierra doblada e de olivares. BOLLULLOS DEL IMITACIÓN una legua de tierra doblada e de olivares, a la mano derecha queda Almonaster a un tiro del camino. CASTILLEJA DEL CAMPO 4 leguas, van por Aznalcáçar, una legua e media, e por Robaina, una legua, e por Güévar, media legua. CASTILLEJA DE TALHARA legua e media, van por Gelo, una legua pequeña. CORIA legua e media de tierra doblada de montes e olivares. LORETE 2 leguas de olivares, tierra doblada. MAIRENA una legua, van por Mexina, media legua. MEXINA 2 leguas, van por Bollullos del Imitación. PATERNA 5 leguas, van por Aznalcáçar, una legua e media, e por Robaina, media legua, e por Güévar, media legua, e por Castilleja. PATERNILLA DE LOS JUDÍOS 2 leguas, van por Almonaster e por Bollullos del Imitación. QUEMA 2 leguas e media de tierra doblada. SANLÚCAR DE ALPECHÍN una legua, van por Boyana, media legua, e por Rexuxena de don Francisco, media legua. SEVILLA 4 leguas, van por Mairena, 2 leguas, e por Almencilla. UMBRETE 2 leguas, van por Bollullos, una legua. UTRERA 6 leguas, van por Coria, a la mano derecha quedan los Palacios a 2 tiros de vallesta del camino. VILLAFRANCA 2 leguas e media, van por los Molinos. VILLANUEVA DEL ARISCAL 2 leguas, van por Almonaster, media legua, e por Bollullos del Emitación, media legua, a la mano derecha queda Palmarahe a un tiro de vallesta del camino.

Riaza[534] villa [§ 503, 821–822, 1079] tiene 200 / 400 vezinos; es del adelantado de Granada; está en llano al pie de la sierra de Pico Cebollera, pásase el río que viene de la sierra junto al lugar un tiro de piedra, pasa junto con ella, que se llama Riofrío; está decercada:

ALQUITÉ una legua llana de robledales. AYLLÓN 3 leguas, vase por Barahona, queda a la mano izquierda Yanguas y a la mano derecha es todo sierra. CASTILLEJO 2 leguas llanas por el monte adelante. CEREZO DE SUSO (ZEREZO DE SUSO) 2 leguas llanas, a legua e media se pasa un río dicho Mesleón que corre a la mano derecha. CINCOVILLAS una legua llana el río abaxo, queda el río a la mano izquierda del camino. ESTEVANVALA una legua doblada, en saliendo de Ayllón se pasa el dicho riatuelo, que corre a la mano dizquierda. EL FREXNO DE CANTISPINA 2 leguas llanas. SEPÚLVEDA 4 leguas, van por Castillejo e por el Olmo. SOMOSIERRA 4 leguas, van por Cerezo de Yuso.

Riba Aguda[535] lugar [§ 5201] tiene 12 vezinos; es de don Álvaro de Mendoça; está en llano riberas de Çadorra:

LECORÇANA un 4º pequeño de legua llana riberas abaxo de Çadorra, que queda el río a la mano derecha. MIRANDA DE EBRO una legua grande de tierra doblada e de montes baxos e de labranças, a tres 4º de legua primeros pasan al río de Vayas por vado, que corre a la mano dizquierda. RIBALLOSA media legua de tierra doblada e de cerros e montes e labranças.

Ribadavia villa [§ 370–371, 400] tiene 450 / 800 vezinos; es del conde de Ribadavia; tiene fortaleza [...]; está en cuesta y ribera de Avia río grande; villa cercada, es tierra de muchas viñas y muy buen vino, ay mucho vino blanco y bueno:

EL CASTELO DE SANDE legua y media, pásase Avia junto a Ribadavia y el Miño por la puente de Castrelo, desde la Ponte de Castrelo a Castelo de Sande lo más es cuesta arriba y lo de cerca del Castelo de Sande es llano, más atrás del Castelo 2 tiros de vallesta está un lugarejo dicho Sande. CASTRELO media legua áspera, pásase Avia por puente junto a Ribadavia y Miño junto con Castrelo. MACEADA (MACEEDA) 2 leguas pequeñas ásperas, pásase Avia junto a Ribadavia y Miño junto con Maceada por barca. MONESTERIO DE MELÓN 2 leguas grandes, pásase un puerto dicho la Vera de Suido, tierra áspera que dura casi las 2 leguas y todo lo más es subida. PONTECASTRELO media legua grande, pásase Avia junto con Ribadavia por puente, junto con Pontecastrelo se pasa el Miño por grand puente. SANCROYO legua y media de cuestas, pásase Avia un 4º pequeño de legua de Sancroyo de ivierno por puente y en verano por vado. VALDARIZ 2 leguas ásperas, tierra de castañales, pásase Avia junto a Ribadavia, pásase Miño junto a Castrelo por una gran puente que pasara por los arcos de ella una nao a la vela, pásase en este camino un puerto dicho de Fuernes

534 Riaça, cf. *El Fresno de Cantaspino (Frexno), Galve(s), Nava (La Nava de Pedraza), Las Quintanas Rubias, Río Frío, La Torre de San Pedro.*
535 Ribaaguda, cf. *Lecorçana, Mijancas.* Ribaaguada, cf. *Zembrana.*

que está a medio camino y es la subida muy grande y no ay decendida, comiénçase la subida menos de media leguachuela de Ribadavia y dura una legua.

Ribaz villa [§ 5056–5057] tiene 6 vezinos; es de señorío; tiene fortaleza; está en un cerrillo; las casas son de piedra:

SANGUINES media legua llana de montes de enzinares.

Ribeiro de Ruviares aldea [§ 441] tiene 40 vezinos; está en llano, está ribera de Puerto de los Bueis dicho río:

BAADE media legua llana, pásase este dicho río por ponte. CADONS media legua pequeña llana. RECARE media legua llana, pásase el río dicho Puerto de los Bueis por la ponte Cadons.

Ricote lugar [§ 6467–6470] tiene 100 vezinos; tiene fortaleza; está en un hondo entre unos cerros y él encima de un cabeço de un cerro alto por todas partes, un 4º de legua del lugar pasa Segura río, es en el reino de Murcia; es cabeça del priorazgo de San Juan, está poblado de moriscos:

ARCHENA 2 leguas, van por Villanueva. BLANCA una legua de tierra de muchos barrancos e peñas e grandes sierras riberas arriba de Segura río, que queda el río a la mano dizquierda la media legua postrera e lo otro primero a la mano derecha porque a medio camino lo pasan por vado, que corre a la mano derecha. CEBTÍ 4 leguas e media, van por Villanueva e por Archena e por Lorquí. HABORÁN 2 leguas, van por Blanca. LORQUÍ 4 leguas, van por Villanueva, una legua, e por Archena, una legua. MOLINA 5 leguas, van por Uxox, quedan a la mano derecha Lorquí e Cebtí. ULEA media legua, todo como cuesta abaxo, en llegando a Ulea pasan a Segura río por vado, que corre a la mano derecha. UXOX media legua pequeña cuesta abaxo. VILLANUEVA una legua pequeñica ribera abaxo del dicho río Segura, que queda siempre el río a la mano dizquierda, en saliendo de Ricote baxan una cuesta que tenrá un 4º grande de legua.

Rielves[536] lugar [§ 3190–3194] tiene 10 vezinos; es aldea de Fuent Salida, lugar e labrança de Fuent Salida; está en un vallejuelo, es tierra de Toledo e juredición:

ALVALÁ una legua de tierra doblada. ARCICOLLA 2 leguas e media, van por Argança. ARGANÇA una legua de tierra doblada. BURUJÓN legua e media, van por Azoverín, media legua. CAMARENA 3 leguas, van por Arcicolla, 2 leguas e media. CEBOLLA 4 leguas, van por Torrijos, legua e media, e por Carmena, legua e media, e por Carriches e por Herustes, una legua, e por Sanchón, media legua. ESCALONA 5 leguas, van por Varciença, media legua, e por Novés, una legua, e por San Silvestre, media legua. FUENT SALIDA legua e media, van por Güecas. GÜECAS una legua de tierra doblada, en medio el camino está un cerro e

---

536 Rielbes, cf. *Toledo*.

pasan por la halda del que queda a la mano dizquierda. MAQUEDA 3 leguas e media, van por Varcienҫa, media legua, e por Cabdilla, una legua. PERO MORO 2 leguas e media, van por Arcicolla, una legua. PORTILLO una legua e media, van por Güecas, una legua. TOLEDO 3 leguas e media de tierra doblada, la legua e media primera e lo otro de cerros e vallejuelos, salvo la media legua postrera, a legua e media primera pasamos a Guadarrama río por puente, que corre a la mano derecha. TORRIJOS legua e media de tierra dobladilla e de olivares un 4º de legua postrera, a la mano derecha queda Varcienҫa a un 4º de legua del camino. VILLAMIEL una legua grande de tierra doblada.

Río Frío [§ 1061] tiene 50 vezinos; es del adelantado de Granada; está al pie de la sierra de Pico Cebollera, está ribera de un río que baxa de la sierra:

CEREZO DE SUSO una legua por la halda de la sierra adelante. RIAÇA una legua pequeña por la halda de la sierra adelante.

Roa [§ 506] tiene 400 vezinos; está en un llano, pásase junto al lugar el río Riaza obra de un tiro de vallesta; cercado, es lugar de muchas huertas, abundante de pan y vino:

AÇA 3 leguas llanas, vase por el campo adelante. MORADILLO 4 leguas llanas por el dicho campo adelante. LA NAVA 4 leguas llanas por el dicho campo adelante. LA SEQUERA 3 leguas llanas por el dicho campo adelante.

Robaina [§ 3337]:

AZNALCÁÇAR una legua pequeña como cuesta abaxo, la media legua es de olivares e lo otro es de montes baxos, antes que lleguemos a Aznalcáçar con un tiro de vallesta pasamos a Guadiamar, que corre a la mano derecha, subimos una cuesta que tenrá un tiro de vallesta.

Robleda lugar [§ 5226–5227] tiene 250 vezinos; está en llano, está orilla de una sierra e entre unos pinares:

LAS AGALLAS 3 leguas, van por Sahúgo e por Cespedosa e por Martiago. EL BODÓN 2 leguas, van por Sahúgo. CESPEDOSA una legua e media, van por Sahúgo. EL GUIXUELA 3 leguas, van por Sahúgo e por Cespedosa. FUENTEGUINALDO una legua de valles llanos e por entre sierras, a medio camino pasan a Águeda río por vado, que corre a la mano derecha. MARTIAGO 2 leguas, van por Sahúgo. ROBLEDILLO 3 leguas, todo de valles hondos e por entre sierras e de montes de pinares la legua e media de medio, a 2 leguas pasan un puerto que tenrá una legua de subida e de abaxada. SAHÚGO una legua de tierra de sierras e por todas partes e de valles llanos e de montes de robledales.

Robledillo de Valdárrago[537] lugar [§ 5213–5216] tiene 400 vezinos; es de don Francisco de Belbís; está al pie de unas sierras, pasa junto al lugar un río dicho Árrago; cabe este lugar nace un río dicho Águeda de muchas fuentes a media legua del lugar:

LAS AGALLAS 3 leguas, van por el mismo camino de Martiago salvo que dexan el camino de Martiago a la mano dizquierda. LOS ÁNGELES una legua de sierra de subida e abaxada e montes altos e baxos de breçales e robledales. CADAHALSO 3 leguas, van por Descargamaría e por Puñoenrostro. CESPEDOSA 3 leguas de tierra de cerros e valles, a una legua primera suben un puerto e baxan que tenrá de subida e abaxada una legua, todo este camino es de montes baxos de brecedales[538] e robledales. DESCARGAMARÍA media legua pequeña de un valle abaxo riberas abaxo del dicho río Árrago, que queda el río a la mano dizquierda, pásanlo muchas vezes. GATA 4 leguas, van por Descargamaría e por Puñoenrostro e por Cadahalso e por la Torre. HERNAND PÉREZ 3 leguas, van por Descargamaría e por Puñoenrostro. MARTIAGO 3 leguas de tierra de cerros e valles e montes baxos de robledales e breçales, a una legua primera pasan al dicho puerto que tenrá de subida e abaxada una legua. PUÑOENROSTRO tres 4º de legua, van por Descargamaría. ROBLEDA 3 leguas de pinares e todo de valles e por entre sierras e montes de pinares riberas abaxo del dicho río Águeda. SAHÚGO 3 leguas de tierra de valles e montes de breçales e robledales e por entre sierras, a una legua primera suben un puerto que tiene de subida media legua e por otra parte queda abaxada. SANTIVÁÑEZ 4 leguas, van por Descargamaría e por Puñoenrostro e por Cadahalso. TORREZILLA una legua, van por los Ángeles.

Rodilana[539] aldea [§ 1217] tiene 60 vezinos; es de Medina del Campo:

ÇOFRAGA una legua. FUENCASTÍN legua y media, an de pasar por Çofraga. MATAPOÇUELOS 2 leguas, vase por Pozáldez. POÇÁLDEZ 2 leguas, vase por la Ventosa. LA VENTOSA una legua llana.

(El) Romeral lugar / villa [§ 1200, 3602–3606] tiene 200 / 230 vezinos; es del arçobispado de Toledo; está en llano al pie de un cerro, es en la Mancha de Toledo:

ALCÁÇAR DE CONSUEGRA 6 leguas, van por Villa Cañas, 2 leguas, e por Quero, 2 leguas. LA CABEÇA 5 leguas, van por Lillo, 2 leguas, e por el Corral, 2 leguas. CIBDAD REAL 17 leguas, van por Villa Franca, 5 leguas, e por Erencia, media legua, e por Villaharta, 2 leguas, e por Damiel, 4 leguas, e por Carrión, 3 leguas. CONSUEGRA 5 leguas llanas e por entre cerros la primera legua. LA GUARDIA 2 leguas para las de esta tierra pequeñas e llanas salvo algunas traspuestas, todo es de atochares. LILLO 2 leguas llanas e tierra de atochares, la una legua primera es de viñas por todas partes. MADRID 14 leguas, van por Güerta, media

---

537 Robledillo, cf. *Puñoenrostro.*

538 ¿Derivado de *brecedo*, 'campo de brezos'?

539 Rodelana, cf. *Medina del Campo, Villatoro.* Rodilanos, cf. *Medina del Campo.*

legua llana, e por Yepes, una legua, e por Borox, 3 leguas, e por Esquibias, media legua, e por Torrejón Velasco, legua e media, e por Parla, 2 leguas, e por Xetafee, 2 leguas. NUESTRA SEÑORA DE GUADALUPE 36 leguas, van por Tembleque, media legua llana, e por Yévenes, 4 leguas, e por el Molinillo. OCAÑA 5 leguas, van por la Guardia, 2 leguas, e por Dos Barrios, 2 leguas. TOLEDO 9 leguas, van por Tembleque, una legua, e por Almonacir, 4 leguas, e por Nambroca, una legua e media. VILLATOVAS 3 leguas llanas e de monte todo salvo la primera media legua. YEPES 5 leguas, van por Güerta.

Rota villa [§ 3328] tiene 500 vezinos; es de don Luis Ponce de León; está riberas de la mar en llano, que bacte la mar con los muros; es puerto de mar, tiene un muelle, el mejor que ay en aquella costa:

EL PUERTO DE SANTA MARÍA 2 leguas llanas por junto a la mar, que queda la mar a la mano derecha.

Rus lugar [§ 3102–3106] tiene 200 vezinos; es aldea de Baeça; tiene fortaleza derrocada por bandos; está en hondo entre unos cerros; cercado de viñas e de manchas de olivares:

BAEÇA una legua de tierra doblada e como cuesta arriba la media legua primera, todo de olivares e viñas. BEXÍXAR una legua e media de cerros e de viñas. CANALEJAS media legua de cerros e viñas, agora se llama la Villa el Mármol. CANENA 2 tiros de vallesta un valle abaxo. IBROS media legua de cerros por todas partes un valle abaxo e de viñas, a la mano derecha queda Canena a un tiro de vallesta del camino. JAÉN 6 leguas e media, van por Bexíxar. LINARES 2 leguas e media, van por Canena, 2 tiros de vallesta. SAVIOTE 3 leguas de cerros e tierra doblada e de viñas. LA TORRE PEROXIL 3 leguas de cerros e valles. ÚBEDA 2 leguas pequeñas de tierra doblada e de olivares e viñas. VILCHES 3 leguas, la primera es como cuesta abaxo de tierra de cerros e doblada, lo otro de sierras e por todas partes, el camino por valles e vegas, a una legua pasamos a un río dicho Guadalimar por barca, que corre a la mano dizquierda, a 2 leguas primeras tornamos a pasar a un río dicho Guadelén río por vado, que corre a la mano dizquierda.

S

Sagrameña lugar [§ 494] tiene 50 vezinos; es de don Álvaro de Luna; está ribera de un arroyo:

VALTIENDAS media legua llana.

Sahúgo lugar [§ 5228–5229] tiene 200 vezinos; es aldea de Cibdad Rodrigo; está en llano en un valle ancho entre sierras:

EL BODÓN 2 leguas llanas e de montes de breçales e robledales. CESPEDOSA una legua llana e de montes altos de robledales. ELGUIXUELA 2 leguas, van por Cespedosa. MARTIAGO 2 leguas, van por Cespedosa. ROBLEDA una legua de entre sierras e valles e montes de robledales. ROBLEDILLO 3 leguas de sierras e valles, a medio camino pasan un puerto que tenrá de abaxada media legua.

Salamanca [§ 2045]:

SANCTA MARTA una legua llana, en saliendo de Salamanca pasamos a un río dicho Tormes por puente, que corre a la mano dizquierda, después imos riberas arriba de Tormes, que queda a la mano dizquierda.

Saldañuela aldea [§ 305, 317] tiene 30 vezinos; es de Burgos:

BURGOS 2 leguas, súbese un pequeño millo después de aver andado otro millo por llano, pásase un río que va por Arcos junto con Saldañuela, pásase Arlançón junto con Burgos. CELADA DEL CAMINO 4 leguas, se va por Alvillos y por Arcos y a Cavia. VILLAFRANDOVÍNEZ 5 leguas, vase por Burgos y Quintanilla de las Carretas, a man derecha queda Cortes, Villacienço queda a mano izquierda.

Salinas de Añaya[540] villa [§ 359] tiene 600 vezinos; es del conde de Salinas.
Salinas de Rosío villa [§ 359] tiene 500 vezinos.
Salmoral[541] lugar [§ 2091–2094] tiene 130 vezinos; es de don Pedro de Toledo; está en llano:

ALARAZ legua e media llana, pasan 2 arroyos a media legua primera, el uno que se llama Mazgallán. ALVA DE TORMES 5 leguas, van por Santiago de la Puebla, una legua, e por Valeros, una legua, e por Turra, una legua. ÁVILA 9 leguas, van por Mancera de Arriba, una legua, e por San García e por Mirueña, media legua, e por Renconada, una legua, e por

540 Salinas de Añana, cf. *Fontecha*.
541 San Moral, cf. *Santiago de la Puebla*.

https://doi.org/10.1515/9783111044064-020

Cillán, una legua. CABEÇAS legua e media, van por Çurraquín, legua e media. CANTARAZILLO 2 leguas, van por Mancera de Abaxo, una legua. MACOTERA una legua llana. MALPARTIDA legua e media llana. MANCERA DE ARRIBA una legua grande algo e de tierra doblada de cuestas salvo 3 tiros de vallesta primeros, a la mano dizquierda queda un monte de enzinas. MIGALVIN media legua llana. PASCUAL COBO 3 leguas de tierra doblada de sierras e berrocales salvo la primera media legua. PEÑARANDA 2 leguas, van por Mancera de Abaxo, media legua, e por Bóbeda, media legua. PIEDRAHÍTA 7 leguas, van por Pascual Cobo, 3 leguas, e por Samiguel, 3 leguas. SANTIAGO DE LA PUEBLA una legua pequeña llana.

Salobralejo[542] lugar [§ 2406] tiene 15 vezinos; es de Hernand Gómez de Ávila; tiene buena fortaleza; está en llano:

GAROÇA un 4º de legua llana. MUÑO GALINDO media legua pequeña llana.

Salorín lugar [§ 2555–2561] tiene 30 vezinos; es aldea de Alcántara; está en un cerrillo entre unos enzinares e al pie de la sierra media legua grande que se llama la Sierra de San Pedro:

ALCÁNTARA 5 leguas grandes, de tierra de sierrezuelas e valles la primera legua e de monte de enzinares e lo otro tierra muy doblada, a la mano derecha quedan las Broças a 2 leguas del camino, a una legua primera como salimos de Salorín pasamos a un río dicho Salor que tiene grande derrumbadero de valle hondo que tiene media legua pequeña de abaxada e de subidas, en medio el camino ay 2 lugares despoblados, es todo dehesas. BRAMBÍO una legua de tierra doblada e de enzinares. LAS BROÇAS 4 leguas grandes, la una primera de monte e de enzinares e muy doblada de serrezuelas e todo lo otro es de tierra doblada e de berrocalejos. CÁCERES 8 leguas, van por Herreruela, una legua e media, e por el Aliseda, 3 leguas, e por Malpartida. CARBAJO 3 leguas, van por Nambrío, una legua. HERRERA 3 leguas, van por Nambrío, una legua, e por el Carbajo, 2 leguas, e por Santiago de Alcántara. HERRERUELA una legua grande, legua e media muy doblada de enzinares. SAN VICENTE 3 leguas, las 2 primeras es de enzinares e lo otro de sierras e puerto. SANTIAGO DE VALENCIA 4 leguas, van por Nambrío, una legua, e por Carbajo, 3 leguas. LA TORRE DE SAN PEDRO una legua grande de tierra muy doblada la primera e la otra de puerto. VALENCIA DE ALCÁNTARA 3 leguas grandes de tierra muy doblada, a una legua pasamos la Sierra de San Pedro que tenrá media legua.

Salvadiós lugar [§ 2003–2005] tiene 50 vezinos; es aldea de Ávila; está en llano:

BLASCO MILLÁN 2 leguas, van por Duruelo. BÓBEDA legua e media llana. CANINDOSA media legua llana. CANTARAZILLO una legua grande llana, a la mano dizquierda queda Ximehalcón a 2 tiros de vallesta del camino, a la mano derecha la Cruz a media legua del camino. LA CRUZ una legua llana. DURUELO una legua llana, junto con Duruelo pasamos

542 Salobral, cf. *La Serrada*.

un río dicho Almar por vado, que corre a la mano derecha. FLOREZ DE ÁVILA una legua, van por Canindosa. HONTIVEROS 2 leguas, van por Xemiguel, una legua, y por Muño Sancho. PEÑARANDA legua e media, van por Cantarazillo, una legua. VERCIMUELLE una legua llana, pasamos al dicho río Almar junto con Bóbeda e Vercimulle por vado, que corre a la mano derecha. XEMIGUEL una legua llana. XIMEHALCÓN un 4º de legua llana.

Salvatierra villa [§ 3989–3997, 4003–4005] tiene 180 / 200 vezinos; es del duque de Alva; tiene fortaleza; está en llano salvo por la parte de un río dicho Tormes, que pasa junto con el lugar en los derrumbaderos del río que son de peña:

ALDEAVIEJA un 4º de legua de tierra doblada e como cuesta arriba. ALVA DE TORMES 5 leguas, van por Monesterio, una legua e media, e por Pero Martín, una legua, e por Siete Iglesias, media legua, e por Enzinas. ARMENTERO 2 leguas, van por Tala, media legua, e por el Abad don Vela, media legua. EL BARCO DE ÁVILA 5 leguas, van por la Puente el Congosto, 2 leguas, queda Cespedosa a la mano derecha a 3 tiros de vallesta. BÉJAR 5 leguas, van por el Guijo de Ávila, una legua, e por la Cabeça, una legua. BONILLA DE LA SIERRA 5 leguas, van por el Villarejo, media legua, e por Frexnillo, media legua, e por Naharrillos, una legua, e por Naharra, una legua, e por los Collados, una legua, e por las Becedillas, media legua. CESPEDOSA una legua pequeña de tierra doblada, en saliendo de Salvatierra pasan a Tormes río por puente, que corre a la mano dizquierda, la media legua postrera es algo cuesta arriba e casi todo. EL COLMENAR DE ARENAS 13 leguas, van por el Villerio, media legua, e por Frexnillo, media legua, e por Naharrillos, una legua, e por Naharra, media legua, e por las Casas de Chicapierna, media legua, e por las Bezedillas, media legua, e por Villafranca, 2 leguas, e por la Garganta el Villar, 2 leguas, e por Navadijo, media legua, e por Altopaso, media legua, e por San Martín del Pimpollar, una legua, e por las Cuevas, 2 leguas. EL GUIXO una legua grande de cuestas e valles riberas arriba del río Tormes los tres 4º de legua, que queda el río a la mano dizquierda, para subir al lugar subimos una grand cuesta que tenrá 2 tiros de vallesta, toda vía van este camino como que van subiendo cuesta arriba. EL GUIXUELO una legua de cerros e valles, queda Tormes a media legua a la mano dizquierda lo más lexos. MIRANDA DEL CASTAÑAL 7 leguas, van por Aldea Vieja, media legua, e por el Campillo, una legua, e por Fuente Roble, una legua, e por los Santos, una legua, e por los Pajares, 2 leguas, e por Santiváñez, 2 leguas. MONESTERIO legua e media riberas abaxo de Tormes e de tierra de cerros e valles e llanos, que queda el río a la mano derecha una vez junto des a 2 e a 3 tiros de vallesta lo más lejos. MONLEÓN 3 leguas, van por la Cabeçuela, una legua, e por Cassafranca, una legua, e por el Endrinal, media legua. MONTEXO tres 4º de legua de tierra doblada e como cuestas arriba. PIEDRAHÍTA 5 leguas, van por Gallegos de Solmirón, 2 leguas e media, e por Arroyomolinos, una legua, e por el Berrocal, 2 tiros de vallesta, e por San Bartolomé, media legua, por otro camino, que es más llano e se alarga algo, que queda sobre la mano dizquierda, van por el Villarejo, media legua, e por Frexnillo, media legua, e por Naharrillos, una legua, e por Valdemolinos, una legua, e por Santa María del Berrocal, 2 tiros de vallesta. SALAMANCA 7 leguas, van por Montexo, tres 4º, e por Castillejo, tres 4º, e por Mataseca, una legua e media, e por Torrezida, 2 leguas. TALA media legua grande, en saliendo pasan a Tormes por la puente, corre a la mano dizquierda, la mitad del camino primero es llano e lo otro montes e cerros. VILLAREJO media legua.

Sa' Martín del Campo o de Guadalajara lugar [§ 4847–4849] tiene 20 vezinos; es aldea de Guadalajara; está en llano orilla un arroyo, ay una legua e media e [...] 2 tiros de vallesta llano:

BELFAJER 4 tiros de vallesta un arroyo abaxo de tierras de pan. BENALAQUE una legua de tierra doblada e de tierras de pan e viñas. CABANILLAS una legua e media, van por Marchamalo. FREXNO una legua, van por Belfajer, 3 tiros de vallesta. HITA 3 leguas e media, van por Hontar, media legua, e por Maluque, 2 leguas. HONTANARES media legua de tierra llana e de tierras de pan. MARCHAMALO una legua de tierra doblada. TARACENA una legua e media, de tierra doblada la mitad del camino e lo otro de cerros e valles arriba, a medio camino pasan a Henares por barca, corre a la mano derecha. TÓRTOLA una legua, van por el Canal, media legua grande de tierra doblada.

Sa' Martín de Valdeiglesias lugar [§ 5255] tiene 1000 vezinos; es del duque del Infantadgo; tiene fortaleza; está en llano e entre sierras e pinares; tiene infinitas viñas, es lugar de muy buen vino:

CADAHALSO una legua de cerros e montes e viñas.

Sa' Miguel lugar [§ 5088–5089] tiene 20 vezinos; es del marqués de Astorga; está en llano, está riberas de un río dicho Órbico que pasa a media legua del lugar:

ASTORGA 3 leguas, van por San Siste, 3 leguas más un tiro de vallesta de tierra doblada e de montes baxos. LA PUENTE DE ÓRBIGO media legua riberas arriba del dicho río Órbico, que queda el río a la mano derecha, cuanto más imos adelante hazia Órbigo vamos más acercando al río, que lo más lejos está media legua.

Sa' Miguel de Corneja lugar [§ 4101–4104] tiene 40 vezinos; es aldea de Piedrahíta; está en alto al pie de una sierra, es en el val de Corneja:

BONILLA DE LA SIERRA una legua pequeña de montes de enzinares, a medio camino traviesan un cerro que tenrá 2 tiros de vallesta, a 2 tiros de vallesta primeros pasan a un río dicho Corneja por vado, corre a la mano dizquierda. LAS CASAS DEL PUERTO una legua e media un valle arriba e por entre unos enzinares, a un 3º de legua pasan a Corneja por vado, corre a la mano dizquierda. PIEDRAHÍTA media legua llana e de berrocales. SAN BARTOLOMÉ una legua, van por el Mensegar, 3 tiros de vallesta, junto con el Mensegar pasan a Corneja, corre a la mano dizquierda. VADILLO 3 leguas, van por Bonilla, una legua, e por Villanueva de Vadillo, una legua. VILLATORO 2 leguas e media, van por las Casas del Puerto.

Sa' Miguel de la Serrezuela[543] lugar [§ 3949–3953] tiene 90 vezinos; está en un cerro:

EL BARCO DE ÁVILA 7 leguas, van por Castellanos, media legua de cerros, e por Serranos, media legua, e por la Casa Chicapierna, una legua, e por Malpartida, 4 tiros de vallesta, e por San Bartolomé, media legua, e por la Horcajada, una legua e media. BONILLA DE LA SIERRA 3 leguas, van por las Casas del Rebollar, legua e media de cerros e valles, a la mano dizquierda queda Tórtoles a 2 tiros de vallesta. GÓMEZ BLASCO 2 leguas, de cerros e cuestas abaxo e de tierras de pan la legua primera e la postrera de montes de enzinares, a la mano dizquierda queda Diegálvaro a 3 tiros de vallesta del camino. HONTIVEROS 8 leguas, van por Cabeças del Villar, una legua, e por Mancera e por Naharros. MEDINA DEL CAMPO 14 leguas, van por Salmoral, 3 leguas, e por Mancera de Abaxo, una legua, e por Bóbeda. SALAMANCA 9 leguas, van por Gómez Blasco, 2 leguas de tierra de cerros, junto con el lugar pasan a un río dicho Agudín por vado, que corre a la mano dizquierda, e por Pedraza e por Mata Rala e por Alva de Tormes. SALMORAL 3 leguas de cerros e valles e tierras de pan, a media legua primera pasan un río dicho río Mayor, que corre a la mano dizquierda, a 2 leguas e media primeras pasan otro río dicho Garci Ximeno, que corre a la mano dizquierda.

Sam' Pedro[544] lugar [§ 4520] tiene 300 vezinos; es aldea de Mérida; está en alto en un cerro en la ladera de él, a media legua de él pasa Guadiana río, es en Estremadura:

MÉRIDA 2 leguas, de valles e cerros e montes de xarales la primera legua e lo otro de valles e berrocales e labranças, van por Truxillanos, que está la primera legua de valles e cerros.

Sam' Pedro de Devesas[545] lugar [§ 5595–5596] tiene 50 vezinos; es aldea de Ponferrada; está en llano riberas del Sil:

ACARRAZEDO una legua grande de tierra llana e montes vaxos. LAS BORRENAS una legua de montes de sotos e castañales e sierras, en medio el camino está un lago de agua a donde dizen que se hundió una cibdad, se llamava la cibdad las Médolas,[546] en saliendo de San Pedro a un tiro de vallesta pasan al Sil por varca, que corre a la mano derecha. EL CAMPO DE NARAYA 2 leguas de tierra llana de pan. PONFERRADA 2 leguas riberas arriba del Sil, por la mano derecha queda siempre el Sil, en llegando a Ponferrada lo pasan, que corre a la mano derecha.

---

543 Samiguel, cf. *Santiago de la Puebla*. Samiguel de Serreçuela, cf. *Tordillos*.
544 San Pedro de Mérida, cf. *Mérida*.
545 San Pedro (de) Devesas, cf. *Pasadiel, Ponferrada*.
546 «Llaman una montaña en el Vierço a la salida de Galicia, por cinco o seis montes de tierras que tiene en la cumbre altos y redondos, como grandes torres, a manera de mojones de término, a los cuales llamaban Metas o Métulas los latinos; y de allí es claro averse dicho Médulas» (Del Rosal *s.v.* Las Médulas).

San‹t› Agustín[547] lugar [§ 6547] tiene 300 vezinos; es de Juan Arias; está en llano, está orilla de un riatuelo dicho Guadalix:

COLMENAR VIEJO 3 leguas de cerros e valles e montes de enzinares. EL MOLAR 2 leguas de tierra doblada e de algunos barrancos e tierras de labrança. PEDREZUELA una legua de tierra muy doblada e de labrança e de algunos montes altos e baxos, en saliendo pasan al dicho riatuelo dicho Guadalix por vado, que corre a la mano derecha. EL VELLÓN 2 leguas de cerros e valles e montes de enzinares e tierras de labrança.

San‹t›' Andreo lugar [§ 5070–5071] tiene 30 vezinos; es de señorío; está en llano riberas de Lobregot:

MOLÍN DE REY una legua riberas abaxo de Lobregot e de tierra doblada, todo de arboledas, a un 4º de legua del camino pasan al dicho río Lobregot por barca, que corre a la mano derecha, todo lo otro río queda por la mano derecha.

San‹t›' Andrés de Montejos lugar [§ 5602–5603] tiene 60 vezinos; es del abadía de Carrazedo; está en una ladera:

BÁRCENA una legua, de tierra de cerros e montes baxos e altos e tierras de pan, en saliendo de lugar en entrando al otro, lo de medio es sierra. LAS CABAÑAS DE DORNILLA una legua de tierra doblada e de montes baxos e altos e tierras de pan. CUBILLOS una legua de tierra de una ladera arriba e de tierras de pan, por la mano derecha queda la sierra. FINOLLEDO una legua grande, van por Cubillos. FREXNEDO 2 leguas, van por las Cabañas de Dornilla. FUENTES NOVAS media legua pequeña de tierra llana e de prados e arroyos. PONFERRADA una legua de tierra doblada e de viñas e montes baxos, en llegando a Ponferrada pasan al Sil por puente, que corre a la mano derecha.

San Bartolomé de Ganade aldea [§ 384] tiene 100 vezinos; son 2 barrios algo apartados:

GINZO una legua llana, pásase la Limia junto con Ginzo. NOGUEIROÁ 2 leguas llanas, pásase la Limia a media legua de San Bartolomé. VILLAR DE SANTOS una legua grande, pásase la Limia a medio camino.

San‹t› Benito[548] aldea [§ 448] tiene 40 vezinos; está en llano:

EL PORTAHIGUERA media legua llana. SANT LORENÇO una legua llana. SANTA MARÍA DE OVALE una legua llana. SOBRADO una legua buena llana.

San Boy aldea [§ 14] tiene 100 vezinos:

---

547 Santagustín, cf. *Talamanca*. Santagostín, cf. *Villanueva de Fuente el Frexno*.
548 San Bieito, cf. *Raça de Arnoya*.

CITGES 5 leguas, las 3 últimas leguas son sierras dichas Garraf.

San Cebrián lugar [§ 5106] tiene 100 vezinos; es de encomienda; está en llano en tierra llana:

CASTRO TORAFE media legua llana de tierras de pan e viñas. MONTAMARTA media legua de tierra llana e de tierras de pan e viñas.

San Cibrán[549] [§ 434] tiene 700 vezinos; es aldea de Orense; está en un llano; es tierra de muchas viñas:

BARBADANS una legua llana, el postrero tiro de vallesta es descendida. BENTRACES una legua llana, toda viñedo. MORERAS una legua llana. ORENSE una legua llana, los 2 postreros tiros de vallesta son cuesta baxo, pasa el río dicho Sillo junto con Orense, el cual entra en el Miño un 4º de legua más baxo de Orense.

San Clemente[550] lugar [§ 1202–1203, 4623–4629] tiene 1000 / 1300 vezinos; está en llano, pasa [un río] por el orilla del lugar que se seca en verano e algún invierno, está en el marquesado de Villena, es en la Mancha de Aragón; tiene grandes pagos de viñas, es lugar que se puebla mucho, en esta tierra son las leguas grandes:

ALARCÓN 5 leguas, van por Vala de Rey, 2 leguas, e por Tévar, 2 leguas. EL ALBERCA 2 leguas de tierra doblada e de labranças e de montes de enzinares la media legua primera e tres 4º postreros. ALCARAZ 8 leguas, van por Villarrobledo, 3 leguas, e por el Bonillo, 6 leguas. BELMONTE 5 leguas, la primera llana y las otras son de tierra doblada, a 2 leguas se pasa un río dicho Záncara, que se seca de verano, corre a la dizquierda. BILLARROBLEDO 3 leguas de arenales e romerales y atochares. EL CAÑAVATE 3 leguas de tierra de cerros e valles e tierras de labrança, la primera es de montes de enzinares. EL CASTILLO DE GARCI MUÑOZ 5 leguas, vase por Perona, que está a 2 leguas de San Clemente y son llanas, pásase en ellas un río dicho Rus antes que lleguen a Perona un millo, el cual se seca de verano. CUENCA 12 leguas, van por el Cañavate e por Honrubia, una legua, e por Valverde e por Alvaladejo e por la Parra e por Valdegón e por el Olmedilla. INESTA 10 leguas, van por Sisante, 3 leguas, e por Villanueva de la Xara. MINAYA 3 leguas de tierra doblada e de montes de atochares e chaparrales, tierra que se coge grana. EL PEDERNOSO 4 leguas, van por Santiago e por las Pedroñeras. PERONA 2 leguas de la misma tierra de Villar de Cantos. EL PROVENCIO 2 leguas, muy llanas e de viñas la primera legua e la media legua postrera. LA RODA 6 leguas, van por Miñaya. SANTA MARÍA DEL CAMPO 3 leguas de cerros e valles llanos e algunos montes por medio el camino de enzinares. SANTIAGO EL QUEBRADO (SANTIAGO DE LA TORRE) 2 leguas de tierra llana, a legua e media ay una vega que se llama Majara Hollín, que en invierno se haze en la dicha vega unas grandes lagunas. SISANTE 3 leguas

549 Sant Cibrán, cf. *Moreras, Orense.*
550 San Clemeyente, cf. *Daimiel.*

de tierra de cerros e valles e atochares. SOCUÉLLAMOS 5 leguas, van por el Provencio. VALA DE REY 2 leguas de tierra doblada e de tierra de labrança. VILLAR DE CANTOS 2 leguas llanas, la primera legua es de enzinares.

San‹t› Cristóval[551] aldea [§ 1009] tiene 15 vezinos; es de Segovia:

PALAÇUELOS media legua llana.

San Felipe[552] lugar [§ 5073–5074] tiene 10 vezinos; está en llano, es riberas de un río dicho Lobregot; tiene buena ribera de huertas:

SAN JUAN DE ESPINO media legua llana de huertas riberas abaxo de Lobregot.

San García (Sant García) aldea / lugar [§ 1093, 2100] tiene 26 / 30 vezinos; es aldea de Ávila; está algo en valle en un alto no hondo sino poco:

MANCERA DE ARRIBA media legua cuestas e valles abaxo, tierra de labrança. MIRUEÑA media legua de tierra doblada, a medio camino pasamos un monte de enzinas que tenrá 2 tiros de vallesta.

San Joan de Letrán[553] aldea [§ 438] tiene 50 vezinos; es de encomienda; está 2 tiros de vallesta de cuesta baxo hasta la mar:

LÉREZ, monesterio, media legua buena, pásase Lérez por barca. PONTEVEDRA media legua pequeña llana, pásase Lérez por barca, que es ya como braço de mar.

San Juan del Espino lugar [§ 5075] tiene 30 vezinos; está en llano entre huertas riberas de un río dicho Lobregot:

LOS OSPITALETES una legua pequeña llana, todo de huertas, por la mano dizquierda queda siempre un valle algo alto a 2 tiros de vallesta del camino.

San Juan del Puerto [§ 3323]:

PALOS 2 leguas llanas.

San Julián lugar [§ 2482, 2488] tiene 15 vezinos; es del conde Oropesa; está en llano:

---

551 San Cristóval, cf. *Palaçuelos*.
552 San Felío, cf. *Molín de Rey*. San Felup, cf. *Molín de Rey*. Senfelío, cf. *Marturel*.
553 San Juan de Letrán, cf. *Pontevedra*.

LA CASA EL CANTO una legua pequeña. MALINCADA media legua grande. OROPESA 2 leguas de tierra doblada e enzinares. TORVISCOSO 3 leguas llanas, a media legua entramos en un robledar que tenrá una legua, a media legua otra entramos en un enzinar, que tenrá todo el camino, todas estas 3 leguas son de prados de pastos.

San Lorenço[554] aldea [§ 448] tiene 20 vezinos; es del conde de Benavente; está en un llano:

LA GRANJA un millo llano. SOBRADO un 4º de legua llano.

San Lorenço aldea [§ 5588–5590] tiene 60 vezinos; es aldea de Ponferrada; está en llano:

LOS BARRIOS DE SALAS una legua de tierra doblada e de viñas e tierras de pan. PONFERRADA un 4º de legua llana e de viñas, en llegando a Ponferrada pasan a Bueça río por vado, que corre a la mano dizquierda. SANTISTEVAN DE VALDUEÇA media legua, de travieso de un cerro el postrero 4º de legua e lo otro primero es de tierra doblada, todo de viñas. TORAL una legua de cerros e valles e montes baxos riberas abaxo de un riatuelo Valdejoja un 4º de legua postrero, que queda el río a la mano dizquierda. VALDECAÑADA una legua de tierra de sierras e valles no agras e montes baxos e viñas e tierras de pan, antes que lleguen a Valdecañada con un 4º de legua pasan al dicho riatuelo Valdejoja por vado, que corre a la mano derecha. VILLANUEVA DE VALDUEÇA una legua de cerros e valles e de viñas e arboledas e tierras de pan, a medio camino pasan al dicho Valdejoja por vado, que corre a la mano derecha.

San Lorenço de Valvellido lugar [§ 4060–4062] tiene 10 vezinos; es aldea del Barco; está en un altillo entre sierras:

ALDEANUEVA media legua de tierra doblada e ladera arriba de la sierra, todo de prados. EL AVELLANEDA una legua todo algo como cuesta arriba e de prados, en saliendo pasan un arroyo, corre a la mano derecha. EL BARCO DE ÁVILA media legua llana. NAVAMORISCA media legua, van por Hontanares, 4 tiros de vallesta, e por Vallejohondo, 4 tiros de vallesta. SANTA MARÍA DE LOS CAVALLEROS media legua llana riberas arriba de un arroyo que queda a la mano derecha e por entre sierras.

San Martín (Samartín del Fraire)[555] lugar [§ 4189–4191] tiene 30 vezinos; es de Diego Hernández de Ávila; está en llano, pasa un río junto con el lugar dicho Alverche, que nace cabe Samartín de la Vega:

ALTO PASO media legua pequeña llano. LAS CASAS DE CHIQUILLO media legua, van por Alto Paso. LA GARGANTA EL VILLAR media legua llana, en saliendo pasan Alverche, corre

---

554 Sant Lorenço, cf. *San‹t› Benito, Sobrado de Sande.*
555 San Martín del Fraile, cf. *Menga Muñoz, Villafranca* lugar.

a la mano derecha. MENGA MUÑOZ una legua e media, van por la Cepeda, media legua llana, por la mano dizquierda queda la sierra. LA MORA media legua grande de tierra doblada e de cerros e berrocales. NAVADIJOS media legua llana, en saliendo pasan al dicho río Alverche, corre a la mano derecha. NAVALACRUZ legua e media, la mitad es tierra doblada por unos valles e entre sierras e lo otro cuesta abaxo. SAN MARTÍN DE LA VEGA una legua, van por Alto Paso, media legua.

San Martiño de Mondoñedo lugar [§ 2834–2836] tiene 200 vezinos; tiene fortaleza; está en alto, es en Galizia; es cabeça de obispado:

BILARONTE media legua de cerros. LAS CUATRO HERRERÍAS legua e media de tierra doblada, pasamos a un río dicho Villalva, que corre a la mano dizquierda. ERMITA DEL OBISPO SANTO 2 leguas de sierras. PIÑEIRO 4 leguas, van por Samiguel, media legua, e por la Puente de Espiñeira, media legua, e por los Santos, media legua, e por Rinlo, una legua, e por Ribadeo, media legua. LA PUENTE DE ESPIÑEIRA una legua, van por Sean de San Juan, media legua. RIBADEO 3 leguas, van por Samiguel, media legua, e por la Puente de Espiñeira, media legua, e por los Santos, media legua, e por Rinlo, una legua. SANTIAGO DE FOZ una legua de cerros, a medio camino pasamos un río dicho Pisuerga por puente, que corre a la mano dizquierda. SEOANE DE SAN JUAN media legua, son pequeñas leguas por esta tierra. VILLALVA 10 leguas, van por Viloronte, una legua, y por Villamayor, 2 leguas. VILLANUEVA una legua de cerros. VILLA MAYOR 3 leguas, van por las Cuatro Herrerías. [...] una legua de sierras, a medio camino pasamos al dicho río Pisuerga por puente, que corre a la mano derecha.

San Mateo villa [§ 16] tiene 400 vezinos; es del maestre de Montesa; es tierra de Valencia:

NULES 6 leguas, pásase una puente a 2 leguas de Nules.

San‹t› Miguel de Bermuy aldea [§ 493] tiene 20 vezinos; es de don Álvaro de Luna; está ribera de Duratón junto a las peñas:

HONTIDUEÑA una legua, pásase Duratón junto al lugar de San Miguel un tiro de piedra.

San Miguel de Sorga[556] aldea [§ 378] tiene 50 vezinos; está en llano, orilla del río dicho Sorga:

ÇALANUEVA media legua pequeña, pásase Sorga. LA GANDARELA una legua pequeña, pásase el dicho río Sorga. VILLANUEVA DE LOS INFANTES media legua llana, pásase Sorga junto con San Miguel.

556 Sant Miguel de Sorga, cf. *La Torre de Vega, Villanueva de los Infantes.*

San Pedro de Abrera lugar [§ 5067–5068] tiene 30 vezinos; es de Barcelona; está entre unos pinares:

MARTUREL media legua grande de tierra llana salvo que ay algunos vallejuelos, todo de pinares.

San Pedro de las Dueñas lugar [§ 551–553, 558] tiene 8 vezinos; está en llano, pasa junto con el río Moros, queda a la mano derecha a media legua las Lastras de Abaxo [de San Pedro y de Melque]; vezindad [junto con Melque]:

EL CAMPO una legua, van por Lagunilla, pásase en saliendo río Moros e una cuesta que tenrá un tiro de vallesta, que corre el río a la mano dizquierda. ÇARÇUELA DEL MONTE una legua llana, está metido en valle, de que llegamos al lugar se abaxa una cuesta que tenrá tiro e medio de vallesta. COLINA media legua llana una cañada arriba, pásase el río Moros a medio camino, que corre a la mano dizquierda. GUIXAS ALVAS una legua doblada, pásase un río junto con el lugar, que corre a la mano dizquierda, vase por un monte que está a la media legua. EL HITUELO legua e media, en saliendo de San Pedro se sube una cuesta de 100 pasos e des que avemos andado hasta media legua abaxamos una baxada que tenrá un tiro de vallesta e abaxamos a un lugar que se llama Monte Rubio que queda un tiro de vallesta a la mano derecha, ansí mismo a media legua quedan las Lastras de Abaxo, más adelante a media legua a la mano derecha quedan las Lastras de Arriba, a la mano dizquierda un muy grand monte de enzinas el cual monte dura el Hituelo, van siempre una cañada [...]. HORTIGOSA 2 leguas, van por Laguinilla e por el Campo. LAGUINILLA media legua llana salvo que en saliendo se pasa río Moros e una cuesta que tenrá un tiro de vallesta, el río corre a la mano dizquierda. LAS LASTRAS DE ARRIBA una legua doblada, pásase un río a la media legua, que corre a la mano derecha. LAS NAVAS DE ÇARÇUELA 2 leguas, van por Çarçuela. EL OTERO 2 leguas, vase por la Lagunilla. LAS VEGAS legua e media, la primera legua es llana e la otra media doblada.

San‹t› Salvador aldea [§ 426] tiene 50 vezinos; está en llano:

AZEBEDO un 4º de legua llano. ÇALANUEVA media legua llana. ESTRADA un 4º de legua llano. LA GANDARELA un 4º de legua llano.

San Sebastián[557] villa [§ 3317] tiene 500 vezinos; cercada, puerto de mar, que la combate la mar de amas partes porque está en una lengua de tierra el fin de la cual es alto, do solía aver una fortaleza:

ERNANI una legua, es poca cosa tierra doblada. FUENTERRABÍA 3 leguas, vase por la Rentería. TOLOSA 4 leguas, vase por Ernani y por Urmeta y por Leiçaur y por Villabona y por Irura.

---

557 San Sabastián, cf. *Fuenterrabía, Motrico.*

San Sebastián de los Reyes (San Sabastián de los Reyes) aldea [§ 335, 3699–3700] tiene 150 / 200 vezinos; es aldea de Madrid; está en llano en medio de un enzinar; poblada en nuestros días por un Pero Rodríguez, labrador que era de Alcovendas y por despecho que tuvo del señor comovió muchos de Alcovendas que se fuesen allí a bevir:

ALCOVENDAS 2 tiros de vallesta, la mitad cuesta abaxo e lo otro cuesta arriba. EL COLMENAR 3 leguas de cerros e valles e montes. COVEÑA 2 leguas, van por Villanueva, una legua. FUENT CARRAL una legua, van por Alcovendas. MADRID 3 leguas, van por Alcovendas. PARACUELLOS legua e media de tierra doblada e de panes, a una legua primera pasan a Xarama por barca, que corre a la mano derecha.

San Vicente de la Barquera[558] villa [§ 3835–3838, 3842–3843] tiene 1500 vezinos; está dentro en la mar, está en alto, es en la Montaña; tiene una ría para entrar al puerto que no puede entrar más de un navío de 100 toneles, tiene una puerta que no pueden entrar por tierra a la villa si por ella no, tiene buena torre:

BOSTEDIGNA 2 leguas e media, van por Vallinas, una legua e media llana e montes baxos, e por las Cuebas, media legua. CABEÇÓN 3 leguas, van por Cara, media legua, e por el Texo, media legua. CARA media legua como cuesta arriba. COMILLAS legua e media, van por la Rubia, una legua. LLANES 6 leguas, van por Arco, media legua, e por Pisués, media legua, e por Colombres, una legua, e por Bidiao, una legua, e por Buelna, media legua, e por Induebres, media legua. MEDIANA DE RUISECO 38 leguas, van por Dandarilla, una legua, e por Bielva, una legua, e por Rábago, media legua, e por Çoles, media legua, e por el Vado de Nansa e por Cosiol, media legua, e por Raçadio, media legua, e por Sarceda, una legua, e por Santitix, una legua, e por Aldea de Tadanca, media legua, e por la Puente el Pumar, 2 leguas, e por Lombraña, media legua, e por Trasagüela, media legua, e por Cama Sobres, 3 leguas, e por Cervera, 3 leguas, e por Dehesa, una legua, e por la Puebla, 3 leguas, e por Buena Vista, una legua, e por Membrillar, 2 leguas, e por Saldaña, una legua, e por Villa Rodrigo, una legua, e por Villambroz, una legua, e por Terradillas, 2 leguas, e por Villerma, una legua, e por Villahatima, media legua, e por la Villa de Villada, una legua, e por Boadilla de Ruiseco e por Villalón, 2 leguas, e por Cuenca, una legua. ODIAS 2 leguas, van por Cara, media legua, e por Texo, media legua. RELEBA una legua, van por Cantaxerra, media legua llana. LA RUBIA una legua grande llana por riberas de la mar, que queda siempre la mar a la mano dizquierda, antes que lleguemos al lugar con 2 tiros de vallesta pasamos a un río que corre a la mano dizquierda. EL TEXO una legua, van por Cara, media legua. TREZEÑO 2 leguas, van por la Pedrosa, media legua llana, e por Gamadriz, media legua, e por Cabiedes, media legua.

Sancho Izquierdo lugar [§ 1984–1985] tiene 50 vezinos; es aldea de Ávila; está en llano algo en alto:

---

558 San Vicente, cf. *Toledo*.

BRABOS media legua llana. CASTILBLANCO media legua llana. HIRITIS una legua muy grande llana salvo que a trechos ay algunos vallejuelos, en llegando a Hirites pasamos al dicho río Çapardiel que tiene derrumbaderos de 30 pasos cada uno, a la mano derecha queda Castilblanco e Muñogrande a media legua del camino. HORCAXUELO media legua llana. MUÑOGRANDE media legua llana.

Sancroy[559] lugar [§ 372] tiene 350 vezinos; es del rey; está al pie de la sierra dicha de Suido, está ribera de Avia; es cabeça de obispado, tierra de Sancroyo es tierra de mucha fruta y tienen manera como duren las uvas de un año a otro cortando los racimos con su sarmiento y tornándolos a plantar:

AZEDERA 2 leguas, pásase Avia junto a Sancroy por puente. LA GIESTA 6 leguas de sierra dicha el Suido.

Sande aldea [§ 377] tiene 50 vezinos; está en llano; tierra de mucha miel:

GRIJO media legua buena, pásase el Arnoya más cerca de Grijo. LOS PUMARES una legua grande llana, pásase Valdariz a medio camino. SANTA BAYA DE FIOZ una legua, pásase la Treada a un millo de Santabaya de Fioz. SEIXADA media legua llana, pásase el dicho río Valdariz a medio millo de Seixada. VALDARIZ media legua llana, pásase un río dicho Valdariz pequeño junto con Valdariz.

Sanguines lugar [§ 5057–5058] tiene 30 vezinos; es de señorío; está en un valle, entre montes:

SANCTA MARÍA DEL CAMINO tres 4º de legua, que ay legua e media de Castilla, la media legua primera es llano e el 4º postrero un valle e puerto abaxo e de montes de robledales, los dos 4º primeros e el postrero de pinares.

Sanlúcar de Barrameda[560] villa [§ 3324–3326] tiene 1300 vezinos; es del duque de Medina Cidonia; tiene buena fortaleza; está en ladera la mayor parte de la villa e por la parte de la mar está en llano; es puerto de mar:

CHICLANA 6 leguas, van por el Puerto de Sancta María, 3 leguas. CHIPIONA una legua grande riberas de la mar, que queda siempre la mar a la mano derecha. LIBRIXA 5 leguas de marisma. PUERTO REAL 4 leguas, van por el Puerto de Santa María, 3 leguas. EL PUERTO DE SANCTA MARÍA 3 leguas llana de tierras de pan e viñas. ROTA 3 leguas llanas, a media legua a la mano derecha queda Chipiona. TRIBUXENA 3 leguas llana de marisma e tierras

559 Sancroyo, cf. *Azedera* aldea, *Ribadavia*.
560 Sanlúcar de Barremeda, cf. *Medina Sidonia*.

de pan. XEREZ DE LA FRONTERA 3 leguas llanas de pan e viñas, a una legua e media primera están 2 torres que se dizen los Alixares[561] en tiempo de moros.

Sanlúcar la Mayor[562] lugar [§ 2695–2700, 3332, 3341, 3354–3358] tiene 700 / 1500 vezinos; es aldea de Sevilla; tiene fortaleza con una gran cerca, que tiene dentro de la cerca 200 vezinos; está en llano e en hondo, a media legua pasa un río dicho Guadiamar, es en el Axarafe de Sevilla; está entre olivares, se dezía Sanlúcar de Alpechín:

AZARCOLLA 3 leguas de tierra doblada e la media legua es de olivares, a media legua pasamos a Guadiamar por vado, que corre a la mano dizquierda. AZNALCÁÇAR 2 leguas, van por Castilleja de Talhara, una legua e media llana salvo algunas traspuestas, todo de olivares. BENACAÇÓN una legua pequeña de tierra dobladilla e de olivares. BOYANA legua e media llana e de olivares. CASTILLEJA DEL CAMPO 2 leguas muy grandes llanas salvo algunos cerros que ay por todas partes, por el camino algunas traviesas de cerros, en saliendo de Sanlúcar abaxamos una cuesta que tenrá media legua pequeña todo de olivares, allí pasamos al dicho río Guadiamar por vado, que corre a la mano dizquierda, más adelante, media legua, pasamos a otro río dicho Hardanchón por vado, que corre a la dicha mano, se juntan a media legua grande adelante, los 2 tiros de vallesta postreros son de olivares. CASTILLEJA DE TALHARA legua e media grande llana salvo algunos vallejuelos, todo de olivares. CORIA DE SEVILLA 3 leguas, van por Rexuxena de los Monteros, una legua, e por Bollullos de la Mitación, un 4º de media legua, e por Regaça, un 4º de legua. MURES 3 leguas, van por Castilleja, legua e media, e por Asnalcáçar, media legua, e por Chillas, una legua. ESPARTINAS 2 leguas llanas, todo de olivares, a la mano dizquierda queda Valverde a 2 tiros de vallesta, es casería. GERENA (XERENA) 3 leguas de tierra doblada por algunas partes e por otros llano, todo de olivares. GÜÉVAR una legua muy grande, la mitad primera es todo cuesta abaxo e de olivares e lo otro es llano, a medio camino pasamos al dicho río Guadiamar por vado, que corre a la mano dizquierda. GUILLENA 4 leguas, van por Gerena, 3 leguas. OLIVARES una legua llana, todo de olivares salvo que a medio camino está en un valle hondo. LA PAL(A)MA 6 leguas, van por Castilleja del Campo, 2 leguas, e por Mançanilla, una legua, e por Villalva, una legua. PILAS 3 leguas, van por Castilleja de Talhara, una legua e media, e por Asnalcáçar. LA PUEBLA 3 leguas, van por Armencilla, legua e media. RIANÇUELA 2 leguas e media, van por Boyana, legua e media, e por Benacaçón, media legua. SEVILLA 4 leguas, van por Espartines, 3 leguas pequeñas, e por Castilleja de la Cuesta, legua e media. TEXADA 3 leguas de cerros e valles llanos e de campiñas salvo la primera media legua, que es cuesta abaxo e de olivares, a media legua pasamos a Guadiamar por vado, a una a Hardachón por vado, que corren a la mano dizquierda. UMBRETE una legua grande de tierra de algunas subidas e abaxadas de olivares e de montes baxos. VILLANUEVA DEL ARÇOBISPO una legua llana e de olivares.

561 Los *Alixares* es lugar menor que también se nombra en *Xerez de la Frontera*.
562 Sanlúcar de Alpechín, cf. *Mançanilla, La Palma, Riançuela, Sevilla*. Solúcar de Alpechín, cf. *Sevilla*.

Santa' Baya de Fioz[563] [§ 406–408] tiene 50 vezinos; está en alto, está un 4º de legua de este lugar el río de Arnoya; tiene unas campanas que suenan buenas 4 leguas:

LA CORREDUERA un 4º de legua llano, pásase Arnoya río por la Ponte Paidiz, que es hecha de un arco solo y muy alta y un pozo fondo, que nunca le han hallado cabo. COVELAS media legua por la Ponte Paidiz, pasando el vado de los molinos avrá un 4º de legua. ESPINOSA media legua llana. FREXO una legua pequeña llana, pásase Arnoya por la Ponte Frexo. LA GANDARELA una legua pequeña, pásase el río de Arnoya por la dicha Ponte Frexo. EL MONESTERIO DE RAMIRANS una legua pequeña y fragosa, pásase la Ponte Paidiz junto de Santavaya, junto de Monesterio se pasa un río que se llama el Tuño obra de 2 tiros de vallesta. SANT SALVADOR DE ERAS media legua buena llana, pásase la Ponte Paidiz. SANTIAGO DE MORTERA media legua llana, pásase el Arnoya por la Ponte Frexo.

Santa Cruz lugar [§ 504] tiene 20 vezinos; está en un llano riberas de Duratón, pásase el Duratón cerca del dicho lugar obra de un tiro de piedra; lugar de muchas huertas y fruta:

EL CORRAL media legua llana, pásase Duratón por el vado junto con el Corral un tiro de piedra. CUEVA ATORES media legua Duratón arriba.

Santa Cruz de los Cáñamos[564] lugar [§ 1139] tiene 150 vezinos; está en llano:

ALVALADEJO DE LOS FREILES una legua llana.

Santa Cruz de Hontidueña aldea [§ 1022] tiene 10 vezinos; es de don Álvaro de Luna; está en ladera:

CASTRO DE HONTIDUEÑA una legua llana. FUENTESOTO una legua, el postrero tiro de vallesta es cuesta abaxo. HONTIDUEÑA media legua cuesta abaxo. SANT MIGUEL DE BERMUY una legua.

Santa Cruz de Moya[565] aldea [§ 6315–6318] tiene 80 vezinos; es del obispado de Segorve, es aldea de Moya; está en unas laderas de un cerro, cabe este lugar nace de una laguna para 2 muelas de molino:

ALPUENTE 4 leguas, van por Arcos. ARCOS 2 leguas de tierra doblada e por entre grandes sierras e valles muy hondos e montes baxos e altos riberas arriba del río de Arcos, que lo

---

563 Santa Baya, cf. *Valdariz*. Santavaya, cf. *Puga*. Santavaya de Enfioz, cf. *Seixada*. Santa María del Fioz, cf. *Cubelas*.
564 Sancta Cruz de los Cáñamos, cf. *La Puebla de Montiel*.
565 Santacruz, cf. *Moya*.

pasan muchas vezes, en saliendo de Santacruz pasan a Guadalviar por puente, que corre a la mano derecha. ERAS 2 leguas de cerros e valles e montes de enzinares e pinares, en saliendo de Santacruz baxan una cuesta que tenrá 3 tiros de vallesta, suben luego otra que tenrá media legua de subida, a 2 tiros de vallesta pasan el dicho río de Guadalaviar, que es el que va por Valencia, por puente, que corre a la mano derecha, a un 4º de legua más delante pasan el dicho río de Arcos por vado, que corre a la mano derecha, júntanse luego. MOYA 2 leguas de tierra doblada e montes baxos e altos de pinares e carrascales. SANTO DOMINGO 2 leguas de tierra doblada e de montes de pinares e enzinares.

Santa Cruz de Mudela[566] lugar [§ 3124–3130] tiene 200 vezinos; es del maestradgo de Calatrava; está en llano, es en el Campo de Calatrava:

ALHAMBRA 7 leguas llanas e por entre cerros, a una legua pasamos a Xavalón, que corre a la mano dizquierda. ALMAGRO 5 leguas muy llanas e todo de vegas llanas entre cerros unas llanadas grandes, salvo que a media legua de Almagro travesamos una cuesta baxa, que tenrá media legua, por todas partes de sierra una hila de cerros, a la mano derecha el Moral a una legua pequeña del camino, a la mano dizquierda queda un lugar despoblado que se llama Añavete a medio tiro de vallesta del camino, a 5 leguas pasamos a Xavalón río, que corre a la mano dizquierda. ALMODÓVAR DEL CAMPO 9 leguas, van por la Calçada, 6 leguas. LA BEMBRILLA 6 leguas, van por Valdepeñas. LA CALÇADA 6 leguas de cerros e valles llanos e montes baxos. CIBDAD REAL 8 leguas, van por Almagro, 5 leguas. MANÇANARES 6 leguas, van por Valdepeñas. MONTIEL 9 leguas, van por Torre Nueva, una legua, e por Cóçar, 4 leguas. EL MORAL 3 leguas llanas e por entre cerros, a la legua pasamos al dicho río Xavalón, a la mano derecha queda Valdepeñas a 2 leguas del camino. SOLANA 7 leguas llanas por entre cerros, a la mano derecha queda Mançanares a media legua grande del camino. VALDEPEÑAS 2 leguas llanas por entre cerros, a una legua pasamos al dicho río Xavalón por vado, que corre a la mano dizquierda. EL VISO 2 leguas grandes llanas, salvo 2 cerros grandes, que el uno se atraviesa a media legua del lugar e el otro a otra media legua del Viso, que tenrá un 4º de legua grande de atravieso cada uno.

Santa Fee[567] cibdad [§ 6523–6530] tiene 200 vezinos; está en llano, bien cercada de tierra con caba[568] a la redonda, está en la Vega de Granada, a un 4º de legua pasa Genil; esta cibdad hizo el rey don Hernando en 4 meses para ganar a Granada por lo cual se ganó:

ALBOLETE una legua e media, van por el Atarafe. ALHENDÍN 2 leguas, van por Gavia la Grande. EL ATARAFEE una legua pequeña llana e de vega e de labrança e huertas, a un 4º de legua primero pasan a Genil, que corre a la mano dizquierda. AZNALLOZ 5 leguas, van por el Atarafee, queda Albolote a la mano derecha a 3 tiros de vallesta. GAVIA LA CHICA

566 Santacruz, cf. *Vilches*.
567 Sancta Fee, cf. *Gavia la Grande, La Malahá, Pinos*.
568 «Vale lugar hondo, donde se suelen congregar las aguas que concurren de los collados vezinos» (Covarrubias *s.v.*).

una legua llana e de vega. GAVIA LA GRANDE una legua llana e de vega e de huertas e tierra de labrança. GRANADA 3 leguas llanas e de vega e de labrança, a medio camino se pasa Xenil río por vado, que corre a la mano dizquierda, todo este camino es como ladera arriba por las vertientes[569] de las aguas vienen de Granada. ÍLLORA 3 leguas, las 2 leguas e media llanas e de vega e lo otro cuesta arriba, por la mano derecha queda la Puente de Pinos a media legua, a un 4º de legua primera pasan a Genil por vado, que corre a la mano dizquierda. LOXA 6 leguas grandes, la primera legua e las 2 postreras son riberas abaxo de Xenil río, que queda a la mano derecha, lo otro es de tierra muy doblada e de retamales e atochares, desvíase el río estas leguas e media hasta un 4º de legua, lo más del río va siempre por hondo e toda la ribera de arboledas, por la mano derecha queda Güétor a un 4º de legua del camino, a 4 leguas primeras pasan a un río dicho Cacín por vado, que corre a la mano derecha, júntase con Xenil a un 4º de legua, a las 5 leguas e tres 4º tornan a pasar a otro río dicho Mançanil por vado, que corre a la mano derecha, júntase con Xenil a un millo. LA MALAHÁ una legua e media, la media legua llana e de vega e lo otro de una rambla arriba. MARACENA una legua llana e de vega e de labranças, a un 4º de legua primero pasan a Xenil por vado, que corre a la mano dizquierda. MOCLÍN 3 leguas, van por la Puente de Pinos. EL PADUL 4 leguas, van por Gavia la Grande e por Alfendín. LA PUENTE DE PINOS una legua llana e de vegas e huertas, a un 4º de legua primera pasan al dicho río Xenil por vado, que corre a la mano dizquierda. TAXARA 4 leguas llanas riberas abaxo del dicho río Genil, que queda a la mano derecha, junto con Taxara pasan al dicho río Cacín por vado, que corre a la mano derecha, júntase con Xenil. VELECENA media legua llano e de huertas e tierras de labrança.

Santa María del Arroyo[570] lugar [§ 3877–3879, 4148] tiene 15 / 20 vezinos; es de Gil de Ávila, es aldea de Ávila; está en la vega de Adaja dicho el Campo de Valle Ablés, está orilla una serrezuela:

MUÑANA una grande legua llana por el Campo de Valle Ablés, que queda siempre el campo e vega a la mano dizquierda, la serrezuela a la mano derecha queda Matutejo e Guareña e Múñez, Matutejo a 2 tiros de vallesta e Guareña a 4 e Múñez a un 4º de legua, a la mano dizquierda Torres a 2 tiros de vallesta del camino. MUÑO GALINDO un 4º de legua pequeño llano.

Santa María del Camino[571] lugar [§ 5059] tiene 4 vezinos; es de Nuestra Señora de Monserrate; son que tratan de comer como venteros:

JORBA una legua de sierras e valles abaxo e por entre pinares.

---

569 'Agua que corre superficialmente por una ladera'. Testimonio temprano de este valor de la voz en español (Rodríguez 2002, 79).

570 Santa María el Arroyo, cf. *El Guixo, Muñana, Muño Galindo, Pascual Muñoz, La Torre de don Pedro de Ávila, Vadillo.*

571 Sancta María el Camino, cf. *Sanguines.*

Santa María de los Cavalleros[572] [§ 4063–4067, 4071] tiene 80 vezinos; es del duque de Alva; está en valle entre 2 sierras; está dividido en 7 partes e la cabeça es esta, que es de 4 vezinos, que los otros llaman Navarregadilla, 2 tiros de vallesta, los Cuartos, 6 tiros de vallesta de tierra como cuesta arriba, las Casas de la Sierra, media legua, van por los Cuartos, 6 tiros, Terraque, media legua llano, el Collado, 4 tiros de vallesta de cuesta arriba e de berrocales, Carrascalejo, media legua de camino llano e labranças, e el Enzina, media legua llana:

EL ALDEYUELA una legua, van por el Enzina, media legua. EL ALISEDA legua e media, van por Aldeanueva, media legua, e por las Lastras del Cano, media legua. EL AVELLANEDA una legua, van por Nava Regadilla, 2 tiros de vallesta, e por Aldeanueva, 3 tiros de vallesta. EL BARCO una legua grande llana un valle abaxo e por todas partes sierras, a la mano derecha queda San Lorenço de Valvellido a medio tiro de vallesta. EL ENZINA un 4º de legua pequeña llano un valle arriba e por entre sierras. EL HITO media legua, van por Carrascalejo, media legua pequeña. EL LOSAR una legua, van por Hontanares, media legua, e por Vallejo Hondo, un 4º de legua. PIEDRAHÍTA 3 leguas, van por el Enzina, media legua, e por el Aldeyuela, media legua, e por Santiago, una legua. LA SOLANA una legua, van por el Enzina, media legua, e por el Aldeyuela, un 4º de legua, e por el Mironcillo 3 tiros de vallesta.

Santa María de la Franquera [§ 463] tiene 12 vezinos; es de don Pedro Sotomayor; está en un alto; es señora que haze muchos miraglos:

CRESPOS media legua de cuesta abaxo. LAS HACHAS una legua buena cuesta abaxo. SANT MARTÍN una legua toda cuesta abaxo. SIABRA una legua cuesta abaxo.

Santa María de Nieva[573] villa [§ 355–359] tiene 500 vezinos:

ARAGONESES una legua. ARÉVALO 5 leguas, vase a Cordovín y a mano derecha queda Aldea Nueva y el Estopar y Rapariego y San Cristóbal de la Vega y Moraleja de Santa Cruz y Palaçuelos y todos a media legua poco más o menos, a mano izquierda quedan el Aldeuela del Codonar y Montuenga. EL ARMUÑA una legua. ÁVILA 9 leguas, vase a Ochando y a Hoyuelos y a Moninvas y a Sanchidrián y a Santo Domingo y a Mingorría. BERNALDOS una mayor legua [que la de Migal Háñez]. CUÉLLAR 7 leguas, vase por Bernaldos. EL ESPINAR 7 leguas, vase por Aragoneses y a Villafría y a Maraçoleja y a Lumbreras y a San Pedro de las Dueñas y a Çarçuela. HORTIGOSA un millo. HOYUELOS una legua. MEDINA DEL CAMPO 9 leguas, vase a Santiuste y a la Fuente de Coca y a la Çarça y a Moraleja de las Panaderas. MELQUE una legua. MIGAL HÁÑEZ una legua. MIGUEL IBÁÑEZ una gran media legua. MINGO GARCÍA una legua. NIEVA medio millo pequeño. OCHANDO media legua. OLMEDO 6 leguas, vase por Santiuste, vase también por otro camino algo más largo de invierno a Coca y Villaguillo y al Llano de Olmedo y este es a la mano derecha porque el otro queda a

572 Caballeruelos (Cavalleruelos), cf. *El Barco de Ávila, Villanueva del Campillo, Villatoro.*
573 Sancta María de Nieva, cf. *Nava de Coca.*

mano izquierda. PARADINAS una legua. PASCUALES una media legua. PINILLA media gran legua. PINILLOS una legua. SEGOVIA 5 leguas, vase por Tabladilla y queda a la mano derecha, queda Anaya a media legua y Garcillán medio millo y Martimiguel una legua del camino y Xuharros de Río Moros casi 2 leguas, haza la mano izquierda queda Hañe. TABLADILLA una legua. VALISA una legua. VALLADOLIT 12 leguas, vase a la Nava de Coca y a Coca y a Mojados y Alcardiel y a Boezillo. VILLACASTÍN 5 leguas, vase a Valisa y a San Miguel de Párraces y a Velagomez y a Párraces. VILLAFRÍA legua y media.

Santa María de la Vid[574] lugar [§ 910–911] tiene 15 vezinos; está riberas de Duero; está en él un muy buen monesterio [...]:

BOCIGAS 2 leguas, van por Langa. CASTILLEJO una legua doblada de tierra. FREXNO 2 leguas riberas de Duero. LANGA una legua riberas de Duero, pásase Duero por la puente de Langa e de Oradero. PEÑARANDA una legua, pásase Duero en saliendo de la Vid por vado, que corre a la mano dizquierda. SANTA CRUZ 2 leguas dobladas de montes e muchos valles. VALDANÇO 2 leguas, van por Horedro. VALDECUENDES una legua Duero abaxo.

Santa Marina lugar [§ 383] tiene 60 vezinos; es del conde de Venavente; ay aquí un monesterio de monjas en que está el cuerpo de Santa Marina, dizen que ay aquí una viña del dicho monesterio que era del padre de Santa Marina, la cual da mucho fruto y las que de ella para el dicho monesterio plantan y si otro pone viña, no da fruto, así que a 2 leguas dize no aver otras viñas:

CALDELAS media legua. PAR DE RUVIOS una legua llana. SAN CIBRÁN media legua muy grande. SAN MARCO media legua.

Santa Marta [§ 1065] tiene 15 vezinos; es de Sepúlveda; está en llano:

ARAGÜETES media legua llana. PERO RUVIO media legua llana.

San‹c›ta Marta lugar [§ 2046–2047] tiene 30 vezinos; es de Salamanca; está orilla de un río dicho Tormes:

CALVARRASA DE ABAXO una legua grande llana, a la mano derecha queda Cargavete a 2 tiros de vallesta del camino, a la mano dizquierda queda Naharros del Río a 3 tiros de vallesta del camino. CALVARRASA DE ENCIMA una legua grande, van por Pela Vrabo. CARGAVETE media legua llana. NAHARROS DEL RÍO media legua grande llana.

Sant' Olalla villa [§ 2267–2269] tiene 1500 vezinos; es de don Álvaro Pérez; tiene fortaleza; está en llano:

---

574 La Vid, cf. *El Burgo de Osma, El Frexno de Gormaz, Morales, Las Quintanas Rubias, Santistevan de Gormaz, Torremocha.*

DOMINGO PÉREZ una legua grande de tierra doblada de pan llevar. ESCALONA 3 leguas, van por Hormigos, 3 leguas. FUENSALIDA 3 leguas de tierra doblada e de montes baxos e por algunas partes altos. LANCHETE 6 leguas, van por Techada, 5 leguas, e por Valverde. MAQUEDA 2 leguas de tierra doblada de viñas e de tierras de pan llevar. TALAVERA DE LA REINA 6 leguas, van por Domingo Pérez, una legua. TECHADA 5 leguas e media, van por Domingo Pérez, una legua. TORRIJOS 2 leguas. VALVERDE 6 leguas, van por Techada, 5 leguas.

Sant' Olalla lugar [§ 4438–4440] tiene 500 vezinos; es aldea de Sevilla; tiene buena fortaleza en alto; está al pie de una sierra, está en Sierra Morena:

EL ALMADÉN 2 leguas de valles e sierras e de tierras de viñas e montes de xarales e de muchos arroyos en invierno. ARROYOMOLINOS 4 leguas, van por Cala, 2 leguas. EL BODONAL 7 leguas, van por Cala e por Arroyomolinos e por Segura e por el Frexenal. CALA 2 leguas de valles e por entre sierras e xarales e algunas viñas. FUENTE DE CANTOS 7 leguas, van por Realejo, 3 leguas. REAL 2 leguas de sierras e valles e de xarales e valles llanos e algunas viñas e de linares. SEGURA DE LA SIERRA 6 leguas, van por Cala e por Arroyomolinos. SEVILLA 12 leguas, van por el Almadén e por Alcalá del Río e por la Renconada. ZUFRE una legua de valles por entre sierras e de algunas viñas e xarales.

Santander villa [§ 5671–5673] tiene 3000 vezinos; está en una ladera, por baxo combate la mar con los muros; es buen puerto de mar:

CUETO una legua de tierra de cerros e valles, todo de viñas e algunos montes de enzinares e robledales, a media legua primera pasan un río por puente, que corre a la mano derecha. ENTRAMBASAGUAS 3 leguas, van por la Puente de Agüero e por Orejo. ERAS una legua e media, van por Guixano. GUIXANO una legua llana riberas de la mar a la mano derecha, en medio el camino pasan un braço de mar por barca que tenrá media legua de traviesso. MOVAZO 2 leguas riberas de la mar, queda la mar siempre por la mano dizquierda, por la mano derecha todo sierras e montes de enzinares. LA PUENTE DE AGÜERO 2 leguas, van por Orejo, 2 leguas de cerros e sierras e montes baxos, a legua e media primera pasan a un braço de mar dicho Madul por vado, que corre a la mano derecha. REHOZ 2 leguas, van por Heras.

Santervás aldea [§ 352] tiene 200 vezinos; es parte del conde de Benavente; está ribera de Valdaradué:

MELGAR DE ARRIBA una legua llana. MELGAREJO media legua. MONESTERIO DE VEGA una legua. VEGA DE RÍO PONCE media legua. VILLELA media legua pequeña, pásase Valderadué junto a Santervás.

Santiago del Collado[575] lugar [§ 4079–4082, 4087] tiene 7 vezinos; es aldea de Piedrahíta; está cabeça, está en un hondo valle en alto e entre sierras; con las colaciones e arrabales que vienen a misa es lugar de 200 vezinos:

EL ALDEYUELA una legua unos valles abaxo e arroyo e por entre sierras, por la mano dizquierda queda la sierra prencipal. BONILLA 2 leguas, van por Piedrahíta, media legua grande. ÇAPARDIEL 2 leguas de sierras e valles arriba. LAS GARGANTILLAS media legua de cerros arriba. NAVA EL MAÍLLO 2 tiros de vallesta de cerros arriba. NAVA MUÑANA media legua de cerros e valles e berrocales. PIEDRAHÍTA media legua grande un valle e arroyo abaxo por entre sierras, por la mano derecha queda siempre una sierra prencipal. SAN BARTOLOMÉ una legua e media, van por Lana, media legua de valles e sierrezuela arriba. VALDEABAXO 3 tiros de vallesta una ladera de la sierra. VALDELAGUNA DE AYUSO 2 tiros de vallesta de sierra.

Santiago de Galizia cibdad [§ 369] tiene 4000 vezinos; tiene fortaleza; es cibdad llana y está en alto; tierra fría y áspera, está allí el cuerpo de Santiago:

LA CORUÑA 10 leguas pequeñas. LUGO 10 leguas grandes. EL PADRÓN 5 leguas chicas.

Santiago de Mortera aldea [§ 425] tiene 80 vezinos; está en llano:

ÇALANUEVA media legua llana. COVELAS un 4º de legua llana. LA GANDARELA medio millo. VILLANUEVA DE LOS INFANTES media legua llana.

Santiago de la Puebla lugar [§ 2082–2090] tiene 600 vezinos; es de don Diego de Rojas; está en llano riberas de un río dicho Mazgallán, que tiene buena ribera de álamos orilla del río:

ALARAZ una legua llana. ALVA DE TORMES 4 leguas, van por Valeros, una legua, e por Turra, media legua. BÓBEDA una legua de tierra llana salvo algunos vallejos, en saliendo de Santiago pasamos al dicho río Mazgallán, que corre a la mano dizquierda, en llegando a Bóbeda pasamos al río dicho río Almar por vado, que corre a la mano dizquierda. CABEÇAS 2 leguas, de tierra muy doblada la legua e media postrera. ÇURRAQUÍN legua e media de tierra doblada e de monte lo más del camino, en saliendo de Santiago pasamos a Mazgallán, que corre a la mano dizquierda, van por Malpartida. GAJATES una legua llana. HONTIVEROS 5 leguas, van por San Moral, una legua, e por Mancera de Abaxo, media legua, e por Salvadiós, una legua. MACOTERA media legua llana salvo algunos vallejuelos, pasamos al dicho Mazgallán que corre a la mano dizquierda. MADRIGAL 7 leguas, van por Bóbeda e por Cantarazillo e por Rágama e por Rasueros, una legua, e por Astudillo, una legua, e por el Villarejo, media legua. MALPARTIDA una legua del camino de Çurraquín. MEDINA DEL CAMPO 11 leguas, van por Bóbeda, una legua, e por Cantarazillo, una legua, e por Rágama,

---

575 Santiago, cf. *Santa María de los Cavalleros*. Santiago de Piedrahíta, cf. *Piedrahíta (de la Sierra)*.

2 leguas, e por Horcaxo, 2 leguas, e por la Puebla, legua e media, e por Bobadilla, legua e media, a la mano derecha queda Madrigal a una legua del camino. PEÑARANDA 2 leguas, van por Bóbeda. SAMIGUEL 2 leguas de tierra doblada de montes e sierras la legua e media postrera. SAN MORAL una legua pequeña llana, en saliendo de Santiago pasamos al dicho río por vado, que corre a la mano dizquierda. TORDILLO una legua grande llana. VALEROS legua e media de tierra algo doblada la legua postrera, a medio camino dexamos un monte de enzinas a la mano derecha.

Santiago el Quebrado (Santiago de la Torre) lugar [§ 1208–1209, 4618–4622] tiene 20 / 30 vezinos, solía ser lugar de 200 vezinos; es de don Bernaldino del Castillo; tiene buena fortaleza; está en llano salvo por la parte de hazia Belmonte e Socuéllamos, pasa a 3 tiros de vallesta un río dicho Záncara que se seca cada verano:

EL ALBERCA 2 leguas llanas salvo algunos cerros por todas partes e de montes de enzinares la legua postrera, que queda siempre por la mano derecha, en saliendo de Santiago pasan otro montezillo que tenrá un 4º de legua. BELMONTE 3 leguas de tierra de cerros e de montes baxos, a las 2 leguas e media es de pinares, en saliendo de Santiago pasan a Záncara, corre a la mano dizquierda. LAS MESAS 2 leguas muy grandes llanas e de atochares e de montes de enzinares la legua postrera. MINAYA 5 leguas, van por el Provencio. EL PEDERNOSO 2 leguas, van por las Pedroñeras, una legua. LAS PEDROÑERAS una legua llana, pásase Záncara a un tiro de ballesta de Santiago. EL PROVENCIO una legua llana, pásase Záncara a 2 tiros de ballesta y después vase Záncara abaxo y este río Záncara y Rus, que es el que pasa por San Clemente, son ríos que se consumen sin que [...] en otros ríos. EL ROBLEDILLO DE ZÁNCARA una legua de tierra doblada e de tierras de labrança, en saliendo pasan al dicho Záncara, corre a la mano dizquierda, todo es de atochares e chaparrales. SAN CLEMENTE 2 leguas llanas e de tierras de labrança, la primera legua es de vega e aguachares[576] salvo un collado, que ay un collado a un 4º de legua primera. SOCUÉLLAMOS 3 leguas grandes mucho de tierra llana e por entre algunos cerros e atochares, la media legua es de vega, a 4 tiros de vallesta de Santiago pasan a Záncara por vado, corre a la mano dizquierda, a media legua de Socuéllamos lo tornan a pasar, corre a la mano derecha. VALA DE REY 4 leguas, van por San Clemente, 2 leguas. VILLARROBLEDO 3 leguas, van por el Provencio.

Santiso lugar [§ 5174–5177] tiene 300 vezinos; es del marqués de Astorga; tiene casa fuerte; está en llano, junto con el lugar pasa un río dicho Salmones; este lugar es cabeça de todo el valle de Santiso, alrededor de este lugar por este valle a 2 leguas e media e a 3 ay muchas casas escarramadas:

ABRES una legua e media riberas abaxo del dicho río, que queda a la mano derecha, en saliendo del lugar pasan al río por vado, que corre a la mano derecha, en llegando Abres lo tornan a pasar por varca, corre a la mano dizquierda. ALORO 2 leguas e media, van por Salcido e por Travadela. BALBOA 5 leguas, van por Salcido e por Loro. COGELA 5 leguas,

576 ¿'Lugar de charcos'?

van por Salcido e por Travadela. SALCEDO media legua de cuesta arriba e de castañares e nogales, en saliendo pasan al dicho río por vado, que corre a la mano derecha. SANTE 2 leguas e media, van por Salcedo e por Travadela. TRAVADELA 2 leguas, van por Salcedo.

Santistevan aldea [§ 1085] tiene 300 vezinos; es del Colmenar y del duque de Alburquerque:

EL COLMENAR una legua pequeña. EL VILLAREJO un 4º de legua.

Santistevan de Gormaz[577] villa [§ 784–785, 894–899, 5159–5160] tiene 200 / 450 vezinos; es del marqués de Villena; tiene buena fortaleza en alto; está en llano riberas de Duero que pasa junto con ella, el castillo está sobre una peña que la sojuzga, por la parte de baxo pasa Duero; es cabeça de condado:

ALCOÇAR 2 leguas, van por Rexas. ARANDA 7 leguas, van por Soto e por Castril e por Vililla e por Langa e por Horadero e por la Vid e por Suzones e por Valdecuendes e por Frexnillo. AYLLÓN 4 leguas, van por Aldea e por Peñalva e por Piquera e por Santuy e por Villa Cabrera e por Vallunquera, queda a la mano derecha Fuente Cabrón e Cenebro a una legua del camino en alto cada lugar, ansimismo queda a la mano derecha Valdanço e Valdançuelo e Miño a media legua del camino. BACERVALEJO 3 leguas, van por Quintanilla e por Torderón e por la Horcajada. BERLANGA 6 leguas, van por Pedraja e por Quintanas e por Hortezuela. BOCEGAS 3 leguas, van por Rexas e por Alcoçar. EL BURGO DE OSMA 2 leguas, van por Osma, una legua e tres 4º de tierra de valles e de cerros baxos e de labrança. FUENCALLENTE 3 leguas, van por Matança e por Villavares, queda Verçosa a la mano derecha del camino [...] legua en un llano. FUENTE EL MEXI [...] leguas, van por Matança e por Villálvaro. GALAPAGARES e MOSAREJOS 4 leguas, que están a la par, van por Olmillos e por Hanes e por el Frexno de Caracena. GOLVÁN una legua, van por Atauta. GORMAZ 3 leguas, van por Olmillos e por Hanes e por Vildey e por Navapalos e por Mosarejos e por Galapagar e por Galapagares. PEDRÁLVEZ una legua riberas arriba de Duero, que queda el dicho río a la mano derecha. QUINTANILLA media legua llana salvo que de que queremos subir a Quintanilla subimos una cuesta que tenrá un tiro de vallesta. REXAS una legua llana, en saliendo de Santistevan se pasa Duero por puente, que corre a la mano derecha. RIBALDO legua e media, van por Matança. SANTERVÁS 2 leguas, van por Matança e por Villálvaro. (EL) SOTO una legua llana, en saliendo de Santistevan pasamos a Duero por puente, que corre a la mano derecha, damos a un lugar dicho Aldea a la mano dizquierda a media legua del camino, ansí mismo dexamos a Rexas a la mano derecha de la otra parte de Duero a media legua grande del camino. TORDERÓN 2 leguas, van por Quintanilla. VACERVÁN 3 leguas e media, van por Quintanilla e por Sotos. [...] DE UZERO 3 leguas, van por Quintanilla e por Torderón e por Sotos e por Valdemaluque e por Valdeavellano.

Santistevan del Puerto (Santisteban del Puerto) lugar [§ 4496–4503, 4554] tiene 350 vezinos; está en medio de 2 cerros grandes e redondos, es puerto de la

577 Santistevan, cf. *Morales, Osma, Las Quintanas Rubias*. San Estevan, cf. *El Burgo de Osma*.

Sierra Morena, en los cuales cerros en cada uno de ellos ay 2 fortalezas muy grandes e fuertes armados sobre peñas bermejas de tierra de aguzaderas; es cabeça de condado, pártese el Andaluzía e el reino de Toledo en este lugar:

CAÇORLA 7 leguas, van por Villacarrillo. EL CASTELLAR una legua de tierra de cerros e valles e montes baxos de lantiscares. CHICLANA 3 leguas de valles e vegas e por entre sierras, a la mano derecha queda el Castellar a 2 tiros de vallesta. ELLERUELA 7 leguas, van por Villacarrillo. MONTIEL 10 leguas, van por Puebla de Montiel, una legua de tierra de valles e de montes baxos e por entre sierras. LAS NAVAS DE SANTISTEVAN 2 leguas, la primera media legua de cuestas e cerros abaxo e todo lo otro de valles llanos e por entre sierras, para subir al lugar suben a una serrezuela que tenrá 4 tiros de vallesta, todo este 4º es de viñas. LA PUEBLA DE MONTIEL 8 leguas de valles e cerros e grandes cabeços e algunas serrezuelas en mitad del camino, todo este camino es de montes baxos de lantiscares e muchos xarales, a la mano derecha queda el Castellar a media legua grande del camino, a la misma mano queda Chiclana a tres 4º de legua del camino en una ladera de una serrezuela. QUESADA 9 leguas, van por Villacarrillo, 3 leguas. SORIUELA 2 leguas, van por el Castellar. LA TORRE PEROXIL 5 leguas de sierras e valles llanos e montes de lantiscares, a 3 leguas primeras pasan a Guadalimar por vado, corre a la mano derecha. TORRENUEVA 8 leguas de sierras e valles e montes de alcornocares, las 4 leguas primeras van por el camino del Viso e apártase luego a la mano derecha. ÚBEDA 5 leguas, van por Saviote, 4 leguas de sierras e valles e montes de lantiscares, a 3 leguas primeras pasan a Guadalimar río por vado en verano e por puente, corre a la mano derecha. VEAS 5 leguas de valles e por entre sierras e montes de xarales e lantiscares, a 4 leguas primeras pasan a Guadalimar río por puente, corre a la mano derecha, a media legua adelante tornan a pasar otro río, corre a la mano derecha. VILCHES 5 leguas de valles llanos e por entre sierras, a 4 leguas primeras pasan a Guadalén por vado, corre a la mano dizquierda, a media legua adelante pasan a Guadarrizaz por vado, corre a la mano dizquierda. VILLACARRILLO 3 leguas, todo valles e sierras e montes de xarales e lantiscares, a 2 leguas primeras pasan a Guadalimar por vado en verano, corre a la mano derecha. VILLANUEVA DEL ARÇOBISPO 3 leguas, van por el Espinosa, una legua e media de valles e por entre sierras. EL VISO 9 leguas, todo de grandes sierras e montes de enzinares e alcornocares e xarales, a 2 leguas e media pasan a Guadalén por vado, corre a la mano dizquierda, a 5 leguas primeras pasan Guadarrizaz por vado, corre a la mano dizquierda.

Santiváñez aldea [§ 307] tiene 10 vezinos; es de un Covarrubias:

ARCOS media legua pequeña, pásase el río junto con Arcos. SALDAÑUELA media legua grande llana, pásase el dicho río cerca de Saldañuela.

Santiváñez del Béjar[578] lugar [§ 4017–4019] tiene 60 vezinos; está en un vallejuelo entre unos cerros e peñas; es tierra agra:

578 Santiváñez, cf. *La Puente del Congosto, El Texado.*

BÉJAR 3 leguas, van por Soriuela, una legua, e por Vallegera, una legua. LA CABEÇA una legua de cerros e valles de berrocales. LAS CASILLAS una legua de cerros e valles arriba e montes de enzinares e robledales. CESPEDOSA una legua grande de cerros e valles e montes la media legua postrera, a medio camino pasan a Tormes por vado en verano, corre a la mano dizquierda. MEDINILLA una legua de cerros e vallejuelos e de berrocales. LA NAVA una legua de cerros e valles. LA PUENTE EL CONGOSTO una legua muy grande de cerros e por entre valles, todo de montes de enzinares. SORIUELA una legua de cerros e valles grandes e montes de robledales.

Santo Domingo[579] aldea [§ 489] tiene 12 vezinos; es de Segovia:

BASARDILLA una legua llana.

Santo Domingo de la Calçada cibdad / villa [§ 277, 1246–1249] tiene 600 / 2500 vezinos; tiene buena fortaleza; está en hondo orilla de una sierra; está allí el gallo y la gallina:[580]

CASTAÑARES 2 leguas llanas. G(A)RAÑÓN una legua, tierra doblada, ay un río que se seca de verano y grande de invierno que se llama Valdezcar, está a medio millo de Santo Domingo. HARO 4 leguas llanas, vase por Castañares y por Naharrole, donde está la casa de la reina que hizo el condestable viejo, que pasa un riachuelo por cabo la casa en que ay muy buenas truchas y de la otra parte del río está un soto de conejos.[581] HERRAMELLE una legua llana, pásase un arroyo que corre a la mano izquierda. MIRANDA 6 leguas llanas salvo que va el camino por haldas de sierra, vase por Herramello e por Trepeana y por Ronçaleche y a la Morcuera, que es monesterio de fraires, pásase un río dicho Tirón por cabo Herramello y por cabo Miranda Hebro, que corre a la mano derecha. MORALES una legua, es áspera, pásase el dicho río por la puente. TREPIANA 3 leguas llanas, van por Herramello, pásase el dicho río Tirón, que corre a man derecha, pásase por puente. VAÑARES media legua buena, está en medio de esta media legua llana un monte de enzinas muy bueno, pásase un riatuelo que corre a la mano derecha. VILLALOBAR una buena legua, pásase el dicho río poco más de un tiro de vallesta de Santo Domingo.

Santo Tomás lugar [§ 5580–5582] tiene 40 vezinos; es aldea de Ponferrada; está en alto riberas de un río dicho Sil, pasa el Sil a un tiro de vallesta e no beben de él por ser muy agra el abaxada, por la otra parte pasa Bueça río a 3 tiros de vallesta del lugar; en este lugar se hazen buenas ollas, es lugar muy seco:

---

579 Santo Domingo de Pirón, cf. *Sotos Alvos*.
580 «El gallo y la gallina de santo Domingo de la Calçada, si no es indecencia inserirlos aquí, notorio milagro es, cuya memoria queda hasta oy en la casta que dellos se conserva; y la historia es tan sabida que no ay para qué estenderla siendo de milagro tan celebrado y notorio» (Covarrubias, *s.v.* gallo).
581 Cf. *Naharrole*.

BÁRCENA 2 leguas pequeñas de tierra doblada e montes baxos riberas arriba del Sil, que queda el río a la mano dizquierda, en llegando al lugar lo pasan por puente, corre a la mano dizquierda. CAMPO media legua de tierra doblada e de pan, a medio camino pasan a Bueça por vado, que corre a la mano derecha. CONGOSTO 2 leguas de tierra de cerros e montes baxos e tierras de pan. CULUMBRIANOS una legua, van por Ponferrada. MOLINASECA una legua de tierra de cerros e montes e tierras de pan e viñas, a un 4º de legua primero pasan al dicho río de Bueça por vado, que corre a la mano derecha. PONFERRADA un 4º de legua pequeño por entre 2 ríos dicho el río de Bueça, que queda a la mano derecha, e el Sil a la mano dizquierda, van siempre riberas arriba. SAMIGUEL DE LAS DUEÑAS una legua de tierra doblada mucho e de montes baxos.

Santo Tomé de Zavarcos[582] lugar [§ 1979–1982] tiene 18 vezinos; es aldea de Ávila; está en un teso, a un tiro de vallesta del lugar pasa un riatuelo dicho Arevalillo:

ÁVILA legua e media, van por Carrascalejo e por Villaflor e por Marlín, una legua. HONTIVEROS 3 leguas, van por Vinegra, una legua, e por Collado, una legua. MORAÑUELA media legua, en saliendo del lugar a un tiro de vallesta pasamos al dicho río Arevalillo, que corre a la mano dizquierda. PEÑARANDA 5 leguas, van por Sancho Izquierdo, media legua, e por Hirites, una legua, e por Naharros del Castillo, una legua, e por Salvadiós, media legua, e por Cantarazillo, legua e media. SAN JUAN DEL ENZINILLA una legua, van por Sampedro del Arroyo, media legua, e por Samiguel, un tiro de vallesta.

Santorcaz lugar / villa [§ 18, 4815–4819, 4822] tiene 250 / 400 vezinos; es del arçobispado de Toledo; tiene fortaleza encorporada con la iglesia; está de ello en alto e de ello como en hondo vallejuelo; cercada, esta fortaleza es cárcel prencipal de todo el arçobispado de todos los de corona,[583] es cámara del dicho arçobispado:

ALCALÁ DE HENARES 2 leguas de tierras de labrança e un valle abaxo, por la mano dizquierda la primera legua queda siempre un cerro de olivares e viñas e por la mano dizquierda queda Anchuelo a 2 tiros de vallesta del camino, en saliendo de Santorcaz baxan un valle abaxo que tenrá media legua de abaxada de manera que la primera legua es valle abaxo e la otra legua es de cerros e la media legua postrera es de barrancos abaxo, antes que lleguen Alcalá con 4 tiros de vallesta pasan a Henares río por puente en invierno, corre a la mano dizquierda. ANCHUELO media legua grande de tierra doblada e de viñas e tierras de labrança. CHILUECHES 2 leguas de tierra de algunos barrancos e cerros. CORPA una legua de tierra doblada e de viñas e tierras de labranças. GUADALAJARA 3 leguas de tierra de algunos barrancos e cerros, por la mano derecha queda Chilueches a media legua del camino. MONDÉJAR 3 leguas, van por Peçuela, una legua. PEÇUELA una legua muy grande

582 Santo Tomé, cf. *Villaflor*.

583 «De corona se dixo coronado el de primera tonsura» (Covarrubias *s.v.*). Cf. también *Autoridades s.v.*

de tierra muy doblada e de valles hondos e tierra de labranças. PIOZ una legua de tierra doblada e de viñas e de labranças. EL POZO DE PIOZ media legua de tierra doblada e de labranças e viñas. LOS SANTOS media legua de barrancos abaxo. TENDILLA 4 leguas, van por Pioz, una legua, e por Arançueque. TORDELAGUNA 7 leguas, van por los Santos, media legua, e por Meco, una legua e media. TORRES 2 leguas, van por Villalvilla. VILLALVILLA una legua de tierra doblada e de labranças.

Santurde lugar [§ 5189–5190] tiene 30 vezinos; es de don Fadrique de Çúñiga; está en llano metido en un valle hondo, junto con el lugar pasa un río dicho río Rojo que seca algunos veranos:

BRANTAVILLA una legua de tierra doblada e de labrança. LA CERVILLA una legua de tierra de cerros e montes de robledales. ESCANÇANA media legua de tierra doblada e de pan, en llegando a Escançana pasan a un río dicho Ibida por vado, que corre a la mano derecha. MIJANCAS media legua pequeña de tierra doblada e de labranças. MIRANDA DE EBRO 2 leguas, van por Brantavilla. PORTILLA media legua de tierra doblada e de cerros e tierras de pan. SANTA CRUZ una legua, van por Portilla. ZEMBRANA una legua de tierra doblada e de labranças.

Sariñena villa [§ 2] tiene hasta 300 vezinos; cercada:

PUEYO 6 leguas, en saliendo de Sariñena se pasa un río y para pasar a Pueyo se pasa un río por barca dicho Cinga [...]sa media milla.

Saviote villa [§ 1130] tiene 400 vezinos; es de la orden de Calatrava; tiene fortaleza; está en alto; es bien cercada:

LAS NAVAS DE LA CONDESA 2 leguas de tierra áspera, pásase Guadalhimar al medio del camino por varca en ivierno y en verano por vado. LA TORRE GARCÍA HERNÁNDEZ media legua llana. LA TORRE PEROGIL una media legua llana. LA TORRE DE SANT JOAN una legua llana.

Sax lugar [§ 6375–6382] tiene 160 vezinos; está en una ladera de una serrezuela a una solana, la sierra es de peña e en lo alto de ella está un castillo muy agrio de todas partes, está entre sierras, pasa un arroyo por junto al lugar que lleva agua para una muela e nace a medio camino de Villena; tiene buen valle de viñas e huertas de regadío, está a media legua del mojón del reino de Valencia:

ALCABDETE 4 leguas, van por Villena. ALMANSA 8 leguas, van por Villena, por la mano dizquierda queda Alcabdete a media legua del camino. BIAR 2 leguas por entre sierras e de un puerto, la una legua primera es de subida agra e la otra mitad cuesta abaxo, en saliendo pasan al dicho arroyo que corre a la mano derecha, la primera legua de este camino es de pinares e la otra coxcojares e madroñales. CAÇALLA 2 leguas llanas valles arriba e de pinares e romerales e atochares e por entre sierras, la media legua postrera es cuesta abaxo. ELCHE 5 leguas, van por Elda, una legua, e por Novelda, 2 leguas, e por Azpe, media legua.

ELDA una legua, la primera media es llana e de huerta e viñas e la postrera entre sierras e de puerto de subida e abaxada, en llegando a Elda pasan el dicho arroyo de Sax, que corre a la mano derecha. FUENTE LA HIGUERA 5 leguas, van por Villena. PETREL una legua de tierra de valles hondos arriba e por entre sierras e riberas abaxo del dicho arroyo el 4º de legua primero e luego lo pasan, que corre a la mano derecha. SALINAS una legua llana, todo de pinares de una grande e ancha llana e por entre sierras. VILLENA 2 leguas pequeñas llanas e por entre sierras, la primera legua es de pinares e estrecho valle de media legua y la otra de juncares e pradales e tierras de pan e huertas, la media legua primera imos riberas arriba del dicho arroyo, que queda a la mano dizquierda porque en saliendo pasamos al dicho arroyo, que corre a la mano derecha. XUMILLA 9 leguas, van por Yecla. YECLA 5 leguas de llanadas anchas e entre sierras, las primeras 3 leguas son de pinares donzeles de piñas e lo otro de romerales e de atochares.

Segovia cibdad [§ 486, 518–521, 758, 1076, 3742–3743] tiene 5000 / 5500 / 6000 vezinos; tiene buena fortaleza e buenas torres de casas de cavalleros e la iglesia encorporada en la fortaleza; está en un cerro a la larga, está a una legua de la sierra que está hazia mediodía, tiene grandes valles hondos alderredor, pasa un río por el un lado hazia la sierra:

ÇAMARRAMALA media legua, pásase un río cerca de Segovia. CANTIPALOS 3 leguas llanas ecebto media legua que ay hasta Çamarramala. CISNEROS una legua llana. ESPIRDO una legua grande, en saliendo de Segovia pasamos a río Milanos que corre a la mano izquierda por puente, subimos una ladera arriba de berrocal que tenrá 2 tiros e medio de vallesta, de allí adelante vamos un vallejo arriba e de que queremos llegar a Espirdos baxamos otra ladera que tenrá otros 2 tiros e medio de vallesta, queda a la mano derecha San Cristóval a 4 tiros de vallesta del camino. GALLO COCEADO media legua. GUADARRAMA 7 leguas dobladas de puertos, vase por Cuatro Ventas. HONTORIA una legua llana. LA LASTRILLA una legua, pásase el dicho río. PALAÇUELOS una legua llana. PEDRAZA 6 leguas llanas, vase a Sotos Alvos y por Collado e por Valdesampedro y por Cega, antes que lleguemos a Cega se pasa un río junto con el que corre a la mano derecha. PELLEJEROS una legua llana. REBENGA legua e media llana. RIAZA 12 leguas, vase por Sotosalvos y a Prádena y a Casla y a la mano izquierda está Pedraza y Sepúlveda y los Cerezos ambos. SANT CRISTÓVAL legua y media, pásase el dicho río por donde lo pasa para Espirdo. SANTA MARÍA DE NIEVA 5 leguas llanas, pásase en saliendo de Segovia 2 vezes el río, la una vez junto con Segovia, que corre a la mano derecha, a media legua se torna a pasar, pásase estas 2 vezes por puente, vase por la venta de Lobones e Garcillán e a Tabladillo. SOTOS ALVOS 3 leguas llanas, son despobladas, pasa a 2 leguas un río que corre a la mano derecha. TORDECAVALLEROS legua e media llana. TORREDONDO una legua de cerros e valles, a media legua de Segovia pasan a un río dicho río Milanos por puente, que corre a la mano derecha. VALVERDE legua e media llanas salvo la cuesta de Segovia ay, vase por orilla un soto, pásase junto con Segovia un río que corre a la mano derecha, a media legua se pasa otra vez, que corre a la mano derecha, pásase estas 2 vezes por puente.

Segura de la Sierra[584] lugar [§ 4443–4444] tiene 1000 vezinos; es de la encomienda de Santiago; tiene fortaleza; está en llano entre unos xarales, es en Sierra Morena:

ARROYOMOLINOS 2 leguas de sierras e valles llanos e montes de xarales e enzinares e arroyos en invierno. EL BODONAL una legua de valles llanos e por entre sierras. ELLERENA 6 leguas, van por Montemolín. EL FREXENAL 2 leguas, van por el Bodonal, una legua. FUENTE DE CANTOS 4 leguas, todo de valles llanos e por entre sierras e arroyos en invierno e xarales. MONTEMOLÍN 4 leguas de sierras e valles llanos e xarales e enzinares. VILLAGARCÍA DE LA TORRE 7 leguas, van por Montemolín e por Ellerena.

Seixada[585] aldea [§ 404] tiene 15 vezinos:

ESPINOSA una legua llana, pásase el río dicho la Treela, pásase algo más cerca de Espinosa. LA PONTEFREXO una legua grande, pásase por Espinosa, pásase el río de Arnoya junto con Pontefrexo. SANTAVAYA DE ENFIOZ una legua llana, pásase la Treela a un millo de Santavaya. SOTELO una legua buena llana. VALDARIZ media legua pequeña llana.

Seixedo Blanco[586] aldea [§ 388] tiene 10 vezinos; es de Tristán de Arojo; está en raya de Galizia para Purtugal; tierra fragosa:

LA FRAGA media legua grande de mal camino, pásase el río dicho Seixedo junto con Seixedo Branco. LOBERA una gran legua, vase el río abaxo. PARADA DE LA VENTOSA una legua, pásase Seixedo, ha se de ir por la Fraga.

Sepúlveda[587] villa [§ 484–485] tiene 500 vezinos; está entre Duratón y Caslilla, ríos que se juntan a par de la villa:

ARANDA DE DUERO 7 leguas, vase por Honruvia y a Pardilla y a Miraglos y a Fuentespina. AYLLÓN 6 leguas, vase por el Olmillo y a Barvolla y a Boceguillas y a Berzimuel y a Pajarejos. PEDRAZA 3 leguas, vase por la Nava y a Castilnovo. PEÑAFIEL 9 leguas, vase por las Aldeyuelas y al Burgo y a Carrascal y a Cobos y a Sant Miguel de Bermuy y a Sagrameña y a Rábano. RIAÇA 3 leguas, vase por Santa Cruz y al Olmo y a Castillejo. ROA 9 leguas. SANTISTEVAN DE GORMAZ 9 leguas, vase por Ayllón. SEGOVIA 9 leguas, vase por Sant Pedro de Gayllos y a Bañuelos y Arevalillo y al Guijar y al Cubo y a la Cuesta y a Santo Domingo y a Vasardilla y Espirdo y a Santa María de Veladiez.

La Sequera aldea [§ 1041] tiene 30 vezinos; es de Aça; está en una ladera:

---

584 Segura, cf. *El Frexenal de la Sierra, Monesterio, La Puebla de Sancho Pérez, Real del Valle.*
585 Seixeda, cf. *Latreela.* Seixadas, cf. *Espinosa, Nogueiró, Valdariz, Villar de Vacas.*
586 Sexo Blanco, cf. *La Fraga.*
587 Sepúlbeda, cf. *La Matilla.*

ALDEA EL HORNO una legua pequeña llana. ALDEANUEVA DE LA SERREZUELA legua y media, todo lo más de enzinar llano salvo el último 4º de legua, que es cuesta arriba. COHORCOS una legua llana. FUENTENEBRO una legua pequeña llana. MORADILLO media legua pequeña llana.

La Serna aldea [§ 475, 1029] tiene 20 vezinos; es de Sepúlveda; está ribera de Mesleón:

EL CORRAL media legua, pásase Duratón junto al Corral. DURATÓN un 4º de legua, pásase Duratón junto al Duratón. TORDILLOS una legua llana, pásase un río pequeño un tiro de vallesta de la Serna. EL VILLAREJO media legua Mesleón arriba.

La Serna aldea [§ 2059–2060] tiene 3 vezinos; es aldea de Alva; está en llano riberas del riatuelo dicho Garci Hernández río:

ALVA DE TORMES una legua llana. AMATOS media legua llana. GARCI HERNÁNDEZ media legua llana riberas arriba del dicho río Garci Hernández, que queda a la mano dizquierda.

La Serrada[588] lugar [§ 3861–3866] tiene 20 vezinos; es aldea de Ávila; está en llano al pie de una serrezuela a una solana, está en la ribera de Adaja a 4 tiros de vallesta; es un concejo este e Muñopepe:

ALDEA EL ABAD media legua grande llana. ÁVILA una legua e media, junto con Ávila pasamos al dicho río Adaja por puente, que corre a la mano dizquierda. EL CID una legua e media todo en saliendo de sierras e valles e grandes berrocales. LA COLILLA una legua pequeña llana. GRAJOS 3 leguas e media, van por Muñochas, una legua, e por Garoça, un 4º de legua, e por Barbaharda, legua e media. LOS LÁZAROS una legua, van por Salobral, media legua llana. MENGA MUÑOZ 4 leguas, van por Niharra, una legua, e por la Hija de Dios, 2 leguas. MUÑO GALINDO 2 leguas pequeñas llanas riberas arriba de Adaja, que queda a la mano dizquierda a 4 tiros de vallesta. MUÑO PEPE un 4º de legua llana. NIHARRA una legua llana de tierras de pan. PADIERNOS una legua llana, toda de arenales e panes e prados, por la mano derecha queda siempre una serrezuela de berrocales grandes, a la mano derecha queda Muñopepe a 2 tiros de vallesta del camino. PIEDRAHITILLA 2 leguas, van por el Cid, una legua e media. LA PUENTE DEL CONGOSTO 11 leguas e media, van por Muño Galindo, 2 leguas, e por Santa María el Arroyo, un 4º de legua adelante, e por Villatoro, 2 leguas e media, e por las Casas del Puerto e por Bonilla e por el Mensegar. VILLATORO 5 leguas e media, van por Muñogalindo, 2 leguas, e por Santa María el Arroyo, un 4º de legua. XEMUÑO una legua, van por el Merino, media legua llana, junto con el Merino pasamos Adaja por vado, corre a la mano dizquierda.

Serranillos [§ 1086] tiene 80 vezinos; es aldea del Colmenar:

588 La Serradilla, cf. *Muño Galindo*.

EL COLMENAR 3 leguas, vase por Santistevan.

Sevilla cibdad [§ 478–479, 2647–2650, 2687, 3321, 3331, 3339, 3366, 3434–3435, 4388, 6590] tiene 15000 / 25000 / 30000 vezinos; tiene buena alcáçar; está en llano, pasa junto con la cibdad un río dicho Guadalquebir, que es braço de mar que vienen las naos por él 25 leguas arriba del dicho río, Guadalquevir es puerto de mar a raíz del adarve; tiene un arrabal de la otra parte del río dicho Triana:

ALCALÁ DE GUADAIRA 2 leguas llanas. ALCALÁ DE HENARES 83 leguas, van por Carmona, 6 leguas, e por Huentes, 4 leguas, e por Écija, 5 leguas, e por Córdova e por Adamuz e por Almodóvar del Campo e por Caracuel e por Cibdad Real e por Malagón e por Mançaneque e por Mora e por Güerta e por Ocaña e por Chinchón e por Arganda. ALCALÁ DEL RÍO 2 leguas, van por la Renconada. EL ALGAVA una legua llana de viñas e olivares. BRENES 2 leguas pequeñas llanas de labranças, por la mano dizquierda se devisa la Sierra Morena desde las 3 leguas postreras de contino a una legua del camino, a las 3 leguas e media tocamos en un codo de Guadalquevir río, que queda a la dizquierda. CARMONA 6 leguas, las 3 leguas primeras son llanas e de palmares e lo otro camino de olivares e viñas, a la mano derecha queda Alcalá de Guadaira e Gandul a una legua del camino. CASTILLEJA DE LA CUESTA una legua pequeña llana salvo una cuesta que está antes que lleguemos a la dicha Castilleja con 2 tiros, que tenrá un tiro de vallesta e este tiro de vallesta es de olivares, en saliendo de Sevilla pasamos a Guadalquebir por puente de barcos, que corre a la mano dizquierda, este dicho río corre 2 vezes hazia arriba e otras tantas cara abaxo con la marea de la mar. CÓRDOVA 22 leguas, van por Carmona, 6 leguas, e por Lora, 6 leguas, e por Palma, 4 leguas, e por Almodóvar del Río, 5 leguas. DOS HERMANAS una legua llana, antes que lleguemos a Dos Hermanas con un 4º de legua pasamos a un río dicho Guadaira por puente, que corre a la mano derecha, tiene una fortaleza en la puente. ÉCIJA 15 leguas llanas, vase por Carmona y Fuentes. GRANADA 36 leguas, vase por Mairena y Marchena y a Osuna y Archidona y a Loxa y a Santa Fe. GUADALCANAL 15 leguas, vase por Cantillana y a Caçalla. LISBONA 60 leguas, vase a Sanlúcar de Alpechín y a Castilleja del Campo y a Mançanilla y a Villalva y a la Palma y a Villarrasa y a Niebla y a Veas y a Hacaneas y al Alcaria y a Painovo a Serpa y a Béjar y Alcáçar de Osal y a Setúval y a Cuna. MÁLAGA 32 leguas, vase a Mairena y a Marchena y a Osuna y a Antequera y a Almoxía. NIEBLA 15 leguas llanas, vase por Castilleja de la Cuesta, media legua, y por Alpechín y por Solúcar de Alpechín y por Castilleja y por Mançanilla y por Villalva y por la Palma. LOS PALACIOS 5 leguas de tierra doblada e de montes baxos salvo la una legua postrera, que es llana e de palmares, e la una legua primera, a la mano dizquierda queda una casería muy principal dicha la Serrezuela a 3 tiros de vallesta del camino. SANLÚCAR DE BARRAMEDA 15 leguas, vase a los Palacios y a Lebrixa. SANTIPONCE una legua llana de olivares, junto con Sevilla pasamos a Guadalquebir por barca, que corre a la mano dizquierda. TOSINA 6 leguas llanas e de palmares e tierras de pan, por la mano dizquierda queda Brenes a un 4º de legua pequeño e Cantillana a un 3º de legua. UTRERA 5 leguas, van por Alcalá de Guadaira. XEREZ DE LA FRONTERA 15 leguas, van por los Palacios, 5 leguas, e por Lebrixa (Librija), 5 leguas.

Siabra [§ 464] tiene 20 vezinos; es de don Pedro Sotomayor; está en alto:

CRESPOS una legua de tierra fragosa de peñascales cuesta arriba y abaxo. LAS HACHAS una legua muy áspera. SANT MARTÍN 2 leguas de tierra fragosa cuesta abaxo y arriba y de peñascales.

Sicuendes [§ 4664–4666] lugar despoblado salvo que ay memoria de una iglesia que viene 5 cruzes de lugares al tiempo de la ledanías[589] en procesión; es del convento de Uclés; en este lugar mataron 7 condes por donde se llaman Sicuendes, ay bultos[590] de yelso de ellos:

EL AZEBRÓN una legua pequeña de tierra doblada de pan riberas abaxo de un riatuelo. EL CORRAL DE ALMAGUER 4 leguas, van por el Azebrón e por Belmontexo e por la Cabeça. LA PUEBLA DE ALMENARA 3 leguas, van por Moraleja, media legua de tierra doblada e tierras de pan. SICUENDES una legua de tierra doblada e de panes, en saliendo de Sicuendes pasan al dicho riatuelo, corre a la mano derecha. TORRUBIA una legua pequeña llana de tierras de pan. UCLÉS legua e media vega de un río arriba e de tierras de panes e molinos, queda el río a la mano derecha, van siempre río arriba.

Siete Iglesias[591] aldea [§ 1102] tiene 60 vezinos; es de Medina del Campo:

ALAHEJOS una legua pequeña. CASTRO NUÑO una legua.

Sitién villa [§ 5683–5685] tiene 1500 vezinos; tiene fortaleza; está en alto en una sierra, pasa un río por cabe la villa:

CORRAL una legua pequeña llana e por entre sierras e de montes de robledales e enzinares. ERAS legua e media, van por Orejo. GUIXANO una legua e media, van por Orejo. OREJO media legua llana e de montes de enzinares. RIBA 2 leguas de tierra de sierras e valles e montes de rematales e robledales. RIOHOZ 2 leguas, van por Orejo. SANTANDER 2 leguas, van por Helechos, una legua riberas de la mar, que queda la mar a la mano derecha.

Sobrado de Sande[592] aldea [§ 468] tiene 30 vezinos; es del conde de Benavente; está en llano:

ESCUDEROS una legua pequeña llana. LERIDO una legua pequeña llana. SANT LORENÇO un 4º de legua llano. SANT PEDRO DE POLO un 4º de legua llano.

---

589 Variante medieval de *letanías*. Cf. Rodríguez (2002, 75)

590 Estatua que en las sepulturas figuraba de relieve el cuerpo de una persona (Rodríguez 2002, 74).

591 Sieteiglesias, cf. *Galisancho*.

592 Sobrado, cf. *Moreras, Orense, San Lorenço, San‹t› Benito*.

Solana lugar [§ 1990] tiene 60 vezinos; es aldea de Ávila; está en llano e algo en ladera:

MONTEXO media legua de tierra doblada. ORIUELOS un 4º de legua. RENCONADA un 4º de legua llana. VITA una legua de tierra doblada, van cuesta abaxo

(La) Solana lugar [§ 1133, 2300–2305] tiene 350 / 500 vezinos; es de la orden de Santiago; está en alto; es lugar que tiene necesidad de agua:

ALCÁÇAR DE CONSUEGRA 8 leguas llanas e de atochares e montes baxos algunas traspuestas, en este camino pasan a Guadiana por cima de tierra que no parece nada, está por aquí 7 leguas sumido el río, que es la puente de Guadiana donde pasan tanto ganado.[593] ALCUBILLAS 4 leguas de cerros e montes por algunas partes. (EL) ALHAMBRA 3 leguas de cerros e tierra doblada e de montes baxos. ALMAGRO 6 leguas, van por la Bembrilla, una legua. EL ALMEDINA 7 leguas, van por Villanueva de los Infantes, 5 leguas. CARRIONCILLO 6 leguas, van por la Bembrilla, una legua. CIBDAD REAL 9 leguas, van por la Bembrilla, una legua, e por Almagro, 5 leguas, e por Miguel Turra, 2 leguas e media. CÓÇAR 5 leguas, van por Acubillas, 4 leguas. MALAGÓN 8 leguas, van por Mançanares, una legua, e por Damiel, 3 leguas. LA MEMBRILLA una legua llana. MONTIEL 6 leguas, van por Villanueva de los Infantes, 5 leguas. LA SOLANA una legua muy grande, llana de viñas la postrera media legua. VILLAHARTA 6 leguas, van por Mançanares, una legua. VILLANUEVA DE LOS INFANTES 5 leguas de cerros e valles e montes salvo una legua e media primera. VILLARRUBIA 7 leguas, van por Mançanares, una legua.

Solares lugar [§ 843–844] tiene 40 vezinos; está en llano, es en tierra de Santander; es puerto de mar, vaños:

AN[...]SERO media legua llana un valle abaxo. ESCALANTE 3 leguas, van por Hoz e por Vallesteros e por Prades. HÁÑEZ [¿LIÁÑEZ?] 3 leguas dobladas. SANTILLANA 6 leguas, van por Penagos e por la Torre de Laredo e por la Puente de Samiguel, que es un río.

Solosancho[594] lugar [§ 2403–2404, 2407] tiene 15 vezinos; es de Muño Gonçález del Águila; está en llano al pie de la sierra:

ÁVILA 4 leguas, van por Niharra. BATERNA media legua pequeña llana. LA HIJA DE DIOS una legua grande de tierra muy doblada e por entre sierras e de enzinares. MUÑANA una

593 «Una de las tres maravillas que existen en España», a decir de Navagero (1951, 86), «un puente en el que durante todo el año pacen más de diez mil ovejas, refiriéndose con ello al campo bajo el que corre el Guadiana cuando se sumerge, que, [...] tiene más de siete leguas de extensión y está todo lleno de bonísimos pastos para ovejas, de las que, en verdad, hay muchísimas».
594 Solo Sancho, cf. *Niharra, Padiernos, Villatoro*.

legua pequeña. ROBLEDILLO un 4º de legua llana. SALOBRALEJO media legua llana, a medio camino pasamos Adaja por puente, que corre a la mano derecha. VILLAVICIOSA un 4º de legua llano.

Sopeña lugar [§ 5090] tiene 60 vezinos; es del marqués de Astorga; está en llano riberas de un riatuelo que va de Astorga:

ASTORGA media legua llana riberas abaxo de un riatuelo, que queda el río a la mano derecha. BRIMEDA media legua de tierra doblada. GUNILLOS media legua de tierra doblada e de tierras de labrança.

Soria cibdad [§ 875–878] tiene 1000 vezinos; está en llano, está riberas de Duero:

ALMAÇÁN 6 leguas, vase por Lubia. ALMARÇA 4 leguas, van por Chavaler e por Cardos [¿?]. CHAVALER 2 leguas, van por la Cassa el Soto. GALLINERO 4 leguas, van por Garay y por Fuente Cantos e por Puerto Rubio e por el Cubo de la Sierra. GARRAY una legua llana, junto con Garray se pasa Duero por puente, que corre a la mano dizquierda. LA PÓVEDA 5 leguas, van por Almarça e por el Vadillo e por Barrio Martín. LOS RÁBANOS una legua llana. SANTA GREGORIA 3 leguas, van por Chavaler e por Verdeuzeda e por Sepúlveda de la Sierra. SANTANDRÉS 4 leguas, van por Tera e por Estepa. EL SOTO una legua, pásase junto con el Soto a Duero, que corre a la mano dizquierda. VELILLA 2 leguas llanas, pásase Duero en la mitad del camino por puente, que corre a la mano dizquierda.

Soses lugar [§ 5043–5044] tiene 10 vezinos; está en una laderuela riberas de un río dicho Segre que pasa a [...] de vallesta:

FRAGA una legua e media de tierra de valles e cerros, para abaxar a Fraga baxan un valle abaxo que tenrá 4 tiros de vallesta. LÉRIDA 2 leguas, van por Alcarraz, una legua riberas arriba de Segre, que queda a la mano derecha. TORRES media legua de traviesos e vega e de huertas e panes, pasan a Segre por barca, que corre a la mano derecha junto con Torres.

Sotelo aldea [§ 424] tiene 20 vezinos; está en llano:

ARMARIZ media legua pequeña llana. FRAGUAS media legua pequeña llana, pásase el Tuño junto a Fraguas, 2 tiros de vallesta. FREAS un 4º de legua llano, pásase el Tuño junto a Freas, un tiro de vallesta, corre toda vía el dicho río a la mano izquierda. PEIÇAZ media legua llana, pásase el Tuño río junto a Peiçaz, que corre a mano izquierda. RAMIRANS un 4º de legua llano.

Soto [§ 786, 900–903] tiene 60 vezinos; es aldea de Santistevan de Gormaz; está en llano en la ribera de Duero:

ALDEA media legua llana. CAST(R)IL una legua la ribera de Duero abaxo, tierra llana e por todas cerros e valles, a la mano derecha queda Villilla de la otra parte Duero a 4 tiros de vallesta en un alto. CORUÑA 4 leguas, van por Vellilla e por Alcoçar e por Çayas de Torre e por Braçacorta, queda Valverde a la mano dizquierda a media legua del camino en un hondo, a la mano derecha Alcoba de la Torre otra media legua del camino en llano. PEÑALVA una legua llana un valle arriba, que ay por todas partes cuestas e valles. PEÑARANDA 4 leguas, van por Vellilla e por Alcoçar e por Bocegas e por Coscorita. SALUNARDE 6 leguas, van por Rexas e por Fuente Almixir, queda a la mano derecha Villálvaro media legua del camino en un alto, van adelante por Miranda e por Santa María de las Ollas e por Organca. VILLILLA media legua de tierra doblada, pásase Duero por vado en saliendo de Sotos, que corre a la mano dizquierda.

Soto lugar [§ 5625–5628] tiene 40 vezinos; es del duque del Infantazgo; está en unos barrancos e entre unas cuestas:

ALOÑOS un 4º de legua de tierra doblada e de pan e yerva. BARZANA media legua, van por Pruneda. BUSTILLO un 4º de legua de tierras de cerros e valles hondos e cuestas e tierras de pan. LA CANAL un 4º de legua de sierras peladas. EL PEDROSO media legua, van por Pruneda. PINILLA media legua, van por Bustillo. PRUNEDA media legua de tierra doblada e de barrancos e cuestas. SANTIVÁÑEZ media legua de tierra de cerros e valles e tierras de pan e mançanales. VALOSANOS media legua de tierra de cerros e valles e ervajes. VEGA media legua, van por la Canal.

Sotopalacios[595] aldea [§ 299] tiene 20 vezinos; es de los de Padilla:

QUINTANADUEÑAS legua y media llana, pásase un río que va junto a Quintanadueñas a media legua del dicho Quintanadueñas.

Sotos Alvos aldea / lugar [§ 759, 790–793, 1042] tiene 50 / 75 / 90 vezinos; es de la Iglesia Mayor de Segovia; está en un llano al pie de la sierra de Segovia, está de la sierra media, es de tierra de Segovia; es lugar que se da más a lino que a pan:

ARANDA 14 leguas, van por Aldea el Saz e por la Cuesta e por Cavallar e por Cantalejo e por Huente Rebollo e por el Aldea San Miguel e por Moradillo e por Torregalindo. AVILAFUENTE 5 leguas, van por Berrocal e por el Carrascal e por Torreiglesia e por los Otones. BERROCAL una legua doblada de berrocales. CAVALLAR 2 leguas, van por la Cuesta. LA CUESTA una legua llana de berrocales. ESPIRDO 4 leguas, la meatad de monte y lo último llano. FUENTE PELAYO 5 leguas, van por Torreiglesia e por los Otones e por Escalona. LOÇOYA 4 leguas, van por Navafría. LOSÁN una legua llana, van por Tançuela, que está a medio camino. MUÑOVEROS 3 leguas, van por la Cuesta e Cavallar. NAVAFRÍA 2 leguas, van por orilla de la sierra e las 2 leguas hasta Loçoya es puerto muy agro. OCAÑA, que es en el reino de Toledo, 27 leguas, van por Sonsato [¿?] e por junto con Pellegeros e por Santillán e por la venta de don Gutierre e por Galapagar e por el Pardillo e por la Veguilla e por Móstoles e por Torrejón de Velasco e por Esquivias e por la Barca de Alhóndiga. LOS OTONES 2

595 Soto Palacios, cf. *Quintanadueñas, Villahermero.*

leguas grandes, van por Berrocal y por Torreiglesia. PEDRAZA (DE LA SIERRA) 2 leguas e media, van por Collado e por Val de San Pedro. RASCAFRÍA 5 leguas, van despobladas de puerto de una parte e de otra. SANTO DOMINGO DE PIRÓN media legua llana de berrocales. TORREIGLESIA 2 leguas, van por Berrocal. TURÉGANO 2 leguas e media dobladillas de berrocales.

Sotrajero aldea [§ 299] tiene 20 vezinos; es de Burgos:

ARROYAL una legua llana, pásase el río que pasa por Quintanadueñas más cerca de Sotrajero. SOTOPALACIOS media legua llana. VILLAHERMERO media legua, pasa dicho río cerca junto a Villahermero.

Susvilla lugar [§ 5632–5634] tiene 20 vezinos; es del duque del Infantazgo; está en alto al pie de una sierra:

LAS BARZANAS un tiro de vallesta, a medio camino pasan un arroyo que corre a la mano dizquierda. BUSTILLO media legua, van por Pinilla. LA CANAL media legua, van por Pinilla. PINILLA 2 tiros de vallesta de cuesta abaxo, en llegando a Pinilla pasan a un arroyo por vado, que corre a la mano dizquierda. SAMARTÍN DE VALOSANOS 3 tiros de vallesta de tierra de cerros e valles. SANDOÑANA un tiro de vallesta de baxada de un valle e subida de otro, a medio camino pasan a un arroyo que corre a la mano dizquierda. VALOSANOS 2 tiros de vallesta de cerros e valles e tierras de pan e yerva. VEGA media legua de tierra doblada e como cuesta abaxo, en llegando al lugar pasan a un arroyo por vado, que corre a la mano dizquierda.

T

Tablada lugar [§ 534–536] tiene 60 vezinos; es de un abadía que se llama Santa María de Mira; está en hondo en un valle, es en Galizia:

ABRIAS una legua grande doblada, pásase un río un tiro de vallesta junto con Santiso, que corre a la mano dizquierda a 2 tiros de vallesta antes que lleguemos a Abrias, vase por Trabadela. LORENÇANA una legua grande doblada. MONDOÑEDO 2 leguas dobladas, van por Lorençana e por Sanjurjo, pásase un río en pasando a Lorençana a 2 tiros de vallesta, que corre a la mano derecha, pásase por puente, en llegando a un espital de San Lázaro que está a 3 tiros de vallesta antes que lleguemos a Mondoñedo, antes que lleguemos al dicho ospital con medio tiro de vallesta se pasa un río por puente, que corre a man derecha. RIBADEO 3 leguas dobladas, van por Bidal e por Cedofeita e por Villela y por San Juan, pásase el río e pásase un río en pasando a Cidofeita a 2 tiros de vallesta, que corre a la mano dizquierda. SANTISO una legua doblada, pásase un río un tiro de vallesta junto con Santiso, que corre a la mano dizquierda. VILLAFORMÁN media legua doblada. VILLANUEVA DE LORENÇANA una legua doblada, en llegando a Villanueva de Lorençana se pasa a un tiro de vallesta de Villanueva de Lorençana un río por puente, que corre a la mano derecha.

Talamanca villa [§ 803–806] tiene 400 vezinos; es del arçobispado de Toledo; está en llano, pasa junto con ella Xarama:

ALCALÁ 6 leguas, van por Alarpardo e por Almacanexo, queda un tiro de vallesta del camino a la mano dizquierda. ALJETE 2 leguas e media, van por Huente el Saz. BUITRAGO 5 leguas, van por Tordelaguna e por Sieteiglesias. COVEÑA 4 leguas, van por Val de Torres e por Huente el Saz e por Alxete. FUENTE EL SAZ 2 leguas llanas. GUADALAJARA 6 leguas, van por el Casar e por Alcolea e por Cabanillas. MADRID 8 leguas, van por Sililllos e por el Barco de Presadilla [¿?] que se pasa por el Xarama e por Ortaleza. EL MOLAR una legua doblada, pásase Xarama en saliendo de Talamanca por puente, que corre a la mano izquierda. PEDRAZUELA legua e media doblada, pásase Xarama en saliendo de Talamanca por puente, que corre a la mano izquierda. SANTAGUSTÍN 2 leguas dobladas, pásase Xarama en saliendo de Talamanca por puente, que corre a la mano dizquierda, antes que lleguemos a Santagustín pasamos otro río dicho Guadalix, que corre a la mano dizquierda. TORDELAGUNA una legua llana una cañada abaxo. UZEDA una legua, van por Torrezillas de Piedras Negras. VAL DE TORRES una legua llana. EL VELLÓN una legua, pásase Jarama en saliendo de Talamanca a un tiro de vallesta por puente, que corre a la mano izquierda.

Talarrubias[596] lugar [§ 4309–4316] tiene 400 vezinos; es aldea de la Puebla de Alcocer; está algo en hondo, pasa a una legua de este lugar Guadiana río e a legua e media otro río dicho Xúxar:

596 Talasrubias, cf. *Garvayuela*.

https://doi.org/10.1515/9783111044064-021

AGADO 5 leguas, van por Gargayuela, 3 leguas de tierra doblada e de valles e cabeços de cerros por todas partes e montes por algunas partes, a legua e media pasan a un río dicho Guadalemar por vado, corre a la mano derecha. LAS CASAS DE DON PEDRO legua e media de tierra doblada e vallejuelos e de ervajes, a una legua primera pasan a Guadiana río por puente, corre a la mano dizquierda. CASTILBLANCO 5 leguas, van por Taverneros. CASTUERA 8 leguas, van por la Puebla de Alcocer, una legua. CÓRDOVA 22 leguas, van por la Puebla de Alcocer e por Cabeça el Buey, 5 leguas, e por Benalcáçar, 2 leguas, e por la Hinojosa, una legua. ESPARRAGOSA DE LARES legua e media de tierra doblada salvo que a una legua subimos un portezuelo que de subida e abaxada tenrá la media legua postrera. GALIZUELA una legua e media de tierra doblada, para subir al dicho lugar subimos una cuesta que tenrá 2 tiros de vallesta. HERRERA 4 leguas, van por Taverneros, una legua. NAVA EL VILLAR 5 leguas de cerros e valles e montes de enzinares e xarales salvo una legua primera que es de tierra doblada e de yerva, a legua e media primera pasan a Guadiana por varca, que corre a la mano dizquierda. LA PUEBLA DE ALCOCER una legua toda de prados e de algunos barrancos, toda vía van como cuesta arriba. SANTISPIRITU 3 leguas de cerros e valles e montes por todas partes salvo una legua primera, a legua e media primera pasan a Guadalemar por vado, que corre a la mano derecha. SIRUELA 2 leguas de cerros e valles e montes de enzinares, a una legua pasan a Guadalemar por vado, que corre a la mano derecha, a una legua de allí se junta con Xúxar río.

Talavera de la Reina[597] villa [§ 1089, 2341–2347, 2536–2537, 3212–3213] tiene 1300 / 2000 / 3000 vezinos; es del arçobispado de Toledo; tiene buena alcáçar; está en llano riberas de un río dicho Texo:

CAÇALEGAS 2 leguas, en llegando a Caçalegas pasamos a un río dicho Alverche por puente, que corre a la mano derecha. CALERA 2 leguas e media llanas salvo la media legua postrera que es de tierra doblada, en saliendo de Talavera es el un 4º de legua de olivares e viñas, a la mano derecha queda un pinar a medio camino, que tenrá media legua, toda vía venimos riberas abaxo de Texo, que queda a la mano dizquierda a media legua lo más lexos del camino, a la mano dizquierda queda el Casar e Gamonal, a una legua el Casar en una ladera e Gamonar a media legua grande del camino. CARDIEL 3 leguas, van por una dehesa que se llama Salinas de montes e tierra doblada. EL CASAR una legua llana e de viñas. CERVERA una legua de cerros. CHOZAS una legua llana. COLILLA 3 leguas, van por el Casar, una legua, e por Gamonar, una legua. EL COLMENAR DE ARENAS 7 leguas, van por Mejorada, una legua, e por Montes Claros, 2 leguas, e por Hontanares, una legua, e por Ramacastañas, 2 leguas, e por el Arroyo Castaño, 2 leguas. COVISA media legua llana riberas abaxo de Texo. ESCALONA 9 leguas, van por Caçalegas, 2 leguas, e por Montearagón, una legua, e por el Casar, 2 leguas, e por Villaharta, 3 leguas. GAMONAR 2 leguas, van por el Casar, una legua. HONTANARES 4 leguas, van por Mejorada e por Montes Claros, 2 leguas. MARRUPE 2 leguas, van por Cervera, una legua. (LA) MEJORADA una legua llana salvo al fin, que ay una cuesta de subida. MONTES CLAROS 3 leguas, van por Mejorada, una legua. NAVA MORCUENDE 3 leguas, van por Cervera, una legua, e por Marrupe, una legua. NUESTRA SEÑORA DE GUADALUPE 15 leguas, van por Choças, 2 leguas, e por la Puente del Arçobispo,

597 Talavera, cf. *Mejorada, Nava el Moral* lugar [§ 2498–2506].

3 leguas, e por el Pedroso, 2 leguas. LA PARRA 6 leguas, vase por el camino de Hontanares. PÁRRACES 2 leguas e media, van por Cervera, una legua, e por Marrupe, una legua. PEPINO una legua de tierra doblada. SAN ROMÁN 2 leguas de cerros e por algunas partes tierra doblada. SEGURILLA una legua de tierra doblada e de montes baxos e altos. EL SOTILLO 2 leguas, van por Cervera, una legua. TOLEDO 12 leguas, van por Cebolla, 4 leguas, e por la Mata, 2 leguas, e por Burujón, 2 leguas. TORRIJOS 8 leguas, van por Cebolla, 4 leguas, e por la Mata, 2 leguas, e por Carmena, una legua.

Talaveruela (la Vieja)[598] villa [§ 4298–4307] tiene 150 vezinos; es del conde de Miranda; está en llano riberas de Texo; es villa muy antigua, tiene la cerca muy vieja e caída a pedaços, tiene grandes edeficios antiguos, tiene una mina de bóbeda de calicanto que tenrá media legua:

ALIXA media legua, el un 4º primero es llano e lo otro es una serrezuela arriba riberas arriba de Texo, queda el río a la mano dizquierda. EL AVELLANEDA 3 leguas de cerros grandes e valles e montes por muchas partes de enzinares e alcornocares e xarales, a la mano dizquierda queda San Román a media legua del camino. BALPARAÍSO legua e media, van por la Peraleda de Plazencia, una legua. BELBÍS 3 leguas, van por Valdeyuncar, 2 leguas, e por las Cassas, tres 4º de legua. BERROCALEJO una legua de tierra doblada e de montes de enzinares riberas arriba de Texo la media legua primera, a medio camino pasan a Texo por barca, que corre a la mano dizquierda, a la mano derecha queda Alixa a 3 tiros de vallesta del camino. GARVÍN una legua e media de tierra doblada e de montes de xarales e algunas enzinas, a la mano derecha queda la Peraleda a un 4º de legua. EL GORDO una legua e media llana e de tierras de labrança, en saliendo de Talaveruela pasan a Texo por vado, que corre a la mano dizquierda, no se vadea salvo en verano. LA MESA DE IBOR 3 leguas, van por el Bodonal, una legua de tierra doblada. OROPESSA 6 leguas, van por el Gordo, una legua, e por Caliruela, 2 leguas. LA PERALEDA DE GARVÍN una legua de cerros e montes xarales e algunas enzinas ralas. LA PERALEDA DE PLAZENCIA una legua de tierra doblada e de montes por algunas partes, en saliendo pasan a Texo por barca, corre a la mano dizquierda. LA PUEBLA DE ALCOCER 18 leguas, van por el Avellaneda, 3 leguas, e por las Juncas e por Navaelvillar e por Guadalupe e por las Casas de don Pedro. LA PUEBLA DE ENAZIADOS 2 leguas, van por Berrocalejo, una legua. LA PUENTE EL ARÇOBISPO 3 leguas e media, van por Berrocalejo, una legua, a la mano derecha queda Valdeverdeja a media legua. SAN ROMÁN una legua e media de tierra muy doblada e de montes por muchas partes. TOLEDO 21 leguas, van por Berrocalejo, una legua, e por la Puente el Arçobispo e por Alcolea, media legua, e por Talavera e por Cebolla. VAL DE LA CASA 3 leguas de cerros e por algunas partes llano e de algunos montes e xarales, a la mano derecha queda la Peraleda de Garvín a un 4º de legua e Garvín a media legua. VALDEYUNCAR 2 leguas de tierra muy doblada e de montes de enzinares, en saliendo pasan a Texo por barca, que corre a la mano dizquierda, a la mano derecha queda la Peraleda de Plazencia a una legua del camino. VILLAR DEL PEDROSO 5 leguas, van por Val de la Casa, 3 leguas.

598 Talavera la Vieja, cf. *Torviscoso*.

Tamariz aldea [§ 343] tiene 100 vezinos; es del almirante de Castilla; todo es llano:

BERRUEZES una legua. CASTRIL DE VELA una legua muy grande. MEDINA DE RUISECO 2 leguas. MORAL DE LA REINA media legua. VILLANUEVA DE SAMANCIO una legua pequeña.

Tarancón lugar [§ 4676–4683] tiene 350 vezinos; es de la orden de Santiago; está en llano salvo por la parte hazia Valencia, que es hazia donde sale el sol que ha grandes valles, por esta parte susodicha haze un vallejuelo un entrada en el lugar; tiene alvarizales[599] e tierras de pan, es lugar que todos los edeficios son de yelso:

ALCALÁ DE HENARES 12 leguas, van por Velinchón e por la Barca de Fuentedueña, 2 leguas, e por Valdaracete. BARAJAS 2 leguas de cerros e valles e montes de pinares e chaparrales, tierras de pan todo el camino. LA BARCA DE FUENTE Y DUEÑA 3 leguas, van por Vellinchón, una legua. BELMONTE 9 leguas, van por Villarrubio, 2 leguas, e por Almendros, media legua, e por la Puebla de Almenara e por Tres Juncos e por la Osa. CHINCHÓN 5 leguas, van por Colmenar de Oreja, 4 leguas de tierra de cerros e valles, a media legua postrera pasan un montezillo de pinar e matorrales, a 3 leguas primeras pasan a Taxo río por varca, que corre a la mano dizquierda. LA FUENTE PERO NAIIARRO una legua de tierra doblada e de tierras de pan e viñas, a media legua primera pasan a un arroyo que se seca en verano dicho Riansares, corre a la mano derecha. GÜELVES una legua e media de tierra doblada e de atochares e de pan, por entre cerros e pinas cabe el lugar, juncto con el lugar Güelves pasan al dicho arroyo río Ansares, corre a la mano derecha. OCAÑA 8 leguas, van por Santa Cruz de la Çarça. SANTA CRUZ DE LA ÇARÇA 3 leguas de tierra doblada e de algunos baxos e altos de enzinares e tierras de pan. TRIBALDOS una legua e media, es del mismo camino que para Uclés. UCLÉS 2 leguas de tierra muy doblada e de tierras de pan, en saliendo de Tarancón traviesan un valle hondo que tenrá de abaxada e subida 2 tiros de vallesta, junto con Uclés pasan riatuelo que corre a la mano derecha, a la mano derecha queda Tribaldos 3 tiros de vallesta. VILLARRUBIO 2 leguas de tierra doblada de chaparrales, a 3 tiros de vallesta de Villarrubio pasan a un riatuelo, corre a la mano derecha. VILLINCHÓN una legua de cerros e valles hondos e tierras de pan salvo 2 tiros de vallesta que son llanos, baxan luego unas cuestas abaxo como que abaxan a tierra hondo e aun ansí es cuesta muy baxa de allí adelante, todo es de atochares.

Tardajos aldea [§ 302] tiene 70 vezinos; es de Burgos:

QUINTANILLA DE LAS CARRETAS una legua pequeña. RABÉ un millo.

---

599 ¿Terreno blanquecino (como derivado de *albarizo*)?

Tárraga villa [§ 5054] tiene 400 vezinos; tiene buena cerca de piedra e fortaleza; está en un cerro con sus haldas, es lugar de infinitas huertas e muchas viñas, está en vega:

> CERVERA una legua, la mayor de Catalunia, toda de arboledas de almendrales e tierras de pan e doblada.

Tarragona cibdad [§ 15, 5657] tiene 900 / 1000 vezinos; tiene fortaleza; puesta en alto sin agua, está en llano, junto con la cibdad pasa un río dicho Francolín, está a 3 tiros de vallesta de la mar:

> CAMBRILS 2 leguas de llano, pásase junto a Tarragona el dicho riachuelo Francolí por puente. COSTANTINA media legua llana de huertas e viñas, en saliendo de Tarragona pasan a Francolín por puente.

Tavanera lugar [§ 5648–5649] tiene 180 vezinos; es del almirante de Castilla; está en un valle entre 2 cerros:

> HERRERA 2 leguas de tierra doblada e de montes de enzinares que se llama el monte de Negredo. PALENÇUELA media legua llana. VALDECAÑAS 2 leguas de páramo de tomillares e tierra doblada. VILLAHÁN 2 tiros de vallesta llano. VILLEJERO un 4º de legua llano e de tierras de pan.

Taverneros lugar [§ 4295–4297, 4308] tiene 4 vezinos; es aldea de la Puebla de Alcocer; está en un vallejuelo e entre unos enzinares, pasa una legua de este lugar un río dicho Guadiana:

> LAS CASSAS DE DON PEDRO una legua llana e de montes de enzinares e dehesas. HERRERA 3 leguas de montes e grandes valles e todo dehesas, a una legua primera llegan a Guadiana a la primera legua e van por riberas arriba una legua, a legua e media primera pasan a un puerto dicho el Puerto la Peña que tenrá de subida un 4º de él e de abaxada 4 tiros de vallesta, por la mano dizquierda queda Guadiana, todo este camino salvo la primera legua e es muy hondos valles e grandes cabeços de peñas e montes de enzinares e xarales e frexnos. LA PUEBLA DE ALCOCER una legua llana e de yervas e de montes espesos de enzinares salvo 4 tiros de vallesta postreros. TALARRUBIAS una legua grande llana e de montes de enzinares e dehesas de prados salvo 4 tiros de vallesta postreros que es rasso.

Taxueco[600] aldea [§ 780, 883–886] tiene 40 vezinos; es del conde de Aguilar, es de Fuente Pinilla; está en llano entre unos pinares, es riberas de Duero:

600 Tajueco, cf. *Hortizuela*.

ALMAÇÁN 4 leguas e media, van por Andaluz e por Centenera e por Matute. EL BURGO DE OSMA 3 leguas, van por Vayugas e por Valdenebro, a la mano dizquierda queda Lodares a un tiro de vallesta, e por la Texada. FUENTE PINILLA una legua, van por Val de Rodilla. MORALES una legua llana, pásase Duero antes que lleguemos a Morales con 3 tiros de vallesta, que corre a la mano derecha, pásase por puente. RECUERDA 2 leguas grandes, van por Morales. VAL DE RODILLA media legua de tierra doblada. VALDENEBRO legua e media, van por Vayugas de Arriba. VALVERDE media legua llana salvo que para subir al lugar subimos una cuesta que tenrá tiro e medio de vallesta. VAYUGAS DE ABAXO media legua pequeña llana, pásase un pinar a medio del camino que tenrá 2 tiros de vallesta. VAYUGAS DE ARRIBA (VEYUGAS DE ARRIBA) media legua de tierra doblada, antes que lleguemos al lugar con un tiro de piedra pasamos un arroyo que corre a la mano dizquierda. VERLANGA una legua llana, pásase Duero a un 4º de legua por vado, que corre a la mano derecha.

Tembleque villa [§ 1145] tiene 400 vezinos; es del prioradgo de San Joan; está en llano:

LA GUARDIA 2 leguas salvo los 2 postreros tiros de vallesta, que son de subida. EL ROMERAL 2 leguas llanas.

Tendilla lugar [§ 4788–4797] tiene 300 vezinos; tiene una fortaleza muy buena e fuerte en una ladera de un gran cerro armada sobre una peña; está en un valle muy hondo; es cabeça de condado, tiene muy grandes olivares e viñas, es lugar muy alegre de árboles en verano, es en el Alcarria, son los edeficios de yeso:

ALCALÁ DE HENARES 6 leguas, van por Arançueque, 2 leguas, e por Pioz, una legua, e por Santorcaz, una legua. ALHÓNDIGA 2 leguas de tierra doblada e de pan llevar e viñas salvo que en saliendo de Tendilla suben una cuesta que tenrá 3 tiros de vallesta, para baxar al lugar baxan otra cuesta que tenrá 2 tiros de vallesta. ARANÇUEQUE 2 leguas llanas por ser un valle abaxo e por todas manos cerros, la primera legua es de olivares por las cumbres de arriba e por las laderas de viñas e tierras de pan, la otra legua adelante todo de tierras de pan, la primera legua van siempre un arroyo abaxo que queda por la mano dizquierda, a medio camino lo pasamos, júntase con Taxuña, la legua postrera vamos siempre por la vega abaxo de Taxuña, que queda el río por la mano derecha, junto con Arançueque pasamos a Taxuña río por puente, corre a la mano dizquierda, en este camino por la mano dizquierda queda Fuente el Viejo en una ladera de un cerro a 3 tiros de vallesta del camino e por la mano derecha queda Almuña a 2 tiros de vallesta del camino. GUADALAJARA 4 leguas, van por Almuña, una legua de un valle abaxo e por entre cerros, junto con Almuña pasan a Taxuña río por puente, corre a la mano dizquierda. HUENTE EL ENZINA una legua de tierra doblada e de viñas e olivares e tierras de pan llevar salvo que en saliendo de Tendilla suben una cuesta que tenrá 3 tiros de vallesta. HUENTELVIEJO media legua de valle e arroyo abaxo por entre cerros, para subir a Fuente el Viejo suben una cuesta que tenrá un 4º de legua. LORANCA 3 leguas, van por Arançueque, 2 leguas. MONDÉJAR 6 leguas, van por Arançueque e por Loranca. ORCHE 2 leguas de cerros e valles, la legua primera es de olivares, a medio camino pasan a Taxuña por puente, corre a la mano dizquierda. PASTRANA 3 leguas, van por Moratilla, una legua. PEÇUELA 4 leguas, van por Loranca. PEÑALVER una legua de un valle arriba e por entre cerros de viñas e olivares e por medio del valle tierras de pan.

RANERA una legua e media, van por Fuente el Viejo. ROMANONES una legua en la cual ay una subida en saliendo de Tendilla que tenrá 4 tiros de vallesta e para abaxar a Romanones otra que tenrá otros 4, toda esta legua es de olivares e viñas. UÑÓN 3 leguas, van por Alhóndiga. VALHERMOSO 2 leguas e media de cerros e valles e cuestas, en saliendo suben una grand cuesta que tenrá 4 tiros de vallesta, para subir al otro lugar baxan otra cuesta que tenrá otros 4 tiros de vallesta de pinares, la legua primera es de olivares e viñas.

Terradillos[601] aldea [§ 475] tiene 12 vezinos.
Terrer lugar [§ 4990–4995] tiene 160 vezinos; tiene fortaleza; está orilla de un grand cerro, está riberas de Xalón; tiene morería, tiene grande de vega e muy ancha e de muchos sotos e huertas e panes:

ATECA una legua riberas arriba de Xalón, que queda a la mano dizquierda, en llegando Ateca pasan a Monubles río, corre a la mano dizquierda, júntase con Xalón río. CALATAYUT una legua grande riberas abaxo de Xalón, que queda con su ribera por la mano derecha, por la mano dizquierda queda siempre una sierra e derrumbadero de peñas. CERVERA 2 leguas de cerros e valles e viñas e algunos montes de romerales. MOROS una legua grande de cerros e valles e viñas. MUNÉBREGA 2 leguas de cerros e como cuesta arriba, la media legua primera es de travieso de vega de Xalón, pasan a Xalón, corre a la mano dizquierda, a mano derecha queda Viluena a media legua del camino. NIÑÓN 3 leguas de cerros e valles e viñas, a mano derecha queda Torralva a una legua del camino. PARACUELLOS una legua de tierra doblada e por entre cerros e de algunos montes e algunas vegas. VALTORRES media legua, de vega llana el 4º de legua primero e de muchos soctos, a un tiro de vallesta del dicho Terrer pasan a Xalón, corre a la mano dizquierda, el 4º postrero es cuesta arriba e de viñas. LA VILUENA una legua de cerros e tierras de viñas, la media legua primera es de vega de panes e sotos, en saliendo de Terrer pasan a Xalón, corre a la mano dizquierda.

Terrinches lugar [§ 1140, 4553] tiene 100 / 150 vezinos; es del conde de Osorno; tiene fortaleza; está en un recuesto, es en el campo de Montiel:

CÓÇAR 2 leguas llanas. LA PUEBLA DE MONTIEL una legua de tierra doblada e tierra de labranças. SANTA CRUZ DE LOS CÁÑAMOS una legua de tierra doblada e por entre cerros e de chaparrales. LAS TORRES DE MONTIEL legua e media, van por Santa Cruz de los Cáñamos.

Teruel cibdad [§ 5154–5157] tiene 800 vezinos; está riberas de un río dicho Alhambra, es río que va por Valencia, es en Aragón; de esta tierra es despoblada mucho:

CELA 4 leguas de tierra doblada e de tierras de pan. LA FUENTE SANTA 2 leguas de tierra de cerros e valles, en saliendo pasan al dicho río Alhambra, que corre a la mano derecha. LOBREGAT DE TERUEL 3 leguas de sierras e cerros. LA PUEBLA DE VALVERDE 4 leguas de

601 Terrados, cf. *Caravias*.

tierra doblada e de espesuras de montes las primeras 2 leguas. LOS RAMICHES 4 leguas de cerros e algunos montes. VALENCIA 28 leguas, van por la Puebla de Valverde, 4 leguas, e por Sarrión, 3 leguas, e por Alventosa, una legua, e por la Xaquesa, una legua, e por las Barracas, 2 leguas, e por Villel, 3 leguas, e por Xérica, una legua, e por Segorve, 2 leguas, e por Torres, 3 leguas, e por Morvedre, 2 leguas, e por el Puche, una legua, e por las Tavernas, una legua. VILLALVA 2 leguas de cerros e valles riberas arriba del dicho río Alhambra, que le queda siempre el río a la mano dizquierda, en llegando a Villalva pasan al dicho Alhambra por vado, que corre a la mano derecha. VILLARQUEMADO 5 leguas de tierra doblada de arenales.

Texada aldea [§ 782, 890] tiene 3 vezinos; es del Burgo de Osma; está en un altillo, está riberas de un riatuelo dicho Avión:

EL BURGO DE OSMA media legua, en saliendo de Texadilla con un tiro de vallesta adelante pasamos por puente el dicho río Avión, que corre a la mano dizquierda, luego subimos una cuesta que tenrá un tiro de vallesta, vamos por un lomo de un cerro hasta que abaxamos a la villa, que tenrá 3 tiros de vallesta de abaxada por entre peñas.

Texada villa [§ 2742] despoblada; es aldea de Sevilla; tiene fortaleza; está en llano en una campiña; solía ser cibdad, tiene munchos previllegios:

AZARCOLLA una legua e media de tierra doblada. CASTILLEJA DEL CAMPO una legua de tierra doblada e de campiña. ESCACENA un 4º de legua llana. PATERNA un 4º de legua llana.

El Texado lugar [§ 4033–4037] tiene 100 vezinos; es aldea de la Puente del Congosto; está al pie de un grand cerro redondo todo lleno de peñas e enzinares, a 3 tiros de vallesta del lugar pasa Tormes río; está dividido en 5 partes en un 4º de legua, está entre unos berrocales e montes de enzinares:

EL BARCO DE ÁVILA 2 leguas, van por el Losar, una legua de peñas e cerros, a media legua pasan un río dicho Valdeveçadas, que corre a la mano dizquierda, júntase luego con Tormes. BEÇADAS una legua e media, van por Gil Buena, una legua. BÉJAR 3 leguas, van por Medinilla, una legua de cerros e cabeços e berrocales e de montes de enzinares, e por Neila, media legua, e por Navacarros, una legua. BREÇADILLAS [¿BRECEDILLAS?] media legua llana e de montes de enzinares e berrocales, en llegando al dicho Breçadilla pasamos a un riatuelo que corre a la mano dizquierda e júntase a 3 tiros de vallesta. CESPEDOSA 2 leguas, van por la Puente del Congosto, una legua. GALLEGOS DE SOLMIRÓN 2 leguas, van por la Puente del Congosto, una legua. GIL BUENA una legua de cerros e valles e de peñas e de algunos montes. LA HORCAJADA una legua de tierra doblada e de berrocales, a medio camino pasan al dicho río Valdeveçadas por vado en verano, corre a la mano dizquierda. SAN BARTOLOMÉ 2 leguas, van por Gil Buena, una legua. SANTIVÁÑEZ una legua muy grande de cerros grandes e montes de enzinares, por la mano derecha queda en saliendo del lugar un grand cerro redondo.

Toledo cibdad [§ 8, 320, 2263–2267, 3184–3189, 3850–3853] tiene 18000 / 25000 vezinos; tiene buenas alcáçares; está en unas cabeças de cerros e valles e entre unas sierras en hondo, cerca el río dicho Texo todas 3 puertas salvo por la Puerta el Cambrón, que es hazia Ávila, que puede ser la cantidad que está [...] del río un 4º del río, en lo cual está la puerta del Cambrón e la puerta de Visagra e la puerta de Perpiñán; tiene la mejor iglesia que ay en España, a donde Nuestra Señora andovo en procesión e dixo a señor Sant Alifonso que le diexese e le vistió de una casulla e dixo misa, tiene grandes riberas de huertas:

AJOFRÍN (AXOFRÍN) 3 leguas, van por Burguillos, la media legua primera como cuesta arriba e lo otro tierra doblada, todo de viñas. ALMONACIR 3 leguas, van por Mambroca. BURGUILLOS legua e media de cerros e cuesta arriba, en saliendo pasamos a Texo por puente, que corre a la mano derecha. CAMARENA 4 leguas, van por Vargas, 2 leguas. CARMENA 7 leguas, van por Estediel, 3 leguas, e por Torrijos, 2 leguas. ESCALONA 8 leguas, pasan el río de Alberche por puente a par de Escalona, van por Villamiell, 3 leguas, e por Güecas, una legua, e por Novés, una legua, e por San Silvestre, media legua, e por Crismondo, 2 leguas. ILLESCAS 6 leguas, van por Vargas, 2 leguas. MADRID 12 leguas, van por Olías, 2 leguas, e por Cabañas, una legua, e por Yuncos, 2 leguas, e por Illescas, una legua, e por Umanejos, 2 leguas, e por Parla, media legua, e por Xetafee, legua e media. MAMBROCA legua e media, todo de viñas, la media legua primera es una cuesta arriba, en saliendo de Toledo pasamos a Texo por la puente, que corre a la mano derecha. MAQUEDA 5 leguas, a 2 leguas pasamos a Guadarrama por puente, que corre a la mano dizquierda. MAZARAMBROZ 3 leguas de cerros grandes e cuestas, en saliendo pasamos el dicho río, que corre a la mano derecha. OCAÑA 8 leguas, van por Yepes. OLÍAS 2 leguas llanas. ORGAZ 5 leguas de cerros e tierra doblada, en saliendo de Toledo pasamos el dicho río, corre a la mano derecha. RIELBES 3 leguas e media de cerros e valles pequeños las 2 leguas primeras, un valle arriba la una legua e lo otro es de tierra doblada e de arenales, a las 2 leguas primeras pasamos a Guadarrama río por puente, que corre a la mano dizquierda. SAN VICENTE DE LA BARQUERA 80 leguas, van por Torrijos, 5 leguas, e por Novés, 2 leguas, e por Escalona, 2 leguas, e por Paredes, una legua, e por Cadahalso, 2 leguas, e por Zebreros, 3 leguas, e por San Bartolomé, 3 leguas, e por el Herradón, una legua, e por Bermuy Salinero, 2 leguas, e por Santo Domingo, 3 leguas, e por Pajares, 2 leguas, e por Palaçuelos, 3 leguas, e por Don Hierro, una legua, e por Almenara, 2 leguas, e por Bocigas, media legua, e por Olmedo, 2 leguas e media, e por Alcaçarén, 2 leguas, e por Boyecillo, 2 leguas, e por Valladolid, 2 leguas, e por Cabeçón, 2 leguas, e por Dueñas, 4 leguas, e por Palencia, 2 leguas, e por Bezerril, 2 leguas, e por Torrezilla, 4 leguas, e por Carrión, una legua, e por Bahíllo, 2 leguas, e por Villabasta, 2 leguas, e por Polvorosa, una legua, e por la Puebla de Valdavia, una legua, e por Cervera, 4 leguas, e por Camasobres, 3 leguas, e por Trasagüela, 3 leguas, e por Lombraña, media legua, e por la Puente el Pumar, media legua, e por Aldea Tudanca, 3 leguas, e por Santetix, media legua, e por Sarceda, una legua, e por Rocedión, una legua, e por Cosío, media legua, e por el Vado de Nansa, media legua, e por Celes, una legua, e por Rábago, una legua, e por Bielva, una legua, e por Gandarilla, una legua, e por el Azebosa, media legua, e por San Vicente, media legua. SANTOLALLA 7 leguas, van por Estediel, 3 leguas, e por Torrijos, 2 leguas, e por Alcabón, una legua. SONSECA 3 leguas e media, van por Ajofrín, en saliendo de Toledo pasamos a Taxo, corre a la mano derecha. TALAVERA DE LA REINA 12 leguas, van por Burujón, 4 leguas, e por la Mata, 2 leguas, e por Cebolla, 2 leguas. TORRIJOS 5 leguas, van por Estediel, 3 leguas. VARGAS 2 leguas de cerros e valles, todo de heredades de viñas e almendrales. VILLASECA DE LA SAGRA 3 leguas llanas. YEPES 6 leguas de cerros e tierra doblada, en saliendo pasamos a Texo por puente, que corre a la mano derecha.

Tolosa villa [§ 3317] tiene 500 vezinos; está en llano entre 2 cerros, está ribera de un río:

ALEGRÍA una legua.

Tordecuende[602] aldea [§ 870–872] tiene 20 vezinos; es aldea de Soria; está en una ladera, pasa junto con ella el río dicho Izana, es tierra de Soria:

CASCAJOSA media legua llana. LAS FRAGUAS media legua llana. EL MONESTERIO DE CANTA EL AÇOR una legua llana. NÓDALOS 2 leguas, van por el Monesterio e por las Fraguas. OSONILLA media legua llana. QUINTANA REDONDA una legua llana. SORIA 7 leguas, van por Quintana Redonda e por los Llanosos e por Nava el Caballo, más adelante queda un lugar dicho Rávanos a la mano derecha a 2 tiros de vallesta.

Tordelaguna villa [§ 807] tiene 900 vezinos; es del arçobispado de Toledo; está en llano:

BUITRAGO 4 leguas, van por Sieteiglesias. BUSTARVIEJO 3 leguas despobladas dobladas, antes que lleguemos a Bustarviejo con media legua pasamos un arroyo que corre a la mano izquierda. CABANILLAS una grande legua doblada, es toda de viñas. GUADALIX 3 leguas pequeñas, van por Venturada. NAVA LA FUENTE 2 leguas, van por Cabanillas. REDUEÑA una legua pequeña de viñas. VENTURADA una legua llana e de viñas.

Tordillos[603] aldea / lugar [§ 476, 2074–2081] tiene 120 / 150 vezinos; es aldea de Alva; está en llano en un hondo, pasa junto con el lugar un arroyo dicho Mazgallán:

ALARAZ 2 leguas, van por Santiago de la Puebla, una legua. ALVA DE TORMES 2 leguas, van por la Lurda. ARAUZO una legua llana. ARCONADA una legua llana salvo algunos vallejos. CABEÇAS 3 leguas, van por Santiago de la Puebla, una legua. COCA DE ALVA media legua llana, a medio camino está un soto de alnos [¿?] de Álamo Negrillo. GAJATES una legua llana salvo que a 2 tiros de vallesta del dicho lugar Gajates baxamos una cuesta que tenrá 3 tiros de vallesta. GALLEGUILLOS una legua llana salvo una cuesta cabe Galleguillos que tenrá 2 tiros de vallesta. LA LURDA una legua llana, en llegando a la Lurda pasamos a Garci Cavallero, que corre a la mano derecha. MACOTERA una legua llana salvo algunos vallejos altos a trechos. MADRIGAL 6 leguas, van por la Nava, una legua, e por Aldeaseca

602 Tordecuende de Izana, cf. *Matute*.
603 Tordillo, cf. *Santiago de la Puebla*.

de la Frontera, una legua, e por Paradinas, una legua, e por Rágama, media legua, e por Rasueros, media legua, e por Astudillo, una legua. LA NAVA DE ALVA una legua llana. PEDROSILLO una legua llana, de que llegamos al lugar baxamos una cuesta que tenrá un tiro de vallesta, todas estas cuestas sobre dichas lleva un arroyuelo. PEÑARANDA 2 leguas, van por la Nava, una legua. PEÑARANDILLA una legua llana. SALAMANCA 6 leguas, van por Peñarandilla, una legua, e por la Cida, un 4º de una legua, e por Güerta, una legua e media, e por Aldea Luenga, una legua. SAMIGUEL DE SERREÇUELA 3 leguas, van por Santiago de la Puebla, una legua, e por Alaraz, una legua. SANTIAGO DE LA PUEBLA una legua grande llana. SOTROVAL una muy grand legua llana riberas arriba del dicho riatuelo Mazgallán, que queda a la mano dizquierda, un vallejuelo alto de la otra parte del río con un monte de enzinas en mitad del camino que terná de largo media legua. VALEROS una legua llana salvo que se abaxa la cuesta de Gajates. VENTOSA una legua, van por Arconada.

Torija[604] villa [§ 4820–4821, 5128–5129] tiene 200 / 500 vezinos; es del conde de Coruña; tiene muy buena fortaleza; está en un llano, es en el Alcarria:

ALDEANUEVA una legua de tierra doblada e de tierras de pan. CIRUELAS una legua de tierra doblada, todo cuesta abaxo de olivares e viñas e tierras de pan. FUENTES legua e media de tierra doblada e de montes baxos e altos e tierras de pan. GUADALAJARA 3 leguas, van por Valdenoches, una legua e media de un valle e de tierra de labrança. REBOLLOSA media legua, de cuesta abaxo la mitad del camino postrero e lo primero llano. TRIXUEQUE media legua llana e de tierras de pan. VALDEAVELLANO 2 leguas de tierra de cerros e valles e montes baxos e altos e tierras de pan. VALDERIGADAS media legua de tierra doblada e de tierras de pan.

Torneros aldea [§ 1094] tiene 20 vezinos; es de Joan Gaitán; está en un llano, está ribera del río del Vallestero:

ESCALONILLA media legua llana, pásase el río del Vallestero junto a Torneros por vado. HERREROS media legua buena de cuestas, pásase el río del Vallestero por vado junto a Torneros.

Toro cibdad [§ 4150–4152] tiene 3000 vezinos; tiene buena fortaleza; está en alto salvo por la parte de Valladolid, pasa un río dicho Duero por junto al lugar; tiene grandes arrabales, tiene de los mejores vinos tintos que ay en Castilla:

MEDINA DEL CAMPO 9 leguas, van por Villafranca, 2 leguas, e por Castronuño, una legua, e por Siete Iglesias, 2 leguas, e por la Nava, 2 leguas e media. MEDINA DE RUY SECO 9 leguas, van por Pobladura, 3 leguas, e por Urueña, 2 leguas, e por Villagarcía, 2 leguas e media, e por Villa Bráxima, una legua e media, a la mano dizquierda queda Tor de Humos a un 4º de legua. MORALES 2 leguas de tierra algo doblada, la primera legua es de viñas. POBLADURA 3 leguas llanas de tierras de labrança e algunos prados, cuesta que abaxamos

604 Tarija, cf. *Guadalajara*. Torroja, cf. *Hita*.

en saliendo de Toro que tenrá un tiro de vallesta. SAN ROMÁN DE ORNIJA 2 leguas, van por Villabeça, media legua. VALLADOLID 11 leguas, van por Morales, una legua, e por Pedrosa, 2 leguas, e por Villalar, 2 leguas, e por Villavieja, una legua, e por Simancas, a la mano derecha queda Tordesillas a media legua del camino. VILLAFRANCA 2 leguas llanas riberas arriba de Duero, queda el dicho río a la mano dizquierda, en saliendo de Toro pasan al dicho río, corre a la mano derecha, van siempre por esta ribera algunos cerros e derrumbaderos de la vega por todas partes. VILLAVECA media legua llana, todo de viñas e tierras labradas.

Torquemada villa [§ 12, 312, 365] tiene 600 / 700 vezinos; es behetría encomendada al condestable; está en llano orilla de Arlançón:

HORNILLOS una legua llana, pásase el dicho río junto a Torquemada. MAGAZ 2 leguas llanas. QUINTANA DE LA PUENTE 2 leguas, pásase el río por puente junto a Torquemada.

Torralva lugar [§ 1227] tiene 30 vezinos; es de don Rodrigo Mexía; tiene fortaleza; está en alto la fortaleza y el lugar está en la ladera de la cuesta de la fortaleza:

BERCEAL legua e media. CANTIVEROS una legua. CISLA media legua. HONTIVEROS legua e media. MAMBLAS media legua. RÁGAMA legua e media.

Torralva[605] lugar [§ 4242] tiene 80 vezinos; es aldea de Oropessa; está en llano, es en el campo de Arañuelo:

ARAVALLES media legua grande llana. LA CORCHUELA media legua llana e de prados. OROPESA media legua, de tierra doblada la mitad primera e lo otro cuesta algo arriba.

Torre aldea [§ 363] tiene 20 vezinos; es de Diego de Valdivieso:

CELADA DEL CAMINO una legua, pásase un río a medio camino.

Torre[606] aldea [§ 1016] tiene 10 vezinos; es del conde de Ureña; pasa Dueratón un tiro de vallesta:

LAGUNILLA una legua llana Dueratón arriba. RÁVANO media legua llana, pásase Dueratón junto a Rávano.

Torre de Algaz[607] lugar [§ 5643] tiene 150 vezinos; está en ladera sobre unas peñas de arena:

---

605 Torrealva, cf. *Oropes(s)a*. Torre Alva, cf. *Las Cuevas*.
606 La Torre, cf. *Canalejas, Rávano*.
607 Torre de Argaz, cf. *Malpartida* lugar [§ 2543–2546].

CÁCERES 2 leguas de cerros e tierra de montes, a medio camino pasan a un arroyo por vado, que corre a la mano dizquierda. MONTÁNCHEZ 4 leguas de tierra de sierras e valles e montes de enzinares e dehesas, para subir a Montánchez suben una cuesta que tenrá 3 tiros de vallesta. TORREMOCHA una legua de tierra doblada e de prados e dehesa.

La Torre de Bezerra[608] [§ 2819–2823] tiene 15 vezinos; es del comendador Bezerra; está en llano; tiene una torre:

EL ALGUIXUELA 2 leguas, van por el Arroyo, una legua. ALHANJA una legua de tierra doblada e de lantiscares. EL ALMENDRALEJO 2 leguas llanas, la primera legua es de inestares e la otra de haças de panes. EL ARROYO DE MÉRIDA 2 leguas pequeñas de tierra doblada e de lantiscares. EL AZEUCHAL 3 leguas de tierra doblada e de lantiscares. ÇARÇA 2 leguas de tierra doblada e de lantiscares. DON ÁLVARO 2 leguas de tierra doblada e de lantiscares, a legua e media pasamos a Guadiana por barca, que corre a la mano dizquierda. LA FUENTE EL MAESTRE 5 leguas, van por el Almendralejo, 2 leguas. LA GARROVILLA 2 leguas, van por el Arroyo. LOBÓN 3 leguas, van por el Arroyo, una legua. MÉRIDA 2 leguas de tierra doblada e de lantiscares, en llegando a Mérida pasamos a Guadiana por puente, que corre a la mano dizquierda. LOS SANTOS DE MAIMONA 7 leguas, van por el Almendralejo, 2 leguas, e por la Fuente el Maestre, 3 leguas, e por los Santos. VILLAFRANCA 4 leguas de tierra doblada e de lantiscares. VILLAGONÇALO 2 leguas de tierra doblada e de lantiscares.

Torre el Campo lugar [§ 3079–3084] tiene 400 vezinos; es aldea de Jaén, la mejor que tiene Jaén; tiene fortaleza; está en llano como en hondo, está al pie de una serrezuela; tiene grandes hederamientos de viñas e tierras e olivares:

ALCALÁ LA REAL 7 leguas, van por Martos, una legua. ALCAUDETE 4 leguas, van por Martos, una legua. ARJONA 4 leguas de tierra de cerros e doblada e campiña. ARJONILLA 5 leguas, van por la Torre don Ximeno, media legua, e por Arjona, 3 leguas e media. BAEÇA 7 leguas, van por Jaén, una legua. CAÇALILLA 4 leguas de cerros e tierras de pan, las mejores de Jaén. CAÑETE 7 leguas, van por la Torre Ximeno, media legua, e por la Higuera de Martos, 2 leguas. EL CASTILLO DE LUCUBÍN 6 leguas, van por Martos, una legua. LA GUARDIA 3 leguas, van por Jaén, una legua. JAÉN una legua muy grande de cerros e valles toda vía al pie de unas sierras, que quedan a la mano derecha, todo de viñas e olivares, por la mano dizquierda todo de cerros e tierra de pan e labranças e viñas. LINARES 7 leguas, van por Menxíbar. MENXÍBAR 4 leguas de cerros. PORCUNA 5 leguas, van por la Torre don Ximeno, media legua. PRIEGO 7 leguas, van por Martos, una legua, e por Alcaudete, 3 leguas. SANTIAGO DE MARTOS 4 leguas, van por la Torre don Ximeno, media legua. TORRE XIMENO media legua de tierra de cerros e viñas e labranças. VAENA 6 leguas, van por la Torre Ximeno, media legua. XEMILENA media legua pequeña de tierra de cerros e viñas.

Torre Dambarra lugar [§ 14] tiene 150 vezinos; es lugar de señorío:

608 La Torre de Mexía, cf. *La Fuente el Maestre, Mérida*. Torre de Mexía o de Bezerra, cf. *El Almendralejo*.

TARRAGONA una legua grande de llano.

La Torre de don Pedro de Ávila[609] lugar [§ 4144–4148] tiene 20 vezinos; está en el Val de Ablés e riberas de Adaja, algo en hondo:

ÁVILA 8 leguas e media, van por Muño Galindo, a la mano dizquierda queda Matutexo e Santa María el Arroyo a 2 tiros de vallesta del camino. GRAJOS una legua e media, van por [...], media legua llana. MENGA MUÑOZ 2 leguas, van por Xemerendura, media legua, e por Herreros, 2 tiros de vallesta. MUÑO TELLO una legua e media, van por Anguas, una legua llana arriba de Adaja la media legua postrera, pasan Adaja junto, corre a la mano dizquierda. NAHARROS DEL PUERTO una legua, van por Blacha, media legua llana. NIHARRA 2 leguas, van por Salobralejo, una legua llana valle abaxo. SANTA MARÍA DEL ARROYO media legua grande de tierra algo doblada e de tierras de pan. VADILLO una legua e media, van por Muñana, media legua. VILLATORO 2 leguas e media pequeñas llanas el Val de Ablés arriba e Adaja a la mano dizquierda. VILLAVICIOSA una legua, van por Baterna, media legua llana, junto con Baterna pasan Adaja por vado, corre a la mano dizquierda.

La Torre Juan Abad[610] lugar [§ 2259–2262, 4546–4549] tiene 100 vezinos; es de la orden de Santiago; está en un hondo como en vallejuelo, es en el Campo de Montiel:

ALCARAZ 9 leguas, van por el Almedina, 2 leguas, e por Santa Cruz de los Cáñamos, una legua, e por Villanueva de Alcaraz, 3 leguas. ALCUBILLAS 3 leguas, van por Cóçar. EL ALMEDINA 2 leguas de valles e cerros por todas partes e tierras de labranças, a media legua primera pasan a Guadalén, corre a la mano derecha. ALVALADEJO DE LOS FRAIRES 4 leguas, van por la Puebla de Montiel e por Terrinches. ÇÓCAR una legua de tierra de cerros e montes de enzinares. LA MEMBRILLA 8 leguas, van por Cóçar e por Alcubillas. MONTIEL 3 leguas, van por el Almedina, 2 leguas. LA PUEBLA DE MONTIEL una legua e media de cerros e tierras de pan, a una legua primera pasan a Guadalén río por vado, corre a la mano derecha. SANTISTEVAN DEL PUERTO 8 leguas de cerros e sierras e valles. TERRINCHES 3 leguas, van por la Puebla de Montiel. TORRENUEVA 4 leguas de sierras e cerros e xarales. TORRES DE MONTIEL una legua, van por el Almedina. VALDEPEÑAS 6 leguas de sierras e cerros e tierra doblada e de montes, a medio camino pasamos a un río dicho Xavalón por vado, que corre a la mano dizquierda. VILLAHERMOSA 5 leguas, van por las Torres de Montiel, 3 leguas. VILLAMANRIQUE una legua de cerros e piçarrales e de viñas, a medio camino pasan a Guadalén río por vado, corre a la mano derecha. VILLANUEVA DE LOS INFANTES 3 leguas de tierra doblada e de algunos vallejuelos, todo de montes de enzinares, a 2 leguas primeras pasan a Xavalón por vado e por puente, corre a la mano derecha.

---

609 La Torre, cf. *La Hija de Dios e Belmonte, Muñana.*
610 La Torre Joan Abad, cf. *La Membrilla (La Brembilla).*

Torre Perogil[611] aldea [§ 1131] tiene 200 vezinos; es de Úbeda; tiene fortaleza; está en llano:

CAÇORLA 4 leguas de toda tierra, pásase Guadalqueví a la meitad del camino. JÓDAR 4 leguas de toda tierra, pásase Guadalqueví a la meatad del camino por la puente vieja de Úbeda. QUESADA 4 leguas de toda tierra, pásase Guadalqueví a la meatad del camino, vase por Peal de Bezerro. VILLA CARRILLO 3 leguas llanas.

La Torre de San Pedro lugar [§ 759, 795–798] tiene 35 vezinos; es de Pedraza e es del Condestable; está metido en un hondo e entre un robledar:

ARANDA 12 leguas, van por las Casillas y por la Velilla e por la Matilla e por la Nava de Sepúlveda e por Sepúlveda e por Navares e por Ciruelos y por Fuente Rubia e por Fuente Espina. CAVALLAR legua e media doblada, en saliendo de la Torre subimos una cuesta con robles que tenrá 2 tiros de vallesta. LA CUESTA legua e media doblada. FUENTE PELAYO 5 leguas, van por Turégano e por Sauquillo e por Aguilafuente. LOÇOYA 2 leguas e media, van por Navafría. NAVAFRÍA media legua cuesta arriba, de allí a Loçoya es todo puerto. OLMEDO 12 leguas, van por la Cuesta e por el Carrascal e por Torreiglesia e por los Otones e por Escalona e por Aldea el Rey e por Navamaçano e por San Martín e por Alonso Yáñez e por San Boal e por Fuente el Olmo. PEDRAZA una legua, van por San Pedro. PEÑAFIEL 12 leguas, van por Valdevacas e por la Puebla e por la Cabeçuela e por Cantalexo e por Membrive. REBOLLAR 3 leguas, van por Requixada e por Rebollo. REBOLLO 2 leguas, van por Requixade. RIAÇA 7 leguas, van por Matabuena e por Alcones e por Prádana e por Casla e por Siguezuelo e por Aldealapeña. SANTIYUSTE 3 tiros de vallesta una cuesta arriba, luego abaxamos otra cuesta. TORDELAGUNA 7 leguas, van por Navafría e por Loçoya e por Loçoyuela e por Sieteiglesias. TURÉGANO 2 leguas e media, van por Cavallar. VAL DE SAN PEDRO 3 tiros de vallesta un hondo abaxo. VALDEVACAS una legua grande doblada. VEGANÇONES 3 leguas, van por Valdevacas e Muñoveros.

La Torre de Sopetrán[612] lugar [§ 4851–4858] tiene 30 vezinos; está en un cerro; es anexo a un monesterio dicho Sopetrán, que está cabe el lugar en un valle riberas de un arroyo muy fresco en verano de arboledas, este monesterio es muy suntuoso, es de la orden de San Benito, llámase Sopetrán por causa que en tiempo antiguo por esta tierra traía un moro príncipe que andava corriendo esta tierra muchos cabtivos e una noche en este dicho valle asentó su real e los cabtivos cristianos se echaron en oración para que los librase e Nuestra Señora se apareció al dicho moro en su tienda e le dixo que se tornase cristiano e el dicho moro le preguntó quién era e le dixo que la Virgen María e que se lavase e vaptizase en una fuente que está cabe el dicho monesterio e se bautizó, la cual agua de la

611 La Torre Peroxil, cf. *Baeça, Rus*. La Torreperogil, cf. *Villanueva del Arçobispo*.
612 La Torre del Burgo, cf. *Rebollosa*. Sopetrán, cf. *Hita, Tórtola*. La Torre del Burgo de Sopetrán, cf. *Cañizar, Hita*.

fuente haze muchos milagros, está una muy dobecta [¿?] imagen de Nuestra Señora:

ALHARILLA una legua e 3 tiros de vallesta, van por Torriente, una legua. LA CASA 2 leguas, van por Hita e por Padilla. CIRUELAS una legua de tierra de cerros e montes baxos e altos e tierras de pan. COPERNAL una legua e media, van por Taragudo, media legua. ESPINOSA DEL DUQUE DEL INFANTAZGO 2 leguas, van por Taragudo, media legua. GUADALAJARA 3 leguas e media, van por Tórtola, 2 leguas, e por otro que es por la ribera abaxo de Henares van por Maruque, media legua grande, junto con el lugar se pasa Henares, corre a la mano dizquierda, por la mano derecha queda Yunquera a 4 tiros de vallesta e Hontanar a 4 tiros de vallesta. HERAS media legua un arroyo abaxo llana e de vega e arboledas e tierras de pan muy rezia e abundosa de pan. HITA media legua grande de cerros e cuestas arriba. HONTANAR 2 leguas, van por Maluque, media legua, e por Yunquera, una legua. IRIEPE 3 leguas, van por Tórtola, 2 leguas. PADILLA una legua de tierra de cerros e valles e tierras de viñas e pan, por la mano dizquierda queda Hita a un tiro de vallesta del camino. REBOLLOSO una legua pequeña de cerros e cuestas e tierras de pan. TARACENA 3 leguas, van por Tórtola, 2 leguas. TARAGUDO media legua de tierra de valle llano arriba e tierras de pan. TORRIENTE una legua de tierra muy doblada e de labranças. TÓRTOLA 2 leguas de cerros e valles e tierras de labrança. VALDEANCHETA una legua e media. VALDENOCHES 2 leguas e media, van por Torija, una legua de cerros e valles e tierras de pan, la media legua postrera es de montes de enzinares.

La Torre de Vega aldea [§ 452] tiene 40 vezinos; está en llano, está 2 tiros de vallesta de Sorga río:

ÇALANUEVA media legua pequeña llana. SANT MIGUEL DE SORGA un 4º de legua llano, pásase Sorga río junto a la Torre de Vega por puente.

Torredondo lugar [§ 3743–3744] tiene 5 vezinos; es aldea de Segovia; está en llano al pie de un cerro, pasa un río por cabe el lugar que se seca en verano, llámase también río Milano:

BERMUY DE PALACIOS media legua llana un valle e río arriba dicho Milano, que queda siempre a la mano derecha, en llegando al dicho Bermuy pasamos al dicho río Milanos, que corre a la mano derecha.

Torregrosa lugar [§ 5049–5050] tiene 30 vezinos; es de señorío; está en llano; es estérile de agua que beben de lagunas:

VILLANUEVA una legua e media, ponen una legua, llana salvo un vallejuelo arriba a un 4º de legua del camino.

Torrejón[613] aldea [§ 4] tiene 60 vezinos:

ALCALÁ DE HENARES 2 leguas.

Torrejón de Velasco[614] lugar [§ 5384–5390] tiene 300 vezinos; es de Juan Arias; tiene fortaleza; está en llano; tiene buen mercado cada miércoles:

BATRES 3 leguas, van por Uxena e por Carranque. BOROX 2 leguas e media, van por Palomero e por Esquivias. CASARRUBIELOS una legua de tierra doblada e de pan e viñas. CEDILLO 2 leguas, van por Moratalaz e por Illescas. COBEJA 2 leguas e media, van por Moratalaz e por Hazaña. LA CRUZ una legua de tierra doblada e de pan. CUBAS una legua de tierra doblada e de labrança. ESQUIVIAS una legua e media, van por Palomero. GRIÑÓN 2 leguas, van por Cubas. HAZAÑA 2 leguas, van por Moratalaz, por la mano derecha queda Illescas a un tiro de vallesta. HUMANEJOS una legua e media de tierra doblada e de pan e viñas. ILLESCAS una legua, van por Moratalaz. MORATALAZ un 4º de legua grande llana de tierras de labrança. NOMINCHAL 3 leguas, van por Moratalaz e por Illescas e por Cedillo. PALOMEQUEXO 3 leguas, van por Moratalaz e por Illescas e por Cedillo. PALOMERO una legua de tierra doblada e de pan. PARLA 2 leguas, van por Humanejos. PINTO 2 leguas de tierra doblada e de pan e vino. PUÑOENROSTRO 2 leguas, van por Palomero. SERRANILLOS 2 leguas e media, van por Cubas. TORREJONCILLO una legua de tierra doblada e de pan e viñas. UXENA una legua de tierra doblada e de pan e viñas. VALDEMORO 2 leguas, van por Palomero. EL VISO 2 leguas, van por Valaguera. YELES una legua, van por Moratalaz. YUNCOS 2 leguas, van por Moratalaz e por Illescas.

Torremocha aldea [§ 768, 835–838]; es del marqués de Villena, sojeta Ayllón; está en un alto:

ALMAÇÁN 10 leguas, van por Quintanas Rubias e por el Frexno e por Recuerda e por Hortezuela e por Fuente el Puerco. ARANDA 8 leguas, van por Piquera e por Peñalva e por Aldea e por Castril e por Horadero e por la Vid e por Valdecuendes e por Frexnillo. ATAUTA 2 leguas, van por la Morcuera. GOLVÁN 2 leguas, van por la Morcuera. GORMAZ 3 leguas, van por Quintana Rubias e por el Frexno de Gormaz. GRADO 3 leguas, van por Licieras e por Noviales e por Grado, donde se acaba la Sierra de Segovia. MONTEXO una legua llana salvo que abaxamos una cuesta que tenrá un tiro de vallesta. LA MORCUERA media legua doblada, está en alto en una grand cuesta e para ir allá abaxan otra que tenrá 2 tiros de vallesta. OLMILLOS 2 leguas, van por la Morcuera. PEÑALVA 2 leguas, van por Piquera. PIQUERA una legua llana un valle abaxo. LAS QUINTANAS RUBIAS una grande legua muy áspera en que la media legua primera se pasa valle muy estrecho de peñas de un cabo e de otro que solían saltear e allí a la media legua se perdió por robos. SANTISTEVAN DE GORMAZ 2 leguas e media. SANTIVÁÑEZ 3 leguas, van por Liceras e por Noviales. SANTUY una

613 Torrejondardoz, cf. *Paracuellos*. Torrejón de Hardoz, cf. *Ajalvir (Hajalvir), Alcalá de Henares, Arganda, Dagançuelo (Daguençuelo), La Hinojosa, Lueches.*
614 Torrejón Velasco, cf. *(El) Romeral.*

legua doblada mucho, junto con el lugar se pasa Río Pedro, que corre a la mano derecha, vase a juntar con Duero a legua e media. SOMOSIERRA 8 leguas, van por Torraño e por Ayllón e por Valvieja e por Alderazgo e por Riaça e por Sant Andrés. TORROSUSO legua e media doblada. VALDANÇO 3 leguas dobladas, van por Santuy e por Niño.

Torres aldea / lugar [§ 19, 4721–4724] tiene 70 / 150 vezinos; es del arçobispo de Toledo, es aldea de Alcalá; está en llano en valle anchurosa e de tierras de labrança muy gruesas:

ALCALÁ DE HENARES una legua de tierra doblada e algo como costezuela arriba salvo que antes que lleguemos Alcalá con un 4º de legua abaxamos una cuesta agria que tenrá 4 tiros de vallesta, en abaxando la cuesta pasan a Henares río por puente, que corre a la mano dizquierda. (EL) CAMPO una legua de tierra de cerrillos e tierras de pan. LUECHES media legua de tierra doblada e de tierras de pan, por la mano dizquierda queda siempre una cuesta de un valle. EL POZUELO DE TORRES una legua de tierra doblada e de algunos olivares, en saliendo del lugar a 2 tiros de vallesta primeros suben una cuesta que tenrá 2 tiros de vallesta. SANTORCAZ 2 leguas, van por Villalvilla, una legua. VILLALVILLA una legua de tierra doblada, por amas manos quedan valles e cerros e viñas.

Torres lugar [§ 5045–5046] tiene 20 vezinos; está riberas de Segre río cabdal, tiene buena ribera:

ALCARRAZ una legua de vega llana de travieso, en saliendo pasan a Segre por barca, que corre a la mano dizquierda. ÇUÑIEL (ÇUNIEL) media legua llana grande. LÉRIDA 2 leguas de vega arriba, en saliendo pasan a Segre por barca, que corre a la mano dizquierda.

Las Torres [§ 1088] tiene 35 vezinos; es del duque de Alburquerque, es aldea del Colmenar:

EL COLMENAR 5 leguas, van por la Macheta. LOS GAVILANES una legua pequeña, es tierra áspera. LOS MIJARES una legua grande, quedan los Gavilanes a mano izquierda. SARTAJADA una legua pequeña. TIÉTAR media legua algo cuesta baxa.

Torres de Montiel lugar [§ 1137] tiene 50 vezinos; tiene casa fuerte; está en una ladera, pasa Xavalón 2 tiros de vallesta de este lugar que viene de Montiel y va hazia Alcovillas:

ALVALADEJO DE LOS FREILES 3 leguas, a la primera está Santa Cruz de los Cáñamos, a la segunda está Terrinches, a la tercera está Alvaladejo, llanas todas. SANTA CRUZ DE LOS CÁÑAMOS una legua llana.

Torrezilla aldea [§ 281] tiene 70 vezinos:

AÇOFRA media pequeña. ALASANCO medio millo. CANILLAS medio millo. CAÑAS poco más porque se va por Canillas. CORDOVÍN media legua pequeña.

Torrezilla lugar [§ 5241] tiene 30 vezinos; está en una ladera al pie de una sierra:

HERNAND PÉREZ una legua llana por vera de sierras, por la mano derecha quedan las sierras e olivares por todas partes e tierras de labranças e viñas. SANCTA CRUZ 2 leguas, van por Villanueva del Obispo. VILLANUEVA DEL OBISPO una legua llana e de tierras de labranças e viñas e olivares.

La Torrezilla [§ 1058] tiene 30 vezinos; es de don Álvaro de Luna; está en llano:

FUENTE EL OLMO una legua llana.

Torrezi(e)lla lugar [§ 5026–5027]; es del aseo de Çaragoça; está en un vallejo hondo e entre cerros pelados de yescales;[615] no tiene agua duce salvo que la traen de Ebro 3 leguas:

BOTORRITA 2 leguas grandes, de cerros e valles e montes la media legua primera e lo otro todo cuestas e valles abaxo. ÇARAGOÇA 3 leguas pequeñas de cerros e valles. MEDIANA 2 leguas grandes, la primera legua es de valles de travieso e cerros, que la corriente de los valles van por la mano dizquierda, toda van esta primera legua como cuesta arriba, la legua postrera un valle abaxo por entre cerros.

Torrezillas[616] lugar [§ 3540–3541] tiene 8 vezinos; es de Cibdad Real; pasa un riatuelo dicho Xavalón por junto con el lugar, que se seca en verano; es como quintería:

ALMAGRO 4 leguas e media de cerrillos e tierra doblada, a la mano dizquierda queda Cibdad Real a una legua del camino. CIBDAD REAL legua e media, van por Poblete, media legua. POBLETE media legua de tierra de panes e algo doblada.

Torrijos villa [§ 3195–3200] tiene 500 vezinos; es de doña Teresa Enríquez; está en llano entre unos olivares:

ALVALÁ una legua e media, van por Azaverín, una legua llana, la mitad del camino de olivares. ARCABÓN una legua llana de olivares e viñas. BURUJÓN una legua grande, la mitad es llano e de olivares e viñas e lo postrero tierra doblada. CABDILLA media legua llana e de olivares e viñas. CAMARENA una legua e media, llana la media legua e de olivares e lo otro tierra doblada. CARMENA legua e media, la mitad del camino de olivares e llano e lo otro de cerros. CARRICHES 2 leguas, van por Carmena, legua e media. CEBOLLA 4 leguas, van por Carmena, legua e media, e por la Mata, media legua. ESCALONA media legua, van por Santo Domingo, una legua, e por Maqueda, una legua. ESCALONILLA una legua, van por Girindote, media legua. FUEN SALIDA 2 leguas de cerros baxos de labranças, a la mano

615 ¿Derivado de *yesca*? Testimonio temprano de la voz en español (Rodríguez 2002, 79).
616 Torrezilla, cf. *Caracuel*.

derecha queda Varciença a media legua pequeña del camino. HURTADA media legua llana de olivares e viñas. MAQUEDA 2 leguas, van por Santo Domingo. LA MATA 2 leguas, van por Carmena, legua e media. NONVELA 5 leguas, van por Arcabón, una legua, e por Santolalla, una legua. NOBÉS una legua grande de cañadas e viñas. PERO VÁZQUEZ una legua, van por Hurtada. PORTILLO 2 leguas de tierra doblada. LA PUEBLA DE MONTALBÁN 2 leguas, van por Girindote, media legua. SAN SILVESTRE una legua, de tierra algo doblada la postrera media legua. SANTO DOMINGO una legua de tierra algo doblada e de olivares. SANTOLALLA 2 leguas, van por Arcabón. TALAVERA DE LA REINA 8 leguas, van por Carmena, una legua e media, e por la Mata, media legua, e por Cebolla. TOLEDO 5 leguas, van por Rielves. VARCIENÇA una legua pequeña e de olivares. VILLAMIEL 2 leguas e media, van por Varciença, una legua.

Torrivuelo (Torrovivelo)[617] aldea [§ 763–764, 819–820, 1059] tiene 30 / 40 vezinos; es de Sepúlveda; está en alto e el asiento en llano:

ARANDA 7 leguas, van por Graxeda e por Frexnillo de la Fuente e por Honrubia e por Pardilla e por Miraglos e por Fuentespina. AYLLÓN 3 leguas e media, van por el Frexno. BARAHONA media legua llana. BARBOLLA una legua doblada. BOCEGUILLAS (BOZEGUILLAS) media legua una cuesta abaxo como ladera. LA ÇARÇOSA una legua pequeña. ENZINAS legua e media, van por Boceguillas. EL FREXNO (DE CANTISPÍN) 2 leguas dobladas, antes que lleguemos a Frexno subimos una cuesta que tenrá 2 tiros de vallesta, queda a la mano dizquierda a 2 tiros buenos de vallesta del camino Barahona, así mismo queda Sequera a otro tanto, a la mano derecha queda Aldeanueva del Monte del camino otros 4 tiros de vallesta. RIAZA 2 leguas dobladas de montes. SEPÚLVEDA 2 leguas, van por Çarçosa. SOMOSIERRA 4 leguas grandes, van por Castillejo e por Cerezo de Yuso.

Tórtola[618] lugar [§ 4841–4846, 4850] tiene 80 vezinos; es aldea de Guadalajara; está en vallejuelo e como en ladera, pasa un río dicho Henares a un 4º de legua del camino, es en el Alcarria; este lugar es en el Alcarria el postrero lugar de Henares:

ALDEANUEVA una legua de cerros e vallejuelos e algunos arroyos e montezillos baxos. BALBUENO 2 leguas e media, van por Marchamalo e por Cabanillas. EL CAÑAL media legua de cerros e tierras de pan, junto con el Cañal pasan a Henares río por puente, corre a la mano dizquierda. CIRUELAS una legua pequeña de tierras de cerros de labranças. FUENTES 2 leguas, van por Torija, una legua. GUADALAJARA una legua e media de tierras de cerros e tierras de viñas e de labranças. HI(C)TA 2 leguas e media de tierra de cerros e valles e tierras de pan e de algunas viñas, para subir a Hita suben una cuesta que tenrá 4 tiros de vallesta, por la mano dizquierda queda la Torre de Sopetrán a un tiro de vallesta del camino, a la mano derecha queda Canizar a un 4º de legua del camino. HONTANARES media legua de tierra de cerros e valles e viñas, junto con Hontanares pasan a Henares río por puente,

617 Torrubielo, cf. *El Fresno de Cantaspino (Frexno).*
618 Tórtolas, cf. *Guadalajara.*

corre a la mano dizquierda. MARCHAMALO una legua grande, van por Cañal, media legua de tierra de cerros e vallejuelos e tierras de pan. SAMARTÍN DEL CAMPO 2 leguas, van por el Cañal, media legua. SOPETRÁN 2 leguas de cerros e valles e tierras de pan. TARACENA una legua de tierras de viñas e de cerros e tierras de labrança. TENDILLA 5 leguas, van por Taracena, una legua, e por Iriepa, una legua, e por Horche. TORIJA una legua grande de cerros e valles e montes baxos e tierras de labrança. USANOS 2 leguas, van por el Cañal, media legua, e por Samartín del Campo. YUNQUERA una legua, de tierra de cerros e valles la primera media legua e lo otro llano, a medio camino pasan a Henares río por varca, corre a la mano dizquierda.

Tortosa cibdad [§ 15] tiene 1200 vezinos:

SAN MATEO 7 leguas, pásase Ebro por puente de barcos a par de Tortosa junto a los adarves.

Torviscoso lugar [§ 2489–2497] tiene 40 vezinos; es aldea de Plazencia; está en llano entre unos enzinares, es en el Campo de Arañuelo:

ALDEANUEVA 7 leguas de tierra doblada e de enzinares e robledares, a media legua pasamos a Tiétar por barca, que corre a la mano dizquierda. ALIJA 3 leguas llanas, junto con el lugar Alija pasamos a Texo por barca, que corre a la mano derecha. ARENAS 9 leguas, van por San Julián, 3 leguas. BERROCALEJO 3 leguas llanas de prados. CALÇADA 3 leguas llanas, en saliendo entramos en un enzinar que tenrá una legua. CUACOS 7 leguas de tierra doblada e de enzinares por algunas partes. MALHINCADA media legua llana e de enzinales. NAVA EL MORAL una legua grande llana, toda de enzinares, es en el Campo de Arañuelo todo. LA PERALEDA DE PLAZENCIA una legua llana de enzinales. PLAZENCIA 11 leguas, van por Nava el Moral, una legua, e por Casatexada, 2 leguas, e por el Toril, 2 leguas, e por Malpartida, 5 leguas. LA PUEBLA DE NAZIADOS 3 leguas, van por el Gordo, 2 leguas e media llano. LA PUENTE DEL ARÇOBISPO 5 leguas, van por el Gordo, 2 leguas e media, e por Altorrico, una legua. SAN JULIÁN 3 leguas grandes de enzinales e robledales. TALAVERA 11 leguas, van por Calçada, 3 leguas, e por Oropesa, 2 leguas, e por Gamonal. TALAVERA LA VIEJA 3 leguas llanas, junto con Talavera la Vieja pasamos a Texo por barca, que corre a la mano derecha. TRUXILLO 11 leguas, van por Nava el Moral, una legua grande, e por Almaraz, 2 leguas, e por las Barcas, una legua, e por las Casas del Puerto, una legua, e por Xarahijejo, 2 leguas. VALPARAÍSO una legua llana de enzinales. VALVERDE 4 leguas de tierra doblada de enzinares e xarales, a una legua de Valverde pasamos al dicho río Tiétar por barca, que corre a la mano dizquierda. XARANDILLA 6 leguas de tierra doblada salvo la primera legua, es todo de enzinares e robledales e xarales, a medio camino pasamos al dicho río Tiétar por barca, que corre a la mano dizquierda.

Tosina aldea / lugar [§ 482, 4389–4392, 6597, 6603–6605] tiene 60 / 100 / 150 vezinos; es de la orden de San Juan e de fray Diego Martínez del Aguilar; está en llano, a un 4º de legua pasa Guadalquebir, que casi la cerca el río la mitad por la parte de Córdova:

ALCOLEA una legua llana grande, van por Villanueva del Camino. CANTILLANA una legua e media llana riberas abaxo de Guadalquebir, no ay camino, junto con Cantillana pasan a Guadalquebir por varca, que corre a la mano dizquierda. CARMONA 3 leguas de tierra llana e de montes de palmares e chaparrales. GUADAXOX una legua llana riberas arriba de Guadalquebir, queda el río a la mano dizquierda. LORA 3 leguas, van por Villanueva del Camino. MONTORCAZ (MORTONCAZ) una legua pequeña llana salvo que para subir a Montorcaz subimos una cuesta que tenrá 3 tiros de vallesta, a un 4º de legua pequeño pasan a Guadalquebir por varco, que corre a la mano dizquierda. SEVILLA 6 leguas llanas, tierra de muchos palmitares, van por Brenes. VILLANUEVA DEL CAMINO una legua pequeñica llana, a 3 tiros de vallesta primeros pasan a Guadalquebir por varca, que corre a la mano dizquierda, van siempre riberas arriba de Guadalquebir, que queda a la mano derecha, haze un arco de manera que se desvía del camino, junto con Villanueva tornamos a tocar en él.

Tovera lugar [§ 5187–5188] tiene 30 vezinos; es de don Fadrique de Çúñiga; está en un valle metida:

BRANTAVILLA una legua de tierra doblada e de labranças. MIRANDA DE EBRO 2 leguas e media, van por Brantavilla. PORTILLA media legua de tierra doblada e de labranças. SANTA MARÍA un 4º de legua pequeño de tierra llana e de labranças. TREVIÑO una legua, van por Villanueva. VILLANUEVA media legua de tierra doblada e de labranças. ZEMBRANA una legua, van por Portilla.

Trebillén[619] lugar [§ 6400–6402] tiene 200 vezinos; es aldea de Elche; tiene buena fortaleza; está al pie de una sierra, por la parte de hazia la mar grandes llanos; tiene buenos olivares, es de moros:

ALBATERA una legua grande llana. AZPE 2 leguas, la legua e media primera de sierras e valles e lo otro llano e por entre sierras, todo de atochares e romerales. CALLOSA 2 leguas, van por Albatera. CATRAL una legua llana, de atochares la media legua primera e lo otro de saladar. ELCHE 2 leguas llanas e de atochares, por la mano dizquierda quedan sierras.

Trepiana[620] aldea [§ 1251–1252] tiene 800 vezinos; está en hondo:

CAZCORRITA [...] legua llana. FONÇARRECHE una legua doblada. FONCEA una legua, lo más del camino de hazia amos lugares son de via[...]. OCHANDORE una legua llana. SAJA una legua grande llana [...] toda de exidos. SAMILLÁN media legua en que ay una cuesta a la mitad de la media legua, en bajando a Samillán abaxan otra cuesta. ELTABLE una legua doblada. VALLUÉRCANES una legua dobladilla.

619 Trevillén, cf. *Nobelda*. Crevillente, cf. *Elche*.
620 Trepeana, cf. *Santo Domingo de la Calçada*.

Tresjuncos[621] lugar [§ 4647–4650] tiene 80 vezinos; es aldea de Belmonte; está en un cerrillo por causa que pasa un valle por donde hazia se pone el sol:

BELMONTE 3 leguas, van por la Osa, una legua. HONTANAYA una legua de montes de enzinares e tierra doblada e de cerros cuanto más adelante, en saliendo baxan la cuesta. LA OSA una legua llana, en saliendo de Tresjuncos abaxan una cuesta que tenrá un tiro de vallesta. LA PUEBLA DE ALMENARA una muy grand legua de tierra doblada mucho e de montes de enzinares e savinares e algunos pinares e tierras de pan. VILLAMAYOR 2 leguas, van por Hontanaya, una legua. EL VILLAREJO DE FUENTES una legua de grandes cerros e montes de pinares e enzinares.

Tresves[622] lugar [§ 4716] tiene 100 vezinos; es de Almoguer; está en llano:

ALMOGUER una legua de tierra doblada e de tierras de pan. ÇOCOS media legua de tierra doblada e de pan.

Tricio lugar [§ 286] tiene 130 vezinos:

ARENÇANA DE YUSO un millo. CÁRDENAS una legua. MAHABE una legua, pásase la puente de Arençana del río Najarilla para ir a Cárdenas y a Mahabe. MANJARRÉS una buena legua. VADRÁN legua y media buena, vase por Cárdenas que está a medio camino. VAÑOS una buena legua, toda esta tierra es agra algo.

Trigueros lugar [§ 5318] tiene 2500 vezinos; es del duque de Medina Sidonia; tiene fortaleza; está en llano:

NIEBLA 3 leguas de tierra de montes e cerros e palmares, a medio camino pasan a Candón por vado, que corre a la mano derecha.

Trixueque[623] villa [§ 4866–4868, 5119–5120] tiene 400 vezinos; es del duque del Infantazgo; está en llano por la parte de mediodía e por la parte de Hita está en alto porque pasa la vega de un río dicho Vadiel, que tiene un valle muy frutífero de viñas e olivares, por la parte de mediodía es Alcarria, es en el Alcarria:

CAÑIZAR una legua de tierra doblada e de viñas. HITA una legua de tierra doblada de viñas e tierras de pan, la mitad primera cuesta abaxo e lo otro cuesta arriba, a medio camino pasan a Vadiel, corre a la mano dizquierda. PADILLA una legua e media de tierra doblada e de un valle arriba e tierras de pan, por todas partes cerros, van por Valdearenas, media legua, por la mano dizquierda queda Hita a media legua grande del camino. REBOLLOSA media legua, todo cuesta abaxo de viñas e olivares. TORIJA media legua de tierra llana de

621 Tres Juncos, cf. *La Osa de Belmonte, Tarancón.*
622 Treves, cf. *Caravaña.*
623 Tres Xueques, cf. *Guadalajara, Hita.*

tierras de pan. LA TORRE DE SOPETRÁN una legua de tierra doblada e de viñas, la primera media legua es cuesta abaxo. VALDEARENAS media legua de tierra de viñas e panes, todo cuesta abaxo como por ladera, que queda el cerro por la mano derecha.

Truxillanos[624] lugar [§ 4521] tiene 200 vezinos; es aldea de Mérida; está en llano e en tierra de muchos valles e montes de dehesas e heredades:

MÉRIDA una legua de tierra de valles e cerros e labranças e de berrocales.

Truxillo cibdad / villa [§ 2529–2535, 2539, 2713–2715] tiene 2000 / 3000 vezinos; tiene buena fortaleza; está en un cerro; tiene hazia la parte de mediodía un buen arrabal en llano, casi cerca la mitad de la cibdad, está entre unos berrocales:

ALDEA EL PASTOR 3 leguas de tierra doblada e de berrocales e dehesas. BADAJOZ 12 leguas, van por el Eguixuela, 3 leguas, e por la Çarça, media legua, e por Çorita, legua e media, e por Legrusán, 3 leguas, e por Cañamexo, 2 leguas, e por Santa María de Guadalupe. BÚRDALO 4 leguas, van por el Puerto de Sancta Cruz. CABAÑAS 5 leguas de cerros e sierras e montes de dehesas. CÁCERES 8 leguas de tierra doblada por algunas partes mucho e por otras llano, pasamos algunos arroyos a trechos, a la mano dizquierda baxamos Sierra de Fuentes a media legua del camino. LA ÇARÇA 3 leguas e media de tierra doblada e de berrocales. EL CASTILLO DE CABAÑAS 7 leguas, van por Aldeanueva, 4 leguas, a 5 leguas pasamos a un río dicho Almonte por vado, que corre a la mano dizquierda. ÇORITA 5 leguas de tierra doblada e de dehesas. LA CUMBRE 2 leguas, la primera de tierra doblada e de berrocales, a medio camino pasamos a Magasca río, que corre a la mano derecha. DELEITOSA 5 leguas, van por Torrezillas, 3 leguas de tierra muy doblada. EL ELGUIXUELA 3 leguas, van por la Çarça. GUADALUPE 12 leguas, van por Garcíaz, 5 leguas, e por Berzocana, 2 leguas. LOGRUSÁN 8 leguas, van por la Çarça, una legua e media, e por el Elguiguela, legua e media. MADRIGALEJO 8 leguas, van por Sancta Cruz del Puerto, 3 leguas, e por Alcollarín, 2 leguas. MÉRIDA 12 leguas, van por Ruanes, 3 leguas e media, e por Salvatierra, media legua, e por Mirandilla, 6 leguas. MONTÁCHEZ 7 leguas, van por Avelilla, 3 leguas, e por Benquerencia, una legua, e por Valdefuentes e por Albalá, una legua. NALPARTIDA 2 leguas de tierra doblada e de berrocales. PLAZENCIA 14 leguas, van por Torrejón de Garci López de Plazencia e por la Corchuela, una legua. EL PUERTO DE SANCTA CRUZ 3 leguas de tierra doblada por algunas partes. SANCTA CRUZ DE LA SIERRA 3 leguas, de tierra muy doblada e de berrocales la media legua primera, allí pasamos a un río dicho Magasca, que corre a la mano derecha. TORREAGUDA una legua de tierra doblada e de berrocales. TORREMOCHA 5 leguas, de tierra doblada la primera legua e lo otro llano. ZARAHIZEJO 4 leguas, van por Almarazejo.

Turra aldea [§ 475] tiene 16 vezinos:

GALLEGUILLOS media legua. GAJATES una legua.

---

624 Truxillano, cf. *Mérida*.

U

Úbeda cibdad [§ 1120–1122, 4702–4710] tiene 4000 vezinos; tiene fortaleza algo de ella derrocado e tiene muy buena muralla; está en alto y el asiento en llano salvo por la parte de Baeça que está en llano, a 2 leguas de la cibdad pasa Guadalquebir por la parte de mediodía; está entre unos olivares e viñas e huertas, es cibdad de mucho azeite e vino tinto, tiene buenos arrabales a la redonda:

ALBÁNCHEZ 3 leguas e media, van por Bedmar. AZNATORAL (IZNATORAF) 5 leguas llanas salvo la postrera media legua de cuesta arriba, van por la Torre Perogil e por Villacarrillo. BAEÇA una legua llana por todo de viñas e olivares, a medio camino se sube una cuesta que tenrá 3 tiros de vallesta. BEDMAR 3 leguas por el mismo camino que van a Xódar. CAÇORLA 5 leguas de tierra de cerros e valles e montes baxos e altos e tierras de pan, a 2 leguas pasan a Guadalquebir por puente, corre a la mano derecha. CANALEJAS una legua de tierra doblada. EL CASTELLAR 4 leguas de tierra doblada, pásase Guadalhimar a 2 leguas de Úbeda por vado en verano y en ivierno por varca. EL CASTILLO DE GARCÍAZ 3 leguas e media. EL CASTILLO DE NÍNCHEZ 3 leguas. JAÉN 7 leguas, van por Baeça. LLIRUELA 5 leguas y media llanas, pásase Guadalqueví en medio del camino. EL MÁRMOL una legua de tierra doblada. LAS NAVAS 3 leguas de tierra doblada, pásase el río Guadalhimar a 2 leguas de Úbeda por vado en verano y en ivierno por varca. QUESADA 5 leguas de tierra de cerros e valles e tierras de pan e montes baxos e altos, a 2 leguas primeras pasan a Guadalquebir río por puente, corre a la mano derecha. RUS una legua de tierra doblada e de olivares e viñas e como algo cuesta abaxo. SANTISTEVAN DEL PUERTO 5 leguas, van por las Navas de Santistevan, 3 leguas de cerros e montes baxos e altos, la primera en saliendo de Úbeda es cuesta abaxo e la otra legua adelante es como cuesta arriba, a la primera legua pasan a Guadalimar río por vado en verano, corre a la mano dizquierda. SANTOLALLA una legua llana. SAVIOTE una legua de tierra doblada, todo de viñas e algunos olivares. LA TORRE PERO GIL (TORREPEROGIL) una legua, van por la Torre García Hernández, media legua de viñas e huertas e tierra doblada. LA TORRE DE SANT JOAN una legua llana. TORRES 6 leguas, de tierra doblada e de montes de enzinares e atochares las 3 leguas postreras, a la mano derecha queda Úbeda a una legua del camino. VILCHES 4 leguas de tierra barrancosa e de valles e montes baxos salvo la una legua primera que es de olivares, a 2 leguas primeras pasan a Guadalimar por puente, corre a la mano dizquierda. VILLACARRILLO 4 leguas llanas, van por la Torre Perogil. VILLANUEVA DEL ARÇOBISPO 5 leguas llanas. XIMENA 4 leguas, todo de campiña, las 2 leguas primeras cuesta abaxo, allí pasan a Guadalquebir por puente, corre a la mano derecha, las 2 leguas postreras arriba de un río dicho Garcíaz, queda el río a la mano dizquierda, a la mano dizquierda queda el castillo dicho Nínchez a 2 tiros de vallesta, a la mano dizquierda queda el castillo dicho Garcíaz a un tiro de vallesta del camino. XÓDAR 3 leguas, las primeras 2 leguas cuesta abaxo e lo otro algo cuesta arriba, todo es tierras de labrança, las 2 leguas primeras e la postrera legua de atochares, a 2 leguas primeras pasan a Guadalquebir por puente, corre a la mano derecha.

Uclés villa [§ 4671–4673] tiene 300 vezinos; tiene muy buenas torres de muralla e fortaleza; está en un cerro por causa que la cercan unos vallejuelos a la redonda,

https://doi.org/10.1515/9783111044064-022

nace de una fuente dicha la Fuente Redonda un río que muelen molinos todo el año, que está a un 4º de legua del lugar; es convento, házense en este lugar buenos cardos [¿?], próvese toda la Mancha de calderas, por esta tierra son los edeficios de las casas de yeso:

ALMENDROS una legua de tierra doblada e de tierras de pan. ROÇALÉN media legua de tierra doblada e de tierras de pan. SAHELIZES una legua de tierra doblada mucho e de tierras de pan. TARANCÓN una legua e media de tierra de cerros no muy grandes e tierras de pan, en saliendo de Uclés pasan al dicho riatuelo por vado, corre a la mano dizquierda. TRIBALDOS media legua de tierra muy doblada e de tierras de pan riberas abaxo del dicho río. VILLARRUBIO media legua de tierra doblada e de tierras de pan.

Uércanos aldea [§ 285] tiene 100 vezinos:

ALASÓN una legua pequeña. ARENÇANA DE YUSO legua y media, tierra áspera. MANJARRÉS legua y media áspera. NÁJARA media legua, ase de pasar Najarilla por puente junto con Nájara. TRICIO una legua pequeña.

Uimbra lugar / villa [§ 386, 436] tiene 300 / 400 vezinos; está en llano:

MONTERREY 2 leguas grandes llanas.

Uitrera[625] villa [§ 3425–3429] tiene 2000 vezinos; es aldea de Sevilla; tiene buena fortaleza; está entre altillo e el asiento en llano; tiene grandes arrabales por todas partes:

ALCALÁ DE GUADAIRA 3 leguas de cerrillos e de palmares, las 2 leguas primeras son de olivares. ARCOS 8 leguas, vase por Espera. LAS CABEÇAS 4 leguas llana e de marismas las 2 leguas de en medio, las 2 leguas primeras de tierra doblada de palmares. CARMONA 6 leguas de cerros e tierras de campiña, las 2 leguas primeras son de olivares. DOS HERMANAS 3 leguas de tierra llana salvo algunas traspuestas a trechos, todo de olivares e pinares e matorrales, en medio por algunas manchas. ELLERENA 24 leguas, van por Carmona, 6 leguas, e por Villanueva, 4 leguas, e por Costantina, 5 leguas, e por Guadalcanal, 6 leguas. LOS MOLARES una legua llana e de olivares. MORÓN 5 leguas, van por los Molares. LOS PALACIOS 2 leguas llanas de palmares salvo algunos cerros por todas partes del camino, todo es de palmares. SEVILLA 5 leguas por algunas partes llanas e por todas partes cerros e de palmares, las 2 leguas primeras de olivares.

La Ulfa aldea [§ 432] tiene 50 vezinos; está en llano, pásase junto a este Ulfa Arnoya río un tiro de vallesta:

625 Utrera, cf. *Rianҫuela, Xerez de la Frontera*.

FREXO media legua, la meatad es cuesta arriba, pásase Arnoya río junto a la Ulfa un tiro de vallesta.

Umara aldea [§ 326] tiene 10 vezinos; es de Madrid:

ARAVACA media legua llana. POZUELO una legua.

Urraca Miguel[626] lugar [§ 3817–3818] tiene 20 vezinos; es de don Pedro de Ávila; está al pie de la sierra:

ALDEAVIEJA 2 leguas, van por Ojos Alvos, una legua. ÁVILA 2 leguas, van por Bermuy Salinero, una legua de valles, por la halda de la sierra queda siempre a la mano dizquierda. EL ESPINAR DE SEGOVIA 5 leguas e media de sierras e valles llanos e prados. MEDIANA media legua un valle e arroyo abaxo. OJOS ALVOS una legua de sierras e valles.

Urroz lugar [§ 5144–5147] tiene 100 vezinos; es aldea de Pamplona; solía tener fortaleza; está en una ladera riberas de un riatuelo pequeño que viene de Viscaya:

ARÇORRIZ una legua, van por Nasurita, media legua, e por Artey, 4 tiros de vallesta. ÇALVA una legua de sierras e valles e montes baxos. COGOIZ una legua, van por Bila, media legua llana, en saliendo de Urroz pasan al dicho riatuelo, corre a la mano derecha. ÇUAZO media legua llana, en saliendo de Urroz pasan al dicho riatuelo que corre a la mano derecha. ERREBÍN una legua. ERRETA media legua llana de tierras de pan, en saliendo de Urroz pasan al dicho río que corre a la mano derecha. LERRUZ media legua pequeña de tierra llana. LIÇÁRRAGA media legua llana de tierras de pan. LUMBIER 3 leguas, van por Iriso, media legua, e por Urbicán, media legua, e por Indurán, media legua. PAMPLONA 3 leguas, todo es de sierras e valles, a la mano dizquierda queda Çalva a 2 tiros de vallesta del camino. UNCITE media legua de tierra doblada e de tierras de pan.

Urueñas[627] aldea [§ 1019] tiene 20 vezinos; es tierra de Sepúlveda; está en montes de nebrales:

CASTRILLO una legua llana. NAVARES DE ENMEDIO una legua llana. VÁSAMOS una legua llana. VILLAVESES una legua llana.

Usagre lugar [§ 2866–2870] tiene 700 vezinos; está en llano como en ladera, pasa junto con el lugar un riatuelo:

ÇAFRA 4 leguas de tierra doblada. CALÇADILLA 2 leguas de tierra doblada. EL ERENA 4 leguas, van por Villagarcía, una legua. ELLERA DE HORNACHOS 2 leguas de tierra doblada. FUENTE DE CANTOS 2 leguas de tierra doblada. LA FUENTE EL MAESTRE 6 leguas, van por

---

626 Hurraca Miguel, cf. *Berrocalejo*.
627 Ureñas, cf. *Nava (La Nava de Pedraza)*.

los Santos, 4 leguas. LA HINOJOSA 2 leguas de tierra doblada. HORNACHOS 5 leguas de cerros e valles como cuesta arriba, a 3 leguas primeras pasamos a un río dicho Matachel por vado, que corre a la mano dizquierda. LA PUEBLA [...] leguas de tierra doblada. RIBERA 3 leguas, van por la Hinojosa. LOS SANTOS 4 leguas de tierra muy doblada. VALENCIA DE LA TORRE 2 leguas de tierra doblada. VILLAFRANCA 5 leguas, van por la Hinojosa, 2 leguas. VILLAGARCÍA 2 leguas de tierra doblada.

Utande[628] lugar [§ 4875–4876, 5124–5125] tiene 100 vezinos; es del duque del Infantazgo, es aldea de Hita; está en una vega riberas de un arroyo, que la vega es muy fértil de pan e de viñas e huertas:

ALGECILLA una legua, van por una vega arriba de tierras de pan e viñas e huertas. LA CASA DE SAN GALINDO media legua de cerros e valles e montes. GAJANEJOS media legua grande, el un 4º primero riberas arriba de Vadiel, que queda el río a la mano derecha, allí lo pasan, corre a la mano derecha, todo lo otro es cerros e valles. HITA legua e media, van por Muduex, una legua pequeña llana riberas abaxo de Vadiel, que queda el río por la mano dizquierda. PADILLA una legua, de cerros e valles la media legua postrera e la media primera es de travieso de vega. VALHERMOSO media legua de valle e por entre cerros de tierras de pan.

El Utero de Herreros[629] lugar [§ 3749–3754, 3759] tiene 80 vezinos; es aldea de Segovia; está en llano al pie de una grand sierra:

BERMUY DE PALACIOS 2 leguas, van por Fuente Milano, una legua de cerros e valles abaxo. EL CAMPO una legua de tierra doblada e de tierras de pan, en que en medio el camino ay un grand valle hondo que tenrá de subida e abaxada media legua pequeña. EL ESPINAR DE SEGOVIA 2 leguas de valles e cerros e peñascares e por entre grandes sierras, a legua e media pasan a un río dicho río Moros, que corre a la mano dizquierda. HONTORIA 2 leguas, van por Hortigosa, media legua, e por la Losa, media legua. LA LOSA una legua, van por Hortigosa, media legua de tierra doblada e un grand valle abaxo por entre cerros. MARTÍN MUÑOZ DE LAS POSADAS 7 leguas, van por Lagunilla, una legua, e por Lumbreras, una legua, e por las Lastras de Abaxo, media legua. SAN PEDRO DE LAS DUEÑAS 2 leguas, van por Taxuña, legua grande de tierra de cerros e valles e tierras de pan. SANTA MARÍA DE NIEVA 5 leguas. SEGOVIA 3 leguas, van por Hortigosa, media legua, por la mano derecha queda Hontoria e la Losa, Hontoria a un tiro de vallesta e la Losa a 2 tiros de vallesta. VALDEPRADOS una legua pequeña, todo de cuestas e valles abaxo, en saliendo del lugar a 2 tiros de vallesta está un grande escorial[630] de herrerías de tiempo antigo muy grandésimo, en medio el camino travesamos un monte de enzinares e robledales que tenrá 4 tiros de vallesta. LAS VEGAS una legua, van por Herreruelos, media legua de cerros e valles. VILLA-

628 Villa de Utande, cf. *Hita*.
629 El Utero, cf. *La Losa*. El Otero, cf. *San Pedro de las Dueñas*. Herreros, cf. *La Çarçuela del Monte*.
630 Derivado de *escoria*. Testimonio temprano de la voz en español (Rodríguez 2002, 77).

CASTÍN 2 leguas e media, van por Guixas Alvas, una legua, e por Çarçuela, una legua, e por Hituero, media legua.

Uxena aldea [§ 5345–5347] tiene 70 vezinos; es aldea de Illescas; está en un tesso:

BATRES legua e media, van por Carranque. CARRANQUE una legua de tierra doblada e de pan. CEDILLO 2 leguas, van por el Visso. HAZAÑA 2 leguas e media, van por Illescas. ILLESCAS media legua llana de tierra de pan e viñas. TORREJONCILLO media legua llana de tierras de pan e viñas. VALAGUERA una legua pequeña de tierra doblada e de pan e viñas. EL VISSO una legua muy grande de tierra doblada e de pan e viñas. YUNCOS 2 leguas e media, van por Illescas.

V

Vadillo lugar [§ 3913–3920] tiene 280 vezinos; es villa del obispo de Ávila; está en un valle hondo, algo lo más del lugar, en una ladera, en solana e entre robledales:

ALVA DE TORMES 8 leguas, van por Villanueva, una legua pequeña de cerros e valles e montes de estepares, e por Samiguel de Serrezuela, 2 leguas, e por Gómez Blasco, media legua, e por Matarrala, 3 leguas. ÁVILA 7 leguas, van por Muñana, una legua de sierras e montes e berrocales, en medio está una serrezuela de manera que la mitad del camino es todo cuestas arriba e de robledales e lo otro cuesta abaxo e de enzinares, e por Santa María el Arroyo, una legua, e por Muño Galindo, media legua. EL BARCO DE ÁVILA 8 leguas, van por Villanueva, una legua de cerros e vallejuelos, e por Bonilla de la Sierra, una legua, e por el Aldeyuela, 3 leguas. LAS CASSAS DEL PUERTO 2 leguas e media, van por Villanueva, una legua pequeña e de cerrillos e de montes. GRAJOS una legua grande por entre valles e robledales, la mitad del camino van como valle arriba e lo otro como cuesta abaxo e de berrocales. MANCERA DE ABAXO 4 leguas, van por Hortún Pascual, una legua de cerros e valles e peñas, e por Blasco Ximénez, 2 tiros de vallesta, e por Gallegos, 3 tiros de vallesta, e por Mancera de Arriba, una legua. MENGA MUÑOZ 2 leguas e media, van por Poveda, una legua, e por Izquierdos, media legua, e por Muño Tello, media legua, a la mano dizquierda queda Naharros del Puerto a un 4º de legua e Villatoro a la mano derecha a media legua del camino. PIEDRAHÍTA 3 leguas, van por Villanueva del Campillo, una legua, e por las Casas del Puerto, una legua e media, e por Villafranca, una legua. SANTIAGO DE LA PUEBLA 5 leguas, van por el Villar, legua e media de cerros e berrocales e montes, e por Cabeças, media legua. VILLANUEVA DEL CAMPILLO una legua de cerros e valles e montes de estepares e arroyos que corren a la mano derecha. VILLATORO una legua grande, la mitad cuestas e cerros arriba e lo otro cuestas abaxo e de montes de robledales salvo un 4º de legua de en medio de la sierra, que es por lomo de la sierra llana.

Vaides lugar [§ 4893–4902] tiene 50 vezinos; es de don Diego López de Çúñiga; está en valle e entre grandes cerros e riberas de un río dicho Henares:

ARAGOSA una legua de cerros e valles e montes de enzinares. ATIENÇA 4 leguas, van por Güelmezes, una legua, a la mano dizquierda queda Cardeñosa a un 4º de legua pequeño, a la mano derecha Riofrío a media legua del camino. CARDEÑOSA 2 leguas, van por Güelmezes, una legua. CASTREJÓN una legua e un 4º, van por Villaseca. CENDREJAS DE MEDIO una legua e 3 tiros de vallesta, van por Cendrejas de la Torre. CENDREJAS DE PADRASTRO una legua e media, van por Cendrejas de la Torre, una legua, por mano dizquierda queda Cendrejas de Medio. LAS CENDREJAS DE LA TORRE una legua de cerros e valles e montes de enzinares, pasan 2 ríos el uno en saliendo de Vaides el otro a 2 tiros de vallesta adelante, corren a la mano dizquierda, júntase a un tiro de vallesta en saliendo del lugar. CIGÜENÇA 2 leguas grandes de grandes valles e serrezuelas, la primera legua es de montes de enzinares e de enebrales e savinares, junto con Cigüença pasan a un riatuelo que corre a la mano derecha, queda Moratilla de Cigüença a 2 tiros de vallesta del camino un valle abaxo hondo. GÜERMEZES una legua, van por Vianilla, media legua de valle llano e por entre cerros e

https://doi.org/10.1515/9783111044064-023

montes, pásase en saliendo de Vaides el dicho río, corre a la mano dizquierda. GUTANILLA una legua riberas arriba del dicho río que pasa junto con Vaides, por entre cerros e montes, en saliendo de Vaides pasan al dicho río, corre a la mano dizquierda. MANDAYONA una legua de cerros e valles e montes de enzinares, a más cerca de Mandayona pasa un riatuelo, corre a la mano derecha. NEGREDO una legua de cuestas e valles e cerros e montes de enzinares, en saliendo pasan a un riatuelo por vado, corre a la mano dizquierda, a 2 tiros de vallesta adelante pasan a Henares por vado, que corre a la mano dizquierda. NUESTRA SEÑORA DE MIRABUENA legua e media, van por Mandayona. RIOFRÍO 3 leguas, van por Güelmezes. VILLASECA una legua, la primera riberas abaxo de Henares, que queda el río a la mano derecha, por la mano dizquierda valles altos e de montes, la otra media postrera es cerros e valles e montes. XEDRAQUE 3 leguas, van por Bujalharo, 2 leguas de ribera abaxo de Henares río, que queda a la mano derecha, por entre valles e montes la legua primera, a medio camino pasamos a un río dicho río Duce, que corre a la mano derecha, júntase luego con Henares, los 3 tiros de vallesta postreros son de cuesta arriba.

Val de San Pedro[631] aldea [§ 760, 799] tiene 20 vezinos; es de Pedraza; está en un hondo:

PEDRAZA una legua doblada, a media legua se pasan 2 riatuelos juntos el uno cabe el otro que se juntan luego a 20 pasos, el primero se llama Ciega y el otro Galinderos, allí cabe ellos están 4 casas que se llaman Ceguillas, estos 2 ríos tienen de subida e abaxada de berrocalexos a tiro e medio de vallesta cada una, de que queremos llegar a Pedraza abaxamos un valle que tenrá 2 tiros de vallesta.

Valaguera aldea [§ 5357–5360] tiene 20 vezinos; es aldea de Illescas; está en un tesso:

BATRES 2 leguas, van por Carranque. CASARRUBIVELOS 2 leguas, van por Illescas. CEDILLO una legua de tierra doblada e de pan. COBEXA 2 leguas, van por Hazaña. LA CRUZ 2 leguas, van por Illescas. ESQUIVIAS 2 leguas, van por Illescas e por Yeles. GRIÑÓN 3 leguas, van por Illescas e por Casarrubielos e por Cubas. HAZAÑA una legua e media de tierra doblada e de pan e vino. ILLESCAS una legua de tierra doblada e de viñas. MORATALAZ 2 leguas, van por Illescas. NOMINCHAL 2 leguas, van por Cedillo. PALOMAREJO 2 leguas, van por Illescas e por Moratalaz. PARLA 3 leguas e media, van por Illescas, una legua, e por Humanejos, 2 leguas. TORREJÓN DE VELASCO 2 leguas, van por Illescas e por Moratalaz. YUNCOS una legua de tierra doblada e de pan e viñas.

Valbuena lugar [§ 1013] tiene 20 vezinos; es de los frailes de Santa María de Valbuena que está allí; está ribera de Duero:

631 Valdesampedro, cf. *Segovia*. San Pedro, cf. *La Torre de San Pedro*.

OLIVARES 2 leguas llanas. QUINTANILLA DE ABAXO 2 leguas, pásase Duero con barca junto con Quintanilla.

Valdariz[632] lugar [§ 398–399] tiene 100 vezinos; está en llano; es lugar de muy muchas colmenas y de muchos puercos monteses y osos:

EL CASTELO DE SANDE media legua llana. LA CORREDUERA una legua llana, pásase Arnoya junto a la Correduera por la Puente Paidiz, que tiene un grandísimo arco. ESPINOSA una pequeña leguachuela, para Pontefrexo es por allí por Espinosa el camino. NOGUEIRÓ una legua llana, pásase un río a medio camino. LA PONTE FREXO una legua llana, pásase Arnoya un tiro de vallesta de la Ponte Frexo. SANTA BAYA una legua llana, pásase un río en el camino y Seixadas. SEIXADAS media legua pequeña llana. VILLAR una legua pequeña, pásase un río en el camino. VILLAR DE VACAS una legua llana.

Valdearazete[633] lugar [§ 4697–4701, 4711] tiene 210 vezinos; está en un cerrillo en valle hondo; todos los edeficios de las casas son de yeso, tiene buenos vinos e malas aguas, dizen que solía ser cercado:

BREA una legua de cerros e tierras de pan e de atochares e çomaçares [¿?]. CARAVAÑA una legua de tierra de valles llanos e por entre cerros, todo de atochares, junto con Caravaña pasan a un río dicho Taxuña por puente, corre a la mano dizquierda. ESTREMERA una legua de cerros e atochares e çomaçares [¿?] e viñas e tierras de pan. FUENTIDUEÑA 2 leguas llanas cuesta abaxo salvo 3 tiros de vallesta primeros que son cuesta arriba e de viñas. MONDÉJAR 3 leguas, van por Valdeolmeña, legua e media de tierra de cerros e çomaçares [¿?] e tierras de pan. MORATA 3 leguas de tierra de cerros e valles e atochares e tierras de pan, junto con el lugar pasa a Tajuña por puente, corre a la mano dizquierda. TELMES 2 leguas de tierra de cerros de atochares e valles de tierras de pan, a medio camino pasan a Taxuña río por vado en verano, corre a la mano dizquierda, a la mano derecha queda Caravaña a 2 tiros de vallesta del camino. VILLAREJO una legua de tierra de cerros e valles e tierra de pan.

Valdearenas lugar [§ 5117–5119] tiene 300 vezinos; es aldea de Hita; está riberas de Vadiel, un río pequeño, la cual vega es muy frutífera de pan e vino:

HITA media legua de tierra doblada e cuesta arriba, en saliendo de Valdearenas pasan a Vadiel por vado, que corre a la mano dizquierda. MUDUEX media legua llana, en saliendo de Valdearenas pasan a Vadiel por vado, que corre a la mano dizquierda. PADILLA una legua de tierra llana por entre valles e cerros, en saliendo pasan Vadiel, corre a la mano dizquierda. TRIXUEQUE media legua, todo cuesta arriba e de viñas e olivares.

632 Baldariz, cf. *Nogueiró*.
633 Valdaracete, cf. *Tarancón*.

Valdeastillas[634] aldea [§ 1219] tiene 50 vezinos; es de Olmedo:

SANCT MARTÍN 2 leguas Duero abaxo. SIMANCAS 3 leguas, pásanse 3 ríos, el primero Erezma, que se pasa junto con Valdeastillas, y el otro Duero, que se pasa a 2 leguas, el otro es el que viene de Valladolid, que se pasa por Simancas junto.

Valdefuentes aldea [§ 1236] tiene 30 vezinos; es aldea de Alaejos, que es de Fonseca; está en llano:

LA BÓBEDA 3 leguas y media llanas un río dicho la Guerueña abaxo, de manera que desde Hordeño están todos estos lugares en un valle el río abaxo. CASTREJÓN una legua llana. CASTRILLO 2 leguas llanas salvo otra cuesta de que llegan al dicho Castrillo, pásase la Guerueña junto con Castrillo, que corre a la mano derecha. HORDEÑO 2 leguas llanas salvo que ay una cuesta cabe Castrejón. TORREZILLAS 2 leguas llanas. VADILLO 2 leguas y media llanas, pásase la Guerueña junto con Vadillo, que corre hazia la mano derecha.

Valdemorillo lugar [§ 5322–5331] tiene 300 vezinos; es aldea de Segovia; está en un valle entre unos cerros:

BRUNETE 2 leguas e media, van por la Eravieja e por la Despernada. CASARRUBIOS 5 leguas, van por Eravieja e por la Despernada e por Brunete e por Sazedón e por la Çarçuela. EL COLMENAR DEL ARROYO 3 leguas, van por Navalagamella. LA DESPERNADA legua e media, van por la Eravieja, una legua de tierra de cerros e montes de enzinares e xarales. EL ESCORIAL 2 leguas, van por Valmayor e por la Frexneda. GALAPAGAR una legua e media, van por Colmenarejo, una legua de cerros e tierras de pan e montes baxos e altos, en medio el camino pasan a un riatuelo dicho Olençuela por vado, que corre a la mano derecha. MONESTERIO 2 leguas e media, van por Navalquexigo. NAVA EL QUEXIGO 2 leguas de valle arriba e montes baxos, a medio camino pasan a Olençuela río por vado, que corre a la mano derecha. NAVALAGAMELLA una legua de tierra de cerros e valles e montes de xarales, el 4º primero es de viñas, a los tres 4º de legua pasan a un río por vado, que corre a la mano dizquierda. ODÓN 4 leguas, van por la Eravieja e por la Despernada. EL PARDILLO 2 leguas de tierra de cerros e de pan e algunos montes baxos, a medio camino pasan a Olençuela río, que corre a la mano derecha. PERALEJO una legua de tierra llana e de viñas e tierras de pan el 4º primero e postrero, lo demás es de enzinares, a medio camino pasan un arroyo por vado, que corre a la mano dizquierda. PERALES 2 leguas de tierra de cerros e valles e montes de enzinares e tierras de pan, a la mano dizquierda queda Quixorna a media legua del camino. POZUELO 4 leguas de tierra doblada e de pan e montes baxos, a una legua primera pasan al dicho río la Olençuela, que corre a la mano derecha, a 2 leguas primeras a Guadarrama por vado, que corre a la mano derecha. QUIXORNA una legua, de tierra llana la postrera media legua e de pan e la primera legua es de montes de enzinares. ROBLEDO DE CHAVELA 3 leguas, por la mano derecha a 3 leguas queda siempre sierras, por medio es tierra llana e de tierra doblada, en medio e la primera legua e postrera es de montes de

634 Valdastillos, cf. *Medina del Campo*.

enzinares e robledales, la legua de medio es de tierras de pan, en el camino pasan 2 arroyos que corren a la mano dizquierda. SEGOVIA 12 leguas, van por Valmayor, media legua, e por la Frexneda, una legua, e por el Campillo, una legua, e por Guadarrama, una legua, e por los Molinos e por el Aldeyuela. VALMAYOR una legua llana de montes de enzinares e robledales. VILLAFRANCA, fortaleza, 2 leguas, van por la Eravieja.

Valdenebro aldea [§ 781, 887–889] tiene 40 vezinos; es aldea de Osma; está en llano, pasa por cabe él un arroyo:

CANTALAÇOR 3 leguas, van por Vos e por Ruiseco de Cantalaçor. GORMAZ 2 leguas, van por Huente Rey e Quintanas. HUENTE PINILLA 3 leguas, van por Valverde e por Valderrodilla. LODARES media legua una vega abaxo llana, por todas partes ay cerros de nebrales e enzinas, en llegando a Lodares con un tiro de vallesta pasamos un arroyo que se llama Ruiseco, que corre a la mano dizquierda. SAN LEONARDO 5 leguas, van por Santiuste e por Cantaluzía e por Vadillo e por Casarejos. SANTISTEVAN 3 leguas, van por el Burgo e por Osma. SANTIUSTE una legua doblada. TEXADA una legua llana, por todas partes es de valles e cerros, queda Lodares a 2 tiros de vallesta del camino a la mano dizquierda e queda en una como ladera. TORRAVALVA 2 leguas, van por Santiuste. UZERA 3 leguas, van por Val de Naharros e por Valcevarejo e por Valdelubié. VALDEMALUQUE 2 leguas e media, van por Val de Naharros e por Valcevalejo e por Val de Lubiel e por la Laguna. VALDENAHARROS media legua doblada. VERLANGA 2 leguas e media, van por Vayugas de Abaxo.

Valdeprados lugar [§ 3760–3765] tiene 10 vezinos; es de don Juan Arias; tiene una torre; está en un valle una legua de la sierra, un río dicho río Moros a 2 tiros de vallesta:

ÁVILA 7 leguas, van por Guijas Alvas, media legua, e por Çarçuela, una legua, e por Hituero e por Villacastín e por Aldeavieja. EL ESPINAR 2 leguas de cerros e valles e por entre sierras, a 2 tiros de vallesta primeros pasan a río Moros por vado, que corre a la mano derecha, a media legua del Espinar tornan a pasar al dicho río Moros, que es un braço del que corre a la mano dizquierda. GUIJAS ALVAS media legua, en saliendo de Valdeprados subimos un cerro una cuesta arriba que tenrá 4 tiros de vallesta e de abaxada, hasta el lugar es todo cuestas abaxo. LAS LASTRAS DE ABAXO 2 leguas de cerros e valles, a media legua primera pasan a río Moros por vado, que corre a la mano derecha. LAS NAVAS DE ÇARÇUELA 2 leguas, van por las Vegas, media legua. SAN PEDRO DE LAS DUEÑAS legua e media, van por Guijas Alvas, media legua. SEGOVIA 4 leguas, van por el Corral, media legua, e por Valsequilla, media legua, e por Escobar, media legua, e por Madrona, media legua, e por Pero Gordo, media legua. EL UTERO media legua grande de cuestas arriba e por entre valles. LAS VEGAS media legua de cerros de la halda de la sierra, a 2 tiros de vallesta primeros pasan a río Moros por vado, corre a la mano derecha.

Valdevacas aldea [§ 1010] tiene 12 vezinos; es de Segovia:

EL CUBO medio millo. EL GUIJAR medio millo.

Valdeviejas [§ 5091] 2 barrios divididos en 2 partes a un tiro de vallesta del camino; es del marqués de Astorga:

ASTORGA media legua, a medio camino pasan a un riatuelo que se seca en verano que es el que va a Astorga, corre a la mano dizquierda. EL ESPITAL 2 leguas de tierra doblada algo e de tierras de pan.

Valdillecha[635] aldea [§ 21] tiene 60 vezinos; es del arçobispo de Toledo:

LUECHES una legua.

Valencia[636] cibdad [§ 3329] tiene 15000 vezinos; tiene buen alcaçar fuerte; está en llano a media legua de la mar, pasa un río junto con la cibdad; es cabeça de reino:

EL GRAO media legua llana de moreras e viñas. XÁTIVA 9 leguas.

Valladolid[637] villa [§ 11, 1216, 3628–3634] tiene 5000 / 7000 vezinos; está en llano, pasa junto con la villa un río cabdal dicho Pisuerga e otro por medio la villa dicho Esgueva:

EL ABROXO legua e media llanas, la media legua primera es de viñas. BAMBA 3 leguas de cerros e tierra doblada, a la mano derecha queda Villanubla a media legua del camino, en saliendo pasan al dicho río Pisuerga. CABEÇÓN 2 leguas, a par de Cabeçón se pasa la puente de Pisuerga. ÇARATÁN media legua llana, en saliendo de Valladolid pasan a Pisuerga por la puente. CIGALES 2 leguas llanas salvo la media legua postrera, en saliendo de Valladolid pasan al dicho Pisuerga por puente, que corre a la mano dizquierda. DUEÑAS 6 leguas, van por Cabeçón, 2 leguas. FUENTE SALDAÑA (FUENSALDAÑA) una legua de cerrillos, en saliendo de Valladolid pasan Pisuerga. HERRERA 2 leguas llanas salvo algunos cerros por todas partes, junto con Herrera pasan a Duero por barca, que corre a la mano derecha. LAGUNA una legua llana. MURIENTES una legua de tierra de cerrillos e tierras de pan, en saliendo pasan a Pisuerga por puente, que corre a la mano dizquierda. PALENCIA 8 leguas, vase por Dueñas. PORTILLO 4 leguas, van por Herrera, 2 leguas, e por Comeso [¿?], 2 leguas. RENEDO una legua grande riberas arriba de Esgueva, queda siempre a la mano dizquierda. SANTOVIÑIA media legua llana. SIMANCAS 2 leguas riberas abaxo de Pisuerga, que queda siempre a la mano derecha, junto con Simancas pasan al dicho Pisuerga por puente, que corre a la mano dizquierda. TORQUEMADA 10 leguas, vase por Dueñas. VILLALVA 5 leguas, vase por Fuensaldaña. VILLANUBLA 2 leguas llanas salvo en medio el camino traviesan un cerro que tenrá 3 tiros de vallesta, en saliendo de Valladolid pasan al dicho río Pisuerga por puente, que corre a la mano dizquierda.

---

635 Valdeluecha, cf. *(El) Pozuelo (de Torres).*

636 Valencia de Aragón, cf. *Alcalá de Henares, Arévalo, Daimiel.*

637 Valladolit, cf. *Alva de Tormes, Boyezillo, Burgos, Cabeçón* villa, *Santa María de Nieva.*

El Valle de Guriezo [§ 880–881] tiene 700 vezinos; es un valle que tenrá una legua de largo, está riberas de Agüera, que es un río braço de mar, es en la Montaña:

AMPUERO una legua doblada. BECEO 3 leguas, van por Rascón e por Rasine. CASTRO DE ORDIALES 2 leguas muy dobladas de cuestas e valles. LAREDO una legua, van por Liendo. LA LASLARES media legua de cuestas, a medio camino se pasa la mar por barca hasta el otro lugar. LIENDO media legua doblada de cuestas e peñas. RASCÓN una legua doblada mucho. SAMONO 2 leguas de tierra muy doblada. VALMASEDA 5 leguas, van por Turcios e por Traslavina.

Vallecas aldea [§ 24, 326] tiene 80 / 100 vezinos; es de Madrid:

ALCALÁ DE HENARES 5 leguas, pásase un río por vado a 3 leguas de Alcalá. VICÁLVARO media legua pequeña.

Valtiendas aldea [§ 1025] tiene 15 vezinos; es de don Álvaro de Luna; está en un valle:

FUENTESOTO media legua.

Valverde aldea [§ 23] tiene 20 vezinos; es del arçobispo de Toledo:

ALCALÁ DE HENARES legua y media, pásase Henares por la puente a medio millo de Alcalá.

Valverde[638] lugar [§ 3290–3293] tiene 150 vezinos; es maestradgo de Santiago, es aldea de Reina; está en valle algo:

LOS AILLONES una legua de tierra doblada e de ervajes. ALANÍS 4 leguas, van por Guadalcanal. AZUAGA 2 leguas grandes de cerros e valles e dehesas e montes. CAÇALLA 5 leguas, van por Guadalcanal. LAS CASILLAS DE REINA 2 leguas de tierra doblada e de montes por algunas partes salvo media legua primera. FUENTELARCO una legua muy grande de tierra doblada e dehesas de montes de enzinares. GUADALCANAL 2 leguas grandes de cerros e sierras cuanto más adelante, antes que lleguemos a Guadalcanal con media legua subimos una sierra que tenrá de subida e abaxada media legua, desde esta sierra en adelante hazia Sevilla es Sierra Morena. REINA 2 leguas de tierra doblada, cerros la una legua e media e lo otro de sierras. VERLANGA una legua grande de tierra doblada e de prados, a la mano dizquierda quedan los Aillones a media legua del camino.

Valverde lugar [§ 3974–3978, 3988] tiene 100 vezinos; es de Gonçalo Háñez; está en llano orilla un vallejuelo que está hazia Salamanca, pasa un arroyo junto por el dicho que se seca en verano:

---

638 Valdeverde, Valde de Reina, Valverde de Reina, cf. *Azuaga*.

EL BARCO DE ÁVILA 7 leguas, van por Mercadillo, 2 leguas, e por Gallegos de Solmirón, una legua. BONILLA DE LA SIERRA 4 leguas, van por Armentero, una legua de tierra de cerrillos e tierras de labranças. DIEGÁLVARO 2 leguas de cerros e vallejuelos e montes de enzinares salvo la media legua primera e postrera. GALENDIUSTE media legua grande de cerrillos e valles e tierras de pan, a la mano derecha queda siempre un monte de enzinares que está a 2 tiros de vallesta de Valverde. GALLEGOS DE SOLMIRÓN una legua de cerros e vallejuelos e tierras de pan e algunos montezillos a la media legua postrera. GALLEGOS DE TRESPES una legua llana e de tierras de pan. HELA RODRIGO una legua de tierra doblada e de tierras de pan. MARTÍN PÉREZ media legua grande de cerros e montes de enzinares salvo 2 tiros de vallesta primeros que es de tierras de pan. LA ÑAYA una legua llana de valles e de tierras de pan, por la mano dizquierda queda siempre un monte de enzinares. SALAMANCA 7 leguas, van por la Ñaya, una legua, e por Alva de Tormes, 2 leguas. SALVATIERRA 2 leguas e media e de montes de enzinares salvo un 4º del primero e otro postrero, todo este camino es de cerros e valles, la primera legua salvo el primero 4º que es de tierras labradas, todo lo otro es todo cuesta abaxo un arroyo e prados abaxo, en llegando a Salvatierra pasamos a un río dicho Tormes por puente, que corre a la mano derecha.

Valverde el Majano[639] lugar [§ 513–517, 539–547, 757] tiene 100 / 110 / 120 vezinos; está en llano, es tierra de Segovia:

ABADES una legua llana. ÁGUILA FUENTE 5 leguas y media llanas, vase por Carrascal, pásase un río que corre sobre la mano derecha, y por los Huertos y por Pedrezuela y a Escobar e a Villovela, entre Escobar y Villovela ay un río que corre a la mano derecha, y por Escalona. EL ALMUÑA 2 leguas, vase por Garcillán y por Hañe. ANAYA una legua grande, van por Garcillán. ARAGONES 2 leguas e media, vase por Garcillán. BERNALDOS 3 leguas, vase por Garcillán e por Hañe. EL CAMPO 2 leguas llanas salvo que a la primera legua se pasa una cuesta. CANTIMPALOS 2 leguas y media llanas, vase por Carrascal, en pasando a Carrascal se pasa un río cabdal que corre a la mano derecha, y por los Huertos y por Pedraçuela. CARBONERO DE AGUSÍN 2 leguas, van por el Carrascal. CARRASCAL media legua llana salvo que en medio del camino se pasa una cuesta. GARCILLÁN media legua llana. HAÑE legua e media, van por Garcillán. HONTANARES media legua llana, pásase un río a un tiro de vallesta de Hontanares. HUENTE PELAYO 5 leguas llanas, vase por Yanguas, antes que lleguemos a Yanguas ay media legua, pasa un río por puente que corre a la mano derecha, y a Escaravajosa e a Monçoncillo e Aldea del Rey. LOS HUERTOS una legua, vase por Carrascal. LOBONES media legua doblada, pásase 2 ríos que el uno de ellos está 2 tiros de vallesta de Lobones, que corre a la mano izquierda, y el otro está de Lobones a un tiro de vallesta, que corre a la mano izquierda. LA LOSA 3 leguas llanas, vase por Madrona y por Hortigosa, pásase a legua e media un río que se llama río Frío, que corre a la mano derecha. MARAÇUELA 2 leguas llanas, vase por Martín Miguel e a Xuarros e a Maraceluexa, entre Maraceluexa e Xuarros se pasa un río que corre a la mano diezquierda. MARAÇUELEXA (MARAÇUELEJA) 2 leguas, vase por Martín Miguel e por Xuarros. MARTÍN MIGUEL media legua llana. MIGUEL HÁÑEZ 3 leguas, vase por Garcillán e por Hañe. MIGUEL IVÁÑEZ 2 leguas e media, vase por Garcillán e por Hañe. MINGO GARCÍA 3 leguas, vase por Garcillán

639 Valverde, cf. *Segovia*.

e por Hañe. MOÇONCILLO 4 leguas e media llanas, vase por los Huertos, pásase el sobre dicho río cabdal que corre a la mano derecha, y por Escaravajosa. PARADINAS 2 leguas e media llanas, vase por Garcillán e por Amaya e a Villafría. PERO COXO legua e media, vase por Martín Miguel e por Abades. PINILLA 2 leguas e media, vase por Garcillán e por Hañe. RODA una grande legua, van por los Huertos. SANTA MARÍA DE LOS HUERTOS una legua, vase por Carrascal. SEGOVIA 2 leguas, la media algo doblada e la una llana, vase por orilla un soto, a media legua de Segovia se pasa un arroyo por puente que se llama río Milano, que corre hazia la mano diezquierda, desde tiro e medio de vallesta antes que lleguemos a Segovia están unas cuestas. TABLADILLO 2 leguas e media, vase por Garcillán. TAVANERA 2 leguas e media, van por Carrascal. TURÉGANO 5 leguas e media, vase por Valseca e por Enzinillas y por el Parral, en pasando el Parral a un tiro de piedra corre un río mano derecha, pásase por puente. VALIZA 3 leguas grandes, vase por Garcillán. VALSECA una legua, van por Lobones. VILLAFRÍA 2 leguas, vase por Garcillán. VILLOSLADA 3 leguas grandes, vase por Garcillán. XUARROS una legua, vase por Martín Miguel. YANGUAS 2 leguas grandes, van por Carrascal.

Vañares[640] villa [§ 281] tiene 200 vezinos; es del duque de Béjar; tiene buena fortaleza; está todo en llano:

HERVÍAS media legua pequeña llana. NEGUERUELA un chico millo llano. VILLA PORQUERA un chico millo llano. VILLALOBAR media buena legua.

Vaquerín aldea [§ 353] tiene 50 vezinos:

PALENCIA 3 leguas, es tierra rasa y de llanos.

Vargas lugar [§ 3530–3532] tiene 150 vezinos; es aldea de Toledo; está en una ladera:

CABAÑAS 2 leguas de tierra llana e de viñas e tierras de pan. CAMARENA 3 leguas, van por Arçacolla, 2 leguas. FUENT SALIDA 4 leguas, van por Güecas, 3 leguas de cerrillos e tierras de pan, e por Villamiel, 2 leguas de cerros de tierras de pan, e por Güecas, una legua. MAGÁN legua e media, van por Olías, media legua. MOCEJÓN 2 leguas, van por Olías, media legua, e por Magán, una legua. OLÍAS media legua llana e de tierras de pan. RECAS 2 leguas e media, van por Yunquillos, legua e media. TOLEDO legua e media de tierra de cerros e tierras de pan e viñas. VILLASECA 2 leguas e media, van por Olías, media legua, e por Magán, una legua.

Varromán aldea [§ 1107] tiene 60 vezinos; es de Arévalo; está en llano, está ribera de Çapardiel:

640 Bañares, cf. *Gar(a)ñón*.

CASTELLANOS media legua llana. VELACRESPO una legua llana.

Vásamos [§ 1055] tiene 20 vezinos; es de Sepúlveda; está en llano:

NAVALES DE LAS CUEVAS una legua pequeña. NAVARES DE ENMEDIO media legua buena. NAVARES DE YUSO media legua. URUEÑAS una legua pequeña.

Vasardilla[641] aldea [§ 1011] tiene 20 vezinos; es de Segovia:

ESPIRDO una legua llana.

Veas (Beas) lugar [§ 6515–6519] tiene 50 vezinos; es de Antonio de Bobadilla; tiene fortaleza; está en un valle hondo al pie de unas sierras, está en las laderas de las sierras de Granada, a media legua de este lugar nace Darro río que pasa por medio de Granada e nace de una grand fuente que muelen 2 muelas con el agua; está poblado de moriscos:

ALFACAR una legua e media, van por Bríznar. BRÍZNAR una legua de tierra de barrancos e de viñas e tierras de pan, a media legua primera pasan a Darro por junto a donde nace, que queda la fuente a la mano derecha a un 4º de legua, corre el agua a la mano dizquierda. DÚDAR media legua de tierra doblada e cuesta abaxo e tierras de pan. GRANADA 2 leguas de unos valles hondos abaxo e sierras e de viñas salvo la media legua primera, a media legua pasamos a Darro que viene de un valle de sobre la mano derecha por vado, que corre a la mano dizquierda, después todo el camino imos por estos dichos valles, queda el río a la mano dizquierda muy hondo, algunas vezes da desbíos el camino por unos portezuelos. GÜETE media legua de tierra doblada e de pan. GÜÉXAR 2 leguas, van por Quéntar. PINAR 4 leguas de sierras e valles hondos e montes, a las 2 leguas de que han cumbrado las sierras están unos llanos que se llaman los Prados del Rey, a 2 leguas se pasa un río dicho río de Fardas por vado, que corre a la mano dizquierda. PINILLOS una legua e media, van por Dúdar, a la mano dizquierda queda Quéntar a 2 tiros de vallesta. QUÉNTAR media legua de tierra doblada e barrancos e labor de pan.

Vega [§ 5623–5625] tiene 40 vezinos; es barrio de Bustillo; está en llano; a este lugar vienen a misa los de Bustillo e la Canal:

BÁRZANA media legua de tierra doblada e pan riberas arriba de Pisueña, que queda el río a la mano dizquierda, en llegando al lugar lo pasan por vado, que corre a la mano dizquierda. LAS BÁRZANAS un 4º de legua llano e de labrança. BUSTILLO media legua, van por la Canal. LA CANAL un 4º de legua llana e de tierras de pan e yerva. PINILLA un 4º de legua de tierra doblada e labrança. SARO un tiro de vallesta, en medio el camino pasan al

641 Basardilla, cf. *Santo Domingo*.

dicho río Pisueña por vado, que corre a la mano dizquierda. SOTO media legua de tierra de cerros e valles e xarales. SUSVILLA un 4º de legua de tierra doblada e de labrança.

Vega de Río Ponce[642] lugar [§ 350] tiene 100 vezinos; es del almirante de Castilla; está ribera de Valdaradué:

MELGAREJO una legua llana. MONESTERIO DE VEGA una legua llana. SANTERVÁS media legua, pasa el dicho río junto a Vega de Río Ponce, que corre a la mano izquierda.

Velacrespo aldea [§ 1116] tiene 12 vezinos; es de Arévalo; está en llano:

FUENTESDAÑO media legua llana. LANGA una legua pequeña llana salvo al medio del camino que está una cuesta.

Velasco Nuño aldea [§ 1106] tiene 50 vezinos; está en llano ribera de Zapardiel:

FUENTE EL SOL legua y media. LOMOVIEJO una legua pequeña llana, en medio del camino está una cuesta. RABÉ media legua llana. ZEBRILIEGO legua y media llana.

Velhorado[643] villa [§ 530–533] tiene 600 vezinos; es del condestable de Castilla; tiene un castillo roquero que está en alto; la villa en baxo e en llano:

BRIBIESCA 4 leguas llanas, pásase a 2 tiros de vallesta de Bilhorado un río por puente, que corre sobre la mano izquierda, dende a 2 tiros de vallesta está un monte, vase por Vañuelos. CEREZO 2 leguas llanas, pásase orilla de Cerezo un río por puente, que corre a la mano izquierda. FREXMAÑA una legua llana. FREXNO una legua llana, a 3 tiros de vallesta de Vilhorado se pasan por puente, que corre sobre la mano dizquierda. HOJACASTRO 3 leguas llanas, vase por un lugar está a las 2 leguas de Velhorado, desde este lugar una legua que queda de andar hasta Ojacastro es de monte de robles e de enzinas. LEIVA 3 leguas llanas, van por Tolmantos. QUINTANILLA DEL MONTE una legua llana. SAN MIGUEL DE PEDROSSO media legua llana, pásase junto con San Miguel un río por puente, que corre a la mano izquierda. SANTO DOMINGO DE LA CALÇADA 4 leguas llanas, van por Villamayor e a Villa de Puent e Redezilla del Camino e a Garañón, en llegando a Santo Domingo con 3 tiros de vallesta se pasa un río por puente, que corre a la mano derecha. VILLAFRANCA 2 leguas llanas, van por Usantos y por Villavistra y a Espinosilla, pásanse 2 ríos entre 2 leguas, el uno en saliendo de Vilhorado a 3 tiros de vallesta, que corre sobre la mano izquierda, pásase por puente, antes que lleguemos a Villafranca con un tiro bueno de vallesta que corre a la mano izquierda, también se pasa por puente.

Vellosillo aldea [§ 1047] tiene 10 vezinos; es de Sepúlveda; está en un llano, pásase Caslilla un tiro de vallesta de Vellosillo:

642 Vega de Ruy Ponce, cf. *Oteruelo*.

643 Belorado, cf. *Burgos*.

EL CORRAL media legua pequeña. DURUELO una legua llana. PERO RUVIO una legua. SEPÚLVEDA una legua. TANAHARRO media legua llana.

Velpuche villa [§ 5052–5053] tiene 200 vezinos; es de don Mesén de Cardona; tiene fortaleza; está en un valle muy frutífero de viñas e huertas para ser en esta tierra, tiene un monesterio muy bueno que se llama Jesús [¿?]:

TÁRRAGA una legua llana e de arboledas de almendrales, la media legua postrera de muchos árboles e viñas, a media legua primera grande por la mano dizquierda queda Villagrosa a un tiro de vallesta del camino.

Las Ventas de Armiñón lugar [§ 5202–5204] tiene 8 vezinos; es del condestable de Castilla; está en llano, pasa Çadorra río junto con el lugar:

ANTEÇANA una legua, van por Mançanos. MANÇANOS media legua pequeña de tierra doblada e de montes ribera arriba de Çadorra, que queda el río a la mano derecha porque en saliendo lo pasan al dicho río, que corre a la mano dizquierda. MELIEDES media legua de tierra de cerros e montes de robledales, en saliendo pasan al dicho río Çadorra por puente, que corre a la mano dizquierda. MIRANDA DE EBRO 2 leguas de tierra de cerros e valles e algunos montes e tierra de labrança, en saliendo pasan a Çadorra, a legua e media pasan al río de Vayas por vados, que corren a la mano dizquierda. QUINTANILLA una legua de tierra de cerros e valles e montes de enzinares, en saliendo de las Ventas pasan a Çadorra por puente, que corre a la mano dizquierda. ZEMBRANA 2 leguas de tierra doblada e de labranças, a legua e media primera pasan al río de Ivida por vado, que corre a la mano dizquierda.

La Ventosa aldea [§ 1218] tiene 40 vezinos; es de Olmedo:

ALCAÇARÉN 2 leguas, pásase Adaja a medio camino y más adelante media legua pequeña se pasa Erezma río, pásase estos 2 ríos por puente y corren hazia la mano izquierda, vanse a juntar abaxo de Valdeastillas. VILLALVA una legua.

Ventosa de Río Almar[644] lugar [§ 2032–2033] tiene 60 vezinos; es del duque de Alva:

HUERTA 2 leguas, la primera es algo doblada e lo otro es llano, a la mano derecha queda Cordobilla a un tiro de vallesta del camino, a la mano dizquierda queda Santillán a un tiro de vallesta del camino.

La Ventosilla aldea [§ 1047] tiene 15 vezinos; es de tierra de Sepúlveda; está en llano:

---

644 Ventosa, cf. *Garci Hernández, Nava de Alva, Peñaranda del Mercado, Tordillos.*

CASTILNOVO media legua pequeña, pásase Marixave río junto al castillo. FUENTE EL SALZ media legua pequeña.

Vereda[645] aldea [§ 429] tiene 50 vezinos; está en alto:

CEJO DEL RÍO una legua pequeña llana, pásase el Tuño junto a Cejo por puente un tiro de piedra. EL MONASTERIO DE ÇALNUEVA una legua llana, pásase junto a Çalnueva el río Sorga un tiro de vallesta. ORILLI un 4º de legua por ladera. LA TORRE DE VEGA una legua llana salvo el postrer tiro de vallesta que se sube.

Vergara cibdad [§ 5400–5402] tiene 3000 vezinos; está en llano entre unas sierras, pasa por medio de la cibdad un río grande, es en Guipúzcoa:

ANÇUOLA una legua pequeña de tierra llana riberas arriba de un arroyo por entre montes de robledales e hayas. AZCUEITIA 2 leguas de tierra de valles e cerros e peñas e hayales e otros montes. AZPETIA 2 leguas de tierra de sierras e valles e montes e hayas. ELGUETE media legua de cuesta arriba e peñas. GOCHA 2 leguas, van por Mondragón. MONDRAGÓN una legua llana e por entre peñas e cerros riberas del dicho río que pasa por Vergara, que queda siempre el río la primera media legua a mano derecha e la otra mitad a la mano dizquierda porque a medio camino lo pasan por vado, que corre a la mano derecha.

Verlanga[646] lugar [§ 3280–3289] tiene 180 vezinos; es del maestradgo de Santiago e aldea de Reina; está en hondo en tierra doblada:

LOS AILLONES media legua de tierra doblada. ALANÍS 5 leguas, de tierra doblada las 3 leguas primeras e lo otro de sierras e valles. AZUAGA 2 leguas de tierra doblada e de montes baxos. BÉLMEZ 7 leguas, van por Azuagua, 2 leguas, e por Fuente Ovejuna, 3 leguas. BURGUILLOS 12 leguas, van por Ellerena, 3 leguas, e por Vienbenida, 3 leguas, e por Medina de las Torres, 3 leguas. ÇAFRA 9 leguas, van por Ellerena, 3 leguas. LA CALERA 8 leguas, van por Ellerena, 3 leguas. LAS CASILLAS DE REINA 2 leguas de tierra doblada e de enzinares salvo media legua primera. LA FUENTE EL ARCO 2 leguas de tierra doblada e de dehesas. FUENTE OVEJUNA 5 leguas, van por Azuaga, 2 leguas. GUADALCANAL 3 leguas, van por Valverde, una legua. HORNACHOS 6 leguas, van por Valencia de la Torre. MONTEMOLÍN 5 leguas, van por Ellerena. LA PRUEVA DEL MASTRE 5 leguas, van por Trasierra, 3 leguas. RIBERA 8 leguas, van por Ellera, 4 leguas. SAN NICULÁS 6 leguas, van por Alanís, 5 leguas. SEVILLA 18 leguas, van por Valverde, una legua, e por Guadalcanal, 2 leguas, e por Caçalla, 3 leguas, e por el Pedroso, 2 leguas, e por Cantillana, 5 leguas, e por Brenes, una legua. TRASIERRAS 3 leguas, van por las Casas de Reina, 2 leguas. USAGRE 6 leguas, van por Ellerena, 3 leguas, e por Villagarcía. VALENCIA DEL BARREAL 10 leguas, van por Ellerena, 3 leguas, e por Fuente de Cantos, 4 leguas. VALENCIA DE LA TORRE 3 leguas de tierra doblada e de tierra de pan. VALVERDE una legua grande de tierra doblada e de pan, a la mano

645 Verea, cf. *Orilli.*
646 Berlanga, cf. *Azuaga.*

derecha quedan los Aillones a media legua del camino. VILLAGARCÍA 4 leguas, van por Ellerena, 3 leguas.

Veyugas de Arriba aldea [§ 781, 886] tiene 30 vezinos; es del condestable; está en llano riberas de un arroyo:

VALDENEBRO una legua doblada, a media legua pasamos un monte de enzinas que tenrá 3 tiros de vallesta, de que entramos en el lugar pasamos un arroyo que corre a la mano dizquierda.

Viçaler lugar [§ 346] tiene 100 vezinos; se solía llamar Villacidaler:

BOADILLA media legua. ÇORITA DE LOS CANES media legua. VILLACRECES una legua. VILLADA media legua llana.

Vicálvaro aldea [§ 327] tiene 50 vezinos; es de Madrid:

AMBROZ un millo. VALLECAS un millo.

Vico Loçano lugar [§ 3824–3825] tiene 5 vezinos; es aldea de Ávila; está en un teso entre unos berrocales:

ÁVILA una legua de camino llano, todo de berrocales. EL CANSINO media legua, van por Palanciana, un 4º. PALANCIANA un 4º de legua llana.

Vigo [§ 465–466] tiene 1500 vezinos; es del arçobispo de Santiago; bate la mar en ella, es puerto seguro donde concurren muchas naos:

GANGAS 2 leguas por mar, por tierra ay 6 leguas. EL PORRIÑO 3 leguas pequeñas llanas de montes y viñedos y castañales. REDONDELA 2 leguas por la ribera de la mar. TUY 5 leguas llanas, todas de robledales y castañales. VAYONA 3 leguas por la ribera de la mar adelante.

Viguera lugar [§ 3910–3912] tiene 200 vezinos; es del conde de Aguilar; está al pie de una sierra entre unas grandes peñas, que es la cosa más agra que ay en España y en Francia, pasa un río dicho Iruega a 2 tiros de vallesta:

ENTRENA una legua, de sierras e valles el un 4º primero e lo otro de viñas e peñas, en saliendo pasan al dicho río. LOGROÑO 3 leguas, van por riberas abaxo del dicho río Iruega por entre valles e peñas e viñas, a un 4º de legua pasan al dicho río por vado, que corre a la mano dizquierda e queda el río a la dicha mano. MEDIANO legua e media, van por Entrena, una legua, e por Sojuela, media legua. NALDA media legua de valles abaxo e de peñas. NAVARRETE 2 leguas, van por Entrena, una legua.

Vilbiestre aldea [§ 309] tiene 30 vezinos; es de Burgos:

ESTÉPAR media legua, pásase un río a medio camino. LAS ORMAZAS una legua llana, pásase el dicho río junto con Ormazas. VILLAGUTIERRE media legua grande, pásase el dicho río junto a Villagutierre.

Vilches villa [§ 3107–3115] tiene 200 vezinos; es de Baeça; está puesta en una sierra alta pelada e de tierra bermeja, está en la Sierra Morena; solía ser villa por sí e agora es aldea de Baeça, tiene grande arrabal arriba en la villa, solía tener muy buena fortaleza e la derrocó Baeça porque se alzó con ella, es el postrero lugar de Andaluzía:

ALMAGRO 14 leguas, van por el Viso, 7 leguas. ANDÚXAR 11 leguas, van por Linares, 2 leguas, e por Bailén, 3 leguas. BAÇA 18 leguas, van por Úbeda, 4 leguas. BAEÇA 4 leguas, van por Rus, 3 leguas. BAILÉN 4 leguas, van por Linares, 2 leguas. EL ELLERUELA 5 leguas de sierras e valles, pasan a Guadarrizaz río, que corre a la mano dizquierda. ESPELUZ 3 leguas, van por Linares, 2 leguas. JAÉN 8 leguas, van por Linares, 2 leguas. LINARES 2 leguas de cerros e sierras por todas partes, a legua e media pasamos al dicho río Guadarriças por vado, que corre a la mano dizquierda, a una legua se junta con Guadalén. MANÇANARES 15 leguas, van por Santacruz, 9 leguas, e por Valdepeñas, 2 leguas. SANTACRUZ 9 leguas de sierras e valles, a una legua e media pasan a Guadarrizaz, que corre a la mano dizquierda. SANTISTEVAN DEL PUERTO 5 leguas, van por las Navas, 3 leguas de sierras, pasamos Guadalén río a legua e media primera por vado, que corre a la mano derecha. TOLEDO 34 leguas, van por Elleruela e por Santacruz, 9 leguas, e por Almagro, 5 leguas, e por Carrionzillo, 3 leguas, e por Malagón, 3 leguas, e por Yévenes, 8 leguas, e por Orgaz, una legua. TORRENUEVA 6 leguas de sierras e de puertos, a 3 leguas pasamos a Guadarrizar por vado, que corre a la mano dizquierda. ÚBEDA 4 leguas de tierra de sierras e cerros, a una legua pasamos a Guadalén por vado, que corre a la mano derecha, a 2 leguas primeras tornamos a pasar a Guadalimar por puente, que corre a la mano derecha. VALDEPEÑAS 11 leguas, van por Santacruz, 9 leguas. VAÑOS DE LINARES 5 leguas de sierras e valles, a 4 leguas pasamos al dicho río Guadiel por vado, que corre a la mano derecha, júntase con Guadalimar a una legua de allí. EL VISO 7 leguas de sierras e puertos, a legua e media pasamos al dicho río Guadarrizaz por vado, que corre a la mano dizquierda, a 3 leguas de Vilches empeçamos a pasar el Puerto el Muladar, que tenrá 2 leguas de subidas e abaxadas muy agras, de allí al Viso es de cerros e valles montosos de xarales, en lo alto de la sierra, en lo más agro de la sierra, ay una matança de moros de muchos mojones sin munº [¿?], allí está en un cerro un castillo del Herrumblar, es derrocado. XAVALQUINTO 5 leguas, van por Linares, 2 leguas. XÓDAR 7 leguas, van por Úbeda, 4 leguas.

Vilinchón[647] lugar [§ 4684–4689] tiene 80 vezinos; es del cardenal de Toledo; está en un cerro en el lomo e ladera de él como en solana; tiene muy buenos vinos:

ALCÁÇAR DE CONSUEGRA 12 leguas, van por el Corral de Almaguer, 5 leguas de tierra de cerros la primera legua e todo lo otro tierra doblada e de algunos montes baxos. BARAJAS

---

647 Velinchón, Vellinchón, Villinchón, cf. *Ocaña, Tarancón.*

2 leguas, de tierra de cerros e valles e de pinares la media legua postrera de la primera legua e la postrera legua es vega riberas abaxo de un arroyo que queda a la mano derecha. LA BARCA DE FUENTIDUEÑA 2 leguas, los 3 tiros de vallesta primeros es cuesta arriba e todo lo otro cuestas e vallejuelos abaxo e tierras de pan e de atochares, junto con Fuentidueña pasamos a Texo por vado, que corre a la mano dizquierda. LA CABEÇA 4 leguas de la misma tierra [que Alcáçar de Consuegra]. CHINCHÓN 6 leguas, van por la Barca de Fuentidueña, 2 leguas, e por el Pozuelo de la Soga, 3 leguas. ESTREMERA 3 leguas, van por Fuentidueña, 2 leguas. OCAÑA 7 leguas, van por Santa Cruz de la Çarça, a la mano derecha queda Villarrubia a un 4º de legua del camino. SANTA CRUZ DE LA ÇARÇA 2 leguas de tierra de cerros e valles e tierras de pan. TARANCÓN una legua de cerros e valles, la media legua postrera es como cuesta arriba salvo 2 tiros de vallesta postrera que es un llano. TRIBALDOS 2 leguas e media, van por Tarancón. UCLÉS 3 leguas, van por Tarancón. VILLARRUBIA 6 leguas, van por Santa Cruz, 2 leguas. VILLARRUBIO 3 leguas, van por Tarancón. VILLATOVAS 5 leguas, van por Santa Cruz de la Çarça.

La Villa de Villalva[648] [§ 4153–4157] tiene 600 vezinos; es del conde don Fernando de Andrada; tiene buena fortaleza; está en un cerro, pasa un río junto con la villa dicho el río de la Madalena, es en Galizia:

BETANÇOS 7 leguas, van por Santa María de Tardad, una legua, e por Ferreda, media legua, e por Caçaras [¿?], un 4º de legua, e por Mexón Frío, una legua, e por Labrada, un 4º de legua, e por Herreros, una legua, e por San Pantayón, 2 leguas. BURGANS legua e media, van por Codesido, media legua. CASTRO DE REY 3 leguas llanas, todo de montes de robledas e coxcoxos. CODESIDO una legua e un 4º, van por Tardad, una legua. GIMARI 2 leguas, van por Burgans, una legua e media. LANÇOS 2 leguas, van por Santalla, una legua. LUGO 5 leguas, van por Castro de Rey, 3 leguas, e por Ponte Derribada, un 4º de legua. MONDOÑEDO 5 leguas, van por la Ponte de Martiñán, 2 leguas, e por Ventosilla, una legua. PADRUELO media legua llana e de montes de robledales baxos. LA PONTE DE MARTIÑÁN 2 leguas, todo de sierras e peñas e robledales e de muchos arroyos. SANTA MARÍA DE TARDAD una legua de cerros e robledales, en saliendo de Vallalva a media legua primera pasan un río por vado en verano que es dicho el río de la Puente de Trimaz, corre a la mano derecha, a un 4º de legua de allí se junta con el dicho río de la Madalena. SANTALLA una legua de tierra doblada de coxcoxares e tierras de labrança, en saliendo de Vallalva pasan al dicho río de Villalva, que corre a la mano dizquierda. TRASTOY una legua e media, van por Lanços, una legua.

Villacañas[649] lugar [§ 3593–3601] tiene 150 vezinos; es del priorazgo de San Juan; está en llano, está a 3 tiros de vallesta del lugar una sierra; en esta tierra son las leguas grandes, házense en invierno grandes lagunas en este lugar:

---

648 Villalva, cf. *San Martiño de Mondoñedo.*

649 Villa Cañas, cf. *La Guardia, Ocaña, Quero, (El) Romeral.*

ALCARAZ 19 leguas, van por Miguel Estevan, 3 leguas, e por Socuéllamos, 4 leguas, e por el Bonillo, 7 leguas. BELMONTE 8 leguas, van por la Puebla de Don Fradique, una legua, e por la Puebla de Almoradiel, una legua, e por el Quintanar, una legua, e por las Lobosas, 2 leguas, e por Monreal, 2 leguas. LA CABEÇA 4 leguas, van por el Corral, 3 leguas. CIBDAD REAL 16 leguas, van por Villa Franca, 4 leguas, e por Villaharta, 2 leguas, e por Damiel, 4 leguas, e por Carrión, 3 leguas. EL CORRAL DE ALMAGUER 3 leguas llanas, a 2 leguas se pasa un monte que tenrá un 4º de legua de traviesa. HERENCIA 5 leguas, van por Villa Franca, 4 leguas llanas. LILLO legua e media llana e de atochares, a una legua se pasa media legua un cerrillo que tenrá 2 tiros de vallesta. OCAÑA 7 leguas, van por el Romeral, 2 leguas, e por la Guardia e por Dos Barrios. LA PUEBLA DE ALMENARA 6 leguas, van por la Puebla de Don Fradique, una legua, e por Villanueva de Alcardete, 3 leguas, e por Villa Mayor, una legua. LA PUEBLA DE DON FRADIQUE una legua grande llana, todo casi de viñas. EL ROMERAL 2 leguas de tierra doblada e de atochares, a la mano dizquierda queda siempre sierras, en esta tierra son las leguas grandes. TEMBLEQUE 3 leguas de cerrillos, a la mano derecha queda una sierra a 2 tiros de vallesta. TOLEDO 11 leguas, van por Tembleque, 3 leguas, e por Bogas, 2 leguas, e por Almonací, 3 leguas, e por Nambroca, una legua. UCLÉS 8 leguas, van por el Corral de Almaguer, 3 leguas, e por la Cabeça, una legua, e por el Azebrón, 2 leguas. YÉVENES 8 leguas, van por Tarleque, 4 leguas llanas.

Villacarlón aldea [§ 345] tiene 60 vezinos:

ÇORITA DE LOS CANES una legua. SANTERVÁS media legua, pásase Valdaradué junto con Santervás. VEGA DE RÍO PONCE media legua buena.

Villacastín lugar [§ 3790–3797] tiene 700 vezinos; es aldea de Segovia; está en llano en la halda de la sierra de Segovia, que la cumbre de la dicha sierra está a una legua, está entre unos enzinares:

ALDEAVIEJA una legua grande de berrocales, la media legua primera como algo cuesta abaxo e la media legua postrera como cuesta arriba, la media legua postrera es de montes baxos e robledales, en medio el camino pasamos un arroyo que corre todo el año, que corre a la mano derecha, por la mano dizquierda queda siempre la sierra que haze como renconada e después viene a llegar un codo cabe Aldeavieja. ÁVILA 5 leguas, van por Aldeavieja, una legua, e por Mediana, 2 leguas, e por Berrocalejo, una legua. BLASCO HELES legua e media, van por Aldeavieja, una legua. ÇARÇUELA DEL MONTE una legua, van por Hituero, media legua grande. EL ESPINAR DE SEGOVIA 2 leguas, van por las Navas de Çarçuela. LAS GORDILLAS 2 leguas, van por Maello, una legua. LAVAJOS 2 leguas de tierra de cerros e tierra doblada e de montes la primera legua e media. MAELLO una legua, todo como cuesta abaxo, todo de montes. MEDINA DEL CAMPO 13 leguas, van por Lavajos, 2 leguas, e por Arévalo, 5 leguas. MONTERRUBIO legua e media de tierra de valles e montes, a la mano derecha queda Hituero a 4 tiros de vallesta del camino. LAS NAVAS DE ÇARÇUELA una legua de barrancos e cuestas arriba, todo de berrocales. LAS NAVAS DE PEDRO DE ÁVILA 5 leguas, todo de sierras e valles e prados e berrocales, que se llama el Campo Azálvaro porque es todo dehesas de ervajes. SALAMANCA 20 leguas, van por Lavajos, 2 leguas, e por la Puebla de Boltoya, media legua, e por Villanueva de Gómez, 2 leguas e media, e por Hontiveros, 4 leguas, e por Rámaga e por Paradinas de los Omizianos e por las Villorias e por

Aldea Luenga. SAN PEDRO DE LAS DUEÑAS 2 leguas de cerros e tierra doblada e de montes, a la mano derecha queda Hituero a un 4º de legua e las Lastras de Arriba 4 tiros. SANTA MARÍA DE NIEVA 5 leguas, van por Párraces, 2 leguas, e por Paladinas. SEGOVIA 6 leguas, van por San Pedro de las Dueñas, 2 leguas, e por Bermuy de Palacios, 2 leguas e media. TOLEDO 20 leguas, van por Nava el Peral, 4 leguas, e por Zebreros, 3 leguas, e por Cadahalso, 3 leguas, e por Paredes, 2 leguas, e por Escalona, una legua, e por Villamiel. ZEBREROS 7 leguas, van por Navaelperal, 3 leguas de cerros e sierras e prados e peñas.

Villacienço aldea [§ 302] tiene 25 vezinos; es de Burgos:

BONIEL legua y media llano. CAVIA 2 leguas llanas.

Villacir aldea [§ 342] tiene 50 vezinos; es de don Álvaro de Luna; tiene fortaleza; tierra llana todo:

BUSTILLO una legua. CEHÍNOS una legua. CUENCA DE CAMPOS una legua. VILLALÓN una legua.

Villaçopeque aldea [§ 367] tiene 40 vezinos; es de la condesa de Castro.
Villada[650] villa [§ 354] tiene 1000 vezinos; es del almirante de Castilla:

GRAJAL una legua grande llana. GUAZA una legua llana. VILLACRECES una legua pequeña.

Villada lugar [§ 5301] tiene 40 vezinos; es aldea de Pamplona; está en llano junto con el río que va a Pamplona, cabe este lugar se juntan 2 ríos, el que va a Pamplona e otro:

DUARTE media legua llana de viñas e tierras de pan, en saliendo de Villada pasan a un riatuelo. PAMPLONA media legua llana de viñas, en llegando a Plampona pasan al dicho río que corre a la mano derecha, toda vía queda el río a la mano dizquierda.

Villafáfila villa [§ 2365–2371] tiene 800 vezinos; es de don Pedro Pimentel; está en llano, es en Tierra de Campos; tiene unas salinas, es de leña pobre:

BENAVENTE 4 leguas, van por Bretó, 2 leguas e media, e por Bretocino, media legua. ÇAMORA 8 leguas, van por Villarín, una legua, e por Montamarta, 3 leguas, e por Corrales, una legua. CASTRONUEVO 2 leguas, van por Salinas, una legua. OTERO una legua pequeña llana de arenales e de tierra de labrança. REVELLINOS una legua de tierra llana e de arenales. SANTAGUSTÍN una legua de tierra dobladilla e de arenales de tierras de panes. SANTISTEVAN 4 leguas, van por Revellinos, una legua. TORO 8 leguas, van por Castronuevo, 2 leguas, e por la Fee, una legua, e por Velver, una legua. TRAPIOLES 2 leguas de tierra llana

650 La Villa de Villada, cf. *San Vicente de la Barquera.*

e de pan. VIDAYANES legua e media, van por Revillinos, una legua. VILLALPANDO 5 leguas, van por Salinas, una legua, e por Tapioles, una legua. VILLANUEVA LA SECA 4 leguas, van por Revillinos, una legua. VILLARÍN una legua pequeña de tierra doblada e de panes. ZEREZINOS DE LOS BARRIOS 3 leguas, van por Salinas, una legua.

Villaflor lugar [§ 1975–1977, 1983, 2419–2421] tiene 60 vezinos; es aldea de Ávila; está en un valle, pasa junto con el lugar un río dicho Pinarejo:

ALBORNOZ legua e media, van por Hortigosa, una legua. ÁVILA 3 leguas, van por Marlín, una legua. CARDEÑOSA 2 leguas, van por Muñohierro, media legua, e por Sesudos, 2 tiros de vallesta. CARRASCALEJO media legua llana. HONTIVEROS 3 leguas, van por San Pedro el Arroyo, media legua, e por Velamuñoz, media legua, e por Albornoz, media legua, e por Muñomer, 3 tiros de vallesta. MADRIGAL 7 leguas, van por San Pedro del Royo, media legua, e por Hortigosa, media legua, e por Velamuñoz, 2 tiros de vallesta, e por Blasco Pascual, media legua, e por San Juan de la Torre, legua e media, e por Cabeças del Poço, una legua, e por Bermuy, una legua, e por Be[...] Bermuy, media legua. MORAÑUELA un 4º de legua llana. PEÑARANDA 5 leguas, van por Carrascalejo, media legua, e por Santo Tomé, un tiro de vallesta, e por Sancho Izquierdo, media legua, e por Hirites, una legua, e por Naharros del Castillo, una legua, e por Salvadiós, media legua, e por Cantarazillo, una legua. SAN JUAN DEL ENZINILLA una legua, van por San Pedro del Arroyo, media legua grande, e por Samiguel, 2 tiros de vallesta. SAN PEDRO DEL ARROYO una legua llana. SANCHO IZQUIERDO media legua pequeña. VELAMUÑOZ legua e media, van por Hortigosa.

Villafradas aldea [§ 338] tiene 60 vezinos; es behetría, está encomendado a las Uelgas de Burgos:

HERRÍN media legua, llano. VILLARRAMIEL una legua, llano. VILLAVARUZ media legua, llano.

Villafranca aldea [§ 1045] tiene 20 vezinos; es del condestable; está en llano:

LA NAVA media legua pequeña llana. VELLOSILLO una legua llana, pásase junto a Vellosillo Caslilla río.

Villafranca aldea [§ 1103] tiene 25 vezinos; es de Toro; está ribera de Duero.
Villafranca[651] [§ 1147] tiene 200 vezinos; es del prior de Sant Joan; está en llano:

HERENCIA una legua llana.

Villafranca lugar [§ 845–847, 4119–4124] tiene 100 vezinos, con los arrabales que tienen alrededor son 200 vezinos; es de don Pedro de Ávila; tiene buena fortaleza;

651 Villa Franca, cf. *Quero, (El) Romeral, Villacañas.*

está en una ladera, está en el cabo de Val de Corneja, en llano al pie de una grand sierra, pasa junto con el lugar un río dicho Corneja:

ALVA DE TORMES 8 leguas, van por Bonilla e por Serranos e por Chagarcía e por Gallegos de Crespos. ÁVILA 8 leguas, van por las Casas del Puerto e por Villatoro e por Santa María del Arroyo e por Muño Galindo e por la Serrada. EL BARRIUELO una legua valle abaxo por ladera de la sierra, queda la sierra a la mano dizquierda. BONILLA una legua pequeña, la mitad primera es de cuestas arriba e lo otro cuestas abaxo, por la mano derecha queda montes de enzinares, en saliendo pasan a Corneja, corre a la mano dizquierda. EL COLMENAR DE ARENAS 8 leguas, van por Nava Ceperilla e por la Garganta el Villar e por San Martín del Fraile e por Nava el Saz e por las Cuevas. HONTIVEROS 8 leguas, van por las Casas del Puerto e por Vadillo e por Gamonan e por Nirueña e por Torneros e por Castro Nuevo e por Rebillexa. MAJADA LA ÇARÇA 2 tiros de vallesta de tierra doblada de ladera arriba. MAJANO EL SAZ media legua doblada. LAS MARÍAS una legua e media, van por Nava Escurial, una legua todo de sierra salvo media legua primera que es llano, en medio ay montes de enzinares, por la mano dizquierda queda la sierra prencipal. NAVA ESCURIAL una legua e un 4º de legua, a la mano dizquierda queda el Barriuelo a 2 tiros de vallesta del camino. PAJAREJOS una legua grande, en medio el camino traviesan un cerro que tenrá todo el camino la mitad de subida e la mitad de abaxada salvo 3 tiros de vallesta postreros que tornan a subir una sierra arriba. PIEDRAHÍTA una legua llana, van por Samiguel de Corneja, media legua un valle abaxo e por entre montes de enzinares e riberas abaxo de Corneja, que queda a la mano derecha. SAN MARTÍN DE LA VIGA 2 leguas muy dobladas de sierra. VILLATORO legua e media, la legua primera es de agro arriba e lo otro postrero media legua cuesta abaxo, por la mano dizquierda quedan las Casas del Puerto a 2 tiros de vallesta del camino, por la mano derecha queda la sierra prencipal.

Villafranca villa [§ 3319] tiene 400 vezinos; está en llano, pásase cerca de él el río que va a Tolosa; por todas estas tierras ay muchas caserías como en Bizcaya:

LEGAZPIA 3 leguas. SEGURA legua y media, vase por Yarça, a la mano izquierda queda Lazcano.

Villafrandovínez aldea [§ 305] tiene 35 vezinos; es de Burgos:

BONIEL una legua llana, pásase Arlançón junto con Villafrandovínez. QUINTANILLA DE LAS CARRETAS una legua llano, pásase el dicho río por el mesmo lugar.

Villafriuela aldea [§ 304] tiene 25 vezinos; es de Burgos:

CORTES una legua grande, pásase Arlançón. GAMONAL media legua.

Villafufre[652] lugar [§ 5629–5631] tiene 20 vezinos; es del duque del Infantazgo; está en una ladera; está cercado de sierras e de tierras de pan e yerva:

ARGOMEDA media legua, van por Escobedo. BUSTILLO media legua, van por Valosanos. ESCOBEDO 2 tiros de vallesta de tierras de cuestas abaxo e de pan. HUJIRIEGO 2 tiros de vallesta de tierras de pan e cuestas. PINILLA media legua, van por Samartín de Valosanos. SAMARTÍN DE VALOSANOS un 4º de legua de tierra de cuestas e de pan. SANDOÑANA un 4º de legua de sierras e cuestas e de tierras. SUSVILLA media legua, van por Sandoñana. TRASBILLA media legua, van por Hojiriego. VALOSANOS un 4º de legua de tierra de cerros e cuestas e tierras de pan. VEGA media legua, van por Samartín de Valosanos e por Pinilla.

Villagarcía lugar [§ 354] tiene 400 vezinos; es de señorío:

TORDEHUMOS una legua pequeña.

Villagonçalo aldea [§ 295] tiene 25 vezinos; es de Burgos; está media pequeña legua del río que pasa por Quintanadueñas:

BURGOS una buena legua. QUINTANADUEÑAS media legua llana, pásase el río de Quintanadueñas por junto Quintanadueñas.

Villagonçalo de Pedernales aldea [§ 300] tiene 30 vezinos; es de Burgos:

ARCOS una legua, tierra algo doblada, pásase un río junto con Arcos. SALDAÑUELA legua y media, pásase el río que va por Arcos junto con Saldañuela.

Villagutierre aldea [§ 311] tiene 25 vezinos; es de Burgos:

ESTÉPAR una legua pequeña, pásase un río junto con Villagutierre.

Villaharta (Villa Harta) lugar [§ 1144, 3566–3574] tiene 40 / 100 vezinos; es del priorazgo de San Juan, es aldea de Alcáçar; está en llano, está riberas de un río dicho Xiuela, que es casi como Guadiana, que se hazen lagunas e ojos; en esta tierra son las leguas grandes:

ALCÁÇAR DE CONSUEGRA 4 leguas muy llanas, todo que parece marismas riberas arriba de Xiuela, que lleva ribera siempre llana de media legua en ancho, la cual tiene muchas lagunas en la ribera la primera legua e media, van siempre orilla el río, queda a la mano dizquierda, allí lo pasamos por vado, que corre a la mano dizquierda, a otra legua e media, que son 3 leguas primeras, lo tornamos a pasar, corre a la mano derecha, a la mano diz-

652 Villafufele, cf. *Bostillo del Valle de Carriedo.*

quierda queda Herencia a tres 4º de legua del camino detrás de un cerro. ALMAGRO 7 leguas, van por Damiel, 4 leguas. ALMODÓVAR DEL CAMPO 15 leguas, van por Daimiel, 4 leguas, e por Carrión, 3 leguas, e por Cibdad Real, 2 leguas, e por Caracuel, 3 leguas. LA BREMBILLA 5 leguas, van por Mançanares, 5 leguas. CONSUEGRA 5 leguas, llanas las 2 leguas primeras e las otras postreras traviesan sierras por valles llanos e montes baxos, en saliendo de Villaharta pasan al dicho Xiuela por puente, que corre a la mano dizquierda. DAIMIEL 4 leguas llanas e de montes baxos e altos a trechos del camino salvo media legua primera e media legua postrera, a medio camino pasan a Guadiana por cima de tierra, corre a la mano derecha, junto con el camino por la mano derecha comiença de salir debaxo tierra. MANÇANARES 5 leguas de monte baxo e atochares e tierra llana salvo algunas traspuestas, a medio camino se pasa Guadiana por cima de tierra, que corre a la mano derecha. OCAÑA 13 leguas, van por Villa Franca, 3 leguas, e por el Romeral, 5 leguas, e por la Guardia, 2 leguas. LA SOLANA 6 leguas, van por Mançanares, 5 leguas, e por la Brembilla, un 4º de legua. TEMBLEQUE 9 leguas, van por Villa Franca, 3 leguas. TOLEDO 15 leguas, van por Consuegra, 5 leguas, e por Mora, 5 leguas. VALDEPEÑAS 9 leguas, van por Mançanares, 5 leguas, a la mano dizquierda queda la Bembrilla a un 4º de legua del camino. VILLA FRANCA 3 leguas, van por Herencia. VILLA RUBIA 2 leguas riberas abaxo de Xiuela, que queda el río a la mano dizquierda porque en saliendo del lugar pasan al dicho río, que corre a la mano dizquierda.

Villahermero aldea [§ 298] tiene 20 vezinos; es de Burgos:

ARROYAL media gran legua, pásase un río que pasava por Quintanadueñas cerca de Villahermero. QUINTANADUEÑAS media legua buena, pásase el dicho río a medio camino. SOTO PALACIOS media legua, pásase el mesmo río junto a Villahermero. SOTRAJERO media legua.

Villahermosa lugar [§ 1135, 4569–4571, 4579] tiene 300 / 400 vezinos; es de la encomienda de Santiago; está en alto algo de la parte de Montiel:

ALCARAZ 6 leguas, vase por Villanueva de Alcaraz, pásase Guadarmena río entre Villanueva del Alcaraz e Alcaraz al medio camino por puente. EL ALMEDINA 2 leguas, van por Torres de Montiel, una legua grande de tierra doblada, a un tiro de vallesta de Torres pasan a Xavalón por vado, corre a la mano derecha. EL CASTILLO DE ROCHAFRIDA 3 leguas de tierra doblada e de chaparrales e savinares. MONTIEL una legua pequeña llana, pásase Xavalón río junto a Montiel, allí junto se junta Segurilla río con él. LA OSA DE MONTIEL 4 leguas de tierra doblada e de algunos vallejuelos e la legua postrera por entre cerros, todo este camino es de montes altos de enzinares e muchos savinares, a las 3 leguas primeras pasan a Guadiana por vado, corre a la mano dizquierda, a la mano dizquierda a un 4º de legua del camino queda el Castillo de Rochafrida, por la mano derecha queda el nacimiento de Guadiana a un 4º de legua del camino de unos 5 o 6 ojos en los cuales toman mucho pescado, que se llama la Fuente el Puerco. LA PUEBLA DE MONTIEL 3 leguas de tierra doblada e de campiña, a la mano dizquierda queda Montiel a 3 tiros de vallesta del camino. SOCUÉLLAMOS 10 leguas, van por la Osa. VILLAHERMOSA DE ALCARAZ 3 leguas de tierra muy doblada e de tierra de labrança. VILLAMANRIQUE 3 leguas, van por Torres de Montiel e por el Almedina, una legua. VILLANUEVA DE ALCARAZ 3 leguas. VILLANUEVA DE LOS INFANTES 2 leguas, van por la Fuentellana, una legua llana de tierras de pan.

Villahuertes aldea [§ 1101] tiene 15 vezinos; es de Medina del Campo:

GOZMENAHARRO media legua pequeña. VALVERDE un 4º de legua pequeño.

Villaldemiro aldea [§ 310] tiene 50 vezinos; es de Burgos:

PAMPLIGA una legua, pásase Arlançón junto a Pampliga. VILBIESTRE legua y media.

Villalón villa [§ 337] tiene 1200 vezinos; es del conde Benavente; está en llano:

BOADILLA 2 leguas pequeñas, tierra llana. BUSTILLO una legua, tierra llana. CUENCA DE CAMPOS media legua llana. GATÓN una legua, tierra llana. HERRÍN una legua llano. HONTUYUELO una legua, tierra llana. VILLAFRADAS una legua llana. VILLAVARUZ 2 leguas llano.

Villalonquéxar aldea [§ 302] tiene 35 vezinos; de Burgos:

QUINTANILLA DE LAS CARRETAS una legua, pásase Arlançón. RABÉ una legua llana. TARDAJOS media legua pequeña.

Villalva lugar [§ 2254–2255] tiene 100 vezinos; es del condestable de Castilla; tiene fortaleza; está en llano riberas de Omezillo río, es en tierra de Losa:

BERBERANA una legua, van por Murita, media legua. HORDUÑA 2 leguas de cerros e cuestas. LLORENGOZ una legua una sierra arriba e de enzinares e de hayas. MAMPLIGA una legua unas cuestas arriba. MURITA media legua riberas arriba de una sierra, van como cuesta arriba de enzinares. OSMA una legua de tierra llana riberas abaxo de Omecillo río, que queda a la mano derecha.

Villalva lugar [§ 2716, 2727–2728, 2735, 3335, 3344] tiene 450 / 500 vezinos; es del conde de Miranda; tiene iglesia como fortaleza; está como en hondo; es tierra de munchos vinos:

ALCALÁ una legua de tierra doblada e de alcornocares. ALMONTE 2 leguas de tierra doblada e de alcornocares. BOLLULLOS una legua de tierra doblada e de alcornocares. CHUZENA una legua de tierra doblada e de alcornocares e de dehesas. ESCA(R)CENA una legua grande de tierra doblada. HINOJOS legua e media llana salvo una costezuela que subimos antes que lleguemos a Escarcena, que tenrá 3 tiros de vallesta, estos 3 tiros de vallesta son de olivares, todo estotro es de viñas salvo media legua primera que es de robledales, a la mano derecha queda Mançanilla a 3 tiros de vallesta e Paterna a la mano derecha a otros 3 tiros de vallesta, el camino de entre estos 2 lugares es un valle abaxo, quedan estos 2 lugares cada uno a su medio en alto. MANÇANILLA una legua pequeña todo de alcornocares salvo

2 tiros de vallesta primero e uno postrero e de tierra algo doblada. LA PALMA una legua grande llana salvo una costezuela que abaxamos en saliendo de Villalva, que tenrá un tiro grande de vallesta, toda esta legua es de tierras de labranças, siempre por la mano dizquierda quedan cerros de labranças a 3 tiros de vallesta e a 2 e a uno. PALOS 7 leguas, van por la Palma, una legua, e por Villarrasa, una legua, e por Niebla, una legua, e por Moguer, 3 leguas. PATERNA una legua grande de tierra doblada. PILAS 3 leguas de tierra doblada, la mitad primera es de alcornocares e lo otro de olivares. TEXADA, lugar despoblado, 2 leguas, van por Paterna.

Villalvilla aldea / lugar [§ 17, 4735–4741] tiene 80 / 90 vezinos; es del arçobispo de Toledo, es aldea de Alcalá de Henares; está entre cerros e un poco como en ladera salvo por la parte de Alcalá que es un valle llano; es lugar alegre, por la parte de Alcalá alcança hartas viñas e olivares:

ALCALÁ DE HENARES una legua grande de tierra doblada e de algunos cabeços de cerros, antes que lleguen a Alcalá con un 4º de legua baxan unas cuestas e barrancos que tenrá la tercia parte del dicho camino, cerca de Alcalá pasan a Henares río por puente, corre a la mano dizquierda. ALMONACIR DE ÇORITA 8 leguas, van por Peçuela, 2 leguas, e por Huentenovilla, 2 leguas, e por Yebra e por Çorita. EL CAMPO 2 leguas, van por Valverde e por el Pozuelo de Torres. CORPA media legua de cuestas e cerros e tierras de pan. GUADALAJARA 4 leguas, van por Santorcaz, una legua. LOS HUEROS media legua de cuestas e cerros de atochares. HUETE 11 leguas, van por Peçuela e por Fuentenovilla e por Yebra e por Çorita e por Alvalate. LUECHES 2 leguas, van por Torres, una legua. MADRID 7 leguas, van por los Hueros, media legua de viñas, e por Baeçuela e por el Castillo de Alcolea. MONDÉJAR 4 leguas de cerros e valles e montes baxos, en saliendo suben una cuesta, a 3 leguas e media pasa a Taxuña río por puente, corre a la mano derecha. PASTRANA 6 leguas, van por Peçuela, 2 leguas, e por Loranca, una legua, e por Hontova, una legua. PEÇUELA 2 leguas de tierra de barrancos e valles e cuestas e de viñas e olivares todo el camino, por la mano derecha queda Corpa a 3 tiros de vallesta del camino. EL POZO DE SANTORCAZ 2 leguas, van por Santorcaz e por Pioz. EL POZUELO DE TORRES una legua de tierra doblada, en saliendo suben una cuesta que tenrá 3 tiros de vallesta. SANTORCAZ una legua de barrancos e de tierras de pan. TORRES una legua de cerros e tierras de pan e viñas. EL VILLAR 2 leguas, van por Valverde, una legua de tierra doblada salvo que en saliendo de Villalvilla suben unas cuestas que tenrán 4 tiros de vallesta.

Villamanrique lugar [§ 4550] tiene 200 vezinos; está en llano al pie de una sierra, es en el campo de Montiel:

LA PUEBLA DE MONTIEL una legua de tierra doblada e de montes baxos. TORRENUEVA 5 leguas de cerros e valles e montes de enzinares e robledales.

Villamayor[653] aldea [§ 1225] tiene 7 vezinos; está en una cuesta:

653 Villa Mayor, cf. *Naharros del Castillo.*

XEMIGUEL media legua llana.

Villanueva aldea [§ 344] tiene 50 vezinos; del almirante de Castilla; está en una ladera:

CABEÇÓN media legua buena. OTERUELO una legua llana, pásase Valdaradué por puente aunque es pequeño a 2 tiros de vallesta de Oteruelo. VEGA DE RÍO PONCE una legua.

Villanueva [§ 3686–3688] solía ser lugar de 500 vezinos, está despoblado, agora no ay sino una venta; es aldea de Madrid, solía ser por sí; está riberas de Xarama; solía tener 3 monesterios de fraires e monjas, tiene grande vega de tierras de pan:

ALJETE una legua llana la vega arriba de Xarama, en saliendo pasan a Xarama por la barca, corre a la mano derecha. COVEÑA una legua de cerros e tierra doblada, todo tierras de labrança, en saliendo a 2 tiros de vallesta pasan a Xarama río por varca, que corre a la mano derecha. FUENTE EL FREXNO 4 tiros de vallesta, los 2 son llanos e lo otro cuesta arriba. HUENTE EL SAZ una legua riberas arriba de Xarama, que queda a la mano dizquierda porque en saliendo pasan a Xarama, corre a la mano derecha. MADRID 4 leguas, van por Moraleja, legua e media, e por Hortaleza, una legua e media. PARACUELLOS una legua e media riberas abaxo de Xarama, queda a la mano derecha porque en saliendo pasan a Xarama por puente, corre a la mano derecha. PESADILLA media legua la vega arriba de Xarama, que queda a la mano derecha. VILLANUEVA DE FUENTE EL FREXNO 4 tiros de vallesta, los 2 tiros llano e lo otro un cerro arriba.

Villanueva lugar [§ 4887] tiene 7 vezinos; es del conde Pliego; está en vallejuelo en hondo:

BURJAHARO media legua grande de cuestas e valles abaxo hondos e por entre cerros e tierras de pan el 4º postrero. MIRA EL RÍO media legua pequeña llana, por la mano derecha queda siempre un monte de enzinas. XEDRAQUE media legua pequeña de cuestas abaxo e montes de enzinares.

Villanueva villa [§ 5051] tiene 50 vezinos; está en llano en una vega llana; es tierra de muchas viñas e arboledas, en especial de almendros, tiene mucho açafrán:

VELPUCHE media legua, todo de viñas e árboles.

Villanueva del Arçobispo villa [§ 4572–4578] tiene 550 vezinos; es del adelantamiento de Caçorla; tiene una iglesia por fortaleza muy fuerte; está en llano en un valle hondo, está entre 2 ríos que pasan del lugar a una legua del lugar cada uno, que se llama el un Guadalquebir, pasa por la parte de mediodía, e el otro se llama Guadalimar, que pasa por la parte de Úbeda:

ALCARAZ 14 leguas, van por Xénave, 7 leguas, e por Villapalacios, 3 leguas, e por Riobir, una legua. CAÇORLA 5 leguas de tierra doblada e de labrança, a una legua primera pasan a Guadalquebir por vado en verano e en invierno por barco, corre a la mano derecha. EL CASTELLAR 2 leguas de tierra doblada e de labrança, a medio camino pasamos a Guadalimar por puente, corre a la mano dizquierda. CHICLANA 3 leguas, van por Soriuela, una legua llana grande e de tierras de labrança, a los tres 4º de legua primeras pasan a Guadalimar por vado en verano e invierno por barco, corre a la mano dizquierda. MONTIEL 10 leguas, van por Chiclana e por la Puebla de Montiel. QUESADA 6 leguas de tierra doblada e algunos cabeços de cerros e tierra de labrança, a una legua primera pasan a Guadalquebir por varco, corre a la mano derecha, a 3 leguas primeras pasan al río que viene de Caçorla por vado, corre a la mano derecha, junto con Quesada tornamos a pasar otro, corre a la mano derecha. SAVIOTE 4 leguas de tierra de labranças e tierra doblada, a la subida de Saviote suben una cuesta que tenrá media legua. SEGURA DE LA SIERRA 7 leguas, van por Veas. ÚBEDA 5 leguas, van por Villacarrillo, una legua, e por la Torreperogil, 3 leguas. VEAS 3 leguas de tierra de labranças e cerros, junto con él pasamos a un río, corre a la mano dizquierda. VILLACARRILLO una legua llana de tierra de labrança e de viñas la primera media legua. XÉNAVE 7 leguas, las primeras 3 leguas de tierra doblada e de labranças e lo otro es sierras e valles e montes de xarales e lantiscares, a 3 leguas primeras pasan a un río que biene de Veas por vado, corre a la mano dizquierda, a 5 leguas primeras tornan a pasar a Guadalimar por puente, corre a la mano dizquierda.

Villanueva del Camino[654] aldea / lugar [§ 482, 4393–4399, 6606–6610, 6629–6630] tiene 60 / 120 / 150 vezinos; es aldea de Sevilla; tiene fortaleza antigua; está en llano salvo por la parte del río Guadalquebir que tiene derrumbaderos, está orilla de Guadalquebir porque un codo del río toca en el lugar; solía ser de 200 vezinos:

ALANÍS 9 leguas, van por Costantina, 5 leguas. ALCOLEA un 4º grande de legua de tierra doblada riberas arriba de Guadalquebir, que queda a la mano derecha, queda grandes derrumbaderos. CAÇALLA 7 leguas, van por el Pedroso, 5 leguas de cerros e sierras e valles e alcornocares e xarales e enzinares, a media legua primera pasan a Güésnar, que corre a la mano dizquierda. CANTILLANA 2 leguas riberas arriba de Guadalquebir, que queda a la mano dizquierda, da grandes vueltas, por la mano derecha queda siempre sierras, a media legua primera se pasa Güesma por vado, que corre a la mano dizquierda, júntase luego con Guadalquebir. CARMONA 3 leguas de tierra doblada e de palmares, la media legua postrera es como cuesta arriba, todo es tierras de pan, el camino derecho es por Guadajox salvo que no ay pasaje.[655] CÓRDOVA 10 leguas, van por Lora e por Peñaflor e por las Posadas. COSTANTINA 5 leguas de cerros e sierras e valles e montes baxos e altos. GUADAXOX una legua muy pequeña por el camino derecho sino que no ay pasaje, que se avía de pasar el río 2 vezes, la una saliendo, que corre a la mano derecha, la otra junto con Guadaxox, que corre a la mano dizquierda, arrodéase por la barca de Tosina. LORA 2 leguas llanas vega arriba

---

654 Villanueva, cf. *Uitrera*.
655 «El sitio o lugar por donde se pasa» (*Autoridades s.v.* passage).

de Guadalquebir, por todas partes cerros e derrumbaderos, siempre lleva el río media legua de anchura de vega e nunca tocan todos en el río, sí a medio camino, allí están por la mano dizquierda en los derrumbaderos del río unos cimientos de edeficios antiguos, la media legua postrera es por medio el camino una mancha de alcornocares, siempre estas 2 leguas queda el río por la mano derecha. MONTORCAZ una legua llana de cerros e montes baxo, suben un cerro para subir arriba que tenrá 3 tiros de vallesta, a medio camino pasan a Güésnar por vado, corre a la mano dizquierda. PALMA 6 leguas, van por Lora, 2 leguas, e por Peñaflor, 3 leguas. EL PEDROSO 5 leguas de sierras, la primera media legua es de subida. SEVILLA 7 leguas, van por Tosina, una legua, e por Brenes. TOSINA una legua riberas abaxo de Guadalquebir, que queda a la mano dizquierda, antes que lleguemos a Tosina con 3 tiros de vallesta pasamos a Guadalquebir por varca, que corre a la mano derecha.

Villanueva del Campillo[656] lugar [§ 3933–3939] tiene 270 vezinos; es del obispo de Ávila; está en un valle en una ladera de un cerro, está en alto mucho por la parte de Medina e de Ávila e por la parte de mediodía cerros, pasan arroyos por alredor de este lugar cabdales, está en la sierra; este lugar es más invernoso e de más tormenta que ay en la serranía, es probe de pan e no ay vino, es gente que están prosperados por ganados e por recueros:

ÁVILA 8 leguas, van por Villatoro, una legua, e por Santa María del Arroyo e por Muñogalindo. EL BARCO DE ÁVILA 6 leguas e media, van por Bonilla, una legua, e por Piedrahíta, legua e media, e por el Aldeyuela, 2 leguas, e por Cavalleruelos, media legua. LAS CASAS DEL PUERTO una legua de cerros e prados e como cuestas abaxo. CASTELLANILLOS 3 leguas de valles e tierra de cerros la corriente de los arroyos abaxo e de montes las 2 leguas postreras de enzinares. EL COLMENAR DE ARENAS 10 leguas, van por Villatoro, una legua, e por Pradosegar, media legua, e por Muño Tello, media legua, e por Mengamuñoz, una legua, e por la Mora, una legua, e por Gargayanta e por las Cuevas. ÇURRAQUÍN 3 leguas, van por Cabeças de Villar, 2 leguas e medio valles e cerros abaxo. GARCICAVALLERO una legua pequeña un valle e riberas abaxo de un arroyo e cerros e montes de estepares e robledales. GARGANTA LOS HORNOS una legua e media de cerros e valles e de montes de reboledadas [¿?]. GRAJOS 2 leguas, van por Vadillo, una legua grande e de cerros e valles e montes baxos de estepares. HONTIVEROS 7 leguas, van por Vadillo, una legua, e por Torneros, una legua, e por Castronuevo e por Ribilla. PASCUAL COBO 2 leguas de cerros e valles e montes de estepares. PEÑARANDA DEL MERCADO 6 leguas e media, van por Castellanillos, 3 leguas, e por Mancera de Ayuso, una legua e media, e por Bóbeda, media legua. VILLAFRANCA 2 leguas, van por las Casas del Puerto. VILLATORO una legua, los tres 4º de legua primero es de cuesta arriba e lo otro es todo puerto.

Villanueva de las Carretas aldea [§ 12, 364] tiene 25 / 70 vezinos:

BURGOS 5 leguas.

---

656 Villanueva, cf. *Vadillo*.

Villanueva del Frexno [§ 1007] tiene 300 vezinos; es de don García de Puertocarrero, es de Castilla; tiene fortaleza.

Villanueva de Fuente el Frexno lugar [§ 3689–3696, 3702] tiene 50 vezinos; es aldea de Madrid; está en un cerro, a 4 tiros de vallesta del lugar pasa Xarama; avrá 20 años que se pobló de Villanueva, que está esta Villanueva a 4 tiros de vallesta del lugar, en este río e en esta comarca de este lugar se crían los más fuertes toros de todo Castilla:

ALARPARDO legua e media, llana la legua primera e lo otro es de tierra doblada, todo es de tierras de pan, a 3 tiros de vallesta primeros pasan Xarama por varca, corre a la mano derecha. ALCALÁ DE HENARES 4 leguas, van por Villanueva, 4 tiros de vallesta, e por Coveña, una legua, e por Daganço, una legua. ALJETE una legua llana de vega salvo una cuesta que abaxamos en saliendo, que tenrá 2 tiros de vallesta, a 3 tiros de vallesta primeros pasan a Xarama, corre a la mano derecha. COLMENAR EL VIEJO 3 leguas grandes, un valle arriba por entre cerros e como cuesta arriba las 2 leguas primeras e lo otro es de cerros e valles, a la mano derecha queda el valle que viene un arroyuelo por él, todo este camino es de montes baxos e altos. COVEÑA una legua, van por Villanueva, 4 tiros de vallesta. FUENT CARRAL 2 leguas, van por San Sabastián de los Reyes e por Alcobendas, 2 tiros de vallesta. FUENTE EL SAZ una legua llana, a 3 tiros de vallesta primero pasan a Xarama por barca, que corre a la mano derecha. GUADALAJARA 6 leguas, van por Villanueva, 4 tiros de vallesta, e por Cobeña, 2 leguas, e por el Frexno de Torote e por Camarma de Esteruela, una legua, e por Quer, una legua, e por Benalaque, una legua. MADRID 4 leguas, van por Moraleja, legua e media, e por Hortaleza, una legua e media. PARACUELLOS legua e media, van por Villanueva. PESADILLA un 4º de legua de cerros, por la mano derecha queda siempre los derrumbaderos de Xarama. SAN SABASTIÁN DE LOS REYES una legua de cerros e tierra doblada de pan, antes que lleguemos al lugar con 4 tiros de vallesta entramos en el monte que tenrá hasta el lugar, en saliendo del lugar Frexno baxamos una cuesta que tenrá 2 tiros de vallesta. SANTAGOSTÍN 2 leguas e media, van por Pesadilla, un 4º de legua. SEGOVIA 15 leguas, van por el Colmenar Viejo, 3 leguas, e por Cerezedo, 3 leguas, e por Navacerrada, 3 leguas, e por Zerezedilla, una legua. TALAMANCA 4 leguas de vega llana riberas arriba de Xarama, a media legua primera pasan a Xarama por varca, que corre a la mano derecha, queda siempre a la mano dizquierda. TORDELAGUNA 4 leguas de vega arriba de Xarama, que queda siempre el río dicho Xarama a la mano derecha. VAL DE OLMOS legua e media, de tierra llana la primera legua e la media legua es de cuestas arriba de tierras de pan, a 3 tiros de vallesta pasan a Xarama por barca, corre a la mano dizquierda. VARAJAS 2 leguas de tierra llana e de tierras de pan e de olivares por algunas partes la legua e media postrera.

Villanueva de los Infantes [§ 412–414] tiene 200 vezinos; es del conde don Hernando; tiene fortaleza más alta que el lugar; está en alto y cercada, pásase Sorga río un 4º de legua de Villanueva:

ÇALANUEVA, monesterio, media legua llana. CASTRO MAO una media legua pequeña y áspera. LA GANDARELA media legua llana. SANTIAGO DE MORTERA media legua llana. SANT MIGUEL DE SORGA un 4º de legua cuesta baxo, pásase el río Sorga junto a Sant Miguel obra de un tiro de piedra.

Villanueva de los Infantes[657] lugar / villa [§ 1136, 4504–4510, 6471–6474] tiene 500 / 700 / 800 vezinos; es del maestradgo de Santiago; está en llano, a media legua del lugar pasa un río dicho Xavalón, es en el Campo de Montiel:

ALCUBILLAS (CUBILLAS) 2 leguas de tierra doblada e de algunos cabeços de cerros altos e baxos. (EL) ALHAMBRA 3 leguas de valles e cerros e montes de enzinares. EL ALMEDINA 2 leguas de tierra doblada e por entre cerros e montes baxos de chaparrales, a media legua primera pasan a Xavalón por vado, que corre a la mano derecha. CARRIZOSA 2 leguas de valles e por entre cerros e monte de enzinares. EL CASTILLO DE PEÑAFLOR un 4º de legua llano, la mitad del camino postrero es cuesta arriba. CÓÇAR 2 leguas pequeñas de por entre algunos cerros e vallejuelos e montes altos e chaparrales, a media legua primera pasan a Xavalón río por vado, corre a la mano derecha. LA FUENTELLANA (LA FUENTLLANA) media legua de cerros e vallejuelos. MANÇANARES 7 leguas e media, van por la Membrilla, 7 leguas. LA MEMBRILLA 7 leguas de cerros e valles e atochares todo el camino, a la derecha queda la Solana a una legua del camino. MONTIEL 2 leguas muy grandes de tierra doblada, por la mano dizquierda quedan algunos cerros [...] que se llama el Castillo de Peñaflor. LA OSILLA 4 leguas de tierra llana e de montes de enzinares e de savinares, a las 3 leguas pasan a Guadiana, que por allí se llama Ruidera, por vado, que corre a la mano dizquierda, a media legua del camino sobre la mano derecha nace Guadiana de unos ojos. SANTISTEVAN DEL PUERTO 8 leguas de cerros e valles e montes de lantiscares e algunos montes de enzinares. LA SOLANA 5 leguas de cerros e valles llanos e montes altos de enzinares e atochares. LA TORRE JUAN ABAD 3 leguas de tierra doblada e por entre cerros e montes de enzinares, pasan a Xavalón a media legua primera, corre a la mano derecha. TORRES DE MONTIEL una legua llana, pásase Xavalón a medio camino, que corre a la mano derecha, que se junta con Guadiana lexos y nace una legua de Montiel. VILLAHERMOSA 2 leguas llanas e de tierras de labrança e de montes baxos, van por la Fuentellana. VILLAMANRIQUE 3 leguas de cerros e valles llanos e montes, a media legua primera pasan a Xavalón río por vado, que corre a la mano derecha.

Villanueva de San Mancio[658] villa [§ 350] tiene 150 vezinos:

MEDINA DE RUISECO una legua. PALACIOS DE MENESES media legua grande. VILMONTE una legua pequeña.

Villanueva de la Serena[659] lugar [§ 4524–4525] tiene 300 vezinos; está en llano, es en la Serena; es cabeça de la Serena, tiene una cassa real:

DON BENITO una legua llana e de heredades, tierras de pan. LA HAVA una legua pequeña de tierra doblada e de heredades e viñas. HORNACHOS una legua e media, llana la primera

657 Villanueva del Infante, cf. *La Puebla de Montiel.*
658 Villanueva de Samancio, cf. *Tamariz.*
659 Villanueva, cf. *Quintana de la Serena.*

legua e de viñas e de heredades e lo otro es cuestas arriba. MEDELLÍN 2 leguas, van por Don Benito, una legua de heredades.

(El) Villar aldea / lugar [§ 20, 4732–4734] tiene 30 / 50 vezinos; es del arçobispo de Toledo, es aldea de Alcalá de Henares; está en una ladera:

ALCALÁ DE HENARES 3 leguas, van por Valverde e por Villalvilla. CARAVAÑA una legua llana salvo que en saliendo del lugar suben una cuesta que tenrá 4 tiros de vallesta, para abaxar a Caravaña baxan otra que tenrá un 4º de legua. CORPA una legua de tierra doblada e de viñas e tierras de pan. MONDÉJAR una legua e media, van por Ambite, media legua de tierra doblada e de panes. EL OLMEDA media legua un vallejuelo arriba e por entre cerros. EL POZUELO DE TORRES una legua de tierra de cerros e montes baxos e vallejuelos. URUSCO media legua de tierra doblada, en saliendo del Villar suben una cuesta que tenrá 4 tiros de vallesta, es muy agra e de peñas. VALVERDE una legua de tierra de vallejuelos e tierras de pan.

El Villar [§ 1055] tiene 20 vezinos; es de Sepúlveda; está en llano:

MONTIAÑO media legua pequeña. SEPÚLVEDA una legua pequeña.

El Villar[660] aldea [§ 1109] tiene 25 vezinos; es de Arévalo; está en llano:

PARADINAS 2 leguas y media llanas, pásase un río en medio del camino.

El Villar lugar [§ 4043–4044] tiene 25 vezinos; es aldea del Mirón; está en llano riberas de un río dicho Corneja, es en el Val de Corneja:

ALVA DE TORMES 7 leguas, van por Gallegos de Solmirón, una legua, e por Mercadillo, una legua, e por Valverde, 2 leguas, e por la Ñaya, una legua. EL BARCO DE ÁVILA 3 leguas, van por la Horcajada, media legua, e por las Cassas, media legua. GALLEGOS DE SOLMIRÓN una legua de cerros e montes de enzinares e berrocales, la media legua postrera es de montes. PIEDRAHÍTA 2 leguas e de cerros una vega e valle arriba, en saliendo pasan al dicho río Corneja por vado, que corre a la mano derecha.

Villar de Canctos[661] aldea [§ 1213] tiene 20 vezinos; es de San Clemente; está en llano:

SAN CLEMENTE 2 leguas llanas.

---

660 El Villarejo, cf. *Peñaranda del Mercado, Santiago de la Puebla.*
661 Villar de Cantos, cf. *Perona.*

Villar del Cobo lugar [§ 5403–5408] tiene 100 vezinos; es aldea de Albarrazín; está en valle hondo, pasa un riatuelo por medio el lugar dicho Gualabier, es el postrero lugar de Castilla entre Aragón, está en tierra agra:

BRONCHALES 3 leguas de sierras e valles e pinares e algunos valles llanos. CALOMARDE 2 leguas de cerros e valles, tierra áspera e montes, algunos montes de pinares y enebrales e chaparrales. FRÍAS 2 leguas de tierra de sierras e valles e montes de pinares, antes que lleguen a Frías con media legua pasan a un riatuelo que corre a la mano dizquierda. MOSCARDÓN 3 leguas, van por Calomarde. NOGUERA 2 leguas de tierra de sierras e valles e montes de robledales e enzinares e pinares. ORIUELA DEL ALBARRAZÍN 4 leguas de valles llanos e entre sierras e montes de pinares e robledales. POZONDÓN 5 leguas, van por Noguera, 2 leguas. RÓDENAS 5 leguas, van por Bronchales, 3 leguas. TERRIENTE 4 leguas, van por Frías. TORRES 3 leguas, van por Tramacastilla. TRAMACASTILLA 2 leguas riberas del dicho río Gualaviar, que queda siempre el río a la mano derecha. XAVALOYAS 5 leguas, van por Terriente.

Villar del Pedroso[662] lugar [§ 3222–3228] tiene 140 vezinos; es aldea de Talavera; está en llano como en hondo entre unos cerrillos:

ALDEA NUEVA DE MOHEDAS una legua grande de cerros e montes. ALDEA NUEVA DE VALVARROYO 3 leguas de cerros e valles, van por Huente el Apio, legua e media. BUENAS BODAS 3 leguas de cerros e valles e montes e sierras. EL CAMPILLO 3 leguas, van por Aldea Nueva de Mohedas, una legua. CANDALEDA 7 leguas, van por la Puente del Arçobispo, 2 leguas, e por Oropesa, 2 leguas, e por Torralva, 2 leguas. EL COLMENAR DE ARENAS 12 leguas, van por la Puente del Arçobispo, 2 leguas, e por Torralva, 3 leguas, e por Ramacastañas, 4 leguas, e por Arroyo Castaño. DELEITOSA 7 leguas, van por la Mesa de Ibor, 4 leguas. EL ESTRELLA una legua de cerros baxos e de montes de enzinares e dehesas. FUENTE EL APIO legua e media, van por Nava el Moral, una legua. GARVÍN 2 leguas, van por Val de la Casa, una legua. EL MAÇO 3 leguas de sierras e valles e montes. MOHEDAS 2 leguas de enzinares e tierra doblada. NAVA EL MORAL una legua de cerros e valles e de dehesas e tierra de labrança. NAVA EL VILLAR 7 leguas, van por Val de la Casa e por la Peraleda de Garvín, 2 leguas, e por San Román, una legua, e por el Avellaneda, una legua. NUESTRA SEÑORA DE GUADALUPE 7 leguas de grandes sierras e valles e puertos e arroyos salvo la primera que es llano e de montes baxos e altos, por algunas partes de cerros, el primero puerto es el de Arrebatacapas, que es a una legua, a 5 leguas pasamos a un río que va por 2 braços, está un cerro en medio que se llama las Guadarrancas. OROPESA 4 leguas, van por la Puente del Arçobispo, 2 leguas. LA PERALEDA DE GARVÍN 3 leguas, van por Val de la Casa, una legua. SAN VICENTE 3 leguas, van por Mohedas, 2 leguas. SEVILLEJA 4 leguas, van por Aldea Nueva, una legua, e por el Campillo, una legua. TALAVERA 8 leguas, van por la Puente del Arçobispo, 2 leguas, e por Alcolea, un 4º de legua, e por Calera, 3 leguas. EL TORRICO 2 leguas, van por Valdeverdeja, 2 leguas. TRUXILLO 12 leguas, van por Val de la Casa, una

662 El Villar de Pedroso, cf. *Mohedas de Talavera, Nava el Moral* lugar [§ 4254–4260]. Villar de Pedroso, cf. *La Puente (d)el Arçobispo*. El Pedroso, cf. *Talavera de la Reina*.

legua, e por la Peraleda, una legua, e por San Román, media legua, e por el Avellaneda, una legua, e por Majadas Viejas, 3 leguas. VAL DE LA CASA una legua de tierra doblada e de montes baxos.

Villar de Santos lugar [§ 386] tiene 300 vezinos; está media legua de la Limia.
Villar de Vacas aldea [§ 401–402] tiene 50 vezinos; está ribera de Arnoya:

LA CORREDUERA media legua grande llana, pásase el Arnoya por la Puente Paediz. ESCUDEROS media legua grande, pásase el Arnoya junto al Villar de Vacas. GRIJO media legua pequeña llana, pásase el río de Arnoya por puente. MIRONS media legua pequeña llana. SANTOMÉ media legua grande, pásase el Arnoya junto al Villar de Vacas. SEIXADAS una legua pequeña llana, pásase Valdariz, que corre a la mano derecha. LA TREELA media legua pequeña llana, pásase el río dicho Treela junto con el dicho lugar La Treela. VALDARIZ una legua pequeña llana, pásase un arroyo dicho Valdariz junto con Valdariz. LOS VILLARES una pequeña legua, vase el río arriba, hase de pasar el río de la Treela por puente a medio camino.

El Villarejo aldea [§ 1030–1031] tiene 12 vezinos;[663] es de tierra de Sepúlveda; está en un llano, por junto al lugar pasa Mesleón río:

DUERATÓN media legua, pásase Dueratón junto al lugar de Dueratón. EL OLMO un 4º de legua. LA SERNA un 4º de legua Mesleón abaxo.

El Villarejo de la Sierra aldea [§ 1074] tiene 25 vezinos; es de Sepúlveda; está en llano:

CEREZO DE SUSO legua y media llana. MANSILLA una legua llana. LAS RADES una legua pequeña llana.

Villarrabines aldea [§ 4348–4352] tiene 35 vezinos; es aldea de Valencia de don Juan; está en una vega riberas de un río muy cabdal en aquella tierra, que es el que pasa por León:

BENAVENTE 3 leguas, van por Villaquixada, media legua, e por Villafuente, un 4º de legua, e por Simanes, un tiro de vallesta, e por San Cristóval, una legua. CABAÑAS 2 leguas, van por Santa Marina, un 4º de legua, e por Valencia de don Juan, una legua e tres 4º. CASTROFUERTE media legua llana, en saliendo pasan al dicho río por puente, que corre a la mano derecha. FREXNO DE CABAÑAS 3 leguas, van por Valencia de don Juan e por Cabañas. LAGUNA una legua, van por San Salvador, tres 4º de legua llana e de labranças, a medio camino travesamos un monte de enzinas que tenrá media legua. SANTA MARINA un 4º de legua llana. TORAL media legua llana de labrança. VALENCIA DE DON JUAN 2 leguas, van por Santa Marina. VILLADEMOR una legua, van por Toral, media legua. VILLAMANDOS un

---

663 «3 o 4 casas a 100 pasos del camino», cf. *El Corral.*

4º de legua llana de labrança. VILLARNATE 3 tiros de vallesta, por medio de este camino pasa el dicho río por varca e puente en invierno e en verano muy poco tiempo de él, que corre a la mano derecha.

Villarramiel aldea [§ 342] tiene 100 vezinos; todo llano:

CASTROMOCHO una legua. FRECHILLA una legua. GATÓN una legua. GUAZA una legua pequeña.

Villarrasa lugar [§ 2720–2721] tiene 300 vezinos; es del duque de Medina; está en llano:

FACANIAS 4 leguas de Sierra Morena e de montes de xarales e alcornocales, a una legua primera pasamos a un río dicho río Tinto, que corre a la mano dizquierda. NIEBLA una legua de tierra doblada, junto con Niebla pasamos a río Tinto por puente, que corre a la mano dizquierda. LA PALMA una legua de tierra doblada. VEAS 3 leguas de Sierra Morena, a una legua primera pasamos al dicho río Tinto por vado, que corre a la mano dizquierda. VILLALVA 2 leguas, van por la Palma, una legua.

Villarrobledo[664] lugar [§ 1206, 4600–4605] tiene 500 / 600 vezinos; está en llano, es en la Mancha de Aragón; este lugar es muy prove de agua e abasto de vino, no veven si no de lagunas que se allegan en invierno, en esta tierra son las leguas muy grandes:

ALCÁÇAR DE CONSUEGRA 6 leguas, van por Socuéllamos, 2 leguas, e por el Campo de Clitana, 3 leguas. BELMONTE 5 leguas, van por las Pedroñeras. EL BONILLO 6 leguas llanas, todo de atochares, a medio camino pasan un riatuelo por vado, corre a la mano dizquierda. LEZUZA 7 leguas, las 4 primeras llanas e de labranças e atochares e lo otro de montes de enzinares e cerros e robledales, a la mano derecha queda Munera a una legua de camino. LAS MESAS 3 leguas de tierra doblada e de labranças e atochares. MINAYA 3 leguas llanas e de atochares e tierras de labrança. MUNERA 6 leguas llanas e de atochares e tierras de labrança, las 2 leguas postreras son de enzinares. LA OSA 6 leguas de tierra doblada e de atochares, en medio el camino pasan un monte de enzinares que tenrá 2 leguas, a una legua primera pasan un riatuelo, corre a la mano dizquierda. LAS PEDROÑERAS 3 leguas de tierra doblada e de atochares e labrança. EL PROVENCIO 2 leguas de tierra llana e de atochares, a 3 tiros de vallesta del Provencio pasan a Záncara río por vado, corre a la mano dizquierda. LA RODA 6 leguas, van por Minaya. SAN CLEMENTE 3 leguas llanas e de romerales e atochares, la media legua postrera es de viñas, en esta media legua queda un monte de enzinares por la mano derecha e por la mano dizquierda queda el Provencio a una legua del

664 Billarrobledo, cf. *San Clemente*.

camino. SANTIAGO EL QUEBRADO o DE LA TORRE 3 leguas, van por el Provencio. SOCUÉLLAMOS 2 leguas de tierra doblada e de atochares. VALA DE REY 5 leguas, van por San Clemente, 3 leguas.

Villarrubio lugar [§ 4667–4670, 4674–4675] tiene 60 vezinos; es del convento de Uclés; está en llano, a 3 tiros de vallesta pasan un riatuelo que viene a dar a Villarrubio:

ALMENDROS media legua de tierra doblada e de tierras de pan, en medio el camino está un montezillo de enzinares. LA MORALEJA una legua de tierra doblada e de tierras de pan, a la mano dizquierda queda Almendros a 3 tiros de vallesta del camino. SAHELIZES una legua de tierra doblada e de panes e algunos cerros. TARANCÓN 2 leguas de tierra doblada e de algunos vallejuelos, en estas 2 leguas se pasan 2 riberas de riatuelos, en saliendo a 3 tiros de vallesta de Villarrubio pasan la una que es el río que viene de Uclés, corre a la mano dizquierda, a legua e media primera tornan a pasar a otro riatuelo, corre a la mano dizquierda, a la mano derecha queda Tribaldos a un 4º de legua e Uclés a una legua a la derecha, en llegando a Tarancón baxamos e subimos por la cabeça de un valle que tenrá 2 tiros de vallesta, el valle queda a la mano derecha. TRIBALDOS media legua de tierra doblada e de tierras de pan, a 3 tiros de vallesta pasan al riatuelo que viene de Uclés, que corre a la mano derecha. UCLÉS media legua de tierra doblada e de viñas e tierras de pan riberas arriba del dicho riatuelo.

Villarruvia[665] villa [§ 1143] tiene 400 vezinos; es del maestradgo de Calatrava; está al pie de una sierra que se dize Santa María del Monte, pásase Zihuela río 2 tiros de vallesta de Villarruvia por vado.
Villascussa[666] villa [§ 1212] tiene 200 vezinos; está en alto por la una parte que es hazia do sale el sol.
Villaseca lugar [§ 320] tiene 150 vezinos; es de Toledo:

TOLEDO 3 leguas llanas.

Villaseca[667] aldea [§ 1018] tiene 10 vezinos; es de tierra de Sepúlveda:

SEPÚLVEDA una legua, pásase Duratón junto a Sepúlveda. EL VILLAR una legua, pásase Dueratón al medio camino por Molinilla, que corre a mano derecha.

Villatoro lugar [§ 2411–2412, 4126–4138] tiene 130 / 200 vezinos; es de Diego Hernández de Ávila; tiene buena fortaleza; está en un valle entre 2 sierras e al pie de una grand sierra principal, en este lugar a media legua nace un río dicho Adaja,

665 Villarrubia, cf. *Hernand Cavallero, Vilinchón*. Villa Rubia, cf. *Villaharta (Villa Harta)*.
666 Villescusa, cf. *La Osa de Belmonte*.
667 Villaseca de la Sagra, cf. *Toledo*.

que pasa por Ávila e nace de unas fuentes encima de una sierra, de este lugar hazia Ávila es prencipio del Val de Ablés:

ALVA DE TORMES 8 leguas, van por Villanueva del Campillo, una legua, e por Pascual Cobo, 2 leguas, e por Samiguel de la Serrezuela, 3 tiros de vallesta, e por Gómez Blasco, una legua. ÁVILA 6 leguas, van por Naharros del Puerto, una legua, e Niharra, 2 leguas e media. EL BARCO DE ÁVILA 7 leguas, van por las Casas del Puerto, una legua, e por Piedrahíta, 2 leguas, e por el Aldeyuela, 2 leguas, e por Cavalleruelos, media legua. EL BERROCAL DE VILLATORO media legua llana. GRAJOS 2 leguas e media de puertos e sierras. BLACHA 2 leguas llanas el Val de Ablés e Adaja abaxo, queda el río a la mano derecha. BONILLA 2 leguas, van por las Casas del Puerto, una legua. EL COLMENAR DE MOMBELTRÁN 8 leguas, van por Muño Tello, una legua, e por Nenga Muñoz, una legua, e por la Mora, una legua, e por los Molinos, 2 leguas, e por las Cuevas, 2 leguas. ÇURRAQUÍN 3 leguas e media, van por Vadillo, una legua, e por Cabeças del Villar, 2 leguas. GAMONAL 2 leguas de sierras e valles abaxo e berrocales, la primera media legua es de puerto arriba e todo lo otro cuestas e valles abaxo, la una legua primera es de montes de robledales baxos e altos, a la mano dizquierda queda Vadillo a 2 tiros de vallesta del camino. LA GARGANTA EL VILLAR 3 leguas, van por Muño Tello, una legua, e por Menga Muñoz, una legua, e por la Cepeda, una legua. GRAJOS 2 leguas, todo de sierras e grandes berrocales e montes de robledales, queda Vadillo a la mano dizquierda a 2 tiros de vallesta del camino. LA HIJA DE DIOS 2 leguas, van por Naharros del Puerto, una legua. MAVIDES e PASCUAL MUÑOZ 2 leguas de tierra doblada Valle de Ablés e río de Adaja abaxo, que queda el río a la mano derecha, a la mano derecha queda Pradosegar 3 tiros de vallesta e Muño Tello a 5 tiros de vallesta. MEDINA DEL CAMPO 15 leguas, van por Gamonal, 2 leguas, e por Mirueña, una legua, e por Blasco Millán, una legua, e por Naharros del Castillo, una legua, e por Muño Sancho, una legua, e por Villamayor, media legua, e por Cisla, media legua, e por Mamblas, una legua, e por Madrigal, una legua, e por Blasco Millán, media legua, e por Cebriliego, 2 leguas, e por Fuente la Piedra. MENGAMUÑOZ una legua de tierra muy doblada de sierras. MUÑO TELLO (MUÑOTELLO) una legua llana de vega de Val de Ablés, por la mano derecha queda la sierra, en saliendo de Villatoro pasan Adaja por vado, corre a la mano dizquierda. PEÑARANDA DEL MERCADO 7 leguas, van por Hortún Pascual, 2 leguas, e por Blasco Ximénez, 3 tiros de vallesta, e por Gallegos, 2 tiros de vallesta, e por Manzera de Arriba, una legua, e por Mancera de Abaxo, una legua, e por Bóbeda, media legua. SANTA MARÍA EL ARROYO 3 leguas llanas riberas abaxo del Val de Ablés, queda el río Adaja a la mano derecha a 4 tiros de vallesta lo más lexos. TOLEDO 27 leguas, van por Blacha, 2 leguas, e por Xemerendura, 2 tiros de vallesta, e por Solo Sancho, una legua, e por Río Frío, 2 leguas, e por el Berraco, 3 leguas, e por el Tiemblo, 4 leguas, e por Cadahalso, 3 leguas, e por Paredes, 2 leguas, e por Escalona, una legua, e por Novés e por San Silvestre. VADILLO una legua, la mitad cuestas e [...] e puerto arriba e de montes de robledales e lo otro puerto abaxo. VALLADOLID 23 leguas, van por el camino de Medina e por Rodellana e por Valdeastillas e por la Puenteduero. VILLANUEVA DEL CAMPILLO una legua, de sierras arriba los tres 4º de legua e de montes de robledales e lo otro es cuesta abaxo. VILLAVICIOSO 3 leguas, van por Muño Tello, una legua, e por Naharros del Puerto, una legua, e por Herreros, media legua, e por Robledillo, media legua.

Villavaruz aldea [§ 339] tiene 70 vezinos; es del almirante de Castilla; todo llano:

MORAL DE LA REINA media legua. TAMARIZ media legua pequeña. VILLARRAMIEL una legua pequeña.

Villaverde aldea [§ 325] tiene 100 vezinos; es de Madrid:

LOS CARAVANCHELES una pequeña legua, está más cerca el Caravanchel de Abaxo muy poca cosa. LEGANÉS una legua llana. PINTO 2 leguas llanas. XETAFE una legua, llano.

Villaveses aldea [§ 1020] tiene 20 vezinos; es de tierra de Sepúlveda:

LAS ALDEYUELAS una legua llana. CASTRILLO media legua llana. SEPÚLVEDA una legua llana, pásase Dueratón junto a Sepúlveda. VILLASECA una legua.

Villavicencio lugar [§ 354] tiene 300 vezinos; es de señorío:

AGUILAR DE CAMPOS una legua llana. BOLAÑOS una legua. VALDUNQUILLO una legua llana, pásase Valderadué junto con Villavicencio por puente.

Villaviciosa villa [§ 1004] tiene 750 vezinos; es del duque de Vergança; tiene fortaleza buena y llana; está en llano, es en Portugal.
Villaviciosa[668] lugar [§ 2405] tiene 15 vezinos; es de Muño Gonçález del Águila; tiene buena fortaleza; está en llano entre unas serreçuelas e al pie de una grand sierra:

BATERNA media legua llana. SOLOSANCHO un 4º de legua llana.

Villaviciosa villa [§ 4201] tiene 200 vezinos; es en el prencipado de las Esturias; es puerto de mar, en este lugar desembarcó el rey don Carlos nuestro señor:

OVIEDO 6 leguas, van por el Monesterio de Val de Dios, una legua, e por Pedrosa e por Vega de Poja e por la Pola de Siero e por la Varreda e por la Puente de Cualoto.

Villena villa [§ 6368–6374] tiene 500 vezinos; tiene buena fortaleza; está en llano al pie de una gran sierra de peña; es cabeza del marquesado de Villena, tiene buena vega de regadío la cual se riega de una fuente que nace en la plaça, que sale agua para 2 muelas juntas e otra fuente junto con la villa, que sale agua para una muela, frontera del mojón del reino de Valencia que a media legua:

ALCABDETE 2 leguas llanas e de tierras de pan la postrera legua e la primera de juncares. ALMANSA 6 leguas de tierra llana e por entre sierras e de tierras de pan. BAÑERAS 3 leguas de tierra llana de valles e por entre sierras e de tierras de labrança. BOCAIRÉN 4 leguas de

668 Villavicioso, cf. *Villatoro*.

tierra de valles llanos e de pan e por entre sierras. CAÇALLA 2 leguas, van por Biar. ELDA 3 leguas, van por Sax. FUENTE LA HIGUERA 3 leguas, la primera legua es llana, por la mano dizquierda es todo sierras, las 2 leguas postreras van sierras e de montes baxos e atochares. FUENTE TENIENTE 5 leguas, de las 3 leguas primeras son de valles llanos e por entre sierras e tierras de pan e lo otro de sierras e valles de olivares. ONIL 2 leguas, van por Biar. SALINAS 2 leguas llanas e por entre sierras. SAX 2 leguas pequeñas llanas de una llanada e por entre unas sierras, por la mano dizquierda queda siempre una grand sierra e unos pinares, a la una legua entramos entre los dichos pinares e queda toda la llanada con las otras sierras por la mano derecha, a medio camino entre los dichos pinares están unas fuentes de donde sale agua para una muela de un molino, en llegando a la villa con un 4º de legua entramos entre un estrecho de unas serrezuelas e pasamos el dicho arroyo de las fuentes, que corre a la mano dizquierda, la legua primera es de juncares e pradales e la postrera de pinares de piñas. VIAR una legua llana e por entre sierras. YECLA 4 leguas de tierra llana e de valles llanos e por entre sierras por todas partes.

Las Virtudes [§ 1117] es un monasterio de frailes; está en un alto.
El Viso lugar [§ 3116–3123] tiene 300 vezinos; es del maestrazgo de Calatrava; está en llano entre unos cerros montosos; es lugar donde ay los mejores duraznos que ay en Castilla:

EL ALDEA EL REY 6 leguas, van por la Calçada, 5 leguas, e por el Turruchel. ALDEAQUEMADA 3 leguas de cerros e sierras e valles. ALMAGRO 7 leguas de cerros montosos, a la mano derecha queda Santacruz a un 4º de legua. ALMODÓVAR DEL CAMPO 10 leguas, van por la Calçada, 5 leguas de cerros e valles llanos, a 2 leguas primeras pasamos a un río dicho Frexneda por vado, que corre a la mano derecha. EL ARGAMANSILLA 9 leguas, van por la Calçada, 5 leguas. BAILÉN 10 leguas de sierras e valles salvo 2 leguas primeras e 3 postreras, a la mano dizquierda queda Vilches a 3 leguas del camino. CIBDAD REAL 10 leguas, van por la Calçada, 5 leguas. CÓRDOVA 26 leguas, van por Bailén, 10 leguas, e por Andújar, 4 leguas, e por Aldea el Río, 4 leguas, e por el Carpio, 3 leguas. LA FUENTE CALLENTE 13 leguas de sierras e valles, a la mano derecha queda Mestança a una legua del camino. GRANADA 29 leguas, van por Vilches, 7 leguas, e por Úbeda, 4 leguas, e por Jódar, 3 leguas, e por Guadahortuna e por Aznalloz. JAÉN 15 leguas, van por Linares, 9 leguas. MESTANÇA 7 leguas de sierras e ervajes, a 3 leguas primeras pasan a un río dicho Frexneda, corre a la mano dizquierda. LAS NAVAS DE SANTISTEVAN DEL PUERTO 9 leguas de sierras e montes muy agras salvo 2 leguas primeras es de cerros, a una legua pasan a Guadalimar por vado, corre a la mano derecha. PUERTO LLANO 9 leguas de montes e cerros, van por la Calçada, 5 leguas. SANTA CRUZ (DE MUDELA) 2 leguas grandes llanas e de montes, salvo 2 serrezuelas que travesamos una a media legua del Viso e la otra a media legua de Santa Cruz. VALDEPEÑAS 3 leguas, van por Santacruz, 2 leguas.

El Viso[669] lugar [§ 5352–5356] tiene 200 vezinos; es de señorío; está en altillo, a media legua del lugar pasa Guadarrama río:

669 El Visso, cf. *Illescas, Moratalaz, Uxena.*

BATRES 2 leguas, van por Carranque. CARRANQUE una legua de tierra llana. CASARRUBIELOS [...], van por Uxena e por Torrejoncillo. CEDILLO una legua buena de tierra doblada e de pan. COBEJA 3 leguas, van por Hazaña. LA CRUZ 2 leguas, van por Uxena e por Torrejoncillo. CUBAS 2 leguas, van por Uxena e por Torrejoncillo. ESQUIVIAS 2 leguas e media, van por Valaguera e por Illescas e por Yeles. GRIÑÓN 3 leguas, van por Uxena e por Torrejoncillo e por Cubas. HAZAÑA 2 leguas e media de tierra doblada e de pan. ILLESCAS una legua e media, van por Valaguera, media legua de tierra doblada e de pan e vino. NOMINCHAL 2 leguas, van por Cedillo, una legua de tierra doblada e de pan. PALOMAREJO 3 leguas, van por Valaguera e por Illescas e por Moratalaz. PARLA 4 leguas, van por Valaguera e por Illescas e por Humanejos. TORREJÓN DE VELASCO 2 leguas e media, van por Valaguera e por Illescas e por Moratalaz. YELES 2 leguas, van por Valaguera, media legua, e por Illescas. YUNCOS 2 leguas de tierra doblada e de pan e algunas viñas.

X

Xaca cibdad [§ 5655–5656] tiene 1000 vezinos; tiene fortaleza; está en llano:

CAFRÁN 3 leguas de cerros e valles e tierras de pan. MONSILLAS 4 leguas, van por Espitalete. OSCA 6 leguas, van por Espitalete, 3 leguas de cerros e tierras de pan, junto con el Espitalete pasan a un río por vado o puente, que corre a la mano dizquierda.

Xadraque (Xedraque) lugar [§ 5, 5279–5283] tiene 300 / 400 vezinos; es del marqués de Cenete; tiene buena fortaleza fuera del lugar en una cuesta; está en valle riberas de Henares:

BUJALHARO una legua pequeña de cerros e valles e tierras de pan, en saliendo ay algunas viñas e algunos montes de enzinares. CASTILBLANCO media legua de tierra doblada e de montes de enzinares, en saliendo de Xadraque pasan al dicho Henares por vado, que corre a la mano dizquierda. LAS CENDEJAS DE EN MEDIO e CENDEJAS DE LA TORRE e CENDEJAS DEL PADRASTRO 2 leguas de tierra de cerros e valles e algunos montes, a media legua primera pasan a Henares por vado, que corre a la mano dizquierda. CIGÜENÇA 6 leguas. MEMBRILLERA legua e media de tierra de cerros e valles e tierras de pan e algunos montes, en saliendo de Xadraque pasan a Henares por vado, que corre a la mano dizquierda, junto con Membrillera pasan a Bornovar por vado, que corre a la mano dizquierda. MIRA EL RÍO una legua de tierra doblada e cuesta arriba de tierras de pan. VILLANUEVA media legua de cuestas arriba e de montes de enzinares. XIRUEQUE una legua de tierra doblada e de cerros e cuestas e tierras de pan, a medio camino pasan a Henares por vado, que corre a la mano dizquierda.

Xaharizejo[670] lugar [§ 2522–2525, 2529] tiene 500 vezinos; tiene buena fortaleza; está en una ladera de una valle de cara el sol, a media legua del lugar pasa un río dicho Almonte; es cillero del obispo de Plazencia:

ALMARAZEJO 2 leguas pequeñas de muchas sierrezuelas e valles hondos, a media legua pasamos al dicho río Almonte por puente, que corre a la mano derecha. CÁCERES 9 leguas de tierra muy doblada por algunas partes, a media legua primera pasamos al dicho río de Almonte por vado, que corre a la mano derecha, a 6 leguas pasamos a otro río dicho Tamuxa por vado, que corre a la mano derecha. LAS CASAS DEL PUERTO 2 leguas de sierras e tierra muy doblada, a media legua postrera abaxamos un puerto de Miravete. LA CORCHUELA 4 leguas de sierras. DELEITOSA 2 leguas llanas salvo algunos cerrillos e todo de xarales. MONROY 6 leguas de tierra doblada e de enzinares e dehesas. PLAZENCIA 10 leguas, van por la Corchuela. SANTACRUZ 7 leguas de camino por algunas partes llano e por otros de cerros, todo dehesas. TORREXÓN 4 leguas de tierra doblada e de enzinares. TRUXILLO 2 leguas e

670 Xarahijejo, cf. *Torviscoso*. Zarahizejo, cf. *Truxillo*.

https://doi.org/10.1515/9783111044064-024

media, a la mano dizquierda queda Malpartida a un tiro e medio del camino, a la mano derecha queda Torreaguada a un tiro de vallesta del camino.

Xátiva cibdad [§ 6335–6342]; está entre unas sierras salvo por la parte de Valencia que está en llano, está al pie de una sierra como en ombría, arriba de lo poblado en la ladera de la sierra desde lo alto de ella hazia baxo está un circuito de cerca vieja a donde solía ser la ciudad en tiempo antiguo e todavía se está en pie, tiene buena cerca nueva por la parte de la ciudad que es abaxo e se ciñe con la vieja, arriba tiene 2 fortalezas en alto en la cerca vieja en lo más alto, cercan la ciudad con la sierra 2 ríos, que el uno se llama el río de Montesa e riégase toda la huerta con él, de modo que le hazen ir en verano casi seco, el que pasa por detrás de la sierra se llama el río de Albaida, es en el reino de Valencia; tiene un arrabal muy grande por la parte de hazia Murcia, en el dicho arrabal ay una morería cerca[da] por sí:

ALCOCER una legua e media llano e de huertas salvo que a medio camino pasan por entre unos cerros, a una legua pasan a un braço de Xúcar por barca, que corre a la mano derecha. BELLUZ una legua llana e por entre sierras e arboledas de olivares e moreras e viñas e tierras de labrança. EL BOY media legua llana e por entre sierras e tierras de labrança e arboledas, en llegando al lugar pasan al dicho río de Albaida por vado, que corre a la mano dizquierda. CANALES una legua llana riberas arriba del río de Montesa, que queda el río a la mano derecha con las huertas e por la mano dizquierda la sierra agra, todo este camino es de olivares, en llegando al lugar pasamos al dicho río, que lleva poco agua porque la toman para las huertas, que corre a la mano derecha, por la mano dizquierda al pie de la sierra queda Tallada a medio tiro de vallesta. ÉNOVA una legua grande, la media legua primera llana e lo otro de unos cerros, a un 4º de legua primero pasan al río de Alvalate, corre a la mano derecha, a poco más de medio camino tornan a pasar por vado, que corre a la mano dizquierda. MONTESA 2 leguas, van por Canales, una legua llana e de huertas de regadío, por la mano dizquierda queda siempre sierras, por la derecha la vega que tenrá media legua de ancho e riberas arriba del río de Montesa, a medio camino se pasa, que corre a la mano derecha. MOXÉN 4 leguas, van por Tallada, un 4º de legua llana. LA OLLERÍA 2 leguas de valles hondos e tierras de labrança e por entre sierras e olivares. VALENCIA 9 leguas, van por Énova e por la Pobla e por Cogullada e por Carcaxén.

Xavalquinto lugar [§ 4487–4489] tiene 30 vezinos; es de don Juan de Benavides; tiene buena fortaleza; está en cerro, a media legua de Xavalquinto pasa un río dicho Guadalimar; está en tierra gruesa de campiñas de pan:

ANDÚJAR 5 leguas de tierra doblada riberas abaxo de Guadalquebir, que queda el río a la mano dizquierda. ESPELUY 2 leguas, van por Estediel, una legua de tierra doblada e de campiña e de montezillos baxos. JAÉN 5 leguas de tierra doblada e de campiña, a una legua primera pasan a Guadalquebir por varca, corre a la mano derecha, van por Menxíbar. MENXÍBAR legua e media de tierra doblada e de campiña, a una legua primera pasan a

Guadalquebir e a Guadalimar juntos por barca, corre a la mano derecha. TOVARUELA una legua de tierra doblada e de montes baxos de lantiscares e tierras de pan llevar.

Xerez de la Frontera[671] cibdad [§ 480, 3320, 3391–3396] tiene 4000 / 6000 poco más / 7000 vezinos; tiene buena fortaleza; está en llano, a media legua de la cibdad está un río dicho Portal que vienen naos de la mar a media legua de Xerez; tiene grande arrabal dicho el Arenal, tiene muchos cavalleros de cavallo:

ALCALÁ DE LOS GANZULES 8 leguas, van por Paterna, 5 leguas. ARCOS 3 leguas llanas, pásase un río por vado una legua de Xerez. LAS CABEÇAS 7 leguas de cerros e llanos e palmares. CHIPIONA 4 leguas grandes de tierras de cerros ralos e de palmares. ESPERA 6 leguas de cerros e sierras e palmares e montes baxos. LIBRIJA 5 leguas llanas e de campiña. MEDINA SIDONIA 5 leguas de cerros e valles e criaderos de vacas, a una legua pasamos a Guadalete por vado e por varco, que corre a la mano derecha. PUERTO REAL 3 leguas de cerros algo e de palmares, a la primera legua pasamos a Guadalete río por varca, que corre a la mano derecha, a la mano derecha queda el Puerto de Santa María a una legua del camino. EL PUERTO DE SANTA MARÍA 2 leguas pequeñas, la primera es llana e la otra está en medio un cerro que tenrá de abaxada e subida la media legua. ROTA legua de tierra doblada e de palmares e tierras de pan e viñas cabe los lugares cada media legua. SANLÚCAR DE BARRAMEDA 3 leguas de cerros e tierra llana e de palmares, a una legua e media están unas torres que eran en tiempo de moros dicho Alixares.[672] TRIBUXENA 4 leguas llana e de campiña. UTRERA (UITRERA) 11 leguas llanas, van por las Cabeças. VILLAMARTÍN 9 leguas, van por Bornos, 7 leguas, de llanos las 3 primeras e lo otro cerros.

Xetafe[673] aldea [§ 332] tiene 300 vezinos; es de Madrid:

CARAVANCHEL DE ABAXO poco menos de una legua. EL CARAVANCHEL DE ARRIBA una legua. LEGANÉS media legua. PINTO una legua. VILLAVERDE una legua.

Ximehalcón (Xemehalcón) lugar [§ 3979–3983] tiene 70 vezinos; es aldea de Ávila; está en una ladera de un cerro:

BLASCO MILLÁN 2 leguas, van por Duruelo, media legua. BÓBEDA una legua de tierra doblada e de tierras de pan, el un 4º de legua postrero es de prados, junto con Bóbeda pasan a un río dicho río Almar por vado, que corre a la mano derecha. CANINDOSA media legua de tierra doblada e de tierras de pan e algunas viñas, junto con Canindosa pasan un río que corre a la mano dizquierda. CASTRONUEVO 2 leguas de tierra doblada e de labranças e de viñas la media legua primera. LA CRUZ media legua de tierra doblada e de labrança. DURUELO una legua pequeña de cerrillos e tierras labradas, junto con el lugar Duruelo pasan a río Almar por vado, que corre a la mano derecha. FLOREZ DE ÁVILA una legua de

671 Xerez, cf. *Medina Sidonia*.
672 Sobre los *Alixares*, cf. *Sanlúcar de Barrameda*.
673 Xetafee, cf. *Dos Barrios, (El) Romeral, Toledo*.

tierra doblada e de tierras de pan, la media legua primera es de viñas, junto con Florez pasan un río por vado, que corre a la mano dizquierda. MANCERA DE ABAXO una legua, van por Verzimuelle, media legua. MANCERA DE ARRIBA 2 leguas, van por Duruelo, media legua, e por otro camino van por Verzimuelle, queda Duruelo a la dizquierda a 2 tiros de vallesta del camino. NAHARROS una legua, van por Salvadiós, media legua. PEÑARANDA DEL MERCADO una legua, van por Cantarazillo, media legua de tierra doblada e de tierras de pan. SALVADIÓS media legua de tierra doblada e de tierras de pan. VERZIMUELLE media legua de tierra doblada e de tierras de pan e de peñas e berrocales.

Y

Yanguas lugar [§ 1036] tiene 30 vezinos; es del marqués de Villena; está en un llano:

AYLLÓN 2 leguas, pásase el río que viene de la sierra junto a Ayllón. BERZIMUEL tres 4º de legua llana. MADERUELO legua y media llana.

Yebra lugar [§ 4761–4767] tiene 100 vezinos; es del maestradgo de Calatrava, es aldea de Çorita; está en un vallejuelo como en hondo e al pie de un cerro e parte del lugar, es en el Alcarria; son los edeficios de las cassas de yeso, en este lugar tienen las cuevas del vino en el campo e fuera de él:

ALCALÁ DE HENARES 7 leguas, van por Fuentenovilla e por Peçuela, 2 leguas, e por Villalvilla, 2 leguas. ALMOGUERA una legua de tierra de cerros e valles e chaparrales e tierras de pan. ALMONACIR una legua e media, van por Çorita. ALVARES una legua de tierra de cerros e valles e chaparrales. ÇORITA una legua un valle abaxo no muy cuesta abaxo, en medio el camino ay algunos pinares, en llegando a Çorita pasan a Texo por puente, corre a la mano derecha. ESCOPETE una legua de cerros e montes, la media legua primera es de viñas, a media legua primera traviesan un cerro que tenrá un 4º de legua, van por Sever, los tres 4º de legua. GÜETE 6 leguas, van por Çorita, una legua, e por Alvalate, una legua, e por Mazarubleque, una legua. INGUIX 3 leguas, van por Sayatón. MONDÉJAR 2 leguas, van por el Pozo de Almoguer, una legua de tierra de cerros e montes de enzinares. MORATILLA 3 leguas, van por Güeva, 2 leguas. PASTRANA una legua muy grande de cerros grandes, la media legua primera es de montes, la media legua postrera de viñas e de olivares. PEÇUELA 4 leguas, van por Fuentenovilla, 2 leguas de tierra de cerros e tierra doblada e de montes de enzinares por la mano derecha, la media legua postrera es de viñas e de olivares, la media legua primera es como algo cuesta arriba. TENDILLA 3 leguas, van por Güeva, 2 leguas de cerros e valles e chaparrales e viñas, la una legua de medio de viñas de Pastrana. UÑÓN 4 leguas, van por Sayatón, 2 leguas de cerros e valles e cuestas grandes, la legua postrera riberas arriba de Texo, que queda a la mano derecha, todo de pinares.

Yepes villa [§ 1200, 5565–5568] tiene 800 / 1000 vezinos; es del arçobispado de Toledo; tiene una torrezilla e buena alcáçar; está en llano; tiene muchas viñas, házense muy buenos vinos si los ay en Castilla:

AÑOVER 3 leguas, van por el mismo camino de Villaseca. CABAÑAS una legua llana e de viñas e olivares. CIRUELOS media legua de viñas e tierra llana. DOSBARRIOS 2 leguas de tierra doblada e de viñas e olivares. GÜERTA una legua pequeña de panes e cuestas abaxo e valles hondos. OCAÑA 2 leguas llanas e de viñas e olivares. SANTACRUZ 2 leguas, van por Ocaña. TOLEDO 7 leguas llanas, pásase Tajo junto a Toledo por la puente de Alcántara. VILLASECA 3 leguas de tierra doblada e valles de travieso grandes e anchurosos e tierras de pan, a 2 leguas primeras pasan a Taxo por barca, que corre a la mano dizquierda. VILLASEQUILLA una legua de tierras de pan e cuestas e valles abaxo.

https://doi.org/10.1515/9783111044064-025

Yévenes[674] lugar [§ 1148, 3166–3175, 5571] tiene 200 / 600 vezinos; es de 2 señores que lo parte una calle, el medio del arçobispado de Toledo e lo otro del prior de San Juan; está en una solana, en una ladera de una sierra:

AJOFRÍN 4 leguas de cerros por todas partes e camino llano por entre valles e de montes baxos. ALCÁÇAR DE CONSUEGRA 10 leguas, van por Consuegra, 4 leguas, e por Madrilejos, una legua, e por Camuñas, una legua, e por Villafranca, 2 leguas. ALMAGRO 14 leguas, van por Malagón, 8 leguas, e por Carrioncillo, 3 leguas llano e de montes baxos, e a 3 leguas primeras está la Puente Seca que llevaba en tiempo antigo agua al castillo de Consuegra.[675] ALMONACIR 5 leguas, van por Orgaz, una legua, e por Villa Minaya, una legua. ARISGOTAS una legua, la media primera es de puerto de subida e abaxada. ATIENÇA 9 leguas, van por Consuegra, 4 leguas, e por Madrilejos, una legua, e por Villafranca, 3 leguas. CASARGORDO 2 leguas, van por Arisgota, 2 leguas. CIBDAD REAL 12 leguas, van por Malagón, 8 leguas. CONSUEGRA 4 leguas llanas, las 2 leguas primeras todo llano por todas partes e lo otro entre cerros. CUERVA 4 leguas, van por Arisgotas. HURDA 4 leguas llano e de montes, a 2 leguas primeras pasamos por una angostura. MADRILEJO 5 leguas, van por Consuegra. MANÇANEQUE 2 leguas de cerros e valles. MARJALIZA una legua pequeña llana e de montes baxos. MAXCAREQUE 2 leguas, van por Orgaz, una legua. EL MOLINILLO 6 leguas llano e de montes baxos. MORA 3 leguas de cerros e valles llanos e montes, a la mano dizquierda queda Mançaneque a un 4º de legua del camino. OCAÑA 8 leguas, van por Orgaz, una legua, e por Mascaraque e por Yepes. ORGAZ una legua muy grande, la mitad de ella primera es un puertozuelo e lo otro es llano de campiña, en medio el camino están los palos donde asatean la Hermandad Vieja de Toledo e Talavera,[676] allí está una cruz e un osario fecho de calicanto donde [...] los huesos de los asaetados. SAN PABLO 7 leguas, van por el Molinillo, 6 leguas. SONSECA 2 leguas, van por Orgaz, una legua. TEMBLEQUE 5 leguas, llanas las 3 leguas e lo otro de cerros. TOLEDO 6 leguas, van por Orgaz. YEPES 6 leguas, van por Orgaz, una legua, e por Maxcaraque, una legua. LAS VENTAS 6 leguas, van por Marjaliza, una legua, e por el Castañar, que es monesterio. VILLAHARTA 8 leguas, van por Consuegra, 4 leguas, e por Madrilejos.

Yuncos[677] aldea [§ 5366–5368] tiene 100 vezinos; es del arçobispado de Toledo; está en un tesillo e como en costanera:

COBEXA una legua, van por Hazaña. ESQUIVIAS 2 leguas de tierra doblada e de cerros e pan. HAZAÑA media legua de un valle abaxo e tierras de pan e viñas. ILLESCAS una legua llana de tierra doblada e de pan e viñas. MORATALAZ 2 leguas, van por Illescas. PALOMERA 2 leguas e media, van por Illescas e por Moratalaz. PARLA 4 leguas, van por Illescas e por

674 Yébenes, cf. *Muñana.*
675 Cf. *Malagón.*
676 Cf. *Cibdad Real.*
677 Yunquillos, cf. *El Colmenar (Viejo).*

Humanejos. TORREJÓN DE VELASCO 2 leguas, van por Illescas e por Moratalaz. YELES legua e media de tierra doblada e de pan e viñas.

Z

Zebreros lugar [§ 9, 5252–5254] tiene 500 / 600 vezinos; es tierra de Ávila; está en algo como ladera e al pie del puerto de la Tablada, a media legua de Zebreros pasa Alverche río; en este lugar ay muy buenos vinos:

ÁVILA 7 leguas. CADAHALSO 4 leguas por entre sierras e valles, todo de montes de enzinares e pinares, a media legua primera pasan Alverche río por puente, que corre a la mano dizquierda. EL HERRADÓN 4 leguas, van por San Bartolomé. MEDIANA 6 leguas de sierras e valles e puertos. SAMARTÍN DE VALDEIGLESIAS 3 leguas de cerros e valles e montes, la media legua primera es de viñas e la una postrera, a media legua primera pasan Alverche río por puente, que corre a la mano dizquierda. SAN BARTOLOMÉ 3 leguas llanas salvo algunos traviesos de valles hondos, llámase este camino la Tablada la cual es muy peligrosa de nieve en invierno, todo este camino es llano salvo media legua primera de puerto e media legua postrera e de peñas. EL TIEMBLO una legua de valles hondos e por entre sierras e peñas, a medio camino pasan Alverche río por puente, corre a la mano derecha.

Zebriliego[678] aldea [§ 1114] tiene 60 vezinos; es de Medina del Campo; está en llano:

RABÉ media legua llana.

Zembrana lugar [§ 5178–5183] tiene 40 vezinos; es de don Fadrique de Çúñiga; tiene casa fuerte; está en llano riberas de Ebro e Çadorra, que la toman en medio y luego se junta Çadorra río con Ebro:

BRANTAVILLA media legua de tierra doblada e de algo cuesta arriba e de monte. LA CERVILLA legua e media, van por Brantavilla. ESTAVILLO 2 leguas de tierra llana e de labranças riberas arriba de Çadorra, que queda a la mano dizquierda. LECANÇANA una legua, van por Brantavilla. LECORÇANA una legua de tierra doblada e de labrança, en saliendo del lugar pasan a Çadorra por vado en verano, que corre a la mano dizquierda. MANCANOS 2 leguas e media, van por las Ventas de Almiñón. MIJANCAS una legua, van por Portilla. MIRANDA DE EBRO una legua llana de tierra de labrança riberas arriba de Ebro, que queda el río a la mano dizquierda. PORTILLA media legua de tierra doblada e como cuesta arriba. LA PUEBLA 4 leguas, van por las Ventas de Armiñón. RIBAAGUADA una legua, van por Lecorçana. SANTA CRUZ 4 tiros de vallesta llana de tierras de labrança e doblada. SANTURDE una legua, van por Portilla. TOVERA una legua, van por Portilla. LAS VENTAS DE ARMIÑÓN 2 leguas de tierra dobladilla e de labranças ribera arriba de Çadorra, que queda el río a la mano dizquierda, a legua e media primera pasan a un río dicho Ibida por vado, que corre a

---

678 Cebriliego, cf. *Villatoro.*

https://doi.org/10.1515/9783111044064-026

la mano dizquierda, júntase luego con Çadorra. VITORIA 5 leguas, van por las Ventas de Almiñón e por la Puebla.

Zerezeda[679] aldea [§ 6542–6546] tiene 400 vezinos; es del duque del Infantazgo; está en llano entre unos montes:

BEZERRIL una legua llana e de montes e de cercados de yerva e arroyos, la sierra queda a la mano derecha. COLLADO MEDIANO una legua e media, van por Collado Villalba. EL COLLADO DE VILLALVA una legua de tierra doblada e cerros e montes de robledales. COLMENAR VIEJO 3 leguas de tierra de cerros e doblada e de enzinares, a medio camino pasan un río por vado, que corre a la mano derecha. GUADARRAMA 3 leguas, van por Collado de Villalva, por la mano dizquierda queda el Collado Mediano a media legua del camino. EL HOYO 2 leguas de tierra de barrancos e montes altos e baxos de enzinares. MANÇANARES una legua de tierra doblada e de montes de enzinares, la sierra queda a la mano dizquierda, las vertientes de las aguas corren a la mano derecha. LOS MOLINOS 3 leguas, van por la halda de la sierra, que queda la sierra a la mano derecha. NAVACERRADA 2 leguas por la halda de la sierra, que queda a la mano derecha, montes de robledales baxos e altos. ZEREZEDILLA 3 leguas, van por Navacerrada.

Zerezedilla lugar [§ 3737–3741] tiene 80 vezinos; está en un valle hondo al pie de unas grandes sierras nevadas, es en el Real de Mançanares, es lugar más [...] de la sierra, que está al pie del puerto de la Fuent Frida, cabe este lugar nace Guadarrama a una, en el puerto al río que por [...]:

EL ALPEDRETE 2 leguas, van por Collado Mediano, una legua. ÁVILA 9 leguas, van por el Espinar de Segovia, 3 leguas, e por Lavajos, 2 leguas. EL BOBALO 2 leguas, van por Navacerrada, media legua. COLLADO MEDIANO una legua de la que la media legua primera de sierra arriba e la otra media sierra abaxo llana, todo de robledales. COLLADO VILLALVA 3 leguas, van por Collado Mediano, una legua, e por el Alpedrete, una legua. EL ESPINAR DE SEGOVIA 3 leguas de sierras e valles e muchos montes de robledales, a medio camino pasan un puerto dicho el puerto de la Tablada que tenrá legua e media de subida e abaxada. GUADARRAMA 2 leguas, van por los Molinos, una legua, unos valles e prados e robledales abaxo por entre unas sierras. MONESTERIO 2 leguas de valles abaxo e por entre sierras e montes, van por los Molinos. SEGOVIA 5 leguas, todo de puertos e sierras grandes, la legua e media primera es de subida, que se llama el puerto de la Fuent Fría, lo otro todo de abaxada e de grandes pinares e sierras salvo una legua postrera muy grande que es llana.

Zerezo lugar [§ 5143, 5149–5151] tiene 90 vezinos; es del conde de Coruña; está en llano al pie de cerros, está riberas de Henares, que bate a las casas e así la rodea el río, cabe Piedrahíta riberas de Henares:

679 Zerezada, cf. *Mançanares*. Cerezedo, cf. *Villanueva de Fuente el Frexno*.

ALHARILLA media legua de tierra de cerros e de valles grandes e de pan, en saliendo pasan a Henares por vado, que corre a la mano derecha. ESPINOSA una legua llana riberas arriba de Henares, que queda a la mano derecha, en llegando a Espinosa pasan a Henares por vado, que corre a la mano derecha. HITA legua e media, de tierra de cerros e valles la mitad primera e lo otro tierra doblada de pan e viñas e por entre cerros, en saliendo pasan a Henares por vado, que corre a la mano derecha, a la mano derecha queda Alharilla a 2 tiros de vallesta del camino. HUMANES una legua de tierra llana, en el medio camino pasan a Sorvel por vado, que corre a la mano dizquierda, júntase luego con Henares. LA TORRE DE VEÑA [...] de tierra de cerros e valles e montes baxos e altos.

Variantes textuales

A

Abades [...] MAZARÍAS una legua.
Ajalvir (Hajalvir) [...] es del arçobispado de Toledo [...]; ALCALÁ DE HENARES 3 leguas.
Albatera [...] ORIGÜELA 2 leguas, van por entre 2 grandes sierras, el camino llano.
Alcabdete [...] VILLENA 2 leguas llanas, la primera de labranças e lo otro de vega de xuncares e de vega de una grand llanada que ay entre unas sierras.
Alcáçar de Consuegra [...] es del priorazgo de San Johan; tiene una casa fuerte buena [...] QUERO 2 leguas llanas e de atochares salvo que ay algunas traspuestas.
Alcalá de Henares [...] es del arçobispado de Toledo [...] GUADALAJARA 4 leguas, pasan al río dicho Henares a par de Guadalajara.
Alcalá la Real [...] ALCAUDETE (DE DOMARTÍN) 4 leguas, de sierras e valles las 2 leguas primeras e de montes e lo otro de tierra doblada, a legua e media primera pasamos a un río por vado, que corre a la mano dizquierda [...] LUQUE 4 leguas de cerros e tierra doblada por algunas [...] PLIEGO 5 leguas de cerros e por algunas partes de montes, a las 4 leguas pasamos a un río por vado, que corre a la mano derecha.
Alcántara [...] está en llano en ladera, por la parte del río Taxo que pasa por junto en alto [...] tiene una de las mejores e más antiguas puentes de España [...] LA ÇARÇA DE ALCÁNTARA 3 leguas de tierra fragosa por las mayores partes del camino.
Aldea el Río [...] ANDÚJAR 4 leguas pequeñas de tierra doblada e de campiña riberas arriba de Guadalquebir, a la mano dizquierda queda siempre Sierra Morena e Guadalquebir, junto con Andújar pasan a Guadalquebir por puente, corre a la mano derecha.
Alhama [...] BUBIERCA una legua por entre grandes sierras e valle llano riberas abaxo de Xalón.
Aljucén [...] EL CARRASCALEJO media legua pequeña de tierra doblada e de montes.
Almaçán [...] está en alto riberas de Duero [...] MATUTE una legua grande de vega riberas abaxo de Duero, que queda el río a la mano dizquierda porque en saliendo pasan a Duero por la puente, que corre a la mano dizquierda.
Almadén [...] está en un valle entre unos cerros, está en un valle entre sierras [...] CALA 5 leguas.

https://doi.org/10.1515/9783111044064-027

Almagro [...] MIGUEL TURRA 2 leguas e media salvo que a media legua se pasa el portechuelo del camino de Cibdad Real.
(La) Almedina [...] LA PUEBLA (DE MONTIEL) 2 leguas llanas.
Almodóvar del Campo [...] EL ARGAMANSILLA una legua de tierra de cerros e tierra doblada de viñas e haças, una legua de cuestas e cerros e de viñas [...] CARACUEL 3 leguas de tierra algo doblada de montes baxos, a 2 leguas e media travesamos una sierra por entre unos valles que tenrá la media legua postrera [...] EL CORRAL DE CARACUEL 4 leguas de cerros e valles [...] PUERTO LLANO una legua pequeña de tierra doblada e de montes baxos e de pedregales, una legua de cerros e valles e montes [...] TIR(A)TE AFUERA una legua llana e de montes por algunas partes baxos [...] VILLAMAYOR (VILLA MAYOR) una legua grande de tierra llana e de prados.
Almodóvar del Río [...] está en una ladera de un cerro redondo que está orilla un río dicho Guadalquebir [...] CÓRDOVA 4 leguas riberas arriba de Guadalquebir, que haze muchas bueltas el río, que queda a la mano derecha, por la mano dizquierda queda la sierra.
Andújar [...] 5 leguas, pásase el dicho río junto a Andújar [...] BAILÉN 4 leguas [...] LINARES 6 leguas de tierra doblada, pásase el río del Toledillo a la meitad del camino [...] MARMOLEJO 2 leguas llanas, pásase Guadalqueví por puente junto a Andújar.
Arançueque [...] PIOZ una legua grande, de la primera media legua es cuesta arriba e lo otro es tierra doblada.
Archidona [...] ANTEQUERA 2 leguas de tierra doblada, la primera legua es la media cuesta abaxo e la otra cuesta arriba, a medio camino está una grand peña, que la peña queda a la mano derecha, que se llama la Peña de los Enamorados.
Arcos aldea / lugar [...] MIRABUENO media legua riberas abaxo de Xalón, que queda el río a la mano dizquierda.
Arenas lugar [...] está en una hoya, está al pie de la sierra [...] EL ARENAL una legua por entre sierras e pinares [...] (DER)RAMACASTAÑAS una legua de sierras [...] GUISANDO media legua por entre sierras e pinares [...] EL HOYO una legua, tierra áspera, 2 leguas por entre sierras, xarales [...] LASDELLANO media legua pequeña de viñas e huertas e pinares [...] LA PARRA media legua grande de pinares e viñas e cuestas grandes.
Ariza (Hariza) [...] es de don Rodrigo de Palafox [...] tiene muy buen castillo.
El Arroyo el Castaño (Arroyocastaño) [...] es aldea del Colmenar de Mombeltrán [...] RAMACASTAÑAS legua y media pequeña, tierra doblada.
Ayllón [...] pásase por el arrabal de la villa un río y viene de la sierra.
Azedera lugar [...] ORELLANA LA VIEJA una legua de tierra dobladilla e de enzinares.

Azpe [...] ELCHE 2 leguas pequeñas, llano el primero 4º e lo otro por entre sierras.
Azuaga [...] está en un cerrillo a la larga e por la mitad del lugar está como en olla [...] ALANÍS 4 leguas de sierras e valles e montes de xarales e enzinares e alcornocares [...] ELLERENA 5 leguas, van por los Aillones, 2 leguas e media de tierra llana e de montes de enzinares e xarales [...] FUENTE OVEJUNA 3 leguas de valles arriba e por entre sierras e montes de enzinares e xarales [...] GUADALCANAL 4 leguas de cerros e valles e montes de xarales e algunos enzinares [...] REINA 4 leguas, van por Valverde de Reina.

B

Baça [...] GOR 4 leguas de tierra de cerros e tierra barrancosa e de una ladera de una sierra, que queda la sierra a la mano dizquierda, e de montes baxos e atochares.
Baeça [...] está en alto por la parte de mediodía en tierra de labranças [...] tiene muy grande arrabal, mayor que la villa, por la parte de Toledo [...] JA(H)ÉN 6 leguas de cerros e tierra doblada, a una legua primera pasamos a Guadalquebir río cuesta abaxo, a 5 leguas pasamos a un río de Jaén, que corre a la mano derecha entramos ríos.
La Barca de Fuentedueña [...] VALDEARAZETE 2 leguas de tierra doblada, la primera legua es como cuesta arriba.
Barcelona [...] EL ESPITALETE (OSPITALETES) una legua llana e de viñas e huertas [...] PERPEÑÁN (PERPIÑÁN) 28 leguas, van por el Clote, media legua, e por Santandreo de Palomar, media legua, e por lo Castel de Moncada e por Momalo e por la Roca e por San Selonio e por Esterlique e por la Ropit e por lo Ostal de la Beladona e por Girona e por la Costarroja e por Bascaña e por Figueras e por Junquera e por el Boloc.
El Barco de Ávila [...] ALVA DE TORMES 10 leguas, van por la Horcaxada, 2 leguas, e por Gallegos de Solmirón, 2 leguas, e por Mercadillo, una legua, e por Valverde, 2 leguas, e por la Ñaya, una legua [...] EL LOSAR media legua grande, llana el un 4º primero, por la mano dizquierda queda siempre una serrezuela.
Belmonte [...] está en alto [...] EL PEDERNOSO una legua grande de tierra doblada e algo como cuesta arriba, la media legua de medio es de montes de enzinares. LAS PEDROÑERAS 2 leguas, van por Martín Ovieco, una legua. VILLESCUSA DE HARO una legua, es de tierra algo doblada.
Boniel [...] CAVIA una legua llana.
Bonilla de la Sierra [...] tiene buen alcáçar [...] LAS CASAS DEL PUERTO una legua, de valles arriba e algunos berrocales la media legua primera e lo otro algo cuesta abaxo [...] PIEDRAHÍTA una legua, van por el Mensegar, media legua llana

un valle abaxo, el un 4º postrero pasan un monte de enzinares [...] VILLAFRANCA una legua de tierra doblada e por entre 2 montes de enzinares, junto con Villafranca pasan un río dicho Villafranca, que corre a la mano derecha.
El Bonillo [...] MUNERA 2 leguas de tierra de cerros e montes de enzinares. LA OSA 2 leguas de tierra doblada e de montes por la mitad del camino.
Botorrita [...] TORREZIELLA 2 leguas, de tierra de valles e cerros arriba la primera legua, lo otro valles abaxo e de montes baxos de romerales.
Brenes [...] ALCALÁ DE GUADAIRA 4 leguas llanas e de montes de palmares [...] ALCALÁ DEL RÍO 2 leguas e media llanas riberas abaxo de Guadalquebir, que queda a la mano derecha, faze algunas vueltas el río, en llegando Alcalá lo pasan por barca, que corre a la mano dizquierda. CARMONA 4 leguas llanas de montes baxos de romerales e palmares. CASTILBLANCO 3 leguas, la primera legua llana e lo otro de sierras e montes baxos, a un 4º primero se pasa Guadalquebir por barca de invierno, que corre a la mano siniestra. TOSINA 2 leguas e media llana de labranças e montes de palmares. VILLAVERDE media legua llana, a medio camino se pasa Guadalquebir por barca, que corre a la mano dizquierda, algunos veranos se vadea.
Bubierca [...] TECA una legua riberas de Xalón, que queda el río a la mano derecha, por todas partes grandes sierras.
Bujalaloz [...] PEÑALVA una legua que casi a 3 leguas de Castilla, por entre valles e cerros la media legua postrera.
El Burgo de Osma [...] está en llano en un valle al pie de un cerro.
Burgos [...] está en una ladera de un cerro [...] GAMONAL una pequeña legua llana.

C, Ç, CH

Las Cabeças [...] ARCOS 5 leguas de cerros e montes baxos.
Caçalla [...] es villa de Sevilla; está en llano; es de muchos e buenos vinos, en este lugar ay muy buenos vinos [...] CANTILLANA 7 leguas de sierras e puertos salvo que ay algunos valles a la larga que tenrá una legua e otra legua e media, a medio camino baxamos un puerto dicho el Puerto de Monte Gil, que tenrá 2 tiros de vallesta, a la mano derecha en lo baxo está un cerro redondo a donde solía aver una fortaleza en tiempo antiguo, a una legua del camino queda el Pedroso; 7 leguas, todo de sierras, a las 4 leguas baxan un puerto que se llama de Montegil que tenrá de baxada un 4º de legua agro, e a las 5 leguas e media pasan un río dicho Viar por vado en verano, que corre a la mano dizquierda, si no lo quieren pasar queda a la derecha [...] CASTILBLANCO (DE LA SIERRA) 6 leguas de sierras e valles, a medio camino pasan a un río dicho Viar por vado, que corre a la mano dizquierda

[...] CÓRDOVA 17 leguas, van por Costantina, 3 leguas, e por la Puebla de los Infantes, 4 leguas, e por las Posadas, 6 leguas, e por Almodóvar del Río, 2 leguas [...] COSTANTINA 3 leguas de grandes sierras e valles e montes de xarales, a media legua primera pasan a Güesna río por vado, que corre a la mano derecha. GUADALCANAL 3 leguas grandes de sierras e valles, un valle llano en medio el camino que tenrá legua e media, la primera legua es de viñas; 3 leguas de sierras e valles, a medio camino está un valle llano e por entre sierras. EL PEDROSO 2 leguas de sierras e valles de xarales.
Cáceres [...] tiene buena alcáçar; está en un cerro, está entre unos cerrillos en un cerro redondo; pasa junto con el lugar un río dicho la Fuente del Rey, nace de una fuente junto con Cáceres que se llama la Fuente del Rey [...] EL ALDEA EL CANO 4 leguas de tierra doblada, van por el Alguixuela; 4 leguas de tierra doblada e de erbaje e por entre algunos cerros de xarales e algunos montes la una legua primera, a medio camino pasan a Salor río por vado, que corre a la mano derecha. EL ARROYO EL PUERCO 3 leguas de tierra doblada e de enzinares salvo la una legua primera. LAS BROÇAS 7 leguas, van por el Arroyo el Puerco. EL CASAR (DE CÁCERES) 2 leguas de tierra doblada, la primera de tierras de labranças e la postrera de montes de enzinares e de berrocales; 2 leguas llanas e de páramo de yerba, en saliendo de Cáceres baxan una cuesta que tenrá 3 tiros de vallesta. LAS GARROBILLAS 5 leguas, van por el Casar de Cáceres. MALPARTIDA 2 leguas de tierra doblada e de enzinares; 2 leguas de tierra doblada, la postrera legua es de montes de berrocales; 2 leguas llanas e de arenales e berrocales, la postrera legua es de enzinares. MONROY 4 leguas de tierra doblada, a 2 leguas e media pasamos un río dicho Atamuxa por vado, que corre a la mano dizquierda. TORRE DE ARGAZ (TORRE DE ALGAZ) 2 leguas grandes de tierra doblada, a una legua pasamos un agro portezuelo. TORREMOCHA 4 leguas, van por Torrequemada, 3 leguas de tierra llana. TRUXILLO 8 leguas de tierra doblada e de ervajes e algunos enzinares en la mitad del camino.
Çafra [...] es del conde de Heria; está en alto algo e en valle.
Calatayud (Calatayut) [...] FREXNO 2 leguas e media de tierra de sierras e grandes valles e puertos, la media legua primera es de travieso de vega, la postrera legua es de montes baxos, a 2 tiros primeros de vallesta pasan a Xalón río por puente, corre a la mano dizquierda.
Calçadilla [...] MEDINA DE LAS TORRES una legua de tierra doblada [...] VALENCIA DEL BARREAL (VALENCIA DEL VENTOSO) 3 leguas de tierra doblada e de valles.
Calera [...] ALCOLEA 3 leguas llanas riberas abaxo de Texo, que queda a la mano dizquierda.

El Campanario [...] QUINTANA 2 leguas de tierra doblada e de montes e dehesas.
El Campillo [...] VERLANGA 4 leguas, de sierras e cerros grandes e montosos de xarales las 2 leguas primeras, todo el otro camino es de cerros e tierra doblada mucho e de campiña.
Candeleda [...] SAN JULIÁN 3 leguas, pasan a una legua a Tiétar río, que corre a la mano derecha.
Cantillana [...] está en llano riberas de Guadalquevir que pasa junto con la villa [...] BRENES una legua llana e de palmitares, en saliendo pasamos a Guadalquebir por varca, que corre a la mano derecha; una legua grande llana e de panes, en saliendo de Cantillana pasan Guadalquevir por barca, corre a la mano derecha.
Caracuel [...] es de la mesa maestral.
Caravaca [...] GÜESCA 14 leguas llanas de entre sierras e montes de enzinares e pinares e cascajares, a 4 leguas primeras pasan un puerto de subida que tenrá un 4º de legua, en saliendo de Caravaca pasan el río de la Fuente, que corre a la mano dizquierda, la Fuente a 2 tiros de vallesta del camino.
Caravaña [...] EL POZUELO DE TORRES 3 leguas doblada, en saliendo del lugar suben una cuesta arriba que tenrá un 4º grande de legua.
Carcaxén [...] COGULLADA un 4º de legua llana e de olivares e viñas e moreras e tierras de pan.
La Çarçosa [...] TORRIVUELO (TORROVIELO) una legua pequeña.
Carmona [...] tiene 2 fortalezas; tiene 3 fortalezas [...] está enfrente de un cerro e por la parte de Sevilla en llano e por la de Córdova está bien en [...] por la parte de Granada está en muy alto [...] SEVILLA 5 leguas llanas e de palmares.
El Casar de Cáceres [...] CÁCERES 2 leguas de tierra doblada, en llegando a Cáceres subimos una cuesta que tenrá 2 tiros de vallesta.
Castilleja del Campo [...] está como en valle; es en el Aljarafee de Sevilla [...] ESCA(R)CENA una legua de tierra doblada e de campiña. GÜÉVAR una legua de tierra doblada e de olivares. MANÇANILLA 2 leguas, la mitad es como cuesta abaxo e de olivares a media legua e lo otro de montes baxos, la otra mitad es como cuesta arriba e de viñas, a la mano derecha queda Escarcena a un 4º de legua grande del camino, Paterna ansí mismo. PATERNA una legua grande de tierra doblada e de olivares. PILAS 2 leguas, van por Güévar, una legua.
Castilleja de la Cuesta [...] ESPARTINAS (ESPARTINES) una legua de olivares e tierra llana. SEVILLA media legua grande, la mitad es de tierra doblada e lo otro es llano.
Castilleja de Talhara [...] AZNALCÁÇAR (HAZNALCÁÇAR) media legua de tierra doblada e de olivares. GELO una legua pequeña llana e de olivares.

El Castillo de Alocaz [...] UITRERA 4 leguas, de tierra doblada la primera media legua e lo otro llano.
El Castillo de Lucubín [...] MARTOS 4 leguas de sierras e valles, a 2 leguas pasamos un río dicho Susaña, que corre a la mano dizquierda.
Castuera [...] AZUAGA 8 leguas de tierra doblada e de montes de xarales e enzinares, a medio camino pasa un portezuelo que tenrá de subida e abaxada media legua.
Cebolla [...] pasa Texo río a media legua [...] MONTEARAGÓN Una legua de tierra doblada; una legua llana e de arenales, a la mano derecha queda Manosa a un tiro de vallesta del camino. TALAVERA DE LA REINA 4 leguas de cerros e valles baxos, a 3 leguas pasamos a un río dicho Alverche por puente, que corre a la mano derecha.
Cehegín [...] CARAVACA una legua pequeña llana riberas arriba del dicho río de Caravaca, que queda el río a la mano dizquierda, en saliendo de Cehegín baxan una cuesta e suben otra que tenrá cada una un tiro de vallesta, en el hondo pasan el riatuelo que corre a la mano derecha, todo este camino es llano e por todas partes sierras.
Chinchón [...] MORATA una legua de cerros e valles e de atochares salvo el postrero 4º de legua grande que es llano, todo de panes, en llegando a Morata pasan a un río dicho Taxuña por puente, que corre a la mano dizquierda.
Cibdad Real [...] ALMODÓVAR DEL CAMPO 6 leguas, van por Caracuel, 3 leguas [...] CARRIÓN 2 leguas llanas salvo que a una legua pasamos un cerro que tenrá un 4º de legua, la una legua primera de viñas [...] HERNAND CAVALLERO 3 leguas llanas salvo algunos cerros e por todas partes, a una legua pasamos a Guadiana por puente, que corre a la mano dizquierda [...] TOLEDO 18 leguas, van por Malagón, 4 leguas, e por Yévenes, 8 leguas, e por Orgaz, una legua, e por Biezma, 2 leguas e media.
Cobexa [...] YELES una legua de tierra doblada e de viñas e labrança.
Cogolludo [...] está en llano como en ladera [...] CARRASCOSA una legua de tierra de valles e tierras de pan e como cuesta abaxo.
Cogullada [...] LA POBLA media legua de olivares e moreras e tierras de pan e viñas.
El Colmenar (Viejo) [...] es del duque del Infantazgo; está en llano como en ladera a 2 leguas de la sierra [...] CHOÇAS 2 leguas llanas e de tierra doblada por algunas partes e de montes altos e baxos [...] GUADALIX 3 leguas de cerros e valles e tierra de montes [...] MANÇANARES [...] 2 leguas llana e de montes de enzinares; 2 leguas de tierra doblada e de montes de enzinares e robledales a la postrera legua, por la mano derecha queda la sierra.

Consuegra (El Castillo de Consuegra) [...] VILLAHARTA 5 leguas, todas de sierra, pásase Zihuela río un tiro de vallesta de Villaharta.
Contamina [...] ALHAMA media legua pequeñica riberas abaxo de Xalón, que queda el río a la mano derecha, por la mano dizquierda una sierra de peñas.
Córdova (la llana) [...] está en llano riberas de Guadalquebir; cibdad que está vera de Guadalquevir [...] es lugar de muchos naranjales [...] ADAMUZ 5 leguas, van por la Puente de Alcolea; 5 leguas, las 2 primeras de tierra llana y las otras de tierra de sierra [...] BURJALANCE (BRUXALANCE) 6 leguas llanas, pásase Guadalqueví por la Puente de Alcolea; 6 leguas, van por la Puente de Alcolea, 2 leguas [...] EL CARPIO 5 leguas, van por la Puente del Alcolea [...] CASTRO EL RÍO 6 leguas de cerros e tierra doblada e de pan, en saliendo de Córdova pasamos al dicho Guadalquebir, corre a la mano derecha [...] ESPEJO 5 leguas de tierra doblada e de campiña, pasan a Guadalquebir en saliendo de Córdova, a una legua primera tornan a pasar a Guadaxox, corre a la mano derecha [...] GUADALCÁÇAR 5 leguas riberas abaxo de Guadalquebir, que queda a la mano derecha porque en saliendo de Córdova se pasa por la puente, por la mano derecha quedan grandes derrumbaderos del río [...] LAS POSADAS 6 leguas llanas salvo las 2 leguas postreras que es de algunas cuestas [...] LA PUENTE DE ALCOLEA 2 leguas de tierra algo doblada riberas arriba de Guadalquebir, que queda siempre a la mano derecha e da muchas vueltas e desvíos del camino, por la mano dizquierda queda siempre la Sierra Morena a un 4º de legua del camino [...] LA RAMBLA 4 leguas llanas, pásase Guadalquevir junto con Córdova; 5 leguas de tierra doblada e de campiña, en saliendo de Córdova pasan a Guadalquebir por la puente, corre a la mano derecha, a una legua primera pasan a Guadaxox por vado, corre a la mano derecha; 5 leguas llanas, pásase Guadalqueví junto a Córdova por la Puente de la Calahorra [...] SANTAELLA 6 leguas de tierra muy doblada e de campiña, en saliendo de Córdova pasan a Guadalquebir, a una legua Guadaxox río [...] SEVILLA 22 leguas, van por las Posadas, 6 leguas, e por Peñaflor e por Villanueva del Camino e por Tosina [...] VILLAFRANCA 4 leguas de toda tierra.
Coria [...] está en llano e por todas partes está en alto [...] EL AZEBO (EL AZEVO) 5 leguas, van por Huelga, 2 leguas, e por Perales, 2 leguas [...] CALÇADILLA 2 leguas de tierra doblada, por algunas partes sierras; 2 leguas, a medio camino está una serrezuela que tiene de travieso media legua agra. LAS CASAS DE DON GÓMEZ una legua llana. LAS CASILLAS 2 leguas llanas [...] EL GUIJO DE CORIA (EL GUIXO DE CORIA, EL GUIXICO DE CORIA) 3 leguas de tierra muy doblada, a una legua primera pasamos un portezuelo que tenrá media legua; 5 leguas, a la mano dizquierda queda Calçadilla a un tiro de vallesta del camino, es de tierra doblada e por algunas partes sierras [...] MORCILLO 2 leguas de tierra doblada por algunas partes; 2 leguas de tierra de sierras e valles e de enzinares la postrera legua [...]

LA PORTAJA una legua de tierra doblada, pasamos al dicho río Alagón por barca, que corre a la mano derecha; una legua, la mitad del camino llano e lo otro es de sierras, en saliendo pasamos al dicho río Alagón por la puente, que corre a la mano derecha [...] EL PORTEZUELO 4 leguas llanas salvo que a media legua primera subimos una cuesta que tenrá un 4º de legua, en saliendo pasamos Alagón por la puente, que corre a la mano derecha [...] TORREJONCILLO 2 leguas, la primera media es llano e lo otro tierra algo agria, en saliendo de Coria pasamos al dicho río Alagón, que corre a la mano derecha; 2 leguas llanas riberas arriba de Alagón, que queda a la mano dizquierda, en saliendo pasamos Alagón.
Çorita de los Canes villa [...] PASTRANA legua e media, la media legua primera es llano e riberas arriba de Texo la media legua, queda el río a la mano derecha, lo otro es de pinares e cerros arriba, en saliendo de Çorita pasan a Taxo por puente, corre a la mano dizquierda.
Corpa [...] PEÇUELA (PEZUELA) una legua.
El Corral [...] SEPÚLVEDA una legua pequeña llana.
La Coruña [...] tiene 3 fortalezas; está en llano en un arenal [...] BETANÇOS 3 leguas de tierra de viñas e huertas e marina [...] LAS MARIÑAS (LAS MARINAS DE CORUÑA) 2 leguas de llano [...] LAS PONTES DE IMA (LA PUENTE DE IME) 5 leguas, van por la Puente del Burgo e por las Marinas de Coruña [...] SANTIAGO DE GALIZIA 9 leguas, van por las Casas, 4 leguas, e por los Espitales, 2 leguas.
Corvell(o) [...] está en un alto.
Las Cuevas [...] EL COLMENAR DE MOMBELTRÁN una legua de tierra doblada, a la mano derecha queda el Arenal a 2 leguas del camino, es todo de puerto e de viñas e de castañales; una legua pequeña áspera, toda la tierra dicha del Colmenar es de muchos castañales; una legua de pinares e viñas e cuestas abaxo.
Curiel [...] PESQUERA una legua pequeña llana.

D

Dagançuelo (Daguençuelo) [...] AJALVIR (HAJALVIR) media legua llana e de tierras de pan salvo algunos vallejuelos.
Daimiel [...] nace Guadiana en el término de Daimiel cerca del mojón, que viene debaxo tierra.
Du(e)ratón [...] EL CORRAL media legua el río arriba.

E

Écija [...] tiene buena alcáçar; está riberas de un río dicho Guadaxenil [...] esta cibdad se coje algodón e anís [...] CÓRDOVA 8 leguas, van por Guadalcáçar, 4 leguas, por la mano derecha va otro camino más cerca, queda Guadalcáçar a una legua [...] ESTEPA 5 leguas llanas [...] PALMA 4 leguas riberas abaxo de Guadaxenil, que queda el río a la mano derecha, junto con Palma pasamos al dicho río por puente, que corre a la mano dizquierda.

Elche [...] está en llanada de entre la mar e sierras [...] ALBATERA 3 leguas de tierra doblada e de labranças [...] ALICANTE 4 leguas de tierra doblada e casi llano e de montes de romerales salvo que a medio camino traviesan una serreçuela que tenrá de subida e abaxada un 4º de legua [...] CREVILLENTE (TREBILLÉN) 2 leguas llanas e de atochares, por la mano derecha quedan siempre sierras.

Las Énovas [...] XÁTIVA una legua grande llana e por entre sierras e olivares, a media legua primera pasan a un riatuelo, en llegando a Xátiva con un 4º lo tornan a pasar, que corre la primera vez a la mano dizquierda e la otra a la mano derecha.

Enzinilla(s) [...] está en una cuestezuela de un valle [...] RENCONADA media legua grande de tierra doblada.

****Escarcena** [...] SANLÚCAR DE ALPECHÍN, que se llama Sanlúcar la Grande, 3 leguas de tierra de cerrillos, en saliendo de Escarcena baxamos una cuesta que tenrá un tiro de vallesta, ansimismo antes que lleguemos a Sanlúcar con media legua subimos una cuesta que tenrá todo el camino salvo un tiro de vallesta postrero, todo esta media legua es de olivares, a las 2 leguas pasamos a un río dicho Hardachón e media legua más delante a Guadiamar río, que corren a la mano derecha e se juntan a una legua pequeña de allí adelante.

****Escuderos** [...] BARALLO pásase Tuñón río por la Puente Cavalleros al medio camino.

***Escurial** [...] BÚRDALO 3 leguas.

Esparragosa de Lares [...] CASTUERA 6 leguas, es todo que se llama la Serena, tierra que desde alto parece llana es barrancosa e prados, a una legua primera pasan a Xúxar por vado, corre a la mano derecha.

Espartinas (Espartines) [...] EL ALBAIDA (VILLA EL ALBAIDA) legua e media, van por Villa de Olivares [...] ASNALCÁÇAR (HAZNALCÁÇAR) 2 leguas e media, van por Umbrete, media legua, e por Benacaçón, media legua, e por Castilleja de Talhara [...] BOLLULLOS una legua, van por Almajón, media legua, e por Torre de las Arcas, un 4º de legua [...] SANLÚCAR DE ALPECHÍN 2 leguas todo de olivares e de tierra de vallejuelos por algunas partes, en medio el camino está una mancha de montes baxos que tenrá 3 tiros de vallesta; 2 leguas de tierra llana salvo algunos cerrillos, todo de olivares.

F

Fraxno [...] ALMUÑA 2 leguas e media de cerros e valles e algunos montes.
Freans [...] está en un alto, ribera del Tuño río [...] BARALLO un 4º de legua llano por viñedo [...] FRAGUAS un 4º de legua llana.
El Fresno de Cantaspino (Frexno) [...] es del marqués de Villena; está en un cerro casi en ladera [...] RIAÇA (RIAZA) una legua llana.
Fuente de Cantos [...] MONESTERIO 3 leguas de tierra doblada.
Fuente Cemillán (Fuencemillán) [...] está en una laderuela [...] COGOLLUDO media legua de tierra doblada e cuestas abaxo e de tierras de viñas e pan. [...] ESPINOSA una legua de ribera llana de Henares, que queda el dicho río a la mano derecha, a medio camino pasan Henares río por vado, que corre a la mano derecha [...] ZEREZO una legua e media, van por Montarrón.
Fuente la Higuera [...] ALCABDETE 2 leguas llanas e por entre sierras, que quedan por la mano derecha e por la otra parte cerros, la mitad del camino primero es como cuesta arriba e lo otro como cuesta abaxo e de montes de atochares e chaparrales.
La Fuente el Maestre [...] ÇAFRA 2 leguas de tierra doblada.
Fuente el Puerco [...] VARCA 2 leguas dobladas.
Fuentes lugar [...] OSERA DE LA FRONTERA una legua llana de travieso de vega de Ebro, a 2 tiros de vallesta de Osera pasan a Ebro río por barca, corre a la mano derecha.
Fuenterrabía [...] está cercada [...] OYARÇÓN (OYARÇU) 2 leguas pequeñas.

G

****Galindos** [...] está en el Vallablés.
****Gallegos del Mirón (Gallegos de Almirón, Gallegos de Solmirón)** [...] MERCADILLO 2 leguas.
Garci Hernández [...] LA LURDA 3 tiros de vallesta una vega arriba.
Garcicavallero [...] PASCUAL COBO una legua e media de cerros e valles e montes de robledales e prados, un 4º de legua postrero es de enzinares.
Gavia la Grande [...] GRANADA una legua grande llana una vega adelante e de viñas, antes que lleguemos a Granada con 3 tiros de vallesta pasamos a un río dicho Guadaxenil por vado, que corre a la mano dizquierda.
Golbetó [...] ESPARRAGUERA una legua de valles e cerros.
Gómez Blasco [...] CARAVIAS media legua de tierra doblada e de tierras de pan.

Gor [...] GUADIX 3 leguas de cerros e sierras e valles e montes baxos e altos de pinares e enzinares, en saliendo suben un vallejuelo arriba que tenrá 3 tiros de vallesta.
Grajos [...] está en un valle hondo entre unas sierras [...] VALDECASA(S) media legua de tierra doblada de sierras.
Granada [...] pasan 2 ríos por baxo de la cibdad [...] ALFACAR 3 leguas, llana la una e de güertas, lo otro como cuestas arriba, todo de olivares e viñas [...] ALHENDÍN 2 leguas, van por Gavia la Chica, una legua [...] GAVIA LA CHICA una legua llana e de güertas, pasan al dicho río por la puente. GAVIA LA GRANDE 2 leguas pequeñas llanas, pasan a Xenil por la puente, corre a la mano derecha [...] MARACENA una legua llana e de huertas e de olivares. MOCLÍN 4 leguas, van por Pinos [...] PINOS 3 leguas pequeñas llanas e de güertas. SAN(C)TA FEE 2 leguas grandes llanas, la media legua primera es de güertas, a la mitad del camino pasamos a Guadaxenil por vado, que corre a la mano derecha; 2 leguas grandes llanas la vega abaxo riberas abaxo de Guadaxenil, a medio camino pasamos al dicho río por vado, que corre a la mano derecha [...] LA ZUBIA 2 leguas llanas de vega e de güertas e viñas.
G(a)rañón [...] SANTO DOMINGO DE LA CALÇADA una legua, deciéndese un millo y todo lo otro es llano, pásase Valdezcari río junto a Santo Domingo por gran puente de invierno y de verano casi no lleva agua.
Guadalajara [...] está en llano todo [...] HITA 6 leguas llanas, vase por Taracena y por Ciruelas e por Tórtolas e por Santa María de Sopeltrán [...] PIOZ 4 leguas llanas, vase por la Celada y al Poço [...] SANTORCAZ 5 leguas llanas, vase por los Santos y a la Celada.
Guadalcáçar [...] CÓRDOVA 4 leguas pequeñas de tierra llana e algunos vallejuelos, a la mano dizquierda queda Almodóvar del Río a una legua del camino, en llegando a Córdova pasamos a Guadalquebir por puente, que corre a la mano dizquierda.
Guadalupe [...] esta villa se llama la Puebla de Guadalupe por aver allí una imagen de Nuestra Señora la cual haze muchos milagros [...] AZEDERA 7 leguas por entre sierras e valles e xarales, a 5 leguas primeras pasan un río dicho Cobilar por vado, que corre a la mano dizquierda [...] HALÍA 2 leguas de sierras e valles e montes de robledales e xarales, a la mano derecha queda un grande estanque de agua.
Guadix [...] LAPEÇA 3 leguas de cerros e sierras e grandes valles, por la mano derecha queda una grand sierra.
La Guardia [...] está en alto [...] DOS BARRIOS 2 leguas pequeñas llanas salvo que en saliendo ay media legua de subida e baxada.

Güesca [...] CASTILLEJA 3 leguas llanas e como cuesta abaxo, por la mano derecha quedan siempre sierras.
***Guinicio** [...] es del prior del Espino.
Guixosa [...] HORNA una legua de tierra doblada e de tierras de pan [...] MEDINACELI (MEDINAZELI) 3 leguas de cerros e sierras por todas partes e algunos montes, pásanse 2 arroyos en este camino, a medio camino pasa el uno que se llama Obxalón, corre a la mano derecha, junto con Medinazeli pasan otro, corre a la dicha mano; 3 leguas pequeñas de cerros e valles grandes, a la mano dizquierda queda Horna a 3 tiros de vallesta [...] SIGÜENÇA (CIGÜENÇA) una legua de vega abaxo de Henares, que queda el río a la mano derecha, tierras de pan.

H

La Higuera [...] EL CAMPILLO 2 leguas de sierras e valles, a una legua pasamos de subida e abaxada un puerto que tenrá media legua.
La Hija de Dios e Belmonte [...] es de la iglesia mayor de Ávila; está al pie de la sierra e entre unos enzinares [...] MENGA MUÑOZ una legua pequeña de tierra doblada, por la mano dizquierda queda la sierra; una legua pequeña de tierra muy doblada e de berrocales; una legua, la mitad cuesta arriba e lo otro cuesta abaxo e por entre sierras. MUÑANA una legua e media, van por Naharros del Puerto, 4 tiros de vallesta.
Hirites (Herites) [...] HONTIVEROS 2 leguas, de tierra algo doblada la primera legua, a media legua primera pasamos a un río dicho Çapardiel, que corre a la mano dizquierda. MADRIGAL 5 leguas, van por Castronuevo, una legua, e por Cisla, 2 leguas, e por Mamblas, una legua [...] PASCUAL GRANDA (PASCUAL GRANDE) legua e media, van por Crespos, una legua. PEÑARANDA una legua e media.
****Hita** [...] en la corona del cerro [...] CAÑIZAR una legua de tierra doblada e por entre cerros, a medio camino pasan a Vadiel, que corre a la mano derecha, [...] COGOLLUDO 3 leguas, van por Espinosa. [...] (H)UMANES una legua de tierra doblada e de mucho pan, a medio camino pasan a Henares río, que corre a la mano dizquierda, pásase por vado en verano [...] PADILLA una legua de tierra de valles llanos e por entre cerros, a 3 tiros de vallesta del camino baxan siempre un cerro abaxo. REBOLLOSA una legua. TORIJA (TORROJA) una legua, van por Rebollosa, media legua de una ladera e cerros abaxo. (LA TORRE DE) SOPETRÁN media legua de cerros e tierra doblada. [...] TRIXUEQUE (TRES XUEQUES) una legua doblada; una legua de cerros e valles, que la mitad abaxan hazia abaxo e la mitad suben cerros e cuestas arriba, todo de tierras de viñas e labranças. [...] VALDEARENAS media legua grande de tierra doblada e como cuesta abaxo e tierras de

pan. XADRAQUE (XEDRAQUE) 2 leguas dobladas, vase por Mira el Río arriba; 3 leguas.
****Hituero (Hituelo)** [...] está en un altillo, entre un monte [...] VILLACASTÍN media legua llana, vase por un monte, es tierra doblada.
***Hontanares** [...] VALLEJOHONDO un 4º de legua.
****Hontiveros** [...] ÁVILA 7 leguas, vase por Blascopascual y por Muñomer y por San Juan del Enzinilla y por Cardeñosa y por Vinagrilla [...] BODÓN (BODONCILLO) 3 leguas, vase por Berrendilla y por Galindos [...] TORRALVA legua y media, vase por orilla de Çapardiel río, queda a la diestra.
***Horcajada** [...] GALLEGOS DE SOLMIRÓN 2 leguas.
Huerta lugar [§ 1145–1146, 5570] [...] está en una ladera [...] YEPES una legua de tierra doblada e de pan e atochares.

J

Ja(h)én [...] tiene fortaleza muy buena en un cerro; está en una ladera y en llano; está en una ladera de una sierra redonda en la cual está la fortaleza [...] ANDÚJAR 6 leguas, van por Caçalilla. ARENAS 5 leguas, van por la Guardia. BAEÇA 6 leguas de tierra muy doblada, la media legua primera es cuestas abaxo e de viñas, la postrera legua de campiña e cuesta arriba, a media legua primera pasan a Lope Pérez río por puente, que corre a la mano dizquierda, a las 5 leguas primeras pasan a Guadalquevir por puente, que corre a la mano dizquierda, las 3 leguas de medio el camino es de montes de enzinares e atochares; 7 leguas de tierra de cerros e valles e algunos montes por medio el camino, a una legua primera pasan a río Frío por puente, que corre a la mano dizquierda, tiene buena ribera de huertas, a 5 leguas primeras pasan a Guadalquevir por puente, corre a la mano dizquierda, la legua postrera es cuesta arriba. CAÇALILLA 3 leguas de tierra doblada e de campiña [...] GRANADA 14 leguas, van por Cubillas. LA GUARDIA una legua e media de tierra de huertas e cañamares e por entre cerros de valles, a una legua primera pasan a río Frío por vado, que corre a la mano dizquierda [...] MARTOS 3 leguas de tierra doblada, van por Torre el Campo. MENGÍBAR (MENJÍBAR, MENXÍBAR) 4 leguas no muy llanas; 4 leguas de tierra doblada e de campiña, en llegando a Mengíbar pasan a Guadalquebir río por barca, que corre a la mano dizquierda [...] PEGALAXARA (PEGALAJARA) 3 leguas, van por la Guardia. PORCUNA 6 leguas de cerros e tierra doblada e de campiña [...] TORREGIMENO (LA TORRE DON XIMENO) una legua e media, van por Torre el Campo.

L

Lapeça [...] VEAS 4 leguas de grandes sierras e valles muy hondos e puertos e arroyos e montes de enzinares e de lantiscares, para abaxar a Veas baxan un puerto que tenrá una legua de baxada.
Lasdellano [...] CANDALEDA 3 leguas de sierras por todas partes e valles.
Linares [...] está en llano [...] BAEÇA 3 leguas tierra doblada, pásase Guadalquevir a medio camino por vado y de invierno por barca [...] SANTISTEVAN DEL PUERTO 7 leguas grandes de tierra de cerros e montes baxos e altos e tierras de pan llevar, a legua e media primera pasan a Guadarrizaz por vado en verano, algunas vezes se seca, que corre a la mano derecha.
Lora [...] es del prior de San Juan [...] CARMONA 4 leguas llanas [...] a un millo se pasa Guadalquebir por varca, que corre a la mano derecha [...] ÉCIJA 7 leguas llanas e de palmares [...] PEÑAFLOR 3 leguas llanas e de palmares, por la mano dizquierda la legua primera vamos orilla de la Sierra Morena e luego da desvío por la dicha mano, a una legua primera se pasa Guadalvacar por vado, que corre a la mano derecha, a un millo de como la pasan se junta con Guadalquebir [...] LA PUEBLA (DE LOS INFANTES) 3 leguas llanas [...] SEVILLA 10 leguas, van por Villanueva del Camino e por Tosina.
Lueches [...] es del arçobispado de Toledo [...] ALCALÁ DE HENARES 2 leguas, pásase el río de Henares por la puente a media milla de Alcalá; 2 leguas llanas salvo algunos cerros por todas partes, en la media legua postrera abaxamos una cuesta que tenrá 4 tiros de vallesta, en baxando la cuesta pasamos a un río dicho Henares por puente, que corre a la mano dizquierda.

M

Madrigal [...] FUENTE EL SOL 2 leguas.
Mairena del Alcor [...] SEVILLA 4 leguas de tierra llana e de palmares e arenales.
Malagón [...] YÉVENES 8 leguas de sierras e valles llanos, a 3 leguas está una matança, que tenrá media legua, que hizieron los moros a la gente del rey don Alonso de la Mano Horadada.
Malpartida lugar [§ 2543–2546] [...] EL ARROYO EL PUERCO una legua de tierra doblada e de montes.
Mançanilla [...] VILLALVA media legua grande de tierra doblada e de monte de alcornoques más de la mitad primera e lo otro de viñas.
Matute [...] CENTENERA 2 leguas, van por Santa María de Prado.

Mazarías [...] MELQUE una legua llana, pásase un río junto con San Pedro, que corre a la mano derecha.
Medellín (Medillín) [...] está en una ladera de una sierra [...] LA MANCHA 4 leguas, las 2 leguas primeras son de tierra doblada e de prados e heredades, las otras 2 postreras de valles e cerros e montes de enzinales e xarales.
Medina del Campo [...] ÁVILA 14 leguas, vase por Arévalo y por Pajares y por Cardeñosa [...] OLMEDO [3] leguas, vase por Pozal de Gallinas [...] SALAMANCA 14 leguas, vase por la Golosa y por Fuente la Peña y por Mullurido y por Cantalapiedra y por Aldea Rubia.
Medina de Ruiseco [...] BERRUEZES legua y media.
Medina Sidonia [...] está en un cerro a la larga [...] CÁDIZ 7 leguas e 2 leguas, van por Puerto Real, una legua [...] SEVILLA 18 leguas, van por Arcos, 5 leguas, e por Espera, 2 leguas, e por los Palacios; 20 leguas, van por Xerez e por Librija e por los Palacios e por Arcos.
Medinaceli [...] es tierra muy fría en invierno [...] (LOS) ARCOS 3 leguas [...] FUENTE CALLENTE (FUENT CALLENTE) una legua de tierra de cerros e muchos barrancos [...] LODARES media legua riberas abaxo de Xalón, queda a la mano derecha, llano e por entre grandes e valles de peñas, en saliendo de Medina baxamos un valle abaxo e cuesta que tenrá 5 tiros de vallesta.
La Membrilla (La Brembilla) [...] es de la encomienda de Calatrava [...] MANÇANARES una legua llana e de tierra de labrança.
Menga Muñoz [...] es de Diego Hernández de Quiñones; está entre unas sierras muy altas [...] LA CEPEDA una legua, la mitad primera es de puerto arriba e lo otro algo cuesta abaxo [...] MUÑOTELLO (MUÑO TELLO) una legua unas laderas de sierras abaxo.
Mérida cibdad [...] fue la mayor cibdad que ovo en España [...] BADAJOZ 3 leguas [...] LA TORRE DE BEZERRA (LA TORRE DON MEXÍA) 2 leguas de tierra doblada, pasamos a Guadiana en saliendo de Mérida por la dicha puente.
****Mira el Río (Miraelrío)** [...] es del obispo de Cigüença; está en alto [...] XEDRAQUE 2 leguas.
****Mirabueno** [...] GÜERTA (HUERTA) una legua llana de tierras de pan riberas abaxo de Xalón, que queda a la mano derecha, para entrar en Huerta pasan el dicho río, corre a la mano dizquierda.
***Mirandilla** [...] SALVATIERRA 6 leguas.
****Mirueña** [...] tiene fortaleza más alta que la villa [...] (EL) ENZINILLA media legua llana [...] GAMONAL (GAMONAR) una legua llana; una legua camino llano [...] SAN(T) GARCÍA media legua de tierra doblada.
Los Molinos de Alverche [...] es del duque de Alburquerque; está riberas de un río dicho Alverche [...] LAS CUEVAS 2 leguas de sierras e valles, a medio camino

pasamos al Puerto el Pico, que terná una legua de abaxada e un 4º de subida, la abaxada es todo de peñas.
Mombeltrán [...] está en una hoya; está en hondo entre unas sierras en valle muy frutífero; es de muchas frutas; El Colmenar de Arenas agora se llama de Mombeltrán [...] EL ARROYO EL CASTAÑO media legua de cuestas abaxo e de montes de robledales e de castañares [...] LAS CUEVAS una legua de cerros arriba e de viñas e de castañares [...] LANÇA HITA 3 leguas de sierras e cerros e valles [...] EL VILLAREJO una legua de cuestas muy grandes e de castañares.
Monasterio de Melón (Monesterio de Melón) [...] LAS HACHAS (LAS ACHAS) legua y media llana. LA RAÇA (DE ARNOYA) una legua cuesta abaxo, pásase el Miño junto con la Raça.
Monesterio [...] REAL DEL VALLE (REALEJO) 3 leguas de Sierra Morena.
Monreal [...] es el primero lugar de Aragón [...] ARIZA (HARIZA) una legua pequeña riberas abaxo de Xalón por entre un valle e cerro e la vega, que queda la vega por la mano dizquierda, junto con Hariza pasan a Xalón río, corre a la mano derecha.
Monterrey [...] es de la condesa de Monterrey [...] UIMBRA 3 leguas llanas.
Montiel [...] VILLAHERMOSA una legua, la media primera es por entre cerros e el un 4º postrero de esta media legua primera es cuesta arriba e la media legua postrera es llana e de viñas, todo este camino ay algún monte de chaparrales.
La Mora [...] es del duque de Alva; está en un valle e entre sierras [...] MENGAMUÑOZ (MENGA MUÑOZ) una legua, la media legua cuestas arriba e lo otro un portezuelo abaxo. LOS MOLINOS 2 leguas muy grandes, la primera media legua es de tierra doblada e de peñas e todo lo otro es valles abaxo e riberas abaxo de un río dicho Alverche, que pasa muchas vezes, a media legua primera baxan un puerto que tenrá 4 tiros de vallesta [...] LA NAVA LA CRUZ (NAVALACRUZ) una legua de valles e cerros e valles abaxo.
****Morales** [...] pasa junto a un tiro de vallesta Duero [...] ORTIZUELA (HORTIZUELA) una legua grande llana.
Moxén [...] LA FUENTE LA HIGUERA 2 leguas llano e de montes e por entre sierras e los montes de enzinares.
Moya [...] está en unas sierras.
Muel [...] MAÇOTE media legua llana de valle abaxo e por entre cerros.
Mula [...] ALBUDEITE 2 leguas de cerros e sierras e tierra muy barrancossa de atochares e montes baxos [...] CALASPARRA 5 leguas de cerros e valles e montes de pinares e enzinares, a una legua primera traviesan un puerto que tenrá de subida e abaxada media legua, a las 2 leguas primeras pasan al dicho río de Quipar por vado, que corre a la mano dizquierda [...] CEHEGÍN 6 leguas de tierra de cerros e sierras e valles e montes de pinares e enzinares, a las 5 leguas pasan un río dicho

de Quipar por vado, que corre a la mano dizquierda [...] COTILLAS 5 leguas menos un 4º [...] MOLINA 5 leguas de tierra de cerros e grandes barrancos e montes baxos e altos de pinares e atochares, en llegando a Molina pasan a un río dicho Segura por vado, que corre a la mano derecha [...] PRIEGO una legua llana, la media legua de huerta e de viñas.
Munera [...] VILLARROBLEDO 5 leguas de tierra doblada e de atochares.
Muño Galindo [...] ÁVILA 3 leguas e media riberas e vega abaxo del dicho río Adaja, que queda siempre el río a la mano derecha a 3 e a 4 tiros de vallesta del camino.
Murcia [...] está ribera de un buen río [...] MOLINA 2 leguas llanas, pásase el dicho río por puente; 2 leguas, la media legua primera es de huerta e llana e lo otro de valles e por entre sierras.

N

***Naharrillos** [...] NAHARRA una legua.
****Naharros del Castillo** [...] CASTRONUEVO una legua.
****Nava (La Nava de Pedraza)** [...] EL CORRAL 2 leguas.
***Nava de Alva** [...] VENTOSA una legua llana.
***Nava de Arévalo** [...] PERO RODRÍGUEZ una legua pequeña llana.
Nava Grande [...] ALMODÓVAR DEL CAMPO 9 leguas, la primera es de tierra de cerros e las 3 leguas postreras e lo de medio es de sierras.
Nava el Moral lugar [§ 4254–4260] [...] MOHEDAS 2 leguas muy grandes de tierra de muchos cerros e valles e muy grandes montes de enzinares, a medio camino pasan un riatuelo por vado, que corre a la mano derecha.
Niebla [...] está en alto al pie de la Sierra Morena, pásase el río Tinto un tiro de piedra del lugar; cercada toda [...] ALMONTE 2 leguas de tierra doblada de alcornocares, en saliendo de Niebla pasamos a río Tinto por puente, que corre a la mano derecha [...] BOLLULLOS una legua de tierra doblada e de alcornocares, en saliendo pasamos al dicho río, que corre a la mano derecha [...] FACANIAS 5 leguas de sierra e de portezuelos. [...] LUCENA una legua de tierra doblada de campiña, en saliendo de Niebla pasamos al dicho río Tinto, que corre a la mano derecha [...] PALOS 5 leguas, van por Moguer [...] SAN JUAN DEL PUERTO 2 leguas llanas; 3 leguas de tierra doblada, a medio camino pasamos a un río dicho Candón, que corre a la mano derecha. TRIGUEROS 3 leguas de tierra doblada e de campiña. VEAS 3 leguas de sierra e de xarales. VILLARRASA una legua grande de tierra dobladilla e de campiña.
Niharra [...] pasa junto con el lugar un río dicho Adaja [...] LA HIJA DE DIOS 2 leguas llanas salvo la primera media legua que es de cerros e montes e la primera

una legua van riberas arriba de Adaja, que queda a la mano dizquierda e corre a la mano dizquierda, a media legua pasamos al dicho río Adaja, que corre a la mano dizquierda [...] LOS LÁZAROS una legua pequeña llana, en saliendo pasan Adaja por vado, corre a la mano dizquierda [...] MUÑO GALINDO media legua grande llana [...] (EL) SALOBRALEJO media legua llana [...] SERRAZINES una legua, van por Salobral, media legua.
Nobelda [...] AZPE media legua llana e de olivares.

O

Ocaña [...] CHINCHÓN 4 leguas, la primera legua es llana e todo lo otro es de valles hondos e vegas de pan, a 2 leguas primeras pasan a un río dicho Taxo por barca, que corre a la mano dizquierda [...] SANCTA CRUZ (SANTA CRUZ DE LA ÇARÇA) 5 leguas llanas.
Orgaz [...] CASA EL GORDO (CASARGORDO) una legua llano e de montes [...] TOLEDO 5 leguas llanas salvo que a medio camino están 2 sierras a cada parte del camino una.
Origüela [...] MURCIA 4 leguas llanas de huerta riberas arriba del río dicho Segura, que queda por la mano dizquierda, sierras por todas partes, por la mano derecha queda el Castillo de Monteagudo a un 4º de legua del camino.
Oropes(s)a [...] está en un cerro [...] ALCAÑIZO una legua de tierra doblada. ARAVALLES una legua de tierra doblada [...] LA CALÇADA legua e media de tierra doblada [...] ÇAUZEDOSSA (SAUZEDOSO) una legua de tierra doblada [...] LA FUENTE EL MAESTRE (FUENTE MAESTRE) media legua pequeña de tierra doblada.
La Osa de Montiel [...] EL BONILLO 3 leguas de tierra doblada e de algunos vallejuelos e desmontes de savinares e de enzinares algunos [...] VILLAHERMOSA 4 leguas de tierra doblada e de algunos vallejuelos, la legua primera por entre cerros, todo es de savinares e montes de enzinares, a legua primera pasan a Guadiana por vado, corre a la mano derecha.
Osera [...] BUJALAROZ 6 leguas de cerros e valles, las 2 leguas de medio de sabinares.
Los Ospitaletes (Espitalete) [...] BARCELONA una legua llana, todo de calçada de piedra, por la mano derecha queda un cerro cabe el camino con un castillejo a 2 tiros de vallesta del camino.
Osuna [...] MARCHENA 5 leguas de tierra doblada e de campiña, a medio camino pasan un río dicho el río de Caçalla por vado, que corre a la mano derecha.

P

Padiernos [...] MUÑO GALINDO una legua llana, queda siempre la serrezuela a la mano derecha, van siempre por la vega de Adaja, que queda a la mano dizquierda.
(Los) Palacios [...] el medio es de Sevilla y el medio del duque de Arcos [...] LAS CABEÇAS 2 leguas grandes llanas e de marismas e tierras de pan [...] LEBRIXA (LIBRIJA) 5 leguas llanas.
Palençuela [...] QUINTANA LA PUENTE (QUINTANALAPUENTE, QUINTANA DE LA PUENTE) una legua pequeña de tierra llana, en saliendo de Palançuela pasan Arlança por vado, que corre a la mano derecha.
La Palma [...] es del Almirante de las Indias [...] VILLALVA una legua grande, de tierra doblada un 4º de legua postrero, lo primero e lo de medio es llano.
Palos [...] MOGUER una legua de tierra llana, todo de huerta de olivares e viñas.
Parada de la Ventosa [...] está en alto [...] CORVELL(O) una legua llana. LA FRAGA media legua.
Peçuela (Pezuela) [...] ALCALÁ DE HENARES 2 leguas [...] FUENTENOVILLA 2 leguas de tierra doblada e de montes baxos salvo que en saliendo de Peçuela baxamos e subimos un valle que tenrá de subida e abaxada 4 tiros de vallesta, a media legua primera pasan a Taxuña por puente, corre a la mano derecha.
Pedraza de la Sierra [...] MATABUENA una legua llana.
Pedroche (Villa Pedroche) [...] TORRE EL CAMPO 2 leguas de tierra de cerros e de campiña e enzinares. TORREMILANO una legua de valles llanos e de viñas e enzinares.
Las Pedroñeras [...] EL PEDERNOSO una legua llana.
Peñaflor [...] está orilla de Guadalquevir [...] PALMA (DE MIÇARGILIO) una legua, pásase Guadalquevir más cerca de la Palma. LAS POSADAS 4 leguas, pásase un río a legua y media de las Posadas; 4 leguas de tierra doblada e de montes e campiña e dehesas, a 2 leguas primeras está un azebuchal que tenrá un 4º de legua, a 2 leguas e media pasan un río por puente dicho Bembéçar, que corre a la mano derecha.
Peñaranda del Mercado [...] ARAUZO legua e media, a un 4º de legua en saliendo de Peñaranda entramos en un monte de enzinas que tenrá media legua. BÓBEDA una legua llana [...] VERCIMUELLE (VERZIMUELLE) una legua, pásase un buen río cabe Berzimuelle.
Piedrahíta (de la Sierra) [...] está en llano; está en un vallejuelo al pie de una sierra; pasa por junto con el lugar un riatuelo [...] EL ALDEYUELA media legua llana, van por Pesquera [...] EL BARCO DE ÁVILA 2 leguas, van por Santiago de Piedrahíta, legua e media, e por Santa María de Cavalleros [...] HOYO REDONDO

una legua, van por la Maça, media legua [...] SAMIGUEL DE CORNEJA media legua llana.

Pinos [...] ALCALÁ (LA REAL) 5 leguas de cerros, a un 4º de legua pasamos a un río dicho Velillos por vado, que corre a la mano dizquierda.

Pioz [...] es de un señor.

Ponferrada [...] está en alto; está en valle al pie de una sierra que se llama el Puerto del Ravanal; está en tierra de Vierço [...] LOS BARRIOS DE SALAS una legua de cerros e sierras e valles abaxo, a medio camino pasan un río, corre a la mano dizquierda [...] CACABELOS (CACAVELOS, CARCABELOS) 3 leguas, van por el Campo de Naray, 2 leguas [...] EL CAMPO DE NARAY(A) 2 leguas llanas e de montes de xarales e tierras labradas, en saliendo pasan al dicho río Ribas de Sil, corre a la mano dizquierda [...] FONTESNOVAS (FUENTES NUEVAS) de tierra llana e de montes de xarales e tierras de labranças, en saliendo pasan a Ribas de Sil, corre a la mano dizquierda [...] VILLAFRANCA 3 leguas, van por el Aldea de Arroyo; 3 leguas, van por el Campo de Naray, una legua e media, e por Cacavelos, una legua.

El Portezuelo [...] EL CAÑAVERAL legua e media de tierra doblada e de enzinares [...] LA PORTAJA 2 leguas de tierra muy doblada e de enzinares.

(Las) Posadas [...] ALMODÓVAR DEL RÍO 2 leguas de cuestas, tierra doblada. [...] CÓRDOVA 6 leguas llanas salvo las 2 leguas primeras.

(El) Pozuelo (de Torres) [...] TORRES una legua de tierra doblada, para abaxar al lugar baxan una cuesta que tenrá 4 tiros de vallesta.

El Provencio (El Probencio) [...] LAS PEDROÑERAS (LAS PREDONERAS) 2 leguas llanas de atochares e tierras de pan.

La Puebla de Alcocer [...] tiene buena fortaleza en la cumbre de la sierra; está en una ladera de cerros [...] CÓRDOVA 22 leguas, van por Cabeça el Buey, 5 leguas, e por Benalcáçar, 2 leguas, e por la Hinojosa, una legua. ESPARRAGOSA DE LARES media legua de sierras de subida e abaxada.

La Puebla (de Montiel) [...] está en llano [...] MONTIEL 2 leguas grandes de tierra doblada e por entre cerros, por la mano derecha queda siempre un cerro grande, todo este camino es de tierra de labranças [...] VILLAMANRIQUE una legua llana.

La Puente de Alcolea [...] está riberas de Guadalquebir; tiene buena puente que pasa el río [...] ADAMUZ 3 leguas muy grandes, todo de sierras salvo la media legua primera e postrera, a la media legua primera pasamos al dicho río Guadalmellato por vado, que corre a la mano derecha, luego se junta con Guadalquebir [...] EL CARPIO 3 leguas de tierra de cerros e de campiña, en saliendo de la Puente de Alcolea pasamos a Guadalquebir por puente, que corre a la mano derecha.

La Puente (d)el Arçobispo [...] tiene muy buena puente con 2 torres en medio de la puente muy fuertes [...] AÇUTÁN media legua llana riberas arriba de Texo, queda el río a la mano dizquierda. [...] EL ESTRELLA 2 leguas de sierras e valles e montes, en saliendo pasan a Texo por puente, que corre a la mano derecha [...] NAVA EL MORAL una legua de tierra muy doblada e de montes, en saliendo pasan a Texo por la puente; 3 leguas de cerrillos e valles e montes de enzinares salvo la primera media legua, en saliendo pasan a Texo por puente, que corre a la mano derecha [...] EL PUERTO DE SAN VICENTE 5 leguas, van por Aldeanueva de Mohedas, 3 leguas.
La Puente de Valdevies(s)o [...] está en un valle entre sierras [...] EL ALMIÑÉ (EL ALMIÑÍ) media legua de tierra doblada e como cuesta arriba, en saliendo de la Puente pasan al dicho río Ebro, que corre a la mano dizquierda [...] CONDADO una legua de tierra llana riberas abaxo de Ebro, que queda el río a la mano dizquierda, en llegando a Condado pasan a Ebro por puente, corre a la mano dizquierda [...] MEDINA DE PUMAR 3 leguas, van por Viçueças, legua e media de sierras muy agras [...] VALDENOZEDA (VALDENOCEDA) e VALDEVIÑA media legua llana, salen por la dicha puente y van el rio arriba.
El Puerto de San Vicente [...] CASTILBLANCO 5 leguas de sierras e valles e montes de xarales e alcornocares, en saliendo pasan al puerto de San Vicente que tenrá de subida 4 tiros de vallesta e abaxada media legua.
Puñoenrostro [...] DESCARGAMARÍA un 4º de legua, tierra doblada [...] ROBLEDILLO media legua de sierras.

QU

Quero [...] VILLA CAÑAS 2 leguas grandes llanas de vega, a media legua pasan a Xiuela por vado, que corre a la mano dizquierda.

R

Ramacastañas [...] LA HIGUERA media legua llana.
La Rambla [...] está en llano [...] MONTILLA 2 leguas de tierra doblada [...] SANTAELLA 2 leguas de tierra doblada.
Recuerda [...] MORALES una legua pequeña.
Rianççuela [...] SEVILLA 4 leguas, van por Almonaster, media legua [...] UTRERA 6 leguas e media, van por Coria de Sevilla, una legua e media.
Riaza [...] AYLLÓN 3 leguas, van por Cincovillas [...] CEREZO DE SUSO (ZEREZO DE SUSO) 2 leguas llanas, vase por el monte adelante orilla de la sierra.

Ribadavia [...] MACEADA (MACEEDA) una legua llana, pásase el Miño por barcas a medio millo de Maceeda.
Rielves [...] TORRIJOS legua e media, el 4º primero es de tierra doblada e lo otro es llano e un 4º de legua postrera es de viñas e olivares
Rus [...] VILCHES 3 leguas grandes de cerros e sierras, a una legua primera pasamos a un río dicho Guadalimar por puente, que corre a la mano dizquierda, a 2 leguas de Rus tornamos a pasar otro río dicho Guadalén por vado, que corre a la mano dizquierda, para subir a Vilches subimos una gran cuesta que tenrá un 4º de legua muy grande e muy agra.

S

Salorín [...] ALCÁNTARA 5 leguas, de tierra muy doblada la primera legua e de montes de enzinares e lo otro de tierra doblada, a una legua pasamos a Salor, que corre a la mano dizquierda.
Salvatierra [...] EL GUIXO una legua de muchos barrancos e peñascos riberas arriba de Tormes río, que queda a la mano dizquierda.
Sa' Miguel de Corneja [...] BONILLA DE LA SIERRA una legua pequeña de tierra doblada, un 4º de legua en medio el camino que es de enzinares e un cerro.
San Clemente [...] EL CASTILLO DE GARCI MUÑOZ 5 leguas, van por Villar de Cavalleros, 2 leguas de tierra de algunos cerros e tierra doblada e labranças [...] MINAYA 4 leguas llanas de atochales y arenales [...] SANTIAGO EL QUEBRADO (SANTIAGO DE LA TORRE) 2 leguas llanas, la postrera de vega.
San García (Sant García) [...] está en un llano [...] MANCERA DE ARRIBA media legua llana.
San Julián [...] TORVISCOSO 3 leguas de tierra llana e de robles.
San Lorenço de Valvellido [...] SANTA MARÍA DE LOS CAVALLEROS media legua llana e de tierras de labrança un valle arriba e por todas partes sierras.
San Pedro de Abrera [...] MARTUREL media legua de tierra doblada e de pinares.
San Sebastián de los Reyes (San Sabastián de los Reyes) [...] ase poblado de 20 años a esta parte.
Sancho Izquierdo [...] HIRITIS una legua muy grande llana salvo que ay algunos vallejuelos a trechos, en llegando a Hirites pasamos un riatuelo dicho Çapardiel que corre a la mano derecha.
Sanlúcar la Mayor [...] es en el Axarafee de Sevilla [...] BENACAÇÓN una legua pequeña de tierra doblada, algo de olivares [...] CASTILLEJA DEL CAMPO. CASTILLEJA DE TALHARA legua e media de tierra doblada e de olivares [...] GERENA (XERENA) 3 leguas de tierra doblada, la una legua de olivares e lo otro campiña

[...] SEVILLA 4 leguas, van por Espartinas, 2 leguas, e por Castilleja, legua e media [...] UMBRETE una legua de tierra doblada e de olivares.
Santa Cruz de Mudela [...] ALMAGRO 5 leguas llanas e de montes baxos salvo que imos por entre cerros, a una legua pasamos al dicho río Xavalón por vado, que corre a la mano dizquierda.
Santa Fee [...] LOXA 6 leguas llanas riberas abaxo de Genil, que queda el río siempre a la mano derecha, a la mano derecha queda Taxara a media legua del camino.
Santa María del Arroyo [...] está en un vallejuelo al pie de una serrezuela.
San‹c›ta Marta [...] CALVARRASA DE ABAXO una legua llana.
Sant' Olalla lugar [...] REAL(EJO) 3 leguas, van por el Almadén.
Santiago del Collado [...] PIEDRAHÍTA media legua grande unos valles abaxo e por entre sierras unos arroyos abaxo.
Santiago el Quebrado (Santiago de la Torre) [...] es de Bernaldino Puertocarrero [...] pasa Záncara a un tiro de vallesta [...] EL ALBERCA 2 leguas llanas, a 2 tiros de vallesta está un monte que dura media legua y adelante ay otro monte que se traviesa un 4º de legua e más de media legua se va por orilla de él [...] EL PROVENCIO una legua llana riberas abaxo de Záncara, a 4 tiros de vallesta pasa a Záncara, corre a la mano dizquierda, siempre queda el río a la mano dizquierda [...] SOCUÉLLAMOS 3 leguas llanas y grandes, pásase Záncara a medio millo de Santiago.
Santistevan de Gormaz [...] está la villa al pie de un cerro [...] (EL) SOTO una legua de tierra doblada e de viñas e tierras de labrança, en saliendo pasan al dicho Duero por puente, que corre a la mano derecha.
Santo Domingo de la Calçada [...] G(A)RAÑÓN una legua doblada, pásase un arroyo que corre a la mano izquierda.
Santorcaz [...] ALCALÁ DE HENARES 2 leguas de tierra de barrancos e cerros e tierras de pan, antes que lleguen Alcalá de Henares con 4 tiros de vallesta pasan a Henares río, que corre a la mano dizquierda.
Sax [...] ELDA una legua, la media legua primera es llana e de viñas e por entre sierras e algunos pinares e la otra media legua es de travieso de una serrezuela de subida e abaxada.
Segovia [...] está en una ladera, pasa un río junto con la cibdad [...] ÇAMARRAMALA media legua cuesta arriba [...] ESPIRDO una legua llana; una legua, pásase el dicho río por más arriba [...] HONTORIA media legua [...] TORREDONDO una legua llana.
Sevilla [...] CARMONA 6 leguas de tierra doblada e de olivares; 8 leguas llanas. CASTILLEJA DE LA CUESTA una legua pequeña llana salvo una cuesta que subimos antes que lleguemos a la dicha Castilleja con 3 tiros de vallesta que tenrá

un tiro e lo otro es de olivares; media legua grande, la mitad primera es llano e lo otro es tierra doblada e de olivares; una legua de tierra doblada, en saliendo de Sevilla pasamos a Guadalquebir por barca, que corre a la mano dizquierda. CÓRDOVA 22 leguas, vase por Tosina y Villanueva y a Peñaflor y a las Posadas [...] LOS PALACIOS 5 leguas llanas de marismas salvo que a 4 leguas primeras pasamos un cerro que tenrá 3 tiros de vallesta no muy alto, todo de palmares.
(La) Solana [...] (EL) ALHAMBRA 3 leguas llanas.
Soses [...] TORRES media legua llana de vega e arboledas e poma [¿?], junto con Torres pasan a Segre río por varca, que corre a la mano derecha.
Soto [§ 786, 900–903] [...] CAST(R)IL una legua Duero abaxo, llano, él está en una cuesta.
Sotos Alvos [...] LA CUESTA una legua doblada de berrocales [...] PEDRAZA (DE LA SIERRA) 4 leguas por el pie de la sierra adelante, pásase junto a Pedraza un río.

T

Talarrubias [...] LA PUEBLA DE ALCOCER una legua llana algo como cuesta arriba e de prados.
Talavera de la Reina [...] pasa junto con la villa un río dicho Texo [...] GAMONAR una legua de tierra doblada e de viñas [...] (LA) MEJORADA una legua de cerros, todo como cuesta arriba e de montes altos e baxos; una legua de sierras e valles salvo un 4º de legua primero.
Tarancón [...] VILLINCHÓN una legua de tierra de cerros la mitad del camino primera e por entre cerros e la media legua postrera llana, por la mano dizquierda queda siempre un cerro.
Tarragona [...] está vera del mar.
Tendilla [...] ARANÇUEQUE 2 leguas de valles por entre cerros e tierras de pan e olivares por las cumbres de los cerros, junto con Arançueque pasan a Taxuña río por puente, que corre a la mano dizquierda.
Terrinches [...] está en un valle hondo.
Toledo [...] está en alto en hondo por entre unas sierras [...] cércala un río dicho Texo que cerca toda la cibdad por la parte de Madrid [...] SONSECA 4 leguas e media, van por Axofrín, 3 leguas.
Tordillos [...] SOTROVAL una legua llana salvo algunos vallejos.
Torija [...] TRIXUEQUE media legua de tierra doblada e de pan.
Torquemada [...] está ribera de un río.
Torralva lugar [§ 4242] [...] OROPESA media legua pequeña tierra doblada, los 2 tiros de vallesta postrero es cuesta arriba.

La Torre de Bezerra [...] EL ALMENDRALEJO 2 leguas llanas de tierra doblada e de lantiscares.
Torre el Campo [...] JAÉN una legua muy grande de cerros e labranças, a la mano derecha quedan siempre sierras e por la parte dizquierda toda tierra de heredades.
La Torre Juan Abad [...] está en llano [...] ÇÓCAR una legua de tierra doblada e de montes de enzinares e chaparrales [...] MONTIEL 4 leguas, van por el Almedina. LA PUEBLA DE MONTIEL 2 leguas de cerros e tierra doblada e de montes [...] VILLAMANRIQUE una legua de cerros e de matorrales e de peñascos. VILLANUEVA DE LOS INFANTES 3 leguas de cerros e montes e tierra doblada, a 2 leguas pasamos Xavalón río, que corre a la mano dizquierda.
Torres aldea / lugar [...] ALCALÁ DE HENARES una legua de tierra doblada e de tierras de pan, para abaxar Alcalá 5 tiros de vallesta antes baxan una cuesta que tenrá 3 tiros de vallesta, pasan a Henares río por puente, corre a la mano dizquierda.
Torrezi(e)lla [...] MEDIANA 2 leguas de cerros e valles e montes de romerales.
Torrivuelo (Torrovivelo) [...] está en un llano [...] BOCEGUILLAS (BOZEGUILLAS) una buena legua llana [...] EL FREXNO (DE CANTISPÍN) legua e media llana.
Tórtola [...] HI(C)TA 2 leguas e media de tierras de labrança e de viñas e cerros e valles.
Tosina [...] es del prior de San Juan [...] está riberas de Guadalquebir, a 3 tiros de vallesta [...] ALCOLEA una legua e media llanas, van por Villanueva del Camino [...] CARMONA 3 leguas llanas e de tierras de pan e de palmares [...] MONTORCAZ (MORTONCAZ) una legua llana, para subir a Montorcaz suben un cerro de un 4º de legua. SEVILLA 5 leguas llanas e de tierras de pan. VILLANUEVA DEL CAMINO media legua llana, a medio camino se pasa Guadalquebir por barca, que corre a la mano dizquierda; una legua pequeña llana, a medio camino se pasa Guadalquebir por varca, que corre a la mano dizquierda; una legua pequeña, pásase Guadalquevir por barca un millo de Tosina; una legua llana e de tierras gruesas de pan, a 3 tiros de vallesta primeros pasan a Guadalquebir por varca, que corre a la mano dizquierda.
Tresjuncos [...] LA PUEBLA DE ALMENARA una legua muy grandísima de tierra doblada e de montes de savinares e pinas [¿?] e enzinares, en saliendo del lugar abaxan una cuesta que tenrá un tiro de vallesta.
Trixueque [...] está en un cerro, por la parte de Hita está en muy alto [...] HITA una legua, la mitad primera un valle e tierra doblada e de viñas abaxo e lo otro como cuesta arriba, en medio el camino pasan un riatuelo.

Truxillo [...] tiene buen alcáçar [...] CÁCERES 8 leguas, de tierra doblada e de berrocales la primera legua [...] DELEITOSA 4 leguas de tierra doblada e de dehesas.

U

Úbeda [...] está en llano [...] CAÇORLA 5 leguas llanas, pásase Guadalqueví en medio del camino [...] QUESADA 5 leguas llanas, pásase Guadalqueví casi a la meatad del camino [...] SANTISTEVAN DEL PUERTO 5 leguas de tierra doblada, pásase Guadalhimar a 2 leguas de Úbeda por vado en verano y en ivierno por varca [...] SAVIOTE una legua llana. LA TORRE PERO GIL (TORREPEROGIL) una legua llana, queda en medio del camino la Torre García Hernández.
Uitrera [...] DOS HERMANAS 3 leguas, la media legua primera es de olivares e la otra media legua adelante es de pinares.
Utande [...] está riberas de Vadiel en un valle hondo [...] GAJANEJOS media legua de cerros e cuestas e tierras de pan e viñas e montes. HITA una legua e media, van por Mudues, media legua de vega e tierras de pan. PADILLA una legua de cerros e valles e montes de enzinares.
El Utero de Herreros [...] VALDEPRADOS una legua, todo como cuestas abaxo e de tierra doblada.

V

Vaides [...] CIGÜENÇA 2 leguas de cerros e valles e cuestas e montes de enzinares la legua primera.
Val de San Pedro [...] PEDRAZA una legua doblada, a medio camino se pasan 2 riatuelos que corren a la mano dizquierda.
Valdearazete [...] CARAVAÑA una legua pequeña de un valle abaxo e por entre cerros e de atochares, todo el vallejuelo es de tierras de pan e de cañamares, junto con Caravaña pasan a Taxuña río.
Valladolid [...] CABEÇÓN 2 leguas grandes llanas [...] CIGALES 2 leguas pequeñas.
Valverde lugar [§ 3290–3293] [...] GUADALCANAL 2 leguas de cerros e valles pequeños e tierra doblada.
Valverde el Majano [...] EL ALMUÑA 2 leguas e media, van por Garcillán y por Hañe [...] CARBONERO DE AGUSÍN 3 leguas grandes, van por Carrascal [...] MARAÇUELEXA (MARAÇUELEJA) 2 leguas, van por Garcillán [...] SEGOVIA legua e media, la media primera algo barrancosa, la legua restante llana, vase orilla un soto, a una legua se pasa un río que se dize Milano, que corre a la mano dizquierda, de que llegamos a Segovia se torna a pasar el río, que corre a la mano

derecha; 2 leguas pequeñas llanas, a la una legua pasamos un arroyo que corre a la mano izquierda e va a dar a río Milanos e a media legua de Segovia se pasa río Milanos por puente, que corre a la mano izquierda [...] XUARROS legua e media, van por Martín Miguel.
Veas (Beas) [...] GRANADA 2 leguas de tierra barrancosa, todo cuesta abaxo riberas abaxo del río Darro, todo de viñas e huertas, que queda el río a la mano dizquierda, a media legua lo pasan, que corre a la mano dizquierda.
Vico Loçano [...] ÁVILA una legua llana e de berrocales.
Vilches [...] EL VISO 7 leguas de sierras, a 3 leguas primeras pasamos al Puerto el Muladar, que son 2 leguas de puertos de abaxada e de subida, a legua e media primera pasamos al dicho río Guadarrizaz por vado, que corre a la mano dizquierda.
Vilinchón [...] LA BARCA DE FUENTIDUEÑA 2 leguas de cerros e valles e como cuesta abaxo, en llegando a Fuentidueña pasan a Taxo río por varca, que corre a la mano dizquierda.
Villaflor [...] está en llano [...] ÁVILA 4 leguas, van por Marlín, 2 leguas [...] HONTIVEROS 4 leguas, van por Muño Grande, una legua grande, e por Viñegra, una legua, e por Collado, media legua [...] MORAÑUELA media legua llana [...] SAN JUAN DEL ENZINILLA legua e media, van por San Pedro del Arroyo.
Villafranca lugar [§ 845–847, 4119–4124] [...] es del obispado de Ávila [...].
Villaharta (Villa Harta) [...] pásase Zihuela un tiro de vallesta de él [...] ALCÁÇAR DE CONSUEGRA 4 leguas llanas, pásase Zihuela a una legua de Villaharta por vado; 4 leguas llanas riberas arriba de Xiuela, legua e media postrera, pasan Xiuela a la dicha legua e media primera, que corre a la mano dizquierda, a otra legua e media adelante que son la primera vez se pasa.
Villahermosa [...] está llano [...] MONTIEL una legua, la mitad primera llana e lo otro cuesta abaxo e por entre cerros, junto con Montiel pasan a un río dicho Xavalón por vado, corre a la mano derecha [...] LA OSA DE MONTIEL 4 leguas de tierra de cerros e cuestas e montes de enzinares e sabinares, a las 3 leguas primeras pasan a Guadiana, que por esta tierra le llaman Roidera, por vado, corre a la mano dizquierda.
Villalva lugar [§ 2716, 2727–2728, 2735, 3335, 3344] [...] está en tierra doblada [...] HINOJOS 2 leguas, de tierra doblada e de alcornocares la mitad del camino e lo otro es de olivares e pinares. MANÇANILLA media legua grande de tierra doblada e de alcornocares. LA PALMA una legua grande llana, una vega abaxo salvo que abaxamos una cuesta en saliendo de Villalva que tenrá un grand tiro de vallesta, siempre queda un cerro a la mano dizquierda; una legua grande llana de camino, por todas partes como valle hondo.

Villalvilla [...] PEÇUELA 2 leguas de tierra de cerros e tierras de labrança, en saliendo de Villalvilla suben una cuesta que tenrá 2 tiros de vallesta.
Villanueva lugar [...] BURJAHARO media legua grande valles abaxo e por entre cerros.
Villanueva del Camino [...] es tierra de Sevilla [...] está en un cerrillo, está medio millo de Guadalquevir [...] CARMONA 3 leguas llanas e de montes de palmares e chaparrales, a un 4º de legua se pasa Guadalquebir por barca, que corre a la mano derecha, para subir a Carmona suben una cuesta que tenrá media legua, es de olivares [...] GUADAXOX una legua llana, en llegando a Guadaxox se pasa Guadalquebir por barca, que corre a la mano derecha. LORA 2 leguas llanas de camino, por la mano dizquierda queda la Sierra Morena orilla el camino, por la mano derecha queda Guadalquebir; 2 leguas grandes llanas riberas arriba de Guadalquebir, que queda por la mano derecha, el cual haze 3 bueltas e se desvía lexos lo más media legua, a medio camino e por la mano dizquierda queda Sierra Morena, todo el camino es de algunos alcornocares, en llegando a Lora pasan un riatuelo dicho Churre; 2 leguas de tierra doblada e de xarales. MONTORCAZ una legua de tierra doblada, por la mano dizquierda queda Guadalquebir e por la derecha la Sierra Morena. TOSINA una legua pequeña, a medio camino se pasa Guadalquebir por vado, que corre a la mano derecha.
Villanueva del Campillo [...] GARCICAVALLERO una legua pequeña de cerros e valles e arroyo abaxo.
Villanueva de los Infantes lugar / villa [...] ALCUBILLAS (CUBILLAS) 2 leguas de tierra llana, la media legua primera es de viñas e lo otro de montes baxos e altos. (EL) ALHAMBRA 3 leguas llanas e de montes baxos. EL ALMEDINA 4 leguas de tierra llana e de montes de enzinares, a una legua primera pasan a Xavalón río por vado, que corre a la mano derecha. CARRIZOSA 2 leguas llanas e de montes baxos e altos [...] LA FUENTELLANA (LA FUENTLLANA) una legua llana e de labores [...] MONTIEL 2 leguas llanas, por todas partes cerros e tierras de pan, a legua e media primera pasan a Xavalón río por vado, que corre a la mano derecha. [...] LA TORRE JUAN ABAD 5 leguas de tierra llana e de montes baxos, a una legua pasan al dicho río Xavalón por vado, que corre a la mano derecha [...] VILLAMANRIQUE 6 leguas de tierra llana e de labranças e de montes baxos, a la primera legua pasan al dicho Xavalón por vado, que corre a la mano derecha.
Villar del Pedroso [...] NUESTRA SEÑORA DE GUADALUPE 7 leguas de sierras e valles e montes e puertos salvo la primera legua que es de tierra doblada e de montes baxos.
Villarrobledo [...] LA OSA 6 leguas de despoblado, tierra llana y seca, a 2 leguas comiença un monte que dura 3 leguas de enzinas e robles [...] EL PROVENCIO 2 leguas de atochares e algunos cerrillos.

Villarrubio [...] TARANCÓN 2 leguas de tierra doblada e de algunos cerros e tierras de labranças, a 3 tiros de vallesta primeros pasan al río de Uclés, corre a la mano derecha.
Villatoro [...] está en un collado de unas sierras al pie de un puerto, nace a 4 tiros de vallesta del lugar Adaja río [...] ÁVILA 7 leguas, van por Santa María el Arroyo e por Muño Galindo, media legua [...] MUÑO TELLO (MUÑOTELLO) media legua llana.
Villena [...] SAX 2 leguas llanas e de montes de pinares, por la mano dizquierda queda siempre una sierra e por la mano derecha a media legua otra sierra.
El Viso lugar [§ 3116–3123] [...] SANTA CRUZ (DE MUDELA) 2 leguas de cerros de monte de xarales.

X

Xadraque (Xedraque) [...] es del marqués de Zenete.
Xaharizejo [...] TRUXILLO 4 leguas, van por Malpartida, 2 leguas, e por Torreaguda.
Xátiva [...] ÉNOVA una legua grande llana e de huerta, lo otro es de travieso de entre unas sierresillas.
Xerez de la Frontera [...] está el río a media legua de la cibdad que se llama Portal [...] ARCOS 5 leguas de cerros e palmares e tierras de pan e dehesas de vacas [...] EL PUERTO DE SANTA MARÍA 2 leguas llanas. ROTA desde el puerto 2 leguas llanas; 3 leguas, pásase un estero de mar muy angosto a una legua de Rota. SANLÚCAR DE BARRAMEDA 3 leguas tierra llana.

Y

Yebra [...] ÇORITA una legua de tierra doblada e todo cuesta abaxo, junto con Çorita pasan a Texo por puente, que corre a la mano derecha.
Yepes [...] tiene buena cerca.
Yévenes [...] la mitad es aldea de Toledo e la otra de la orden de San Juan; está en llano [...] ORGAZ una legua grande, la media primera es de puerto travesante un cerro.

Z

Zerezedilla [...] SEGOVIA 5 leguas de puertos e sierras muy grandes, que se llama este puerto de la Fuent Frida.

Referencias bibliográficas

Álvarez Márquez, Carmen. 2003. El itinerario de adquisiciones de libros de mano de Hernando Colón. Historia Instituciones Documentos 30. 55–102.

Ariza, Manuel. 1993. La descripción y cosmografía de España, de Hernando Colón (Aspectos lingüísticos). Antiqua et Nova Romania. Estudios lingüísticos y filológicos en honor de José Mondéjar en su sexagésimoquinto aniversario. Granada: Universidad de Granada. 19–26.

Arranz Márquez, Luis (ed.). 2000. Historia del Almirante. Madrid: Dastin Historia.

Béguelin-Argimón, Victoria. 2011. La geografía en los relatos de viajes castellanos del ocaso de la Edad Media. Análisis del discurso y léxico. Lausanne: Sociedad Suiza de Estudios Hispánicos.

Covarrubias, Sebastián de. 1993 [1611]. Tesoro de la lengua castellana o española. Barcelona: Alta Fulla.

Crespo Sanz, Antonio. 2012. La Descripción y Cosmografía de España: el mapa que nunca existió. Catastro abril. 83–109.

Criado de Val, Manuel. 1993. La Cosmografía de Hernando Colón. Actas del I Congreso Internacional de Caminería Hispánica 1. Guadalajara / Madrid: AACHE Ediciones. 335–350.

Fábregas García, Adela. 2009. La integración de las fuentes escritas en el análisis del paisaje. Un caso singular: el Itinerario de Hernando Colón. Análisis de los paisajes históricos: de Al-Ándalus a la sociedad castellana. Granada: Alhulia. 215–230.

Fernández Álvarez, Manuel. 1989. La sociedad española del Siglo de Oro. Madrid: Gredos.

Fernández de Navarrete, Eustaquio. 1850. Colección de documentos inéditos para la Historia de España 16. Madrid: Imprenta de la Viuda de Calero.

Gallardo, Bartolomé José. 1866. Ensayo de una biblioteca española de libros raros y curiosos 2. Madrid: Imprenta y Estereotipia de M. Rivadeneyra.

Gil, Juan (ed.). 1992. El Libro de Marco Polo. Las apostillas a la Historia Natural de Plinio el Viejo. Madrid / Sevilla: Alianza / Universidad de Sevilla.

Guillén, Juan. 2006. Historia de las Bibliotecas Capitular y Colombina. Sevilla: Fundación José Manuel Lara.

Hernández Díaz, José & Antonio Muro Orejón. 1941. El testamento de don Hernando Colón y otros documentos para su biografía. Sevilla: Publicaciones del Instituto Hispanocubano de Historia de América / Fundación Rafael González Abreu.

Jos, Emiliano. 1941. En las postrimerías de un centenario colombino poco celebrado. Estudios Geográficos 2 (4). 513–565.

Harrisse, Henry. 1871. D. Fernando Colón, historiador de su padre. Ensayo crítico. Sevilla: Imprenta y Librería Española y Extranjera de D. Rafael Tarascó.

Laborda, Antonio. 2002. Descripciones de don Fernando Colón (1517–1523). Una visión de la España del Renacimiento. Madrid: INE.

Marín, Tomás. 1970. Obras y libros de Hernando de Colón. Madrid: Consejo Superior de Investigaciones Científicas.

Marín, Tomás. 1993. Estudio introductorio. Catálogo concordado de la Biblioteca de Hernando Colón. Madrid / Sevilla: Fundación Mapfre América / Cabildo de la Catedral de Sevilla. 17–352.

Menéndez Pidal, Gonzalo. 1951. Los caminos en la historia de España. Madrid: Ediciones Cultura Hispánica.

https://doi.org/10.1515/9783111044064-028

Mozos, Santiago de los. 1973. El gerundio preposicional. Salamanca: Universidad de Salamanca.
Navagero, Andrea. 1951 [1524–1527]. Viaje a España del Magnífico Señor Andrés Navagero, embajador de la República de Venecia ante el Emperador Carlos V. Valencia: Castalia.
Navarro Brotóns, Víctor. 1994. La cosmografía en la época de los descubrimientos. Las relaciones entre Portugal y Castilla en la época de los descubrimientos y la expansión colonial. Salamanca: Universidad de Salamanca. 195–205.
Ponsot, Pierre. 1966. Hernando Colón et son Itinerario. Mélanges de la Casa de Velázquez 2. 71–96.
Real Academia Española. 1726–1739. Diccionario de la lengua castellana, en que se explica el verdadero sentido de las voces, su naturaleza y calidad, con las phrases o modos de hablar, los proverbios o refranes, y otras cosas convenientes al uso de la lengua. Madrid: Imprenta de Francisco del Hierro.
Real Academia Española. En línea. Corpus Diacrónico del Español (CORDE).
Rico, Francisco. 1981. El Nuevo Mundo de Nebrija y Colón. Notas sobre la geografía humanística en España y el contexto intelectual del descubrimiento de América. Nebrija y la introducción del Renacimiento en España: actas de la III Academia Literaria Renacentista. Salamanca: Universidad de Salamanca. 157–185.
Rodríguez, José Javier. 2002. Descripción y Cosmografía de España (o Itinerario): estudio lingüístico. Sevilla: Universidad de Sevilla.
Rodríguez, José Javier. 2018. Nuevos datos sobre la extraña edición de un manuscrito geográfico de Hernando Colón. Bulletin Hispanique 120 (1). 163–184.
Rosal, Francisco del. 2006 [1611]. El origen de los nombres. Córdoba: La Biblioteca del Polo Norte.
Ruiz Asencio, José Manuel (ed.). 1995. Testamento de Hernando Colón. Madrid: Testimonio Compañía Editorial.
Ruiz Asencio, José Manuel. 2008. La Biblioteca de Hernando Colón, una aventura bibliográfica en el siglo XVI. Valladolid: Universidad de Valladolid.
Sáez Guillén, José Francisco. 1993. Lora del Río en la Cosmografía de Hernando Colón. Revista de Estudios Locales 4. 24–27.
Sherman, William H. 2016. A New World of Books: Hernando Colón and the Biblioteca Colombina. For the Sake of Learning. Essays in Honor of Anthony Grafton 1. Leiden-Boston: Brill. 404–414.
Torre Revello, José. 1945. Don Hernando Colón. Su vida, su biblioteca, sus obras. Revista de Historia de América 19. 1–59.
Uriol, José I. (ed.) 1976. Alonso de Meneses, Repertorio de caminos. Madrid: Servicio de Publicaciones del Ministerio de Educación y Ciencia.
Uriol, José I. 2001. Historia de los caminos de España 1. Madrid: Colegio de Ingenieros de Caminos, Canales y Puertos.
Uriol, José I. 2004. Contribución al estudio de la Cosmografía de Hernando Colón. Caminería Hispánica: actas del VI Congreso Internacional Italia-España 2. Madrid: CEDEX. 859–868.
VV.AA. 1989. Las joyas de la Colombina. Las lecturas de Hernando Colón. Sevilla: Junta de Andalucía-Consejería de Cultura / Biblioteca Nacional / Cabildo Catedral de Sevilla.
Vicente Maroto, María Isabel. 2006. La revolución cosmográfica a partir de los viajes colombinos. Congreso Internacional. Cristóbal Colón, 1506–2006. Historia y leyenda. Palos de la Frontera: UNIA / EEHA. 89–112.

Vila, Marc-Aureli. 1975. Els itineraris d'Hernando Colon per Catalunya, 1519. Miscel·lània Pau Vila. Biografia-Bibliografia-Treballs d'Homenatge. Barcelona: Montblanc-Martin. 483–492.

Wagner, Klaus. 1984. El itinerario de Hernando Colón según sus anotaciones. Datos para la biografía del bibliófilo sevillano. Archivo Hispalense 203. 81–99.

Wagner, Klaus. 1986. Libros obsequiados a Hernando Colón y otras curiosidades de su biblioteca. Homenaje a Pedro Sáinz Rodríguez 3. Madrid: Fundación Universitaria Española. 713–724.

Lemas modificados o relativos a lugares no identificados

A

(A)barca → Barca (Soria).
Aça → Haza (Burgos).
Achas → As Achas (Pontevedra).
Açofra → Azofra (La Rioja).
Açuqueca → Azuqueca de Henares (Guadalajara).
Adobea, despoblado en el término de Carriches (Toledo).
El Adrada → Ledrada (Salamanca).
Las Agallas → Agallas (Salamanca).
Alahejos → Alaejos (Valladolid).
El Alameda aldea → Alameda de Osuna (Madrid).
El Alameda, despoblado en el término de Sotillo (Segovia).
Alantisque → Alentisque (Soria).
Alaondroal → Alandroal (Évora).
Alasanco → Alesanco (La Rioja).
Alasón → Alesón (La Rioja).
El Alberca → La Alberca de Záncara (Cuenca).
Alcabdete → Caudete (Albacete).
Alcáçar de Consuegra → Alcázar de San Juan (Ciudad Real).
Alcacerén → Alcazarén (Valladolid).
Alchemezí → Algemesí (Valencia).
Alcolea lugar [§ 3218] → Alcolea de Tajo (Toledo).
Alcolea lugar [§ 6612] → Alcolea del Río (Sevilla).
Alcoleyuela → Alcolea (Córdoba).
Alcones, lugar no identificado cercano a San García de Ingelmos (Ávila).
Alcovendas → Alcobendas (Madrid).
Alcuexca → Alcuéscar (Cáceres).
Aldea el Cano → Aldea del Cano (Cáceres).
Aldea el Corvo → Aldealcorvo (Segovia).
Aldea el Horno → Aldehorno (Segovia).
Aldea Luenga → Aldealengua (Salamanca).
Aldea el Río → Villa del Río (Córdoba).
Aldea de (A)yuso → Villagonzalo de Tormes (Salamanca).
Aldeanueva → Aldeanueva de Santa Cruz (Ávila).
El Aldeyuela → La Aldehuela (Ávila).
Aldeyuelas → Aldehuela (Segovia).
Alfayates → Alfaiates (Guarda).
Algecira → Alcira (Valencia).
Alguaça → Alguazas (Murcia).
Alhama → Alhama de Aragón (Zaragoza).
Alhanje → Alange (Badajoz).

https://doi.org/10.1515/9783111044064-029

Aliseda → La Aliseda de Tormes (Ávila).
Almaçán → Almazán (Soria).
Almadén → Almadén de la Plata (Sevilla).
Almarazejo, ¿lugar cercano a El Carrascal (Cáceres)?
Almerín → ¿Almeirim (Santárem)?
Almuña → La Almunia de Doña Godina (Zaragoza).
Altamira → Torres de Altamira, Brión (La Coruña).
Alva de Tormes → Alba de Tormes (Salamanca).
Alvaladejo de los Freiles → Albaladejo (Ciudad Real).
Alvendiego → Albendiego (Guadalajara).
Alvos → Albos (Orense).
Los Ángeles → Ovejuela, Pinofranqueado (Cáceres).
Aragüetes, lugar no identificado entre Perorrubio y Santa Marta del Cerro (Segovia).
Arançueque → Aranzueque (Guadalajara).
Arauzo, lugar no identificado cercano a Nava de Sotrobal (Salamanca).
Aravalles, ermita de la Virgen de Aravalles, Torralba de Oropesa (Toledo).
Arcos aldea → Arcos de la Llana (Burgos).
Arcos aldea / lugar → Arcos de Jalón (Soria).
Arenas aldea → Arenas de San Juan (Ciudad Real).
Arenas lugar → Arenas de San Pedro (Ávila).
Arençana → Arenzana de Abajo (La Rioja).
Arençana de Suso → Arenzana de Arriba (La Rioja).
Arevalillo → Arevalillo de Cega (Segovia).
Argança → Arganza (León).
Arganda → Arganda del Rey (Madrid).
El Arroyo el Castaño (Arroyocastaño) → Arroyo Castaño, despoblado (Ávila).
Arroyo el Puerco → Arroyo de la Luz (Cáceres).
Artesa → Artesa de Lérida (Lérida).
Arvancón → Arbancón (Guadalajara).
Atençuela → Tenzuela (Segovia).
Atiença → Atienza (Guadalajara).
Autillo → Autillo de Campos (Palencia).
Azebedo, lugar no identificado.
Azedera aldea, lugar no identificado.
Azedera lugar → Acedera (Badajoz).
Aznalcáçar → Aznalcázar (Sevilla).
Azpe → Aspe (Alicante).

B

Baade → Bande (Orense).
Baça → Baza (Granada).
Baeça → Baeza (Jaén).
Bangueses → Bangueses de Arriba, ¿Bangueses de Abaixo? (Orense).
Baño de Caldas → Baños, la Baja Limia (Orense).
Baños → Baños de la Encina (Jaén).

Barahona → Barahona de Fresno (Segovia).
Baraxas → Barajas (Madrid).
Barbadans → Barbadás (Orense).
La Barca de Fuentedueña → Fuentidueña de Tajo (Madrid).
Las Barcas de Abalate → Albalat, Romangordo (Cáceres).
Los Barrios de Salas → Lombillo de los Barrios, Salas de los Barrios y Villar de los Barrios (León).
Bercial → Bercial de Zapardiel (Ávila).
Bermuy de Palacios → Bernuy y Palacios, despoblado (Segovia).
Berrocalejo → Berrocalejo de Aragona (Ávila).
Berruezes → Berrueces (Valladolid).
Berzimuel → Bercimuel (Segovia).
Bezilla → Becilla de Valderaduey (Valladolid).
Bibero → Viveiro (Lugo).
Boada → Boada de Campos (Palencia).
Boadilla → Boadilla de Rioseco (Palencia).
Bobadilla del Camino → Boadilla del Camino (Palencia).
El Bodegón, lugar no identificado.
Bodón → El Bohodón (Ávila).
Bollullos → Bollullos Par del Condado (Huelva).
Boniel → Buniel (Burgos).
Bostillo del Valle de Carriedo → Barrio Bustillo y La Canal en Villafufre y Barrio Vega (Cantabria).
Bovadilla → Boadilla del Monte (Madrid).
Boyezillo → Boecillo (Valladolid).
Bozeguillas → Boceguillas (Segovia).
Brantavilla → Berantevilla (Álava).
Breçadillas [¿Brecedillas?], lugar no identificado entre Navamorisca (Ávila) y el Tejado de Béjar (Salamanca).
Bribiesca → Briviesca (Burgos).
Las Broças → Brozas (Cáceres).
Bruero, lugar no identificado (La Coruña).
Buin → Vila Boim (Portugal).
Bujalaloz → Bujaraloz (Zaragoza).
Bujalharo → Bujalaro (Guadalajara).
Burgo → Burgomillodo (Segovia).
Bustillo → Bustillo de Chaves (Valladolid).

C, Ç, CH

Las Cabeças → Las Cabezas de San Juan (Sevilla)
Cabeças del Pozo → Cabezas del Pozo (Ávila).
Cabeçón villa →Cabezón del Pisuerga (Valladolid).
Cabeçón aldea → Cabezón de Valderaduey (Valladolid).
Cabeçón lugar → Cabezón de la Sal (Cantabria).
Caçalla → Cazalla de la Sierra (Sevilla).
Caçorla → Cazorla (Jaén).
Cadahalso lugar [§ 9] → Cadalso de los Vidrios (Madrid).

Cadahalso lugar [§ 5222–5224] → Cadalso (Cáceres).
Cadons → Cadós (Orense).
Çafra → Zafra (Badajoz)
Calabaças → Calabazas de Fuentidueña (Segovia).
Çalamea del Arçobispo → Zalamea la Real (Huelva).
Çalanueva → Celanova (Orense).
La Calçada → Calzada de Oropesa (Toledo).
Calçadilla → Calzadilla de Barros (Badajoz).
Caldas → Caldas de Montbui (Barcelona).
Caldelas, lugar no identificado de la provincia de Orense.
Calera → Calera y Chozas (Toledo).
Calvarrasa de Abaxo → Calvarrasa de Abajo (Salamanca).
Calvos → Calvos de Arriba (Orense).
Çamarramala → Zamarramala (Segovia).
Çamora → Zamora.
El Campillo → Campillo de Llerena (Badajoz).
El Campillo de Belbís, despoblado en el término de Belvís de Monroy (Cáceres).
El Campo, lugar no identificado de la provincia de Segovia.
Campo aldea → Campo Real (Madrid).
El Campo de Critana → Campo de Criptana (Ciudad Real).
El Campo de Naraya → Camponaraya (León).
Canalejas → Canalejas de Peñafiel (Valladolid).
Canales → Canals (Valencia).
Canta la Piedra → Cantalapiedra (Salamanca).
Cantarazillo → Cantaracillo (Salamanca).
Caracuel → Caracuel de Calatrava (Ciudad Real).
Çaragoça → Zaragoza.
Caravaca → Caravaca de la Cruz (Murcia).
Caravanchel de Abaxo → Carabanchel Bajo (Madrid).
Caravanchel de Arriba → Carabanchel Alto (Madrid).
Caravaña → Carabaña (Madrid).
Caravias → Carabias, Larrodrigo (Salamanca).
Carbonero de Agusín → Carbonero de Ahusín (Segovia).
La Çarça de Alcántara → Zarza la Mayor (Cáceres).
Carcavelos, lugar no identificado de la provincia de Orense.
Carcaxén → Carcagente (Valencia).
La Çarçosa, lugar no identificado de la provincia de Segovia.
La Çarçuela del Monte → Zarzuela del Monte (Segovia).
Carrascal → Carrascal del Río (Segovia).
Carrascalejo lugar [§ 1978–1979], lugar no identificado de la provincia de Ávila.
Carrascalejo lugar [§ 2803–2804] → El Carrascalejo (Badajoz).
Carrascosa → Carrascosa de Henares (Guadalajara).
Carriçosa → Carrizosa (Ciudad Real).
Carrión → Carrión de Calatrava (Ciudad Real).
Carrión de los Ajos → Carrión de los Céspedes (Sevilla).
Cartajena → Cartagena (Murcia).
La Casa de San Galindo → Casas de San Galindo (Guadalajara).

Casarrubios → Casarrubios del Monte (Toledo).
Las Cassas del Puerto → Casas del Puerto (Ávila).
Las Casas del Puerto de Miravete → Casas de Miravete (Cáceres).
Las Casillas → Casillas de Coria (Cáceres).
El Castañar de Ivor → Castañar de Ibor (Cáceres).
Castellanos → Castellanos de Zapardiel (Ávila).
Castelo de Sande → Torre de Sande (Orense).
Castilblanco lugar [§2670–2676] → Castilblanco de los Arroyos (Sevilla).
Castilleja → Castilléjar (Granada).
Castilleja de Talhara, despoblado en el término de Benacazón (Sevilla).
Castillejo, lugar no identificado de la provincia de Segovia.
Castillo de Hontidueña → Castro de Fuentidueña (Segovia).
El Castillo de Lucubín → Castillo de Locubín (Jaén).
Castrejón → Castrejón de Trabancos (Valladolid).
Castrelo → Castrelo de Miño (Orense).
Cast(r)il, lugar no identificado de la provincia de Soria.
Castril de Vela → Castil de Vela (Palencia).
Castro de Hordiales → Castro Urdiales (Cantabria).
Castro el Río → Castro del Río (Córdoba).
Castro Serrezín → Castroserrecín (Segovia).
Castroserna → Castroserna de Abajo (Segovia).
Castroximeno → Castrojimeno (Segovia).
Cedillo → Cedillo del Condado (Toledo).
Cehinos → Ceinos de Campos (Valladolid).
Cejo del Río → Cexo (Orense).
Centenera → Centenera de Andaluz (Soria).
Cepeda, lugar no identificado de la provincia de Ávila.
Cerezo de Ayuso → Cerezo de Abajo (Segovia).
Cerezo de Suso → Cerezo de Arriba (Segovia).
Cespedosa → Cespedosa de Agadones (Salamanca).
Chaira de Pojares, lugar no identificado de la provincia de Orense.
Chiclana → Chiclana de Segura (Jaén).
Chinchilla → Chinchilla de Monte-Aragón (Albacete).
Cibdad Real → Ciudad Real.
Cibdad Rodrigo → Ciudad Rodrigo (Salamanca).
Cieça → Cieza (Murcia).
Cigüença (Sigüença) → Sigüenza (Guadalajara).
Ciruelos [§ 1060], lugar no identificado de la provincia de Segovia.
Ciruñuela → Cirīñuela (La Rioja).
Citges → Sitges (Barcelona).
Cobarrubias → Covarrubias (Soria).
Cobexa → Cobeja (Toledo).
Cobos → Cobos de Fuentidueña (Segovia).
Cobreros → Cobreiros (Orense).
Coca → Coca de Alba (Salamanca).
Cogullada, lugar del término de Carcagente (Valencia).
Cohorcos → Corcos (Burgos).

Collado(s) (Hermoso) → Collado Hermoso (Segovia).
Condado, lugar de la merindad de Valdivielso (Burgos).
Consuegra → Consuegra de Murera (Segovia).
Cordovilla → Cordobilla de Lácara (Badajoz).
Çorita de los Canes aldea → Zorita de Lama (Valladolid).
Çorita de los Canes villa → Zorita de los Canes (Guadalajara).
La Correduera, lugar no identificado de la provincia de Orense.
Corvell(o) → Corvelle (Orense).
Covachuelas, pedanía de Aldeonte (Segovia).
Coveña → Cobeña (Madrid).
Crastoveredo, lugar no identificado de la provincia de Orense.
Crespos, lugar no identificado de la provincia de Pontevedra.
La Cruz, monasterio de Santa Juana o de Nuestra Señora de la Cruz, Cubas de la Sagra (Madrid).
Cubelas, lugar no identificado.
Cubo, lugar no identificado de la provincia de Segovia.
Las Cuevas → Cuevas del Valle (Ávila).
Culumbrianos → Columbrianos (León).
Çuniel → Suñé (Lérida).
Curiel → Curiel de Duero (Valladolid).
Çuvir → Zubiri (Navarra).

D

Dagançο → Daganzo de Arriba (Madrid).
Dagançuelo (Daguençuelo), lugar despoblado en el término de Ajalvir (Madrid).
Deça → Deza (Soria).
**Don Hierro* → Donhierro (Segovia).
**Doñorente*, Don Llorente, aldea desaparecida de Don Benito (Badajoz).
Dos Barrios → Dosbarrios (Toledo).
Duarte → Huarte (Navarra).
Du(e)ratón → Duratón (Segovia).
Dueruelo → Duruelo (Segovia).

E

Las Énovas → Énova (Valencia)
Enterimo → Entrimo (Orense).
El Enzina, lugar no identificado de la provincia de Ávila.
Enzinas → Encinas (Segovia).
Enzinilla(s), lugar no identificado de la provincia de Ávila.
Eras → Heras de Ayuso (Guadalajara).
Errebín → Redín, Lizoáin-Arriasgoiti (Navarra).
**Escalonilla*, lugar no identificado de la provincia de Ávila.
***Escarcena* → Escacena del Campo (Huelva).
**Escobar*, lugar no identificado de la provincia de Segovia.
***Escuderos* → Escudeiros (Orense).

Esparragosa → Esparragosa de la Serena (Badajoz).
Espinosa aldea, lugar no identificado de la provincia de Orense.
Espinosa lugar → Espinosa de Henares (Guadalajara).
**Estediel*, lugar no identificado de la provincia de Toledo.
**Estela* → Estella (Navarra).
**Esteras* → Esteras de Lubia (Soria).
**Esterbique* → Hostalrich (Gerona).
**Estevan Vela* → Estebanvela (Segovia).
**Estúlez* → Astúlez (Álava).
**Euna* → Elne (Francia).
**Exea de Albarrazín* → Gea de Albarracín (Teruel).
**Ezla* río → Esla.

F

**Fafar* → Alfafar (Valencia).
**Farfolera* → Forfoleda (Salamanca).
Ferreros, lugar no identificado de la provincia de Pontevedra.
Florez de Ávila → Flores de Ávila (Ávila).
**Fontey* → Fontei (Orense).
***La Fraga* → A Fraga (Orense).
**Fragazelos* → Fregacedos, despoblado del término de Fuenlabrada (Madrid).
***Las Fraguas*, lugar no identificado de ¿Cantabria?
**Franco* → Francos (Segovia).
Fraxno → El Frasno (Zaragoza).
Freans → Freás de Eiras (Orense).
**Fresneda* → Fresneda de la Sierra Tirón (Burgos).
***El Frexenal de la Sierra* → Fregenal de la Sierra (Badajoz).
La Frexneda → Fresneda de Sepúlveda (Segovia).
Frexnillo de la Fuente → Fresno de la Fuente (Segovia).
El Fresno de Cantaspino (Frexno) → Fresno de Cantespino (Segovia).
(El) Frexno (de Gormaz) → Fresno de Caracena (Soria).
Frexo → Freixo (Orense).
Frexo de Espadacinta → Freixo de Espada à Cinta, Braganza (Portugal).
Fuente Maestre, lugar, hoy inexistente, llamado Fuente del Maestro (Toledo).
Fuente el Olmo → Fuente el Olmo de Fuentidueña (Segovia).
Fuente Ovejuna → Fuente Obejuna (Córdoba).
Fuente el Puerco → Fuente Tovar (Soria).
Fuentes villa → Fuentes de Nava (Palencia).
Fuentes aldea / lugar → Fuentes de Andalucía (Sevilla).
Fuentes lugar → Fuentes de Ebro (Zaragoza).
Fuentes Nuevas → Fuentesnuevas (León).
Fuent Llana → Fuenllana (Ciudad Real).

G

**Galera*, lugar no identificado.
**Galiana*, lugar no identificado de la provincia de Salamanca.
***Galindos*, despoblado de la provincia de Ávila.
***Gallegos* → Gallegos de Sobrinos (Ávila).
**Gallegos de Crespes*, despoblado en el término de Larrodrigo (Salamanca).
***Gallococeado*, lugar desaparecido en los alrededores de la ciudad de Segovia.
***Galve(s)* → Galve de Sorbe (Guadalajara).
**Gamadriz* → ¿Lamadrid (Cantabria)?
***Gamonal* aldea [§ 1095, 3943, 4135] → Gamonal de la Sierra (Ávila).
Garci Hernández → Garcihernández (Salamanca).
Garcicavallero, lugar no identificado de la provincia de Ávila.
***La Garda*, despoblado en el término de Fresno el Viejo (Valladolid).
**Garganta* → Garganta de los Montes (Madrid).
**Gargantilla* → Garganta de las Lanchas (Toledo).
***Gargayanta*, lugar no identificado de la provincia de Toledo.
***Garnica* → Guernica (Vizcaya).
**Garoça*, lugar no identificado de la provincia de Ávila.
**Garoda*, lugar no identificado.
**Garrovillas* → Garrovillas de Alconétar (Cáceres).
**Garvayuela* → Garbayuela (Badajoz).
Gatón → Gatón de Campos (Valladolid).
Gavia la Grande → Gabia Grande (Granada).
Gelo, lugar del término de Benacazón (Sevilla).
Giesta, lugar no identificado.
Gildolís → Torre de Gil de Olid (Jaén).
Ginzo → Ginzo de Limia (Orense).
Golbetó → Collbató (Barcelona).
Gómez Blasco → Gómez Velasco, despoblado en el término de Pedraza de Alba (Salamanca).
Gordaliza → Gordaliza de la Loma (Valladolid).
**Grado* [§ 2392, 3899] → Grado del Pico (Segovia).
**Grajal* → Grajal de Campos (León).
**Grajeda*, lugar no identificado.
Grajos → San Juan del Olmo (Ávila).
**Granátula* → Granátula de Calatrava (Ciudad Real).
**Granja* → La Granja (Cáceres).
**Granja* → Granja de Torrehermosa (Badajoz).
**Granja* → Granja de Moreruela (Zamora).
**Granja*, lugar no identificado de la provincia de Orense.
***G(a)rañón* → Grañón (La Rioja).
**Grisallena* → Grisaleña (Burgos).
**Guadahardales* → río Guardal.
**Guadalbollón* → río Guadalbullón.
Guadalcáçar → Guadalcázar (Córdoba).
**Guadalquevir* → río Guadalquivir.
**Guadalquevirejo* → río Guadalhorce.

Guadaxox → Guadajoz (Sevilla).
Guaza → Guaza de Campos (Palencia).
Güelva → Huelva.
Güesca → Huéscar (Granada).
Güévar → Huévar (Sevilla).
Guijar → Valdevacas y Guijar (Segovia).
**Guijo*, lugar no identificado.
Guixano → Gajano (Cantabria).
**Guixico de Galisteo* → Guijo de Galisteo (Cáceres).
El Guixo → Guijo de Ávila (Ávila).
Guixosa → Guijosa (Guadalajara).
**Gurriol* → Borriol (Castellón).

H

**Halconera* → Alconera (Badajoz).
**Halía* → Alía (Cáceres).
Hazaña → Azaña, Numancia de la Sagra (Toledo).
Hela Rodrigo → Larrodrigo (Salamanca).
Hernand Cavallero → Fernán Caballero (Ciudad Real).
Herrín → Herrín de Campos (Valladolid).
Herustes → Erustes (Toledo).
La Higuera → Higuera de la Serena.
Higuera de Andújar → Lahiguera (Jaén).
La Hinojosa, despoblado en el término de Alcalá de Henares (Madrid).
**Hinojosos* → Los Hinojosos (Cuenca).
Hirites (Herites), lugar no identificado de la provincia de Ávila.
**Hitero* → Fitero (Navarra).
**Hito* → El Hito (Cuenca).
***Hituero (Hituelo)* → Ituero y Lama (Segovia).
**Hojacastro* → Ojacastro (La Rioja).
***Honruvia* → Honrubia de la Cuesta (Segovia).
**Hontanares*, lugar no identificado de la provincia de Ávila.
**Hontar* → Fontanar (Guadalajara).
***Hontiveros* → Fontiveros (Ávila).
**Hontoria* → Ontoria (Cantabria).
***Hontuyuelo (Hontiuelo)* → Fontihoyuelo (Valladolid).
***Horcajo* → Horcajo de las Torres (Ávila).
**Horcajo* → Horcajo de los Montes (Ciudad Real).
**Horcajo de Medianeros* → Horcajo Medianero (Salamanca).
Hornillos → Hornillos de Cerrato (Palencia).
Hortizuela → Hortezuela (Soria).
**Hoyo* → Hoyo de Manzanares (Madrid).
**Hoyuelos* → Hoyuelos de la Sierra (Burgos).
Huerta lugar [§ 1145–1146, 5570] → Huerta de Valdecarábanos (Toledo).
Huerta lugar [§ 4949–4954] → Santa María de la Huerta (Soria).

Humanejos, despoblado del término de Parla (Madrid).

I

Íxar → Híjar (Teruel).
Izcara → Ezcaray (La Rioja).

L

La Lacera, lugar no identificado.
Lagunillas → Laguna de Contreras (Segovia).
***Lanájara (Nájara)* → Lanaja (Huesca).
Langa → Langa de Duero (Soria).
Lapeça → La Peza (Granada).
Lasdellano, despoblado en el término de Arenas de San Pedro (Ávila).
Las Lastras de Arriba → Lastras de Lama, despoblado del término de Monterrubio (Segovia).
Latreela, lugar no identificado de la provincia de Orense.
***Lebrixa (Librixa)* → Lebrija (Sevilla).
Lecorçana → Lacorzana (Álava).
**Lio* → Alió (Tarragona).
**Llanos* → Los Llanos de Tormes (Ávila).
***Llarana* → Llerana (Cantabria).
**Llendevacas* → Illán de Vacas (Toledo).
Lora → Lora del Río (Sevilla).
Loxa → Loja (Granada).
Lueches → Loeches (Madrid).
Lugrusán → Logrosán (Cáceres).

M

Maceada, lugar no identificado de la provincia de Orense.
Maçote → Mozota (Zaragoza).
Madrigal → Madrigal de las Altas Torres (Ávila).
Madrilejos → Madridejos (Toledo).
Magaz villa → Magaz de Pisuerga (Palencia).
Magaz lugar → Magaz de Abajo (León).
Magazela → Magacela (Badajoz).
Mahabe → Mahave (La Rioja).
Malpartida lugar [§ 2471–2472] → Malpartida de Corneja (Ávila).
Malpartida lugar [§ 2543–2546] → Malpartida de Cáceres (Cáceres).
Mançanares → Manzanares el Real (Madrid).
Mançaneque → Manzaneque (Toledo).
Mançanilla → Manzanilla (Huelva).
Mançanillo → Manzanillo (Valladolid).
Manzera de Arriba → Mancera de Arriba (Ávila).
Marmolejo de Andújar → Marmolejo (Jaén).

Martín Uvieco, despoblado en el término de Las Pedroñeras (Cuenca).
Marturel → Marturell (Barcelona).
Matamala aldea, despoblado en el término de Martinamor (Salamanca).
Matamala lugar → Matamala de Almazán (Soria).
Matarrala, lugar no identificado de la provincia de Salamanca.
Mavides → Amavida (Ávila).
Mazarías, despoblado de la provincia de Segovia.
Meajadas → Miajadas (Cáceres).
Mediana lugar → Mediana de Voltoya (Ávila).
Mediana villa →Mediana de Aragón (Zaragoza).
Medina de Ruiseco → Medina de Rioseco (Valladolid).
Meirolo → Meirol (Pontevedra).
Meisón Frío, lugar no identificado de la provincia de Pontevedra.
Melque, lugar no identificado de la provincia de Segovia.
Menga Muñoz → Mengamuñoz (Ávila)
Mengacenar (Mengacinar), lugar menor del término de Oropesa (Toledo).
Menjíbar → Mengíbar (Jaén).
Mensegar → Mesegar de Tajo (Toledo).
Merayo, lugar no identificado de la provincia de León.
Mérida aldea → Mélida de Peñafiel (Valladolid).
Miguel Estevan → Miguel Esteban (Toledo).
Miguel Turra → Miguelturra (Ciudad Real).
**Miraelcampo* → Miralcampo (Valencia).
***Miraglos* → Milagros (Burgos).
**Miranda* → Miranda de Arga (Navarra).
***Mirueña* → Mirueña de los Infanzones (Ávila).
Mohedas de Talavera → Mohedas de la Jara (Toledo).
Molín de Rey → Molins de Rey (Barcelona).
Los Molinos de Alverche, lugar no identificado de la provincia de Ávila.
Mollorido, lugar no identificado en el camino entre Medina del Campo (Valladolid) y Salamanca.
Monasterio de Melón (Monesterio de Melón) → Monasterio de Santa María de Melón (Orense).
Monasterio de Ramirans → Monasterio de San Pedro de Ramirás (Orense).
Monçón → Monzón (Huesca).
Mondéxar → Mondéjar (Guadalajara).
Monreal → Monreal de Ariza (Zaragoza).
Montemayor → Montemayor del Río (Salamanca).
Montiaño, despoblado en el término de Consuegra de Murera (Segovia).
La Mora, lugar no identificado de la provincia de Ávila.
Moradillo → Moradillo de Roa (Burgos).
***Moraleja* [§ 3690, 3697–3698], despoblado de la provincia de Madrid.
***Morata* → Morata de Tajuña (Madrid).
***Moratalaz*, despoblado en el término de Illescas (Toledo).
Moratilla → Moratilla de los Meleros (Guadalajara).
Morisco de Castellanos → Moriscos (Salamanca).
Morón → Morón de Almazán (Soria).
Morpeçares → Molpeceres (Valladolid).
Morvedre → Murviedro, Sagunto (Valencia).

Moxén → Mogente (Valencia).

N, Ñ

**Naharra*, lugar no identificado de la provincia de Ávila.
**Naharrillos* → Narrillos del Álamo (Ávila).
**Naharrole* → Casalarreina (Navarra).
***Naharros del Castillo* → Narros del Castillo (Ávila).
**Naharros del Puerto* → Narros del Puerto (Ávila).
**Naharros de Salamanca* → Naharros de Valdunciel (Salamanca).
Nájara → Nájera (La Rioja).
***Nava (La Nava de Pedraza)* → La Nava (Segovia).
La Nava → Nava del Rey (Valladolid).
**Nava de Alva* → Nava de Sotrobal (Salamanca).
**Nava de Coca* → Nava de la Asunción (Segovia).
Nava Grande → Conquista (Córdoba).
Nava el Moral lugar [§ 2498–2506] → Navalmoral de la Mata (Cáceres).
Nava el Moral lugar [§ 4254–4260] → Navalmoralejo (Toledo).
Nava el Peral → Navalperal de Tormes (Ávila).
***Navacepeda* → Navacepeda de Tormes (Ávila).
**Navadejo* → Navadijos (Ávila).
Las Navas de Santistevan → Navas de San Juan (Jaén).
Nobelda → Novelda (Alicante).
Nuestra Señora de Monserrate → Monasterio de Montserrat (Barcelona).
Nuño Sancho → Muñosancho (Ávila).
**Ñaya* → Anaya de Alba (Salamanca).

O

Olans → ¿Olás? (Orense).
Olías → Olías del Rey (Toledo).
Olivares → Olivares de Duero (Valladolid).
Olivencia → Olivenza (Badajoz).
Olmeda → Olmeda de las Fuentes (Madrid).
Olmillo → El Olmillo (Segovia).
Olmo →El Olmo (Segovia).
Oradero (Horadero) e Langa → Langa de Duero (Soria).
La Orden, lugar no identificado de la provincia de Segovia.
Origüela → Orihuela (Alicante).
Orilli → Orille (Orense).
Ormazas → Hormaza (Burgos).
Ortigosa → Ortigosa del Río Almar (Ávila).
La Osa de Belmonte → Osa de la Vega (Cuenca).
La Osa de Montiel → Ossa de Montiel (Albacete).
Osera → Osera de Ebro (Zaragoza).
Los Ospitaletes (Espitalete) → Hospitalet de Llobregat (Barcelona).

Oteruelo, lugar no identificado de la provincia de Valladolid.
Óvidos → Óbidos (Portugal).

P

Padilla → Padilla de Hita (Guadalajara).
Palacios Rubios → Palaciosrubios (Salamanca).
Palaçuelos → Palazuelos de Eresma (Segovia).
Palençuela → Palenzuela (Palencia).
La Palma → La Palma del Condado (Huelva).
Palma de Miçargilio → Palma del Río (Córdoba).
Pampliga → Pampliega (Burgos).
Par de Rubios → Parderrubias (Orense).
Paracuellos → Paracuellos de Jarama (Madrid).
Paradinas → Paradinas de San Juan (Salamanca).
Páramo → Páramo del Arroyo (Burgos).
Pasadiel, lugar no identificado de la provincia de León.
Pasarilla → Pasarilla de Berrocal (Ávila).
Pascual Cobo → Pascualcobo (Ávila).
Paterna → Paterna del Campo (Huelva).
Paterna de Ribera → Paterna de Rivera (Cádiz).
Peçuela (Pezuela) → Pezuela de las Torres (Madrid).
Pedraza de la Sierra → Pedraza (Segovia).
Pedros(s)o → El Pedroso de la Armuña (Salamanca).
Peñalva → Peñalba (Huesca).
Peñaranda → Peñaranda de Duero (Burgos).
Peñaranda del Mercado → Peñaranda de Bracamonte (Salamanca).
Pero Bernaldo → Pedro Bernardo (Ávila).
Pero Miguel, despoblado de la provincia de Segovia.
Pero Ruvio → Perorrubio (Segovia).
Pesquera → Pesquera de Duero (Valladolid).
Pinos → Pinos Puente (Granada).
Plazencia → Plasencia (Cáceres).
Pliego → Priego de Córdoba (Córdoba).
Pontecastrelo → Ponte-Castrelo (Orense).
Pontesampayo → Puente Sampayo (Pontevedra).
Pozuelo de Aravaca → Pozuelo de Alarcón (Madrid).
(El) Pozuelo (de Torres) → Pozuelo del Rey (Madrid).
Prado de Rey → Pradorrey (León).
Prera, lugar no identificado de la provincia de Orense.
La Puebla, lugar no identificado de la provincia de Ávila.
La Puebla (Pobla) → La Puebla de Arganzón (Burgos).
La Puebla de Montalván → La Puebla de Montalbán (Toledo).
La Puebla (de Montiel) → Puebla del Príncipe (Ciudad Real).
La Puebla de Mosén Corche → Puebla Larga (Valencia).
La Puente de Alcolea → Alcolea (Córdoba).

La Puente (d)el Arçobispo → El Puente del Arzobispo (Toledo).
La Puente de Duero → Puente Duero (Valladolid).
La Puente de Valdevies(s)o → Puente-Arenas (Burgos).
Pueyo → Pueyo de Santa Cruz (Huesca).
Pumares, lugar no identificado de la provincia de Orense.
Puñoenrostro, despoblado cercano a Descargamaría (Cáceres).

QU

Quintana, lugar no identificado de la provincia de Pontevedra.
Las Quintanas Rubias → Quintanas Rubias de Abajo o Quintanas Rubias de Arriba (Soria).
Quintanilla (de Abaxo) → Quintanilla de Onésimo (Valladolid).
Quintanilleja → Quintanilla de Arriba (Valladolid).

R

Rabé → Rabé de las Calzadas (Burgos).
Rabé aldea → Rubí de Bracamonte (Valladolid).
Raça de Arnoya, lugar no identificado de la provincia de Orense.
Las Rades → La Rades (Segovia).
Rávano → Rábano (Valladolid).
Real del Valle → El Real de la Jara (Sevilla).
Rebollosa → Rebollosa de Hita (Guadalajara).
Reboredo, lugar no identificado de la provincia de Orense.
Recare → Recarei (Orense).
Renconada → Rinconada del Río Almar (Ávila).
La Renconada → La Rinconada (Sevilla).
Riançuela, despoblado en el término de Bollullos de la Mitación (Sevilla).
Riba Aguda → Rivaguda (Álava).
Ribaz → La Rabassa (Lérida).
Ribeiro de Ruviares → ¿Rubiás (Orense)?
Río Frío → Riofrío de Riaza (Segovia).
Robaina, lugar menor del término de Pilas (Sevilla).
Robledillo de Valdárrago → Robledillo de Gata (Cáceres).

S

Sagrameña → Sacramenia (Segovia).
Salorín → Salorino (Cáceres).
Salvatierra → Salvatierra de Tormes (Salamanca).
Sa' Martín del Campo o de Guadalajara, despoblado de la provincia de Guadalajara.
Sa' Martín de Valdeiglesias → San Martín de Valdeiglesias (Madrid).
Sa' Miguel, lugar no identificado de la provincia de León.
Sa' Miguel de Corneja → San Miguel de Corneja (Ávila).
Sa' Miguel de la Serrezuela → San Miguel de Serrezuela (Ávila).
Sam' Pedro → San Pedro de Mérida (Badajoz).

Sam' Pedro de Devesas → Dehesas (León).
San‹t› Agustín → San Agustín de Guadalix (Madrid).
San‹t›' Andreo → San Andrés de la Barca (Barcelona).
San‹t›' Andrés de Montejos → San Andrés de Montejos (León).
San Bartolomé de Ganade → Ganade (Orense).
San‹t› Benito → San Benito da Veiga (Orense).
San Boy → Sant Boi de Llobregat (Barcelona).
San Cebrián → San Cebrián de Castro (Zamora).
San Cibrán → San Ciprián de Viñas (Orense).
San‹t› Cristóval → San Cristóbal de Segovia (Segovia).
San Felipe → San Felíu de Llobregat (Barcelona).
San García (Sant García) → San García de Ingelmos (Ávila).
San Joan de Letrán, lugar no identificado de la provincia de Pontevedra.
San Juan del Espino → San Juan Despí (Barcelona).
San Julián → Las Ventas de San Julián (Toledo).
San Lorenço aldea [§ 448] → San Lorenzo (Orense).
San Lorenço aldea [§ 5588–5590] → San Lorenzo del Bierzo (León).
San Lorenço de Valvellido → San Lorenzo de Tormes (Ávila).
San Martín (Samartín del Fraire), despoblado en el término de Navadijos (Ávila).
San‹t› Miguel de Bermuy → San Miguel de Bernuy (Segovia).
San Miguel de Sorga, lugar no identificado de la provincia de Orense.
San Pedro de Abrera → Abrera (Barcelona).
San Pedro de las Dueñas, despoblado en el término de Lastras del Pozo (Segovia).
San‹t› Salvador, lugar no identificado de la provincia de Orense.
Sancho Izquierdo, lugar no identificado de la provincia de Ávila.
Sancroy, lugar no identificado de la provincia de Orense.
Sanguines → San Guim de Freixanet (Lérida).
Santa' Baya de Fioz → Santa Baia de Anfeoz (Orense).
Santa Cruz, lugar no identificado de la provincia de Segovia.
Santa Cruz de Hontidueña, despoblado en el término de Fuentidueña (Segovia).
Santa Fee → Santa Fe (Granada).
Santa María de los Cavalleros → Santa María de los Caballeros (Ávila).
Santa María de la Franquera, lugar no identificado de la provincia de Pontevedra.
Santa María de Nieva → Santa María la Real de Nieva (Segovia).
Santa María de la Vid → La Vid (Burgos).
Santa Marina, lugar no identificado de la provincia de Orense.
Santa Marta → Santa Marta del Cerro (Segovia).
San‹c›ta Marta → Santa Marta de Tormes (Salamanca).
Sant' Olalla villa → Santa Olalla (Toledo).
Sant' Olalla lugar → Santa Olalla del Cala (Huelva).
Santervás → Santervás de Campos (Valladolid).
Santiago de Galizia → Santiago de Compostela (La Coruña).
Santiago de Mortera, lugar no identificado de la provincia de Orense.
Santiago el Quebrado (Santiago de la Torre), despoblado en el término de San Clemente (Cuenca).
Santiso → San Tirso de Abres (Asturias).
Santistevan → San Esteban del Valle (Ávila).
Santistevan de Gormaz → San Esteban de Gormaz (Soria).

Santiváñez, lugar no identificado de la provincia de Burgos.
Santiváñez del Béjar → Santibáñez de Béjar (Salamanca).
Santo Domingo → Santo Domingo de Pirón (Segovia).
Santo Domingo de la Calçada → Santo Domingo de la Calzada (La Rioja).
Santo Tomás → Santo Tomás de las Ollas (León).
Santo Tomé de Zavarcos → Santo Tomás de Zabarcos (Ávila).
Saviote → Sabiote (Jaén).
Segura de la Sierra → Segura de León (Badajoz).
Seixada, lugar no identificado de la provincia de Orense.
Seixedo Blanco, lugar no identificado de la provincia de Orense.
La Sequera → La Sequera de Haza (Burgos).
La Serna aldea [§ 2059–2060], lugar no identificado de la provincia de Salamanca.
Siabra, lugar no identificado de la provincia de Pontevedra.
Sicuendes, despoblado en el término de Torrubia del Campo (Cuenca).
Siete Iglesias → Siete Iglesias de Trabancos (Valladolid).
Sitién → Setién (Cantabria).
Sobrado de Sande, lugar no identificado de la provincia de Orense.
Solana → Solana de Rioalmar (Ávila).
Sopeña → Sopeña de Carneros (León).
Sotelo, lugar no identificado de la provincia de Orense.
Soto [§ 786, 900–903] → Soto de San Esteban (Soria).
Sotos Alvos → Sotosalbos (Segovia).
Sotrajero → Sotragero (Burgos).

T

Tablada → Trabada (Lugo).
Talamanca → Talamanca de Jarama (Madrid).
Tamariz → Tamariz de Campos (Valladolid).
Tárraga → Tárrega (Lérida).
Tavanera → Tabanera de Cerrato (Palencia).
Taverneros, despoblado en el término de Talarrubias (Badajoz).
Taxueco → Tajueco (Soria).
Texada aldea, lugar no identificado de la provincia de Soria.
Texada villa → Tejada, Escacena del Campo (Huelva).
El Texado → El Tejado de Béjar (Salamanca).
Tordecuende → Tardelcuende (Soria).
Tordelaguna → Torrelaguna (Madrid).
Torneros, lugar no identificado de la provincia de Ávila.
Torralva lugar [§ 1227] → castillo de Torralba, Cisla (Ávila).
Torralva lugar [§ 4242] → Torralba de Oropesa (Toledo).
Torre aldea [§ 363] → Torrepadierne (Burgos).
Torre aldea [§ 1016] → Torre de Peñafiel (Valladolid).
Torre de Algaz → Torreorgaz (Cáceres).
La Torre de Bezerra → Torremejía (Badajoz).
Torre Dambarra → Torredembarra (Tarragona).

Torre Perogil → Torreperogil (Jaén).
La Torre de San Pedro → Torre Val de San Pedro (Segovia).
La Torre de Vega, lugar no identificado de la provincia de Orense.
Torrejón → Torrejón de Ardoz (Madrid).
Torremocha → Torremocha de Ayllón (Soria).
Torres aldea / lugar → Torres de la Alameda (Madrid).
Torres lugar [§ 5045–5046] → Torres de Segre (Lérida).
Las Torres, despoblado en el término de Gavilanes (Ávila).
Torres de Montiel → Aldea de Torres, despoblado en el término de Montiel (Ciudad Real).
Torrezilla aldea → Torrecilla sobre Alesanco (La Rioja).
Torrezilla lugar → Torrecilla de los Ángeles (Cáceres).
La Torrezilla → Torrecilla del Pinar (Segovia).
Torrezi(e)lla → Torrecilla de Valmadrid (Zaragoza).
Torrezillas, lugar no identificado de la provincia de Ciudad Real.
Torrivuelo (Torrovivelo) → Turrubuelo (Segovia).
Tórtola → Tórtola de Henares (Guadalajara).
Torviscoso, despoblado en el término de Navalmoral de la Mata (Cáceres).
Tosina → Tocina (Sevilla).
Tovera → Tobera (Álava).
Trebillén → Crevillente (Alicante).
Trepiana → Treviana (La Rioja).
Tresves → Driebes (Guadalajara).
Trixueque → Trijueque (Guadalajara).
Truxillanos → Trujillanos (Badajoz).
Truxillo → Trujillo (Cáceres).
Turra → Turra de Alba (Salamanca).

U

Uércanos → Huércanos (La Rioja).
Uimbra → Oímbra (Orense).
Uitrera → Utrera (Sevilla).
La Ulfa → A Ulfe (Orense).
Umara → Húmera (Madrid).
Urroz → Urroz Villa (Navarra).
El Utero de Herreros → Otero de Herreros (Segovia).
Uxena → Ugena (Toledo).

V

Vadillo → Vadillo de la Sierra (Ávila).
Vaides → Baides (Guadalajara).
Valaguera, despoblado en el término de Illescas (Toledo).
Valbuena → Valbuena de Duero (Valladolid).
Valdearazete → Valdaracete (Madrid).
Valdeastillas → Valdestillas (Valladolid).

Valdefuentes, lugar no identificado de la provincia de Valladolid.
Valdillecha → Valdilecha (Madrid).
El Valle de Guriezo → Guriezo (Cantabria).
Valverde aldea → Valverde de Alcalá (Madrid).
Valverde lugar [§ 3290–3293] → Valverde de Llerena (Badajoz).
Valverde lugar [§ 3974–3978, 3988] → Valverde de Gonzaliáñez (Salamanca).
Vañares → Bañares (La Rioja).
Vaquerín → Baquerín de Campos (Palencia).
Vargas → Bargas (Toledo).
Varromán → Barromán (Ávila).
Vásamos, despoblado del término de Urueñas (Segovia).
Vasardilla → Basardilla (Segovia).
Veas (Beas) → Beas de Granada (Granada).
Vega → Vega de Villafufre (Cantabria).
Vega de Río Ponce → Vega de Ruiponce (Valladolid).
Velacrespo, despoblado del término de Villanueva del Aceral (Ávila).
Velasco Nuño, lugar no identificado de la provincia de Valladolid.
Velhorado → Belorado (Burgos).
Velpuche → Bellpuig (Lérida).
Las Ventas de Armiñón → Armiñón (Álava).
La Ventosa → Ventosa de la Cuesta (Valladolid).
La Ventosilla → Ventosilla y Tejadilla (Segovia).
Vereda, lugar no identificado de la provincia de Orense.
Verlanga → Berlanga (Badajoz).
Veyugas de Arriba → Bayubas de Arriba (Soria).
Viçaler → Villacidaler (Palencia).
Vico Loçano → Vicolozano (Ávila).
Vilbiestre → Vilviestre de Muñó (Burgos).
Vilinchón → Belinchón (Cuenca).
La Villa de Villalva → Villalba (Lugo).
Villacarlón → Villacarralón (Valladolid).
Villacienço → Villacienzo (Burgos).
Villacir → Villacid de Campos (Valladolid).
Villaçopeque → Villazopeque (Burgos).
Villada lugar → Villava (Navarra).
Villafradas → Villafrades de Campos (Valladolid).
Villafranca aldea [§ 1103] → Villafranca de Duero (Valladolid).
Villafranca [§ 1147] → Villafranca de los Caballeros (Toledo).
Villafranca lugar [§ 845–847, 4119–4124] → Villafranca de la Sierra (Ávila).
Villafranca villa → Villafranca de Ordicia (Guipúzcoa).
Villafrandovínez → Frandovínez (Burgos).
Villafriuela → Villafría (Burgos).
Villagarcía → Villagarcía de Campos (Valladolid).
Villagonçalo → Villagonzalo-Arenas (Burgos).
Villagonçalo de Pedernales → Villagonzalo Pedernales (Burgos).
Villagutierre → Villagutiérrez (Burgos).
Villaharta (Villa Harta) → Villarta de San Juan (Ciudad Real).

Villahermero → Villarmero (Burgos).
Villahuertes, despoblado del término de El Campillo (Valladolid).
Villalón → Villalón de Campos (Valladolid).
Villalonquéxar → Villalonquéjar (Burgos).
Villalva lugar [§ 2254–2255] → Villalba de Losa (Burgos).
Villalva lugar [§ 2716, 2727–2728, 2735, 3335, 3344] → Villalba del Alcor (Huelva).
Villalvilla → Villalbilla (Madrid).
Villanueva aldea → Villanueva de la Condesa (Valladolid).
Villanueva [§ 3686–3688], lugar no identificado de la provincia de Madrid.
Villanueva lugar → Villanueva de Argecilla (Guadalajara).
Villanueva villa → Vilanova de Bellpuig (Lérida).
Villanueva del Arçobispo → Villanueva del Arzobispo (Jaén).
Villanueva del Camino → Villanueva del Río y Minas (Sevilla).
Villanueva del Frexno → Villanueva del Fresno (Badajoz).
Villanueva de Fuente el Frexno → Fuente del Fresno (Madrid).
(El) Villar aldea / lugar → Villar del Olmo (Madrid).
El Villar [§ 1055] → Villar de Sobrepeña (Segovia).
El Villar aldea → Villar de Matacabras (Ávila).
El Villar lugar → Villar de Corneja (Ávila).
Villar de Canctos → Villar de Cantos (Cuenca).
El Villarejo, lugar no identificado de la provincia de Segovia.
El Villarejo de la Sierra → Villarejo, Santo Tomé del Puerto (Segovia).
Villarruvia → Villarrubia de los Ojos (Ciudad Real).
Villascussa → Villaescusa de Haro (Cuenca).
Villaseca aldea → Villaseca de la Sagra (Segovia).
Villavaruz → Villabaruz de Campos (Valladolid).
Villaveses, despoblado en el término de Castrillo de Sepúlveda (Segovia).
Villavicencio → Villavicencio de los Caballeros (Valladolid).
Villaviciosa villa [§ 1004] → Vila Viçosa (Portugal).
Las Virtudes, lugar de la provincia de Ávila.
El Viso lugar [§ 3116–3123] → Viso del Marqués (Ciudad Real).
El Viso lugar [§ 5352–5356] → El Viso de San Juan (Toledo).

X

Xaca → Jaca (Huesca).
Xadraque (Xedraque) → Jadraque (Guadalajara).
Xaharizejo → Jaraicejo (Cáceres).
Xátiva → Játiva (Valencia).
Xavalquinto → Jabalquinto (Jaén).
Xerez de la Frontera → Jerez de la Frontera (Cádiz).
Xetafe → Getafe (Madrid).
Ximehalcón (Xemehalcón) → Gimialcón (Ávila).

Y

Yanguas, lugar no identificado de la provincia de Segovia.
Yévenes → Los Yébenes (Toledo).

Z

Zebreros → Cebreros (Ávila).
Zebriliego → Cervillejo de la Cruz (Valladolid).
Zembrana → Zambrana (Álava).
Zerezeda → Cerceda (Madrid).
Zerezedilla → Cercedilla (Madrid).
Zerezo → Cerezo de Mohernando (Guadalajara).

Personas nombradas

Alonso, don, cf. *Mensegar.*
Alonso, el rey don, cf. *Montiel.*
Alonso, el rey don, «de la mano horadada», cf. *Cibdad Real, Huerta, Malagón.*
Amaro, cf. *Orense.*
Caba, la, cf. *Consuegra (El Castillo de Consuegra).*
Carlos, el rey don, cf. *Villaviciosa.*
Estevan, don, cf. *Adobea, Carriches, Herustes.*
Fadrique, don, cf. *Mijancas, Mirabel.*
Germana, la reina, cf. *Madrigal.*
Gran Capitán, el, cf. *Granada.*
Hernando, conde don, cf. *Castro de Rey.*
Hernando, el rey don, cf. *Alcaraz, Granada, Santa Fee.*
Isabel, la reina doña, cf. *Granada.*
Marina, doña, cf. *Gordaliza.*
Montesinos, cf. *El Castillo de Rochafrida.*
Nicodemus, cf. *Orense.*
Oliveros, cf. *Montiel.*
Pedro, el rey don, cf. *Montiel.*
Ramón, don, cf. *Albatera.*
Rodrigo, arçobispo don [hermano del rey don Alonso de la Mano Horadada], cf. *Huerta* [§ 4949–4954].
Rodrigo, el rey don, cf. *El Castillo de Alocaz, Consuegra (El Castillo de Consuegra).*
San Bavilés, cf. *Bovadilla.*
San Ciscos, cf. *Córdova (la llana).*
San Cristóval, cf. *Astorga.*
San Fermín, cf. *Pamplona.*
San García, cf. *Burgos.*
San‹t› Isidro, cf. *Madrid.*
San Pastor, cf. *Alcalá de Henares.*
San Pedro del Barco, cf. *Ávila.*
San Saber, cf. *Barcelona.*
San Vicente, cf. *Ávila.*
San‹t› Yuste, cf. *Alcalá de Henares.*
Santa Crestina, cf. *Ávila.*
Santa Marina, cf. *Santa Marina.*
Santa Olalla, cf. *Barcelona.*
Santa Savina, cf. *Ávila.*
Santa Vitoria, cf. *Córdova.*
Santiago, cf. *Padrón, Santiago de Galizia.*
Santo Lesmes, cf. *Burgos.*
Trexano emperador, cf. *Pedraza de la Sierra.*

https://doi.org/10.1515/9783111044064-030

Alcáçar, Francisco del, cf. *La Palma*.[680]
Andrada, conde don Fernando, cf. *Galve(s)*.
Arauzo, Juan de, cf. *Arauzo*.
Arias, don Juan, cf. *Guijas Alvas, San‹t› Agustín, Torrejón de Velasco, Valdeprados*.
Arias el galán, Pedro, cf. *Bermuy de Palacios*.
Arojo, Tristán de, cf. *Lobera, Lobios* aldea, *Seixedo Blanco*.
Arojo, Troy dos [¿?] de, cf. *Enterimo*.
Ávila, Gil de, cf. *Santa María del Arroyo*.
Ávila, don Pedro de, cf. *Urraca Miguel, Villafranca* lugar.[681]
Ayala, don Juan de, cf. *Cebolla*.
Barrientos, Pedro de, cf. *Pascual Cobo*.
Belbís, don Francisco de, cf. *Cadahalso* lugar [§ 5222–5224], *Descargamaría, Puñoenrostro, Robledillo de Valdárrago*.
Benavides, don Francisco de, cf. *Guadalcáçar*.
Benavides, don Juan de, cf. *Xavalquinto*.
Bobadilla, don Antonio de, cf. *Pinos, Veas (Beas)*.
Bobadilla, don Hernando de, cf. *Chinchón*.
Bracamonte, Juan de, cf. *Fuente el Sol, Peñaranda del Mercado*.
Çapata, cf. *El Alameda* aldea, *Baraxas*.
Cárdenas, don García de, cf. *Alhanje*.
Cardona, don Mesén de, cf. *Velpuche*.
Carrillo, cf. *Pinto*.
Carrillo, Gómez, cf. *Caracena*.
Castañeda, cf. *Ormazas*.
Castilla, don Diego de, cf. *Gor*.
Castillo Puertocarrero, don Bernaldino del, cf. *Santiago el Quebrado*.
Cerda, don Íñigo de la, cf. *Alvendiego*.
Chacón, don Gonçalo de, cf. *Casarrubios*.
Colomo, mosén, cf. *Elda, Petrel*.
Corche, mosén, cf. *La Puebla de Mosén Corche*.
Covarrubias, cf. *Santiváñez*.
Cruz, Juana de la, cf. *La Cruz*.
Çúñiga, don Fadrique, cf. *Brantavilla, Santurde, Tovera, Zembrana*.
Dávila, Arias, cf. *Alcovendas*.
Díaz de Mendoça, Hurtado, cf. *Lecorçana*.
Enríquez, doña Teresa, cf. *Torrijos*.
Fonseca, cf. *Alahejos, Valdefuentes*.
Gaitán, Juan, cf. *Alcones, Enzinilla(s), Torneros*.
Gomes, Alvar, cf. *Pioz*.
Gómez de Ávila, Hernand, cf. *Salobralejo*.
Gonçález del Águila, Muño, cf. *Baterna, Solosancho, Villaviciosa* lugar.

680 Hernando Colón tacha «es del almirante de las Indias» en la primera de las dos apariciones del lugar.
681 Y del obispado de Ávila.

Guzmán, don Alonso de, cf. *El Provencio (El Probencio).*
Guzmán, don Álvaro de, cf. *Fuentes* aldea / lugar.
Háñez, Gonçalo, cf. *Valverde* lugar [§ 3974–3978, 3988].
Hernández, don Antonio, cf. *Las Lastras de Arriba.*
Hernández de Ávila, Diego, cf. *Cepeda, La Hija de Dios e Belmonte,*[682] *Mavides, Menga Muñoz,*[683] *La Mora,*[684] *Pascual Muñoz, San Martín (Samartín del Fraire), Villatoro.*
Hurtado de Mendoça, don Diego, cf. *La Puebla de Almenara.*
López de Çúñiga, don Diego, cf. *Vaides.*
López de Haro, don Diego, cf. *Carpio.*
López de Toledo, Diego, cf. *Mejorada.*
Luna, don Álvaro de, cf. *Calabaças, Castillo de Hontidueña, Cobos, Fontecha, Fuente el Olmo, Fuentesoto, Hontidueña (Fuentidueña), Sagrameña, San‹t› Miguel de Bermuy, Santa Cruz de Hontidueña, La Torrezilla, Valtiendas, Villacir.*
Luna, don Francisco de, cf. *Muel.*
Maça, don Pedro, cf. *Fuente la Higuera, Moxén, Nobelda.*
Manrique, don Luis, cf. *Chiclana.*
Manrique, Pero, cf. *Izcara.*
Martínez, Luis, cf. *Griñón.*
Mendoça, don Álvaro de, cf. *Riba Aguda.*
Mexía, don Rodrigo de, cf. *Torralva* lugar [§ 1227].
Monroy, don Francisco de, cf. *Almaraz, Campillo de Belbís.*
Montemayor, don Martín de, cf. *Alcaudete.*
Orellana, Juan de, cf. *Orellana la Vieja.*
Ortiz, Hernando, cf. *Castilleja de Talhara.*[685]
Pacheco, Rodrigo, cf. *Minaya (Miñaya).*
Padilla, los de, cf. *Sotopalacios.*
Palafox, don Rodrigo de, señor de Ariza, cf. *Ariza (Hariza), Monreal.*
Pérez, don Álvaro, cf. *Sant' Olalla* villa.
Pérez de Guzmán, don Alvar, alguazil mayor de Sevilla, cf. *Orgaz.*
Pimentel, doña María, cf. *Fontey.*
Pimentel, don Pedro, cf. *Villafáfila.*
Ponce de León, don Luis, cf. *Chipiona, Guadaxox, Rota.*
Puertocarrero, don García de, cf. *Villanueva del Frexno.*
Puertocarrero, don Pedro, cf. *Moguer, La Puebla el Maestre.*
Ribera, don Juan de, cf. *Montemayor.*
Rodríguez, Pero, labrador de Alcovendas, cf. *San Sebastián de los Reyes (San Sabastián de los Reyes).*
Rojas, don Diego de, cf. *Cavia, Santiago de la Puebla.*
Silva, don Hernando de, cf. *Ciruelos.*

682 O de la Iglesia Mayor de Ávila.
683 También como Diego Hernández de Quiñones.
684 En otro pasaje se afirma que «es del duque de Alva».
685 Y de don Álvaro.

686 O del prior del Espino.
687 O del marqués de Villena.
688 «Es cámara del arçobispo de Sevilla».
689 «Es cámara del dicho arçobispado».
690 «Es de 2 señores que lo parte una calle, el medio del arçobispado de Toledo e lo otro del prior de San Juan».

691 «Es parte del Conde de Benavente».
692 «Es encomienda del conde de Osorno».

(Pobla), Torquemada,[693] *La Torre de San Pedro, Velhorado, Las Ventas de Armiñón, Veyugas de Arriba, Villafranca* aldea [§ 1045], *Villalva* lugar [§ 2254–2255].
Duque de Alburquerque, el, cf. *El Arroyo el Castaño (Arroyocastaño), Las Cuevas, La Higuera* aldea, *Mombeltrán, Pero Bernaldo, Santistevan, Las Torres.*
Duque de Alva, el, cf. *Aldeanueva, Aliseda, Alva de Tormes, Los Ángeles, El Barco de Ávila, Bohoyo, Coria, Galiana, Gallegos de Crespes, Gallegos del Mirón (Gallegos de Almirón, Gallegos de Solmirón), Güesca, Horcajo de Medianeros,*[694] *(Los) Hoyos del Espino, Macotera, Malpartida* lugar [§ 2471–2472], *El Mirón, Los Molinos de Alverche,*[695] *Nava el Peral, Navacepeda, Piedrahíta (de la Sierra), Salvatierra, Santa María de los Cavalleros, Ventosa de Río Almar.*
Duque de Arcos, el, cf. *Arcos de la Frontera, Bailén, Mairena del Alcor, Marchena.*
Duque de Béjar, el, cf. *Gibraleón, Vañares.*
Duque de Cardona, el, cf. *Cambrils.*
Duque del Infantazgo, el, cf. *Arenas* lugar, *Bostillo del Valle de Carriedo, Cabeçón lugar, Carrascosa, El Colmenar (Viejo), Guadarrama, Hita, Hontanares, Llarana, Mançanares, Muduex, La Parra, Ramacastañas, Samartín de Valdeiglesias, Soto, Susvilla, Trixueque, Utande, Villafufre, Zerezeda.*
Duque de Medina / Medinaceli, el, cf. *Arcos* aldea / lugar, *Cogolludo, Deça, Fuente Cemillán (Fuencemillán), Guixosa, Horna, Medinaceli, Montarrón.*
Duque de Medina / Medina Sidonia, el, cf. *Bollullos, Gelo, Güelva, Medina Sidonia, Niebla, Sanlúcar de Barrameda, Trigueros, Villarrasa.*
Duque de Nájara, el, cf. *Cordovín, Navarrete.*
Duque de Vergança, el, cf. *Buin, Villaviciosa* villa [§ 1004].
Frailes de Santa María de Valbuena, los, cf. *Valbuena.*
Fraires de la orden de San Jerónimo, los, cf. *Guadalupe.*
Jurados de Xátiva, los, cf. *Canales.*
Maestre de Montesa, el, cf. *San Mateo.*
Marichal de Malpica, el, cf. *Parla.*
Marqués de Astorga, el, cf. *Astorga, Prado de Rey, Samiguel, Santiso, Sopeña.*
Marqués de Cenete, el, cf. *Bujalharo, Membrillera,*[696] *Xadraque (Xedraque).*
Marqués de Denia, el, cf. *Lerma.*
Marqués de Moya, el, cf. *Moya.*
Marqués de Pliego, el, cf. *Pliego.*
Marqués de Tarifa, el, cf. *Espera, Paterna de Ribera.*
Marqués de los Vélez, el, cf. *Cehegín,*[697] *Molina, Mula.*
Marqués de Villafranca, el, cf. *Cacabelos.*
Marqués de Villena, el, cf. *Alarcón, Almorox, Ayllón, Belmonte, Escalona, Maderuelo, Las Quintanas Rubias, Santistevan de Gormaz, Torremocha, Yanguas.*
Monjas, unas, cf. *Pasarilla.*
Obispo de Astorga, el, cf. *Los Barrios de Salas, Magaz* lugar.

693 «Behetría encomendada al condestable».
694 «La mitad es del duque de Alva y lo otro de Ávila».
695 En otro pasaje «es del duque de Alburquerque».
696 «Es aldea de 2 señoríos, es del marqués de Cenete e del duque de Infantazgo».
697 «Es encomienda del marqués de los Vélez».

Obispo de Ávila, el, cf. *Bonilla de la Sierra,*[698] *Las Cassas del Puerto,*[699] *El Guixo, Vadillo, Villanueva del Campillo.*
Obispo de Burgos, el, cf. *Arcos* aldea, *Rabé.*
Obispo de Cigüença, el, cf. *Mira el Río (Miraelrío).*[700]
Obispo de Osma, el, cf. *El Burgo de Osma.*
Obispo de Palencia, el, cf. *Magaz* villa.
Obispo de Plazencia, el, cf. *Xaharizejo.*[701]
Obispo de Salamanca, el, cf. *Mollorido.*
Obispado de Segorve, el, cf. *Santa Cruz de Moya.*
Obispo de Segovia, el, cf. *Lagunillas,*[702] *Navares de las Cuevas.*
Prior / Priorazgo de la Orden de San Juan, el, cf. *Alcáçar de Consuegra, Alcolea* lugar [§ 6612], *Almuña, Castro Nuño, Consuegra (El Castillo de Consuegra), Lora, Paradinas, Quero, Tembleque, Tosina,*[703] *Villacañas, Villafranca, Villaharta (Villa Harta).*
Reina vieja, la, cf. *Óvidos.*
Rey, el, cf. *Miranda de Ebro,*[704] *(Los) Palacios,*[705] *Palos.*[706]
Secretario del duque de Medinaceli, un, cf. *Mirabueno.*
Señor, un, cf. *Bará.*
Señor de Cetina, el, cf. *Contamina.*
Señor de Maçote, el, cf. *Mediana* villa.
Señor de Morón, el, cf. *Morón.*
Señor de Villatoro, el, cf. *Bodón.*

698 «Es cámara del obispo de Ávila».
699 «Es el medio del obispo de Ávila e el otro de don Juan de Ávila».
700 En otro pasaje se indica que «es de señorío».
701 «Es cillero del obispo de Plazencia».
702 Si bien solo se dice que es «de un obispo».
703 «E de fray Diego Martínez del Aguilar».
704 La fortaleza es del conde Salinas.
705 «La mitad es del duque de Arcos e la otra mitad es del rey», o «el medio es de Sevilla y el medio del duque de Arcos».
706 «Es de 3 señores, del rey e de don Pedro Puertocarrero e del duque de Sevilla».

Jurisdicciones

Abadía de Monserrate, el, cf. *Esparraguera.*
Abadía de Carrazedo, el, cf. *El Campo de Naraya, Sant' Andrés de Montejos.*
Abadía de Santa María de Mira, el, cf. *Tablada.*
Abadía de Santandrés, el, cf. *Fabero.*
Aseo de Çaragoça, el, cf. *Torrezi(e)lla.*
Condado de Santistevan, el, cf. *Cast(r)il.*
Convento de Uclés, el, cf. *Almendros, Sicuendes, Villarrubio.*
Encomienda, de, cf. *San Cebrián, San Joan de Letrán.*
Iglesia de Murcia, la, cf. *Alguaça.*
Iglesia Mayor de Segovia, la, cf. *Sotos Alvos.*
Mesa mestral, de la, cf. *Caracuel.*
Mesa del maestrazgo, de la, cf. *Fuente de Cantos.*
Monesterio de monjas que está en el lugar, el, cf. *Cañas.*
Monesterio que tiene este lugar dicho Santa María de Huerta, de, cf. *Huerta.*
Nuestra Señora del Pilar de Çaragoça, cf. *Calatorao.*
Orden de Alcántara (maestrazgo), cf. *El Campanario, Esparragosa de Lares, Gata, Moraleja* lugar, *Quintana de la Serena.*
Orden de Calatrava (maestrazgo), cf. *Almodóvar del Campo, Arenas* aldea, *Arjona, La Membrilla (La Brembilla),*[707] *Carrión, Carrión de los Ajos,*[708] *Daimiel, Fuentenovilla, Hernand Cavallero, Higuera de Andújar, Hontova, Malagón*[709], *Martos, Miguel Turra, Moratilla, Porcuna, Santa Cruz de Mudela, Saviote, Villarruvia, El Viso, Yebra.*
Orden de San Benito, la, cf. *Nuestra Señora de Monserrate.*
Orden de San Juan (encomienda), cf. *Almuña.*
Orden de Santiago (maestrazgo),[710] cf. *Azuaga, Calçadilla, Caravaca,*[711] *Carranque,*[712] *Castilleja de la Cuesta,*[713] *Estepa, La Fuente el Maestre, Garrovilla, Guadalcanal, Huerta* lugar [§ 1145–1146, 5570],[714] *Monesterio,*[715] *Mora, Ocaña, La Osa de Montiel, Paracuellos, La Puebla de Sancho Pérez,*

707 «Es encomienda de Calatrava».
708 «Es encomienda de Calatrava».
709 «Es encomienda de la orden de Calatrava».
710 Cf. *La Membrilla (La Brembilla)*: «la Solana, Alhambra, Carriçosa, Fuent Llana, Villahermosa, Villanueva de los Infantes, Torres de Montiel, Montiel, Vallalmedina, la Puebla, Santa Cruz de los Cáñamos, Alvaladejo, Terrinches y todos estos dichos logares son del maestradgo de Santiago, demás de los lugares dichos que ay en él tiene a Alcovillas e Coçar e la Torre Joan Abad e Villamanrique e Chiclana».
711 «Es encomienda de la orden de Santiago».
712 «Es encomienda de la orden de Santiago».
713 «La mitad del lugar es de la encomienda de Santiago».
714 «Es del maestradgo de Santiago o de Calatrava».
715 Aunque solo consta que «es del maestrazgo».

https://doi.org/10.1515/9783111044064-031

Segura de la Sierra,[716] *La Solana, Tarancón, La Torre Juan Abad, Verlanga, Villahermosa,*[717] *Villanueva de los Infantes* lugar / villa.
Uelgas de Burgos, las (behetría encomendada a), cf. *Gatón, Herrín, Villafradas.*

Aça, cf. *Moradillo, La Sequera.*
Aguilar de Campoa, cf. *Las Fraguas.*
Alahejos, cf. *Castrejón, Valdefuentes.*
Albarrazín, cf. *Villar del Cobo.*
Alcáçar, cf. *Villaharta (Villa Harta).*
Alcalá de Henares, cf. *Caravaña, Corpa, Dagançuelo (Daguençuelo), La Hinojosa, Peçuela (Pezuela), (El) Pozuelo (de Torres), Torres* aldea / lugar, *Villalvilla, (El) Villar.*
Alcalá la Real, cf. *El Castillo de Lucubín.*
Alcántara, cf. *Estorninos, Salorín.*
Alcaraz, cf. *El Bonillo, Lezuza, Munera.*
Almaçán, cf. *(A)barca, Alantisque, Almántiga, Cobarrubias, Matamala.*
Almoguer, cf. *Tresves.*
Alva de Tormes, cf. *Caravias, Gómez Blasco, Hela Rodrigo.*
Andújar, cf. *Marmolejo de Andújar.*
Aranda, cf. *Aldea el Horno, Fuentenebro, Miranda.*
Arenas, cf. *Lasdellano, Ramacastañas.*
Arévalo, cf. *Bercial, Cabeças del Pozo, Castellanos, Horcajo* aldea, *Lomoviejo, Moraleja* aldea, *Nava de Arévalo, Varromán, Velacrespo, El Villar* aldea.
Atiença, cf. *La Casa de San Galindo.*
Ávila, cf. *Armenteros, Berrocalejo, Cantarazillo, Cardeñosa, Carrascalejo, Cillán, Enzinilla(s), Galindos, Gallegos, Gamonal* aldea [§ 1095, 3943, 4135], *Grajos, Hirites (Herites), Hontiveros, Manzera de Arriba, Mingorría, Mirueña, Monsalupe, Muñana, Muño Galindo, Navalosa, Niharra, Ortigosa, Padiernos, Renconada, Salvadiós, San García (Sant García), Sancho Izquierdo, Santa María del Arroyo, Santo Tomé de Zavarcos, La Serrada, Solana, Vico Loçano, Villaflor, Ximehalcón (Xemehalcón).*
Ayllón, cf. *El Corral de Ayllón, Torremocha.*
Baeça, cf. *Baños, Gildolís, Rus, Vilches.*
Barcelona, cf. *San Pedro de Abrera.*
Barco de Ávila, el, cf. *Navamorisca* (arrabal), *San Lorenço de Valvellido.*
Béjar, cf. *El Adrada.*
Belmonte, cf. *La Osa de Belmonte, Tresjuncos.*
Berlanga, cf. *Fuente el Puerco, Hortizuela* (barrio).
Bienquerencia, cf. *Esparragosa.*
Burgo de Osma, el, cf. *Texada* aldea.
Burgos, cf. *Arroyal, Boniel, Celada del Camino, Cortes, Estépar, Gamonal* aldea [§ 300, 5081], *Pampliga, Páramo, Quintanadueñas, Quintanilla de las Carretas, Saldañuela, Sotrajero, Tardajos, Vilbiestre, Villacienço, Villafrandovínez, Villafruela, Villagonçalo, Villagonçalo de Pedernales, Villagutierre, Villahermero, Villaldemiro.*

716 «Es de la encomienda de Santiago».
717 «Es de la encomienda de Santiago».

Bustillo, cf. *Vega* (barrio).
Cáceres, cf. *Aldea el Cano, El Casar de Cáceres, Malpartida* lugar [§ 2543–2546].
Çalamea, cf. *La Higuera.*
Calatayut, cf. *Fraxno.*
Çamora, cf. *Cubillos.*
Cantillana, cf. *Brenes.*
Chinchilla, cf. *Albacete.*
Cibdad Real, cf. *Poblete, Torrezillas.*
Cibdad Rodrigo, cf. *Cespedosa, Martiago, Sahugo.*
Cogolludo, cf. *Arvancón, Fuente Cemillán (Fuencemillán).*
Colmenar, el, cf. *Santistevan* aldea, *Las Torres.*
Consuegra, cf. *Camuñas, Madrilejos.*
Córdova, cf. *Adamuz, Alcoleyuela, Aldea el Río, Almodóvar del Río, Castro el Río, Fuente Ovejuna, Pedroche (Villa Pedroche), Peñaflor, (Las) Posadas, La Puente de Alcolea, La Rambla.*
Coria, cf. *Las Casillas, (Los) Hoyos.*
Çorita de los Canes, cf. *Moratilla, Pastrana, Yebra.*
Cuéllar, cf. *Campaspero.*
Elche, cf. *Trebillén.*
Escalona, cf. *Almorox.*
Fuent Salida, cf. *Rielves.*
Fuente Pinilla, cf. *Andaluz, Centenera, Taxueco.*
Gormaz,[718] cf. *Recuerda.*
Granada, cf. *Gavia la Grande, Íllora.*
Guadalajara, cf. *Açuqueca, Miralcampo* aldea, *Sa' Martín del Campo o de Guadalajara, Tórtola.*
Guadix, cf. *Lapeça.*
Güesca, cf. *Castilleja.*
Hita, cf. *Cañizar, Ciruelas, Eras, Espinosa, Gajanejos, Muduex, Padilla, Rebollosa, Utande, Valdearenas.*
Illescas, cf. *Uxena, Valaguera.*
Jaén, cf. *Torre el Campo.*
Madrid, cf. *Alarcón, Ambroz, Aravaca, Bovadilla, Canillas, Canillejas, Caravanchel de Abaxo, Caravanchel de Arriba, Chamartín, Coslada, Fuencarral, Fuenlabrada, Leganés, Majadahonda, Moraleja, San Sebastián de los Reyes (San Sabastián de los Reyes), Ortaleza, Pozuelo de Aravaca, Rejas, Umara, Vallecas, Vicálvaro, Villanueva, Villanueva de Fuente el Frexno, Villaverde, Xetafe.*
Madrigal, cf. *La Puebla.*
Mançanares, cf. *Navacerrada.*
Medellín, cf. *Don Benito.*
Medina del Campo, cf. *La Nava, Pero Miguel, Rabé aldea, Rodilana, Siete Iglesias, Villahuertes, Zebriliego.*
Medinaceli, cf. *Guixosa, Lodares.*
Melgar, cf. *Bobadilla del Camino.*
Mérida, cf. *Aljucén, El Almendralejo, Carrascalejo, Cordovilla, Sam' Pedro, Truxillanos.*
Mirón, el, cf. *El Villar* lugar.

718 «(El) Frexno (de Gormaz) no es de Gormaz».

Mombeltrán, cf. *El Arroyo el Castaño (Arroyocastaño).*
Montánchez, cf. *Alcuexca.*
Montiel, cf. *La Puebla (de Montiel).*
Moya, cf. *Santa Cruz de Moya.*
Olmedo, cf. *Valdeastillas, La Ventosa.*
Orense, cf. *Barbadans, Bentraces, Moreras, San Cibrán.*
Oropesa, cf. *Aravalles, El Bodegón, Fuente Maestre, Mengacenar (Mengacinar), Torralva* lugar [§ 4242].
Osma, cf. *Valdenebro.*
Pamplona, cf. *Duarte, Urroz, Villada.*
Pedraza, cf. *Collado(s) (Hermoso), La Matilla, La Torre de San Pedro, Val de San Pedro.*
Pedroche, cf. *Nava Grande.*
Piedrahíta, cf. *Sa'Miguel de Corneja, Santiago del Collado.*
Plazencia, cf. *Las Casas del Puerto de Miravete, Nava el Moral* lugar [§ 2498–2506], *Torviscoso.*
Ponferrada, cf. *Campo, Culumbrianos, Fuentes Nuevas, Merayo, Sam' Pedro de Devesas, San Lorenço* aldea [§ 5588–5590], *Santo Tomás.*
Portugal, cf. *Alaondroal, Olivencia, Portalegre, El Redondo.*
Puebla de Alcocer, la, cf. *Talarrubias, Taverneros.*
Puente del Congosto, el, cf. *El Texado.*
Reina, cf. *Valverde, Verlanga.*
Roa, cf. *Cohorcos.*
Salamanca, *Aldea Luenga, Aldea de (A)yuso, Calvarrasa de Abaxo, Huerta* lugar [§ 2034–2039], *Machacón, Morisco de Castellano, Naharros de Salamanca, Pedros(s)o, San‹c›ta Marta.*
San Clemente, cf. *Villar de Canctos.*
Santa María de los Cavalleros, cf. *El Enzina* (arrabal).
Santistevan de Gormaz, cf. *Cast(r)il, Las Navas de Santistevan, Soto.*
Santo Domingo de la Calçada, cf. *Gallinero.*
Segovia, cf. *Abades, Aldeavieja, Atençuela, Çamarramala, Canencia, Carbonero de Agusín, La Çarçuela del Monte, Cubo, Cuesta, Escobar de Polendos, Espinar, Espirdo, Gallococeado, Garcillán, Guijar, Hituero (Hituelo), Hontoria, Lastrilla, La Losa, Nava la Gamella, Palaçuelos, Sant Cristóval, Santo Domingo, Torredondo, El Utero de Herreros, Valverde el Majano, Valdemorillo, Valdevacas, Vasardilla, Villacastín.*
Sepúlveda, cf. *El Alameda, Aldea el Corvo, Aldeanueva de la Serrezuela, Aragüetes, Bozeguillas, La Çarçosa, Carrascal, Casla, Castro Serrezín, Castroserna, Castroximeno, Cerezo de Ayuso, Cerezo de Suso, Ciruelos, Consuegra, El Corral, Covachuelas, Dueruelo, Du(e)ratón, Enzinas, La Frexneda, Frexnillo de la Fuente, Grajera, Mansilla, Montiaño, Navares de Ayuso, Navares de Enmedio, La Orden, Pero Ruvio, Prádena, Las Rades, Santa Marta, La Serna, Torrivuelo (Torrovivelo), Urueñas, Vásamos, Vellosillo, La Ventosilla, El Villar, El Villarejo, El Villarejo de la Sierra, Villaseca, Villaveses.*
Sevilla, cf. *Alanís, Alcalá del Río, Almadén, Aznalcâçar, Las Cabeças, Caçalla, Cala, Castilblanco, Castilleja del Campo, Castilleja de la Cuesta, Dos Hermanas, Escarcena, Espartinas (Espartines), El Frexenal de la Sierra, Güévar, Mançanilla, Los Palacios, Paterna, Real del Valle, La Renconada, Sanlúcar la Mayor, Santolalla, Texada, Uitrera, Villanueva del Camino.*
Soria, cf. *Esteras, Tordecuende.*
Talavera de la Reina, cf. *Calera, El Castañar de Ivor, Mohedas de Talavera, Montearagón, Nava el Moral* lugar [§ 4254–4260], *El Puerto de San Vicente, Villar del Pedroso.*
Tendilla, cf. *Arançueque.*

Lugares y ríos nombrados[719]

A

El Aba(d) Don Vela, cf. *Armenteros, La Puente del Congosto, Salvatierra.*
El Abellana, El Avellana, cf. *Almaçán, Morón.*
Abenoja, Abenoxa, cf. *Almodóvar del Campo, Caracuel, Daimiel, La Puebla de Alcocer.*
El Abertura, cf. *Lugrusán.*
Abianzo, Abienzo, cf. *Bostillo del Valle de Carriedo, Llarana.*
Abraçatortas, cf. *Almodóvar del Campo.*
Abres, Abrias, cf. *Santiso, Tablada.*
Abrilejos, cf. *Montiel.*
El Abroxo, cf. *Valladolid.*
El Abuhera, cf. *Çafra.*
Acarrazedo, cf. *Sam' Pedro de Devesas.*
Acona, Ocona, cf. *Lisboa.*
Acubillas, Alcovillas, Alcubillas, Cubillas, cf. *La Membrilla (La Brembilla), Montiel, La Puebla (de Montiel), (La) Solana, La Torre Juan Abad, Villanueva de los Infantes* lugar / villa.
Açután, cf. *Nava el Moral* lugar [§ 4254–4260], *La Puente (d)el Arçobispo.*
(A)daja río, cf. *Arévalo, Ávila, Baterna, Berrocalejo, Galindos, Mingorría, Muñana, Muño Galindo, Muñochas, Nava de Arévalo, Niharra, Olmedo, Padiernos, Pascual Muñoz, Santa María del Arroyo, La Serrada, Solosancho, La Torre de don Pedro de Ávila, La Ventosa, Villatoro.*
Adame «es un lugar de 4 casas», Adanta [¿?], cf. *El Frexno (de Gormaz), Las Quintanas Rubias.*
Adamuz, cf. *Moya.*
Adanero, cf. *Aldeavieja, Logroño, Mediana* lugar.
Adante río, cf. *Las Quintanas Rubias.*
Adouca, cf. *Mensegar.*
Adrada, cf. *Espirdo.*
Las Adradas, cf. *Medinaceli.*
Agado, Agudo, cf. *Almodóvar del Campo, Daimiel, La Puebla de Alcocer, Talarrubias.*
Agost, cf. *Nobelda.*
Ágreda, cf. *Hitero.*
Agrio río, cf. *Almuña.*
Aguabiba, cf. *Arcos* aldea / lugar.

---

719 Este listado recoge los topónimos o hidrónimos que carecen de entrada propia en el *Vocabulario*. Como en los índices anteriores, mediante *cf.* se indica el lema (o lemas) de la obra en que aparece el nombre en cuestión (así, «El Aba(d) Don Vela, cf. *Armenteros, La Puente del Congosto, Salvatierra*» significa que aquella localidad se menciona en las citadas entradas). Si las formas bajo las que aparece el nombre son tan variadas que afectan al orden alfabético, se han incluido en la lista referencias cruzadas señaladas con *v.* (por ejemplo, «Cubillas, v. Acubillas» quiere decir que «Cubillas» es variante formal de «Acubillas» y que, como esta antecede a aquella en el abecedario, habrá que ir a *ver* allí la información correspondiente).

https://doi.org/10.1515/9783111044064-032

C, Ç, CH

Cama Sobres, Camasobres, cf. *San Vicente de la Barquera, Toledo.*
Camarma de Albornoz, cf. *Guadalajara.*
Camarma del Caño, cf. *Açuqueca.*
Camarma de Encima, cf. *Açuqueca.*
Camarma de Esteruela(s), Las Camargas e Bestiruelas,[720] cf. *Açuqueca, Guadalajara, Villanueva de Fuente el Frexno.*
Çamarra, cf. *Cibdad Rodrigo.*
Camas, cf. *Alcalá del Río, Castilleja de la Cuesta.*
Cambil e Alfabar, cf. *Ja(h)én.*
Cameno, cf. *Grisallena.*
Camiña, cf. *Porriño.*
Campaças, cf. *Astorga.*
La Campana, cf. *Carmona, Fuentes* aldea / lugar, *Lora, Palma de Miçargilio.*
El Campelo, cf. *Cacabelos.*
Campillo, cf. *Bubierca.*
(El) Campillo, cf. *El Guixo, Salvatierra.*
El Campillo, cf. *Nava la Gamella, Valdemorillo.*
El Campillo, cf. *Moya.*
El Campillo, cf. *Mohedas de Talavera, Nava el Moral* lugar [§ 4254–4260], *La Puente (d)el Arçobispo, El Puerto de San Vicente, Villar del Pedroso.*
El Campillo (de Altabuey), cf. *Alcalá de Henares, Arévalo, Iñesta (Iniesta).*
Campillo de Osma, cf. *Aranda de Duero.*
Campisávanos, Campusávanos, Cantasávanos, cf. *Alvendiego, Caracena, Galve(s).*
(El) Campo, cf. *Guixico de Galisteo, Mirabel.*
El Campo, cf. *Nava de Coca.*
El Campo, cf. *Alva de Tormes.*
El Campo, cf. *Bermuy de Palacios.*
El Campo, cf. *Lugrusán.*
El Campo, cf. *Peñaranda del Mercado.*
El Campo de Alcudia, cf. *Nava Grande.*
El Campo de Alhanje, cf. *Mérida* cibdad.
Campo Azálvaro camino, cf. *Aldeavieja, Villacastín.*
Campos, cf. *Mula.*
Çamudio, cf. *Garnica.*
La Canal, cf. *Bostillo del Valle de Carriedo, Soto* lugar, *Susvilla, Vega.*
El Canal, cf. *Sa' Martín del Campo o de Guadalajara.*
Canalejas, cf. *La Osa de Montiel.*
Canalejas «agora se llama la Villa el Mármol», El Mármol, cf. *Baeça, Rus, Úbeda.*
Canales, cf. *Arévalo, Hontiveros.*
Candalechera, cf. *Esteras.*
Candelario, cf. *El Guixo.*
Candelbrax río, cf. *Ja(h)én.*
Candina, cf. *Laredo.*

720 Alguno de ellos debe de corresponder a *Camarma*, cf. *Dagançuelo (Daguençuelo).*

Cedeira, cf. *Bibero.*
Cedillo de la Torre, cf. *El Fresno de Cantaspino (Frexno).*
Cedofeita, Cidofeita, cf. *Tablada.*
Cega, cf. *Segovia.*
Cegüela, Cigüela, cf. *Contamina, Deça.*
Ceguillas, «4 casas», cf. *Val de San Pedro.*
Cejo de Alende, cf. *Cobreros.*
(La) Celada, cf. *Guadalajara.*
Cela, Celda, cf. *Exea de Albarrazín, Teruel.*
Celeda, cf. *Astorga.*
Celeiro, cf. *Bibero.*
Celes, cf. *Toledo.*
Cellorigo, cf. *Miranda de Ebro.*
(Las) Cend(r)ejas de (En) Medio, cf. *Bujalharo, Vaides, Xadraque (Xedraque).*
Cend(r)ejas de Padrastro, cf. *Bujalharo, Vaides, Xadraque (Xedraque).*
(Las) Cend(r)ejas de la Torre, cf. *Vaides, Xadraque (Xedraque).*
Cenebro, cf. *Santistevan de Gormaz.*
Centenera, cf. *Almarazejo.*
Centenera, cf. *Guadalajara.*
Cepeda, cf. *Miranda del Castañar.*
Cercadillo, cf. *Alvendiego, Cigüença (Sigüença), Guixosa.*
Cerezinas, Zerezinos de los Barrios, cf. *Medina del Campo, Villafáfila.*
Cerezo, Zerezo, cf. *G(a)rañón, Velhorado.*
Cerezo de Yuso, cf. *Torrivuelo (Torrovivelo).*
El Cerro, cf. *Çalamea del Arçobispo.*
El Cerro, cf. *Montemayor.*
Cervalejo, cf. *El Burgo de Osma.*
Cervera, cf. *Alcáçar de Consuegra.*
Cervera, cf. *Alhama, Ateca, Bubierca, Terrer.*
Cervera, cf. *Talavera de la Reina.*
Cervera, cf. *San Vicente de la Barquera, Toledo.*
Cervera, cf. *Hitero.*
La Cervilla, cf. *Estavillo, Santurde, Zembrana.*
Cespedosa, cf. *Bonilla de la Sierra, El Guixo, Salvatierra.*
Chagarcía, cf. *Bonilla de la Sierra, Caravias, Gallegos de Crespes, Hela Rodrigo, Villafranca* lugar.
Chaherrero, cf. *Hirites (Herites).*
Chamartín, cf. *Cillán, Manzera de Arriba, Renconada.*
Chavaler, cf. *Garray, Soria.*
Chaves, cf. *Monterrey.*
Las Chedas, cf. *Bangueses.*
Chella, cf. *Canales.*
Chelva, cf. *Moya.*
Chenín, Chinín,[721] cf. *Calvarrasa de Abaxo, Machacón.*

721 Debe de corresponder a Chinín el Nuevo o Chinín el Viejo, cf. *Huerta* lugar [§ 2034–2039].

722 Este o el anterior como Los Condemios, cf. *Alvendiego, Muñana.*

D

E

Escal(a)das (de la Reina), cf. *Óvidos*.
Escalante, cf. *Laredo, Solares*.
La Escaleruela, «una sierra muy agra», cf. *Antequera*.
La Escaleruela puerto, cf. *Lorca*.
Escallón, cf. *Frexo de Espadacinta*.
Escalona, cf. *Sotos Alvos, La Torre de San Pedro, Valverde el Majano*.
Escalonilla, cf. *La Puebla de Montalván, Torrijos*.
Escalote, v. Calote.
Escançana, Lecançana, cf. *Santurde, Zembrana*.
Escanera, cf. *Aldea el Río*.
Escaravajosa, cf. *Escobar de Polendos, Valverde el Majano*.
Escatrón, cf. *Íxar*.
Escobedo(s), cf. *Bostillo del Valle de Carriedo, Villafufre*.
Escopete, cf. *Arançueque, Escariche, Fuentenovilla, Moratilla, Pastrana, Peçuela (Pezuela), Yebra*.
El Escorial, cf. *Valdemorillo*.
Ésera río, cf. *Arasán*.
Esgueva río, cf. *Valladolid*.
Esparragalejo, cf. *Cordovilla, Mérida* cibdad.
Espejo, cf. *Aldea el Río, Castro el Río, Córdova (la llana), Lucena, Pliego, La Rambla*.
Espejo, cf. *Fontecha*.
Espeluy, Espeluz, cf. *Andújar, Linares, Vilches, Xavalquinto*.
El Esperilla, cf. *El Barco de Ávila*.
El Espinar, cf. *Çuvir*.
Espinilla, cf. *Cabeçón* lugar.
Espino de Llorvada, cf. *Pedros(s)o*.
Espinosa, Espinoso, cf. *Aldeavieja, La Çarçuela del Monte, Garcillán*.
El Espinosa, cf. *Chiclana, Santistevan del Puerto (Santisteban del Puerto)*.
Espinosa, cf. *Gargantilla, El Puerto de San Vicente*.
Espinosilla, cf. *Velhorado*.
Espinoso, cf. *Los Barrios de Salas*.
Espinoso, cf. *Mensegar*.
El Espital, cf. *La Coruña*.
El Espital, cf. *Valdeviejas*.
El Espital de (A)baxo, El Ospital de Baxo, cf. *Astorga*.
El Espital del Ganso, El Ospital del Ganso, cf. *Astorga*.
El Espital del Rey, (El) Ospital del Rey, «es espital de sierras e valles», cf. *Guadalupe*.
Los (3) Espitales, cf. *La Coruña*.
(El) Espitalete, cf. *Xaca*.
El Esquebrajado, cf. *Alfayates*.
Estajel, cf. *Perpiñán*.
Los Estaletes, cf. *Cervera*.
Estediel, cf. *Andújar, Ja(h)én, Linares, Xavalquinto*.
Estepa, cf. *Soria*.
El Estepar, cf. *Nava de Coca*.
El Estopar, cf. *Santa María de Nieva*.
Estrada, cf. *San‹t› Salvador*.

F

G

H

Hoyuelos, cf. *Garcillán, Santa María de Nieva.*
Hoz, cf. *Solares.*
La Hoz (de Abaxo), cf. *Caracena, Las Quintanas Rubias.*
Hubiecos, cf. *Aldeyuelas.*
Huél(a)ga, cf. *Coria, (Los) Hoyos.*
Huenlabrada, cf. *Garvayuela.*
Huente el Apio, v. Fuente el Apio.
Huente el Enzina, v. Fuente el Enzina.
Huente Pelayo, cf. *Arévalo, La Torre de San Pedro, Valverde el Majano.*
La Huente Pero Naharro, v. La Fuente Pero Naharro.
Huente la Piedra, v. Fuente la Piedra.
Huente Pinilla, v. Fuente Pinilla.
Huente Rebollo, v. Fuente Rebollo.
Huente Rey, v. Fuente Rey.
La Huente el Saúco, cf. *Medina de Ruiseco.*
Huente el Saz, Huentelsaz, v. Fuente el Saz.
Huentelviejo, v. Fuente el Viejo.
Huentes, cf. *Bobadilla del Camino.*
Huentes, v. Fuentes.
Huentes, v. Fuentes de(l) Frexenal.
Huentes de Ombremudo, cf. *Guaza.*
Los Hueros, cf. *Villalvilla.*
Huerta, v. Güerta.
Huerta de Valdecarávaños, cf. *Consuegra (El Castillo de Consuegra).*
Los Huertos, cf. *Carbonero de Agusín, Valverde el Majano.*
Huete, v. Güete.
Humanes, Umanas, cf. *Eras, Hita, Zerezo.*
Humanes, cf. *Navacerrada.*
Humayor, cf. *Navarrete.*
Hurda, cf. *Yévenes.*
Hurtada, cf. *Torrijos.*
Hutero, Utero, cf. *Aldea de (A)yuso, Calvarrasa de Abaxo.*

I

Ibar, v. Aibar.
Ibida, Ivida río, cf. *Brantavilla, Estavillo, Santurde, Las Ventas de Armiñón, Zembrana.*
Ibros, cf. *Baeça, Linares, Rus.*
Iglares, Ilgares, cf. *Frexo de Espadacinta.*
Íjar, cf. *Gavia la Grande.*
Ijes, Ixas, cf. *Alvendiego, Atiença.*
Induebres, cf. *San Vicente de la Barquera.*
Indurán, cf. *Urroz.*
Inguidanos, cf. *Iñesta (Iniesta).*
Inguix, cf. *Yebra.*
Inuriranço, cf. *Fuenterrabía.*

J

L, LL

N

O

P

El Puerto de San(c)ta María, cf. *Chipiona, Medina Sidonia, Rota, Sanlúcar de Barrameda, Xerez de la Frontera.*
El Puerto Xumaima, cf. *Archidona.*
Puertoblanco, cumbre del puerto Aguas Blancas, cf. *Lapeça.*
Puñoenrostro, Puñonrostro, cf. *Arganda, Cobexa, Esquivias, Moratalaz, Parla, Torrejón de Velasco.*
Purchena, cf. *Baça.*
Purchil, cf. *Gavia la Grande.*
Purollena, Purullena, cf. *Guadix, Lapeça.*

QU

Quecedo, cf. *La Puente de Valdevies(s)o.*
Quema, cf. *Aznalcáçar, Riançuela.*
Quéntar, cf. *Lapeça, Veas (Beas).*
Quer, cf. *Açuqueca, Dagançuelo (Daguençuelo), Villanueva de Fuente el Frexno.*
Quesada, cf. *Baeça, Caçorla, Güesca, Santistevan del Puerto (Santisteban del Puerto), Torre Perogil, Úbeda, Villanueva del Arçobispo.*
Quilós, cf. *Cacabelos.*
Quintana Redonda, cf. *Centenera, Tordecuende.*
Quintana Rubia, cf. *Ayllón.*
Quintanal, cf. *Escobar de Polendos.*
El Quintanar, cf. *Almendros, Miguel Estevan, La Puebla de Almenara, Quero, Villacañas.*
Quintana(s), cf. *El Frexno (de Gormaz), Hortizuela, Morales, Recuerda, Santistevan de Gormaz, Valdenebro.*
Quintanas Rubias, cf. *Las Quintanas Rubias.*
Quintanilla, cf. *Lecorçana, La Puebla (Pobla), Las Ventas de Armiñón.*
Quintanilla, cf. *Santistevan de Gormaz.*
Quintanilla del Monte, cf. *Velhorado.*
Quipar río, cf. *Mula.*
Quitaria río, «es un gran río que entran y salen las naos en él», cf. *Motrico.*
Quixorna, cf. *Valdemorillo.*

R

Rábago, cf. *San Vicente de la Barquera, Toledo.*
El Rabanal del Camino, cf. *Astorga.*
Los Rábanos, Rávanos, cf. *Soria, Tordecuende.*
Raçadio, Rocedión, cf. *San Vicente de la Barquera, Toledo.*
Rágama, Rámaga, cf. *Alva de Tormes, Cantarazillo, Cisla, Garcillán, Peñaranda del Mercado, Santiago de la Puebla, Tordillos, Torralva* lugar [§ 1227], *Villacastín.*
La Ramada puerto, cf. *Lepe.*
Ramangordo, cf. *Almaraz, Las Casas del Puerto de Miravete.*
(La) Rambla riatuelo / río, cf. *Gor, Guadix.*
Los Ramiches, cf. *Teruel.*
Ramiran(e)s, cf. *Azebedo, Escuderos, Freans, Monasterio de Ramirans.*

S

T

U

X

Xeziana, cf. *El Guixo.*
Xiloca río, cf. *Calatayud (Calatayut), Daroca.*
Ximena, cf. *Gildolís, Ja(h)én, Úbeda.*
Ximena, cf. *Medina Sidonia.*
Ximengómez, cf. *Aldea de (A)yuso, Garci Hernández.*
Xirueque, cf. *Bujalharo, Membrillera, Xadraque (Xedraque).*
Xiuela, Zihuela río, cf. *Alcáçar de Consuegra, Arenas* aldea, *Consuegra (El Castillo de Consuegra), La Puebla de Almenara, Quero, Villaharta (Villa Harta), Villarruvia.*
Xixón, cf. *Avilés.*
Xódar, cf. *Guixosa.*
Xódar, v. Jódar.
Xorquera, cf. *Iñesta (Iniesta).*
Xu(h)arros (de Río Moros), cf. *Abades, Muñana, Santa María de Nieva, Valverde el Majano.*
Xubera, v. La Torre de Xubera.
Xúcar río, cf. *Alarcón, Alchemezí, Algecira, Carcaxén, Cuenca, Xátiva.*
Xújar, Xúxar río, cf. *Azedera* lugar, *Azuaga, El Campanario, Castuera, Esparragosa de Lares, Fuente Ovejuna, Guadalhimar, Orellana la Vieja, La Puebla de Alcocer, Quintana de la Serena, Talarrubias.*
Xumaima puerto, «llámase puerto porque de allí adelante es tierra más callente e descúbrese la mar e es tierra más baxa», cf. *Archidona.*
Xumilla, v. Jumilla.
Xuquera, v. Junqueras.
Xúxar río, «nace de una grand fuente que está en unas lavores de pan», cf. *Laguna.*

Y

Yanguas, cf. *Carbonero de Agusín, Garcillán, Valverde el Majano.*
Yarça, cf. *Villafranca* villa.
Yecla, cf. *Alcabdete, Sax, Villena.*
Las Yeguas río, cf. *Antequera, Archidona, Estepa, Osuna.*
Las Yeguas sierra, cf. *Estepa.*
Yeles, cf. *Carranque, Cedillo, Cobexa, Esquivias, Hazaña, Illescas, Moratalaz, Parla, Torrejón de Velasco, Valaguera, El Viso* lugar [§ 5352–5356], *Yuncos.*
Yelo, cf. *Canales.*
Yelves, cf. *Alcalá de Henares, Daimiel.*
Yértega riatuelo, cf. *Pedraza de la Sierra.*
Yeste, cf. *Caravaca.*
Yeves, cf. *Arançueque, Pioz.*
Yudes, cf. *Alhama, Ateca, Bubierca.*
Yunquera, «es un lugar en un alto», cf. *Ayllón.*
Yunquera, v. Ayunquera.
Yunquillos, cf. *El Colmenar (Viejo), Vargas.*

Z

Zahara, cf. *Espera.*

Anexo de imágenes del original

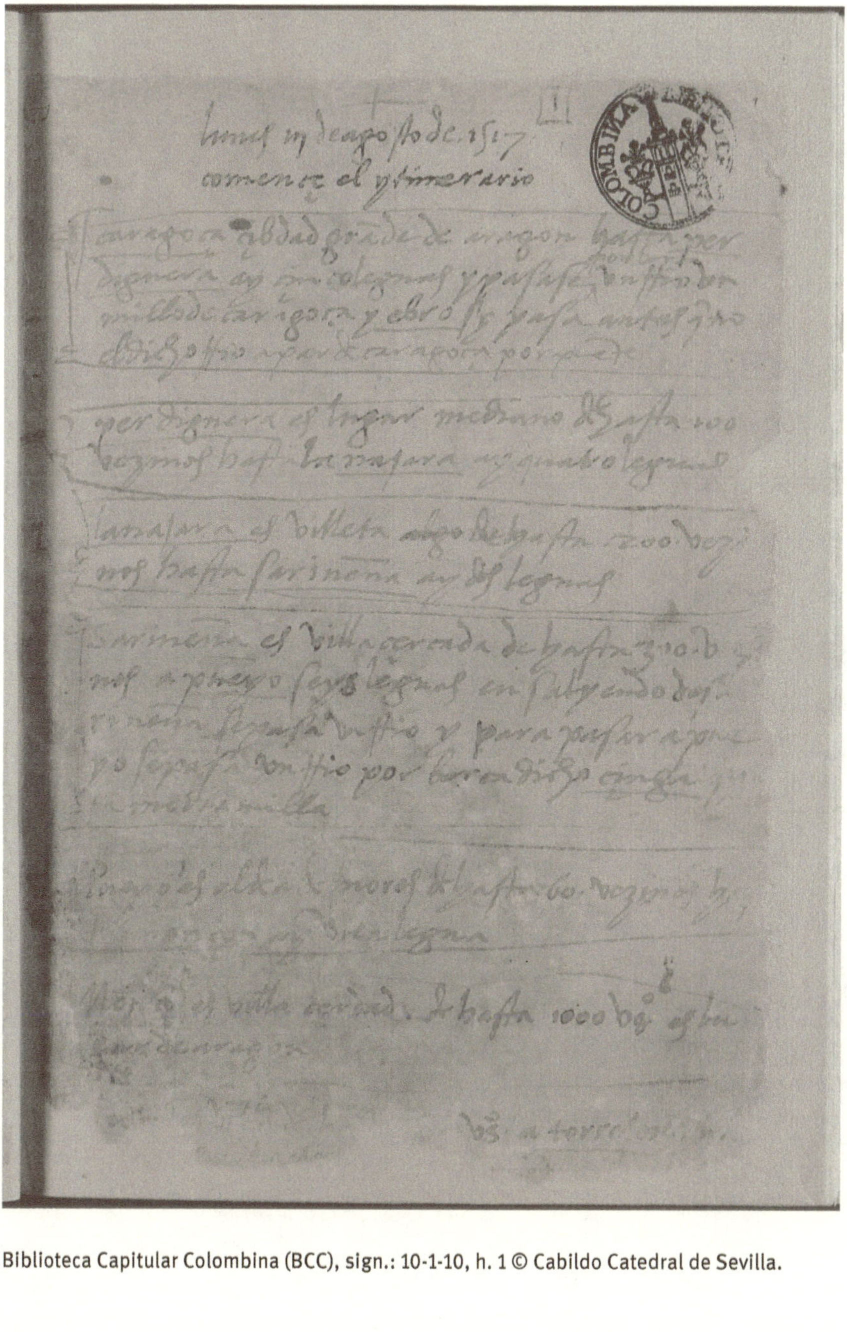

Biblioteca Capitular Colombina (BCC), sign.: 10-1-10, h. 1 © Cabildo Catedral de Sevilla.

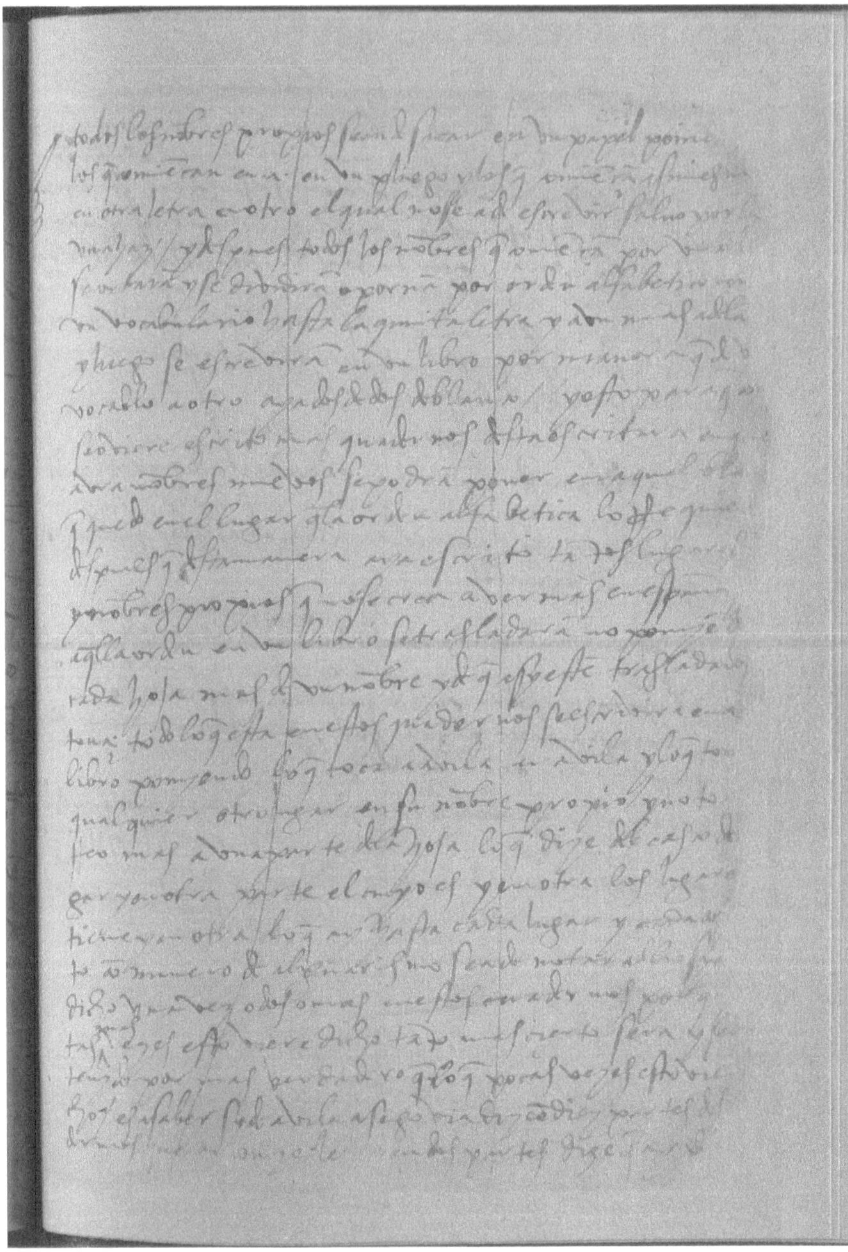

Biblioteca Capitular Colombina (BCC), sign.: 10-1-10, h. 679 © Cabildo Catedral de Sevilla.

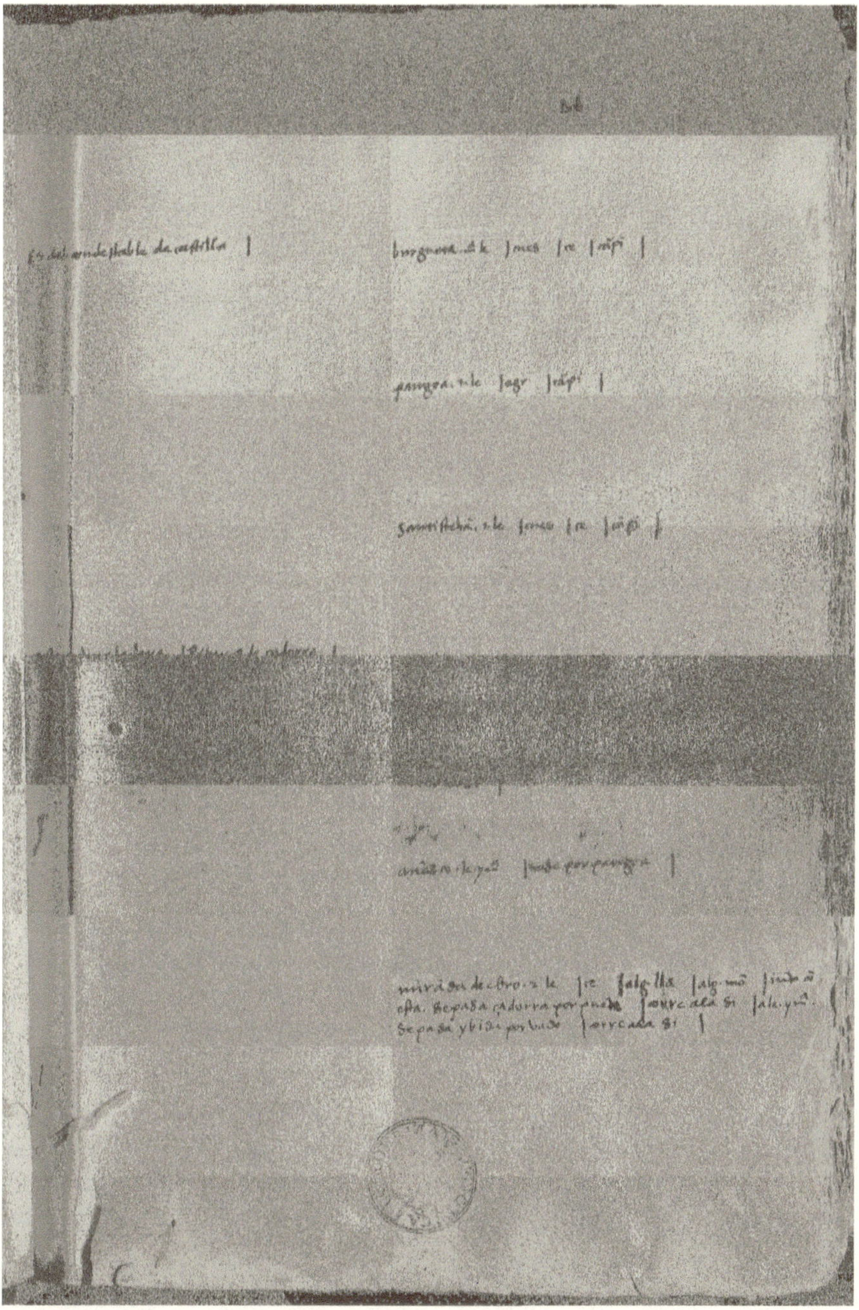

Biblioteca Capitular Colombina (BCC), sign.: 10-1-11, h. 28 © Cabildo Catedral de Sevilla.

www.ingramcontent.com/pod-product-compliance
Lightning Source LLC
LaVergne TN
LVHW092123300926
849161LV00002B/207